중국경제지리론

Chinese Economic Geography

전면개정판

중국
경제지리론

Chinese Economic Geography

박인성·양광식·주리빈 지음

한울
아카데미

일러두기

① 지명, 인명, 계획명 등의 표기는 해당 단어가 처음 나올 때는, 중국어 발음에 준하는 한글 표기 후 괄호 안에 원어 중국어(한자)를 병기하는 것을 원칙으로 했다.
  • 예: 시진핑(习近平), 덩샤오핑(邓小平), 베이징(北京), 선전(深圳), 저장(浙江), 등.
② 단, 우리말의 관습과 환경을 고려해, 독자의 이해를 도모하고 서술의 편의를 위해 필요하다고 판단될 경우 우리 식 한자 독음으로 표기했다.
  • 예: 요동반도(辽东半岛), 황하(黄河), 장강(长江), 향(乡), 진(镇), 현(县), 시(市) 등.
  • '陕西省'은 '山西省'과의 중국어 독음이 같으므로 혼란 방지를 위해 '섬서성(陕西省)'으로 표기했다.
③ 필요 시 우리 식 번역: 한자용어이지만, 괄호 안에는 중국어 원문을 표기했다.
  • 예: 주체기능구(主体功能区), 13차 5개년 계획(十三五规划), 도시계획(城市规划), 도시군(城市群), 관광(旅游), 관광객(遊客) 등.
④ 법규와 문건 명 앞의 '중화인민공화국'은 생략했다. 따라서 법률법규 명 앞에 별도의 국가명이 없는 경우엔 중화인민공화국의 법규나 문건 명으로 보면 된다.
  • 예: '도시부동산관리법(城市房地产管理法)', '중국 공민의 동남아 3국 관광실시 조직에 관한 잠정관리판법(关于组织我国公民赴东南亚三国旅游的暂行管理办法)', '서부대개발에 관한 약간의 정책시책에 관한 실시의견(关于西部大开发若干政策措施的实施意见)' 등.
⑤ 영어식 외래어나 용어는 가급적 우리 한자식 용어로 표현했다.
  • 예: '스마트 시티'는 지혜도시(智慧城市), '메커니즘'은 '기제(机制)'로, '프로젝트 파이낸싱'은 '항목융자(項目融資)'로, '업그레이드'는 '승급(昇級)'으로 등.
⑥ 도표 안의 지명이나 인명, 기타 고유명사는 중국어(한자)로 직접 표기했다.

머리글

중국 관련 연구나 전문가의 발언 중에 "10년 후 또는 20년 후 중국이, 분열되고 붕괴할 것인가 또는 더욱 흥성하고 강해질 것인가?", "몇 년 후에 미국을 추월할 수 있을 것인가?" 등과 같은 문제와 질문에 대한 추측이나 가정, 심지어 예언 투의 언어들을 종종 접하고 있다. 이 책에서는 그 같은 섣부른 시도나 시각을 배제하고 실사구시(實事求是)적으로 사실 고찰을 시도했다. 우선 사실과 현황, 동향과 서사에 대한 체계적 고찰을 기초로 구체적이고 정확한 인식이 축적되어야 대상과 실체에 대한 올바른 인식 및 파악, 제대로 된 진단과 처방이 가능하다고 믿기 때문이다. 즉, 이 책에서는 '중국'이라는 대상에 대해 경제 현상이 국토 및 지역 공간구조에 반영되고 있는 주요 동향과 그 과정에서 형성되는 일정한 패턴과 규율을 공간적 관점과 개별적·귀납적·상향적 접근을 중시하는 경제지리학적 관점과 방법론의 틀로 고찰·정리했다.

우리에게 '중국'을 올바로 이해하고 파악해야 하는 문제는 필수를 넘어서서 필연이라 할 것이다. 그런데 중국은 장구한 역사와 광활한 국토, 그리고 14억이 넘는 거대한 인구를 보유하고 있는 대국(大國)이다. 또한 각 지역마다 자연환경과 정치, 경제, 사회, 민족, 문화 등이 다르고 각자 특성을 보유하고 있다. 게다가, 중화인민공화국 출범 이후 최근까지 70여 년의 기간 중에 반(半)봉건 체제에서 사회주의 계획경제 체제로, 그리고 다시 '(중국 특색의) 시장경제 체제'라는 상반되는 방향으로 체제 전환과 혁신을 추진해 왔고, 최근에는 그 동안의 '서방 따라잡기' 성과를 총결한 바탕 위에 경제성장 방식을 '신상태(新常態, new normal)'로 전변(轉變)·조정하고 새로이 '중국 특색의 길'을 모색하면서, 대외적으로는 '일대일로(一帶一路)' 신(新)실크로드 축을 형성하고, 그 연선(沿線)지구에 해외특구 건설을 추진하고 있다. 따라서 '중국'을 올바로 알기 위해서는 이 같은 동향과 배경을 사실에 근거해 구체적으로 고찰·정리하는 작업부터 시작해야 할 것이다.

이 책은 2000년, 박인성·문순철·양광식 3인 공저로 출간한 『중국경제지리론』(2000)을 20여 년 만에 초판의 공저자 박인성, 양광식과 현재 서울대학교 환경대학원 박사과정 재학 중인 주리빈(朱俐斌)이 공저자로 합류해 함께 개정 작업을 한 결과다. 초판 작업을 같이 했던 문순철 박사는 애석하게도 초판 출간 직후에 백혈병으로 영면했다. 저승에 계신 문순철 박사께서도 20여 년 만의 전면개정판 출간 소식에 기뻐해 주실 것이라 믿는다.

2000년 초판에 대해 여러분들이 과분한 평가와 격려를 주셨다. 출간 다음 해에 '2001년 문화관광부 우수학술도서'로 선정되었고, 다수의 국내 대학 중국 관련 학과에서 교재로 채택해 주셨다. 단, 전면개정판 작업을 틈틈이 진행해 왔음에도 지연을 거듭해서 마음 한구석에 돌덩이를 얹고 있는 듯했는데 이제 그 부담을 조금 덜어낼 수 있을 것 같다. 이 책이 초판의 제목『중국경제지리론』을 유지하고는 있으나, 20여 년간 축적된 작업 과정을 거치면서, 초판과 비교할 때 그 틀과 내용을 대폭 바꾸었고, 그래서 투입한 시간과 노력도 초판 출간 작업 때보다도 오히려 더 많았다고 생각한다.

20여 년간 필자들의 신상에도 적지 않은 변화가 있었다. 박인성은 2004년에 20여 년간 근무했던 국토연구원 연구위원 직을 사직하고, 베이징의 중국인민대학과 저장성(浙江省) 항저우시(杭州市)에 소재한 저장대학(浙江大學) 토지관리학과와 도시관리학과에서 10여 년간 교수로 근무했다. 그리고 2014년에 귀국해 충남연구원과 한성대학교 교수로 근무했고, 올해 3월부터는 '동북아 도시·부동산연구원'을 설립·운영하고 있다. 양광식은 중국 산동대학교 산업경제학과에서 경제학박사 학위를 취득했고, 대한민국 외교부 칭다오(靑島) 총영사관에서 선임연구원으로 근무했으며, 현재는 전라남도 광양만권경제자유구역청에서 중국투자유치팀장으로 근무하고 있다.

이번 전면개정판 작업에서 참고한 자료는, 필자가 중국 저장대학 근무 기간 중에 저장대학 각 교구(校區) 도서관과 학과 자료실 소장 자료, 중국 국무원 발전연구중심과 국가발전계획위원회 국토개발 및 지구경제연구소(國土開發与地區經濟研究所) 등 정부연구기구와 중국사회과학원 및 중국과학원 지리과학 및 자원연구소(地理科學与資源研究所) 등이 발간한 연구보고서, 그리고 중국 현지에서 출간된 경제지리, 지역경제, 도시 및 지역개발 정책 등 방대한 분야의 관련 서적과 잡지, 신문 등이다.

집필 작업은 저자가 10년 넘게 근무한 저장대학 내 화자츠(華家池)교구 중심북

루(中心北樓) 516호와 과학루(科學樓) 215호 연구실, 즈진강(紫金港)교구 멍민웨이루(蒙民偉樓) 162호실 연구실에서, 그리고 2014년 귀국 이후에는 공주시 소재 충남연구원과 서울 낙산 북사면의 한성대 연구관 832실에서, 그리고 제기동 북연(北硏: 동북아도시부동산연구원) 연구실에서 틈틈이 진행했다. 2020년 하반기부터는 양광식 박사와 주리빈 연구생이 합류해서 함께 작업하면서 더욱 효율적이고 빠르게 진행되었다. 양광식 박사는 추가된 징진지(京津冀)지구와 13차 5개년 계획(十三五規劃, 2016~2020) 및 14차 5개년 계획(十四五規劃, 2021~2025) 강요의 주요 내용을 각 장 관련 내용에 반영하는 작업을, 주리빈 연구생은 각 장의 통계 수치 수정과 중국 고속철도 발전 연혁 및 동향 등 최근 주요 동향 관련 내용을 보완했다. 여전히 아쉽고 미흡하게 여기는 부분이 있긴 하지만, 그래도 이 정도면 '중국 경제지리' 개론서로서 그 내용을 다시 한 단계 승급시켰다고 자평한다. 겸허한 마음으로 강호 동학들의 지적과 비평을 기다리겠다.

끝으로 늘 따뜻한 도움과 격려를 주는 한중 양국의 동학, 동료들에게 감사를 표한다. 우선, 늘 따뜻한 마음으로 지원 격려해 주시는 국내의 국토 및 지역개발, 도시 및 부동산 분야의 선배와 동료들께 감사드린다. 그리고 중국인 동료들에게 감사 인사를 전하고 싶다. 저장대학 토지관리학과의 우츠팡(吳次芳), 우위저(吳宇哲), 도시발전관리학과의 천지엔쥔(陳建军), 차이닝(蔡宁), 장웨이원(張蔚文) 교수 등 동료 교수들과 연구생들, 그리고 저장대학 화자츠(华家池), 위취엔(玉泉), 씨시(西溪), 즈진강(紫金港) 4개 교구의 도서관의 담당 직원들, 특히 저장대학 공공관리학원 자료실의 송루(宋露) 선생께 감사드린다. 또한 베이징의 중국사회과학원 리칭(李青) 교수와 중국과학원 지리과학 및 자원연구소 진펑쥔(金凤君) 교수, 국가발전개혁위원회 국토개발 및 지구경제연구소의 가오궈리(高國力) 주임, 중국인민대학 도시관리학과의 예위민(叶裕民) 교수 등의 자문과 도움에 충심으로 감사드린다.

2021년 6월, 북연 연구실에서
저자 대표 박인성

장별 주요 내용

1장에서는 중국 경제지리학의 연혁과 연구 동향을 정리했다.

2장부터 6장까지는 중국의 자연환경 개황과 자원·인구, 행정·경제 구획에 대한 내용을 다루었다. 2장에서는 중국의 토지 및 수자원의 특성을 고찰·정리했다. 즉, 토지자원의 특징, 토지자원의 이용 현황과 문제, 그리고 생존의 기본 조건이며 생산 활동에 매우 중요한 기초 자원인 수자원에 대해 고찰·정리했다. 주요 내용은 수자원량과 수자원의 공간적 분포의 불균형과 장강(長江) 상·중·하류의 서선(西線), 중선(中線), 동선(東線) 등 유역 간의 수자원 조절 문제 등이다. 또한 수자원의 연간 변화 상황과 홍수와 가뭄 등의 재해, 수자원 오염의 심각성, 그리고 생활, 공업, 농업용수 이용과 관련한 수자원 이용의 비효율성 및 비합리성의 문제와, 주요하게 거론되고 있는 발전 방향 등을 고찰했다.

3장에서는 중국 내 주요 강(江)의 개황을 개괄했다. 즉, 주요 수자원이기도 하고 내륙수운 통로로서 중요한 역할을 하고 있는 중국의 주요 강을 장강, 황하(黃河), 화이하(淮河), 징항(京杭) 운하, 첸탕강(钱塘江)과 주강(珠江), 그리고 중국 동북부 만주지구의 강으로 구분하고, 간류(干流)의 유로를 중심으로 주요 지류와 유역의 개황과 특징을 고찰·정리했다.

4장에서는 중국 사막화와 농경지 보호 관련 현황과 문제, 대응 정책을 고찰·정리했다. 중국의 농경지 보호 정책은 도시화와 공업화 그리고 사막화에의 대응이라는 상반된 상황과 도전에 직면해 있다. 즉, 공업화와 도시화의 진행에 따라 비농업용 건설용지 수요가 급증하면서, 농경지 잠식 및 비농업용 용도로의 전환이 증가하고 있는 문제에 대한 대응과 함께 사구(沙區) 또는 사막화의 위협에 직면하고 있는 지구에서는 농경지와 초지(草地)를 다시 임지(林地)로 환원시키는 퇴경퇴목환림(退耕退牧還林) 정책을 시행하고 있다.

5장에서는 인구 규모와 분포, 인구 구조, 취업문제 등을 고찰·정리했다. 세계 제일의 인구 대국인 중국의 인구 발전사와 현재 중국의 성별·연령별·민족별·학력별 인구 구성 현황을 고찰했고, 또한 취업 인구의 개황과 산업별 인구 구성, 인구 분포의 특징과 지역적 차이를 살펴보았다. 또한 행정구역의 발달사와 함께 3분법, 5분법, 6분법, 7분법 등 경제구와 경제지대의 주요 구분 방식 및 기준 그리고 절차와 방법에 대해 고찰했다.

6장에서는 행정구역 및 경제구역의 구획 연혁과 성(省)급 행정구역 단위별로 지역 현황 등을 고찰·정리했다.

7장부터 11장까지는 중국의 자원 및 산업 배치 동향과 관련 전략 및 정책 등을 고찰·정리했다. 7장에서는 광활한 영토와 풍부한 인적·물적 자원의 배치 전략에 대해 고찰했다. 즉, 자원 배치 모델, 계획경제 체제하에서의 자원 배치의 특징, 개혁개방 이후 자원 배치의 특징, 그리고 주요 에너지 및 광산 자원의 분포 현황 및 개발 이용 동향을 고찰·정리했다. 또한, 경제지리학의 중요한 임무 중 하나인 전국 및 각 지구의 생산력 배치의 현황과 전략을 고찰했다.

8장에서는 농업 현황과 발전 추세 및 전략을 고찰·정리했다. 중국 농업 생산의 자연 조건, 사회경제 조건, 농업, 임업, 목축업, 어업의 발전과 배치 상황을 주요 농업지대별로 살펴보았다.

9장에서는 공업 생산의 특징 및 배치의 기본 원칙, 공업 배치의 발전과 현황, 중국의 주요 공업지대, 그리고 '중국 제조업 2025(中国制造 2025)' 정책 내용 등을 고찰·정리했다. 개혁개방 이후 중국의 공업은 이전의 '중공업 위주, 경공업 경시' 정책을 탈피했고, 각 지역 및 도시마다 개발·설치된 경제특구와 경제기술개발구 등을 중심으로 급속하게 발전하고 있다.

10장에서는 서비스업 및 관광산업의 발전 동향과 특성을 고찰·정리했다. 즉, 중국 서비스산업의 총체적 발전 추세를 살펴보았고, 서비스산업 유형별 현황 및 발전 동향을, 그리고 이와 함께 관광산업에 대한 발전 동향을 함께 고찰·정리했다.

11장에서는 교통운수의 발전 과정과 철도, 수운, 고속도로, 항공, 파이프라인의 부문별 교통시설의 현황과 발전 전망을 고찰·정리했다. 중국의 교통운수 체계는 아직 철도와 수운의 비중이 크지만, 최근 고속철도와 고속도로, 그리고 항공교통의 발전이 매우 빠르게 진행되고 있다.

끝으로, 12장부터 16장까지는 주요 권역별 지역경제 현황 및 지역개발전략 동향과 발전 전망 등을 고찰·정리했다. 12장에서는 중국 경제의 중심지인 상하이를 중심으로 하는 장강삼각주 지역의 현황과 발전 동향을 고찰·정리했다. 장강삼각주는 대체로 양저우(揚州), 전장(镇江) 이남, 북쪽으로는 난퉁-양저우 운하와 접하며, 남쪽으로는 타이후(太湖) 평원을 포함하며 항저우만까지 4만 km²에 달하는 지역으로, 근대 경제발전기 이래 중국 민족공업 중흥의 중요한 기점이었고, 현재 중국 경제의 핵심 지역으로 최고의 경제력을 보유하고 있다.

13장에서는 환발해만 지구의 현황과 발전 동향을 고찰·정리했다. 환발해만 지구는 황하, 화이하, 하이하(海河) 3개 강 및 그 지류로 충적된 화북 평원과 인접해 있는 산둥의 중남부 구릉 및 산둥반도 지구를 가리키며, 북쪽으로는 만리장성, 남쪽으로는 퉁바이산(桐柏山), 서쪽으로는 타이항산(太行山), 동쪽으로는 발해(渤海)와 황해에까지 이른다. 이 지역은 중국 북방 지역의 인구, 산업, 도시의 밀집 지역일 뿐 아니라, 전국의 정치, 경제, 문화의 중심지로서 전국의 경제 발전에서 전략적으로 매우 중요한 위치를 차지하고 있다.

14장에서는 만주지구의 현황 및 발전 전략을 고찰·정리했다. 만주지구는 현재 중국 동북부의 3개 성[랴오닝(辽宁), 지린(吉林), 헤이룽장(黑龙江)]과 네이멍구자치구(内蒙古自治区)의 동부 지역으로 구성되어 있다. 이 지역은 풍부한 자연자원을 보유하고 있고, 또한 여러 민족이 융화해 살고 있으며, 개발의 역사가 짧고 경제 연계가 밀접한 대(大)경제지대다. 이곳은 일제가 만주국을 수립하고 식민통치를 하던 시절부터 중화인민공화국 출범 이후 1980년대까지 중국 제일의 중공업 및 농업 지역이었으나, 현재는 노후한 중공업 위주의 산업구조상 소위 '동북현상(東北現象)'과 삼농(三農: 농촌, 농민, 농업)문제와 연관된 '신동북현상(新東北現象)' 문제가 돌출되고 있다. 그러나 만주지구의 발전 잠재력은 매우 높으며, 특히 남북한 간의 경제 교류가 활성화될 경우 한반도 경제권과 가장 밀접한 대지구(大地區) 경제권이 될 것이다.

15장에서는 향진기업(乡镇企业)과 소성진(小城镇)에 관해 고찰·정리했다. 즉, 개혁기 이전에 형성·구축된 향진기업 발전의 역사적 기초와 상호 추동 및 보완 관계 속에서 발전해 온 농촌 중심지인 소성진 발전 사례와, 관련 정책 동향 등을 고찰·정리했다. 소성진 발전 정책은 농촌 인구의 도시로의 지나친 인구 이동을 막으면서, 농촌 공업화와 농업과 공업의 결합을 통해서 농촌 잉여노동력을 해결하고, 향진기업의 원활한 발전을 도모하기 위한 공간 정책이다.

16장에서는 지역 간 격차와 구역협조발전(區域協調發展) 정책을 살펴보았다. 즉, 중국의 지역 간 격차 현황을 구체적으로 살펴보았고, 이를 바탕으로 중국의 구역협조발전 정책을 고찰·정리했다. 지역 간 및 도농 간 격차 문제는 중국이 당면한 문제 중 가장 심각한 문제라 할 수 있다. 특히 대부분의 소수민족 거주지가 변방 낙후 지역에 있는 관계로, 중국의 지역 격차 문제는 민족 문제와 연결되어 경제적 측면은 물론 정치적 측면에서도 매우 민감한 문제이다. 중공 정권 출범 이후 중국 공산당은 균형 개발 정책을 추진해 왔으며, 유연한 농업 개혁 정책의 성공 등 상당한 성과를 거두어온 것도 사실이다. 그러나 1979년 말 이래 본격화된 개혁개방 정책을 통한 공업화와 도시화의 도정(道程)에서 돌출되고 갈수록 심화되고 있는 삼농 문제는 현 중국 통치권 차원에서 최대의 난제로 부각되고 있다.

차례

7장 자원 및 생산력 배치와 발전 전략

8장 농업의 분포와 발전 동향

9장 공업의 분포와 발전 동향

12장 장강삼각주지구

13장 환발해지구

14장 만주지구

15장 향진기업과 소성진

16장 지역 간 격차와 구역협조발전 정책

제1장

중국 경제지리학의 연혁과 연구 동향

기원전 서한(西漢)의 사학자 사마천(司馬遷)의 『사기(史記)』 중 한 장(章)으로 구성된 「화치열전(貨置列傳)」, 그 후의 「식화지(食貨志)」, 「지리지(地理志)」 등 역대 역사서들이 중요한 경제지리 사료들을 포함하고 있듯이 중국 경제지리학의 연원은 유구하다. 그러나 중공 정권 출범 후 개혁개방 이전 시기에는 지리학에도 구소련의 이론과 방법이 도입되었고, 극좌 이념과 정치 간섭으로 인해 인문지리학은 '유심주의(唯心主義) 허위과학(僞科學)'이라며 전반적으로 부정당했고, 오직 경제지리학적 관점만 허용되었다. 이 같은 상황이 개혁개방 이후에야 비로소 정상화되어 경제지리학 분야에서도 실증주의, 인간주의, 그리고 구조주의적 관점과 방법론과 이들의 복합 및 융합을 시도하고 있다. 그리고 거대한 국가 규모에 걸맞게 각 지역별로 그리고 다양한 관점에서, 생산 입지, 인구, 자연자원, 생태환경 분야와 연결하면서, '중국 특색의 경제지리학'이 형성·발전 중이다.

1. 서양 근대 경제지리학의 발전과 주요 사조

지리학의 관점에서 보면, '중국 경제지리'는 중국을 지역 범위로 하고 인문지리에 속하는 경제지리학을 계통 범위로 한다. 경제지리학은 경제현상의 공간적 패턴들을 만들어내는 주요 구성 요소들과 구조, 그리고 사회적 과정을 주요 고찰 대상으로 하고 있으며, 공업지리, 농업지리, 상업지리, 교통지리 등을 포괄하는 학문 분야다. 따라서 '중국 경제지리'는 지역경제학과 지역개발학의 관점에서 중국 전국과 각 성(省), 직할시, 자치구 및 하위 단위 지역 및 도시의 경제와 발전에 관련된 현상과 문제들을 연구 범위로 한다.

서양에서 경제지리학은 상업지리학으로부터 발전했으며, 이들은 모두 산업혁명 이후 형성·발전된 자본주의 세계시장을 그 기본 토양으로 하고 있다. 상업지리학은 1880~1900년 기간에 유럽에서 발전했다. 당시 유럽 제국들은 자국의 무역과 식민지를 확장시키기 위해 노력·경쟁하는 과정 중에 세계 각 지역의 인구와 자원 분포를 포함한 지역 정보가 필요했다. 따라서 이 시기 상업지리학의 주요 관심사는 세계 각 지역에서 생산되는 산물과 상업 및 교역 현황과 함께 각 지역의 자연지리적 요인들이 해당 지역의 생산, 유통, 무역에 미치는 영향을 정리·기술하는 것이었다.

'경제지리학'이란 명칭이 처음으로 등장한 것은 1882년 독일의 괴츠(S. Götz)가 발표한「경제지리학의 과제(The Task of Economic Geography)」라는 논문이다. 이 논문에서 그는 경제지리학의 성격과 구조에 관해 논했다. 이후 경제지리학은 점차 자신의 과학적 체계를 갖추게 되었으며, 그 이전의 단순한 자료 수집 위주의 상업 지리학이나 재정통계학과 구별되게 되었다. 서양에서 경제지리학의 발전 과정에 비교적 큰 영향을 준 이론과 사조들을 요약하면 다음과 같다.

1) 환경결정론

'환경결정론'의 기본 관점은 인류사회 발전의 결정적 요소는 인류를 둘러싸고 있는 자연환경이라는 것이다. 더 나아가 각 지역의 생산력 발전 수준과 생산 유형의 차이와 각 지역의 경제지리 형세 등은 자연환경에 의해 결정된다고 인식한다.

이러한 학설은 18세기에 성행했으며 일단의 철학자와 역사학자들에게도 영향을 미쳐 사회지리학파와 역사지리학파라 불리는 학파도 생겼다. 프랑스의 저명한 철학자 몽테스키외(Montesquieu, 1689~1755)도『법의 정신(De l'esprit des lois)』이라는 저서에서 지역의 기후 차이가 각 민족의 심리와 기질, 더 나아가 정치제도와 경제 발전 수준에까지 결정적 영향을 미친다고 논한 바 있다. 가령 열대기후는 인간의 의욕과 용기를 상실케 해 거주하는 주민의 심성을 유약하게 만들어 노예로 전락하게 하는 반면에, 온대기후는 인간의 정력과 의지를 왕성하게 북돋아 독립심 강하고 자유로운 민족을 양성한다는 것이다.

오늘날의 관점에서 보면 이처럼 자연의 법칙을 사회적 법칙으로 대체해 사회현상을 해석하는 것은 명백한 오류이다. 그러나 '환경결정론'이 당시의 사회적 분위기에서는 진보적 영향을 미쳤다는 점을 간과해서는 안 될 것이다. 즉, 당시에는 사회현상과 인류의 역사는 신의 의지에 의해 결정된다는 관념이 지배하고 있었으므로, 계몽운동 사상가들은 지리적 유물론이라 할 수 있는 '지리환경결정론'을 이용해 종교와 미신에 반대하고 군주 전제 제도의 불합리성을 지적했던 것이다.

당시의 대표적인 견해는 엘렌 셈플(Ellen Semple)이 1911년 발표한「지리적 환경의 영향(Influences of Geographical Environment)」이라는 논문의 다음과 같은 내용을 들 수 있다.

인간은 자연환경의 산물이며, 자연은 인간에게 의·식·주를 제공해 줄 뿐만 아니라 인간의 사상을 지배하면서 인간에게 어려움을 주고 있지만, 그 어려움을 극복할 수 있는 지혜도 제공해 준다.

2) 환경가능론, 또는 인간과 자연의 상호관계론

이 학파의 기본 관점은 지리환경과 인류사회는 상호 영향을 주고받으며 변화·발전한다는 것이다. 20세기 초 프랑스의 폴 비달 드 라 블라슈(Paul Vidal de la Blache, 1845~1918)는 '환경결정론'을 비판하면서 '환경가능론'을 주장했다. 그의 지리사상은 『프랑스의 지리학의 특성(La personnalité géographique de la France)』과 『인문지리학 원리(Principles of human geography)』 등의 저작에 집중적으로 표현되어 있다. 그는 지리환경이 인류사회의 발전 방향을 결정하는 것은 아니며, 단지 사회 발전을 위한 다양한 가능성을 제공해 주고 서로 다른 생활 방식을 가진 인간들이 선택하게 한다고 주장했다. 또한 지리학의 임무는 자연현상과 인문현상의 공간상의 상호관계를 규명하는 것이라고 주장했다. 그는 인간과 자연 관계의 원리를 근거로 해 귀납적 논리에 의해 지리학의 연구 범위를 3장 6절로 설정했다. 1장은 비생산적 건조물(건물과 도로), 제2장은 동식물의 이용(경작과 목축), 3장은 경제적 파괴(동식물의 남획 및 광물자원의 마구잡이 채굴)이다.

'환경가능론'은 지리환경결정론을 일정 정도 부정하고 있다. 즉, 인류가 일방적으로 자연환경의 영향을 받는 것만은 아니며, 인류는 지리환경을 개조하는 능력을 가지고 있으며, 이처럼 인류의 지리환경에 대한 개조 정도가 깊이 진행될수록 인류와 환경의 관계도 더욱 밀접해진다는 것이다. 이러한 주장은 상당 부분 타당하다고 할 수 있다. 단, '환경가능론'은 사회 발전의 원동력을 규명하려는 진지한 시도가 결여되어 있었으므로, 인문지리 현상을 해석할 때 어떤 때는 심리적 요소가 주도적 작용을 한다고 설명하다가도 돌연 자연적 요소를 결정적 역량으로 간

주하기도 했다.

　한국과 중국에서 '인간과 자연의 상호관계론'은 '환경가능론'으로 소개되어 알려져 왔다. '환경가능론'의 요점은 앞에서 서술한 바와 같이 인간의 생활 방식은 주어진 환경과 인간이 주체가 되어 이룩해 놓은 문화와의 상호의존적 관계에 의해 이루어지는 것이며, 자연환경이란 인간의 경제활동의 범위나 활동 가능성을 어느 정도 통제하고는 있으나 인간은 주어진 환경을 변화시키며 적응해 나가고 있다는 것이다. 환경결정론적 사조에서 탈피하려는 이 같은 추세는 경제지리학자들의 관심 대상과 연구 초점을 분산시키는 결과를 초래하게 된다.

3) 입지론과 공간경제론

　자본주의가 발전함에 따라 지역 간의 경제적 연계가 강화되고 상품 거래권의 범위가 점차 확대됨에 따라 원료 공급지와의 거리도 점차 확대되었다. 이러한 상황 속에서 자본가들의 이윤을 확대하기 위해 공업과 농업 활동의 위치를 정하는 문제가 매우 중요한 관심 사항이 되었고, 각종 입지 이론과 공간경제 이론이 출현했다.

　이 중 중요한 것이 19세기 초 독일의 경제학자인 요한 하인리히 폰 튀넨(Johann Heinrich von Thünen, 1783~1850)이 발표한 농업입지론과 역시 독일의 경제학자인 알프레드 베버(Alfred Weber, 1868~1958)의 공업입지론, 발터 크리스탈러(Walter Christaller, 1893~1969)의 중심지 이론, 아우구스트 뢰쉬(August Lösch, 1906~1945)의 입지론 등이다.

　이러한 연구 경향은 과거 상업지리학적인 사조가 부분적으로 다시 복원되는 듯한 양상을 보이기도 했다. 그러나 또 한편으로는 각 연구자가 방대한 지역에 관한 폭넓은 정보를 수집·분석하기는 어려운 실정이었으므로, 각 연구자마다 특정 지역의 특정한 경제활동, 즉 토지 이용, 농업지리, 교통지리, 공업지리 등의 분야로 세분되고 전문화되었다.

　그러나 이 시기의 경제지리학 연구 풍토는 종전의 지역에 관한 정보와 자료 수집 위주의 상업지리학보다는 과학적 방법론과 분석을 중시하는 경향으로 차별화되었다. 이러한 변화 경향은 프레드 셰퍼(Fred K. Shaefer)가 1953년 「지리학에서의 예외주의(Exceptionalism in Geography)」라는 논문에서 주장한 다음과 같은 말로 대표된다.

개성 기술적 접근 방식은 예외주의이다. 지리학은 공간 분포에 대한 규칙성과 이를 지배하고 있는 법칙을 연구하는 법칙 추구적 접근 방식(nomothetic approach)을 따라야 한다.

4) 서양 경제지리학계의 최근 동향

제2차 세계대전 종전 후 서양 경제지리학계의 주요 동향은 계량적 방법론과 시스템 이론의 적용 범위 확대, 인공위성 관측 및 리모트 센싱(remote sensing) 기법의 발달과 적용 범위 확대 등을 들 수 있다. 이러한 경향은 제2차 세계대전 후 군사계획이나 경제개발 계획을 수립하는 과정에서 수집 가능한 한정된 자료를 토대로 추론적 방식을 통해 적용할 수 있는 이론적 틀이 필요하게 된 것이 계기가 되었다. 또한 수학적 방법을 응용하게 된 데에는 컴퓨터 기술의 발전 및 보급 확대와 밀접한 관련이 있다.

1954년 미국의 펜실베이니아대학교는 저명한 공간경제학자 월터 아이사드(Walter Isard)의 주도하에 지리학과의 명칭을 지역과학과로 바꾸고 지역경제의 연구 방향을 과학적으로 체계화했다. 계량지리학의 창시자는 노르웨이의 윌리엄 개리슨(William L. Garrison)이다. 그는 1955년 워싱턴대학교 지리학과에 최초로 수리통계 연구팀을 창설했다. 그의 제자인 시카고대학교의 브라이언 베리(Brian J. L. Berry)는 수학적 통계 방법을 이용해 중심지 기능의 등급 구분에 관한 연구를 수행했다. 이 같은 실증주의적 방법론은 경험적 사실들을 일반화하는 귀납적 방법 또는 사전에 설정한 가설을 경험적 관찰을 통해 검증하는 연역적 방법으로 구분된다. 1960년대 이후 서방 국가에서 실증주의적 연구가 성행하면서 계통지리학 분야는 세분되고 전문화되었으나, 지역의 종합적 고찰을 위한 지역지리학 분야는 상대적으로 쇠퇴했다. 그러나 1980년대에 실증주의 지리학이 퇴조하면서, 지역지리학에 대한 새로운 관심이 부활했고, 이를 '신지역지리학'이라고도 부른다. 과거의 지역지리학이 지역을 하나의 분리된 실체로 인식하고 연구하고자 했다면, 신지역지리학은 계통지리학에서 축적한 성과들과 연결하면서, 지역을 다른 지역들과의 관계 또는 전체 사회를 배경으로 이해하고자 했다(최병두 외, 2008: 28). 한편, 1955년 사회주의 구소련 지리학회에서 발표된 경제지리학의 과제는 다음과 같다.

> 경제지리학 연구의 주요 과제는 경제(생산)활동의 지리적 분포, 노동의 공간적 분업화와 경제지역의 형성에 관한 법칙을 연구하고 천연자원에 대한 경제적 평가, 자원과 결합된 산업, 즉 농업, 공업, 교통 등에 관한 지리적 분포 및 인구지리학의 종합적 연구로 지역을 분석하는 것이다(李文彦等, 1990).

또한, 1980년대에 들어서면서 구소련의 경제지리학자들 사이에서 제기된 다음과 같은 주장도 주목된다.

> 과학기술이 진보하고 있는 현재와 같은 조건하에서 산업구조에도 이미 근본적 변화와 조정이 진행되고 있다. 특히 상업, 서비스업 등 3차산업의 작용과 지위가 나날이 강화되고 높아지고 있다. 따라서 경제지리학이 연구 범위를 생산 영역에만 한정한다면 수요를 충족시키지 못할 것이며, 반드시 비생산 영역의 공간형태에 대한 연구로 확대해야 할 것이다. 따라서 경제지리학의 명칭도 '사회경제지리학'으로 변경하고 그 연구 대상도 사회 재생산을 위한 지역 구조와 사회생활의 지역 조직에까지 확대해야 한다(吳傳鈞主編, 1998: 9).

2. 중국 경제지리학의 연혁

1) 구 중국사회에서 경제지리학의 발전

중국 경제지리학의 연원은 매우 깊다. 최근 중국에서 간행된 경제지리 저서에서는 중국 역사상 경제 방면의 최초의 저술로 기원전 서한(西漢)의 사학자 사마천의 『사기』 중 한 장으로 구성된 「화치열전」을 꼽고 있다. 그 후의 「식화지」, 「지리지」등 역대 역사서들도 중요한 경제지리 사료들을 포함하고 있다(吳傳鈞主編, 1998). 또한 송(宋)대부터 편찬되기 시작한 『지방지(地方志)』는 봉건시대 중국의 인문·경제지리 자료의 보고라고 할 수 있다. 서양의 근대 경제지리학이 지속적으로 중국으로 유입되기 시작한 것은 1920년대부터 중국에 온 서양학자와 구미 각국으로 파견된 중국 유학생들에 의해서였고, 이 기간에 지리학의 한 지류인 '경제지리학'이 중국에 출현했다. 따라서 19세기 말에서 20세기 초는 중국의 신·구 지리학의 교체 시기로서 고대 지리학에서 근대 지리학으로 전환하는 시기였다고 할 수 있다.

19세기 중엽부터 시작해 민족의식을 지닌 지식인들을 중심으로 외국지리에 관한 편찬과 연구에 관심을 갖기 시작했다. 대표적인 예로 임칙서(林則徐)는 영국인 휴 머레이(Hugh Murray)의 『세계지리대전(Encyclopedia of Geography)』을 편역해 『사주지(四洲志)』를 발간했고, 그 후 위원(魏源)의 『해국도지(海國圖志)』, 서계여(徐繼畲)의 『영환지략(瀛環志略)』등 세계 각국의 지리서를 소개하는 저작들이 출간되었다. 또한 중국 혁명의 선구자 쑨원(孫文, 孫中山)은 저서 『건국방략(建國方略)』에 미래의 중국 경제 건설 구상을 비교적 체계적이고 구체적으로 밝힌 바 있다. 즉, 교통, 상업항, 도시, 수력, 공업, 광업, 농업, 관개, 임업, 이민 개척 등 10대 사업에 대한 발전 조건 분석과 장기 배치 계획을 제안했다.

19세기 후반기에는 서양의 탐험가와 지리학자들이 중국에 들어와 조사활동을 벌였다. 비록 그들의 활동이 제국주의적 확장 정책에 종사하기 위한 것이기는 했으나, 중국의 지리 현황에 대한 객관적인 조사·연구를 바탕으로 과학적이고 실제적인 결론을 도출하는 데 일정한 공헌을 했다. 예를 들어, 중국의 지질과 광물자원 분포 및 매장량, 황토 고원(黃土高原)의 형성 원인과 서부 건조지구의 기후 변화에 대한 조사연구가 있다. 동시에 중국에 온 서양의 지리학자들의 강의와 그들이 가지고 온 서양 지리학 저서들의 번역·소개에 의해 서양의 지리학적 관점들이 소개되었다.

1902년 청나라 황제령으로 '흠정학당장정(欽定學堂章程)'을 공포하고 대학교, 중등학교, 초등학교에 지리 과목(輿地課程) 개설을 규정했다. 같은 해에 현재 베이징 대학의 전신인 경사대학당(京師大學堂)에 세계지리(中外輿地) 과목을 개설했고,

그림 1-1 주커전 동상, 저장대학 위췐(玉泉)캠퍼스 도서관 앞

자료: 2013년 6월 17일 촬영.

1913년에는 베이징사범대학(北京師範大學)에 중국 최초의 지리학과인 '역사지리과(史地系)'를 개설했다. 1919년에는 현 난징대학의 전신인 난징고등사범학교(南京高等師範學校)에도 역사지리과가 개설되었다.

중국 근대 지리학의 창시자로 불리는 학자는 주커전(쓰可槙, 1890~1974)이다. 그는 1910년 청나라 정부에 의해 미국에 파견 유학할 때 지리학을 전공했고, 귀국 후 1918년 현 우한대학(武汉大学)의 전신인 우창고등사범학교(武昌高等師範學校)에서 지리학과 기상학을 강의했다. 1920년에는 난징고등사범학교(南京高等師範學校) 교수로 부임해 『지리통론(地理通論)』을 저서로 출판했다. 이것이 중국 최초의 대학교 지리학 교재이다. 1936년에는 저장대학(浙江大学) 초대 총장으로 재직하면서 저장대학 역사지리학과(史地系)를 개설했다. 중국 근대 지리학의 1세대들은 모두 주커전의 제자들이라 할 수 있다. 그는 근대 지리학의 전통을 계승했고, "지리학은 인류를 중심으로 하는 현대 지리환경을 연구하는 것"이라고 정의했다. 그리고

인간과 지리의 관계, 특히 농업에 대한 기후의 영향에도 관심이 많았다. 그의 저서 『지리와 문화의 관계(地理與文化的關係)』(1916), 『인간생활에 대한 지리적 영향(地理對人生的影響)』(1922), 『기후와 인간 및 기타 생물 간의 관계(氣候與人生及其他生物之關係)』(1936) 등의 저작 중에 상술한 문제에 대한 자신의 견해를 밝혔다. 중화인민공화국 출범 후 주커전은 장기간 중국과학원 부원장과 중국지리학회 이사장을 역임했으며, 중국과학원 내에 지리연구소를 건립했다.

1934년 난징(南京)에서 '중국지리학회(中國地理學會)'가 성립되어 원래의 '중국지학회(中國地學會)'를 계승 및 대체했다. 이 학회가 출간한 ≪지리학보(地理學報)≫는 중국 지리학계의 최고의 권위를 지켜오고 있다. ≪지리학보≫는 해방 전까지 모두 15권 27기에 걸쳐 144편의 문장을 게재했다. 그중에는 수준이 비교적 높은 경제지리 방면의 글도 많았다. 한편, 상하이에서는 1931년 지리교육 종사자, 연구 및 출판에 종사하는 인사들이 모여 '중화지학회(中華地學會)'를 창립해, '중국지학회(中國地學會)' 이후 중국 내에서 두 번째 지리학 학술조직이 되었다. 중화지학회가 간행한 ≪지리계간(地理季刊)≫은 1937년 항일전쟁 발발로 인해 학술 활동이 정지될 때까지 2권 8기까지 발간되었고, 경제지리와 관련된 많은 글들이 수록되었다.

중화인민공화국 출범 이전의 지리학사에 관한 내용에서 특기할 것은 해방구(解放區) 또는 혁명근거지에 대한 지역 연구 동향이다. 이는 국민당 지방 군벌 세력과의 전쟁을 위한 전략 수립을 위한 기초 자료로서의 중공의 근거지 주변 지구에 대한 지리학적 조사연구가 주요 내용이었다. 1930년대에 장시성(江西省) 중앙 소비에트지구의 교육인민위원부가 지리 교재를 편찬한 바 있다. 또한 1948년에는 해방구에 설립된 북방대학 교육학원에 지리전수학과가 개설되었으며, 동년 8월에는 허베이성(河北省)에서 지리학 좌담회가 개최되어 마르크스주의 관점에서 경제지리학 연구 방법 등을 토론한 바 있다.

2) 중화인민공화국 출범 후 경제지리학의 발전

1949년 10월, 중화인민공화국 출범 후에는 중국 내 대부분의 업무 영역이 그랬

듯이, 지리학도 구소련의 모델에 따라 발전하면서 구소련의 지리학적 이론과 방법이 도입되었다. 예를 들면 농업구획, 경제구획, 지역생산 종합 체계 등이 도입되었다. 그러나 극좌 이념과 정치 간섭으로 인해 인문지리학을 '유심주의 허위과학(唯心主義僞科學)'으로 간주하고 전반적으로 부정하고 경제지리학적 관점만 허용되면서, 중국의 인문지리학계는 경제지리학만이 '홀로 꽃핀(一花独放)' 상황이 되었다. 당시에 대학생이었던 한 원로 중국인 인문지리학자의 회고를 인용해 보자.

> 인문지리학 비판이 고조되던 1955년에 나는 대학 지리학과 학생이었다. 당시 필수과목 중에 '인문지리학 비판'이란 과목이 있었다. 그 내용은 인문지리학의 어떤 학술 관점이나 사상과 유파 등을 비판하는 게 아니었다. 이 학문 전체에 정치적인 구호의 큰 모자를 씌우고 부정했다. 예를 들면, '유심주의', '자산계급의 부패하고 몰락한 사상', '제국주의에 복무', '허위과학' 등등. 질문이나 토론은 감히 제기할 생각도 못하게 하는 분위기였고, 마치 정치 구호를 외치는 수준이었다. 그 결과, 당시 젊은 학도들의 순결한 이성에 '인문지리학이란 악마와 동일한 것'이란 이미지를 각인시켜 주었다. …… 당시 담당 교수도 강의 자료 같은 건 없었고, 교과서가 없었다는 건 더 말할 필요도 없다. …… 그 후에 모스크바대학교에 가서 공부하면서 보니, 당시 소련 지리학계는 이미 변하고 있었다. 즉, 지리학의 생태화와 경제지리학의 사회화가 시작되고 있었고, 원래의 '인문지리학'이 '사회경제지리학' 이라는 명칭으로 회복되고 있었다(吳传钧主编, 1998: V).

이 같은 분위기 속에서 진행된 중국 경제지리학의 발전 과정은 대략 4단계로 구분할 수 있다. 1단계는 1949년부터 1957년까지의 기간이다. 이 기간에는 건국 직후의 국가경제 건설과 인재 양성 수요에 부응해 많은 대학들이 경제지리 전공을 개설했으며, 중국과학원 지리연구소에도 경제지리 연구실이 개설되었다. 이에 따라 경제지리 연구자 수 증가와, 학과의 발전이 신속하게 진행되었다. 또한 소련의 경제지리학 저술들이 중국 내에 소개되고, 소련 전문가들이 중국에 와서 직접적으로 소련 경제지리학의 이론과 방법을 소개했다.

2단계는 1958년부터 1965년까지이다. 이 기간 중에 중국의 경제지리 전문가들은 사회주의 건설과 경제지리 이론 연구를 통해, 중국의 생산력 배치는 사회주의 생산력 배치의 기본 원칙을 지키면서 다른 한편으로는 각 국가 간의 특성을 반영해야 한다고 인식하게 되었다. 이 기간 중 중국과학원 지리연구소는 대규모의 지리조사 활동을 전개하면서 각 성(省)별로 연속적으로 『중화지리지(中華地理志)』를 출간했고, 전국의 경제지대와 농업지대를 특성별로 구분했다. 입지에 관한 연구도 일반 원칙에 대한 논술에서 구체적 생산 부문 배치에 대한 연구로 전환되었고, 논문과 저서의 발표 수량도 대폭 증가했다. 그러나 '대약진운동'과 그 후에 발생한 경제적 곤란들이 생산력 배치 방침의 착오로 지적되면서, 중국 경제지리학의 발전에 심대한 영향을 미쳤다.

3단계는 1966년부터 1976년까지로 '10년 동란', 즉 '문화대혁명' 기간이다. 문혁 기간 중에는 학술 활동이 금지되고 기구가 해산되고 도서 자료도 대량으로 유실되었다. 이 기간 중 중국의 생산력 배치는 자연 법칙과 경제 규율을 경시했으며, 기업 입지와 관련된 기술적·경제적 요구도 고려하지 않았다. 이 시기에 시행된 이른바 '산으로 올라가고, 분산 배치하고, 동굴에 들어간다(山, 散, 洞)' 방침으로 인한 폐해는 당시는 물론 지속적으로 국민경제에 심각한 후유증을 남겼다. 1973년 이후 대부분의 경제지리 종사자들이 원래의 위치로 복귀해 어려운 조건하에서나마 연구를 다시 시작할 수 있게 되었다.

마지막 단계는 1976년 문혁 종료와 1978년 중공 11기 3중전회 이후이다. 즉, 중국 정부가 혼동과 착오의 시기가 종식되었음을 선언하고 개혁개방의 길로 나아갈 것을 선언하면서, 경제지리학도 다시 정상적 발전 궤도에 진입했다. 경제지리학 연구기구와 학술단체 그리고 전문 간행물 등이 급속히 증가했으며, 대학의 경제지리 교육과 연구 역량도 충실해졌다. 국가계획위원회도 국가경제 건설을 위한 기초 조사와 생산력 배치 연구를 중시해 '국토국(國土局)'을 신설했다.

학술단체 중 중국지리학회는 지리학 관련 연구 종사자들의 학술조직으로, 전신인 중화지학회(中華地學會, 1909년 창립)부터 계산하면 100년이 넘는 역사를 가지고 있다. 중국지리학회의 학술 활동은 자연지리학, 인문지리학, 경제지리학 분야를 포괄한다. 1980년 설립된 '전국 경제지리 과학 및 교육 연구회(全國經濟地理科學與敎育硏究會)'는 대학에서 경제지리를 담당하는 교원 위주로 연구와 교육에 관한 경험을 교환하기 위한 학술단체 조직이다.

1934년 난징에서 중국지리학회가 창립되면서 첫 발간된 ≪지리학보(地理學報)≫는 오늘날 중국 지리학계에서 가장 역사가 길고 권위 있는 학술지이다. 그 외에 1980년대 이후 새로이 창간된 경제지리학 관련 간행물로는 ≪지리연구(地理硏究)≫, ≪지리과학(地理科學)≫, ≪경제지리(經濟地理)≫, ≪세계지리집간(世界地理集刊)≫, ≪구역개발(區域開發)≫, ≪지리역보(地理譯報)≫ 등이 있다.

중국의 경제 건설이 진전되고 생산력 배치 방면에 변화가 일어나면서 경제지리학에 대한 수요가 더욱 증대되었다. 이러한 형세 속에서 『중국 경제지리(中國經濟地理)』, 『중국경제지리개론(中國經濟地理槪論)』, 『경제지리학도론(經濟地理學導論)』, 『중국공업지리(中國工業地理)』, 『중국교통운수지리학(中國交通運輸地理學)』, 『중국농업지리(中國農業地理)』 등 경제지리학 관련 저서들이 활발하게 출판되었다.

최근 들어 경제지리 분야 전문가들이 참여해 수행한 주요 경제 건설 항목들을 보면, 상하이 및 장강(長江)삼각주지구, 톈진(天津) 빈하이신구 및 환발해만지구 발전 연구, 우한(武汉)경제구, 총칭(重庆)경제구 등의 발전 전략과 산업 배치 연구, 산시성(山西省) 등 석탄 매장지의 자원형 도시 구조 전환 및 발전 전략 연구, 퇴경환림환초(退耕还林还草) 등 사막화 방지 전략 연구, 서부, 동북, 중부 지구 발전 전략 연구, 도시군(城市群) 발전 전략 연구, 구역협조발전(区域协调发展)과 도농통합발전(城乡统筹发展) 전략 연구, 농촌 및 도시 토지사용 제도 개혁 방안 연구 등 경제 발전과 공업화 및 도시화 진행 과정 중에 돌출된 주요 문제들에 대한 연구가 활발하게 진행되고 있다.

서양 경제지리학의 관점과 방법론 중 중국 경제지리학에 비교적 중요한 영향을 미친 것은 공간조직 분석 기법과 행태주의적 접근 방식이다. 공간조직에 대한 연구는 1960년대 이후 서구에서 경제지리학의 주요 연구주제로 부상했다. 이는 경제활동의 입지 분석, 경제 시스템의 공간적 구조와 행태를 분석하는 것으로 계량 기법에 의해 크게 발달하게 되었다. 이러한 방법론은 중국 경제지리학의 과학적 정교성을 강화하는 데에도 기여하고 있다. 또한 서구 사회과학계에서 1970년대 이후 강조되고 있는 행태주의적 접근 방식은 개개인의 의사 결정과 행태를 중시하는 연구방법론으로서, 마르크스주의의 영향으로 사회 문제를 구조적으로 인식하고 중앙집권적인 절차에 의해 해결 수단을 강구해 온 관성이 강하게 남아 있는 중국 경제지리학의 약점을 보완하는 데에 도움을 주었다.

최근에 중국의 경제와 사회가 지속적으로 성장·발전하면서, 거대한 국가 내의 다양한 지역 간 특성과 연관된 문제에 대한 연구가 활발히 진행되고 있다. 즉, 경제지리, 도시지리와 함께 지역경제 및 지역개발 관련 분야에서도 실증주의, 인간주의, 그리고 구조주의적 관점과 방법론과 이들을 복합 및 융합한 관점으로 넓혀지고 있다. 또한 지리학의 분화 추세에 부응해 경제지리학과 밀접한 관련이 있는 생산 입지, 인구, 자연자원, 생태환경, 그리고 각 지역별로 국가 규모에 걸맞은 다양한 주제의 논문과 저서가 발표되고 있다. 이처럼 한편으로는 서양의 이론과 방법론을 도입·흡수하면서 '중국 특색의 경제지리학'의 이론과 방법론을 모색·발전시켜 나가고 있다.

Questions

1. 환경결정론과 환경가능론의 차이, 그리고 경제지리학과의 관계는 어떠한가?
2. 개혁개방 이전 시기 중국에서 인문지리학은 전반적으로 부정당했고, 경제지리학점 관점만 허용되었던 배경과 이유는 어떤 것일까? 그러한 상황이 개혁개방 이후에는 어떻게 변했고, 최근 중국의 지리학과 경제지리학의 발전 동향과 전망은 어떠한가?

제2장

중국의 토지 및 수자원 현황

경제지리 분야는 지리학 계통에서 크게 자연지리와 구분되는 인문지리 분야의 한 분과이지만, 자연지리적 기초 위에서 그 특성과 지역별 차이에 따른 영향과 분리할 수 없다. 자연지리는 육지의 산, 평원, 사막 등의 부분과 함께 수면 부분인 강, 호수, 바다 등을 주요 대상으로 포괄하고 있다. 한편, 광활한 중국 대륙 각지의 토지자원은 위치·지형·기후 조건, 강과 호수의 분포, 토양·식생·경제 조건, 개발 역사 등에서 다양한 차이와 특징을 가지고 있다.

본장에서는 중국의 토지 및 수자원의 특성과 관련 내용을 고찰·정리했다. 즉, 토지자원의 특징, 토지자원의 이용 현황과 문제, 그리고 생존의 기본 조건이며 생산 활동에 매우 중요한 기초 자원인 수자원에 대해 고찰·정리했다.

1. 토지자원의 특징

1) 토지자원의 이용 구조

중국은 지구 최대의 대륙인 유라시아 대륙의 동부 그리고 최대의 해양인 태평양의 서안에 위치하고 있다. 국토 총면적은 약 960만 km²로 그 규모가 러시아와 캐나다에 이어 세계 3위이고, 아시아 대륙 면적의 21.6%를 점하고, 남북한을 합한 한반도 면적(22만 km²)의 약 44배에 달한다. 영토의 동서 방향의 길이는 동쪽의 흑룡강(黑龙江)과 우수리강(乌苏里江)의 합류 지점부터 서쪽으로 신장위구르자치구(新疆维吾尔族自治区)의 서단 우차현(乌恰县)까지 5200km에 달하고, 남북 방향으로는 북쪽의 모허(漠河)부터 남쪽의 난샤(南沙)군도까지 약 5500km이다. 또한 15개 국가와 접경하고 있는 국경선의 길이가 2만 2800km에 달한다. 광활한 중국 대륙 각지의 토지자원은 위치 지형 기후 조건, 강과 호수의 분포, 토양 식생 경제조건 개발 역사 등에서 다양한 차이와 특징을 가지고 있다.

중국의 지형은 복잡 다양하다. 산지 면적은 대략 318만 km²로 토지 총면적의 33.1%를 차지하고 있다. 고원은 약 249.6만 km²로 26%, 분지는 약 182.4만 km²로 19%, 평원은 약 115만 km²로 12%, 구릉은 대략 95만 km²로 9.9%를 차지한다.

표 2-1 중국의 토지 현황

항목		면적(만 km²)	총면적 대비 비율(%)
총면적(만 km²)		960	100
지형별	산지	320	33.33
	고원	250	26.04
	분지	180	18.75
	평원	115	11.98
	구릉	95	9.90
표고별	500m 이하	241.7	25.18
	500~1000m	162.5	16.93
	1000~2000m	239.9	24.99
	2000~3000m	67.6	7.04
	3000m 이상	248.3	25.86
토지 이용 특성별	경지	134.9	14.05
	삼림	252.8	26.33
	과수원용지(园地)	14.2	1.48
	목초지	219.3	22.84
	기타 농용지	23.6	2.46

자료: 中国统计出版社(2006: 6, 2019: 229).

토지 구성의 측면에서 볼 때, 산지가 많고 평원이 적다. 2009년 현재 전국 2862개 현(县)급 행정단위 중에서 약 65%의 현이 산지에 분포해 있다.

산지가 많을 뿐만 아니라 지세가 높아 해발 1000m 이상의 산지와 고원이 약 57.3%이고, 이 중 해발 3000m 이상은 약 26%이다. 산지의 고도 차이가 크고, 경사도는 가파르며, 토층이 얇기 때문에 평지와 비교해 볼 때 경작 조건도 떨어진다. 또한 생태자원도 취약한 편이고 이용하기가 적합치 않고 토지 유실과 자원 파괴도 비교적 쉽게 발생하고 있다. 하지만 남방의 아열대·열대 산지는 생물자원이 풍부하고, 일반적으로 수목의 성장과 다양한 특산품을 개발하기에 적합하다. 서북 지역의 산지는 중국의 주요한 목장이고 평원 지역에는 농업용 관개 수원지가 집중되어 있다.

그림 2-1 중국의 주요 산맥

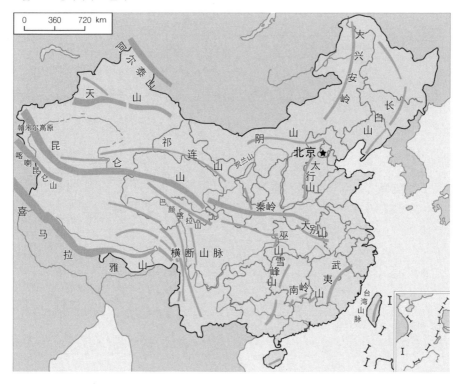

2) 토지 유형 및 토지 이용의 지역적 특성

광활한 면적과 다양한 자연 조건의 차이만큼 중국의 토지 분포는 그 유형이 다양하고 명확한 지역적 특성을 드러내고 있다. 우선 동남부와 서북부의 차이를 보면, 대체적으로 북쪽 따싱안령(大興安嶺)에서 시작해 남으로 황하(黃河)의 강줄기, 어얼둬쓰(鄂尔多斯) 고원·닝샤 염지(宁夏盐池)·통신(同心)지구를 거쳐 곧바로 징타이(景泰), 융덩(永登)과 황수이(湟水)의 계곡 지역에 이르며, 다시 칭장 고원(青藏高原)으로 방향을 바꾸어 중국과 미얀마의 국경선에 이르러서 동남과 서북의 두 부분으로 나뉘게 된다.

동남부는 중국의 경작지, 삼림, 초지, 담수, 주민 거주지이자 광·공업 용지와 교통용지가 집중된 지역이다. 또한 농·임·어업의 집산지이며, 목축업은 우리에서 사육하는 것을 위주로 하고 있다.

표 2-2 농업적 토지 이용의 지대적 구분

종류＼지역	북방 한작 농업 지역, 남방 수경 농업 지역	서북 관개 농업 지역, 칭장 고한 농목 지역
전국 대비 총인구 비중(%)	93	7
전국 대비 토지총면적 비중 (%)	47.6	52.4
전국 대비 총경작지 비중(%)	92	8
전국 대비 삼림, 내륙수역 면적 비중(%)	>90	<10

서북부는 중국 전역의 사막, 빙하와 내륙 하천 및 절대 다수의 천연 초지가 집중되어 있어 목축업 용지가 압도적인 위치를 차지하고 있으며, 방목을 위주로 하고 있다. 이 지역은 수자원이 부족해 농업용도로 이용하기 어려운 토지 면적이 중국 전국 토지 총면적의 약 1/6을 차지한다.

다음으로 남북의 차이도 비교적 명확하다. 서북부 목축업 지역은 그 안에서 다시 북부의 건조 관개농업 지역과 남부의 칭장 고랭지 농목업 지역으로 나눌 수 있다. 동남부 농업지대 내에서는 친링(秦岭) 산맥과 화이하(淮河)를 경계선으로 하는 북방의 밭농사 지역과 남방의 논농사 위주의 두 개의 커다란 토지 이용 구역으로 나누어진다. 토지 이용 분포는 지형과 해발고도의 차이에 따라 수직적 차이를 보인다.

3) 토지의 절대수량과 인구와의 관계

중국의 토지 총면적은 러시아, 캐나다에 이어서 세계에서 세 번째이고, 주요 농업용지의 총면적 또한 세계에서 수위를 차지한다. 그러나 중국의 인구밀도는 전 세계 평균 수준의 약 3배이고 토지자원의 단위면적당 인구밀도도 높다. 1인당 경작지 평균 면적은 1.52무(亩)[1]이고, 삼림 0.128ha, 목재 축적량 약 9.412m³, 천연 초지 3.5무이다. 농·임·목축업 용지의 합계는 평균적으로 1인당 6.7무이다. 이는

---

1   1무는 666.67m²(약 200평)이니 중국의 1인당 경작지 면적은 약 1013m²이다. 이는 한국의 1인당 경작지 평균 면적(400m²)의 약 2.5배다. 그러나 중국인들은 "인구는 많고 땅은 좁다(人多地小)"는 말을 자주 한다.

표 2-3 중국 농업용지 현황과 세계 수준과 비교

항목	1인당 평균(ha)		세계총량에서 차지하는 비율 (%)	세계 순위
	중국	세계		
토지 총면적	15	45.5	7	3
경작지	1.3	5.5	9	4
유림지(有林地)	1.7	15.5	3	8
초지	3.5	11.4	7	3

표 2-4 초원·황무지·사막 지역의 토양 유형 및 분포

토양 유형	분포 지역	생성 조건	이용 방향
흑개토	쏭넌(松嫩) 평원 단층지 및 대·소 싱안링(興安嶺) 산맥	온대 반습윤·반건조 초원의 식생에서 발육된 토양, 부식질 흑토, 토층의 두께는 30~50mm	농목업에 적합, 중국의 유명한 대표적 산지
율개토	네이멍구(內蒙古) 고원 중부, 따싱안링 동남부, 어얼둬쓰 고원 동부	온대 반건조 초원 식생에서 발육된 토양, 부식질 율토, 토층의 두께는 20~40mm	주로 목축업 지역, 일부는 농지, 윤목에 주의, 초원의 퇴화에 극히 주의
종개토	네이멍구 고원 중서부, 준거(准噶) 분지의 북부	황무지 초원 식생에서 발육된 토양, 부식질 종색, 토층의 두께는 15~39mm	초지의 윤작을 실행해 목축업을 발전시킨다.
회종막토	북강 동북부, 허시(河西) 회랑 지대 이북, 가란산 서쪽의 광대한 고비(戈壁) 평원 지역	극단적인 건조지에서 발육한 토양, 식물이 드물다.	건조지, 물 부족, 낙타 양육 기지

세계 1인당 평균 점유량의 1/6에 불과하다.

이 같은 상황에 대응하고자, 중국 정부는 용지 절약과 토지 낭비 근절, 인구 성장 억제를 장기적 전략 목표로 설정했다. 중화인민공화국 출범 이후, 전국 누계로 4.9억 무의 황무지를 개간했고, 도시와 농촌의 기반시설 건설 및 기타 비농업용도 사용으로 감소된 토지는 약 4.7억 무이다. 따라서 토지의 증가량과 감소량이 비슷한 편이지만, 인구 증가로 인해 1인당 평균 경작지는 감소했다.

중국 내에 이미 개발·이용 중인 토지 면적은 약 98억 무로 국토 총면적의 68%를 차지한다. 경작 면적은 전 국토의 30% 정도이며 1인당 경작 면적은 세계 평균 수준의 약 47%에 불과하다. 아직 이용되지 않고 있는 토지가 약 46억 무이며, 이

중 개간하기 어려운 사막·자갈지대가 약 40억 무로 전국 총토지 면적의 약 28%를 차지한다. 아직까지 전국적으로 약 5.3억 무의 황무지가 있으며, 이 중 약 2억 무는 농지로 개간이 가능한 상태이다. 농지로 개간한 황무지의 농사 적합률을 60%로 계산하면, 개간 가능 농경지 면적은 약 1.2억 무에 불과하다. 따라서 중국 정부는 농업 생산력을 발전시키기 위해서 (황무지의 개간 외에) 기존 경작지의 생산력 향상을 위해 노력하고 있다.

2. 토지자원의 이용 현황과 문제

1) 토지자원 이용 현황

중화인민공화국 출범 이후 중국 정부는 토지개혁을 실행했고, 군중 동원을 통해 일련의 농업 생산 조건을 개선했다. 전국적으로 대규모 농업기반시설을 건설해 구릉과 산지에는 다락밭(계단밭)을 만들고, 호수·해변에는 도랑으로 둘러싸인 밭을 그리고 강·하천·호수들이 많은 곳은 둑으로 둘러싸인 밭과 벽돌로 쌓은 밭을 조성해 농업 생산을 안정시키고 증대시켰다. 동시에 경작제도 개혁, 황무지 개간, 관개 면적 확대, 저생산 토지의 개간, 토지 유실의 관리, 농경지 방어림 조성 등의 방면에서도 상당한 성과를 얻었다. 이 같은 성과에 대해 중국 정부는 "세계 9%를 차지하는 토지에서 세계 곡물 총생산량 21%를 생산해 세계 인구의 23%인 14억 인구의 먹는 문제를 해결했다"라고 선전한다.

(1) 황무지 개간

중화인민공화국 출범 후 1980년대 말까지 2모작 지구를 확대면서 동시에 5억 무의 황무지와 900여만 무 이상의 임해지역 토지를 개간했다. 헤이룽장(黑龙江), 신장(新疆), 하이난(海南), 윈난(云南) 등의 변경(邊境) 지역에서 대형화·기계화 국영농장을 건립해, 식량 면화 고무나무 및 열대 경제작물의 생산기지를 조성했다.

농업에 적합한 황무지는 약 5.3억 무이며, 주로 북위 35도 이북에 분포해 있다.

동북지구에 가장 집중되어 있고, 네이멍구와 서북지구가 그다음이며 남방지구에도 일부 분포되어 있다. 황무지 가운데 그 질이 비교적 좋은 것과 중급은 약 1.7억 무이고, 비교적 열악한 것이 3.6억 무이다. 지역적 분포로 보면, 서북 건조 지역에 약 1.8억 무, 동북 3성 및 네이멍구 후룬베이얼맹(呼伦贝尔盟) 동부지구에 약 1.3억 무, 네이멍구의 반건조 초원에 약 4500만 무, 동남부 연해 지역에 개간 가능한 모래 지역이 약 2000만 무이며, 하이난과 윈난성의 시솽반나(西双版纳)에 있는 약 300만~400만 무의 황무지에도 고무나무류를 심을 수 있다. 성별로 보면, 황무지 자원이 1000만 무 이상인 곳은 신장, 헤이룽장, 네이멍구, 간쑤(甘肃), 닝샤(宁夏), 랴오닝(辽宁), 윈난, 장시, 광시(广西), 시짱(西藏: 티베트) 등이다.

현재 농지로 적합한 황무지의 약 44%가 사료용 작물 재배에 적합한 천연 초지로의 개발이 가능한 황무지다. 이 중 약 16~20%는 남방의 산지 혹은 구릉에 분포해 있고, 주로 목본성·식물성 기름작물과 차 혹은 귤 등 경제작물 생산에 적합하다. 이곳의 토지이용률은 50% 정도이다.

농지 개발에 적합한 자원 분포 및 개발 조건을 고려해, 중국 정부는 개발의 중점을 헤이룽장 동북부, 그리고 네이멍구의 후룬베이얼 동부, 그리고 신장지구에 두고 있다. 이곳에서도 특히 농지 개발에 적합한 자원은 산장 평원(三江平原), 헤이하(黑河) 지역 그리고 따싱안령 동서 기슭에 집중되어 있다. 이 지역에는 총 1.1억 무의 황무지가 있고, 이 중 비교적 토질이 좋은 것은 약 8000여만 무로 전국 개간 가능 농지의 약 53%이다.

이 지역 황무지 개간의 중점은 산장 평원이다. 헤이룽장성 동부 러시아와 접경한 지구에 위치한 산장 평원은 흑룡강, 쏭화강(松花江), 우수리강의 3개 강이 만나는 지역으로, 토지 총면적은 10.6만 km²이고, 전체 헤이룽장성 총면적의 23%를 차지하는 중국 내 최대의 개간 지역이다. 현재의 농경지 면적은 약 4600여만 무, 연간 식량 생산량은 50여 억 kg으로 콩 등 주요 상품식량 생산지이다. 헤이룽장과 네이멍구 동부지구에서 농지로 개간 가능한 황무지는 아직도 2000여만 무가 있고, 이 중 질이 비교적 좋은 것만도 약 절반 정도를 차지한다. 이런 황무지는 토지가 집중·연속되어 있고, 지형이 평탄하고 넓어 기계화 경작에 적합하다.

신장의 개간 가능 황무지 총면적은 1억여 무지만 질이 그다지 좋지 않다. 즉,

90% 이상이 알칼리화 또는 사막화된 토지다. 따라서 이곳 토지의 개간에는 대량의 물 사용이 요구된다. 신장이 가지고 있는 황무지 자원의 양과 질, 분포 및 개발 이용 조건으로 본다면, 금후 중점개발 지역은 가얼(噶尔) 북부, 이리하(伊犁河) 유역, 타리무(塔里木) 북부 3개 지구이다.

닝샤인촨(宁夏银川) 평원, 간쑤의 허시(河西) 회랑 지대의 농업 발전 방향은 식량, 면화, 기름작물을 위주로 하는 것 외에 그 나머지는 사료와 목초 재배 위주의 인공사료 기지를 만들어 목축업 발전을 촉진한다는 것이다. 청장 고원과 헝단산(横断山) 지역에는 농지로 적합한 황무지가 약 1600여만 무 정도 있다. 연해의 9개 성과 2개 직할시의 개간할 수 있는 간석지는 약 2000만 무 정도이다. 간석지의 분포가 좁고 긴 가지 형태를 띠고, 온대, 난온대, 아열대와 열대를 통과하는 지역 차이가 명확해 북부, 중부, 남부의 3개 지역으로 나눌 수 있다. 이 가운데 중부지구가 개발 역사가 가장 빠르고 개간 정도도 비교적 높다.

(2) 경작지 개조

중국의 현존 경작지 중에 평원 지역에 분포하는 경작지는 약 55%이고 나머지는 구릉과 산지에 분포해 있다. 현존하는 경작지 중에서 비교적 질이 좋은 경작지가 약 2/3이고, 나머지는 각종 장애 요소가 존재하는 경작지이며, 이 중 수렁지 6000만 무, 염전 약 1억 무, 바람·먼지 지역과 가뭄 지역이 약 1.4억 무이다. 이 때문에 생산력이 낮은 밭을 개조하기 위해 대량의 군중 동원 작업을 했다. 1989년 말까지의 수리 건설 실적은 다락밭 9600만 무, 염전지 개량 7324.5만 무이다. 한편, 관개 면적은 1949년의 2.4억 무에서 1989년의 6.7억 무로 증가했고, 2019년에는 11.1억 무로 세계 1위이다. 가뭄·홍수로부터 안전한 농경지 3.8억 무를 조성했다.

(3) 삼림자원 관리와 조림

한편, 임업을 부흥시키기 위해 일련의 방침과 정책들을 제정·시행했고, 식목일 (매년 3월 12일)을 지정했다. 고대에 중국의 삼림 지역은 비교적 광범위하게 분포되어 있었으나, 인구의 증가와 남벌, 그리고 끊이지 않는 전란 등으로 삼림자원이 심각한 피해를 입었다. 1949년 중화인민공화국 출범 당시 중국 전국의 삼림 면적은 11.5억 ㎥였으며 삼림 복개율은 8.6%에 불과했다. 그 후 1950년대부터 중국은 동북지구 서부, 네이멍구 동부, 허베이 서부, 허난(河南) 동부 등에 농경지 방호림을 조성했다. 서북 지역의 황토 고원에는 토지의 유실을 방지하기 위한 삼림을 조성했다. 연해의 몇몇 성에는 해안방호림을 조성했다. 1978년부터는 서북·화북 북부 동북 서부 지구에 '3북(三北) 방호림'을 조성했다.

1949년 중공 정권 출범 이후, 중국 전국을 대상으로 삼림자원 조사를 7회 실시했다. 2004~2008년 기간 중에 실시된 제7차 전국삼림자원조사(第7次全國森林資源淸査)에 의하면, 중국 전국의 삼림 면적 1억 9545만 ha, 삼림 복개율은 20.4%로 1949년(8.6%)보다 현저하게 높아졌다(활입목 총축적량 149.13억 ㎥, 삼림 축적 137.21억 ㎥). 전국 삼림 면적 중 천연림이 66%(1억 1969.3만 ha)를 점유하고 있고, 인공림이 34%(6168.8만 ha)를 점유하고 있다. 인공림 보존 면적은 중국이 세계 1위이다. 단, 삼림 총면적은 러시아, 브라질, 캐나다, 미국에 이어서 세계 5위이고, 삼림 축적량은 브라질, 러시아, 미국, 캐나다, 콩고에 이어 세계 6위이다.

1998~2008년 기간 중 중국 전국의 삼림 면적은 1억 5866만 ha에서 1억 9545만 ha로 증가했고, 삼림 복개율은 16.6%로부터 18.2%로 상승했으며, 활입목(活立木) 총축적량은 124.9억 ㎥에서 149.13억 ㎥로 증가했다. 2008년 전국의 삼림 면적은 1억 9545만 ha, 삼림 복개율은 20.4%에 달한다.

제8차 전국삼림자원조사(2009~2013) 결과에 의하면, 중국 전국 삼림 면적 2.08억 ha, 삼림 복개율 21.6%이다. 활립목(活立木) 총축적량은 164.33억 ㎥, 삼림 축적량 151.37억 ㎥이다. 천연림 면적 1.22억 ha, 축적량 122.96억 ㎥이고, 인공림 면적 0.69억 ha, 축적량 24.83억 ㎥이다. 삼림 면적과 삼림 축적량의 세계 순위는 각각 5위와 6위이고, 인공림 면적은 세계 1위이다. 조사 결과, 중국의 삼림자원은 수량이 지속적으로 증가하고 있고, 질적 수준도 안정적으로 높아지고 있고, 효능도 부단히 증가하는 등 양호한 상태로 나타났다. 천연림은 안정적으로 증가하고 있고, 인공림은 천연림보다 빠르게 발전하고 있고, 인공림의 채벌 비중도 지속적으로 상승하고 있다. 또한 삼림의 질과 임종(林種) 구조가 합리적인 방향으로 개선·발전하고 있다. 즉, 방호림(防護林)과 특수용도의 삼림 면적이 차지하는 비중이 증가하고 생태건설을 위주로 하는 임업 발전 전략이 초보적인 효과를 보이고

표 2-5 중국의 유형별 임지 면적 및 비중(2013년)

임종(林種)	공익림: 56.7%	방호림: 810081.9만 ha
		특종 용도림: 2280.4만 ha
	상품림: 43.4%	용재림: 7242.4만 ha
		땔감림(薪炭林): 123.1만 ha
		경제림: 2094.2만 ha
토지권	국유림: 8436.6만 ha(38.7%)	
	집체림: 13385.4만 ha(61.3%)	
임목권(林木權)	국유: 7143.6만 ha(37.9%)	
	집체경영: 5177.0만 ha(17.8%)	
	개체경영: 5817.5만 ha(44.3%)	

주: 홍콩, 마카오, 타이완 지구는 불포함.
자료: 國家林業部, 第8次全國森林資源淸査(2009~2013年).

있다.

삼림자원이 비교적 집중된 곳은 동북지구의 대·소 싱안령(兴安岭), 백두산(长白山), 서남지구의 쓰촨성(四川省) 서부 및 남부 산맥, 윈난성 대부분, 시짱 동남부, 화남지구 저산 구릉지구, 서북지구의 친링(秦嶺), 텐산(天山), 아얼타이산(阿尔泰山), 치롄산(祁连山), 칭하이(青海) 동남부 등 산구(山區)이고, 반면에, 광활한 서북지구 네이멍구 중서부 시장 대부분, 그리고 인구가 조밀하고 경제가 발달한 화북지구 중원지구 및 장강 황하 중하류 지구에는 삼림자원이 비교적 적게 분포되어 있다.

중국의 삼림 성장 추세와 특성은, ① 삼림 면적은 안정적 증가, 삼림 축적량은 급증 추세이다. 즉, 전국 삼림 면적 1266.14만 ha 순증(净增), 삼림 복개율 1.33% 상승으로 지속적 증가 추세를 유지하고 있고, 전국 삼림 축적량 22.79억 m³ 순증으로 급속한 증가 추세를 보이고 있다. ② 삼림구조가 개선되었고, 삼림의 질이 부단히 제고되었다. 전국 교목림(乔木林) 중 혼교림(混交林) 면적 비율이 2.93% 증가했고, 진귀(珍贵) 수종 면적이 32.28% 증가했고, 중유령림(中幼龄林) 저밀도림 비율은 6.41% 감소했다. 전국 교목림의 매 ha당 축적량은 5.04m³ 증가해 94.83m³가 되었다. 매 ha당 연평균 생장량 0.50m³ 증가해 4.73m³에 달했다. ③ 임목 채벌 소모량은 감소했고, 소비 대비 생장 임목 축적량 잉여가 지속적으로 확대되었다. 전국 임목 연평균 채벌 소모량은 3.85억 m³로 650만 m³ 감소했다. 임목 축적 연평균 순생장량은 7.76억 m³로 1.32억 m³ 증가했고, 소비 대비 생장 잉여는 3.91억 m³로 54.9% 증가했다. ④ 상품림(商品林) 공급 능력도 증가했고, 공익림(公益林) 생태 기능도 강화되었다. 중국 전국 채벌 가능 용재림(用材林) 자원 축적량은 2.23억 m³ 증가(净增)했고, 진귀용재(珍貴用材) 수종 면적은 15.97만 ha 증가했다. 전국 공익림 총생물량은 8.03억 t 증가했다. ⑤ 천연림(天然林)이 지속적으로 회복되었고, 인공림은 안정적으로 발전했다. 중국 전국 천연림은 면적 593.02만 ha, 축적량 13.75억 m³ 순증했고, 인공림은 면적 673.12만 ha, 축적량 9.04억 m³ 증가했다.

(4) 남방 산지와 구릉의 이용

중국 남방의 산지·구릉은 주로 윈난, 구이저우(貴州), 쓰촨, 후난(湖南), 후베이(湖北), 광동(广东), 하이난, 광시, 푸젠(福建), 저장(浙江), 장시, 장쑤(江苏), 안후이(安徽), 상하이 등지에 분포한다. 이런 산지에서는 풍부한 동식물자원과 광산자원이 있고 에너지원이 잠재하고 있다. 이들 토지의 개발·육성·이용·경영은 지역 실정에 적합한 방식으로 다양한 경영을 통한 전면적 발전을 추진 중이다. 산지의 자연 조건이 복잡하고, 경제 발전이 불균형하고, 지역적 차이가 극도로 크기 때문에 특별히 지역 실정에 맞는 산지 생산 정책을 강조하고 있다.

중국 남방의 산지·구릉 지역에서 농경지로 개간 가능한 황무지는 약 8000만 무가 있다. 윈난이 가장 많고, 그다음은 장시, 광시, 광동, 하이난 순이다. 황무지는 주로 윈난의 동남과 고원 및 하이난에 분포해 있다. 토양은 홍토, 황토, 전홍토, 자색토, 충적토 등이 있는데, 홍토와 황토가 상당한 부분을 차지하고 분포 지역도 넓다. 기후는 따뜻하거나 덥고 비가 많으며, 아열대와 열대 유형에 속해 다양한 목본성 기름작물 및 고무나무 등 열대작물의 생장에 적합하다. 그러나 황무지의 식물이 파괴되고 수토유실(水土流失)이 심각하고, 토양 상태가 좋지 않아 농지 개간 후 반드시 토양 개량을 해야 한다. 하이난성과 시솽반나 지역은 고무나무 등 열대작물과 경제작물에 적합하다.

표 2-6 중국 산지의 토지 이용

경사 위도	평지 (<3도)	약간 비탈 (3~10도)	완만한 경사 (10~15도)	기울어진 경사 (15~25도)	가파른 경사 (25~35도)	급경사 (>35도)
<15도	목초	야생자원	야생자원	야생자원	야생자원	야생자원
15~30도	목초	목초	목초	과수, 삼림	삼림	삼림
30~50도	작물	작물	작물, 과수, 음지 비탈 농업, 음지 과수	작물, 과수, 음지 비탈 농업, 음지 과수	삼림, 과수, 음지림, 음지 과수	삼림
>50도	작물	작물	작물	작물, 과수, 음지 비탈 농업, 음지 과수	삼림, 과수, 음지림, 음지과수	삼림

표 2-7 중국 북방 지역의 사막화 토지 분포

대구분	지역 분류	
	사막화 정도	지역
1. 반습윤 지대의 사막화 토지 소수 분포 지역	사막화 진행	1. 지린성 서부 지역 2. 황하 하류의 연안 지역
2. 반건조 지역 초원 지대 및 황무지·사막 초원 지대의 사막 발전 지역	사막화 잠재	3. 네이멍구 동북 지역 4. 우린차부(烏蘭察布) 북부 지역
	사막화 진행	5. 후룬베이얼 지역 6. 시린궈레이 지역 7. 오맹후산 및 치하얼 서부 지역 중부 지역 8. 커얼런 북부 지역 9. 어얼둬쓰중부 10. 장성 연접 지역
	사막화 강하게 진행	11. 훈샨다커 지역 12. 커얼런 동부 지역 13. 어얼둬쓰 북부 지역 14. 허우타오 서부 지역 15. 닝샤 동남 지역
	사막화 심각	16. 커얼런 동부 지역 17. 어얼둬쓰 남부 지역
3. 건조 황무지·사막 지대 유사 침식 및 고정 사구 활성화 지역	사막화 잠재	18. 바인눠얼궁 지역 19. 아라산(阿拉善) 남부 지역
	사막화 진행	20. 아라산 동남 지역 21. 뤄쑤이 하류 지역 22. 준거얼 분지 남부 지역
	사막화 강하게 진행	23. 허씨저우랑 지역 24. 타리무허 중하류 지역 25. 쯔다무 분지 지역
	사막화 심각	26. 타리무 분지 남부 지역

2) 토지자원 이용상의 주요 문제

첫째, 농경지 감소와 토지 유실이 심각하다. 중국에서 유실 감소된 농경지 규모
는 1980~1985년 기간 중 연평균 738만 무에서 1986~1990년 353만 무로 농지 유실
추세가 상대적으로 완화되었다. 그러나 1990년대 이후 토지사용의 심사·비준 권
한이 지속적으로 하위계층의 지방정부로 이양되었고, 이에 따라 토지개발에 대한
통제 관리가 어려워지면서 농지 유실량은 다시 증가해 1991~1995년 기간에 주로
동남부 연해 지역에서 연평균 500만 무의 농경지가 유실되었다. '전국 토지 이용
데이터 예보 결과'에 의하면, 2017년 말 중국 전국의 경지 면적은 1억 3486.32만
ha(20.23억 무)이고, 전국에서 건설 점용, 재해, 생태퇴경(生态退耕), 농업 구조조정
등으로 인해 감소한 경지 면적 32만 400ha, 토지 정비와 농업 구조조정 등으로 증
가한 경지 면적은 25만 9500ha로 연간 순감소 경지 면적이 6만 900ha였다. 전국
건설용지 총면적은 3958만 6500ha이고, 신규 증가 건설용지가 53만 4400ha이다.

둘째, 토지 이용이 불충분하다. 목초지의 비중은 전국 토지의 41.6%를 차지하
고 있으나, 농경지(14.2%)와 삼림(13%)의 비율이 낮다. 더구나 농업 지역에서도 토
지의 적합성, 토지자원의 유형과 구조에 따른 농업·임업·목축업 생산 혹은 식량
과 경제작물의 생산이 적절히 안배되지 않아 토지생산력을 제약하고 있다. 일부
토지는 아직 이용되지 않고 있으며, 기이용 토지도 대부분 그 잠재력을 충분히 발
휘하지 못하고 있다. 남방 산지, 북방의 반농반목(半農半牧) 지역, 황토 고원과 임
업지구 주위의 반림반농(半林半農) 지역에서는 농업·임업·목축업의 토지용도가
경합하고 있다.

셋째, 과도한 개발로 농업 생산의 악성 순환 경향이 나타나고 있다. 부적절한
면적 확대에 근거해 식량 생산을 증가시키려는 경향이 존재하고 있고, 또한 토지
의 사용은 중시하나 토질 개선은 경시하고, 비료가 부족해 지력이 과도하게 소모
되고 있다. 삼림에서도 마구잡이 벌목을 행하고 조림은 경시하고 있다. 초지 이용
은 천연적인 조건에만 맡기는 가축 사육으로 적정 목축량이 초과되면서 천연 식
생이 퇴화되었으며, 어류 및 수산자원의 포획 남용이 행해졌다. 이 같은 벌목, 과
도한 목축, 포획 남용 개발의 결과는 토지 유실과 토지 사막화를 초래 및 심화시

켰고, 토양의 이차적 알칼리화, 초원의 퇴화, 자원 고갈, 토지 생태계의 악화 등 자연생물과 농업 생산의 악성 순환으로 나타났다.

넷째, 토지 개간지수가 낮고 분포가 불균형하고 단위면적당 생산량이 낮다. 전국 평균 개간지수는 10%이나 각 지역 간 차이가 크다. 농업 발전 역사가 오래되고 인구가 많고 평원 면적이 큰 성(省)의 개간지수는 일반적으로 34~63%에 이르는데, 이런 유형은 상하이, 산동, 장쑤, 하이난, 텐진, 허베이, 안후이 등이 해당된다. 개발 역사가 길고 인구도 많지만 산지와 구릉의 점유 비중이 비교적 큰 성과 직할시, 예를 들어 산시, 베이징, 후베이, 랴오닝, 섬서(陝西) 등과 같은 곳은 개간지수가 20~27%로, 비록 앞서 기술한 유형보다는 낮지만 전국 평균보다는 배 이상 높다. 저장, 지린(吉林), 후난, 장시, 광동, 하이난, 헤이룽장, 쓰촨, 구이저우, 광시, 푸젠 지역은 개간지수가 10~20% 사이로 중간 수준에 속한다. 이 지역은 산지, 구릉 분포가 광대하고 지형 조건의 영향을 크게 받고 있다. 서북·서남 그리고 북부 변경의 소수민족지구에 분포하는 대부분의 지역은 자연 조건이 열악해서 농경에 어려움이 크다. 이런 곳은 네이멍구, 윈난, 간쑤, 닝샤, 신장, 칭하이, 시짱 등의 지역으로, 개간지수는 10% 이하로 중국 전국에서 가장 낮다.

다섯째, 알칼리성 토지, 퇴화 초원 및 사막화 토지의 면적이 비교적 크다. 중국 전국의 알칼리성 토지는 약 5억 무이고 이 중 농경지는 대략 1억 무이다. 퇴화 초원의 총면적은 약 10억 무로, 이용 가능한 토지의 30.3%를 차지한다. 중국 역사상 형성된 사막화 토지는 2억 5500만 무이고, 이 중 최근 반세기에 형성된 것이 7500만 무이며, 아직 사막화 가능성이 있는 토지도 2억 3700만 무가 있다.

여섯째, 예비 토지자원이 유한하고 이용하기 힘든 토지가 많다. 중국의 농경지 개간의 역사는 오래되었고 중화인민공화국 출범 이후에만도 이미 4.9억 무의 황무지를 개간했으므로 남아 있는 예비 토지자원 중 질 좋은 것은 많지 않다. 향후 다시 개발·이용할 수 있는 농·임·목축업 용지는 모두 약 18.8억 무로 추산되며, 주로 임업 혹은 목축업에 적합하고 과수 농작물용과 인공 목초지로 개발할 수 있는 토지는 약 5억 무 정도이다. 따라서 임업에 적합한 토지는 많으나 농사에 적합한 토지와 예비 농경지 자원은 부족한 실정이다.

3) 12차 5개년 계획의 토지자원 관리 목표와 임무

2011년 6월에 중국 국토자원부는 12차 5개년 계획(十二五規划, 2011~2015) 기간 중 국토자원 관리의 지도사상과 주요 목표와 지표, 그리고 주요 임무를 포함한 '국토자원 12차 5개년 계획 강요(国土资源十二五规划纲要)'를 발표했다. 주요 내용은 다음과 같다.

(1) 지도사상

첫째, 과학적 발전관을 중심 주제로 하고, 경제 발전 방식 전환 가속화를 주선(主线)으로 하고, 자원 절약 우선 전략, 공급과 수요 쌍방향 조절, 차별화 관리를 구체화한다.

둘째, 적극적·주동적 복무와 엄격한 규범적 관리를 견지하고 발전 보장과 자원 보호를 통합한다.

셋째, 개혁과 혁신(创新)을 부단히 개척·심화하고 과학적 발전을 보장·촉진하는 신기제를 구축해 경제사회의 전면 협조와 지속적 발전을 촉진한다.

넷째, 자원 이용 방식 전환 가속화와 경제 발전 방식 전환을 촉진하고 국토자원 보장 능력과 보호 수준의 진일보를 제고한다.

(2) 주요 목표 및 지표

주요 목표는 다음과 같다. 국토자원 보호 효과를 명확히 돌출시키고, 국토자원 보장 능력을 현저하게 증강시키고, 자원의 절약 및 집약 이용 수준을 부단히 승급시킨다. 국토자원의 민생(民生) 복무 기능을 대폭 진전시키고, 국토자원 관리 질서를 더욱 호전시키고, 국토자원시장 배치와 거시규제 기제를 진일보 완비한다.

주요 지표는 다음과 같다. 전국 농경지 보유량 18.18억 무, 기본농지(基本农田) 15.6억 무 선을 고수하고, 고표준(高标准) 기본농지 4억 무를 조성하고, 2400만 무의 경지를 보충한다. 건설용지 신규 증가 총량을 3450만 무 이내로 규제하고, 단위 GDP당 건설용지 면적을 30% 낮춘다. 신규 증가 석유 탐사 지질 비축량(地质储量) 65억 t, 신발견 대형·중형 광산 500곳 이상, 광산자원 총회수율 500% 제고 등이 있고, 광산지질환경 정비 회복율 35% 이상으로 증대, 1:25만 구역지질조사 수정감측 200만 km² 완성, 해양 생산 총액의 GDP 점유 비중 12%로 제고, 1:5만 기초 지리정보체계(GIS) 복개율(覆盖率) 95% 도달 등이 있다.

(3) 주요 임무

12차 5개년 계획의 토지자원 관리 관련 주요 임무는, 첫째, 국토자원 보장과 서비스 능력 제고, 둘째, 국토자원 보호 강화, 셋째, 자원의 절약 및 집약 이용 적극 추진, 넷째, 지질재해 방지와 국토종합정비 강화, 다섯, 국토자원 관리제도 개혁 심화, 여섯, 국토자원 과학기술 혁신과 국제 합작 강화 등이다.

그와 동시에 향후 5년간 적극적으로 실시할 국토자원 조사평가, 지질광산 보장, 국토자원 과학기술 혁신, 국토종합정비, 지질 재해의 방지, 그리고 국토자원 정보화 등 6개 항의 중대공정(重大工程)을 제출했다.

4) 13차 5개년 계획 강요의 토지자원발전 주요 목표

2016년 원(原) 국토자원부가 공포한 '국토자원 13차 5개년 계획 강요(国土资源十三五规划纲要)'에서는 13차 5개년 계획(十三五規劃, 2016~2020) 기간 중 국토자원 발전의 주요 목표를 다음과 같이 제시했다.

첫째, 국토자원 보호 효과 제고. 계획 기간 중 생태퇴경, 퇴지감수(退地减水)[2] 등 감소 여지가 있는 경지(耕地)와 동북지구와 서북지구의 안정적으로 이용하기 어려운 경지를 제외하고, 전국에서 안정적으로 이용할 수 있는 경지 보유량 18.65억 무 이상, 기본농지 보호 면적 15.46억 무 이상, 건설점용경지 2000만 무 내외, 영구기본농지 획정 업무를 완성하고, 경지수량을 기본 안정 상태에 도달케 하고, 질적 수준도 일정 부분 제고한다. 발전 개혁, 농업, 재정 부문 등과 합작해 고(高)표준 농지 8억 무 조성을 확보한다. 적극적으로는 10억 무를 쟁취하고, 토지 정비를

---

2 '생태퇴경'은 생태환경 회복을 위해 경지를 초지나 임지로 바꾸거나 환원하는 것으로, '퇴경환림환초(退耕還林還草)'라고도 부른다. '퇴지감수'는 경지를 폐기 또는 환원해 물 소비를 줄인다는 뜻이다.

통해 2000만 무 이상의 경지를 보충한다. 텅스텐(鎢), 희토(稀土), 흑연(石墨) 등 우세(优势) 광물자원 보호를 강화하고, 지하수, 지질유적과 광산지질환경을 더욱 유효하게 보호한다.

둘째, 국토자원 보장 능력 증강. 건설용지 신규 증가 총량을 3256만 무 이내로 통제하고, 신형 공업화, 정보화, 도시화(城镇化)와 농업 현대화, 그리고 기초시설, 민생 개선, 신산업·신업태 및 대중창업 만중창신(万众创新) 항목용지의 수요를 유효하게 보장한다. 대중형 광산자원용지 300~400개소 신규 발굴, 에너지자원 기지 100여 개 조성, 중요 광산자원 보장 정도의 안정적 제고, 에너지 공급 구조 지속적 특화를 한다.

셋째, 국토자원 절약·집약 이용 수준의 보편적 제고. 건설용지 총량을 유효하게 통제, 단위 GDP 건설용지사용면적 20% 절감, 재고 건설용지 잠재력 활용도 제고, 용지(用地) 통제 표준 체계 완비, 용지 절약기술을 부단히 보급 및 응용한다. 에너지자원 개발이용 효율 대폭 제고, 광산자원 개발규모화 정도 및 종합절약이용 수준 진일보 제고, 주요 광산자원 산출율 15% 제고, 녹색광업(绿色矿业)발전시험구 50개소 조성, 녹색광업 신구조 기본 형성을 한다.

넷째, 국토자원 민생서비스와 생태건설 효과를 명확하게. 토지징용(征地)제도 지속적 완비, 절차 규범화, 보상 합리화, 보장 다원화 수준을 더욱 제고한다. 지질재해, 해양재해 방어 능력을 제고하고, 역사적 광산지질환경 750만 무에 대한 정비관리 회복 임무를 완성하고, 공장광산폐기토지 재활용 강도를 부단히 강화한다. 해양생태보호와 환경 건설 성과를 획득하고, 대륙자연해안선 보유율을 35% 이상으로 유지하고, 해양보호구를 관할 해역 면적의 5%까지로 늘린다.

다섯째, 국토자원 개혁 창신의 실질 진전. 행정심사·비준 사항을 진일보 취소 및 하방(下放)하고, 중간 및 사후 감독·관리를 부단히 강화하고, 권력 명세서(清单)와 책임 명세서 제도를 기본적으로 건립한다. 토지관리제도 개혁을 안정적으로 추진하고, 부동산통일등기를 전면 실시하고, 자연자원자산 재산권 등기를 전면적으로 실시한다. 자원 유상사용제도 개혁을 더욱 심화하고, 자원 가격, 수익분배와 보상기제를 점진적으로 완비한다. 자원시장화 배치 정도를 부단히 제고하고, 석유가스자원 탐사 발굴 시장화 개혁을 전면 추진한다.

여섯째, 국토자원 관리 수준 총체적 제고. 국토자원법률법규 체계 완비, 의법행정과 과학적 정책결정 능력 제고, 국가 토지감독감찰제도와 집행감독관리 체계부단 완비, 법률법규 위반 행위 억제, 국토자원 분규 조정기제 기본 건립, 기초적 보장 능력 제고 등을 이룬다.

3. 수자원 현황 및 과제

1) 중국의 수자원량

중국의 수자원 부족은 매우 심각하다. 2017년 중국 수자원 총량은 2조 8761.2억 m³로 전 세계 수자원의 약 6% 내외 비중을 점하고 있다. 이 중 지표수자원량이 2조 7746.3억 m³이고, 지하수자원량이 8309.6억 m³이다. 중국의 담수(淡水)자원이 세계 4위이기는 하나 인구가 많고 수자원 분포가 고르지 않아서 약 1/4 가량의 성(省)은 심각한 물 부족 문제에 직면해 있다. 2017년 연평균 수자원 용유량이 2074.5m³로, 세계에서도 수자원 부족이 심각한 국가 중 하나다. 텐진시의 경우 2017년 1인당 수자원량이 83.4m³에 불과하다. 2005년 조사에 의하면 중국 대륙의 연평균 강우량은 약 60억 km³이며, 수자원으로 형성된 총량은 28억 km³다. 이 중 하천 유량은 27억 km³, 지하수자원량은 8.7억 km³(양자 상호 변경에 따른 중복 계산 7.7억 km³), 1인 평균 수자원량은 약 2.4km³로, 1인 세계 평균의 1/4에 불과하다. 즉, 중국의 수자원 총량은 약 2조 8000억 m³로서 세계 6위에 해당되지만 1인당 수자원 점유량은 2300m³로 세계 13위 물 부족 국가이다.

장강 유역 및 그 이남 하류의 유량은 전국의 80% 이상이며 경지 면적은 전국의 40% 미만으로 물이 풍부한 지역이다. 반면에 황하, 화이하, 하이하(海河)[3] 등 3대

---

3 하이하는 중국 화북지구(华北地区)에서 발해로 유입되는 하천의 총칭이며, 하이롼하(海滦河)라고도 불린다. 하이롼하 수계 유역은 동쪽 해안선이 대략 산하이관(山海关)에서 구황하하구(老黄河口)까지이다. 유역 총면적은 31.8만 km²이고, 이 중 하이하 수계가 26.4만 km², 하이롼하 수계가 5.4만 km²이다.

표 2-8 주요 국가의 총유량, 1인 평균 수량, 경작지 평균 수량의 비교

국가	연 총유량 (억 m³)	유량 깊이 (mm)	인구 (억 명)	1인 평균 수량 (m³/명)	경작지 (억 ha)	경작지 평균 수량 (m³/ha)
브라질	51,912	609	2.06	25,200	0.81	64,089
캐나다	31,220	313	0.36	86,722	0.44	70,955
미국	29,702	317	3.23	9,196	1.52	19,541
인도네시아	28,113	1,476	2.62	10,730	0.24	117,138
중국	27,115	285	13.79	1,966	1.19	22,786
인도	17,800	514	13.25	1,343	1.56	11,410
일본	5,470	1,470	1.27	4,307	0.04	136,750
전 세계	468,000	314	74.24	6,304	16.47	28,415

자료: 연 총유량과 유량 깊이는 吳传均·中国经济地理(1998), 인구수와 경작지 면적은 세계은행 2016년 통계 수치.

유역과 서부 내륙의 면적은 전국의 50%, 경제는 45%, 인구는 36%를 차지하고, 수자원 총량은 전국의 12%로 물 부족 지구에 해당된다.

중국의 하천 총유량은 브라질, 러시아, 캐나다, 미국, 인도에 이어서 6위이다. 하지만 이를 1인당 평균량으로 계산하면 2400m³로 세계 평균량의 1/4, 미국의 1/5, 러시아와 인도네시아의 1/7, 캐나다의 1/50이다. 일본의 하천 유량은 중국의 1/5이지만, 1인당 평균량은 중국의 2배에 달한다.

2) 수자원 분포의 불균형과 유역 간 수자원의 조절

중국의 수자원 분포는 남쪽은 풍부하고 북쪽은 부족하다. 남쪽의 4개 유역, 즉 장강 유역, 주강 유역, 저장, 푸젠, 타이완의 모든 하류, 서남부의 모든 하류는 다년간 평균 유량의 깊이가 모두 500mm 이상이며, 이 중에 저장, 푸젠, 타이완의 모든 하류는 1000mm를 넘는다. 북쪽지역 중 화이하 유역은 225mm로 전국 평균(284mm)보다 약간 낮고, 흑룡강, 랴오하(辽河), 황하, 하이하의 4개 유역은 100mm 정도이다. 내륙의 하류는 더욱 적어 32mm에 불과하다.

중국 남부의 4개 강 유역의 면적은 전국 총면적의 36.5%, 경작지 면적의 36.0%, 인구의 54.1%를 점하고 있지만, 수자원은 전국 총량의 81%를 점하고 있어, 1인당

그림 2-2 수자원 분포도(2005년)

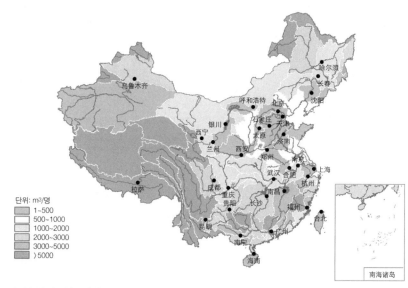

자료: 中國水利電氣科學硏究院(2008).

그림 2-3 1인당 평균 수자원 점유량(2005년)

자료: 中國水利電氣科學硏究院(2008).

표 2-9 중국 주요 강의 유량 비교

강	유역 면적 (km2)	길이(km)	평균 유량 (m3/초)	총유량 (억 m3)	연유량 깊이 (mm)
장강	1,807,199	6,380	31,060	9,793.53	542
주강	452,616	2,197	11,070	3,492.00	772
흑룡강	1,620,170	3,420	8,600	2,709.00	167
아루장부강 (雅魯藏布江)	264,000	1,940	3,700	1,167.00	474
황하	752,443	5,464	1,820	574.50	76
화이하	185,700	1,000	1,110	351.00	189
압록강	62,630	773	1,040	327.60	541
하이하	264,167	1,090	717	226.00	85
위안강(元江)	34,917	772	410	129.20	370
이리하(伊犁河)	57,700	375	374	117.90	208
어얼치쓰하 (额儿齐斯河)	50,860	442	342	107.90	212
랴오하(辽河)	164,194	1,430	302	95.27	58
한강(韩江)	34,314	325	942	297.10	866
누강(怒江)	142,681	1,540	2,220	700.90	469
란창강(澜沧江)	164,799	1,612	2,350	742.50	412

주: 황하와 하이하의 수량은 천연경유량(天然径流量).
자료: 黃河水利委员会 海滦河流域年径流分析协作组資料.

물의 점유량이 4000m3로 전국 평균치의 1.6배이다. 남부 지역의 경작지 1무당 수자원의 점유량은 4130m3로 전국 평균의 2.3배이다. 이 중 서남지구 유역의 수자원은 인구가 적은 관계로 1인당 수자원량이 3만 8400m3인데, 전국 평균의 15배에 달하고 1무당 점유량은 2만 1800m3로 전국의 12배이지만, 산이 높고 험하고 물이 깊기 때문에 이용이 곤란하다.

북방 지역은 수자원이 부족하다. 랴오하, 하이하, 황하, 화이하의 4개 유역은 전국 총면적의 18.7%로 남부 4개 유역 면적의 절반에 해당하지만, 수자원 총량은 2702억 m3로 남부 4개 유역의 12%에 불과하다. 특히 하이하 유역이 심각한데, 1인당 수자원량이 430m3로 전국 평균의 16%에 불과하며, 1무당 점유량은 251m3

표 2-10 수량의 구분

	연강수량(mm)	연유량 깊이(mm)	연유량계수
수자원 풍부 지대	>1,600	>800	>0.5
수자원 다량 지대	800~1,600	200~800	0.25~0.5
중간 지대	400~800	50~200	0.1~0.25
수자원 희소 지대	200~400	10~50	<0.1
수자원 결핍 지대	<200	>10	유량이 없는 지역

로써 전국 평균의 1/3, 세계 평균의 1/15로 베이징 수도권지구 발전에 심각한 제약 요인이다.

이처럼 수자원의 지역적 분포가 고르지 않으므로 남쪽 장강의 풍족한 물을 (물이 부족한) 북쪽에 끌어 쓰는 방안, 즉 남수북조(南水北調) 공정[4]이 추진되고 있다. 중국과학원은 1959년부터 이 문제를 연구하기 시작했고, 서남부의 물을 북쪽으로 공급하기 위한 목적으로 조사단을 파견했다. 그리고 40여 년간의 연구를 통해 남수북조 노선을 서선(西線), 중선(中線), 동선(東線) 3개 공정으로 확정했다.

(1) 서선

장강 상류에서 황하 상류에 관개하는 것으로, 주로 황하 상·중류 및 서북 지역에 물을 공급한다. 이는 세 가지 주요 물 공급선으로 나눌 수 있는데, ① 통차이(通柴)는 통텐하(通天河)선에서 70억 m³의 수량을 차이다무(柴达木) 분지로 관개하는 것, ② 위지(玉積)는 위수(玉樹) 선에서 통텐하의 물을 끌어들여 써다베이(色达琪)를 거쳐 지스산(积石山) 앞에 있는 황하로 관개하는 것, ③ 웡딩(翁定)은 진샤강(金沙江)선의 웡수(翁水) 하구의 물을 야룽강(雅礱江), 따두하(大渡河), 민강(岷江)을 거쳐 간쑤성에 관개하는 것이다. 서선공정 프로젝트는 3개 시기로 나누어 실시하고, 2001년 공정계획 심사를 통과했다. 장강 상류에서 통텐하에 관개되는 수량은 연

---

4 남수북조 공정은 남쪽 장강의 물을 북부 황하 상류로 연결 공급하기 위한 공정으로, 베이징 수도권을 포함한 황하 하류의 허베이성, 허난성, 산동성 일대 지역의 용수 부족 해소가 주목적이다.

평균 100억 m³에 달하고, 그 지류인 야룽강과 따두허에서 관개되는 물은 각각 50억 m³에 달하며, 이 세 가지 선의 연간 최대 관개 수자원은 200억 m³에 달한다. 서선의 관개는 산이 높고 계곡이 좁으며 해발고도가 높고 건설시공 자재가 부족하고 교통이 불편해 많은 투자비용이 요구된다.

(2) 중선

장강 중류 및 그 주류, 지류인 한수(漢水)의 물을 푸니우산(伏牛山)과 타이항산(太行山) 동쪽에 관개해 베이징 및 황하, 화이허, 하이허 평원 지역으로 끌어들이는 것이다. 중선의 총길이는 1000km이고 연간 관개량은 300억 m³에 달한다. 이는 또한 물이 자연스럽게 공급되고 관개량 또한 많으며 물의 낙차가 커서 수력발전에도 이용할 수 있다. 난제는 단강(丹江) 입구 둑의 높이를 높여야 하며 삼협댐과 연계시켜야 한다는 점이다. 단장커우(丹江口)댐을 높인 후, 단장커우 저수지의 정상 물 저장 수위가 170m에 달했는데, 이는 계획 수량 공급을 보장해 준다. 2020년 6월 3일 남수북조 중선 1기 공정은 이미 2000일간 안전하게 물 공급을 하고 있고, 북쪽으로 보낸 물의 누적량이 300억 m³이고, 연선 인구 6000만 명에게 혜택을 주고 있다.

(3) 동선

장강 하류에서 징항(京杭: 北京-杭州) 운하를 따라 북쪽으로 관개하는 것으로, 황화이하이(黃淮海) 평원 동부에 물을 공급하는 것이다. 동선의 길이는 1150km에 이르며, 연평균 관개량은 300억 m³에 달한다. 동선은 새로 수로를 건설할 필요가 없이 기존의 장두(江都), 화이안(淮安)의 양수시설 및 징항 운하를 이용할 수 있다. 하지만 문제는 황하 연안의 지세가 장강의 수면보다 약 40m가 높아 13개의 계단식 둑을 건설해야 하고 물을 공급하기 위해 100kW의 발전 용량으로 1년 내내 송전해야 하므로 관개 비용이 높다. 장쑤성 내에서는 이 사업 관련 공정이 기본적으로 완성된 후 40년간 성 북부지구(苏北地区)에 관개하고 있고, 배수와 항운에도 중요 작용을 발휘하고 있다. 남수북조 동선 1기 공정은 2013년 11월 15일, 정식 통수(通水) 후 7개년간 산동성으로 물 공급 누적수량 46.1억 m³를 순조롭게 완성했다.

그림 2-4　중국 남수북조 위치

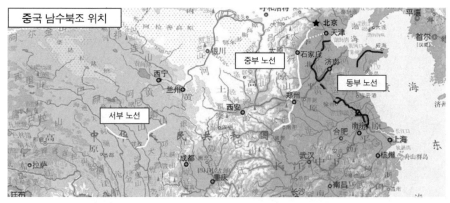

자료: 中华人民共和国水利部.

　2002년 12월 남수북조 공정이 정식 착공되었고, 수년간의 건설을 거쳐서 동선과 중선 1기 공정이 각각 2013년 11월 15일과 2014년 12월 12일 완성·통수되었다. 2019년 12월 12일에는 북방으로 보낸 물의 누적 총량이 300억 m³에 달했고, 수혜 인구는 1.2억 명을 초과했다. 동시에 이 공정은 징진지(京津冀, 베이징-텐진-허베이) 협동발전, 숑안신구(雄安新区) 건설 등 국가 차원의 중대 전략 실시를 위한 든든한 수자원 지원을 제공해 준다. 2050년 남수북조 동선, 중선, 서선의 통수 총규모는 448억 m³이고, 이 중 동선 148억 m³, 중선 130억 m³, 서선 170억 m³이다. 전체 공정은 실제 상황에 근거해 기간을 구분하며 실시될 예정이다.

3) 수자원의 연간·연중 변화와 수해

　중국의 강수량은 주로 여름에 집중되어 있다. 이러한 계절성 집중호우는 농업에 유리하지만 중국 대부분의 지역은 계절풍의 영향을 받아 강우량의 연간·연중 변화가 매우 크며, 이로 인해 물 부족 지역의 변화율도 크다. 이로 인해 하천의 연간·연중 유량 변화 또한 매우 크다. 강우량과 유량의 큰 변화는 용수 개발에 어려움을 줄 뿐 아니라 수해가 빈번하게 일어나는 원인이기도 하다.

그림 2-5 중국 강수량 분포도

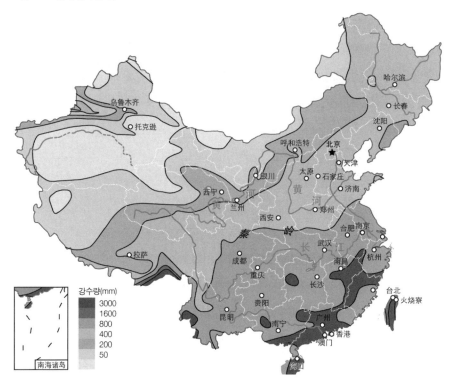

(1) 연간 변화

중국의 기후는 계절풍의 영향을 받아 연간 강우량의 변화가 매우 크며, 이로 인해 수자원의 시간적 분포 또한 매우 불균형적이다. 어떤 해는 물이 풍족하나 어떤 해에는 가뭄이 발생하는 등 가뭄과 침수의 피해가 자주 발생한다. 강우량의 연간 변화는 일반적으로 연간 유량변화계수(C_v)를 사용해 표시하는데, 이 계수가 크면 강우량의 변화가 크고 계수가 작으면 강우량의 변화가 작다. 이 계수의 지역적 분포를 살펴보면, 장강, 화이하의 구릉 지대와 친링 산맥 이남 지역은 0.5 이하이고 후난과 후베이 이남은 0.3~0.4, 화이하 유역은 0.6~0.8, 화북 평원(华北平原)은 1.0을 넘는다. 동북의 산지는 일반적으로 0.5 이하이고, 쏭랴오 평원(松遼平原)과 산장 평원은 0.8 이상이며, 황하 유역은 0.6 이하, 내륙 지역은 0.2~0.3, 내륙 지역중 몇 개 분지는 0.6~0.8, 네이멍구 고원 서부지구는 1.0 이상이고, 이 중 최고 높은 지역은 1.2에 달한다.

물 부족 상황은 수년간 연속해서 나타나기도 한다. 닝샤 지역의 경우 1956~1979년, 1969~1976년 기간 중 연속적으로 가뭄과 물 부족 현상이 나타났다. 황하의 섬현(陝县)은 1922~1933년 11년간 연이어 가뭄이 발생하기도 했다. 이 기간 동안에 그곳 농민과 주민들이 겪은 고통과 절망은 직접 겪어보지 않은 사람으로선 상상하기조차 힘들 것이다.

(2) 연중 변화

중국 각지의 연 강우량과 연 유량은 모두 여름철에 집중되어 있지만, 각 지역의 집중 정도와 상황 또한 큰 차이가 있다. 수자원의 연중 변화는 가뭄 또는 침수 피해에 대해 직접적인 영향을 줄 뿐만 아니라 수자원의 이용과 밀접한 관계가 있다. 〈표 2-11〉은 중국 주요 도시의 강우량을 나타내고 있다.

중국의 연간 유량 집중도 분포는 동에서 서로, 남에서 북으로 갈수록 점점 증가하는 추세이다. 중국의 남쪽 유량 집중도는 40~50 정도이고, 북쪽은 60~70이며, 유량 집중도가 최고인 지역은 산동반도와 요동반도, 동북의 하류, 신장의 아얼타이산, 쿤룬산(崑崙山) 등으로 70 이상이다. 집중 시기는 남쪽의 경우 7월 중순에서 8월 초, 화북 유역은 9월초이다.

(3) 가뭄과 홍수

피해 손실 측면에서 보면 가뭄의 주요 피해 대상은 광범위한 농촌과 농업이며, 홍수 피해의 대상은 주로 도시와 공업이다. 농업 가뭄은 강우량을 표준으로 하는 기상 상태와 토양의 수분과 농작물의 생리와 밀접한 관계가 있다.

한편, 중국의 사막화 면적은 전체 국토 면적의 1/3에 달하며, 풍사(風沙)·침식 사막화의 위험으로 인해 전국의 1300만여 ha 농경지가 생산이 불안정한 상태이고, 약 1억 ha의 초원이 풍사로 인한 피해를 입어 심각히 훼손된 상태이다.

모래 폭풍(沙尘暴) 발생 빈도도 급격히 증가했다. 2000년에는 총 13차례, 2001년에는 총 32차례의 모래 폭풍과 양샤(揚沙)가 발생했다. 모래 폭풍의 피해가 심각한 지역은 북부 지역 특히 서북부 지역의 건조 지역인 신장성, 네이멍구 서부, 간쑤

표 2-11 중국 주요 도시의 강우량 연중 변화

지역	연강우량 (mm)	4계절의 강우량 비율(%)				일일 최대 강우량 (mm)
		봄	여름	가을	겨울	
하얼빈	523.3	13.9	64.1	19.2	2.8	104.8
창춘(长春)	593.3	12.3	67.8	17.9	2.1	130.4
베이징	644.2	9.5	74.9	13.6	2.0	244.2
난징	1,031.3	25.8	45.1	18.4	10.7	172.5
우한	1,204.5	33.6	40.3	15.7	10.4	317.4
푸저우(福州)	1,343.7	35.6	37.4	15.3	11.7	167.6
광저우(广州)	1,694.1	32.4	43.3	17.4	6.9	284.9
타이베이	2,118.1	27.8	39.5	19.4	13.8	358.9
후허하오터	417.5	13.1	65.8	18.5	2.6	210.1
시안(西安)	580.2	24.1	38.5	33.1	4.3	92.3
정저우(郑州)	640.9	19.3	53.3	22.7	4.7	189.4
청두(成都)	947.0	17.0	61.3	19.3	2.4	195.2
구이양(贵阳)	1,174.7	28.7	45.1	20.8	5.4	133.9
쿤밍	1,006.5	12.8	59.4	24.2	3.6	153.3
라싸	444.8	7.3	77.6	14.8	0.3	41.6
시닝(西宁)	368.2	18.9	57.4	22.7	1.0	62.2
우루무치	277.6	32.6	30.4	24.8	12.2	57.7
거얼(噶兒)	60.4	7.4	75.4	9.6	7.6	20.8

자료: 国家气象局资料.

성 하서주랑(河西走廊), 칭하이성 차이다무 분지다. 이곳에는 사막 및 고비, 사화 (沙化) 토지가 광범위하게 분포되어 있으며, 건조한 기후와 빈번한 강풍 발생 등으로 인해 모래 폭풍이 빈발하고 있다. 1990년대 이후에만 이미 20여 차례 모래 폭풍이 발생했고, 풍사의 영향으로 사막화되는 토지 면적이 매년 1200여 km²에 달한다. 2000년 기준 중국 내 빈곤 지역의 60% 이상이 풍사 피해 지역에 분포되어 있다.

"가뭄은 광대한 지역에, 침수는 하나의 거대한 선을 따라(旱是一大片, 澇是一條線)"라는 말이 있다. 1949년 중공 정권 출범 이래 출현한 가뭄 재해를 그 피해 면적으로 보면, 1957~1962년, 1972년, 1978~1982년, 1985~1989년, 1991~1995년, 1997년, 1999~2001년이 피해가 컸고, 연평균 가뭄 피해 면적은 3000만 ha 이상이었다. 1950~1990년 41년 기간 동안 11회의 특대가뭄(特大干旱)이 발생했고 발생 빈도는 27%였다. 1991~2010년 기간에는 중대가뭄(重大干旱)이 발생했고 발생 빈도는 45%였다. 2005년 이후에는 재해 면적이 다소 감소하긴 했으나 계절에 관계없이 발생하고 있고, 특히 남방지구의 연속되는 가뭄은 경제 발전 선진지구라는 대환경(大环境) 조건 아래서 일상생활, 생산, 국민경제, 사회 안정 심리 등에 주는 영향이 매우 크다.

가뭄의 빈발 횟수도 매우 잦은데, 가뭄 피해가 심각한 지역으로는 쏭랴오 평원(松辽平原), 황화이하이 평원, 황토 고원, 쓰촨 분지의 동북부와 윈난 고원 일대가 있고, 전국 가뭄 피해 면적의 70% 이상을 차지한다. 1990년대에 들어서 가뭄 피해를 받는 농지 면적은 4억 무(약 2667만 ha) 정도이다. 계절로 보면 전국적으로 봄 가뭄이 가장 심각하고, 지역상으로는 북방 지역의 봄·여름 가뭄이 심각하다. 장강 중하류와 주강 유역은 여름 가뭄 피해가 심각하고 그다음이 가을 가뭄이다.

중국에서 홍수 피해는 주로 동부 지역에 집중되어 있다. 이 지역은 중국 국토 면적의 1/10, 5억의 인구, 3300만 ha의 농경지에 전국 농공업 생산의 70%를 차지하고 있고, 100여 개의 대·중도시가 있는 지역이다. 중국의 홍수 피해는 주로 계절풍 기후와 독특한 지형 및 지질로부터 초래되었으나 근대 이래로는 인간에 의한 영향도 커지고 있다. 홍수가 반드시 피해로 이어지는 것은 아니다. 몇몇의 하천은 홍수 발생이 자주 일어나지만 피해 손실은 그다지 크지 않다. 예를 들어 신장의 예얼장하(葉兒姜河)는 1961년 9월 4일 연평균 유량의 3배 이상인 $6270m^3/$초의 엄청난 유량이 발생했지만 손실은 크지 않았다. 총체적으로 홍수 피해의 손실은 전 성(省) 생산치의 1%이며 그중 안후이성은 3%를 차지한다.

4) 수자원 오염

자연 상태에서 중국의 담수 수질은 전국 대부분의 지역에서 양호한 편이다. 즉, 담수의 광도(礦化度)나 총경도(總硬度)가 비교적 낮다. 주요 하류 중 담수의 광도와 총경도가 최대인 곳은 황하 주류로, 광도가 300~500mg/l이다. 총경도는 85~110mg/l로 중간 정도의 수준이다. 1000mg/l의 높은 광도를 가지고 있는 담수 면적은 전국 총면적의 13%를 차지하며, 총경도가 200mg/l를 넘는 담수 면적은 전국 총면적의 12%를 차지한다. 높은 광도와 경도를 가지고 있는 지역은 중국에서 건조·반건조의 지역으로, 타리무 분지, 화이거얼 분지, 차이다무 분지, 네이멍구 고원의 서부 지역 및 황하 유역 중상류 지역의 황토 고원이다. 이 지역의 하천 분포 면적은 매우 작고 유량 또한 적어 그 영향이 그다지 크지는 않다.

　그러나 수질오염 상황이 날로 심각해지고 있다. 1993년 전국 도시의 생활 및 공업폐수의 총배출량이 355.6억 m³이며, 이 중 공업폐수 배출량이 219.5억 m³이다. 2018년 도시 오수 배출량은 521.1억 m³로 전년 대비 28.7억 m³, 5.8% 증가했다. 매년 도시와 공장의 미처리된 하수가 전체 가용 수자원의 10% 이상을 오염시키고 있다. 또, 인구 급증에 따라 주민 이용 수량, 특히 도시 용수량이 폭증했고 이에 따라서 도시 오수 처리량도 함께 증가했다. 이 외에도 농촌에서 잔류 가능성이 높은 농약 대량 사용으로 인해 강과 호수의 수질오염도 심각한 실정이다.

　532개 담수 지역에 대한 조사에 의하면 436개의 강과 호수가 오염되어 있고, 중국의 7대 강 중 15개의 주요 도시 지역의 인근 강의 13개 지역이 심각히 오염되어 있다. 또한 담수 중 66%가 음용수의 기준에 미달했다. 11%의 수자원이 농업관개수의 기준에도 부합하지 못했고, 6%의 수자원은 유독 물질을 포함하고 있어 하수 배출량의 기준을 초과했으며, 오염 정도가 심각하고 검은 색과 악취를 풍기고 있다. 중국의 수질은 5개 등급으로 구분한다. 음용수원(飮用水源)인 1, 2, 3급까지인데, 2016년 기준 중국은 4급, 5급 및 열(劣)5급 수질인 물(水体)의 점유 비율이 하류 28.8%, 호수(湖泊) 33.9%, 저수지(水库) 32.9%, 성 경계 하천 및 지표수 32.3% 이상이고, 서방 발달국가보다 중금속과 유기물 등 오염 등이 더욱 심각하다. 중국 수리부(水利部)가 전국 700여 개 하류(河流) 약 10만 km의 수질에 대해 평가 작업을 한 결과, 46.5%의 하천이 오염 상태이고 수질은 4급과 5급수이고, 특히 10.6%는 오염이 더 심각해서 5급 수준보다 더 열악하고 이미 사용 가치를 상실한 상태이다. 수질오염은 동부에서 서부로, 하천 지류(支流)에서 간류로, 도시에서 농촌으로, 지표에서 지하로, 구역(區域)에서 유역(流域)으로 확산되고 있다.

(1) 강물 오염

2004년 중국의 환경 보호 기관이 7대 강 110여 개 지점의 수질을 분석한 결과, 1·2급수에 해당한 지역은 32%, 3급수는 29%, 4·5급수는 39%에 달했다. 이 중 하이하와 화이하 유역, 랴오하 유역이 제일 심각했다. 하이하 유역은 상류를 제외하고 거의 모든 지역이 5급수를 넘어섰다. 화이하 유역도 수질이 5급수 또는 그보다도 못한 지역이 대부분이다.

2019년 장강, 황하, 주강, 쏭화강, 화이하, 하이하, 랴오하 7대 수계 유역, 저장성과 푸젠성(浙閩) 지역 하천(河流), 서북지구와 서남지구의 하천을 감측한 결과, 1610개 수질 단면 중 1~3급이 79.1%, 열5급이 3.0%를 점했다. 주요 오염지표는 화학적 산소요구량(化学需氧量, COD), 과망간산염지수(高錳酸盐指数)와 암모니아질소(氨氮)다.

서북지구의 하천, 저장성과 푸젠성 지역 하천, 서남지구의 하천, 그리고 장강 유역 수질이 가장 좋고, 주강 유역의 경우 양호, 황하, 쏭화강, 화이하, 랴오하 각 유역은 모두 경도(輕度) 오염 상태이다.

2019년에는 장강 유역 수질이 가장 좋았다. 509개 수질 단면 감측 결과, 1~3급이 91.7%, 열5급이 0.6%였다. 이 중 간류와 주요 지류 수질이 가장 좋았다. 황하 유역은 경도 오염이고, 주요 오염측정지표는 암모니아질소, 화학적산소요구량, 인(总磷)이었다. 감측한 137개 수질 단면 중 1~3급 수질 점유율이 73.0%, 열5급이 8.8%였고, 이 중 간류 수질이 가장 좋았고, 주요 지류는 경도 오염 상태였다. 2019년 주강 유역 수질은 양호 수준이었다. 감측한 165개 수질 단면 중 1~3급 86.1%, 열5급 3.0%를 점했다. 이 중 하이난다오(海南岛) 내 하류 수질이 가장 좋았고, 간류와 주요 지류 수질은 양호 수준이었다.

쏭화강, 랴오하 유역은 1·2급수 4%, 3급수 29%, 4·5급수 67%이며, 이 중 타이즈하(太子河) 유역의 오염이 가장 심각하다. 하이하 유역의 경우 1·2급수는 42%, 3급수는 17%, 4·5급수는 41%이고, 주요 오염물질지표는 암모니아질소, 과망간산염, 페놀, 화학적산소요구량 등이다. 2019년 쏭화강 유역은 경도 오염 수준이고, 주요 오염물질지표는 화학적산소요구량, 과망간산염지수, 암모니아질소다. 감측한 107개 수질 단면 중 1~3급 수질 수준이 66.4%, 열5급 수준이 2.8%를 점했다.

그림 2-6 2019년 중국 전국 유역 총체수질 현황

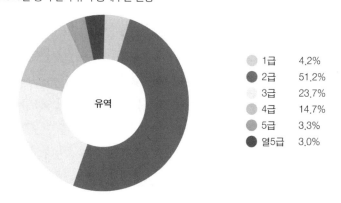

● 1급	4.2%
● 2급	51.2%
● 3급	23.7%
● 4급	14.7%
● 5급	3.3%
● 열5급	3.0%

유역

그림 2-7 2019년 7대 유역과 저장-푸젠, 서북·서남지구 강의 수질 현황

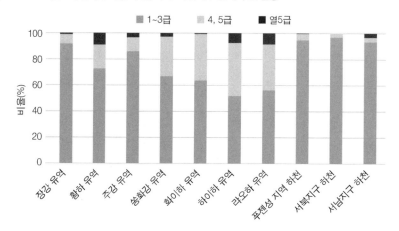

이 중 간류, 두만강(图们江) 수계와 쑤이펀하(绥芬河) 수질이 양호 수준이고, 주요 지류, 흑룡강 수계와 우수리강 수계는 경도 오염 수준이었다.

위에서 상술한 7대 강 유역 이외에 저장성 일대를 흐르는 첸탕강(钱唐江)[5]과 쓰촨성 일대를 흐르고 장강 지류 중 유수량이 가장 많은 민강의 수질은 비교적 좋고 오염이 덜하다. 1~2급수는 63%, 3급수 25%, 4~5급수 12%이다. 주요 오염 물질은

---

5   첸탕강의 옛 이름은 저강(浙江)으로, 이 강의 유로와 유역 일대를 '저장(浙江)'이라 부르게 된 연원이 되었다.

표 2-12 7대 하천 수계 수질 비교(2019년)

수계 명칭	1~3급(%)	4~5급(%)	열5급(%)
장강	91.7	7.7	0.6
황하	72.9	18.2	8.8
주강	86.0	10.9	3.0
쏭화강	66.4	30.9	2.8
화이하	63.7	35.8	0.6
하이하	51.9	40.6	7.5
랴오하	56.4	34.9	8.7
총계	70.0	25.5	4.5

자료: 中华人民共和国生态环境部(2019).

암모니아질소다. 중국 내륙의 강들은 총경도와 암모니아의 함유량이 비교적 높으나, 도시 인근 하류를 제외하고 대부분의 지역에서 수질이 양호한 상태이다. 1~2급수는 61%, 3급수는 29%, 4~5급수는 10%이다.

2019년 장강, 황하, 주강, 쏭화강, 화이하, 하이하, 랴오하 7대 하천 유역과 저장과 푸젠 지역 하류(河流), 서북지구와 서남지구의 하천들을 대상으로 감측한 결과, 1610개 수질 단면 중 1~3급 수준의 수질 단면 점유율이 79.1%, 열5급 수준 수질 점유율이 3.0% 였다. 7대 하천 수계별 수질조사에서는 1~3등급 4~5등급, 5등급 이하 수질 면적의 점유율이 각각 70.0%, 25.5%, 4.5%로 나타났다.

중국 전국의 수토 유실 토지 면적은 367만 km²에 달해 중국 국토 면적의 38%에 해당한다. 중앙정부가 매년 1억 2000만 위안을, 지방정부가 2억여 위안을 투자해 매년 3만 km²의 면적을 정비하고 있지만, 대부분 지역에서 정비 속도가 유실 속도를 따라잡지 못하고 있다.

수토 유실은 토양의 비옥도에 심각한 영향을 미쳐 토지의 생산력을 떨어뜨리고 있다. 매년 중국 전국의 유실 토양은 50억 t에 달해 세계 수토 유실량(600억 t)의 1/12에 해당한다. 매년 중국 전체 농경지에서 1mm 두께의 표토가 유실되고 있고 그 양은 33억 t에 달한다. 토양의 유실은 강의 모래 양을 증가시키는데, 중국 강의 모래 포함량은 세계 제일이다. 매년 전국의 강에 유입되는 점토와 모래 양은 약

35억 t에 달하며, 세계의 큰 강 중 황하와 장강은 점토와 모래의 포함량이 각각 16억 t, 5억 t으로 세계 1위와 4위를 차지한다.

(2) 호수 오염

오염 물질은 호수에도 흘러들어 유명한 호수들을 오염시키고 있다. 이미 심각히 오염된 호수는 장쑤성과 저장성의 타이호(太湖), 윈난성 쿤밍시 뎬츠(滇池), 안후이성 허페이(合肥)시 차오호(巢湖) 등이다. 그 외에 호수의 부영양화도 수자원의 효율적 이용을 제약하고 있다.

1980년대 초부터 타이호의 수질이 현저하게 악화되어, 전체 수질이 1급수에서 3급수로 떨어졌다. 부영양화의 정도도 심해서 큰 면적에 걸쳐 적조 현상이 자주 발생한다. 1995년 7월에는 타이호변의 도시인 장쑤성 우시(无锡)시의 메이위안(梅园) 상수도원에 적조 현상이 발생해 상수도를 며칠 동안 중단했고, 시민 중 1/5이 상수 공급을 받지 못했다. 타이호의 어종은 60여 종에 달했고, 은어, 흰새우, 강달어를 타이호의 3개 보물(三寶)이라 부르며, 특히 은어는 장쑤성 수산품 중 일등품이었으나 지금은 거의 고갈되었다. 최근 들어 타이호의 관광산업 발전이 빠르게 진행되었지만 이 중 많은 활동이 타이호의 생태환경을 심각히 파괴했다. 장쑤성 환경기관의 자료에 의하면 타이호변 지역 공업 지역의 폐수 방출량이 전체 타이호에 유입되는 폐수의 1/3을 점하고 있고, 부영양화를 야기하는 주요 오염 물질인 질소와 인은 공업 지역으로부터의 폐수가 각각 33%와 12%를 차지한다. 질소의 29%는 농경지와 생활폐수로부터, 인의 62%는 도시의 생활폐수로부터 온다. 2019년 타이호는 경도 오염 수준이고, 주요 오염지표는 인이었다. 이 중 동부연안지구 수질은 양호 수준, 북부연안지구와 호수중심지구(湖心区)는 경도 오염 수준, 서부연안지구는 중도(中度)오염 수준이다. 호수 전체는 경도 부영양 상태였다. 이 중 북부연안지구, 동부연안지구, 호수중심지구는 경도 부영양 상태이고, 서부연안지구는 중도 부영양 상태였다. 호수 주변 환호하류(环湖河流) 수질은 우수(优) 수준이었다. 감측한 55개 수질 단면 중 등급별 점유율은 2급 27.3%, 3급 63.6%, 4급 9.1%였다.

다른 호수의 상황도 타이호와 큰 차이가 없다. 전국 호수의 면적은 점차 작아지고 있다. 30여 년간 호수의 면적이 1km² 이상 감소된 호수가 543개에 달한다. '천

개의 호수가 있는 성(千湖之省)'이라 불리는 후베이성은 1950년 1066개의 호수가 있었는데 2000년에는 325개로, 호수면적은 3/4 이상 감소했다.

1995년 중국의 11개 호수에 대한 조사 이후 안후이성 수도 허페이시의 남부에 위치한 차오호의 오염이 가장 심각했고, 주요 오염 물질은 질소와 인이었다. 3000여 개의 기업이 이 호수에 방출하는 공업폐수와 생활폐수의 총량이 하루 평균 53만 t에 이른다.

차오호에는 폐수와 화학비료뿐 아니라 물에 의한 토양 유실로 인해 매년 260만 t의 토사가 유입되고 있다. 차오호는 매년 얕아지고 있으며, 이미 100여 종의 수중 조류가 번식하고 있어서 이들이 부패해 악취를 발하고, 물의 색도 변하고 있어서, 배를 띄우기조차 곤란하다. 톈츠는 8개의 수질지표가 표준치를 초과했고, 질소와 인, 수은의 연평균치가 각각 표준치의 2.0배, 5.0배, 2.1배를 초과하고 있다. 2012년 11월, 차오호지구 종합정비 1기 공정이 시작되었고, 6개 단계로 나누어 실시되었다. 1기 공정은 홍수 방지(防洪)와 하천 정비(治河) 위주로, 홍수(洪涝) 재해 방지와 동시에 오염 정비(治污)의 기초를 구축했다. 2기 공정은 오염 정비와 오염 방지(防污) 위주였고, 중점은 오염 부하 규제 및 감소였다. 3기 공정은 용량 확대와 보호 위주였고, 물(水体) 용량을 확충하고 유동성을 증강시켜서 오염 정비 난점을 극복하는 실험 위주였다. 4기 공정은 소유역(小流域) 정비 및 호수 둘레(环湖) 주변 환경 승급 위주이고, 또한 1기 공정의 승급으로, 1기 공정 중의 13개 하류(河流) 정비를 하도(河道)에서 유역 정비로, 선(線)에서 면(面)으로 확대 진행했다. 5기, 6기 공정은 소유역(小流域) 정비를 움켜쥐고(抓手), 수질오염 정비를 돌출시키고, 소유역 오염물을 '무엇을, 어디를, 얼만큼, 어떻게 줄이고, 어떻게 관리 하느냐' 하는 핵심 문제 해결에 중점을 두었다.

2021년 3월, 안후이성 수도 허페이시(合肥市)의 환차오호 생태시범구 건설 지도팀(环巢湖生态示范区建设领导小组)이 '차오호종합정비 3대 공정(巢湖综合治理三大工程实施方案)'을 발표하고, 푸른 물(碧水), 홍수 방지(安澜), 부민(富民) 3대 공정 실시를 통해서 차오호의 수질 등급을 안정적으로 높여 나가고, 도시와 호수가 조화 공생하는 모범 도시로 조성해 차오호를 허페이시의 상징으로 만들겠다는 구상을 밝혔다.

표 2-13 폐수 및 주요 오염물 방출 통계

구분	폐수 방출량(억 t)			COD 방출량(만 t)			히스타딘 방출량(만 t)		
년도	소계	공업	생활	소계	공업	생활	소계	공업	생활
2000	415.2	194.2	220.9	1,445	704.5	740.5			
2001	432.9	202.6	230.3	1,404.8	607.5	797.3	125.2	41.3	83.9
2002	439.5	207.2	232.3	1,366.9	584	782.9	128.8	42.1	86.7
2003	460	212.4	247.6	1,333.6	511.9	821.7	129.7	40.4	89.3
2004	482.4	221.1	261.3	1,339.2	509.7	829.5	133	42.2	90.8
연평균 증가율(%)	4.8	4	5.5	0.4	-0.4	0.9	2.5	4.5	1.7

자료: 中华人民共和国生态环境部(2004).

중국의 수자원 오염 상황은 총체적으로 매우 심각하다. 2000년에는 전국적으로 폐수의 배출량이 (1980년의 304억 m³에서) 911억 m³에 달하고, 고체 폐기물은 8억 t에 달했다. 2004년 폐수 방출량은 482.4억 t으로, 이 중 공업폐수 방출량이 221.1억 t, 생활배수 방출량 261.3억 t이다. COD 방출량은 1339.2만 t이고, 이 중 공업 방출량이 509.7만 t, 생활방출량이 829.5만 t이다. 히스타딘 방출량은 133.0만 t이고, 이 중 공업 방출량 42.2만 t, 생활방출량 90.8만 t이다.

2017년에는 중국 전국의 폐수 배출총량이 699.7만 t에 달했다. 이 중 공업폐수 총량이 181.6억 t, 생활폐수가 517.8억 t이다.

(3) 지하수 오염

최근에는 지하수 오염 문제가 심각하게 대두되고 있다. 중국 내 118개 도시에 대한 연속적 감측 결과에 의하면, 약 64%의 도시 지하수가 심각하게 오염된 상태이고, 33%의 지하수는 상대적으로 경미하게 오염되었고, 기본적으로 청결한 수질의 지하수는 3% 정도에 불과하다. 지하수 오염의 주범은 쓰레기 매립지의 침출수와 함께 각종 공장 폐수라 할 수 있다. 즉, 공장의 오·폐수를 임시 저장하는 구덩이에서 오염 물질이 땅속으로 스며들어 지하수를 오염시키고 있다. 2012년 춘절 기간에 광시성 롱장하(龙江河)의 한 기업이 석회석 종유동에 폐수를 버려 카드뮴 오염 사건이 발생했고, 2013년 초까지도 산시, 허베이, 허난 3성에서 연이어 악성 수질오염 사건이 발생했다(人民网, 2013.2.17).

중공 중앙과 국무원은 다양한 수준의 지하수 환경조사와 평가 프로젝트를 실시했고, 55만 km² 범위 내의 지하수 수질 현황, 오염 분포 범위와 오염 특징을 기본적으로 파악했다. 2015년부터 국토자원부는 중국 최초로 지하수 오염 조사평가 업무를 진행했다.

2011년 10월에는 지하수 환경 보호와 오염 규제 업무 강도를 높이기 위해 환경보호부, 국토자원부, 그리고 수리부가 '전국 지하수 오염 방지정비계획(全国地下水污染防治规划, 2011~2020)'을 발표하고, 지하수 오염 위험 방범 체계와 예보 및 경보 표준 데이터베이스(预警预报标准库) 건립 필요성을 제출했으며, 지하수 오염 예보, 응급 정보 공포와 종합정보 사회화 서비스 시스템 구축 작업을 시작했다. 주요 사업 내용은, 지하수 감독·관리 체계 건립, 지하수 수질 악화 추세 초보적 억제를 통해, 2020년에 전형적인 지하수 오염원을 감독 규제하고, 중점지구 지하수 수질 개선을 추진한다는 것이었다.

2013년 2~3월에는 환경보호부가 화북 평원 중점구역(지하수 수질이상지구와 군중 반응이 강렬한 구역)에 대해 베이징, 텐진, 허베이, 산시, 산동, 허난의 공업기업이 배출한 폐수의 방향과 오염물 방출 현황을 전수조사했다. 같은 해 4월에는 환경보호부, 국토자원부, 수리부, 주택 및 도농건설부 연합으로 '화북 평원 지하수 오염 방지 정비 업무 방안(华北平原地下水污染防治工作方案)'을 발표하고, 2015년에 화북 평원 지하수 수질과 오염원 감측망을 초보 건립했다(地下水环境网, 2016.3.8).

Questions

1. 현재 중국이 지배하는 영토의 총면적 규모, 그것의 세계 순위, 그리고 중국 영토의 동단과 서단의 지명과 동서 방향의 거리, 남단과 북단의 지명과 남북 방향의 거리, 그리고 국경선의 길이와 국경을 접하고 있는 국가 수와 국가 명을 정리해 보시오.
2. 황하 단류와 화북지구의 물 부족 현황과 장강의 물을 황하 유역으로 끌어 쓰기 위한 남수북조 공정과의 관계, 그리고 남수북조의 진행 상황은 어떠한가?

제3장

중국의 강

이 부분은 박인성, 『중국의 강』, 전상인·박양호 엮음, 『강과 한국인의 삶』(나남, 2012), 519~543쪽의 내용을 재정리했다.

강과 하천은 인간의 생존과 생산을 위한 수자원으로서뿐만 아니라 내륙수운을 통한 주요 교통로의 역할을 담당하면서도, 주요 내륙 항구와 부두마다 거점 도시가 형성될 때 지역별 경제와 문화를 연결하고 융합·발전시키는 역할을 한다. 본장에서는 이 같은 맥락에서 또한 앞 장의 수자원이란 관점과 연결해 중국의 주요 강과 하천을 장강, 황하, 화이하, 징항 운하, 첸탕강과 주강, 그리고 중국 동북부 만주지구의 강으로 구분하고, 간류의 유로를 중심으로 주요 지류와 유역의 개황 및 특징을 고찰·정리했다.

1. 중국의 주요 강

고대 중국의 황하 중하류 유역에서 살던 중원(中原) 사람들은 하늘 아래 제일 큰 강으로 황하와 장강, 화이하, 지수(济水)를 꼽고 이를 '천하 4대 강(天下四渎)'이라 불렀다. 황하를 장강보다 앞에 놓은 이유는, 당시에 한족의 주요 활동 무대가 황하 유역이었고, 또한 과학적 탐사와 객관적 인식의 한계 때문에 지리적 시야가 한정되었기 때문이었을 것이다.

그 후 금(金), 원(元), 청(淸) 등 만주족과 몽골족 등 북방 유목 민족이 중원을 지배한 시기를 거치면서 중원을 중심으로 하던 영토가 사면팔방으로 확장되었고, 시간이 더 지나 지리적 시각도 확대된 오늘날에 중국 국토 상의 '4대 강(大川)'을 꼽는다면 마땅히 장강, 황하, 흑룡강, 주강의 순이 되어야 할 것이다. 즉, 고대 중국의 중원 사람들이 꼽던 '천하 4대 강' 중 장강과 황하의 순서를 바꾸고, 화이하와 지수[1]를 흑룡강과 주강으로 대체해야 할 것이다.

그러나, 명산대천(名山大川)이나 우리에게 중요한 강의 순위를 단순히 규모나 수량적 기준으로만 선정해서는 안 될 것이다. 오랜 기간 각 하천의 각 유역 구간에서 형성·축적되어 온 생산 및 거주환경과 다양하고 풍부한 문화와 인문 요소 등도 헤아려야 할 것이다. 예를 들면, 중국의 북방과 남방을 구분하는 지리적 경계 역

---

1   지수는 황하의 범람과 수로의 변경 및 발생이 거듭되면서 대부분의 물줄기를 황하에 빼앗겼고, 현재는 그 발원지 부근만 '지수'라고 부른다.

표 3-1 중국의 주요 강의 개황

강 이름		길이 (km)	유역 면적 (만 km²)	경유 지역	특징
장강		6,300	75.24	칭하이, 티베트, 쓰촨, 윈난, 총칭, 후베이, 후난, 장시, 안후이, 장쑤, 상하이(11개)	강 길이: 중국 1위, 세계 3위
황하		5,464	75.24	칭하이, 쓰촨, 간수, 닝샤, 네이멍구, 섬서, 산시, 허난, 산동(9개)	• 한족과 황하 문명의 발상지(母親河) • 수중 토사 함유량 세계 최대
화이하		1,000	19	허난, 안후이, 장쑤(3개)	자연지리 경계 하천
징항 운하		1,800	—	베이징, 허베이, 텐진, 산동, 장쑤, 저장(6개)	고대 남북수로 교통의 주요 통로
주강		2,214	45.24	윈난, 구이저우, 광동, 광시, 장시, 후난(6개)	연간 유량 2위(장강 다음)
동북 지구	흑룡강	4,370	184.3	네이멍구, 헤이룽장, (몽골공화국 동북부, 러시아 연해주)	• 중국, 러시아, 몽골 3국 국경 하천 • 중국 경내 강 길이는 2905km이고, km³와 유역 면적은 약 46%임
	쏭화강	1,900	54.56	지린, 헤이룽장(2개)	유역 면적이 동북 3성 총면적의 69.3%
	랴오하	1,430	21.9	허베이, 네이멍구, 지린, 랴오닝(4개)	랴오닝의 어머니강(母親河)
	압록강	790	—	지린, 랴오닝(북한: 양강도, 자강도, 평안북도)	북-중 국경하천
	두만강	525	2.2	지린, 북한: 양강도, 함경북도	북-중 국경하천, 유역 면적은 중국 영토 범위만 해당됨

주: 신장과 시짱지구의 강은 생략.

할을 하는 화이하와 고대 이래 남북 방향의 주요 수운 통로 역할을 해온 징항 운하에 포함된 역사·문화적 의미를 물리적 규모나 수량적 기준보다 가볍게 볼 수는 없을 것이다.

한편, 제한된 지면상에서 960만 km²(남한 면적의 약 96배)에 달하는 광대한 중국 국토상의 강과 하천 수계에 대한 개황과 특징을 요약·설명하기는 쉽지 않다. 그러나 우리 입장에서는 북한과의 국경 하천인 압록강(鴨綠江)과 두만강, 그리고 고대 우리 한민족의 활동 무대였던 중국 동북부 만주(滿洲)지구의 쑹화강과 랴오하 등이 중국 서부지구의 신장이나 시짱지구의 큰 강보다 중요한 것은 물론이고, 경우에 따라서는 장강과 황하보다 더 중요할 수도 있다.

이 같은 문제 인식 아래, 중국의 주요 강을 장강, 황하, 화이하, 징항 운하, 첸탕강과 주강, 그리고 중국 동북부 만주지구의 강으로 구분하고(〈표 3-1〉), 간류와 주요 지류의 유로와 유역의 개황과 경관 특징 등을 고찰·정리했다. 단, 중국 서부지구의 신장과 시짱지구의 강은 생략했다.

2. 장강

장강은 그 길이가 6300km로 중국 내 1위, 세계 3위의 강이고, 유역 총면적은 180.85만 km²로, 중국 국토 면적의 약 1/5을 점유한다. 칭하이 칭장 고원 탕구라(唐古拉) 산맥의 설산(雪山)인 거라단동(各拉丹冬) 주봉 서남측의 해발 6548m의 장건디루(姜根迪如) 설산의 빙천(冰川)에서 발원해, 중국 중부의 11개 성, 직할시, 자치구를 경유한다.[2]

장강은 (황하와는 달리) '장강'이란 총칭 외에 일부 구간은 각각 다른 이름을 갖고 있다. 장강의 원류(源流)는 투어투어하(沱沱河)이고, 지류인 당취하(当曲河)와 합류한 후부터는 '통텐하'로 불리며, 탕구라 산맥과 바옌커라(巴颜喀拉) 산맥 사이의 광활하고 완만한 고원 지대(해발 약 4500m)를 흐른다. 칭하이성 위수시(玉树市)에서 해발고도가 급격하게 낮아지기 시작하면서 산맥을 횡단하고 산과 골을 가르면서 남진하는데, 이 구간부터 진샤강이라 부른다. 진샤강과 같이 란창강(澜沧江)과 누강(怒江)이 기세등등하게 남진하다가 윈난성 스구(石鼓)에 이르러서 유턴해 북쪽으로 향하면서 장강의 첫 번째 만(灣)이 출현한다. 이곳부터는 하곡(河谷)이 넓어지고 유속도 느려진다. 강변의 스구진(石鼓镇)에는 제갈량이 남방 정벌하던 때에 이곳에서 큰 팔각북을 치면서 전쟁을 독려했다는 전설을 간직한 북 모양의 한백

---

2   서에서 동쪽 방향순으로, 칭하이, 시짱, 윈난, 쓰촨, 충칭, 후베이, 후난, 장시, 안후이, 장쑤, 상하이다.

그림 3-1 두장옌(쓰촨성 두장옌시)

자료: 2007년 촬영.

옥비(汉白玉碑)가 서 있다.

진샤강의 강물은 스구를 지난 후 유명한 후타오협(虎跳峽)으로 들어선다. 협곡 동쪽 연안은 해발 5596m의 위롱설산(玉龙雪山)이고 서안은 해발 5396m의 하바설산(哈巴雪山)이다. 양안(兩岸)은 칼로 자른 듯한 절벽이고 계곡 깊이가 2500~3000m에 달한다(미국의 콜로라도 대협곡보다 1000m 더 깊다). 상부는 해발 1800m이고, 하부는 해발 1630m, 길이 16km인 협곡의 낙차는 170여 m다. 후탸오협이라는 이름은 협곡의 동서 양안 간 가장 좁은 곳의 폭이 30m에 불과해 호랑이가 뛰어넘었다는 전설에서 유래되었다.

진샤강이 위롱설산을 돌아서 남하하다가 지주산(鸡足山)을 만난 후 방향을 바꿔서 동류하고, 윈구이 고원(云贵高原)의 총산 준령(崇山峻岭) 속에서 굽어지고 우회하며 흘러서, 쓰촨성 이빈(宜宾)에서 유입하는 민강(岷江)과 합류한 이후부터 '장강'이라 부른다.

민강은 장강 상류의 지류 중 수량이 가장 많은 강으로, 연평균 수량이 황하의 2배 정도 된다. 따라서 고대 중국의 적지 않은 학자들은 민강을 장강의 발원지(正源)로 잘못 알고 있었다. 민강은 민산하구(岷山口)의 두장옌(都江堰)에서 시작된다. 두장옌은 2200여 년 전 창건된 고도의 과학성을 갖춘 수리공정으로, 세계 수리공정사상 위대한 창조로 인정받았고 현재까지 사용하고 있다. 후세 사람들이 이 공정을 지휘한 리빙(李冰) 부자를 기념하기 위해 조성한 이왕묘(二王庙)가 쓰촨성 두장옌시(都江堰市)에 보존되어 있다.

장강은 쓰촨 분지(四川盆地) 일단의 구간에서는 비교적 완만하게 흐르다가 총칭에 이르러서 자링강(嘉陵江)과 합류한 후에 유명한 '장강삼협(长江三峡)' 지대에 진입한다. 장강삼협이란 총칭시 펑지에(奉节)의 바이디청(白帝城)에서 동쪽으로 후베이성 이창(宜昌)시의 난진관(南津关)까지 구간에 있는 취탕협(瞿塘峡), 우협(巫峡), 시링협(西陵峡) 3개의 협곡 구간을 가리킨다. 이 구간은 총길이가 200여 km이고, 가장 깊은 곳의 협곡 깊이가 1500m에 달한다. 세계 최대 규모의 수리공정으로 유명한 장강삼협댐 공정이 진행되는 곳은 시링협 중단의 산터우핑(三斗坪)이다. 이외에도 거주댐(葛州坝) 수력발전소와 단장커우 수력발전소 등이 있다.

장강삼협의 첫 번째 협곡인 취탕협의 시작 지점인 바이디청은 삼국시대 유비가 임종 시에 제갈량에게 자식을 부탁했다는 곳이다. 이곳은 위는 절벽이고 아래는 암석으로 단절되어 있어 형세가 지극히 험한 군사적 요충지이다. 이곳에서 그 아래 다이시진(黛溪镇)까지 8km 구간 양안에 직립해 있는 석회암 산봉우리는 해발 1000~1500m에 달하고, 강폭이 좁은 곳은 100m에도 못 미친다.

우협은 우산(巫山) 따닝하(大宁河)에서 동쪽으로 바동관(巴东官) 나루터까지 45km 구간으로, 유명한 우협 12봉이 '협곡중의 협곡'이라는 장엄한 경관을 형성하고 있다. 우협의 강폭은 500~600m로 취탕협보다 넓고, 산봉우리 높이는 1000~1300m로 (취탕협보다) 조금 낮다. 단, 양안의 중첩된 봉우리들과 험준한 절벽들이 기이한 경관을 형성하고 있다. 그중에서도 가장 절경으로 꼽히는 신녀봉(神女峰)은 초나라 상왕(楚襄王)과 신녀와의 밀회, 그리고 불로불사의 영약을 가진 서왕모(西王母)의 막내딸이 속세에 내려왔다는 전설 등 후세의 다정다감한 사람들이 만들어낸 수많은 이야기들이 시와 민요와 문장을 통해 전해져 오고 있다.

우협을 지나 후베이 향시(香溪)에 이르면, 강폭이 넓어지고 시야가 트여서 '향계 관곡(香溪寬谷)'이라 부른다. 이곳은 중국 문학사상 위대한 시인인 굴원(屈原)과 흉노족의 왕비가 되어 한족과 흉노의 화친과 평화에 기여한 한무제(漢武帝) 시대의 궁녀 왕샤오쥔(王曉君)[3]의 고향이다.

삼협의 마지막 협곡이자 장강 최후의 협곡구간인 시링협은 바동관(巴东官) 나루터에서 이창의 난진관까지 66km 구간이다. 장강 발원지에서 후베이성 이창시 구간까지가 상류이다. 상류는 물살이 급하고 여울이 많다. 이창의 난진관으로부터 3km 거리에 장강의 첫째 댐인 거주댐이 있다. 이 댐은 발전, 내륙수운, 홍수 조절, 관개 등 장강의 수자원을 종합이용하기 위해 수위를 20m 올리고 물길을 100여 km 돌렸다.

거주댐을 지나서 장시성 후커우현(湖口县)까지의 구간이 장강 중류이다. 아무런 장애물도 없는 평원에 들어서면서 유속이 느려지고, 자유롭게 흐르고 유로의 굴곡이 심한 곡류(曲流)와 호수가 많다. 특히 '징강(荆江)'이라 불렸던 후베이의 지장(枝江)부터 징저우(荆州)지구를 정점으로, 후난의 청링지(城陵矶)까지의 유로 굴곡을 인간의 창자 굴곡에 비유해 '구곡회장(九曲回肠)'이라 표현했다. 이 구간에서는 강물의 흐름이 느리고 토사의 침적이 과다해, 수량이 불어나는 시기에는 제방 붕괴와 강물 범람이 자주 발생했다.

고대 초나라의 정치, 경제, 문화 중심인 징저우의 장링(江陵)에는 대량의 고적 문물이 있고, 장링의 남쪽에 후난성의 4대 수계인 샹강(湘江), 즈수(资水), 완강(沅江), 리수(澧水)가 합류해 형성한 거대한 호수 동팅호(洞庭湖)가 있다. 자주 안개에 덮이는 동팅호의 옛 이름은 운몽택(云梦泽)인데, 호수가에 역사 깊은 도시 예양(岳阳)이 있고, 이 도시 서쪽에 당대(唐代)에 축조된 명루(名楼) 악양루(嶽陽樓)가 서 있다. 예양루는 우한의 황학루(黄鹤樓)와 난창(南昌)의 등왕각(滕王閣)과 함께 '강남 3대 명루(名楼)'로 꼽힌다. 특히 동팅호와 악양루에 대해서는 "동팅은 천하제일의

---

3 왕효군은 장강삼협 중 하나인 우협 유역의 후베이성 싱산현(兴山县) 출신이다. 왕효군은 기원전 36년에 한무제 시대에 궁녀로 간택되어 입궁한 지 3년 만에 흉노와의 화친을 위해 왕실 공주로 위장해 흉노 왕의 왕후가 되었고, 그 후 50년간 한족과 흉노족 간에 평화가 유지되어 칭송을 받았다. 역시 평화가 최우선이고 최고 가치였다.

그림 3-2 우한의 황학루

자료: 2011년 9월 촬영.

물이고, 예양은 천하제일의 루(洞庭天下水, 岳阳天下楼)"라는 말이 회자되고 있다. 중국의 후난과 후베이 지역의 명칭이 바로 이 동팅호를 경계로 남부와 북부 지구를 구분한 데에서 유래되었다.

장시성 저우장시(九江市) 부근의 일부 구간은, '저우강(九江)' 또는 저우장시의 옛 이름 쉰양(浔阳)에서 유래한 '쉰양강(浔阳江)'이라는 별칭을 갖고 있다.

장시성 후커우(湖口) 이후 상하이에서 동중국해로 흘러드는 하구(河口)까지 구간이 장강 하류이다. 하류에서 장쑤성 전장시에서 징항 운하와 연결된 후, 상하이시 우송커우(吳淞口)에서 마지막 지류인 황푸강과 합류한 후에, 강과 바다가 연접한 장관을 연출하면서 동중국해로 흘러들어 간다.

장강 하류에 위치한 장쑤성 전장과 양저우(扬州) 구간의 옛 이름은 양쯔강(扬子江)이었다. 이는 양저우 남부에 전장까지 운항하던 선박의 기착부두 이름인 '양쯔진(扬子津)'에서 유래되었다. 청조(清朝) 말 아편전쟁 이후 장강 수로가 제국주의

78 중국경제지리론(전면개정판)

국가들에게 강압적으로 개방된 후에, 외국 선박이 상하이 우송하구(吳淞口)에서 내륙 쪽으로 상행 운항하고 양쯔강을 지나면서, 외국인들이 장강을 'Yangtze River'라 불렀고, 이것이 장강의 영문 이름으로 외부에 알려졌다. 그러나 중화인민 공화국 출범 이후에는 장강의 영문 이름을 반(半)식민지 시절을 연상케 하는 'Yangtze River' 대신 '長江'의 중국어 음역인 'Changjiang River'로 대체해 사용하고 있다.

장강 하류는 강폭이 넓고, 하구에는 강물에 의해 퇴적·형성된 삼각주 섬인 충밍 도(崇明島)가 있다. 이 섬은 상하이시 행정구역에 속하고, 중국 내 섬 중 면적이 타이완(台灣)과 하이난도(海南島)에 이어 3위이다.

1) 장강수로

고대로부터 장강의 간류와 지류는 중국 남방(南方)을 동서 방향으로 관통하고, 남북 방향으로 연결하는 주요 수로였다. 풍수기(豐水期)에는 만 t급 기선이 장쑤성 난징까지 운항할 수 있고, 8000t급은 쓰촨성 루저우(泸州)까지도 가능하다. 간류의 통항로 길이는 2800여 km에 달해 '황금수도(黃金水道)'라 불린다.

2) 장강 홍수

중국 역사 기록에 의하면, 기원전 206년부터 1960년 기간 중 중국 대륙에 1030여 차례 심각한 홍수 재해가 발생했다. 장강 간류에서만 광범위한 홍수 피해가 50여 회 발생했고, 장강 지류인 후베이성 우한 지역의 한강(汉江)에서 30여 회 발생했다. 평균 매 60~65년마다 한 번씩 재난성 홍수가 발생한 셈이다.

비교적 최근에 장강 유역에서 재난성 홍수 재해가 발생한 해는 1870년, 1896년, 1931년, 1949년, 1954년, 그리고 1997년이다. 이 중 1931년과 1954년의 홍수 피해가 가장 심각했다. 1931년에는 5~6월 사이에 6차례 대홍수가 발생해 23곳의 방호 제방이 무너지고, 9만 650km²의 토지가 수몰되었으며, 4000만 명의 수재민이 발생했다. 장쑤성과 후베이성의 성도(省会)인 난징과 우한을 포함해, 기타 도시 내의

그림 3-3 우한의 장강대교

자료: 2011년 9월 촬영.

인구 밀집지구가 홍수 피해로 물에 잠겼다. 우한에서는 홍수가 4개월 동안 계속되고 물이 빠지지 않았으며, 수몰지구 수심이 2m를 넘었고 심한 곳은 6m를 넘었다. 1954년과 1997년 여름에도 연속적인 계절풍 강우로 인해 매우 큰 홍수가 발생했다. 수위가 급격히 상승했고, 1931년 홍수 수위를 초과한 적도 있었다.

3) 장강삼각주

장강과 첸탕강이 바다로 진입하면서 충적된 장강삼각주는 장강 중하류 유역 평원의 일부분이고 면적은 약 5만 km²이며, 장쑤성 동남부, 상하이시, 저장성 동북부를 포함한다. 삼각주의 정점(頂點)은 전장시와 양저우시 일대이고, 북쪽으로는 샤오양커우(小洋口)까지이며, 남쪽으로는 항저우만(杭州灣)과 접한다. 장강의 물이 운반하는 토사량은 연평균 4~9억 t이다. 약 28%의 토사가 장강에 침적되고, 많은 경우에는 78%에까지 달하므로, 삼각주는 부단히 바다 쪽으로 확장되고 있다.

장강삼각주지구는 아열대 계절풍 기후대에 속하며, 강수량이 풍부하고 크고 작은 하천과 수로가 종횡으로 흐르며 호수가 많아서 '수향택국(水鄕澤國)'이라 불렸다. 토지가 비옥하고 농수산품이 풍부해 수천 년의 동안 '어미지향(魚米之鄕)'으로 불렸고, 중국의 경제 중심지로 형성되어 왔다. 장강 유역에서 생산되는 양식이 중국 전국 양식 생산량의 거의 절반을 점유하고 있으며 특히 쌀은 70%를 점유하므로 '중국의 양식 창고'라 불린다.

특히 하류와 상하이-난징을 잇는 선(沪宁线) 양방에 수많은 도시가 분포해 있다. 즉, 상하이, 난징, 쑤저우(苏州), 창저우(常州), 우시, 전장, 양저우, 타이저우(泰州), 난통(南通), 항저우(杭州), 닝보(宁波), 샤오싱(绍兴), 자싱(嘉兴) 등이다.

'장강 연안 중심도시 경제협의회(长江沿岸中心城市经济协调会)'에 참여하고 있는 29개 회원 도시를 상류에서 하류 순으로 거명하면 다음과 같다. 판지화(攀枝花), 이빈, 루저우(泸州)(이상 쓰촨성), 총칭(직할시), 이창, 징저우, 스쇼우(石首), 예양(岳阳, 후난성), 셴닝(咸宁), 우한, 어저우(鄂州), 황강(黄冈), 황스(黄石)(이상 후베이성), 저우장(장시성), 안칭(安庆), 츠저우(池州), 통링(铜陵), 허페이, 우후(芜湖), 마안산(马鞍山)(이상 안후이성), 난징, 전장, 양저우, 타이저우(泰州), 난통(이상 장쑤성), 상하이(직할시), 닝보, 저우산(舟山)(이상 저장성).

3. 황하

황하는 칭하이성 칭장 고원의 바옌카라 산맥(巴颜喀拉山脉) 북쪽 산기슭에 있는 예구종례(约古宗列) 분지 카르취(卡日曲)에서 발원해, '几'자 형태로 흐르면서 9개의 성 및 자치구4를 경유하고, 산동성 동잉시(东营市) 컨리현(垦利县)에서 발해로 흘러들어 간다.

---

4 9개 성 및 자치구는, 칭하이성, 쓰촨성, 간쑤성, 닝샤회족자치구(宁夏回族自治区), 네이멍구자치구, 산시성, 섬서성, 허난성, 산동성이다.

강의 길이가 4675km로 중국 내 2위, 세계 5위인 큰 강이고, 발원지에서 하구까지의 낙차가 4830m이다. 총면적이 75.2만여 km²에 달하고, 유역은 석산지구(石山区) 29%, 황토 및 구릉지구 46%, 풍사지구(风沙区) 11%, 평원지구 14%로 구성되어 있다. 고대 황하 문명의 발상지이자 한족의 주요 활동 무대였으므로, 중국인들은 황하를 '어머니 강', 즉 '모친하(母親河)'라 부른다. 물과 강의 가치와 소중함을 아는 사람이 그것과 비견하고 겨룰 수 있는 존재를 찾아 명칭을 정할 때 '어머니강(母親河)'보다 적합한 명칭을 찾기 힘들 것이다.

고고학적 탐사와 발굴에 의하면, 적어도 신석기시대부터 중국 황토 고원상에 고대 인류가 정주하고 농업에 종사해 왔고, 문자 기록에 의하면, 은(殷), 상(商)에서 북송(北宋)까지 황하 유역은 중국의 정치, 경제, 문화의 중심지로서 11개 왕조의 수도인 시안(西安), 9개 왕조의 수도인 뤄양(洛阳), 7개 왕조의 수도인 카이펑(开封)이 모두 황하 유역에서 다양한 과학, 문화, 예술 성과를 창조해 왔고, 현재도 1억여 명의 주민이 유역에 거주하고 있다.

황하의 상류는 발원지에서 네이멍구자치구(内蒙古自治区) 투어커투어현(托克托县) 허커우진(河口镇)까지 3472km구간이다. 상류 강변에는 간쑤성의 수도이자 역사 도시인 란저우시(兰州市)와 닝샤회족자치구(宁夏回族自治区)의 수도인 서하(西夏)의 고도 인촨시(银川市)가 있고, 네이멍구자치구 내 초원의 철강도시 바오터우(包头)가 있다.

중류는 허커우진부터 허난성 멍진(孟津)까지 1122km 구간이다. 중류에서는 많은 지류들이 유입되는데, 그중 중요한 것은 딩하(定河), 옌하(延河), 펀하(汾河), 뤄하(洛河) 징하(泾河), 웨이하(渭河) 등이다. 이들 지류들은 황토 고원을 통과해 오므로 강물 수량과 함께 토사 함유량도 대폭 증가한다.

황하 상류의 수질은 강 밑바닥이 보일 정도로 매우 청정하지만, 중류 구간부터 황토고원지구를 지나는 동안에 수토 유실이 심각한 지류로부터 대량의 황토 토사가 유입되어, 황하는 세계에서 토사 함유량이 가장 많은 강이 된다. 토사 함유량이 최고점에 도달하는 지점은 허난성 산먼협(三门峡)으로, 연간 토사 운반량이 16억 t이고, 평균 수중 토사 함유량이 37.7kg/m³에 달한다. 토사 함유량이 가장 많을 경우에는 375kg/m³까지 증가한다. 이 정도면 거의 걸쭉한 진흙탕 같은 상태이

그림 3-4 간쑤성 란저우시 황하 변의 황하 모친상

자료: Farm, 2006년 촬영.

다(참고로 장강의 평균 토사 함유량은 $1kg/m^3$도 안 된다).

중류 변에 있는 주요 도시는 통관(潼关), 싼먼샤(三门峡), 중국공산당의 근거지였던 옌안(延安), 지류인 웨이하 남안에 있는 시안 등이다.

하류는 멍진부터 하구까지 870km 구간이다. 멍진을 지나 광활하고 평탄한 화북 평원에 들어서면서, 유속이 감소하고 토사가 침적되어 강바닥이 매년 약 10mm씩 높아진다. 최근 수년간 매년 평균 토사 운반량이 약 16억 t에 달하고, 그중 약 4억 t이 강바닥에 침적되었다. 하류 구간에서는 토사 퇴적으로 인해 강바닥이 높아져서 유입되는 지류도 적고, 유역 면적도 매우 작다. 하류의 주요 도시로는 정저우(郑州), 카이펑, 지난(济南) 등이 있다.

황하 하류에서는 매년 강바닥 상승으로 인해 강물 흐름의 방향과 유로가 변경되면서 막대한 피해가 발생했다. 따라서, 고대부터 황하의 유로 변경으로 인한 피해를 방지하기 위해 제방을 축조했지만, 다시 강바닥이 높아지면 제방도 높이다보니 강의 바닥이 지면보다 높은 강이 되었다. 현재의 황하 강바닥은 일반적으로

제방 밖의 평지보다 평균 3~5m 높다. 만일 황하의 제방이 무너지면 북으로는 톈진이 수몰되고 남으로는 화이하와 장강에까지 영향을 미치게 된다.

역사 기록에 의하면 기원전 602년부터 1938년까지 2540년간 황하의 제방이 무너진 회수가 1590회가 넘고, 그중 중대한 수로 변경이 26회 발생했다. 평균 3년에 두 번 제방이 무너졌고, 100년에 한번 꼴로 유로 변경으로 인한 막대한 홍수 피해가 발생한 셈이다. 황하가 바다로 흘러드는 지점(入海口)의 위치가 바뀐 역사 기록을 보면, 기원전 602년에는 톈진이었으나 그 후 현재의 산둥성 둥잉(기원후 11년, 1855년), 산둥성과 허베이성 경계 지점(1048년), 화이하(1194년, 1494년, 1938년)로 바뀌었다. 1938년 항일전쟁 기간에는 국민당 군대의 후퇴 작전을 위해 화위엔커우(花园口) 황하 대제방을 파괴해 허베이, 안후이성, 장쑤성 3성의 44개 현 및 시의 주민 89만 명의 생명이 수몰되었다. 1945년 중화인민공화국 출범 이후 황하에 대중형 수리, 수력발전 공정, 그리고 중상류 지역에 수토 보호 공정을 추진한 결과, 제방 붕괴와 같은 큰 재해는 발생하지 않았다.

황하의 퇴적 작용은 중국의 중원 대지와 화북 대평원의 형성에 중요한 역할을 했다. 오늘에 이르기까지 황하는 한편으로는 황토 고원을 침식하고, 다른 한편으로는 매년 28km²의 놀라운 속도로 충적평야를 조성하고 있다. 중화인민공화국 출범 후 수십 년 이래, 이미 1000여 km² 면적의 비옥한 토지를 충적했다.

1) 황하 단류

1970년대 이후 황하의 일부 구간에 강물이 고갈되는 단류(斷流) 현상이 빈번하게 발생하고 있다. 1970년대에 6회, 1980년대에 7회, 1990년대에는 거의 매년 단류가 있었고, 단류 구간의 길이는 1970년대에 130km, 1980년대에 150km, 1990년대에 300km였고, 그중 1995년에는 800km에 달했다. 단류 기간을 보면 1970년대에 21일, 1980년대에 36일이었으나, 1997년에는 226일간 (황하 단류가) 발생했고, 330일간 황하 하구에서 한 방울의 물도 바다에 흘러들어 가지 못했다는 기록을 세웠다(藍勇, 2003: 108). 이로 인해 황하 보호에 대한 문제가 강력하게 제기되었다.

황하 단류의 주요 원인은, 첫째는 기후 온난화로 인한 강물 증발량 증가와 황토고원지구의 산림 식피 파괴와 토지 사막화로 인해 건조해진 토지의 지하수로 유입되는 수량이 증가하면서 황하의 수량이 감소하고 있다. 둘째는 경제가 낙후한 황하 중상류 지구의 수자원 절약형 관개 기술 수준이 낮기 때문이다. 특히 하류 구간에서는 토사 퇴적으로 인해 강바닥이 주변 평지보다 높아져서 유입 수량과 유역 면적이 감소했다. 반면에 유역의 인구는 증가하고, 특히 최근 수십 년간 경제와 사회 발전에 따라서 농업용수 외에 공업 및 도시용수 수요가 부단히 증가했다.

4. 화이하와 지수

1) 화이하

화이하 유역은 중원의 황하 하류와 이웃하고 있으며, 역사적으로 군사적 요충지였다. 화이하 북부의 많은 지류들은 화북 평원을 발원지로 하고 있다. 상술한 바와 같이, 황하의 범람과 유로 변경 시에 화이하 수계가 황하의 기습을 받고, 합류한 후에 황해로 흘러들어 갔다.

화이하와 서쪽으로 접한 친링을 잇는 선의 남부와 북부는 지질, 지형, 기후, 수문, 토양, 생물 등 자연지리 요소가 모두 현저한 차이를 보인다. 즉, 화이하는 중국의 남방과 북방을 가르는 경계하천이다. 중국인들이 통상적으로 말하는, '남선북마(南船北馬)', '남방사람은 쌀을 먹고, 북방 사람은 밀을 먹는다', 또 『주례고공기(周禮考工記)』에 "귤이 회하(淮河)를 건너 북으로 오면 탱자가 되고, 앵무새는 제수(濟水)를 넘지 못하며, 오소리는 문하(汶河)를 건너면 죽고 마는데, 이 모든 것이 땅의 기운 때문이다"라는 말이 있듯이, 남방과 북방의 경계선이 바로 이 강(淮河)과 친링 산맥을 연결하는 선이다.

화이하 북부 지방은 겨울철 월평균 기온이 영하로 내려가 토양과 강물이 얼기 때문에 작물 성장이 불가능하고, 수자원량이 부족해 적은 물로도 재배 가능한 밭농사 작물 위주의 농업이 행해지고 있다. 반면에 남부지방은 겨울철에도 월평균 기온이 기본적으로 영상을 유지하고, 땅과 강물이 얼지 않으므로 1년 내내 작물 성장이 가능한데다 수자원이 비교적 풍부하므로 논농사 위주의 농업이 행해지고 있다.

2) 지수

고대 중국 중원 사람들이 '천하 4대 강'으로 꼽던 지수(济水)는 황하의 범람과 유로 변경 시에 상당히 긴 구간의 하도(河道)를 황하에 점령당하고, 남은 구간도 각각 다른 이름으로 불리고 있어서 오직 그 발원지 부근만 아직도 '지수'라고 불리고 있다. 이 강의 발원지는 왕우산(王屋山) 동남 기슭의 지위엔시(济源市) 행정구역 내에 있다. 지수의 발원지는 지위엔시 북부에 위치한 지두츠(济渎池)라는 호수다.

이 호수 앞에는 고대 제왕들이 '지수'에 제사 지내던 사당인 지두묘(济渎庙)가 있는데, 그 규모가 매우 커서 중심축의 길이가 500여 m다. 582년 수(隋)대에 최초로 건설되었고, 현재까지 보존되어 있는 70여 칸의 전각과 송, 원, 명, 청 각 시대의 수십 개의 고건축과 고비석 등 역사적·문화적 가치가 있는 문물들을 보면, 당시에 이 강이 차지한 지위를 짐작할 수 있다.

5. 징항 대운하

서고동저(西高東低)의 지형으로 인해 중국의 큰 강들은 대부분 서쪽에서 동쪽 방향으로 흐르므로, 남북 방향의 수운 교통이 취약했다. 따라서 중국의 역대 통치자들은 남북 방향의 운하 건설을 숙원 과제로 여겼다. 그 시작은 기원전 486년 춘추시대에 오왕(吳王) 부차(夫差)가 황하 유역을 정벌하고자 장강과 화이하를 연결하는 운하인 '한구(邗溝)'를 건설한 것이었다. 그 후 부단히 건설된 남북 간의 지역성 인공 하천(人工河)들을 기초로 남북 대운하를 건설한 자는 수양제(隋煬帝)다.

수가 중국을 통일한 후에 군대와 도성 모두 대량의 양식과 옷감(布帛) 에 대한 수요가 늘었고, 특히 고구려 정벌을 위한 군대 보급로 확보가 필요해졌다. 따라서 물산이 풍부한 남방으로부터 물자를 운반해 오기 위한 남북 운하 건설을 시작했다. 수양제는 605년부터 군중을 동원해 6년에 걸쳐서 각 구간 운하의 기초 위에 황하와 화이하를 연결하는 통제거(通濟渠), 화이하와 장강을 연결하는 산양독(山陽瀆), 그리고 전장-쑤저우-우시-자싱-항저우를 연결하는 강남 운하(江南運河)를 준설·개통하고, 최후로 다시 황하 북쪽 주수(諸水)의 영제거(永濟渠)를 준설해 베이징 부근의 탁군(涿郡)까지 연결했다. 이때부터 동서 방향으로 흐르는 5대 수계를 남북 방향으로 관통시킨 대운하가 개통되었다. 이리하여 도성 낙양(뤄양)을 중심으로 하는 중국 전국의 수운망(水運網)이 조성되었다.

운하의 개통은 연안지구의 경제 발전과 도시의 번영과 남북 간 문화교류를 촉진시켰다. 수당(隋唐) 시대에 강남 운하의 중심지였던 양저우는 가장 번화한 도시로 발전했고, 인간천당(人間天堂)이라 불리던 쑤저우와 항저우도 유명한 관광도시가 되었다.

왕조의 교체에 따라 정치 중심도시가 바뀜에 따라 운하의 중심도시도 바뀌었다. 북송(北宋) 때는 개봉(카이펑)이었고 원, 명, 청대에는 베이징이었다.

원(元) 세조(世祖) 쿠빌라이가 중국을 통일한 이후에, 장강 하류 지역에서 생산하는 대량의 양식을 베이징으로 운반해 오기 위해 저명한 수리 전문가 곽수경(郭守敬)의 계획설계에 의해 산동 운하(山東运河) 구간과 베이징 통후이하(通惠河)를 준설해, 원래의 운하를 직접 베이징성 안의 지쉐이탄(积水潭) 즉, 오늘날의 스차하이(什刹海)까지 직접 연결해 개통시켰다. 이때부터 북의 베이징에서 남의 항저우에 이르는 징항 대운하(京杭大运河)가 완성·개통되었다. 당시 베이징의 스차하이 부두에는 배들이 머리와 꼬리를 맞댄 채로 늘어서서 수면을 덮고 있었다고 한다.

징항 대운하는 총연장 1750km로 세계적으로도 가장 일찍 준설되었고, 항로가 가장 길고 공정 규모가 가장 큰 인공 운하이다. 오왕 부차(夫差)가 한구를 준설·개통한 이래 2000여 년간 징항 대운하의 북부 구간은 수시로 막혔다 뚫렸다를 반복했지만, 남부 구간인 강남 운하는 현재까지도 중국 강남 교통운수의 동맥 역할을 담당하고 있다. 최근에는 남쪽의 물을 북으로 끌어다 쓰기 위한 남수북조 공정과

그림 3-5 저장성 항저우 시내의 징항 대운하

자료: 2011년 11월 촬영.

결합해, 운하 북부 구간의 운수 기능도 부분적으로 복구되었다. 그러나 육로 교통과 항공교통이 발전하면서, 특히 고속도로와 고속철도를 중심으로 하는 육로 교통이 지속적으로 발전하면서 수송로로서의 운하의 비중과 역할은 갈수록 감소하고 있는 추세다.

6. 첸탕강과 주강

1) 첸탕강

첸탕강의 옛 이름은 저강(浙江)이고, 저장성의 명칭이 이 강에서 유래한 것이다. 첸탕강의 발원지는 안후이 남부 셔우닝(休寧) 반창(板倉)이고, 상류 구간은

그림 3-6 첸탕강(저장성 항주시 북쪽 강변에서)

자료: 2011년 11월 촬영.

신안강(新安江), 중류는 푸춘강(富春江), 하류를 첸탕강이라 부른다. 첸탕강은 저장성 동북부 항저우시를 동서 방향으로 횡단해 항저우만으로 흘러들어 가서 동중국해로 흘러들어 간다. 강의 총 길이는 494km이다. 5만 km²에 달하는 유역은 중아열대 상록활엽림 지대로, 식피가 양호하고 기후가 온난하고 강수량이 풍족하다. 첸탕강은 강의 길이로만 본다면 큰 강이라 할 수 없으나 이 강이 형성하는 경관과 특성으로 인해 중국 내의 '명강대하(名江大河)' 중 하나로 꼽힌다.

상류인 신안강은 푸른 산과 맑은 물로 유명하다. 1950년대에 신안강댐 건설 시 수몰되어 형성된 호수 첸다오호(千島湖)는 수면 면적 575km²인 인공호수이고, 원래의 산봉우리들이 1078개의 섬이 되어 수상선경(水上仙境)을 연출하고 있다.

푸춘강에서 원자옌(聞家堰)을 지나면서부터는 강폭이 넓어지면서 큰강의 풍모를 드러내는데, 이때부터 '첸탕강'이라 부른다. 첸탕강 하구는 나팔 모양으로 되어 있어서, 매년 여름철 만조 때면 조류가 강 하구로 올라오면서 수면으로부터 수 미터 높이로 솟아오르는 역동적 경관을 연출한다. 저장성 항저우 동쪽 하이닝(海宁)에서는 당조(唐朝) 이래 매년 음력 8월 18일 전후에 첸탕강 조수(潮水)가 최대가 될 때 이를 감상하는 '관조(觀潮)'라는 풍속이 이어져 내려온다.

2) 주강

주강은 길이 2197km, 유역 면적 45만 2600km²로 중국 남방에서 가장 큰 강이고, 중국 전국에서는 네 번째로 큰 강이다. 서강(西江), 북강(北江), 동강(東江) 3개 강의 물줄기가 수계를 이루고, 남중국해로 흘러들어 간다. 수로망이 밀집해 있는 주강 하류 주강삼각주 평원은 농업 생산과 수운을 기초로 일찍이 중국 내의 경제가 발달한 도시 밀집지구가 형성·발전해 '남방의 금삼각(南方金三角)'이라 불린다. 유역 대부분이 중국의 열대 및 아열대 계절풍 지구에 속하고, 식피 상태가 양호하고, 수량이 풍부하다. 하구(河口)의 연평균 유량은 매 초당 1만 1070m³로, 장강(3만 1060m³/초) 다음이고 황하보다 6배 많다.

주강의 물은 대부분 주강 수량의 77%를 점하는 서강에서 온다. 서강의 발원지는 윈구이 고원(云贵高原)이다. 서강의 수많은 지류들이 석회암 지구에서 형성되었다. 서강 유역은 습윤다우(濕潤多雨)의 열대기후지구에 속해 있고, 수온이 비교적 높고 수량이 풍부해 카르스트(岩溶) 발육에 천혜의 조건을 갖추고 있으므로, 카르스트 지형이 형성한 오묘한 절경을 연출하고 있다. '산수가 천하제일'이라는 구이린(桂林)의 리강(漓江) 풍경과, 난닝(南宁)지구의 '주어강 산수(左江山水)' 등 도처에 강물이 만들어낸 예술 작품 같은 경관이 산재해 있다.

서강 상류의 구이강(桂江)의 지류 중 하나인 리강은 강물이 맑고 강안 양변의 풍경이 수려하기로 유명해 '구이린의 산수는 천하제일(桂林山水甲天下)'이라 평가받고 있다. 구이린 산수의 특색은 잠산(簪山), 대수(帶水), 유동(幽洞), 기석(奇石)으로 개괄하고 이를 총칭해 '네 개의 절경(四絶)'이라고 한다.

진시황이 후난의 샹강과 리강 항도를 개설한 기원전 214년부터, 구이린은 고대 중국의 남방 수운 교통의 요지가 되었고, 북으로 중원까지 연결되는 중요한 진(鎭)이 되었다. 이 제방은 북쪽의 장강 유역 쓰촨성 두장옌과 함께 고대 중국의 대표적인 수리공정이다.

7. 만주지구의 주요 강

중국의 동북부, 만주(滿洲)지구를 흐르는 주요 강은 러시아와 국경을 가르는 국경하천인 흑룡강[5]과 압록강과 두만강이 있고, 백두산 천지에서 발원해 북류하다가 지린성 송위엔(松源) 북쪽에서 넌강(嫩江)과 합류한 후에 동류하면서 헤이룽장성 일대를 횡단하고 통장시(同江市)의 하구에서 흑룡강과 합류하는 쑹화강, 그리고 '랴오닝 인민의 어머니강'이라 불리는 랴오하가 있다.

1) 흑룡강

흑룡강은 중국, 러시아, 몽골 3국 영토를 흐르는 국제하천이다. 흑토 지대(黑土地帶)를 흐르고, 강물이 부식 물질을 많이 함유해 거무스레한 색을 띠며, 구불구불 흘러 동류하는 모양이 마치 용이 헤엄쳐 가는 형상 같다 해 흑룡강이라는 이름을 얻었다. 흑룡강은 남과 북에 하나씩 발원지를 갖고 있는데, 북쪽 발원지는 몽골인민공화국 컨터(肯特) 산맥 동쪽 기슭에서 발원해 북서 방향으로 몽골 동북부와 러시아 영토를 경유하고 흑룡강에 유입되는 스러카하(石勒喀河)이고, 남쪽 발원지는 중국 네이멍구자치구와 러시아 간의 국경을 형성하며 흐르는 어얼구나하(額尔古纳河)다. 어얼구나하의 상류는 3개의 지류로 구분되고, 그중 가장 긴 것이 네이멍구자치구 동북부 따싱안령(大兴安岭) 산맥 서쪽 경사면을 흘러 유입되는 하이라얼하(海拉尔河)이다.

북쪽의 스러카하와 북과 남쪽의 어얼구나하가 모허시(漠河市)의 서쪽 뤄구하촌(洛古河村)에서 합류한 후부터 흑룡강이라 부르며, 헤이룽장성과 러시아와의 국경

---

5 중국 동북지구의 강 이름과 지명 표기는 우리에게 익숙한 우리 한자 독음으로 표기했다[예: 요동반도(辽东半岛), 발해, 흑룡강 등].

을 구분하며 동남 방향으로 흐른다. 통장시에서 쑹화강을 유입한 후에는 북동쪽(1
시 방향)으로 흘러서 러시아의 국경도시 하바롭스크를 경유해 니콜라옙스크 부근
에서 오호츠크해로 흘러들어 간다. 강의 총길이는 4370km이고, 그중 중·러 국경
을 흐르는 구간은 2905km다. 유역 면적은 184만 3000km²이고, 이 중 중국 경내
의 면적이 46%를 점한다. 비교적 큰 지류는 쑹화강과 우수리강이다.

뤄구하촌에서 헤이하 부근 제야하(结亚河)가 유입되는 하구까지 약 900km 구간
이 상류이다. 상류의 경우 모하(漠河) 위로는 강폭이 좁고 지형이 가파르며 물살이
급하고, 모하 하류 쪽은 하곡이 넓어지고 강 안에 섬이 많다. 중류는 제야하 하구
에서 푸위엔(抚远) 부근 우수리강 하구까지 약 1000km 구간이다. 중류 구간은 강
폭이 넓고 수심이 깊으며 섬들이 군집을 이루고 있다. 우수리강 하구 이하 하류는
러시아 평원 지대를 흐른다.

흑룡강은 강폭이 넓고 수심이 깊어서 간류의 거의 모든 구간에서 통항이 가능
하다. 흑룡강 유역의 가장 큰 특징 중의 하나는 겨울의 추운 날씨와 관련된 것이
다. 흑룡강 유역은 기후가 한랭해 매년 10~11월 수면이 결빙하기 시작하고, 다음
해 4~5월경에 천천히 해빙된다. 일 년 중 거의 절반(160일 이상)이 결빙 기간이고
얼음 두께는 최대 1~1.8m다. 이 시기에는 흑룡강 위에 각종 자동차와 개가 끄는
눈썰매 등 교통량이 증가하면서, 빙상 운수 통로가 된다. 또한 결빙된 흑룡강 위
에서 두꺼운 얼음 층에 구멍을 뚫고 얼음 밑의 물고기를 포획하는 것도 겨울철 놀
이이자 구경거리이다. 얼음 구멍을 통해 들어온 햇볕이 물고기를 유인하므로 한
그물에 수십 근의 싱싱한 물고기를 포획할 수 있다.

흑룡강 변에 있는 유명한 도시는 변경도시인 만저우리(满洲里), 황금 산지인 후
마현(呼玛县), 역사 도시인 헤이허시(黑河市), 허저족(赫哲族)의 고향인 통장시(同江
市) 등이 있다. 북위 53도 이북에 위치하고 있는 모허시는 중국의 북극촌(北極村)
이라 불리며, 하지 전후 자정에 저녁노을과 새벽의 서광이 동시에 비추는 기이한
현상을 감상할 수 있고, 운이 좋으면 북극광(北極光)도 볼 수 있다.

2) 쑹화강

흑룡강의 최대 지류인 쑹화강은 백두산 천지에서 발원해 68m의 장백폭포 아래로 떨어져 내려와서, 삼림 지대 수풀 사이를 지나 북쪽으로 흐른다. 그리고 부여현(扶余县) 싼차하(三岔河) 부근에서 넌강과 합류한 후에 동쪽으로 굽이쳐 흐르면서 쑹화강 간류[6]가 되어, 부여(扶余), 솽청(双城), 하얼빈, 아청(阿城), 무란(木兰)을 지나 통허(通河)에 도달한다. 그다음 동북쪽으로 방향을 바꿔 흐르면서 팡정(方正), 자무쓰(佳木斯), 푸진(富锦) 등 시와 현을 지나고, 통장현(同江县) 동북쪽 약 7km 지점에서 흑룡강에 유입·합류된다. 강 길이는 약 1900km이고 유역 면적 약 54만 5600km²이다. 유역 면적은 주강보다 넓고, 동북 3성 총면적의 69.3%를 점유한다.

쑹화강 유역 중부에 있는 쑹넌 평원(松嫩平原)은 주요 농업지구이다. 또한 이곳은 해발고도 50~200m로, 습지와 초지가 많아서 철새들의 천당이라 불린다. 치치하얼시(齐齐哈尔市) 동남쪽에 있는 광활한 자룽(扎龙)습지에는 갈대와 수초가 밀생하고 물이 맑아서 두루미 등 100여 종의 진귀한 조류들이 서식하고 있어서 '백조원(百鸟园)'이라 불린다. 현재 전 지구에 생존하는 학 종류 15종 중 중국에 서식하는 것이 9종이고, 그중 6종이 이곳에 있다.

자무쓰부터 흑룡강에 유입되는 하구(河口)까지 구간의 유역은 쑹화강, 흑룡강, 우수리강 3개 강이 조성한 유명한 산장 평원이다. 과거에는 이 일대를 '북쪽의 넓은 황무지'라는 뜻의 '북대황(北大荒)'이라고 불렀으나, 현재는 이미 개간되어 동북지구의 중요한 양식기지가 되었고 이제는 '북쪽의 큰 양식창고(北大仓)'라 부른다.

쑹화강 유역은 산령(山岭)이 중첩되어 있고, 원시 삼림이 빽빽이 들어차 있는 중국 내 최대 삼림지구(森林区)이다. 따싱안령, 샤오싱안령, 백두산 등에 축적된 목재 총량은 10억 m³에 달한다. 광물 매장량도 풍부한데, 가장 풍부한 석탄 외에도 금, 구리, 철 등의 매장량이 많다.

쑹화강 간류는 중국 동북지구의 가장 중요한 내륙수운 교통망으로, 헤이룽장, 네이멍구, 지린 3개 성 및 자치구와, 하얼빈, 자무쓰, 치치하얼, 지린 등 주요 공업

6　동쪽으로 흐른다 해서 '동류 쑹화강'이라고도 부른다.

그림 3-7　쑹화강(지린시)

자료: 2017년 8월 21일 촬영.

그림 3-8　쑹화강(하얼빈)

자료: 2017년 8월 22일 촬영.

도시를 경유하고 국경하천인 흑룡강, 우수리강과 연결된다. 쑹화강 내륙수운 항로를 통한 화물 운송량은 전체 흑룡강 수계의 약 95%를 점한다. 주요 운수 물자는 목재, 양식, 건축 재료, 석탄, 철강 및 그 제품, 그리고 일용잡화 등이다. 통항 가능

그림 3-9 쑹화강 유람선(하얼빈)

자료: 2017년 8월 22일 촬영.

항도의 총연장은 1447km이다. 치치하얼에서 지린까지는 증기터빈 선박(汽輪)의 운항이 가능하고, 하얼빈 이하는 1000t급 하천용 기선(江輪)의 운항이 가능하다. 지류인 무단강(牡丹江)과 통컨하(通肯河), 그리고 치치하얼시에서 넌장현(嫩江県)의 넌강 구간까지는 목선(木船)의 운항만 가능하다. 운항 기간은 강이 얼지 않는 4월 중순에서 11월 상순까지이다. 겨울철 결빙기에는 선박 운항은 못 하지만, 결빙된 강물 위로 차량 통행이 가능해져서 오히려 교통이 더 편리해진다.

쑹화강 간류상에 비교적 중요한 부두가 있는 도시는 하얼빈, 자무쓰, 치치하얼, 무단장(牡丹江), 지린이다. 이 중 하얼빈과 자무쓰는 야간 운행과 기계화 장비 제어 설비를 갖추고 있다. 하얼빈은 철도와 수운의 연결항이고, 항구 조건이 비교적 양호하고, 갈수기에도 짐을 가득 실은 선박이 항구에 들어올 수 있다.

3) 랴오하

요동반도 북부지구를 흐르는 랴오하는 중국 남만주지구에서 가장 큰강으로, '랴오닝 인민의 어머니강'이라고 불린다. 강 길이 1430km, 유역 면적 21만 9000km²

그림 3-10 랴오하

자료: (위)通辽旅游, 2017년 11월 11일 촬영, (아래)辽河源情思, 2013년 8월 23일 촬영.

이고, 그중 산지가 35.7%, 구릉 23.5%, 평원 34.5%이며, 사구(沙丘)가 6.3%를 점
유한다. 남쪽으로는 발해와 황해가 접하고, 서남쪽으로는 네이멍구 내륙 하천과
허베이 하이루안하(海滦河) 유역과 이웃하고 있으며, 북쪽으로는 쑹화강 유역과
접하고 있다.[7] 랴오하는 중국 내 7대 강에 속하며, 그 유역은 고대 동아시아 북방
문명인 랴오하 문명의 발상지 중 하나다. 고대에 랴오하의 명칭은 '고구려의 강'이

---

7   위도상의 위치는 동경 117도 00분~125도 30분, 북위 40도 30분~45도 10분이다.

라는 뜻의 '구려하(句驪河)'였으나, 한대(漢代)에 '대요하(大辽河)'라 불렸고, 5대(五代) 이후에 '랴오하'라 불렸다. 청대(清代)에는 '거류하(巨流河)'라 불렸다.

랴오하의 상류는 허베이성 핑취안현(平泉縣) 치라오투(七老图) 산맥의 광터우산(光头山, 해발 1729m)에서 발원한 라오하하(老哈河)인데, 이 강이 동북 방향으로 흘러 허베이, 네이멍구, 지린, 랴오닝 4개 성 및 자치구를 경유하고 랴오닝성 판산현(盘山县)에서 발해로 흘러들어 간다.

네이멍구자치구 츠펑시(赤峰市) 자오우다맹(昭乌达盟)과 통랴오시(通辽市) 저리무맹(哲里木盟)의 경계 지점인 따위수(大榆树) 부근에서 시라무룬하(西拉木伦河)를 받아들인 후부터 서랴오하(西辽河)라 불린다. 그리고 다시 동쪽으로 흐르다 지린성 쐉랴오현(双辽县) 부근에서 남쪽으로 방향을 바꾸고, 랴오닝성 창투현(昌图县) 푸더뎬(福德店)에서 동랴오하(东辽河)와 합류한 후부터 이를 랴오하라 부른다.

랴오하는 자오수타이하(招苏台河), 칭하(清河), 차이하(柴河), 판하(泛河), 류하(柳河) 등의 지류를 받아들이고, 타이안현(台安县) 려우젠팡(六间房)에서 쐉타이즈하(双台子河)와 외랴오하(外辽河) 두 갈래로 나누어진다. 샹타이즈하는 서쪽으로 흘러 라오양하(绕阳河)를 받아들인 후, 랴오닝성 판진시(盘锦市) 판산현(盘山县)에서 요동만(辽东湾)으로 흘러들어 가면서 인공 수로를 통해 라오양하(绕阳河)와 연결된다. 외랴오하는 남쪽으로 흐르면서 훈하(浑河), 타이즈하(太子河)를 받아들인 후에 대랴오하라 불리고, 잉커우시(营口市)에서 요동만으로 흘러들어 간다. 1958년 중국 정부는 타이안현(台安县) 려우뎬팡(六间房) 부근에서 외랴오하를 막고, 랴오하를 샹타이즈하를 통해서 바다로 들어가게 했으며, 훈하와 타이즈하(太子河)는 대랴오하를 통해서 바다로 유입되도록 했다.

랴오하 유역 서부에는 따싱안령(大兴安岭), 치라오투산(七老图山), 그리고 누르얼후산(努鲁儿虎山)이 있고, 해발 고도는 500~1500m이다. 동부에는 지린성 하다령(哈达岭), 롱강산(龙岗山), 쳰산(千山)이 있고, 해발고도 500~2000m이다. 유역의 지세는 대체로 북쪽에서 남쪽으로 향하고, 동·서 양측이 중간을 향해 경사져 있다. 중류와 하류에는 해발고도 200m이하의 랴오허 평원(辽河平原)을 형성하고 있다.

랴오하의 원류는 동랴오하와 서랴오하 두 개이다. 동랴오하는 지린성 동남부 하다령 서북쪽 기슭에서 발원해, 북류하며 랴오위안시(辽源市)를 지나 얼롱산(二龙

山) 저수지와 지린성 쌍랴오를 거친 다음, 랴오닝성 창투현(昌图县) 푸더디엔(福德店)에서 서쪽 원류인 서랴오하와 합류한다.

랴오하 유역은 강수량이 6~9월 기간에 집중되고, 수량 변화가 크며, 함사량(含沙量)이 많아서 자주 홍수 피해가 발생했다. 훈하에는 따휘팡(大伙房) 저수지를 건설해 홍수 발생 위험을 통제하고 있다. 작은 기선은 산장커우(三江口)까지 거슬러 갈 수 있으나, 일 년 중 약 3개월은 결빙 상태이다.

4) 압록강

압록강은 백두산 남쪽 산록에서 발원해 중국과 북한과의 국경선을 따라서 서남 방향으로 흐르면서, 지린성 창바이(长白)조선족자치현(북한 혜산)과 린장시(临江市, 북한 중강진), 그리고 랴오닝성 수풍저수지, 콴뎬(宽甸, 북한 청수), 단동(丹东, 북한 신의주) 등을 경유해, 단동시 동강(东港)에서 황해로 흘러들어 간다. 강 길이는 795km이고, 유역 면적은 6.4만여 km²이다.

압록강이라는 명칭의 유래에 대해서 여러 가지 설이 있으나, 비교적 설득력 있는 것은 다음과 같다. 이 지역 거주 여진족들이 부른 압록강의 만주어 명칭은 'yaalu ula'이고, 이 중 'yaalu'는 '매우 바쁜', 즉 물살이 세다는 뜻이며, 'ula'는 '강'이란 뜻이다. 따라서 한어(漢語) 명칭인 '鸭绿江(yalujiang)'은 만주어 'yaalu'를 '鸭绿(yalu)'로 음역하고, 만주어 'ula'를 '江(jiang)'으로 의역해 합성한 명칭이다. 이와 같이 동북지구의 강 이름이나 지명 등은 만주어와 몽골어 발음을 음역한 것이 많다.[8]

압록강 상류는 발원지로부터 지린성 린장까지 290여 km 구간이다. 상류 구간에는 산지와 협곡이 많고, 강폭이 좁으며, 강바닥의 기반암이 드러날 정도로 경사가 급하다. 또한 많은 지류가 유입되고 지형성 강우가 많아서 여름 강우기에는 범람해 유로가 변하기도 한다. 특히 북한이 좌안(左岸)의 산지를 다락밭으로 개간해 삼림과 식피를 훼손하면서, 수토 유실로 토사가 강바닥에 쌓여 상류 지역의 범람

---

8 또 다른 예를 들면 쑹화강의 지류인 '단강(丹江, mudanjiang)'도 원래 만주어 명칭은 'mudan ula'인데, 'mudan'은 '구불구불하다'라는 뜻이므로 'mudan ula'는 '구불구불 흐르는 강'이라는 뜻이 된다.

그림 3-11 압록강(지안-만포 철교 위에서)

자료: 2011년 7월 촬영.

이 더욱 빈번해졌다.

중류는 린장에서 랴오닝성 수풍저수지까지 약 230km 구간이고, 하류는 수풍에서 단동(북한 신의주) 하구까지 약 194km 구간이다.

압록강의 주요 지류는 중국 영토인 우안(右岸)으로부터는 훈강(渾江), 아이하(爱河), 바다오거우하(八道沟河), 산다오거우하(三道沟河), 홍투야하(红土崖河), 따뤄췐거우하(大罗圈沟河), 하니하(哈泥河), 라구하(喇蛄河), 웨이샤하(苇沙河), 샤오신카이하(小新开河), 푸얼하(富尔河), 따야하(大雅河), 반라강(半砬江), 차오하(草河), 류린하(柳林河) 등이 유입되고, 북한 영토인 좌안으로부터는 혜산(우안은 지린성 창바이) 부근에서 유입되는 허천강을 비롯해, 장진강, 후주천, 자성강, 독로강, 충만강 등이 있다.

린장 위쪽 상류는 강물의 흐름이 급하고 도처에 폭포와 암초가 있으나, 스산다오거우(十三道沟)부터는 통항이 가능하기 때문에 강물을 이용해 목재를 수송하고 있다. 린장에서 훈강(북한 초산) 사이 구간은 강바닥에 대량의 충적토가 침적되어 있고, 겨울철에는 수심이 낮아서 뗏목조차도 통과하지 못하는 곳도 있다. 지안(集安) 이하 하류 연안은 비교적 넓은 평원이다.

국경하천인 압록강과 두만강은, 하류 외에는 강폭이 좁고 수심이 낮고, 겨울철에는 결빙하므로, 양안의 주민들이 수시로 자유롭게 왕래했었다. 그러나 1965년 북한과 중국이 국경지구의 통행 질서 수립·유지를 위한 협의를 통해 '공식적인 국경출입처' 14개소를 지정했고, 이후 지속적인 조정을 거쳐서 현재는 양국 간 공식적인 국경 통과 지점이 16개이다.

이 중 압록강을 건너 북한과 연결하는 국경 통과 교량은 동쪽에서 서쪽 방향으로, 랴오닝성 단동시와 북한의 신의주를 연결하는 단동대교(길이 944.2m, 폭11m), 지린성 지안시(集安市)와 북한의 만포를 연결하는 철도교인 지안대교(길이 589.2m, 폭 5m, 높이 16m), 지린성 린장시와 북한의 중강진을 연결하는 린장대교(길이 600여 m, 폭 10여 m, 높이 20m), 그리고 지린성 창바이 조선족자치현과 북한의 혜산시를 연결하는 창후이(長惠)대교(길이 148m, 폭9m) 등이 있다.

창바이(조선족자치현)에는 1950년 국경해관이 설립되었고, 북한과의 무역과 관광 교류 등이 매우 활발하다. 1992년에는 창바이현에서 국경을 통과해 북한을 관광하는 당일 여행 프로그램이 시작되었고, 그 후 여행 기간이 3일, 5일, 8일로 늘었다.

린장대교는 1935년에 건설되었으나 1950년 8월 한국전쟁 시에 미군 전투기 폭격으로 북한 쪽 부분이 파괴되었고, 휴전 후 1955년 5월에 중·북 쌍방 협의를 거쳐서 다시 건설했다.

지안대교는 한국전쟁 발발 후 중공이 소위 '항미원조(抗美援朝)' 전쟁 수행을 결정한 직후인 1950년 10월 11일에, 중공군 총사령관 펑더화이(彭德懷)의 지휘하에 '중국인민지원군(中國人民志愿軍)' 선발대가 이곳을 통해 비밀리에 북한 만포로 들어갔다. 이어서 1군(一軍), 16군(十六軍) 등 중공군 총 42만 명이 린장과 단동을 통해서 북한의 중강진 산악 지대와 신의주로 들어갔다.

랴오닝성 단동시와 북한의 신의주를 연결하는 교량은 원래 두 개였다. 현재 사용 중인 길이 940m의 단동대교[9]로부터 서쪽으로 70m 거리에 파괴된 잔해 상태로

그림 3-12 지안-만포 간 철교

자료: 2011년 7월 촬영.

서 있는 단교(斷橋)는 중국 측 구간만 형태를 유지한 채로 서 있고, 북한 측 구간에는 몇 개의 교각만 남아 있다. 이 교량은 1943년에 준공되어 사용되었으나, 1950년 11월 미군 전투기의 폭격을 받고 파괴되었다. 2009년 10월 원자바오(溫家宝) 당시 중국 총리가 북한 방문 시에 체결한 '중북 경제기술합작 협정서'에 따라, 2010년 8월, 공사비 전액을 중국 측이 투자해 단교로부터 서쪽으로 약 1km 지점에 착공·건설해 온 신압록강대교 건설공사가 2021년 5월 현재 북한 쪽 교량과 도로 연결공사 부분 외에는 완성된 상태이다. 소극적인 북한 측 자세에 따라 2021년 내에 개통 가능한 상태이다. 현재 사용 중인 단동 압록강대교는 가운데에 철도가 있고, 그 양쪽에 차도가 개설되어 있다. 평양-베이징 간 국제철도와 북·중 무역량의 80%가 이곳을 통과한다. 단동시 압록강 변에서 유람선을 타면 북한의 신의주시

---

9 '중조우의교(中朝友谊桥)'라고도 부른다.

그림 3-13　현재 이용 중인 압록강철교와 북한 측 구간이 파괴된 철교

자료: 2008년 12월 촬영.

그림 3-14　건설 중인 단동 신압록강대교

자료: 2011년 7월 촬영.

지근거리까지 운행하므로, 북한 쪽 강변의 신의주 주민들과 손짓으로 인사를 교환할 수도 있다.

5) 두만강

두만강은 백두산 동남부 산기슭의 석을수(石乙水)에서 발원해 홍토수(红土水) 그리고 약류하(弱流河)와 합류하고, 중국과 북한의 경계를 구분하며 동북쪽으로 흐른다. 또 지린성 옌볜(延边)조선족자치주내의 허룽(和龙), 룽징(龙井), 투먼(图们, 북한 남양)을 경유하고, 투먼시를 지나면서 동남쪽으로 흘러 중국과 북한, 러시아 삼국 접경 지역인 훈춘시(珲春市) 팡촨(防川)에 도달한다. 팡촨의 토자비(土字牌)를 지나서 우안은 북한, 좌안은 러시아 영토인 약 15km 구간을 흘러서 북한의 나선시 우암리 하구에서 동해로 흘러들어 간다. 강 길이는 총 525km이고, 이 중 북·중 간의 국경선이 되는 구간이 510km이다. 중국 영토인 좌안 쪽 유역 면적은 2.2만 km²이고, 발원지에서 하구까지 낙차는 1200m이다.

두만강에 유입되는 지류 중 길이 10km 이상의 지류가 180개이고, 그중 30km를 넘는 것이 30개다. 중국 경내인 좌안에서 유입되는 주요 지류는 홍치하(红旗河), 가야하(嘎呀河), 훈춘하(珲春河) 등이고, 북한 경내인 우안에서는 서두수(西头水), 연면수(延面水), 성천강(城川江), 회령천(会宁川), 오룡천(五龙川) 등이 유입된다. 홍치하와 합류하는 지점 위의 발원지 부근은 삼림이 무성한 백두산의 주봉(主峰) 지역이다.

상류인 발원지에서 싼허진(三合镇, 북한 회령)까지 구간에는 홍토수와 약류수(溺流水) 두 개의 원류가 있다. 홍치하 하구 이하는 강폭이 평균 50~100m이고, 물살이 급하고 수량도 풍부하다. 상류 양안은 산세가 험준하고 절벽이 많다.

중류는 싼허(三合)에서 훈춘시 잉안진(英安镇) 샤이완즈촌(甩弯子村, 북한 경원군 훈륭리)까지다. 하곡이 점차로 넓어지고, 유역 면적이 약 2배로 증가하고 수량도 급속히 증가한다. 중류 구간에서는 물 흐름 속도가 완만해지고, 강폭은 60~240m이고 수심은 약 1.2~3m 정도다. 우기에는 수위 변화가 매우 심하고 홍수 재해가 자주 발생한다. 강 주변의 산지와 삼림이 점차 감소하고 있으며, 양안 지역에 농

그림 3-15 두만강 중류 구간(투먼시 부근)

자료: 2010년 6월 촬영.

지 면적이 증가했고, 인가가 밀집해 있다. 카이산툰진(开山屯镇)에서 투먼시까지의 유역 일대에는 비교적 넓은 하곡분지(河谷盆地)가 형성되어 있다. 굴곡 부분의 물 흐름이 격렬하고, 흐름이 갈리는 곳과 사주(沙洲)가 많다. 가야하가 유입 합류된 후에 강폭이 더욱 넓어진다(〈그림 3-15〉).

하류는 훈춘시 잉안진 샤이완즈촌부터 입해구(入海口)까지다. 훈춘 하곡 평원(河谷平源)에 진입한 후에 지세가 평탄하게 트이고, 강폭이 240~250m로 넓어지고 수량이 증가하고 흐름이 평온해진다. 강안에 형성된 섬과 사주(沙洲)가 많다(〈그림 3-16〉).

앞의 압록강 부분에서 설명한 바와 같이, 북·중 양국 간의 협의를 거쳐서, 공식적으로 국경 통과 연결 통로로 지정된 곳이 총 16곳이다. 이 중 두만강 변에는 1개의 철도교, 7개의 도로교가 있고, 발원지인 홍토수 부근은 폭이 0.5~1m로 불과하므로 뛰어넘을 수 있다. 이외에 북한과 러시아 영토인 하구 쪽에 북한 나선시 두

그림 3-16 두만강 하류 구간, 징신(敬信)-팡촨 사이

자료: 2010년 6월 촬영.

그림 3-17 훈춘시 팡촨에서 본 북한 라선시-러시아 하싼 연결 두만강 철교
앞쪽이 동해로 들어가는 입해구이고, 좌안은 러시아, 우안은 북한 영토이다. 동해까지 불과 15km 앞에서, 동해로 나갈 수 있는 두만강 출해항로가 봉쇄되었으므로, 중국 입장에서는 매우 애석해 하는 지점이다.

자료: 2010년 6월 촬영.

그림 3-18 싼허 해관 입구

자료: 2010년 6월 촬영.

그림 3-19 싼허-회령 연결 교량

자료: 2010년 6월 촬영.

그림 3-20 투먼시 국문 위에서 본 투먼-남양 간 도로교와 남양시

자료: 2010년 6월 촬영.

만강 노동자지구와 러시아 하싼 쪽으로 연결하는 철교가 있다(길이 560m)(〈그림 3-17〉).

싼허에서 북한의 회령을 연결하는 교량은 1936년 일제가 북한의 회령과 지린성 연변조선족자치주 룽징(龙井) 간의 육로 무역을 활성화시키기 위해서 건설했다. 싼허에서 철도와 도로를 통해서 주변 도시인 카이산툰, 옌지(延吉), 허룽 등지와 연결된다(〈그림 3-18〉, 〈그림 3-19〉).

투먼시 국경 관문(口岸)은 중국의 '국가 1류'급 국제 여객화물 운수 국경 관문이고, 중국 정부가 최초로 비준한 '중국인 및 외국인의 육로 출입국 통행 관문'이다. 1988년, 관문 입구에 13.8m 높이의 국문(国门)을 축조했는데, 그 위에서는 두만강과 북한의 남양 시가지가 한 눈에 보인다(〈그림 3-20〉).

투먼시로부터 26km 거리에 있는 량쉐이진(凉水镇)과 북한 온성군(함경북도)을 연결했던 량쉐이단교(북한에서는 '온성단교'라 부름)는 북한 쪽 부분은 교량만 남아 있다. 중국 쪽 단교의 끝 부분에 서서 보면, 북한의 온성군 읍내가 보인다. 이 교량

그림 3-21 량쉐이단교 북한 쪽 교각

자료: 2010년 6월 촬영.

은 1937년 5월에 일제가 교량 길이 525m, 넓이 6m, 교각 21개로 건설했으나, 일
제 패망 전날인 1945년 8월 13일에 소련군에게 쫓겨 퇴각하면서 폭파했다(〈그림
3-21〉).

　물은 인류를 포함한 지구상의 모든 생명의 생존과 생활의 근본이고, 이 물이 수
체(水體)로 흘러서 이동하면서 강 또는 개울이 되고, 여객과 물류의 수운 교통로가
된다. 장강과 황하와 같이 중국의 큰 강은 서북부 고산 지대에서 발원해, 동쪽으로
흘러서 바다로 흘러들어 가는 것이 대부분이나, 신장위구르자치구의 타리무하(塔
里木河, 강 길이 2179km)와 같이 내륙 사막 지대를 흐르다 고갈되거나, 내륙 호수나
습지로 흘러들어 가는 내륙 하천(內流河)도 있다. 지세가 평탄한 곳에서는 하천 연
안 지대에 수자원과 비옥한 토양을 제공하므로, 인류 역사상 비교적 일찍 개발된
생산 및 생활 활동의 중심지가 모두 하천 연안 지역 평야 지대에 위치하고 있고,
주민이 거주하는 모든 곳에는 '어머니 강(母親河)'이라 불리는 강 또는 개울이 있다.
　또한 강은 상이한 지리환경을 보유한 각 지역 구간을 흐르면서, 양안의 다양한 지형과 지질 등과 조화되어 강 발원지의 신비한 경관, 급한 물살의 협곡 경관, 광활한 평야를 가로 지르는 강의 흐름 등 곳곳에 독특한 경관을 조성·연출한다. 중국인들은 강과 강변이 조성한 수려한 자연경관에 대한 느낌과 맛을, 웅대(雄), 기괴(奇), 험준(險), 수려(秀), 깊이 또는 적막(幽), 오묘(奧), 광활(旷) 7개 차원으로 구분했다.

한편, 중국의 경제성장과 공업화 및 도시화 속도가 증가하면서 상류 지역의 수토 유실과 사막화, 중하류 지역의 수질오염 등 생태환경 파괴 문제가 갈수록 심각한 문제로 제기되고 있고, 이에 따라 중국 정부도 수자원 및 생태환경 보호 및 회복, 자연환경과의 조화 등의 정책을 매우 중시하고 있다.

Questions

1. 어느 강의 유역(流域)이라 할 때 그 유역 범위를 정하는 기준은 무엇인가?
2. 자신의 고향이나 거주한 경험이 있는 지역에서 '어머니강'라 부를 수 있는 강과 지류, 그리고 그 유역 범위에 대해 설명하시오.

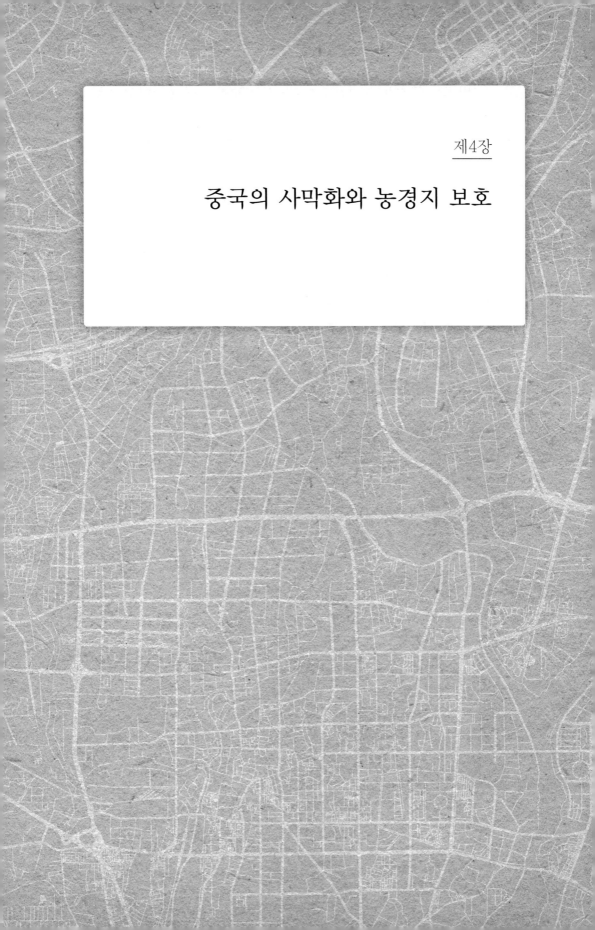

제4장

중국의 사막화와 농경지 보호

중국은 현재 토지 사막화 방지와 농경지 보호라는 상호 충돌하는 과제에 직면하고 있다. 사막화란 원래 식물로 덮여 있던 땅이 불모의 땅으로 변하는 자연재해 현상이고, 오늘날 중국을 포함한 세계 각지의 사막화의 원인은 대부분 급속한 인구 증가로 토지를 과도하게 경작 또는 목축지로 사용한 결과 수자원과 지력(地力)이 고갈된 탓이다. 한편, 중국의 농경지 보호 정책은 도시화와 공업화 그리고 사막화에의 대응이라는 상반된 상황과 도전에 직면해 있다. 즉, 공업화와 도시화의 진행에 따라 비농업용 건설용지 수요가 급증하면서 농경지 잠식 및 비농업용 용도로의 전환이 증가하고 있다. 4장에서는 농경지를 다시 임지(林地)나 초지(草地)로 환원시키는 퇴경환림환초 정책과 비농업용 토지 수요 증가로 인해 돌출·심화되고 있는 농경지 잠식 문제와 보호 대책을 중심으로 고찰·정리했다.

1. 중국의 사막화 문제

1) 사막화 피해 현황

(1) 중국의 사막 유형과 분포 현황

중국은 세계에서 사막화 토지 면적과 분포 지역이 가장 넓고, 그 피해와 위협이 가장 심각한 국가 중의 하나이다. 신장성에서 헤이룽장성, 타클라마칸(塔克拉瑪干)[1] 사막에서 커얼친(科尔沁)[2] 사지(沙地)까지, 중국의 3북(화북 북부, 동북 서부, 서북)지구에는 12개의 사막과 사지가 분포되어 있으며, 1만 리에 이르는 사막화 지대에 풍사선(風沙線)을 형성하고 있다. 또한 이보다 남부인 허난성의 동부와 북부

---

1   타클라마칸 사막은 신장 타리무(塔里木) 분지 중앙에 위치한 중국 최대, 세계 9위 규모의 사막이고, 동시에 세계 최대의 유동성 사막(流動性沙漠)이다. 전체 사막의 동서 길이 약 1000km, 남북 넓이 약 400km, 면적 33만 km²에 달한다. 연평균 강수량은 100mm 이하이고, 평균 증발량은 2500~3400mm에 달한다. 이곳에는 금자탑형(金字塔形) 사구는 평원보다 300m 이상 높이로 서 있다. 광풍이 모래벽(沙墻)을 휘감아 올리면 그 높이가 평소 높이보다 3배까지도 된다. 사막 안에 끝없이 이어져 있는 사구가 바람의 영향으로 상시적으로 이동한다.
2   커얼친 사지는 네이멍구 동부의 서랴오허 중하류 퉁랴오시 부근에 위치한 중국 내 최대의 사지(沙地)로, 사막화가 가장 심각한 지구 중 하나이다. 면적은 약 5.06만 km²이다.

평원, 탕산(唐山), 베이징, 그리고 북회귀선 일대에 약 1만 5800km²의 풍사화(風沙化) 토지가 분포되어 있다.

중국 국가임업국(国家林业局)이 2009~2010년 동안 실시한 '제4차 전국 황막화(荒漠化) 및 사막화 감측(第四次全国荒漠化和沙化监测)' 결과에 의하면, 2009년 말 기준 중국의 사화토지(沙化土地) 총면적은 173만 1100km²이고, 이는 남한 면적의 17배를 넘는 173만 1100km²이다. 그러나 이는 2004년 이후 연평균 1717km²씩의 면적 감소 추세가 지속되어 온 것이며, 중국 정부는 이를 정부의 토지 사막화 방지 노력이 거둔 일정한 성과라고 자평하고 있다.

중국의 사막 지역은 토지 사막화의 특성에 근거해 5개 유형으로 분류할 수 있다.

첫째, 사막 건조 지역 및 오아시스 지역으로, 주로 허란산(賀蘭山) 서부, 치롄산(祁連山), 아얼진산(阿爾金山) 북측 일대에 걸쳐 분포해 있다.

둘째, 반건조 지역으로 허란산 동부와 만리장성 이북 및 동북 평원 서부에 분포한다.

셋째, 칭장 고원 일대에 위치한 한랭한 고원 지역이다. 이 지역은 대부분 해발 3000m 이상의 고원 지대로, 주로 칭하이성 차이다무 분지와 공허(共和) 분지, 시짱 야루장부강(雅魯藏布江) 중류 지역에 집중 분포되어 있다.

넷째, 황하, 화이하, 하이하 유역인 황화이하이 평원의 반습윤 및 습윤 사막화 지역으로 타이항산 동부, 옌산(燕山) 이남, 화이하 이북의 황화이하이 평원 지역이 이에 속한다.

다섯째, 남부의 습윤한 사막 지역으로, 친링, 화이하 이남의 화동, 화중, 화남 및 서남 지구에 걸쳐 광범위하게 분포되어 있는 지역이다.

현재 중국 내에서 최빈곤층으로 분류되는 7000만 인구 중 약 5000만 명이 사막화지구에 거주하고 있다.

(2) 모래 폭풍과 풍사 피해 현황

중국에서 강풍과 함께 발생하는 모래 폭풍을 생태환경 재난의 주요 원인으로 중시하게 된 것은 1993년 5월에 중국 서북부의 신장, 간쑤, 닝샤, 칭하이 4개 성에서 예년에 비해 극심한 모래 폭풍 피해가 발생한 후부터이다(胡濤·孫炳彦, 2001: 8).

그림 4-1 사막화된 토지

자료: Huangbin, 2012년 3월 20일 촬영.

그림 4-2 황사기후 농도 분포

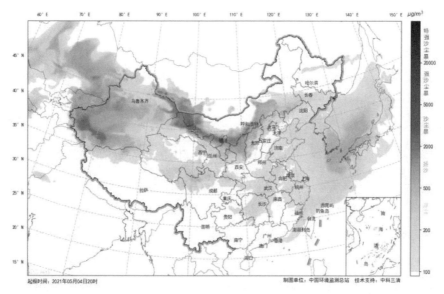

자료: 中国环境监测总站(2021.5.6).

2000년대 초반까지 중국 사막지구의 철도 중 42%가 풍사의 위협을 받았고, 약 1300만 ha의 농경지와 1억 ha의 초지가 풍사로 인한 피해를 입었으며, 빈곤지구의 60% 이상이 풍사 피해 지구에 분포되어 있었다. 초대형 모래 폭풍(特大沙塵暴)은 1960년대에 8차례, 1970년대에 13차례, 1980년대에 14차례 발생했고, 1990년대 이후에도 20여 차례 발생했다. 1993년 이후 중국에서 발생한 모래 폭풍 관련 주요 현황은 다음과 같다(陳龍桂, 2003).

- 1993년 5월 5일, 모래 폭풍이 중국 서북부의 신장, 간쑤, 닝샤, 칭하이 4개 성을 강타했다. 수십 미터 높이의 모래더미가 모든 것을 덮어버렸고, 사망 85명, 부상 264명, 실종 31명에 달했다.
- 1994년 4월 6일부터 시작해 몽골공화국과 중국 네이멍구 서부 지역에 강풍이 출현해, 북부 고비 사막의 모래 먼지가 황하 상류 서부 지역인 하서주랑 일대 상공까지 날아가 대기 중에 황토가 가득 찬 상태가 수일간 지속되었다.
- 1996년 5월 29~30일 양일간 1965년 이후 가장 강한 모래 폭풍(强沙塵暴)이 하서주랑 서부 지역을 강타해, 흑풍(黑風)이 일어나 나무가 뽑히고 주민들의 호흡이 곤란했다.
- 1998년 4월 5일에는 네이멍구 중서부, 닝샤 남서부, 간쑤 하서주랑 일대에 강한 모래 폭풍이 발생했으며, 그 영향이 북부의 베이징, 산둥성 지난 일대는 물론, 장강 이남(江南)의 장쑤성 난징, 저장성 항저우 등지에까지 미쳤다. 4월 19일에는 신장 북부와 동부 투팡투어(吐紡托) 분지가 순간 풍속 12급 강풍의 공격을 받았다. 이 특대형 풍재(特大風災)로 인해 대규모 재산 피해와 함께 사망 6명, 실종 44명, 부상 256명 등의 인명 피해가 발생했다.
- 2000년 3월 22~23일에는 네이멍구자치구에 광역적 범위의 모래 분진 기후가 발생했다. 일부 모래 분진은 강풍을 타고 베이징 상공까지 날아갔다. 3월 27일에는 모래 폭풍이 또 한 차례 베이징을 강타했으며 순간 풍속이 8~9급에 달했다. 당시 베이징시 내 안샹리(安翔里)의 2층 건물 옥상에서 공사 중이던 7명의 노동자가 강풍에 휩쓸려 떨어졌고, 이 중 2명이 현장에서 사망했다.

그림 4-3 베이징의 황사기후

자료: Earthzine(2017.5.5).

모래 폭풍 발생 빈도도 급격히 증가했다. 2000년에는 총 13차례, 2001년에는 총 32차례의 양사와 모래 폭풍이 발생했다. 위성 원격탐측 결과에 의하면, 간쑤, 네이멍구, 닝샤, 베이징, 톈진, 랴오닝, 지린, 산둥, 허난, 후베이, 장쑤, 안후이 등 200만 km²에 달하는 성, 직할시, 자치구가 모래 분진 기후 영향권에 포함되어 있다.

모래 폭풍의 피해가 심각한 지역은 북부 지역, 특히 서북부의 건조 지역인 신장 자치구, 네이멍구 서부, 간쑤성 하서주랑, 칭하이성 차이다무 분지 등이다. 이곳에는 사막 및 고비, 사화토지가 광범위하게 분포되어 있으며, 건조한 기후와 빈번한 강풍 발생 등으로 인해 모래 폭풍이 빈발하고 있다. 가령 타클라마칸 사막이 있는 신장의 허톈(和田) 지역은 지난 30년간 모두 여섯 차례의 강한 모래 폭풍이 발생했다. 이 지역 주민들은 "낮에 반 근의 모래를 먹고 밤에 다시 보충한다"라고 말한다. 1949년 이래 이곳 피산현(皮山县)과 민펑현(民豊县)은 모래바람을 피하기 위한 주민 집단 이주로 인해 현정부 소재지 위치가 두 번이나 바뀌었다. 그리고 네이멍구자치구 저리무(哲里木) 멍(盟) 커주어(科左) 치(旗) 차오하이(潮海) 향(鄉)은

1960년대까지만 해도 비교적 부유한 농촌으로, 평균 양식 생산량이 무[3]당 약 200kg이었다. 그러나 현재는 이미 전체 향 면적의 80%에 달하는 토지가 사화되어 기본적인 식량과 사료조차 모자라는 최빈곤 향이 되었다.

2000년에 들어서서, 중국 서북부로부터 불어오는 모래바람의 기세는 더욱 드세져서, 베이징의 북부에 인접한 허베이성 장자커우(張家口)시 북부 교외의 농경지까지도 모래에 덮였으며, 베이징 시내에도 황사바람의 영향이 예년보다 심했다. 중국 정부가 추진한 서부대개발 정책 목표에는 동부연해지구와의 경제 발전 격차 해소와 구역협조발전과 함께 사막화 방지와 생태환경 보호도 포함되어 있었다.

그러나, 2011년 6월, 중국 국가임업국이 발표한 중국 전국의 '사화토지 현황조사 결과(全国第四次沙化監測結果)'(2005~2009년)에 의하면, 중국의 사막화(荒漠化) 및 사화토지 면적 감소 추세가 나타났다(新华网北京, 2012.6.16). 즉, 1990년대 말까지 연평균 3436km²씩 증가하던 전국의 사화토지 면적이 2004년 이후 5년간 연평균 1717km²씩 감소했다. 즉, 2005년 6월에 중국의 사화토지 총면적이 균형 또는 감소 추세로 전환되었다고 발표[4]한 이래, 다시 5년간 사화토지 총면적 초보 억제 및 감소 추세가 지속되었다. 이 같은 성과는 중국 정부가 1990년대 후반부터 본격적으로 추진한 방사치사(防沙治沙)와 경지와 목장을 임야와 초지로 환원시키는 퇴경(退耕)·퇴목(退牧)·환림환초(還林環草) 공정을 중심으로 하는 생태환경 건설 정책의 효과와 2008년 베이징 올림픽 준비를 하면서 베이징과 주변 지역의 녹화사업 등 환경보호공정을 적극적으로 추진한 결과로 판단된다. 사막화지구(沙区)의 식피(植被) 상황도 개선되었다. 사화토지의 평균 식피율은 2004년 17.0%에서 2009년 17.6%로 증가했고, 식물 다양성도 증가했다. 그러나 중국의 토지 사막화 문제는 아직 방심할 수 없는 상태이다. 중국 국가임업부 발표에 의하면, 2009년 말 중국 내 황막화 토지 중 풍식 황막화(风蚀荒漠化)된 사화토지 면적은 약 173만 km²(남한 국토 면적의 17배 초과)이다.

3　1무(亩)는 약 666.7m²(약 200평)이다.

4　중국 국가임업국 발표에 의하면, 2000년까지만 해도 매년 약 3436km²씩 확대 추세였던 중국 전국의 사화토지 면적이 2001년부터 균형상태 도달 및 역전이 시작되었고, 2004년에는 1283km²가 감소했다 [新華社(北京), 2005.6.16].

2) 모래 폭풍과 황사

중국 서북부 사막화 지역에서 모래 폭풍이 발생할 때 사막 지대로부터 모래와 황토 분진을 몰고 오는 바람을 중국 사람들은 '샤천바오(沙塵暴)'(이하 모래 폭풍)라 부르는데, 이것이 매년 봄철에 한반도에 찾아오는 '황사(黃砂)'의 근원이다. 즉, 중국의 내몽고와 서북부 사막 지대 및 황토고원 지대에서 강한 바람이 발생할 때 지상으로 떠오르는 모래 입자 중 더욱 높이 고공으로 떠오른 미세한 황토 분진들이 황해를 건너서 한반도를 지날 때 떨어지는 것을 우리는 '황사'라고 부른다.

사막화된 토지에서 종종 강풍과 모래 폭풍이 발생한다. 강풍의 발생은 기상 현상이지만, 그 발원지가 사막화된 토지일 때 모래 폭풍으로 변한다. 즉, 토지의 사막화는 모래 폭풍을 발생시키고, 모래 폭풍은 다시 토지 사막화를 확산시킨다.

중국의 일반 백성들이 모래 폭풍을 부르는 호칭은 '펑샤(风沙)', '황샤(黃沙)', '헤이펑바오(黑风暴)' 등이다. 그러나 기상학에서는 발생 시의 바람과 하늘의 상황에 따라, 샤천바오(沙塵暴, 모래 폭풍), 양샤, 푸천(浮塵) 세 가지 종류로 구분한다.

첫째, 샤천바오, 즉 모래 폭풍은 강한 바람이 지면의 분진과 모래를 끌어올려 대기가 혼탁하게 된 상태로, 수평가시도(水平能見度)[5]가 1000m 미만인 현상을 가리킨다. 발생 시의 풍속이 9급 이상, 수평가시도 200m 미만이면 강샤천바오(强沙塵暴), 풍속이 10급 이상, 수평가시도 50m 미만이면 특강샤천바오(特强沙塵暴)로 구분한다.

둘째, 양샤는 강풍이 지면의 모래 먼지를 쓸어 올려 대기가 혼탁해진 상태를 가리킨다.

셋째, 푸천이란 바람이 없거나 약한 바람이 부는 상황에서 흙먼지나 미세 모래 등이 대기 중에 고르게 떠다니는 것이다.

한편, 모래 폭풍으로 인한 주요한 피해 형태는 다음과 같다.

첫째, 모래 매몰(沙埋)이다. 이는 모래 폭풍이 무서운 기세로 돌진할 때 같이 전

---

5 가시도(能見度)란 당시의 기후 조건하에서 정상인의 시력으로 목표물을 구별해 낼 수 있는 최대 거리를 가리킨다. 일반적으로 수평가시도와 공중가시도(空中能見度)로 구분하며, 후자는 다시 공중수평가시도와 경사가시도, 수직가시도 세 가지로 구분한다.

진하던 모래 입자가 장애물을 만나거나 바람이 약해졌을 때 모래 먼지가 하강해 농경지, 마을, 공장 및 광산, 철도, 도로, 저수지 등을 뒤덮는 것이다.

둘째, 풍식(風蝕)이다. 강한 바람이 토양 내의 미세한 점토광물과 유용한 유기물질들을 쓸어버리고 운반해 온 미세한 모래가 토양 표면을 덮으면 비옥했던 농경지도 척박해지고 사막화가 진행된다.

셋째, 대기오염이다. 모래바람과 모래 폭풍 발생 시 모래 먼지가 대기 중에 날아올라 부유하는데, 이 먼지에 유독성 광물질, 오염 물질, 병균 등이 섞여 사람과 가축, 농작물, 삼림 등에 피해를 준다.

모래 폭풍이 발생하려면 기본적으로 바람, 기류, 모래 3개 조건이 충족되어야 한다. 바람은 모래 폭풍 발생의 원동력이며, 기류는 열에너지 조건이 되고, 모래는 기초 구성 물질이다. 지표상의 황토와 모래가 공중에 떠오르려면 강한 바람이 불어야 한다. 또한 지표면의 흙가루가 아주 작거나 물기가 없거나 뿌리로 지표의 흙을 움켜쥐고 있는 식물도 없어서 부슬부슬한 상태라면 더욱 쉽게 공중으로 떠오른다. 또, 지표가 가열되어 지표 부근의 공기가 가벼워져야 일단 떠오른 흙먼지가 다시 가라앉지 않고 떠다닐 수 있다. 중국의 신장, 닝샤, 칭하이, 간쑤, 섬서, 네이멍구 등 서북부지구에는 사막을 포함하는 건조 지대가 광범위하게 자리 잡고 있다. 겨울 가뭄이 심할 때는 이곳 지표면의 토양이 건조해져서 바람이 불면 황토 분진(沙塵)과 모래 먼지가 떠오른다. 이곳에서 떠오른 황토 분진이 상층의 강한 바람을 타고 한랭기류를 타고 이동하게 된다. 이동 경로는 크게 세 가지다. ① 네이멍구자치구 북부의 얼롄하오터(二連浩特), 훈산다커 사막 서부 지역과 주르허(珠日河) 초원 지역에서 네이멍구 화더(化德)와 허베이 장자커우 등을 거쳐 베이징으로 이어지는 북쪽 경로, ② 중국과 몽골의 접경 지역인 네이멍구자치구 북부의 아얼산(阿尔山)에서 남쪽으로 츠펑을 거쳐 베이징에 이르는 동북 경로, ③ 신장위구르자치구의 하미(哈密)지역에서 산시성 타이위안(太原) 등을 거쳐 베이징 일대에 도착하는 서북 경로이다.

3) 사막화 문제의 재인식

사막화란 원래 식물로 덮여 있던 땅이 불모의 땅으로 변하는 자연재해 현상을 가리킨다. 즉, 건조·반건조 지역 및 일부 반습윤 지역의 건조하고 바람이 많으며 토질이 나쁜 자연적 조건에 과도한 토지 이용 등과 같은 인위적인 영향이 더해져서 생태 균형을 깨뜨림으로써 사막이 아니었던 지역에 풍사 활동[風沙活動(풍식, 거칠어짐, 사구 형성 및 발전 등)]을 주요 특징으로 하는 토지 퇴화 과정이 진행되는 현상을 가리킨다. 자연현상으로 인한 사막화는 지구의 건조 지대가 이동하면서 발생하는 기후 변화로 인해 국지적으로 사막화가 초래되었다. 그러나 오늘날 세계 각지의 사막화의 원인은 대다수가 인위적인 원인 때문이다. 즉, 급속한 인구 증가로 토지를 과도하게 경작 또는 목축지로 사용한 결과로 지력 고갈과 사막화를 초래하고 있다. 지금의 이라크 영토인 중동의 메소포타미아 지구는 인류 역사상 가장 이른 시기에 농업과 문명이 발달한 지역 중 하나였다. 메소포타미아의 토양은 본래 매우 비옥했으나 장기간 과도한 농업 활동이 지속되면서 지력이 고갈되었고, 강 상류를 개간하면서 삼림을 남벌해 상류 토지가 빗물을 흡수하지 못하게 되었고, 그 결과 수토 유실과 홍수가 반복되어 사막으로 변했다.

사막화가 진행된다는 것은 인류의 생존과 생산 기반인 토지의 생산 능력을 회생 불능의 상태로 소멸시킨다는 의미이다. 또한 사막화는 그 위협에 직접 노출된 국가와 인민뿐만 아니라 인류 모두가 당면하고 있는 심각한 문제이다. 이미 사막화의 피해를 입고 있는 아프리카 사하라 사막 건조지구에 위치한 21개 국가의 약 3500만 명이 1980년대 극심했던 건조기(干旱期)에 가뭄과 한발의 피해를 입었으며, 이 중 약 1000만 명은 고향과 조국을 등지고 떠도는 생태난민(生態難民)이 되었고, 100만 명 이상이 사망했거나 기아와 질병에 시달리고 있다.

사막화 진행 정도와 피해 상황은 이미 전 지구적으로 심각한 상황에 도달해 있다. 원래 지구는 육지 면적의 2/3 정도가 삼림 지역으로 그 면적은 약 8170만 km²였다. 그러나 농경지 확대를 위한 대량의 삼림 훼손 결과, 현재 남아 있는 삼림 지역은 약 2800만 km² 정도에 불과하다. 현재 전 지구상에 사막화 영향을 받고 있는 토지 총면적은 약 3800여만 km²로서, 지구 육지 면적의 1/4에 달한다. 이는 세계의 영토 대국인 러시아, 캐나다, 중국, 미국 4개국의 국토 면적 합계와 비슷하다. 현재 지구상에는 약 100여 개 국가에서, 9억 명의 인구가 사막화의 피해와 위협에 시달리고 있다. 더구나 지구상의 사막화된 토지 면적은 매년 5만~7만 km² 정도씩 확대되고 있다. 이는 대략 남한 면적의 1/2에서 2/3에 달하는 규모이다. 사막화는 필연적으로 생태 문제만이 아닌 경제사회 문제로까지 확대되고 빈곤과 사회 불안을 초래하게 된다.

사막화 과정은 그에 대항하는 인류의 투쟁 과정, 즉 성공과 실패로 얼룩져 온 비장한 투쟁 과정과 함께 진행되어 왔다. 중국 외에 이집트, 이란, 모리타니, 이스라엘 등의 국가도 사막화 방지 방면에서 상당한 성과를 거두었다. 이집트는 수로 건설을 통해 나일강 양안의 관개농업용 토지를 개척하고, 5개의 오아시스를 개발했다. 북아프리카 5국은 녹색댐 공사를 통해 사막과 접하고 있는 지역의 조림 면적을 증가시켰고, 사구(沙丘)의 이동을 방지했다. 이스라엘은 관개용수와 태양에너지를 이용해 독특한 사막농업을 발전시켰다.

한편, 사막화 방지에도 가장 어려운 과제는 자금 부족이다. 사막화로 인한 피해는 주로 아시아, 아프리카, 남미 등 개발도상국가들에 집중되어 있다. 그러나 이 국가들은 사막과 빈곤이라는 악순환의 고리에서 벗어나지 못하고 있으며, 재원 부족 때문에 사막화 문제에 효과적·체계적으로 대응하지 못하고 있다. 따라서 사막화 방지를 위해서는 이 국가들에 대한 국제적인 기술 협조와 자금 원조가 필요하다.[6]

중국 국가임업국 발표에 따르면, 2009년 말 중국 전국의 사막화 토지는 약 173만 km²로, 중국 국토 면적의 약 18%를 차지하고 있다. 중국 북방의 풍사선에는 모래의 관리(治沙)를 위해 수개의 치사연구소(治沙研究所)와 실험관측소가 설치되어 있고, 이를 통해 일정한 연구 성과들을 축적하고 있다. 또한 광역 지역을 대상으로 한 식수와 재조림(再造林) 및 사막화지구 개발·관리 등 방면에서 세계적으로 주목받고 있는 성공 사례도 있다. 이 중 섬서성 위린(榆林)[7]과 신장성 허톈에서 사

---

6 국제사회가 사막화 문제를 중시하고 사막화 방지를 위해 적극적으로 협력하기 시작한 것은 사막화로 인한 피해의식이 범세계적 범위로 확산된 1970년대부터였다.

7 무어스(毛乌素) 사막 남쪽에 위치한 섬서성 위린은 1950년대에 약 1400km²의 농경지와 6개 향·진의

막화된 땅의 모래를 제거하고 주민들이 재정착한 사례가 대표적이다.

4) 토지 사막화의 원인

(1) 자연환경적 요인

중국 내 모래 폭풍의 주요 발원지는 서북부 신장성 남부의 타클라마칸 사막과 중국과 몽골의 접경 지역인 바단지린 사막, 네이멍구자치구 동부의 쑤니터(苏尼特) 분지와 커얼친 사막 등지이다. 이 지역은 녹화율이 낮고 녹지에 포함되는 지역도 대부분이 초지이며 사막에 접해 있다. 이렇게 초지이거나 사막에 인접한 삼림은 수종의 다양성이 낮아서 생태계가 매우 취약하고, 생태 균형이 파괴되면 다시 회복되기 어렵다. 이 지역은 강수량이 적고 증발량이 많고 건조기가 길다. 또한 척박한 지표면이 풍식되고, 지표면의 흙을 잡아주는 식생이 부족한 겨울과 봄에 강풍이 자주 발생하므로[8] 사막화가 일어날 가능성이 매우 높다.

한편, 1950년대 이후 세계적인 기후 변화로 인해 중국 북부 지역에 건조기후 및 이상난동(異常暖冬) 현상이 나타났으며, 이로 인해 북부 지역의 평균 기온이 급격히 상승하고 따뜻한 겨울이 연이어 출현했다. 특히 네이멍구자치구의 건조기후가 심화되고 있다. 1980년대 네이멍구 지역의 강수량은 1950년대에 비해 현저히 감소했다. 가장 심한 퉁랴오의 경우 102mm나 감소했다. 그러나 강수량과 달리 기온은 전체적으로 상승했는데, 최고는 린허(临河)로 1.86℃ 상승했으며, 최저는 0.6℃ 상승한 바옌하오터(巴彦浩特)다. 이러한 기후 조건의 변화로 인해 토양이 건조해지고, 그 결과 식생이 더욱 감소해 모래 입자(沙子)[9]의 유동성이 증대되었고

421개 촌이 모래바람에 묻혔다. 위린 인민들은 사막과의 40여 년에 걸친 악전고투와 무수한 시행착오를 거치면서 조림을 계속해 온 결과, 모래땅(沙地)에 약 9600km²의 삼림을 조성했다. 식수 면적이 전체 행정구역 면적의 40%를 넘었고, 사화(沙化)지구 면적 중 약 70% 이상의 토지에 대해 통제 관리를 시행하고 있다.

8 매년 11월부터 그 이듬해 5월경까지, 중국 서부·북부의 사막 지역과 시베리아 상공의 차가운 공기가 남쪽에서 형성된 따뜻한 공기와 만나는 과정에서 커다란 기압차가 발생, 강력한 모래 폭풍이 발생한다.

9 중국어 '沙子'와 '砂子'는 모두 암석의 마모 과정에서 생성된 모래 입자를 지칭한다. 구별하자면, '沙子'는 대자연 속에서 수백, 수천 년간 마모 분쇄 과정을 거쳐 형성된 것을 가리키고, '砂子'는 인공적으로 돌을 갈아 만든 입자를 가리킨다. 이는 우리가 부르는 '황사'의 한자를 '黃砂'와 '黃沙' 어느 것이 적합

사막화가 가속되었다.

(2) 인위적 요인

토지 사막화의 인위적 요인으로, 첫째, 과도한 개간과 조방적(粗放的) 토지 이용이다. 밭농사를 위주로 하는 중국 서북부 지역의 관개지 면적은 농지 면적의 36%에 불과하며 농지의 생산성이 매우 낮다. 또한 적절한 개간 여건과 보호 조치가 없는 상황하에서 많은 지역에서 무계획적이고 무절제한 방식으로 삼림과 초지를 훼손하며 농지를 개간했다. 1995~2000년 사이 서부 지역에서 증가된 농지 면적 중 초지 개간으로 증가된 농경지가 약 70%, 삼림 개간으로 증가된 농경지가 약 22%를 차지하고 있다. 그러나 이렇게 개간된 농토는 종합적인 연관시설의 부재, 불완전한 삼림 체계, 부족한 관개 조건, 엉성하고 조방적인 농토 관리 등으로 인해 개간 후 2~3년 후에 다시 황무지가 되고, 그러면 다시 다른 곳에 새로운 농지를 개간해야 한다. 그 결과 개간하는 면적만큼 생태 훼손과 사막화가 진행되어 장기적으로는 농업·임업·목축업 모두 피해를 입게 된다.

둘째, 불합리한 초지 경영과 과도한 방목이다. 장기간에 걸쳐 낙후된 초지 관리 수단과 조방적 경영 방식, 과도한 방목이 보편적으로 행해졌다. 신중국 출범 이후, 중국 목축 지역의 가축은 1950년 2900만 마리에서 2001년 9000만 마리로 증가한 반면, 초지는 개간과 사막화 등으로 인해 면적과 생산력이 부단히 줄었다. 과도한 방목과 개간으로 인해 네이멍구, 신장, 간쑤는 각각 초지 총면적 중 51.8%, 63.6%, 87.9%가 퇴화되었다.

셋째, 과도한 벌목 및 땔감 채취로 인한 식생 파괴이다. 사막 지역은 생활연료가 매우 부족한 상황이다. 경제가 낙후되고 교통이 불편해 주민들의 생활연료는 주로 땔나무에 의존하고 있다. 그러나 사막 지역의 땔나무용 임지에서 매년 공급할 수 있는 땔감 생산량은 실제 사용총량의 14% 정도에 불과하다. 농·목축민들은 생존을 위해 다른 나무를 벌채하거나 초지식생을 파괴함으로써 생활연료 부족 문제를 해결해 왔다.

한가라는 문제에 시사점을 준다고 하겠다.

넷째, 수자원의 부족과 낭비이다. 황사의 내용물은 사막화된 토지에서 떠오르는 것이고, 사막화의 원인은 결국 물 부족이다. 중국 서북부 지역은 중국 내에서 물 부족 현상이 가장 심각한 지역으로, 단위면적당 수자원량은 전국 평균의 1/4에 불과하다. 그럼에도 불구하고 통일적이고 효과적인 수자원 관리가 이루어지지 않고 있다. 강 상류 지역에서의 과도한 관개와 물 사용은 대규모 토지의 알칼리화를 초래하고 하류 지역의 유량을 감소시키고 있다. 이와 관련한 대표적인 예가 수자원 감소로 인해 빈번하게 발생하고 있는 황하의 단류[10] 현상이다. 한편, 지하수 수위가 낮아짐에 따라 강 하류 지역의 사막 식생도 고사되어 토지 사막화를 초래하고 있다.

다섯째, 과도한 약초와 약재의 채취이다. 전문가들의 추산에 따르면 1kg의 감초를 채취하면 8~10무의 초지가 훼손된다고 한다. 네이멍구자치구의 경우, 1993~1996년 기간 중 약 190만 명의 농민들이 약초를 캐러 초원으로 갔으며, 이들이 거쳐 간 초원(약 2억 2000만 무) 중 약 1억 9000만 무가 훼손되었고, 이 중 31.6%에 해당하는 6000만 무는 심각한 정도로 퇴화 또는 사막화되었다. 이와 함께 공장과 광산, 교통시설 등의 건설공정 추진 과정에서 삼림식피 파괴와 토지 사막화가 초래되었다.

5) 사막화 방지 노력

(1) 중국 정부의 사막화 방지 전략

1950년대부터 중국 정부는 방사치사를 위한 각급 기구를 설립하고, 임업부와 각급 지방정부가 군중을 조직해 사막화 방지 노력을 해왔다. 사막화 방지사업은 나무와 풀을 심으면서 생태농업 체계를 구축하는 데 중점을 두고 있다. 즉, 먼저

---

10 황하의 단류 횟수가 1970년대에 6회, 1980년대에 7회, 1990년대에는 거의 매년 단류가 있었고, 단류 구간의 길이는 1970년대에 130km, 1980년대에 150km, 1990년대에 300km였고, 이 중 1995년에는 800km에 달했다. 단류 기간을 보면 1970년대에 21일, 1980년대에 36일이었으나, 1997년에는 226일간 황하 단류가 발생했고, 330일간 황하 하구에서 한 방울의 물도 바다에 흘러들어 가지 못했다는 기록을 세웠다. 이로 인해 황하 보호에 대한 문제가 강렬하게 제기되었다(藍勇, 2003: 108).

방풍림을 조성해 모래바람을 막은 후, 활착력이 좋은 목초를 심어 초원을 조성하고, 가축을 사육하면서 이들의 배설물과 부산물 등 유기물을 이용해 토질을 개선시켜 나가는 전통적인 방식이다.

방사치사는 중국의 환경 보호 정책 중에서도 최우선순위 과제이며, 서부대개발 전략의 국가중점 항목이다. 서부대개발의 생태환경 보호 전략은 종합적인 측면에서 수자원의 합리적 개발과 효율적인 이용을 최우선 과제로 삼고, 사막화 방지와 초원 지대의 보호, 강 하류 유역의 종합치수 및 수자원 보존과 수토 유실의 방지, 자연보호구역 설치 등 중요한 생태환경 건설 공정을 종합적·체계적으로 계획·추진하는 데에 중점을 두고 있다. 즉, '경제성장과 자원 개발을 위해서 환경 파괴도 불사한다'는 식의 사고방식은 이제 더 이상은 안 된다는 점을 분명히 하고 있다.

1990년대에 들어 중국 국무원이 전국의 사막화 방지 업무를 총괄하면서, '사막 관리 업무에 관한 정책 조치에 대한 의견(关于治沙工作若干政策措施的意见)'을 확정하고, 사막화방지업무협조영도소조(防治荒漠化工作協調領導小組)를 신설했다. 또한, 사막화 방지 업무의 주관부서를 임업부(林業部)라고 규정하고, 임업부가 입안한 '1991~2000년 전국 사막화 방지 사업 계획'을 승인했다. 2005년 3월에는 중국 최초의 '전국 방사치사 계획(全国防沙治沙计划)'(2005~2010, 이하 '계획')이 국무원에서 심의·통과되었다. 이 '계획'에 따라서 사화 예방 및 정비(治理)에 대한 과학적 배치와 대처가 추진되고, 사화토지의 정비 업무를 장려했다.

'계획'의 주요 내용은, 2010년에 전국적으로 정비 후 회복하는 사화토지 면적이 1300만 ha 중, 372만 ha는 봉쇄육성보호(封育保护)하고, 일정 면적 규모를 봉쇄금지보호구(封禁保护区)로 지정한다. 토지의 사화 추세는 유효한 통제 단계에 들어서며, 사구(沙區)의 생태 상황도 일정 정도 개선한다. '삼북(三北)'지구[11]의 임초식피(林草植被) 면적 안정적 증가 추세 유지, 농목민(农牧民)의 양식 및 목축업 생산 능력 제고, 농촌의 에너지 결핍상황 대폭 개선, 베이징-톈진 및 주변지구의 토지 사화 문제를 기본적 해결 등이다.

삼북(三北)지구와 시짱, 일강양하(一江兩河)[12] 유역 등지는 사화토지 면적이 전국

---

11 삼북지구란 서북, 동북 서부, 화북 북부를 가리킨다.

의 90% 이상을 점하고 있고, 사화 유형이 다양하고, 확대 속도가 빠르고, 피해도 심각하다. 따라서 사화토지를 봉쇄금지보호구역으로 획정하고, 국가중점공정과 시험시범구(試験示范区)를 배치한다. 황화이하이 평원(黄淮海平原)[13] 및 남방습윤사지(南方濕潤沙地)는 면적 규모가 작다. 주로 바닷가(沿海)나 강가(沿河, 沿江) 지대 등 사화 피해가 상대적으로 큰 지대에 지역성 정비 항목(治理項目)과 시범 지점을 배치한다. 또한 전국을 5대 유형구(類型區)[14]로 나누고, 각 지구 유형별로 지도하고 시책을 시행했다.

또한, 순차적으로 일련의 특혜 정책을 발표해 투자를 장려했다. 토지 이용 부문에서는 비교적 완비된 규정을 포함한 '방사치사법(防沙治沙法)'을 제정했으며, 세수(税收) 부문에서 국가세무총국이 치사 및 사막 토지 자원의 합리적 개발·이용에 대해 다수 항목의 세제상 특혜 정책을 발표했다. 2005년에 수립한 '전국 방사치사 계획'에서는 "정비한 자가 관리·보호하고, 수익을 취한다"라는 원칙을 확정하고, 사화토지의 소유권을 안정화하고, 사용권과 경영권을 활성화하고, 도급 기간(承包期)과 임대 기간(租賃期)을 연장했다.

대규모 치사조림(治沙造林)을 시행하는 사구(沙區) 거주민 가구에 대해서도 적극적인 시책을 채택하고, 지원과 보상을 하고 있다. 가령 사막화지구에서 대규모 조림을 행하는 세대는 임업생태공익림(林业生态公益林) 건설 공개입찰에 평등한 자격으로 참여해 공익림 건설사업을 수주할 수 있고, 국가기구와 동등한 지원 및 보조 혜택을 받을 수 있다.

2013년 3월 20일 국가임업국이 발표한 '전국 방사치사 계획(全国防沙治沙规划)'(2011~2020)의 주요 내용은 다음과 같다.

첫째, 과학, 종합, 의법(依法) 방침에 따라 북방녹색생태장벽 구축에 중점을 두고, 생태 및 민생 개선을 목표로 한다. 인민 군중, 과학기술 진보, 개혁 심화에 의

---

12 일강은 장강, 양하는 황하와 화이하를 가리킨다.

13 황하, 화이하, 하이하 유역 평원

14 5대 유형구는 다음과 같다. 건조사막 연변 및 오아시스유형구(干旱沙漠边缘及绿洲類型区), 반건조사화토지유형구(半干旱沙化土地類型区), 고원고한사화토지유형구(高原高寒沙化土地類型区), 황화이하이 평원 습윤반습윤사화토지유형구(黄淮海平原濕潤半濕潤沙化土地類型区), 남방습윤사화토지유형구(南方湿润沙化土地類型区).

지하고, 예방 위주, 적극 정비(治理), 합리 이용을 견지한다. 임초식피를 주체로 하는 사구생태안전체계(沙区生态安全体系)를 건립하고 중점사구(重点沙区)들을 유효하게 정비하고, 생태 상황을 진일보 개선한다.

둘째, 사화토지 봉금보호구(沙化土地封禁保护区)를 획정하고, 임초식피를 전면 보호 및 증대시키고, 토지 사화를 적극 예방하고, 2020년까지 정비(治理) 가능한 사화토지 면적의 반 이상을 복구·정비하고, 사구(沙區) 생태 현황을 진일보 개선한다.

셋째, 사화토지를 5개 유형구로 획분하고, 이 기초 위에서 다시 15개 하위 유형구(类型亚区)로 세분하고, 구체적이고 적실하게 추진 방향 및 복구·정비 방향을 구분한다.

넷째, 확정한 중점 건설사업은 ① 사화토지 봉금보호구(封禁保护区) 범위의 명확한 설정, 봉금보호구 내의 임초식피를 보호하기 위한 봉금시설 건설, 감독·관리 체제 구축, 그리고 농목민에 대한 생산 및 생활상의 보상, ② 사화토지 종합복구정비 대책으로, 조림영림(造林营林), 사화초원 정비, 수토 유실 종합정비, 수자원 및 절수 관개공정(节水灌溉工程) 추진, 유동 반유동 사지(沙地) 고정, 사구 생태이민 대책 및 소성진(小城镇) 건설, 사구 농촌 신에너지 건설 등을 제시, ③ 모래산업(沙产业) 발전을 위한 중점 영역과 발전 범위 확정, ④ 감측·예방·경보 능력 강화 등이다.

(2) 퇴경환림환초 정책

토지 사막화 추세와 해당 지역의 인구 증가 추세 곡선은 완전하게 일치한다(高吉喜, 2004: 190). 지역 내 인구 증가와 이를 부양하기 위한 식량 증산을 목표로 진행된 과도한 토지 이용과 개간이 자연환경 체계 내의 토지의 수용 용량을 초과하면 해당 지역의 식생, 식피를 파괴하고 수자원을 고갈시키며, 토지 사막화를 촉진·확대시킨다. 인구 증가에 따라 요구되는 식량 증산 수요를 충족시키기 위해 농경지 개간을 확대했고, 이로 인해 전통적으로 농경에 부적합해 수렵과 유목 활동에 이용되어 오던 초지들이 농경지로 개간되면서 농목교착 지대(农牧交错地带)가 부단히 북방으로 이동했다. 결국 인간의 토지 이용 활동이 토지와 수자원의 수용 용량을 초과하게 되었다.

이 같은 상황 인식과 원인 진단에 따라 중국 정부는 2000년부터 토지 사막화가 심한 지역에 퇴경·퇴목·환림환초 정책을 시행하고 있다. 즉, 기존의 농경지 중 경사지와 사화가 심한 농경지에 대해 농사를 포기하고 임야와 초지로 환원시키며, 생태환경이 취약한 초지에서의 방목을 금지하고 있다. 중국 정부가 내건 구호는 생태환경에 대한 보호나 회복 정도를 넘어선 '생태환경 건설'이다.

퇴경·퇴목·환림환초 공정의 추진 과정에서 최대의 어려움은 농지와 초지에 의존하고 살아오던 농·목축민들에게 보상과 생계 대책을 마련해 주는 문제이다. 여기에는 재원의 한계라는 문제와 함께 본격적인 도시화와 공업화 단계에서의 생활 경험이 없는 해당 지역 농목민들에게 농·목축업 외에 다른 대안의 고용 기회를 제공해 주어야 한다는 난제가 있다.

중국 국무원은 2000년에 퇴경환림환초 정책의 실험지구를 선정하고, 이 지역의 업무지도를 강화하기 위해 '퇴경환림환초 업무 진일보 추진을 위한 의견(关于进一步做好退耕还林还草工作的若干意见)'을 하달했으며, 다시 2002년 4월 11일에 실험지구에서 출현한 문제들에 대한 보완을 위해 '퇴경환림정책 진일보 완비를 위한 정책시행에 관한 의견(关于进一步完善退耕还林政策措施的若干意见)'을 하달했다. 그 주요 내용은 다음과 같다.

첫째, 수토 유실이 엄중하고, 양식 생산량이 적고 불안정한 경사지와 사화 농경지를 퇴경환림의 대상 범위로 한다.

둘째, '국가퇴경환림공정계획(国家退耕还林工程规划)'에 근거해 각 성은 성급 퇴경환림공정계획을 수립하고, 공정 건설의 목표와 임무, 건설의 중점과 정책 수단을 명확히 한다.

셋째, 2002년부터 국가는 퇴경환림총체계획에 근거해 매년 10월 31일 이전에 다음 해의 계획 임무를 하달한다. 각 성은 국가가 하달한 연간 임무에 근거해 수토 유실이 엄중한 경사지와 사화가 심한 농경지를 우선적 대상으로 퇴경환림 계획을 접수하고, 접수 후 한 달 이내에 경중완급(輕重緩急)과 원칙에 따라 분석·구분해 현급(현, 시, 구, 기) 정부에 연간 임무를 하달하고, 현급 퇴경환림 공정 실시 방안을 조직·수립하도록 한다.[15]

넷째, 퇴경환림 수종은 생태림 위주로 하며, 그 비율을 80% 이상으로 하고 현

(県) 정부가 선정한다.[16]

다섯째, 중앙재정 부담으로 퇴경 농가에 무상으로 양식을 제공하고 현금을 보조한다.[17]

여섯째, 국가는 연간 계획과 각 성의 양식 보조 총량을 정하고, 퇴경 농가에 대해서 오직 실물 양식만을 공급해야 하며, 어떠한 형식으로 건 보조 양식을 현금으로 계산하거나 대금증서 발행으로 대신할 수 없다.

일곱째, 퇴경환림, 황산(荒山)·황무지의 종묘 및 조림비 보조금은 국가가 제공하며, 국가발전계획위원회가 연간계획 중에 포함해 안배한다.[18]

여덟째, 퇴경환림·퇴목환초(退牧環草) 공정을 생태이민, 입산 금지 및 녹화 시책과 결합 추진한다. 생태이민 조치 시행 이후 지구 내의 경지는 모두 퇴경 조치하고, 초지는 방목을 금지하고 봉쇄해 임초식피를 회복한다. 또한 조건을 갖춘 지방은 생태이민과 소도시(小城鎭) 건설을 결합해 추진한다.

한편, 퇴경퇴목환림 정책을 구체적으로 추진하고자 할 때 당면하는 주요 문제를 정리하면 다음과 같다.

첫째, '퇴경환림', '퇴목환초'의 속도가 늦다. 섬서성 옌안시의 경우, 퇴경이 필요한 토지는 200만 무인데, 매년 퇴경 목표 및 임무가 5.6만 무 정도에 불과하다(延軍平等, 2004: 16).

둘째, 현지 지방정부 입장에서 퇴경환림을 환영하는 것은 예산 지원을 받을 수 있기 때문이고, 농목민 입장에서는 양식을 포함한 보상을 받을 수 있기 때문이다. 그러나 지방정부에 기술과 종자를 선택하거나 개발하기 위한 지식과 능력이 부족한 경우가 많다. 그리고 국가예산을 확보하는 데에도 한계가 있다.[19]

---

15 특히 향·진의 작업설계안 속에 산간 토지와 농가의 공정 임무를 구체적으로 반영하도록 요구했다.

16 규정 비율을 초과한 경제림 품종에 대해서는 종묘(種苗)와 조림보조비만을 지급하며, 양식과 현금은 보조하지 않는다.

17 양식 보조 표준은 매년 퇴경지 1무당 장강 유역과 남방지구는 150kg, 황하 유역 및 북방지구는 100kg 이며, 현금보조는 매년 퇴경지 1무당 20위안이다. 양식과 현금보조 기한은 초지로 조성할 경우에는 2년마다, 경제림은 5년마다, 생태림은 잠정적으로 8년마다 계산한다. 양식보조 대금은 1.4위안/kg으로 계산한다.

18 조림비 보조 표준은 퇴경지와 황산·황무지 조림 면적 1무 당 50위안으로 계산한다.

19 지방정부가 수종 선택에서 생태수종보다 경제림의 비율을 과도하게 높게 선택하고 있고, 실험지구의

셋째, 퇴경·퇴목한 농목민에게 양식을 어떻게 전달할 것인가? 필요한 양식의 양과 품질, 특히 양식의 종류를 어떻게 보장해 줄 것인가? 광활한 지역에 분산되어 거주하고 있는 목민(牧民)들에게 어떻게 물자를 수송해 줄 것인가? 특히 큰 눈이 자주 내리는 기후 조건이라면 상황은 더욱 어려워진다.

넷째, 퇴경·퇴목 이후 농목민들이 주변 초원을 다시 개간하지 않는다고 보장할 수 없다. 화전(火田) 방식으로 초원을 개간해 경작할 경우, 첫 해에는 비료 없이도 경작이 가능하고, 이후에는 윤작할 수 있다. 그러나 바로 옆에 있는 또 다른 초지가 농목민들을 유혹할 것이다. 게다가 광활한 초원상에서 농목민들의 동태를 파악할 수 있는 방법은 위성관측 사진을 통한 감시뿐이다.

다섯째, 양식 문제 다음 단계의 문제로서, 퇴경 후 농목민들에게 어떤 일거리를 제공해 줄 수 있는가?

2. 농경지 보호 정책

1) 비농업용 토지 수요의 급증

개혁개방 이전에 중국의 토지정책은 농업용 토지가 주 대상이었으며, 토지정책의 가장 중요한 목표는 '따습고 배불리' 먹을 수 있는(溫飽) 문제의 해결을 위한 농업용 토지의 보호 및 개간을 통한 면적 증대였다. 그러나 1979년 이후 개혁개방 정책 추진이 본격화되고 경제가 급속히 발전하면서, 공업, 주거, 위락서비스 용도 등 비(非)농업용 토지 이용 수요가 급증하고 있다. 이에 따라 토지정책의 주요 관심도 경제활동에 필요한 비농업용 토지의 공급 과정에서 농경지의 잠식을 방지 및 최소화하는 데에 집중되어 있다.

중국의 인구 도시화 현황을 보면, 2018년 말 전국 총인구 13억 9538만 명중 도시(城鎮) 인구가 8억 3137만 명으로 59.6%를 차지하고 있다. 여기에 도시 내 단기

범위를 맹목적으로 확대하고 있다는 지적도 있다(≪인민일보≫ 2001.8.28, 2001.11.1)

거주 인구와 농공 겸업 인구를 포함하면 도시 인구 비중은 더 클 것으로 추산된다. 이는 세계 각국의 평균 도시화 수준(약 45%)과 개발도상국가의 평균 도시화 수준(40~45%)보다 높은 수준이다. 서방 선진국가의 공업화와 도시화 경험을 고려하면 향후 약 30년 내에 중국의 인구 도시화율이 적어도 70~80% 선까지 증가할 것이다. 인구 도시화율이 50% 선에 근접하면서 중국 정부가 '신형 도시화(新型城鎮化)'와 도농통합발전을 강조하고 있으나 농촌과 농업 부문으로부터 공업, 서비스업과 도시로의 인구 유출 추세를 막기는 쉽지 않을 것이다. 따라서 향후 중국 경제가 본격적인 발전 단계로 진입하면서 공업화 및 도시화에 따른 비농업용 토지에 대한 수요도 더욱 급속하게 증가할 것이다.

중국 정부는 한편으로는 기존의 농경지를 최대한 보호하고, 또 다른 한편에서는 그러한 틀 속에서 비농업용 건설용지 공급을 보장해야 하는 난제에 직면해 있다. 식량의 자급자족은 국가를 유지하기 위한 기본 토대로서 다른 어떤 것과 비교 우위를 논하거나 대체할 수 없다는 것이 중국 정부의 일관된 입장이다. 단, 경제발전과 함께 비농업용 건설용지 수요가 급증하고 있는 과정에서 농경지를 보호한다는 것은 매우 어려운 과제이다. 토지자원의 절약 및 집약적 이용을 통해 토지 이용의 효율성을 높이는 것만이, 식량 생산 확보와 동시에 공업과 서비스, 금융, 정보산업 등 비농업산업 발전에 따른 용지 수요에 대응할 수 있는 유일한 방법이 될 것이다.

중국 정부는 농경지의 점용 및 전용(轉用)에 대한 심사·허가, 기본농지 보호, 황무지 개간 등의 절차들을 제도화해 상당한 성과를 거두었다. 그러나 아직도 맹목적인 개발로 인한 무질서한 농경지의 점용 및 전용(轉用)이 행해지고 있다. 특히 개혁개방 이래 각 지방별로 경쟁적으로 설치한 '개발구(開發區)' 내에 맹목적으로 상업 및 주거용 토지를 개발하고 있는 행태를 매우 심각한 문제로 인식하고 있다. 즉, 농경지는 감소하고 있지만, 토지시장에서는 대량의 건설용지가 공급 과잉 상태에서 방치되고 있다. 중국 국토자원부가 각 지방을 대상으로 한 조사 결과, 정도의 차이가 있을 뿐 중국 내 각 성, 자치구, 직할시 등에서 난개발과 유휴 토지 과다 방치 현상이 보편적으로 드러난 바 있다. 더구나 이러한 현상은 식량 생산량이 증가 추세를 보이고 있던 성, 특히 장쑤성과 저장성 등 동부연해지구에서 더욱 심각했다.

2) 농경지 잠식의 현황과 문제

1997~2008년 기간 중 중국 전국에서 농경지 1.25억 무가 감소했다. 이는 연평균 약 20만 3000ha의 농경지가 비농업 건설용지로 점용되었음을 의미한다(赵华甫 等, 2010: 16). 중국과학원의 미래 인구 예측에 의하면, 현재의 인구출산 억제책인 계획생육(計劃生育) 정책이 변하지 않고 유지된다는 전제하에 2030년 전후에 최고점인 15.4억 명에 달한 후, 점차 감소해 2050년에는 총인구수가 약 15억 명에 달할 것으로 전망하고 있다(中國科學院區域發展戰略硏究組, 2009: 21). 또한 중국은 공업화와 도시화가 급속하게 발전하는 단계에 있으며, 2020년 기준 8억 3137만 명인 도시 인구(도시화율 59.6%)가 2030년에는 약 10억 명(도시화율 65%)에 달하고, 이후 도시화 속도는 다소 완화되어서 2050년경에는 도시 인구가 약 11억 명(도시화율 약 73%)에 달할 것으로 전망하고 있다. 이는 향후 40년간 약 5억 명의 농촌 인구가 도시 인구로 전화(轉化)되고, 이에 따라서 공업 및 광업용지 등 비농업용 건설용지 수요량이 지속적으로 증가한다는 의미이다. 공업화와 도시화의 진전은 경지 잠식을 불가피하게 하고, 현대농업 발전과 생태건설 추진을 위해서도 일부 경지의 조정은 불가피할 것이다.

2018년 말 중국의 농업 인구는 약 5억 6401만 명(총인구의 40.4%)이고, 이 중 농촌을 떠나 도시에 들어와 비공식 부문 일자리에서 일하고 있는 농민공(農民工) 수는 약 2억 8652만 명으로 추산되고 있다(2017년 통계치). 농촌 거주 농민이건 도시에 진입해 거주하고 있는 농민공이건 간에 경지는 이들에게 매우 중요한 생존 기반이자 심리적 방어선이므로, 경지 보호와, 농지 점용 시에 대체 토지 제공 등의 방법으로써 농지를 잃은 농민(失地农民)이 대량으로 발생하는 문제에 유효하게 대처하는 것이 매우 중요한 과제이다. 따라서 엄격한 경지 보호 정책 견지와 집체건설용지 양도에 따른 농경지 유전(流轉)문제를 갈수록 중시하고 있다. 중국의 농경지 잠식에 관한 주요 문제는 다음과 같다.

첫째, 식량의 자급자족은 국가를 유지하기 위한 기본 토대로서 다른 어떤 것과 비교우위를 논하거나 대체할 수 없다는 것이 중공 중앙과 정부의 일관된 입장이다. 그러나 지방정부에는 농경지 보호보다는 비농업용 건설사업을 추진하는 것이 더 많은 재정 수입을 확보할 수 있다는 인식이 만연해 있다. 이들은 "농업과 경지를 보호한다는 것은 낙후를 보존하는 것"이라고까지 말하면서 토지총면적에 비해 과다한 비율의 면적을 시가지 개발 예정지로 설정해 놓고 있다. 일부 현, 시 정부의 간부들은 농경지의 전용 또는 토지관리에 관한 월권적 결정을 예사로 내리고 있다. 토지 관련 위법행위 중 지방정부에 의한 농경지 전용행위가 가장 심각하다. 더구나 국가기관에 의한 감사를 기피하거나, 농경지의 실제 감소량을 실제보다 대폭 축소해 보고하는 사례도 빈번하다.

둘째, 대량의 유휴 토지가 방치되어 있는 상황에서도 농경지의 비농업용 토지로의 잠식이 계속되고 있다. 특히 일부 연해지구 현, 시 정부에서는 비농업용도 유휴 토지를 방치하고 있음에도 불구하고, 계속 농경지 전용계획을 수립·신청하고 있다. 또한, 정부의 억제 정책에도 불구하고 골프장 등 대형 위락시설 건설을 위해 농지를 전용하는 행태가 계속되고 있다.

3) 정책 대응 방향

7차 5개년 계획(七五計劃, 1981~1985) 기간 중 전국 경지 중 3690만 무(약 2만 4600km²)가 감소했고, 8차 5개년 계획(八五計劃, 1991~1995)기간 중에는 남부 각 성에서만 총면적 약 4000만 무(약 2만 6667km²)에 달하는 논의 면적이 감소되었다. 이 같은 조사 결과가 보고된 후, 주무부서인 국토자원부는 물론 중공 중앙과 국무원이 경지 보호와 토지 이용 관리를 매우 중시해 기본 국책에 포함시키고, 1997년에 '전국 토지이용 총체계획 강요(全国土地利用总体规划纲要)'(1997~2010)를 수립·발표했다. 그리고 다시 2006년에는 이를 기초로 '제2차 전국 토지이용 총체계획 강요'(2006~2020)를 발표했다. 이처럼 토지에 대한 거시적 규제와 관리 강화, 용도 규제를 구체화하고 있다. 특히 전국 경지총량 최후방어선(耕地红线)을 18억 무로 정하고, 중국 정부의 표현을 빌리면, '세계에서 가장 엄격한 경지 보호 정책'을 견지하고 있다. 그 결과 2007년 이후 경지 감소량은 100만 무 이내로 통제되었다. 비농업 건설용도의 경지 점용 규모도 1997~2005년 기간 중 연평균 20.4만 ha(305만 무)로, 1991~1996년 기간 중 연평균 29.4만 ha에 비해 31% 줄었다(中国政府网, 1997).

9차 5개년 계획(九五計劃, 1996~2000) 당시 국가토지관리국(현 국토자원부)은 계획 기간 내에 비농업 건설 및 자연재해로 인한 농경지 훼손이 새로 개간되는 농경지 총량 이하가 되도록 한다는 정책 목표를 설정했다. 또한, 1995년에 열린 '중공 14기 5중전회'에서는, "경제성장 방식을 조방형(粗放形)에서 집약형(集約形)으로 전환·변화시킨다"라고 결의했다. 토지 이용 방면에서도 비농업용 토지 공급 총량의 한계를 설정해, 농지의 비농업용도로의 전환을 억제하고, 각 지방정부에 토지의 집약적 이용을 위한 보다 적극적인 노력을 요구했다. 8차 및 9차 5개년 계획 당시의 경지 보호 관련 주요 내용은 다음과 같다.

첫째, 철저하게 계획에 따라 토지를 공급한다. 8차 5개년 계획(1991~1995) 기간 중 계획보다 초과해 농경지를 잠식한 지방은 비농업 건설을 위한 농경지 전용 신청 기회를 제한하고, 9차 5개년 계획 기간에는 비농업용도로의 농경지 전용 허가를 금한다. 단, 국가적으로 필요한 중점투자사업 항목은 국토자원부(원 국가토지관리국)가 사업의 성격 등을 검토한 후 농경지 전용한도 총량지표를 해당 지방에 하달하고, 지방정부가 특별히 필요하다고 여기는 사업은 해당 지방정부가 국토자원부에 농경지 전용 한도 총량지표를 추가로 신청해야 한다. 기타 일반 사업항목은 기존 도시 내의 유휴지를 활용하거나 황무지를 개간해 총량지표 범위 내에서 지표를 대체하는 방식으로 추진한다.

둘째, 도시 내 시가화지구(建成區)의 확산을 억제한다. 9차 5개년 계획 기간에는 대도시 내에서 시가화 지구의 확대를 원칙적으로 불허한다. 대도시에서 특별히 대규모 농경지 잠식이 요구된다고 판단될 경우에는, 해당 시정부가 국토자원부와 주택 및 도시농촌 건설부(住房和城乡建设部)를 거쳐 국무원의 허가를 받아야 한다.

셋째, 신도시 건설시 요구되는 비농업용 토지와 주거용지의 총량은 새로 개간되는 농경지의 총량을 초과할 수 없다. 새로이 개발되는 신도시는 농경지의 잠식을 최소화하기 위해 배후도시와 원래의 농촌 취락을 재개발하거나, 황무지를 개발해 건설한다.

넷째, 호화 별장이나 위락용 시설 건설을 위한 농경지 잠식을 금한다. 호화 아파트, 별장, 골프장 등 각종 위락시설용 토지 공급을 중지한다. 이미 허가된 사업에 대해서도 재검토하고, 아직 유휴지 상태로 있는 항목은 허가를 철회한다. 또한 개인주택용지 규모 상한선을 정한다.

다섯째, 비농업용도 유휴 토지에 대한 재조정 및 회수를 제도화한다. 비농업용 유휴 토지가 대량으로 방치되어 있는 지방정부에 대해서는 신규 농경지 전용 허가를 금지한다.

여섯째, 지방정부 행정 책임자의 농경지 보호 업무 책임 관계를 강화한다. 즉, 전국 각 지방정부의 농경지 보호 및 토지 관리 상황에 관한 국토자원부의 조사 결과를 국무원 인사에 반영한다.

일곱째, 농경지 훼손자를 법에 의해 처벌한다. 농경지 보호를 위한 제도적 장치로서 '토지법' 또는 '경지보호법' 등을 제정해, 농경지 훼손자를 의법 처벌한다.

4) 제2차 '토지이용 총체계획 강요'의 주요 내용

'제2차 토지이용 총체계획 강요'(2006~2020)발표 이후, 중국 국무원과 국토자원부는 2020년까지 18.05억 무의 경지 보호 최후 방어선, 소위 '경지홍선(耕地红线)'을 기필코 지켜낸다고 거듭 강조하고 있다. 이와 동시에, 14억 인구의 식량 안전을 담보하기 위한 경지 보호와, 공업화와 도시화 진전 과정의 순조로운 보장을 위한 건설용지 공급이라는 상충되는 목표를 조화시키며 병행 추진하고, 에너지 광산자원 등 자연자원의 절약 및 집약적 이용 추진을 국토자원 관리의 주요 임무로 설정했다. 제2차 '전국 토지이용 총체계획 강요'의 주요 내용은 다음과 같다.

(1) 기본 원칙

첫째, 경지, 특히 기본농전(基本农田)을 엄격하게 보호한다. 토지정리 및 개간·개발을 통한 경지 보충을 강화해 농업 종합생산 능력을 제고하고 국가 양식 안전을 보장한다.

둘째, 용지 절약 및 집약 이용에 대해, 자원 절약형 사회 건설 요구에 따라, '과학적 발전'의 보장과 촉진 각도에서 건설 규모를 합리적으로 규제한다. 건설용지 개발 공간을 적극적으로 확대하고, 토지 이용 방식을 외연 확장식에서 내부 잠재력 발굴, 조방 저효율 방식에서 집약 고효율 방식으로 전환시킨다. 용지 낭비 방지, 산업구조의 특화 및 승급 추동, 경제 발전 방식 전환·변화를 촉진한다.

셋째, 국가 지역발전 총체전략의 구체화 요구에 따라, 국토개발의 새로운 틀 형성이라는 관점에서 각 업종 및 유형의 토지를 특화 배치하고, 인구, 산업, 생산 요소가 합리적으로 유동토록 인도하며, 도농통합(城鄕統籌)과 구역협조발전을 촉진한다.

넷째, 토지생태건설을 강화한다. 환경친화형 사회 건설 요구에 따라, 양호한 거주환경 건설 관점에서 생활, 생태, 생산용지를 통합적으로 안배하고, 자연생태공간을 우선 보호하며, 생태문명 발전을 촉진한다.

다섯째, 토지에 대한 거시규제 조정(宏观调控)을 강화한다. 양호하면서도 빠른 국민경제 발전 촉진 요구에 따라 과학 발전 신기제의 구축·보장·촉진 관점에서 계획·실시 보장시책을 강화 및 개선하고, 거시규제에 참여하는 토지관리의 적합성과 유효성을 증강시킨다.

(2) 계획 목표

첫째, 소강사회(小康社会) 전면 건설의 총체 요구와 12차 5개년 계획의 경제사회 발전 목표 임무에 근거해, 계획 기간 내에 아래 토지 이용 목표 실현을 위해 노력한다.

둘째, 18억 무 경지홍선을 지켜낸다. 전국 경지보유 총량 보호·유지 목표를 2020년 18.05억 무(1억 2033.3만 ha)로 하고, 계획 기간 내 15.6억 무(1억 400만 ha)의 기본농전 수량을 유지하며, 토질을 개량한다.

셋째, 건설용지의 과학적 발전을 보장한다. 신규 증가 건설용지 규모를 효과적으로 규제하고 이용 효율이 낮거나 방치된 건설용지를 충분히 이용하고, 건설용지 공간을 부단히 확대해, 절약 및 집약적 토지 이용 수준을 제고시키고 용지 수요를 과학적으로 관리한다. 계획 기간 중 단위건설용지의 2차 및 3차 산업 생산액을 연평균 6% 이상 증가시킨다. 2020년에 전국 신규 증가 건설용지를 8775만 무

(585만 ha)로 한다. 미이용 토지의 개발 유도를 통해 신규 증가 건설용지를 1875만 무(125만 ha) 이상 조성한다.

넷째, 토지 이용 구조를 특화한다. 농용지는 기본적 안정 상태를 견지하고, 건설용지는 효과적으로 규제하고, 미이용토지는 합리적으로 개발한다. 도농토지 이용 구조를 지속적으로 특화시키고, 도시 건설용지의 증가와 농촌 건설용지의 감소를 상호 연계시킨다. 도시 내 공장 및 광산용지의 도시 건설용지 총량 중 비중을 2005년 약 30%에서 2020년 40% 정도로 상향 조정한다. 단, 도시 내 공장, 광산용지 중 공업용지의 비율을 엄격히 규제한다.

다섯째, 토지정리와 개간·개발을 전면 추진한다. 전수로림촌(田水路林村) 종합 정비와 건설용지 정리 추진, 신규 증가 공장 및 폐기광산 토지 전면 개간, 비축(后备) 경지자원의 적절 개발을 추진한다. 2010년과 2020년, 전국에서 토지정리 개간·개발을 통한 경지 보충 목표를 1710만 무(114만 ha)와 5500만 무(367만 ha) 이상으로 한다.

여섯째, 적극적·효과적 토지생태 보호와 건설을 이룬다. 퇴경환림환초 성과를 더욱 다지고, 수토 유실, 토지 황막화와 3화(三化)[20] 초지 정비(治理)를 추진하고, 농용지, 특히 경지의 오염 방지와 정비 업무를 강화한다.

일곱째, 거시규제 중 토지관리의 역할을 강화한다. 토지법제 건설을 부단히 강화하고, 시장기제를 점진적으로 건전하게 갖추며, 토지관리의 법률, 경제, 행정 및 기술 등 수단을 부단히 완비하고, 토지관리 효율과 서비스 수준을 높인다.

(3) 주요 임무: 계획 목표 실현을 위한 임무를 명확히 한다

첫째, 엄격한 경지 보호 전제하에 농용지를 통합적으로 안배한다. 경지의 생태, 수량, 질량을 전면적으로 관리·보호하고, 비농업 건설 활동의 경지 점용, 특히 기본농전 점용을 엄격 규제하고 신규 조성 확충한다. 토지의 정리, 개간, 개발, 경지 보충을 강화하고, 경지의 질을 제고한다. 각 유형별 농용지의 통합적 안배, 농용지 구조와 배치를 합리적으로 조정한다.

---

20 퇴화(退化), 사화, 알칼리화(碱化).

둘째, 용지의 절약 및 집약 이용을 추진하고, 건설용지 보장 능력을 제고한다. 수요 인도(需要引導)와 공급 조절을 견지하고, 신규 증가 건설용지의 규모, 구조와 시기, 순서를 합리적으로 확정하며, 건설용지 규모를 엄격하게 규제한다. 건설용지에 대한 공간적 규제를 강화하고, 도시-농촌 간 건설용지 확산 경계를 엄격하게 획정·규제한다. 재고 건설용지 적극 활용, 지상 및 지하공간의 심화 개발 격려, 미이용 토지와 폐기된 공장 및 광산용지를 충분히 활용해 건설용지 공간을 확장한다.

셋째, 국토종합정비 강화를 통한 토지 이용과 생태건설의 협조를 추진한다. 각 유형별 농용지와 미이용 토지의 생태기능을 충분히 발휘하도록 하고, 기초성 생태용지 보호, 토지정리와 개간에 중점을 둔 국토종합정비를 적극 추진한다. 토지 이용과 생태환경 건설의 통합(統籌), 상이한 지역환경의 보호 토지 이용 정책 제정, 지역별 특성에 맞는(因地制宜) 토지생태환경 개선을 추진한다.

넷째, 구조 배치 특화를 통해 통합적 지역 토지 이용을 추진한다. 지역 토지 이용 규제와 인도 강화, 지역 토지 이용 방향 명확화, 차별화된 토지 이용 정책의 제정 실시, 주체기능구(主体功能区)의 형성 촉진, 성(省)급 토지 이용 규제 강화, 토지이용계획 목표와 공간규제조치의 구체화를 추진한다.

다섯째, 공동책임의 구체화를 기초로 계획·실시 보장 시책을 완비한다. 경지 보호 및 절약, 집약적 토지 이용 목표 책임제를 엄격하게 집행하고, 토지이용총체계획의 전반적 규제 역할을 강화하고, 차별화된 토지이용계획 정책을 구체화한다. 경지 절약 및 집약적 토지 이용 시장조절 기제를 건전하게 보호하고, 토지이용계획 동태 조정 기제를 건립한다.

중국 정부의 발표나 토지 관련 자료에는 '인구는 많고 토지는 좁다(人多地小)'라는 문구가 빈번하게 등장한다. 우리에게는 남한 국토 면적의 96배에 달하는 넓은 면적의 국토를 갖고도 너스레를 떠는 것처럼 들리기도 한다. 그러나 2013년 말 기준 13억 6072만 명에 달하는 중국 인구를 고려할 때, 서부와 북부의 사막과 황무지를 제외하고 나면 가용 토지자원이 충분치 않은 것은 사실이다. 인간의 토지 이용 용도는 생산 및 주거 용도와 이들 용도 및 기능지역 간을 연결하기 위한 교통시설용지로 구분할 수 있다. 그리고 생산을 위한 산업용지 중에서도 가장 기본적인 토지용도는 여전히 식량 생산이라고 할 수 있다. 중국의 역대 통치자들에게 가장 중요한 과제가 되었던 치수(治水)의 핵심 목적도 많은 인구를 부양하기 위한 식량 생산이었고, 이를 위한 핵심 과제는 장강, 황하 등 큰 강 유역의 땅을 홍수와 가뭄의 피해를 줄이면서 경작하는 방안을 탐구하는 것이었다. 현재의 중국 정부에게도 가장 기본적인 과제는 14억 인구의 식량 확보이다.

Questions

1. 중국 정부가 식량 증산을 위해 개간, 조성한 농경지와 초지를 다시 임지(林地)로 환원하는 퇴경퇴목환림 정책을 시행하게 된 배경과 과정에 대해 설명하시오.
2. 퇴경퇴목환림 정책을 구체적으로 추진하고자 할 때 당면하는 주요 문제들에 대해 설명하시오.

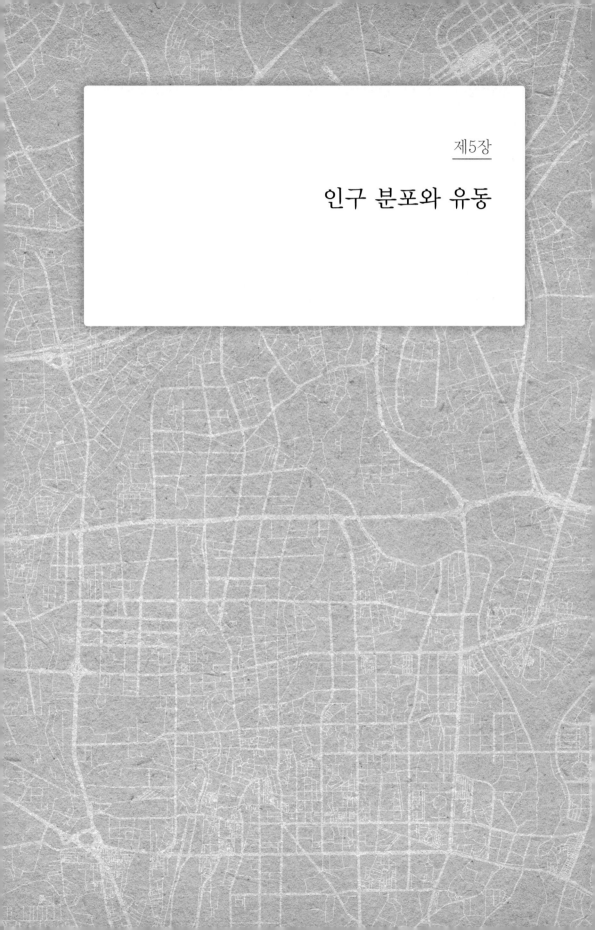

제5장

인구 분포와 유동

중국은 고대에서 현대에 이르는 대부분의 역사 기간 동안 세계에서 가장 많은 인구를 가진 국가였으나 근대 이전에는 인구 증가율이 연평균 1.1%에 불과했다. 기본적인 원인은 낮은 생산력 수준과 높은 사망률 때문이었다. 1949년 중화인민공화국 출범 당시 총인구 규모는 약 5억 명이었으나, 1987년에는 두 배로 증가했다. 그러나 계획생육 정책이 시행된 후에는 연평균 인구 증가율이 1990년 1.45%, 1998년에는 1% 이하로 낮아졌다.

많은 인구는 풍부한 노동력 확보와 재화 생산에 유리하다. 또한 소비 측면에서는 거대한 내수시장을 형성하고 지지해 준다. 그러나 이는 자원 소모를 전제로 하고, 특히 인구수와 그 증가 속도가 경제성장과 생태환경 수용 능력을 초과할 경우에는 인간과 토지 간의 모순, 빈곤 등의 문제를 돌출시킨다. 본장에서는 이 같은 관심과 맥락 아래 중국의 인구 규모와 분포, 인구 구조, 취업 인구와 연관 문제 등을 고찰·정리했다.

1. 인구 규모와 변화 추세

2018년 말 중국 인구는 13억 9538만 명으로 전년 대비 530만 명 증가했다.[1] 중국의 총인구는 미국, 러시아, 일본, 독일, 영국 5개 국가의 총인구 합산치보다 많은 수치이고, 세계 총인구(70억 5700만 명)의 19.8%를 점했다. 따라서 중국의 인구 문제는 이미 중국만의 문제가 아닌 세계적인 문제이기도 하다.

고대에서 현대에 이르는 대부분의 역사 기간 동안 중국은 세계에서 가장 많은 인구를 가진 국가였고, 세계 인구 중 점유율이 가장 높은 국가였다. 근대 이전에 중국 대륙의 인구 증가 속도는 연평균 1.1%에 불과했다. 그 기본적인 원인은 낮은 생산력 수준과 높은 사망률 때문이었다. 기원이 시작된 초기(서한시대)에 중국 대륙의 총인구는 약 6000만 명 정도였고, 12세기 초(북송시대)에는 1억 명을 넘었으며, 18세기에서 19세기 초(청조)에 걸쳐서 2억 명에서 3억, 4억 명으로 증가했고, 1949년 중화인민공화국 출범 당시에는 약 5억 명이었다.

근대 이후, 특히 1949년 중화인민공화국 출범 이후에는 인구 증가 속도가 점차

---

1 중국 국가통계국 2019년 인구표본조사 결과(홍콩, 마카오, 타이완 인구는 포함하지 않음).

표 5-1 중국의 인구 및 구성(2018년)(단위: 만 명)

	연말 인구수(만 명)	비중(%)
전국 총인구	139,538	100.0
그중 도시	83,137	59.6
향촌	56,401	40.4
남성	71,351	51.1
여성	68,187	48.9
0~14세	2,523	16.9
15~64세	99,357	71.2
65세 이상	16,658	11.9

자료: 中国统计出版社(2019: 33).

가속화되었는데, 1987년에는 총인구 규모가 1949년 당시 인구의 두 배가 되었고, 연평균 21.0%까지 증가했다. 그러나 계획생육 정책이 시행된 후에는 (인구 증가 속도가) 떨어져서, 1990년 1.45%, 1998년에는 1% 이하로 낮아졌다. 유엔인구기금 발표에 의하면, 1995~2000년 전 세계 인구의 연평균 증가율은 1.3%이고, 그중 개발도상국가의 연평균 인구 증가율은 1.6%이다. 따라서 현재 중국의 인구 성장 수준은 세계 평균 수준보다 낮다(刘玉·冯健, 2008: 83). 방대한 인구는 풍부한 노동력 자원을 제공해 주므로 보다 많은 재화를 생산하는 데 유리하고 거대한 내수 소비 시장을 지지해 준다. 그러나 거대한 자원 소모를 전제로 하고, 인구수와 그 증가 속도가 경제성장 생태환경 수용 능력을 초과할 경우에는 인간과 토지 간의 모순, 빈곤 등의 문제가 갈수록 돌출된다.

2018년 말 중국의 성별 인구 구성은 남성이 7억 1351만 명, 여성이 6억 8187만 명으로 여성 인구를 100으로 한 총인구 성별비가 104.6이고, 출생인구 성별비는 115.9이다. 한편, 2018년 중국의 도시(城镇) 인구 비중은 59.6%이고, 도시 인구는 전년 대비 1805만 명 증가했다. 2011년에 최초로 인구 도시화율, 즉 도시 인구 비중이 50%선을 넘어선 후 증가 추세가 가속화되고 있다. 한편, 인구 구성 중 남성과 여성 비율은 51.1:48.9이고, 65세 이상 노령인구 비율이 1982년 4.9%, 2000년 7.0%, 2014년 10.1%, 2018년 11.9%로 계속 증가하는 추세이다(〈표 5-1〉).

인구 도시화율 측면에서 보면, 2018년 말 도시(城镇) 상주인구가 8억 3137만 명으로 전년 대비 1790만 명 증가했고, 농촌 상주인구는 5억 6401만 명으로 1260만 명 감소했다. 도시 인구 비중이 59.6%이다. 또한, 6개월 이상 거주지와 호구 등기 소재지가 동일하지 않은 상태의 인구가 약 2억 9800만 명으로 전년 대비 944만 명 증가했고, 이 중 유동인구가 2억 53만 명으로 전년 대비 800만 명 증가했다. 전국 취업 인구는 7억 7253만 명으로 전년 대비 276만 명 증가했고, 이 중 도시 취업 인구가 3억 9310만 명으로 전년 대비 1070만 명 증가했다.

중국의 총인구 증가 추세는 점차 둔화될 것으로 전망된다. 즉, 2040~2050년에 중국의 인구 총량은 15.7~16.0억 명으로 정점에 달하고, 그 이후에는 일정한 수준으로 하향 안정화될 것이란 전망이 유력하다. 또한 1970년대 이래 중국 인구의 성장 속도가 세계 평균치보다 떨어져서 세계 총인구에서 차지하는 중국 인구의 비중이 점차 내려가고 있다. 1970년에는 22.5%, 1995년에는 21.0%, 2006년에는 20.1%이고 2040년이 되면 16.0%가 될 것으로 예측하고 있다.

1) 인구 재생산 유형의 두 차례 전환

중화인민공화국 출범 이후 중국의 인구 성장 과정은 대체로 다음과 같이 4단계로 나눌 수 있다.

- 1단계: 1950년 초부터 1957년 말까지는 인구 성장의 첫 번째 절정기였다. 인구는 8년 사이에 5억 4167만 명에서 6억 4653만 명으로 1억 486만 명이 늘어나, 연평균 1311만 명 증가했다. 이 시기에 인구 성장률은 22%다.
- 2단계: 1958년 초부터 1961년 말까지는 인구 성장의 침체기였다. 인구는 4년 사이에 6억 4653만 명에서 6억 5850만 명으로 1197만 명이 늘어나 연평균 302만 명 증가했다. 이 시기에 인구 성장률은 5%이다.
- 3단계: 1962년 초부터 1973년 말까지는 인구 성장의 두 번째 절정기였다. 인구는 12년 사이에 6억 5850만 명에서 8억 9143만 명으로 2억 3293만 명이 늘어나, 연평균 1940만 명 증가했다. 이 시기에 인구 성장률은 무려 26%에 달했고, 12년 사이에 증가한 수치가 당시 구소련이나 미국의 전국 인구 규모와 비

숫했다.

- 4단계: 1974년 초부터 2010년 말까지는 인구 성장률의 하강기이다. 이 시기는 다시 제4차 전국인구조사 시기(1990년 7월 1일)와 제5차 전국인구조사 시기(2000년 11월 1일), 제6차 전국인구조사 시기(2010년 11월 1일), 제7차 전국인구조사 시기(2020년 11월 1일)로 세분해 볼 수 있다. 먼저 1974년 초부터 1990년 7월까지 약 16년 반 사이에 인구는 8억 9143만 명에서 11억 3368만 명으로 2억 4225만 명이 늘어나 연평균 1300만 명이 증가했고, 성장률은 13.7%이다. 그 다음 1990년 7월부터 2010년 11월 1일까지 10년 4개월 사이에 인구는 1억 3215만 명 증가, 증가율은 11.7%이다. 2000년 11월 1일부터 2010년 11월 1일까지 10년 사이에 인구는 7390만 명이 증가했고, 증가율은 5.8%이다. 이 기간 중 연평균 인구 증가율은 0.57%이다.

과거 중국의 인구 재생산 유형은 계속 '원시형'과 흡사한 고출생·고사망·저성장으로, 인구 총량은 여러 해 동안 정체 상태에 있었다. 1930년대에 시행한 일부 시범지구에 대한 조사에 의하면 당시 중국의 평균 출생률은 38%, 사망률은 33%, 자연증가율은 5%였다. 중화인민공화국 성립 이후 사회주의 제도의 건립과 생산력의 발전으로 주민들의 의료위생 수준이 높아져 사망률은 급속히 내려갔다. 1952년에는 여전히 17.0%에 달했으나 1970년에는 7.6%로 떨어졌고, 이후 2007년에는 6.9%로 떨어져 세계적으로도 낮은 사망률을 기록했다.

인구 재생산의 또 다른 요소인 인구 생산율을 보면 중화인민공화국 출범 이후 두 차례 특징적인 단계를 겪었다. 즉, 인구계획이 없었던 1950~1960년대와 가족계획을 실행한 1970~1990년대가 그것이다. 앞 단계의 출생률은 줄곧 34~38%로, 과거와 비교해 실질적인 변화가 없었다. 다음 단계에서는 출생률이 급격히 떨어져 1975년에는 23.0%까지 내려갔고, 1995년에는 17.1%, 2007년에는 12.1%까지 떨어졌다. 이와 같은 변화는 중화인민공화국 성립 후 불과 수십 년 만에 일어난 것으로 인구 재생산 유형이 이미 두 차례 중대한 변화를 겪었음을 보여준다. 즉, 과거 중국의 고출생·고사망·저증가 유형이 1950~1960년대의 고출생·저사망·고증가 유형으로 되었다가, 1970~1990년대의 저출생·저사망·저증가 유형으로 바뀌었다. 중국의 인구 유형 변화 속도는 세계적으로도 매우 빠르다.

최근에 중국 정부가 계획생육 정책 완화를 추진하고 있다. 우선 부부 중 한쪽이 한 자녀 출신일 경우에는 두 자녀까지 출산을 허용했고, 2015년 10월 중공 18기 5 중전회에서 두 자녀 정책의 전면적 시작을 결정했다.[2] 이로써 30여 년간 실시해 온 한 자녀(독생 자녀) 정책은 정식으로 끝났다. 그다음 해인 2016년에 출생아수가 약 1786만 명으로 전년 대비 소폭 증가했는바, 이 같은 정책의 영향이 반영되었다고 할 수도 있겠으나, 그 이후로는 다시 감소 추세를 보이고 있고, 2019년 출생아수는 1465만 명으로 감소했다.

한편, 각 성·직할시·자치구의 사망률 차이는 비교적 작다. 1995년 제일 낮은 베이징이 5.1%였고, 가장 높은 시짱이 8.8%로 0.7배였다. 또한 2007년에는 제일 낮은 광동성이 4.7%였고 가장 높은 장쑤성이 7.1%로 0.5배였다. 2018년, 사망률이 가장 낮은 성은 광동성으로 4.55%, 가장 높은 성급 지방은 총칭으로 7.5%이다. 출생률의 차이는 비교적 커서, 가장 낮은 랴오닝성은 6.9%인데 비해, 가장 높은 신장은 16.8%에 달한다. 2019년 출생률은 총체적으로 하락 추세이다. 가장 낮은 지구는 헤이룽장성으로 출생률 5.98%이다. 출생률 최고 지구는 시짱으로 15.2%이다. 이 같은 지역 간 출생률 차이에 의해 인구 재생산 유형의 지역 간 차이가 발생한다. 출생률의 현저한 차이는 아래 몇 가지 원인으로 설명 가능하다.

첫째, 생산력 발전 수준은 직접적으로 한 지역의 1인당 수입, 산업구조, 도시화 수준을 제약하고 인구 소질과 주민의 생활 방식, 혼인, 자녀 양육 관념에 영향을 준다. 국제적인 경험에 의하면 공업화와 도시화는 출생률을 낮추는 강력한 요인이 된다.

둘째, 인구 구성은 주로 연령 구성을 말하고, 직접적으로는 한 지역의 출산 인구 비중의 많고 적음에 영향을 끼친다. 현재 중국의 고출생률 지역의 연령 구성은 보

---

2 산아제한 정책의 완화 시행 후, 출산용품, 산부인과, 보모 고용 등 경제적인 효과에 대한 기대가 높아지고 있다. 광동성 광저우시 내의 한 산부인과에서는 2014년 1분기 임산부 비율이 작년 동기 대비 10~40%까지 늘었고, 베이징시 내의 병원은 3개월 전부터 진료 예약을 해야 할 정도로 예약이 밀렸으며, 총칭의 여러 산부인과에서는 둘째 자녀 출산 컨설팅 서비스가 등장했다. 또한 슈퍼마켓이나 인터넷 쇼핑몰에서는 '둘째 아이 준비용품 기획상품전' 등을 통해 산모복, 장난감, 분유 등을 판매하고 있고, 보모에 대한 고용 수요 증가를 예상하면서 보모 임금이 상승했다.

편적으로 젊고 또한 자녀를 많이 두는 관습이 있다. 반면 출생률이 비교적 낮은 지역은 인구의 노령화와 밀접한 관련이 있다.

셋째, 민족 구성을 보면, 중국의 각 소수민족은 각종 요소에 의해 영향을 받는다. 그 가운데는 종교 문화, 풍속 습관, 생활 방식의 영향이 포함되며 출생률이 모두 비교적 높고, 이는 이들이 분포한 지역의 인구 구조에 큰 영향을 끼친다.

넷째, 가족계획 정책의 성과를 보면, 가족계획은 중국의 기본적인 국가 정책이다. 다만 상이한 지역 간에는 구체적인 실시에 일정한 차이가 있고 그 성과에도 차이가 있다.

2) 인구 압력과 적정 인구

1949년 10월, 중화인민공화국 출범부터 2018년까지 중국 총인구는 5.4억에서 13.95억 명으로 약 2.6배로 증가했다. 이 기간 내에 국민경제 각 부문과 인민 생활 수준이 대폭 향상되었지만, 인구 총수가 대폭 늘어나고 인구 증가 속도가 빨라서 일련의 부정적인 영향도 초래했고, 다양한 방면의 문제로 돌출되었다.

첫째, 1인당 소비 수준의 증가에 불리하게 작용했다. 1952~1995년간 전국 국민 수입 중에 소비 부문은 13.8배 증가했다. 2018년에는 중국 국민총수입(國民總收入)이 90조 위안에 달했다. 단 이러한 증가량 가운데 약 45%는 새로 증가한 인구의 수요를 만족하는 데에 충당되었으므로 1인당 국민소득 증가율은 매우 작았고, 농공업 생산량 중 많은 부분이 세계 평균 수준에도 미치지 못했다. 1952~1995년 기간에 식량 총생산량은 1.85배 증가했으나 1인당 생산량 증가는 34%였다. 그러나 철강 총생산량은 69.6배 증가했고 1인당 생산량 증가는 32.4배였다.

둘째, 노동인구 증가와 일자리 부족 문제이다. 매년 증가하는 1400만 명 정도의 노동인구의 취업 수요를 만족시키기 위해서는 1인당 2만 위안의 고정자산이 투자되어, 총액으로는 3000억 위안이 소요된다. 농촌에서는 인구의 팽창으로 사람은 많고 땅은 적은(人多地少) 모순이 더욱 첨예하게 등장했다. 전국 1인당 경지 면적은 1952년의 0.188ha에서 2005년 0.093ha(1.4무)로 감소했다. 이는 세계 1인당 경지 면적의 1/3 수준에 불과하다. 단, 최근 세계의 1인당 경지 면적이 부단히 감소하는 상황이므로 중국과의 차이도 일정 정도 완화되었다. 2015년 중국의 1인당 경지 면적은 세계 평균 수준의 47%이다. 사람은 많고 땅은 적은 모순은 직접적으로 대량의 농촌 잉여노동력을 낳게 했다. 그 수는 약 1.5억~2억 명에 달해 귀중한 노동력 자원의 낭비뿐 아니라 여러 방면의 부정적 영향으로 나타난다.

셋째, 전체 인구의 자질을 제고하는 데 불리하다. 중국의 인구 자질은 선진국과 비교해 보면 신체적인 면뿐 아니라 문화, 노동 소양에서 모두 적지 않은 차이를 나타내고 있다. 전국의 지체 부자유자와 정신질환자의 총수는 약 6000만 명으로, 이는 개인과 가정의 불행일 뿐만 아니라 사회경제 발전에도 좋지 않은 영향을 미친다. 중화인민공화국 문화교육사업의 발전 속도는 매우 빠르다. 소학교 교육은 이미 기본적으로 보급되어, 초등학교(小学) 적령 입학률은 1995년 98.5%, 2018년 99.95%에 달한다. 다만 중학교의 입학률은 78.4%이고, 15~45세의 청장년의 문맹률은 여전히 상당히 높다. 15세 이상 인구의 문맹률 추이를 보면 1990년 15%, 2007년 8.4%, 그리고 2010년 인구조사에서는 4.9%로 낮아졌다.

넷째, 자원과 환경에 대한 압력이 증가해 전국의 많은 지역에서 생태 균형상 새로운 모순이 발생했다. 수토 유실, 풍사 침식, 재해 빈발, 환경오염 등이 발생해 국가의 지속적 발전을 위협하고 있다. 중국의 자연자원 총량을 세계 각국과 비교해 보면 '자원대국'에 속하지만 1인당 수치는 매우 작아 세계 평균 수준에 크게 미치지 못한다. 예를 들어 삼림자원은 세계 평균의 15%, 수자원은 26%, 경지는 30%, 초지자원은 44%, 광산자원은 67%에 불과해 경제성장에 불리하게 작용하고 있다.

중국은 금세기 중엽에 중등국가 수준 도달을 목표로 하고 있다. 이러한 목표 추진 과정에서 인구와 경제, 자원, 환경의 협조(協調) 발전은 필수적이므로, 인구 총량 규모와 증가 속도를 조절하는 것은 향후 중국 인구 정책의 주요한 목표이다. 인구 규모와 관련한 관건 문제는 식량이며, 그 생산 능력이 한 국가 국토자원의 인구 감당 능력을 결정한다. 중국의 1인당 농업용지 면적은 매우 적고, 이와 관련된 배후 자원 역시 부족해 이후에도 계속 감소할 것이다. 다만 생산력의 발전과 과학기술 수준의 제고에 따라 단위면적당 농업용지 증가 잠재력은 유지하고 있다. 특히 여전히 높은 비중을 점하고 있고, 생산력이 낮은 농지와 초원을 조방적 이용에서 집약적 이용으로 전환할 수 있을 것이다.

2. 인구 구성 및 이동

1) 주요 특성별 구성 현황

(1) 성별 구성

성별은 한 국가의 혼인·출산·가정 상황의 기본적인 요소뿐만 아니라 인구의 분포와 이동, 취업 구조와 기타 인구 구성의 내재 요소들과 밀접히 연관되어 있기 때문에 인구 요소 중 가장 명확하면서도 중요한 특징 가운데 하나이다. 여성 대비 남성 인구 비율인 성비(性比)가 과도하게 높거나 낮은 것은 비정상적인 것으로, 사회경제 문제를 일으킬 수 있기에 성별 인구 구성은 인구 정책상 매우 중요한 대상이다.

인구의 전체적인 성별 구성 이외에 연령 구성의 차이, 지역과 부문별 차이 역시 성별 구성의 문제이다. 중화인민공화국 출범 이전 구 중국은 인구의 성비가 매우 높았다. 1946년 통계로 남성이 여성보다 약 9.6% 정도 더 많았다. 중요한 원인은 남성 중심의 사회라는 점이었다. 중화인민공화국 성립 이후, 이 같은 상황에 근본적인 변화가 발생해 성비가 감소하는 추세가 나타났다. 즉, 제1차 인구조사가 실시된 1953년에 107.6%였으나, 1990년(제4차 인구조사) 106.6, 2000년(제5차 인구조사) 106.7, 2010년(제6차 인구조사) 105.2, 2012년 105.11, 2018년 104.64로 감소 추세를 보이고 있다. 이는 인구 재생산 유형에 중대한 변화가 발생했고, 평균 수명이 대폭 늘어났으며,[3] 부녀자들의 사회경제적 지위가 현저히 높아졌기 때문이라고 할 수 있다.

여기서 두 가지 측면에 주목할 필요가 있다. 첫째, 구 중국 시기에 성행했던 여아 영아 살해가 대폭 감소했다. 둘째, 구 중국 시기에는 여성들의 임신과 출산이 빈발했으며 그와 동시에 임산부의 평균 사망률도 15%로 높아서 여성들에게 출산은 '생사의 갈림길'이었다. 그러나 최근 20~30년 동안에 여성의 출산 횟수가 그 이전의 1/3 수준으로 대폭 감소했고, 의료보건 환경의 개선으로 임산부 사망률도

---

[3] 총인구의 평균 기대수명이 중화인민공화국 성립 이전 34세에서 2000년에는 약 70세로 늘어났다.

2000년 0.57%까지로 내려갔다. 2018년에는 중국 전국 임산부 사망률이 10만 명 당 18.3인, 즉 0.018%로 낮아졌다.

중국 총인구 성비는 발전도상국의 정상 수준과 비슷하거나 약간 낮다. 또한 향후 출생률이 계속 낮아지고 노령화가 진전됨에 따라 점차 더 낮아질 것으로 전망된다. 단, 1980년대 총인구의 성비가 감소한 이후 유아들의 성비 문제가 대두되고 있다. 제5차 인구조사 자료에 의하면 2000년 중국의 0세 유아의 평균 성비는 111.8, 1세는 111.6, 2세는 110.1 등으로 나타났다. 광시성, 허난성, 하이난성, 산동성, 저장성 등 지역의 0세 성비는 115~119에 달한다. 이러한 추세가 이어져서 2000년 제5차 전국인구조사 결과, 남녀 성비는 120으로 나타났으며 장쑤성, 광동성, 허난성 등 지역은 130을 넘었다. 2000년 유아 성비(119.9) 불균형은 1990년 제4차 인구조사 시점과 비교할 때 8.5% 확대됐으며 이는 정상치보다 14%나 높은 수치다. 출생아 성비는 2008년 117로 최고점을 기록한 후 하락 추세를 보이고 있고, 2018년에는 113으로 낮아졌다. 단, UN이 설정한 정상 성비인 102~107%보다는 여전히 매우 높다. 이외에도 장애 유아 비중이 높아 연간 80만~120만 명의 장애 유아가 태어나고 있다. 이 같은 현상의 원인은 주로 두 가지이다. 첫째는 여아 출생 기록의 누락이고, 둘째는 선택적인 유산 혹은 영아 살해이다.

지역 간 성비의 차이도 매우 명확하다. 2000년 제5차 인구조사 자료에 의하면 각 성·직할시·자치구를 세 가지 유형으로 구분할 수 있다. 성비가 105보다 낮은 곳은 산동, 장쑤, 시짱, 허베이, 광동, 텐진, 랴오닝, 헤이룽장, 지린 등 9개 성·직할시·자치구이며(낮은 곳에서 높은 곳으로 배열, 이하 동일), 이 중 가장 낮은 곳이 산동 (102.5)이다.[4] 이상의 성·직할시·자치구의 유형 구분에서 나타나듯이, 중국 인구의 지역 간 성비 차이는 전술한 유아 성비의 차이 이외에도 다른 주요한 요인들이 있다. 그것은 생산력의 발전 수준, 인구 재생산 유형, 인구 이동 형태 등이다.

2010년에는 성급 지역별로 성비가 105 이하인 성급이 12개 성이고, 이 중 장쑤

---

4 성비가 105~107 사이인 곳은 닝샤, 저장, 상하이, 푸젠, 허난, 안후이, 칭하이, 쓰촨 등 8개 성·직할시·자치구이고, 성비가 107보다 높은 곳은 네이멍구, 산시, 신장, 간쑤, 충칭, 장시, 섬서, 후베이, 베이징, 후난, 구이저우, 윈난, 하이난, 광시 등 14개 성·직할시·자치구이며, 그중 가장 높은 곳은 광시 (112.73)이다.

가 101.5로 가장 낮고, 이어서 허난, 산동, 랴오닝, 충칭, 지린, 허베이, 헤이룽장, 쓰촨, 안후이, 간쑤, 닝샤 순이다. 105보다 큰 성 또는 직할시, 자치구는 모두 19개로 이 중 톈진시가 114.5로 가장 높고, 후베이가 105.6으로 가장 낮다. 성비가 낮은 곳에서 높은 곳순으로 열거하면, 후베이, 산시, 저장, 시짱, 후난, 푸젠, 상하이, 구이저우, 장시, 베이징, 신장, 섬서, 칭하이, 윈난, 네이멍구, 광시, 광동, 하이난, 톈진 순이다.

단, 중국의 각 지역 간 인구의 성비는 (비록 명확한 차이가 있다 하더라도) 전체적으로 정상적인 범위 내에 있고, 과거에 비해 지역 간 차이가 점차 감소하고 있다. 1964년 지역 간 성비 차이는 32%였으나 2007년에는 3%에 불과하다. 지역 차이에서 특별히 중시해야 할 것은 일부 빈곤 지역 특히 빈곤 산지지구[산구(山區)]의 높은 성비 문제이다. 성비가 높은 곳은 일부 광공업도시를 제외하면 대개 지리적으로 오지인 빈곤한 산구로, 전형적인 곳은 허베이성의 타이항 산구, 안후이성의 황산(黃山) 산구, 저장성의 저난(浙南) 산구, 푸젠성의 타이라오(太姥) 산구, 섬서성의 친링 산구, 후베이성의 징샹(荆襄) 산구 등이다. 일부 오지에 위치한 산구는 남성이 여성보다 2배가 많다. 그 주요 원인은 여자들이 결혼해 나가고 외부 여자들은 들어오지 않기 때문이다.

도시와 농촌 간의 인구 성비는 보통 집진(集镇), 도시(城市), 향촌(乡村) 순으로 표시된다. 1990년 평균 성비는 집진 111.7, 도시 107.4, 향촌(县) 105.1 순이다. 이러한 현상은 도농 간의 산업구조의 차이, 전통적인 남성과 여성의 노동 분업과 장기적으로 시행해 온 호적제도와 밀접한 상관관계가 있다. 도시들은 2·3차 산업 비중이 높고 생활수준과 취업 환경이 농촌보다 좋아서 농민들이 대량으로 들어오고 있다. 일반적으로 이러한 이동은 남성에게 더욱 적합하다. 남성들은 여성들에 비해 학력이나 노동의 질적 능력이 높아서 남편이나 형제들이 도시에서 일하고 처자나 자매들은 농촌에서 일하는 현상이 보편적이다. 집진은 지역적으로나 혈연적으로 주위 향촌과 근접해 있고, 노동 능력의 요구와 호적제도의 통제가 상대적으로 약해 전입이 많다. 이러한 것들이 상술한 도농 간 성비 차이의 기본적인 원인이다. 2000년 제5차 인구조사 결과는 이 같은 인구 이동을 나타냈다. 2010년 제6차 인구조사 자료에 의하면, 도시와 농촌지구의 성비에 변화가 출현해, 진 105.32,

향촌 104.87, 도시 104.65 순으로 나타났다.

(2) 연령 구성

연령 구성은 인구 본래의 변화 추세에 제약을 줄 뿐 아니라 사회, 경제의 많은 영역에도 심각한 영향을 준다. 출생, 혼인, 출산, 노령화, 사망 등의 연령 구성은 인구 재생산과 직접적인 관계를 가지고 있고, 또한 노동 적령 인구수와 부양인구 비율의 관계는 생산력 발전에 큰 영향을 미친다.

인구의 연령 구성은 주로 출생률의 변동을 결정한다. 출생률의 상승은 저연령 인구의 증가를 의미한다. 그 외에 사망률과 평균 수명도 일정한 영향을 가진다. 구 중국의 인구 출생률과 사망률은 높았다. 따라서 연령 구성은 젊은 세대들로 구성되었다. 중화인민공화국 건립 이후에는 인구 재생산 형태에 변화가 발생했다. 1950년대~1960년대에는 과거의 높은 출생률을 유지했고 사망률은 대폭 내려갔다. 이 중 아동의 사망률이 현저히 내려갔다. 1960년대 중·후반까지 중국 인구의 저연령화(年輕化) 현상은 역사상 최대치를 기록했다. 1970년대에 진입한 후 출생률은 점진적으로 내려갔고 사망률 수준은 안정을 유지했다. 청년과 장년이 총인구의 2/3를 차지했고, 피부양 인구 비율은 1/3로 중국 역사상 가장 낮았다. 이른바 생산력 발전의 '황금시대'였다.

최근에 중국의 인구 재생산 유형의 변화는 계속 진행되고 있다. 연령 구성상의 평균 연령이 계속 높아지고 있고, 노령화 정도가 가속화하고 있다. 단, 2014년부터는 계획생육 정책 조정의 영향으로 절대 수 감소 추세에 있던 0~6세 유아 인구의 비중이 증가하고 있다.

한편, 15~49세의 출산 가능 여자와 16~59세의 남성, 16~54세의 여성 노동인구가 장기적으로 증가 추세에 있다. 단, 최근에는 이 연령대의 인구수도 감소 추세가 출현했다. 노령인구 역시 매우 빨리 성장하고 있다. 일반적으로 노령인구 비중이 7%에 도달하면 노령화 국가로 간주되는데, 현재의 추세대로라면 중국은 2026년경에는 노령인구 비중이 14%에 도달할 것으로 예측된다. 취업 연령에 달하는 15~64세까지의 인구의 비중이 70.15%로, 이는 현재 전 세계에서 가장 높은 수준이며, 중국이 당면한 고용문제의 심각성을 나타낸다.

표 5-2 중국 인구 연령 구성의 변화(단위: %)

연도	각 연령 비중		
	0~14세	15~64세	65세 이상
1982	33.6	61.5	4.9
1990	27.7	66.7	5.6
1995	26.6	67.2	6.2
2000	22.9	70.1	7.0
2005	20.3	72.0	7.7
2010	16.6	74.5	8.9
2012	16.5	74.1	9.4
2013	16.4	73.9	9.7
2014	16.5	73.4	10.1
2015	16.5	73.0	10.5
2016	16.7	72.5	10.8
2017	16.8	71.8	11.4
2018	16.9	71.2	11.9

자료: 中国统计出版社(2019: 33).

연령 구성의 유형별 구분은 전술한 인구 재생산 유형의 구분과 상당히 비슷하다. 유소년 비중과 출생률은 완전히 정비례의 관계이다. 상대적으로 노령화가 진행된 지역은 기본적으로 모두 동부연해지구에 있고, 내륙은 쓰촨성만 해당된다. 쓰촨성은 가족계획 정책이 성공한 곳으로, 출생률이 인근 성 지역보다 월등히 낮다. 그 외에 가임 여성들이 대량으로 외부로 이출한 것도 출생률을 낮춘 주요 이유였다. 비교적 저연령으로 구성된 지역은 기본적으로 서부에 위치해 있고, 소수민족 비중이 크며 인구 재생산 유형에서 낙후되어 있는 곳들이다.

(3) 민족 구성

중국은 다민족 국가로서 56개 민족으로 구성되어 있는데, 통상적으로 한족(漢族)을 제외한 55개 민족을 소수민족이라 부른다. 2010년 제6차 전국인구조사에 의하면 중국 대륙의 한족 인구는 모두 12억 2593만 명으로 총인구의 91.5%이고,

각 소수민족 인구는 1억 1379만 명으로 총인구의 8.5%를 차지했다. 소수민족 인구가 총인구에서 차지하는 비율은 1953년의 6.1%에서 1990년 8.0%를 거쳐 2010년 8.5%로 늘었다.

- 인구 100만 이상인 소수민족: 17개 민족

  쫭족(壯族, Zhuang), 회족(回族, Hui), 위구르족(維吾爾族, Uighur), 카자크족(哈薩克族, Kazakh, Hassake), 다이족(傣族, Dai), 이족(彝族, Yi), 먀오족(苗族, Miao), 만주족(滿族, Manchurian), 티베트족(藏族, Zang, Tibetian), 몽골족(蒙古族, Mongol), 투자족(土家族, Tujia), 부이족(布依族, Puyi), 조선족(朝鮮族, Korean), 동족(侗族, Tong), 야오족(瑤族, Yao), 바이족(白族, Bai), 하니족(哈尼族, Hani)

- 인구 10만 이상 100만 이하인 소수민족: 15개 민족

  리족(黎族, Li), 리수족(傈僳族, Lisu), 서족(畲族, She), 라후족(拉祜族, Lahu), 와족(佤族, Wa), 수이족(水族, Shui), 동샹족(東鄕族, Dong xiang), 나시족(納西族, Naxi), 시버족(錫伯族, Xibo), 투족(土族, Tu), 거라오족(仡佬族, Gelao), 키르기스족(柯爾克孜族, Kirghiz), 다우르족(達斡爾族, Dawor), 쟝족(羌族, Qiang), 징퍼족(景頗族, Qingpo)

- 인구 5만 이상 10만 이하인 소수민족: 4개 민족

  무라오족(Mulao), 사라족(撒拉族, Sala), 마오난족(毛南族, Maonan), 부랑족(布朗族, Pulang)

- 인구 1만 이상 5만 이하인 소수민족: 12개 민족

  타지크족(塔吉克族, Tadzhik), 푸미족(普米族, Pumi), 누족(怒族, Nu), 아창족(阿昌族, Achang), 에벵크족(鄂溫克族, Ounke) 지눠족(基諾族, Jinuo), 우즈벡족(烏孜別克族, Uzbek), 러시아족(俄羅斯族, Russia), 바오안족(保安族, Baoan), 징족(京族, Jing), 더앙족(德昂族, Deyang), 위구족(裕固族, Yugu)

- 인구 1만 이하인 소수민족: 7개 민족

  가오산족(高山族, Gaoshan), 타타르족(塔塔爾族, Tatar), 두룽족(獨龍族, Dulung), 오르죤족(鄂倫春族, Oulunchun), 먼바족(門巴族, Menpa), 뤄바족(珞巴族, Lepa), 허저족(赫哲族, Hezhe)

이외에도 등인(僜人), 샬바인(夏爾巴人) 등과 같이 아직 그 민족 성분이 식별되지 않은 인구가 약 70여만 명 있다.

소수민족이 전국 총인구에서 차지하는 비중이 비록 높지 않더라도 지리적 분포 범위는 매우 광대하다. 2010년 소수민족 자치 지구(5개 성급, 78개 지구급, 641개 현급)의 총면적은 617만 km²로 중국 전국 총면적의 64.3%를 차지한다. 이들 민족자치지구의 총인구는 1억 6068만 명이고, 이 중 소수민족이 7232만 명으로 대략 전국 소수민족 총인구의 3/4을 차지하고 있다.

과거와 비교해 보면 소수민족의 지리적 분포가 계속 광범위하게 확산되는 추세이다. 1982~1990년 사이에 장쑤성과 저장성의 민족 수는 14개, 산둥성은 15개 늘었다. 허베이, 후난, 톈진, 허난 등도 10개 이상 늘었다. 베이징은 모든 민족이 두루 있는 곳이다. 경제, 문화의 발전과 인구 이동으로 소수민족이 변경의 집중거주지구에서 점차 전국적 범위로 이주해 각 민족 사이에서 공간분포적 혼합이 진행되고 있다. 각 지역의 소수민족이 차지하는 비중의 차이에 따라 지구를 구분해 보면 다음과 같다.

- 소수민족 비중이 1%가 되지 않는 순수 한족 거주지역이다. 여기에는 장쑤, 장시, 산시, 상하이, 섬서, 저장, 광동, 안후이와 산둥성이 포함되고, 대체로 동남 연해 지대에 주로 분포한다.
- 소수민족 비중이 1~10% 사이인 지역은 허난, 푸젠, 톈진, 베이징, 허베이, 후베이, 쓰촨, 헤이룽장, 후난, 간쑤 등이다.
- 소수민족 비중이 10~45%인 곳은 지린, 랴오닝, 하이난, 네이멍구, 닝샤, 윈난, 구이저우, 광시, 칭하이 등이다.
- 소수민족 비중이 60% 이상인 곳은 신장과 시짱 등이다.

중화인민공화국 출범 이후 각 소수민족지구 인구가 계속 증가했고, 동시에 전국 총인구에서 차지하는 비중도 함께 증가했다. 1953년 6.1%, 1982년 6.7%, 1990년 8.0%, 2010년 8.5%로 비중 증가 추세가 이어 지고 있다. 소수민족 인구 증가의 주요 원인은 출생률이 높아지고 사망률이 낮아졌기 때문이다. 1964~1982년 사이

표 5-3 중국의 주요 소수 민족 현황(단위: 만 명)

계	장족	회족	만주족	위구르족	묘족	이족	투자족	티베트족	몽골족
10,643	1,693	1,059	1,039	1007	943	871	835	628	598
점유율 (%)	15.9	10	9.8	9.5	8.9	8.2	7.8	5.9	5.6

자료: 第六次全国人口普查数据(2010).

에 소수민족의 자연증가율이 역사상 최고를 기록해 평균 27.5%로 한족에 비해 7% 높았다. 이후 계획생육 정책이 진행되면서 점차 감소해 1982~1990년 사이에는 한족에 비해 3% 높은 연평균 17.5% 수준을 유지하고 있다.

(4) 학력별 구성

2010년 제6차 인구조사 자료에 의하면, 중국 대륙 31개 성, 자치구, 직할시 인구 (현역 군인 포함) 중 대학(전문대 포함) 수준 문화인구는 1억 1963만 6790명, 고등학교(高中) 수준 문화인구는 1억 8798만 5979명, 중학(初中) 수준 문화인구는 5억 1965만 6445명, 초등학교(小学) 수준 문화인구는 3억 5876만 4003명이었다. (이상은 각급 학교의 졸업생과 재학생 기준) 10년 전인 제5차 전국인구조사(2000년) 때와 비교하면 10만 명중 대학 문화 수준 인구가 3611명에서 8930명으로 증가했다.[5]

학력 역시 집단이나 지역 간에 명확한 차이를 보인다. 전체적으로 보면 남성이 여성보다, 청장년이 중년이나 노년보다, 한족이 소수민족보다, 도시가 농촌보다, 동부지구가 중서부지구보다 높았다.

역사적인 원인과 남아 선호의 전통의식으로 중국 여성들의 교육 기회는 남성들에 비해 크게 낮았다. 최근 수십 년간 이 같은 차이는 점차 줄어들었지만 여전히 그 차이가 남아 있다. 1990년 전국의 학력 계층별로 보면 고학력으로 갈수록 문맹·반(半)문맹 관련 성비가 높아져 초등학교가 110.1, 중학교가 153.7, 고등학교 혹은 중등전문학교가 158.8, 전문대학이 214.4, 대학은 256.9로 나타나, 고학력으

---

[5] 2000년 제5차 전국인구조사 결과는, 총인구 중에서 대학(전문대학 이상) 졸업자는 4571만 명(1.6%), 고등학교(중등전문학교 포함) 졸업자는 1억 4109만 명(9.0%), 중학교 졸업자는 4억 2989만 명 (26.5%), 초등학교 졸업자는 4억 5191만 명(43.3%)이다. 1인당 평균 취학기간은 5.5년이었다.

로 갈수록 남성들의 비중이 높아졌다.

그러나 2000년 조사에서는 인구 중에서 문맹인구(15세 이상 인구 중에서 글자를 거의 모르는 사람)는 8507만 명으로 문맹률 6.7%로 줄었다(1990년 제4차 전국인구조사 때 문맹률은 15.9%). 2010년 중국 대륙 31개 성, 자치구, 직할시 인구 중 문맹인구(15세 이상 대상)는 5465만 6573인으로, 10년 전(2000년 제5차 전국인구조사)과 비교하면 3041만 3094인이 줄었고, 문맹률은 6.72%에서 4.08%로 떨어졌다.

청년의 학력은 중년이나 노년에 비해 높았다. 1990년 전국 15~29세 인구의 평균 교육 연수는 7.1년으로, 30~44세의 6.0년이나 45~59세의 4.0년, 60세 이상의 1.8년에 비해 높았고, 또한 남성과 여성의 차이는 더욱 높았다. 연령별 학력 분석 가운데 두 가지가 특징적이다. 첫째, 15~29세, 즉 청년들의 학력이 (그들의 부모 형제보다는 높지만) 여전히 낮은 수준이다. 예를 들어 문맹·반문맹이 6.1%, 초등학교 비중이 32.2%를 차지하고 있다. 둘째, 60세 이상 인구 가운데 고학력자가 극히 적다. 대학 비중이 0.46%에 불과해 45~49세의 1.22%에 비해 극히 낮다. 이는 문화대혁명 기간 중 신입생 모집과 교육 활동이 중단된 결과이다.

민족 간 학력 차이는 우선 한족의 학력이 소수민족 평균 수준보다 높다. 1990년 6세 이상 인구 가운데 한족의 문맹·반문맹 비중은 19.8%로 소수민족(29.9%)보다 낮고, 고학력 비중은 높다. 각 소수민족 간 학력 차이도 매우 크다. 2010년 제6차 인구조사 결과, 16개 민족이 한족보다 문맹·반문맹 비중이 낮았다. 가장 낮은 민족은 시보족(錫伯族)으로 1.11%이고, 그다음이 다워얼족(达斡尔族), 오원커족(鄂温克族), 러시아족, 조선족(朝鮮族)이다. 나머지 37개 민족은 한족보다 문맹률이 높고 그중 가장 높은 먼바족의 문맹률은 37.4%이다. 이러한 차이는 생활 방식과 자연 환경과 연관되어 있고, 각 민족이 처한 사회 발전 단계와 연관되어 있다. 전체적으로 보면 북방에 위치한 소수민족의 학력이 높고 서남부 고원 산구(高原山區)에 위치한 민족의 학력은 상대적으로 낮다. 2010년 제6차 인구조사 자료에 의하면, 6세 이상 인구 가운데 한족의 문맹·반문맹 비중이 4.7%로 소수민족(8.2%)보다 낮고, 고학력 비중은 높다. 각 소수민족 가운데 학력 차이도 매우 크다.

학력의 도농 간 차이는 비농업 인구와 농업 인구 간의 차이를 반영하며, 개발도상국가에서 보편적으로 나타나는 현상이다. 1990년 중국 도시(市鎮)의 6세 이상

인구 가운데 문맹·반문맹은 11.8%, 농촌(县)은 28.0%이다. 고학력 인재의 분포에서도 도농 간의 차이는 명확하다. 6세 이상 인구 만 명 가운데 대학 학력자는 시(市)가 272명, 진(鎭)이 90명, 현(县)은 4명으로, 시와 현의 차이는 67배에 달한다. 2007년 6세 이상 인구 가운데 문맹·반문맹은 8.1%이고 대학 학력자는 6.6%이다. 종합하면 학력은 동부에서 중부, 서부의 순으로 차이를 보인다. 1990년 6세 이상 인구의 평균 교육 연수에 근거해 4개 유형으로 구분 가능하다.

- 비교적 높은 곳: 교육 연수가 베이징 7.7년, 상하이 7.3년, 텐진 6.9년이다.
- 중간 정도의 곳: 교육 연수 6.5~5.1년이다. 랴오닝, 지린, 헤이룽장, 산시, 광동, 신장, 네이멍구, 후난, 장쑤, 하이난, 후베이, 섬서, 허베이, 허난, 산동, 광시, 저장, 쓰촨, 푸젠, 장시 등이 해당된다.
- 비교적 낮은 곳: 교육 연수 4.8~4.1년이다. 닝샤, 안후이, 간쑤, 칭하이, 구이저우, 윈난 등이 해당된다.
- 매우 낮은 곳: 시짱으로 교육 연수 1.8년이다.

지역 간 학력 차이는 1인당 국내총생산액과 비농업 인구와 매우 밀접히 관련되어 있다. 한편으로는 이들 요인들이 직접적으로 문화교육의 상이한 사회적 수요를 만들어냈고, 또 다른 면으로는 직접적으로 문화교육에 대한 사회적인 투입을 제약하고 있다. 또한 도시 혹은 동부 평원과 비교해 중서부의 넓은 고원 산지의 특수한 지리적인 환경 때문에 문화교육 정책을 실시하는 데 어려움이 크다. 교통이 불편하고 취락이 분산되어 있어 산지에 있는 다수의 소학교들이 1명의 교사에 몇 명의 학생들로만 운영되고 있다(윈난성의 경우에는 이러한 학교가 전체 소학교의 40%를 차지한다).

2) 노동인구

(1) 노동연령인구
2011년 중국의 15~64세 노동연령인구의 총인구 중 점유 비중이 74.4%로, 전년 대비 0.1% 감소했다. 이는 중국의 노동연령인구 비중이 2002년 이후 처음으로 감소한 것인데, 2012년에도 다시 0.3% 감소했다. 이는 세계 최다 인구 국가인 중국의 인구 연령 구조가 성년형에서 노령화 단계에 진입하고 있음을 의미한다.

중화인민공화국 건국 이래 15~64세 노동연령인구는 매우 빠른 속도로 성장해 왔다. 즉, 1953년 3억 명에서 1982년 5.5억 명, 1995년 7.2억 명으로 42년간 1.4배 증가했다(같은 기간에 총인구는 1.1배 증가). 이 같은 인구 연령 구조는 저임 노동력을 기초로 한 중국의 경제 발전에 매우 중요한 공헌을 해왔으나, 이제 이 같은 인구 혜택을 볼 수 있는 기간도 얼마 남지 않았음을 의미한다.

(2) 취업 인구 개황

중국은 충분한 노동연령인구를 가지고 있기에 취업 인구수도 많고 성장도 빠르고, 취업률도 높은 특징을 가지고 있다. 취업백서에 따르면 1952년 전국의 취업 인구는 2억 700만 명에서 1995년에는 6억 2400만 명, 2007년 7억 8000만 명으로 증가했다.

현재 중국의 인구 발전 추세는 중요한 전환기에 있다. 연령 구조의 변화에 따라 2011년부터 노동연령인구의 수량과 점유 비중이 7년 연속 감소했고, 감소 총수가 2600여 만 명에 달한다. 이로 인한 노동력 공급총량 하락으로 인해 2018년 말 전국 취업자 수 총량도 처음으로 감소해 노동인구가 7.8억 명으로 470만 명 감소했고, 총인구 점유 비중도 매년 감소해 64.3%로 하락했고, 향후 수년간 계속 하락할 것으로 예측된다. 취업률 역시 1952년의 36.1%에서 1995년 51.5%, 2004년 76.2%로 증가했다. 그러나 2010~2016년 기간 중 전국 도시(城鎮)의 실업자 수가 부단히 증가해 2016년에 982만 명으로 2010년보다 65만 명 증가했다. 최근 수년간 중국 경제가 뉴노멀(新常态)에 들어선 후에는 도시 실업자 증가 추세가 완화되었고, 취업자 수도 증가로 반전되었다. 구체적으로 말하면 등기 실업률과 조사 실업률 모두 하락 추세이다. 2017년 도시 등기 실업자 수는 972만 명, 실업률 3.90%로 2002년 이래 최저 수준이었고, 2018년 말 실업률은 3.80%로 줄었다. 취업 인구의 총량과 취업률이 여타 국가의 평균 수준보다 높은 것은 노동력 자원이 충분히 개발·이용되고 있음을 나타낸다. 중국의 취업 인구 총수는 브라질의 10배, 태국의 20배,

한국의 30배지만, 국민총생산액(GDP)은 그렇지 못하다. 취업 인구의 증가는 향후 상당 기간 중국의 산업구조를 노동밀집형으로 유지하게 할 것이다.

취업 인구는 일정한 사회노동을 통해 노동 보수나 경영 수입을 얻는 전체 노동 인구를 말한다. 여기에는 직공, 도시의 사영기업 취업 인구, 개체노동자, 농촌사회 노동, 기타 사회노동자를 포함한다. 취업 인구의 수, 구성, 분포는 일정 시간대에 전 노동력 자원의 실제 이용 상황을 반영하고 기본적인 국가 정책과 국력의 주요 지표가 된다.

취업 인구와 노동연령인구는 밀접한 관계를 가지고 있지만 차이도 있다. 노동연령인구 가운데는 취학이나 단독 가내업종, 취업 준비나 실업 등으로 취업하지 못한 사람들이 있고, 반대로 취업 인구 가운데는 일부 노동연령 범위 밖의 사람들도 포함하고 있다. 연령 구성을 제외하면 취업 인구의 수량과 분포는 경제 발전 속도, 투자 수준, 산업구조, 노동정책, 사회보장 체제, 문화교육 등의 다양한 사회경제적 영향을 받고 있다.

중국 취업 인구의 분포는 크게 도시(城鎮)와 향촌으로 나눌 수 있다. 과거에 향촌은 대개가 농민들로 구성되어 있었으나, 향진기업이 우후죽순처럼 등장한 1970년대 말 이후에는 비농업 인구 취업 인구 비중이 1/3에 달한다.

(3) 취업 인구의 산업 구성

구중국 시기에는 생산력 수준이 낮아서 전체 취업 인구 가운데 1차산업 비중이 85% 이상이었고, 2차산업 비중은 매우 낮았다. 중화인민공화국이 건립된 후 산업 구성에서도 큰 변화가 발생했다. 다만 주목해야 할 것은 이러한 변화 과정은 두 가지 단계로 나눌 수 있다는 점이다.

1단계는 1952년에서 1977년으로 이 기간 내에 취업 인구의 산업 구성 변화 속도는 매우 완만했다. 25년 동안 1차산업 비중은 9% 내려갔고, 2차산업은 일정한 증가를 이루었고, 3차산업은 수년간 정체 상태에 있었다. 주요 원인은 이 기간 내에 정치·경제에서 큰 변동이 발생한 것이다. 1958년의 '대약진'과 1959~1961년의 자연재해, 1966~1976년의 '문화대혁명' 등이 생산력을 파괴했고, 여기에 당시 시행했던 계획경제와 지도사상의 실책 (예를 들어, 상업과 서비스업을 경시한 것) 등의 영

표 5-4 산업별 취업 구성 변화 추이(1985~2018)(단위: %)

구분	3차산업	2차산업	1차산업
1985년	16.8	20.8	62.4
1990년	18.5	21.4	60.1
1995년	24.8	23.0	52.2
2005년	31.4	23.8	44.8
2010년	34.6	28.7	36.7
2012년	36.1	30.3	33.6
2013년	38.5	30.1	31.4
2014년	40.6	29.9	29.5
2015년	42.4	29.3	28.3
2016년	43.5	28.8	27.7
2017년	44.9	28.1	27.0
2018년	46.3	27.6	26.1

자료: 中国统计出版社(2019: 104).

향을 받았다. 이 외에 인구 압력으로 취업 인구가 과도하게 증가한 것도 불리한 요인이었다. 25년간 중국의 취업 인구 총수는 1억 8648만 명이 증가했는데, 이 중 2·3차 산업이 대략 1/3인 6670만 명을 흡수했고, 기타 2/3는 1차산업에 계속 머물러야 했다.

제2단계는 개혁개방이 실행된 1978년 이후부터 현재까지이다. 이 기간에는 중국 경제가 사유제 시장경제 체제를 확대하는 체제 전환이 진행되면서 고도로 발전한 시기이고 개혁 이전 시기와 비교해서 인구 압력이 완화되어, 산업 구성의 변화 발전의 원동력이 되었다(〈표 5-4〉).

지역별 취업 인구의 산업 구성은 크게 4개 유형으로 나눌 수 있다.

첫 번째 유형은 1차산업 비중이 매우 낮은 곳으로, 9~17% 수준인 곳이다. 세계적으로 보면 러시아와 한국과 비슷한 수준으로 3개 직할시만 포함되며, 2·3차 산업이 절대적으로 우세한 곳이다.

두 번째 유형은 1차산업 비중이 비교적 낮은 곳으로, 31~50% 수준인 곳이다. 불가리아, 필리핀 등과 비슷한 수준으로, 〈표 5-5〉에서 랴오닝에서 지린까지 7개

표 5-5　중국 취업 인구의 지역 및 산업별 구성

지역		취업 인구 (만 명)	산업 구성(%)		
			1차산업	2차산업	3차산업
전국	1980	42,361	68.7	18.2	13.1
	1990	64,749	60.1	21.4	18.5
	2000	72,085	50.0	22.5	27.5
	2010	76,105	36.7	28.7	34.6
	2015	77,451	21.9	22.6	32.8
	2018	77,586	20.3	21.4	35.9
베이징		1,317.7	4.9	20.9	74.1
톈진		520.8	14.6	41.0	44.4
허베이		3,790.2	38.8	33.3	28.0
산시		1,665.1	38.3	26.4	35.2
네이멍구		1,184.7	48.2	17.4	34.4
라오닝		2,238.1	31.3	26.2	42.5
지린		1,248.7	42.0	21.3	36.6
헤이룽장		1,743.4	44.4	19.4	36.2
상하이		924.7	3.9	37.6	58.5
장쑤		4,731.7	18.7	45.3	36.1
저장		3,989.2	15.9	48.0	36.1
안후이		3,846.8	40.0	29.4	30.6
푸젠		2,181.3	29.2	37.4	33.4
장시		2,306.1	37.6	29.7	32.7
산둥		5,654.7	35.4	32.5	32.0
허난		6,041.6	44.9	29.0	26.1
후베이		3,116.5	29.5	29.1	41.3
후난		4,007.7	46.7	21.5	31.8
광둥		5,776.9	25.7	34.9	39.4
광시		2,945.3	53.3	21.0	25.6
하이난		445.7	49.8	12.0	38.2
충칭		1,912.1	33.1	29.1	37.8
쓰촨		4,997.6	42.9	23.1	34.1
구이저우		2,402.2	49.6	11.9	38.5

지역	취업 인구 (만 명)	산업 구성(%)		
		1차산업	2차산업	3차산업
윈난	2,814.1	59.4	13.6	27.0
시짱(티베트)	175.0	53.1	11.1	35.8
섬서	1,952.0	43.9	25.0	31.2
간쑤	1,431.9	51.1	15.1	33.8
칭하이	294.1	41.9	22.6	35.5
닝샤	326.0	39.4	26.4	34.2
신장	852.6	51.2	14.1	34.8

주: 전국 현황은 2018년, 지구별 현황은 2010년 말 현황임.
자료: 中国统计出版社(2019: 104; 2011: 113).

성이 포함된다. 이들 지역의 경제는 국내에서 꾸준히 발달한 상태를 지속하고 있고, 중공업 혹은 경공업의 주요 기지로 도시 인구의 비중이 비교적 높다.

세 번째 유형은 1차산업 비중이 비교적 높은 곳으로, 50~67% 수준인 곳이다. 인도네시아, 태국, 미얀마 수준으로, 〈표 5-5〉에서 푸젠에서 광시까지 20개 성이 이에 해당한다. 경제에서 농업이 차지하는 비중이 높고, 1인당 공업 생산액은 전국 평균에 미치지 못한다. 연해지구에 위치한 푸젠, 산동, 허베이, 하이난 등은 근년 들어 산업구조 변화가 매우 빠르게 진행되었지만 아직 두 번째 유형에는 미치지 못하고 있다.

네 번째 유형은 1차산업 비중이 매우 높은 곳으로, 73~78% 수준인 곳이다. 세계적으로도 후진국 수준에 해당하며 구이저우, 윈난, 시짱이 이에 포함된다. 이 지역은 지리적으로 오지에 위치하고 있거나 지형적으로 산지 고원이 많고, 소수민족 비중이 매우 높다.

3) 인구 분포와 이동

(1) 인구 분포의 특징과 지역 차이

자연 조건과 다양한 사회경제적 요인들에 의해 영향을 받고 있는 중국의 인구 분포는 다음과 같은 특징을 보인다.

첫째, 각 지역의 인구 분포가 극히 불투명하다. 동남부는 평지 지형이고, 기후가 온난해 인구가 밀집되어 있고, 서북부는 높은 지형에 건조 기후, 한랭 기후이고 인구가 적다. 헤이룽장성의 헤이허에서 윈난성의 텅충(騰沖)을 연결하는 선의 동남부에는 면적 42.9%에 94.3%의 인구가 살고 있지만, 서북부는 면적 57.1%, 인구 5.7%이다. 2000년 제5차 전국인구조사에 의하면, 중국 동부의 인구밀도는 452.3명/km², 중부는 262.2명/km², 서부는 51.3명/km²로, 동부의 인구밀도가 서부의 8.8배에 달한다. 동남부지구 내에서도 하천 연안의 충적평지나 연해지구의 평지는 인구가 더욱 조밀하다. 주강삼각주와 같은 곳은 인구밀도가 1000명/km²을 넘고, 장강 하류와 항저우만 연안의 평지도 900명/km²을 넘는다. 또한 황화이하이 평지와 쓰촨 분지 역시 600~700명/km²을 넘는다. 서북부는 인구가 주로 하천 계곡이나 오아시스지구에 집중해 있고, 넓은 면적에 인구는 희소하다. 그 가운데 장베이(藏北) 고원과 타클라마칸 사막 등 사람이 거주하지 않는 면적이 전국 총면적의 1/10에 해당한다. 그 외에 파미르 고원(帕米尔高原),[6] 아라산 고원(阿拉善高原),[7] 칭장 고원의 대부분은 인구밀도가 매 km²당 1인도 안 된다.

둘째, 인구 분포가 연해로 갈수록 조밀해지고 내륙으로 갈수록 희소해진다. 연해지구는 지형이 평탄하고 기후가 온화하며 수자원이 풍부하고 외부 연결 교통이 편리하므로 생산력 발전과 인구 밀집에 유리한 조건을 갖추고 있다. 반면 내륙 변경 지역은 광활하고 자원이 풍부해 발전 잠재력이 크다. 중화인민공화국 건립 이후 생산력의 입지가 개선되어 연해지구의 인구가 내륙 변경으로 재분포되었다. 2010년에 실시된 제6차 전국인구조사 결과에 의하면 중국 전국의 31개 성, 자치구, 직할시 상주인구 중 지구별 인구 비중은 동부 38.0%, 중부 26.8%, 서부 27.0%, 동북 8.22%이다. 2000년 인구조사 결과와 비교하면 동부지구의 인구 비중은 2.41% 증가했고, 중부·서부·동북 지구의 인구 비중은 모두 감소했다. 이 중

---

6 파미르 고원은 중앙아시아 동남부와 중국의 서단, 국경으로는 타지키스탄(塔吉克斯坦), 중국, 아프가니스탄의 경계 지대에 위치하고 있다. '파미르(帕米尔)'는 타지크어로 '세계의 척추'라는 뜻이고, 높이는 해발 4000~7700m이고 수많은 고봉(高峰)들로 이루어져 있다.

7 아라산 고원은 네이멍구자치구 서부 아라산맹(阿拉善盟)에 속하고, 네이멍구 고원(內蒙古高原)의 일부분이다. '아라산(阿拉善)'이란 명칭의 유래는 고대 돌궐어(突厥语)의 '贺兰'의 음역으로 고대 전설의 '박(駮)'이라는 괴수를 가리킨다고 한다.

표 5-6 지구별 인구수와 전국 대비 비중(2000년, 2018년)

지구	2018년 인구수(만 명)	비중(%)	
		2000년	2018년
전국	139,538	100	100
베이징시	2,154	1.09	1.54
톈진시	1,560	0.79	1.12
허베이성	7,556	5.33	5.42
산시성	3,718	2.60	2.66
네이멍구자치구	2,534	1.88	1.82
랴오닝성	4,359	3.35	3.12
지린성	2,704	2.16	1.94
헤이룽장성	3,773	2.91	2.70
상하이시	2,424	1.32	1.74
장쑤성	8,051	5.88	5.77
저장성	5,737	3.69	4.11
안후이성	6,324	4.73	4.53
푸젠성	3,941	2.74	2.82
장시성	4,648	3.27	3.33
산둥성	10,047	7.17	7.20
허난성	9,605	7.31	6.88
후베이성	5,917	4.76	4.24
후난성	6,899	5.09	4.94
광둥성	11,346	6.83	8.13
광시좡족자치구	4,926	3.55	3.53
하이난성	934	0.62	0.67
충칭시	3,102	2.44	2.22
쓰촨성	8,341	6.58	5.98
구이저우성	3,600	2.78	2.58
윈난성	4,830	3.39	3.46
시짱자치구	344	0.21	0.25
섬서성	3,864	2.85	2.77
간쑤성	2,637	2.02	1.89
칭하이성	603	0.41	0.43

지구	2018년 인구수(만 명)	비중(%)	
		2000년	2018년
닝샤회족자치구	688	0.44	0.49
신장위구르자치구	2,487	1.52	1.78

주: ① 상주인구(常住人口): 당지 거주하고 있고 당지 호구(户口) 소지자; 타 지역 호구 소지자로서 당지에 6개월 이상
　　거주자; 당 지역 호구 소지자로서 타지로 출타한 지 6개월 만인 자.
　　② 홍콩, 마카오, 타이완 지구 인구는 제외.
자료: 中国统计出版社(2019: 36).

서부지구 인구 비중이 1.11% 감소로 가장 컸고, 이어서 중부지구 1.08%, 동북지구 0.22% 감소했다.

셋째, 인구는 주로 지형이 비교적 낮은 곳에 분포해 있어 인구밀도와 지면의 해발 간에는 밀접한 관련이 있다. 해발 200m 이하 지구에 전국 인구의 64.9%가 집중되어 있고, 200~500m에는 17.1%, 500~1000m에는 7.7%, 1000~2000m에는 8.9%, 2000~3000m에는 1.1.%, 3000m 이상에는 0.3%가 분포해 있다. 해발 200m 이하 지대의 인구밀도는 5222명/km²이나 해발 3000m이상에서는 1.6명/km²에 불과하다. 히말라야산의 북사면과 탕구라산의 남사면은 해발 5000~5200m 이상이다.

2010년 중국의 평균 인구밀도는 1km²당 140명으로, 세계 평균의 2배이다. 1인당 점유 국토 면적으로 보면 세계 평균의 1/3에 불과하다. 각 성별 인구밀도를 보면 직할시를 제외하면 장쑤성이 767명/km²로 가장 높고, 이어서 산동성 612명/km², 허난성 563명/km², 저장성 535명/km², 안후이성 427명/km² 순이다. 가장 낮은 성은 시짱으로, 2명/km²에 불과하다.

중국 도시의 인구밀도도 매우 큰 편이다. 2018년 중국 전국 도시의 인구밀도는 2546명/km²였고, 성급 지역 중에서는 헤이룽장성 내 도시가 5476명/km²로 가장 높았다. 그다음이 톈진시로 5016명/km², 3위는 허난성 4903명/km²이다. 기타 중점도시 중 상하이시가 6위이고(3823명/km²), 광동성이 8위(3469명/km²), 푸젠성이 9위(3238명/km²), 장쑤성 21위(2176명/km²)이다. 수도인 베이징시 인구밀도는 1136명/km²로 끝 순위에 있다. 이는 베이징시가 관할하는 교외지구(郊區) 면적이 크기 때문이다.

지역의 인구의 부양 능력 중 가장 중요한 것이 식량이다. 중국의 인구 분포와

표 5-7 중국 지구별 인구, 도시화율, 면적, 인구밀도(2018년)

지역 범위	총인구(만 명)	인구도시화율(%)	토지 면적(만 km²)	인구밀도(명/km²)
전국	139,538	59.58	960	142
베이징	2,154	86.5	1.68	1259
텐진	1,560	83.1	1.13	1303
허베이	7,556	56.4	18.77	391
산시	3,718	58.4	15.63	232
네이멍구	2,534	62.7	118.30	21
라오닝	4,359	68.1	14.59	301
지린	2,704	57.53	18.74	147
헤이룽장	3,773	60.1	45.48	84
상하이	2,424	88.1	0.63	3833
장쑤	8,051	69.6	10.26	774
저장	5,737	68.9	10.18	540
안후이	6,324	54.7	13.97	432
푸젠	3,941	65.8	12.13	311
장시	4,648	56.0	16.69	271
산둥	10,047	61.2	15.67	621
허난	9,605	51.7	16.70	564
후베이	5,917	60.3	18.59	312
후난	6,899	56.0	21.18	316
광둥	11,346	70.7	17.79	598
광시	4,926	50.2	23.60	200
하이난	934	59.1	3.39	264
총칭	3,102	65.5	8.23	361
쓰촨	8,341	52.3	48.14	168
구이저우	3,600	47.5	17.60	199
윈난	4,830	47.8	38.33	122
시짱	344	31.1	122.84	3
섬서	3,864	58.1	20.56	183
간쑤	2,637	47.7	45.44	57
칭하이	603	54.5	72.23	8
닝샤	688	58.9	6.64	98
신장	2,487	50.9	166	14

자료: 中国统计出版社(2019: 36).

식량 부양력 간의 밀접한 관계는 1000년이 넘는 역사 기간 동안 전국 인구 분포의 중심이 농업자원의 중심지 부근에 있다는 점으로도 확인할 수 있다. 인구 분포의 중심지와 농업자원 중심지 간의 거리가 당조(唐朝) 중기 때는 30km였고, 1995년에는 26km로 큰 변화가 없었다. 이와 같이 중국 인구 분포 모형은 기본적으로는 농경시대의 틀에서 벗어나지 않았지만, 중화인민공화국 건립 이후, 특히 개혁개방 후에는 변화도 적지 않았다. 각 성 간의 인구 규모와 인구밀도의 대비 역시 새로이 나타난 특징으로, 이러한 변화에는 인구의 자연증가율의 차이 이외에도 인구 이동이 폭넓게 영향을 미쳤다.

1950년대에서 1970년대에 이르기까지 변경지구와 내륙지구의 경제·문화 건설을 강화하기 위해 전국적으로 상당히 큰 규모의 인구 이동이 진행되어, 관련된 성의 인구가 매우 빠른 속도로 성장했다. 1953년에서 1982년 사이에 헤이룽장성은 인구가 1.75배 증가했고, 신장·닝샤·네이멍구 등은 1.5~1.7배, 칭하이는 1.3배 증가했고, 이들 5개 성의 인구 총합이 전국 총인구에서 차지하는 비중은 4.7%에서 7.2%로 증가했다. 이에 비해 상하이는 0.3배, 산둥성은 0.5배, 텐진·장쑤·안후이·후난은 0.6배에 불과했다. 이들 지역은 총인구 대비 인구 비중이 28.4%에서 25.6%로 감소했다. 이러한 인구 분포의 차이는 변경지구에서 생산력 입지의 개선과 자연자원 개발 그리고 국방상의 이유로 추진된 3선건설(三線建設) 정책 등에 기인한다.

(2) 인구의 이동과 유동

지령성 계획경제를 실시하던 1950~1970년대에 인구 이동은 주로 정부의 주관기관조직을 통해 조절되었다. 그러나 1949년 중화인민공화국 출범 이후 전후 회복 및 정비 기간이었던 약 3년간의 신민주주의 단계는 물론 1958년경까지는 지역 간 이동에 대한 통제가 상대적으로 느슨한 편이어서 이 시기에는 농촌에서 도시로 유입하는 인구가 증가하면서 도시 내 기반시설과 공공서비스 공급 부족문제가 돌출되었다.

이 같은 상황에 직면해 중국정부는 '호적등기조례(戶口登記条例)'를 제정·공포하고, 농민의 도시 진입에 대한 통제를 강화하기 시작했고, 도시민과 농민을 비농업

호구인 도시호구와 농촌의 농업호구(農業戶口)로 구분하는 호적제도를 시행했다. 도시호구를 보유한 도시 시민은 소속된 도시 내 직장단위에서 급여를 받고 국가가 제공하는 의료, 교육 등 사회보장 혜택을 받을 수 있었지만, 농촌 거주 농민은 오직 일정 규모의 농지만을 배분받고 노동을 통한 농업 소득을 만들어야만 했다. 초급 및 고급 합작서, 인민공사 등으로 집체화가 강화되어도 소속된 인민공사나 생산대에서도 도시에서와 같은 복지와 공공서비스를 제공해 줄 수는 없었다. 이같이 이원화된 도농 간 호적관리 체제는 더욱 공고해 졌고, 농민이 도시호적을 취득하기는 갈수록 어려워졌다. 즉, 도시 내 직장 단위에 취직하거나, 대학 입학이나 군복무 등을 통한 매우 제한된 통로가 있기는 하지만, 중국에서 농촌 농민이 도시호구를 취득하기는 거의 불가능한 실정이다.

단, 당시 중국의 상황에서는, 이러한 종류의 인구 이동이 경제를 발전시키고 국방을 견고히 하며 내륙과 변경 개발을 추진하는 데 일정 정도 긍정적인 역할을 하기도 했다.

한편, 정치 환경의 격변 등의 영향으로 인해 비정상적인 인구 이동이 발생하기도 했다. 1950~1982년간의 전국 성 간의 인구 이동은 약 3000만 명으로, 연간 90여만 명이다. 이출한 성은 주로 동남부 또는 인구가 조밀한 성으로, 이출 인구 규모가 비교적 큰 성은 쓰촨, 산동, 안후이, 허난 순이고, 이어서 상하이, 광동, 장쑤, 저장, 후난 순이었다. 인구가 전입된 곳은 주로 서북부의 인구가 희소한 곳으로 헤이룽장, 네이멍구, 신장이 가장 많았고, 이어서 칭하이, 닝샤, 간쑤, 섬서, 베이징, 지린 순이었다.

2018년 중국 동부 10개 성, 직할시 중 7개가 인구 순유입 지구이고, 남방 성으로 유입된 인구도 168.5만 명에 달했다. 이 중 광동, 저장, 안후이로의 인구 유입이 가장 많았고, 반면에 베이징과 산동의 유출 인구 규모가 가장 컸다. 2018년 광동성의 순유입 인구는 80만 명을 초과했고, 저장성은 50만 명, 안후이성도 30만 명에 근접했다. 반면에 베이징시는 순유출 인구가 22만 명으로 중국 전국에서 가장 많았고, 또한 상주인구 감소 정도도 전국 1위였다. 베이징 다음으로 산동성과 헤이룽장성이 순유출 인구 규모가 가장 컸다.

개혁개방 이전에는 중국 인구 분포가 주로 균형화의 방향으로 이루어졌다. 즉,

이전에 인구가 희소한 지역의 인구 증가 속도가 빨랐고 조밀한 지역은 비교적 느려서, 전국적으로 각 지역의 인구밀도가 점차 균형을 이루어나가고 있었다. 그러나 개혁개방 이후 이러한 균형화된 추세가 다시 역전되었다. 개혁개방 이후 사회생산력의 신속한 발전과 경제 체제의 정비로 인해 인구 이동에도 다음과 같은 새로운 변화가 발생했다.

첫째, 과거에 비해 이동 규모가 증대했다. 1987년 인구표본조사 자료에 따르면, 1982~1987년간 전국 성 내에서 시·현·진 간의 이동 인구가 연간 485만 명, 성 간의 이동 인구는 126만 명이었다. 2000년 5차 인구조사에 의하면 성 내에서의 시·현 이동 인구는 460만 명, 성 간의 이동은 217만 명이었다. 2010년 제6차 인구조사 결과, 각 성 유동인구가 221만 명에 달했다.

둘째, 이동 방향이 역전되었다. 개혁개방 이전에는 주로 동남부에서 서북부로, 연해에서 내륙이나 변경으로 이동했으나, 개혁개방 이후에는 서북부에서 동남부로, 내륙과 변경에서 연해지구로 이동 방향이 역전되었다. 제5차 인구조사에서 나타나듯이 1985~1990년의 성 간 인구 이동에서 인구가 이입된 곳은 주로 베이징, 상하이, 톈진, 광동, 랴오닝, 장쑤, 저장, 하이난과 산동이었고, 또한 닝샤, 신장, 칭하이 등에도 유입되었지만, 그 수는 과거에 비해 현격히 줄었다. 반면에 인구가 빠져나간 곳은 광시, 쓰촨, 헤이롱장, 간쑤, 지린, 구이저우, 후난, 네이멍구, 윈난, 섬서 등이다.

중국의 성 간 인구 이동 공간 모형이 역전된 근본적 원인은 지역 간 경제적 차이 때문이다. 1950~1960년대에 중국은 이미 공업화가 시작되었지만 여전히 농경시대의 특징이 농후하게 남아 있었고, 인구 재분포의 주요 추동력도 인간과 땅 혹은 인구와 식량 간의 균형에 있었다. 이로 인해 인구는 상대적으로 조밀한 지역에서 상대적으로 희소한 지역, 특히 광대한 변경 지역으로 이동했다. 여기에 국가의 생산 입지 및 국방정책상의 수요가 부가되어 연해지구에서 내륙변경지구로 이동이 이루어졌다. 개혁개방 이후에는 중국의 전체 사회경제 형세에도 중대한 변화가 발생했고, 생산력이 크게 발전해 식량문제가 초보적으로 해결되었다. 이런 요인들로 인해 인구와 식량 간의 균형은 더 이상 인구 분포에 주요한 영향을 미치지 못하게 되었고, 자본과 시장, 지역의 상대적 입지 조건 등으로 대체되었다.

개혁개방 이후 사회경제적 환경의 변화에 따라 인구 이동도 많은 영향을 받게 되었고, 특히 경제 발전과 투자 수준에 따른 영향이 컸다.

이동 방향에서 연해, 내륙과 변경의 관계는 전국적인 추세를 반영하지만, 구체적으로는 각 지역이 처한 공간적인 거리, 역사적인 전통, 문화와 풍속 등 다양한 요인들의 영향을 받는다. 주요한 이출지와 이입지의 관계를 고려하면 전국을 5개의 인구 이동 권역으로 나눌 수 있다.

- 화남-화중권: 성 간 인구 이입총량이 전국에서 가장 많은 광동성을 핵심으로 하고, 광시, 하이난, 후난, 푸젠, 장시, 후베이 등을 포함한다. 이동 총량은 전국의 23%를 차지한다.
- 화동권: 상하이를 핵심으로 장쑤, 저장, 안후이를 포함한다.
- 화북권: 인구 이입률이 전국에서 가장 높은 베이징을 핵심으로 톈진과 허베이성을 포함한다.
- 동북-산동권: 헤이룽장, 지린, 랴오닝, 산동을 포함한 지역이다. 이입과 이출 인구량이 평형 상태를 이루고 있다.
- 서남권: 인구가 대량으로 이출된 곳으로 쓰촨, 구이저우, 윈난을 포함한다.

나머지 지역들은 다양한 원인으로 이출과 이입 방향이 비교적 분산되어 있다. 예를 들어 허난성과 섬서성은 국토의 중앙에 있어서 그 이동 방향이 방사선형으로 나타난다.

인구유동과 이동은 서로 연관되어 있지만 구별할 수 있다. 즉, '이입인구(遷入人口)'는 현지에서 6개월 이상 거주한 유입민을 말하고, 6개월 미만 거주한 자를 통상적으로 유동인구로 분류한다.

따라서 광의로 해석하자면, 업무, 노동, 여행, 학습, 회의, 친지 방문 등의 원인으로 단기간에 집을 떠나 외지에서 활동하는 사람들 역시 모두 유동인구로 보아야 할 것이다. 1950~1970년대에는 다양한 요인들의 제약으로 인구의 유동성이 매우 낮았다. 1965년 전국 1인당 여행은 1.3회, 이동 거리는 97km에 불과했다. 개혁개방 이후 인구 유동성은 대폭 증가해 1995년 연간 1인당 여행 횟수 9.7회에 거리

747km로, 30년 전인 1965년에 비해 6배 증가했다. 당시에 상하이와 베이징은 유동인구가 약 300여만 명으로 상주인구 대비 비율이 약 3:1에서 4:1에 달했다. 후베이성 우한은 유동인구 수가 150만 명으로 상주인구 대비 유동인구 비율이 2:1이고, 경제특구인 광동성 선전(深圳)은 대략 1:1이었다.

2010년 제6차 인구조사 결과에 의하면 유동인구[8]는 2억 6139만 명으로, 제5차 인구조사(2000년) 결과와 비교하면 1억 1700만 명 증가했고, 증가율이 81%를 넘었다. 이 같은 유동인구는 일반적으로 향촌에서 도시로 유동하는 농민공 문제로 인식되고 있다. 농민공의 유동 방향은, 개혁개방 초기에는 주로 중서부 내륙지구 농촌에서 동부연해지구 도시로 유동했으나, 최근에는 자신이 거주하는 농촌에서 가까운 대도시로 바뀌고 있는 추세이다. 이는 중국 정부가 '서부대개발' 및 '중부굴기(中部崛起)' 등의 슬로건을 내걸고 중서부지구 발전 정책을 추진하면서 중서부 내륙지구 도시에도 일자리가 증가하고 있기 때문이다.

1950~1970년대에는 생산력 수준과 행정 체제의 제약으로 농민의 유동성이 극히 낮았다. 게다가 산업 부문의 전환이나 공간적인 전환 규모가 매우 미약했다. 1980년대 초에 실시된 농촌의 가정연산승포책임제(家庭聯産承包責任制)[9]는 경영 체제상의 큰 변혁을 수반해 수억의 농민들이 생산 적극성을 발휘케 했다. 1988년 이전에는 향진기업이 농촌의 잉여노동력을 흡수하는 '저수지' 역할을 했다. 종업원 수는 1978년에 비해 2.4배가 증가했고, 연 672만 명이 늘어났다. 이는 '토지는 떠나되 농촌은 떠나지 않는(離土不離鄕)' 상황으로 요약될 수 있다.

1980년대 말과 1990년대 초에는 향진기업이 고용하는 종업원 수가 감소함에 따라 대량의 농촌 잉여노동력이 대·중 도시로 유동하는 '민공조(民工潮)' 현상이 시작되었다. 이 중 절반 정도가 다른 성으로 나갔다. 이후 농민공들이 계속 증가해 그 총수가 1980년대 초의 200여만 명에서 1989년 2000여만 명, 1994년 6000만 명

---

8 거주지와 호구 등기 소재지가 일치하지 않고, 호구 등기 소재지를 떠나 타지에 6개월 이상 체류한 인구.
9 농업생산도급책임제라고도 하며, 이는 과거 인민공사 체제하의 생산대(生産隊)를 기본적인 농업 생산 및 채산 단위로 하던 집단적 농업 생산 체제를 해체하고, 개별 농가별로 토지를 분배하고 그 생산 혹은 경영을 도급하는 제도를 말한다. 이 제도는 개혁개방 시기인 1978년부터 안후이, 저장, 쓰촨 지역 등으로 급속히 확대되었고, 곧 중앙정부의 제도적 추인을 받아 1983년 말에는 중국 전국의 농가 중 98%가 이 제도를 실시했다.

에서 2017년에는 2억 8652만 명으로 증가했다. 이 같은 인구 이동과 유동은 아래와 같은 측면에서 긍정적인 의의를 가진다. 2017년 농민공 총수가 2억 8652만 명으로, 전년 대비 481만 명 증가했고, 증가율은 1.7%로 전년 대비 0.2% 상승했다. 농민공 총수 중 타 성 지역으로 간 외출농민공(外出農民工)이 1억 7185만 명으로 전년 대비 251만 명 증가, 증가율 1.5%로 전년 대비 1.2% 상승했다. 본지(本地) 농민공은 1억 1467만 명으로 전년 대비 230만 명 증가, 증가율 2.0%로 여전히 타성으로 간 외출농민공 증가 속도보다 빠르다. 외출농민공 중 도시 진입 농민공은 1억 3710만 명으로 전년 대비 125만 명 증가했다(증가율 0.9%).

첫째, 도시화를 촉진한다. 2004년 말 호적기준으로 중국 도시 지역에서 비농업 인구가 500만 명 이상인 도시는 상하이, 베이징, 우한, 광저우, 텐진 등 모두 5개였다. 특히 상하이는 (비농업 인구가) 1000만 명을 넘었고, 광저우는 600만 명에 근접했다. 한편, 비농업 인구가 300만~500만 명인 도시는 모두 7개였으며, 200만~300만 명인 도시는 모두 8개였다. 결국 중국 도시에 거주하는 인구 중 농업에 종사하지 않는 인구가 200만 명 이상인 도시는 총 20개였다. 아울러 2004년 말까지 비농업 인구가 100만~200만 명인 도시는 총 30개였다.

둘째, 급속하게 증가하는 연해 지역의 노동력 수요를 만족시켜 준다. 전형적인 예로 경제특구인 광동성 선전과 주하이(珠海)는 인구의 90%가 외지에서 들어왔다. 외래 노동력은 특히 건설, 방직, 서비스 분야에 종사하는 경우가 많았다.

셋째, 내륙의 잉여노동력과 일자리 부족 문제 해결과 경제 발전에 도움을 준다. 외지로 나간 농민공들이 벌어들인 노동 수입이 농민공들의 출신 지역으로 유입되고, 또한 정보와 생산·유통의 새로운 길을 개척해 투자를 끌어들이는 등 연해 지역의 경제 발전을 내륙으로 확산시키는 역할을 한다.

넷째, 인구의 자질을 개선하는 데 유리하다. 농민들이 이동 과정 중에 새로운 세상을 접하고, 어려움을 경험·각성하면서 개방형의 인간으로 바뀌게 된다.

반면에 다음과 같은 문제점도 존재한다.

첫째, 인구 이출이 과다한 지구에서 일련의 사회경제적 문제가 돌출된다. 인구의 이동과 유동은 정상적인 현상이고 긍정적인 측면도 있지만, 일부 이출지에서는 부정적 결과가 나타나고 있다. 일부 지방에서는 토지와 기초시설이 방치·유휴화되고, 생산 부문이 침체·파괴되기도 한다. 일부 산지지구는 주민 거의 전부가 이출해 무인지구가 되었거나, 소수의 노약자·병자만 남아 있는 곳도 있다. 인구가 들어온 일부 지방은 취업, 토지·주택, 교통 문제로 인한 압력이 증가하고 계획생육과 사회치안 분야에서 문제가 돌출되기도 한다.

둘째, 성별 구성의 지역 차이를 확대시켜 심각한 사회 문제를 발생시킨다. 이러한 추세는 여성들이 떠난 결과이다. 빈곤 지역과 부유한 지역, 산지지구와 평원지구 간 지역 간 성비가 확대되고 있다.

셋째, 고급 인재가 특정 지역에 집중되면서 각 지역 인구의 문화적 수준 차이가 더욱 확대된다. 2010년 제6차 전국인구조사 결과에 의하면 원래 문화·교육 수준이 높은 지역일수록 전입자의 교육 수준도 더 높고, 원래 교육 수준이 낮았던 지역일수록 전입자의 교육 수준도 낮다. 그 결과, 지역 간 교육 수준 차이는 더욱 확대되었고, 낙후 지역에는 학교와 병원 등을 정상적으로 운영할 수 없는 상황도 출현했다.

Questions

1. 최근 중국 정부가 중시하는 중요한 측면의 인구문제 우선순위 두 가지를 선택하고, 관련 동향과 향후 진행전망을 정리·설명해 보시오.
2. 중국에서 농촌의 출생률이 도시보다 높은데도, 농촌의 노령화가 도시보다 높은 이유를 정리·설명해 보시오.

제6장

행정구획과 경제구획

진시황이 전국적으로 시행한 군현제(郡縣制)부터 계산해도 중국의 행정구획 역사는 이미 2000여 년이 되고, 수천 년의 중국 역사상 정치·경제 변혁기에는 그에 상응한 행정구획과 관리 체제의 변경이 있었다. 중화인민공화국 시기에도 정부 차원에서 1950년대의 6대 경제지대에서 1990년대의 10대 및 7대 경제지대 구분이 시도되어 왔다. 이는 지역경제 정책 추진에 지대 구분의 중요성이 반영된 것이다. 본장에서는 중국의 행정구역과 경제지대 구분 및 구획의 의미, 원칙, 연혁과 성급 행정구역 단위별 지역 현황 등을 고찰·정리했다.

1. 중국 행정구획

1) 중국 행정구역 구획의 연혁

행정구역 구분이란 통상 한 나라가 국가권력의 행사와 국가임무 수행의 필요에 따라 지리적 조건, 역사와 전통, 경제적 관계, 민족 분포 등의 상황을 고려해 관리구역을 나누고 조정하는 것이다. 수천 년의 중국 역사상 정치·경제 변혁기에는 그에 상응한 행정구획과 관리 체제의 변경이 있었다. 이는 행정구역 구획이 사회의 정치·경제 발전에 총체적으로 부응해야 하기 때문이다. 중국은 국토가 광대하고 경제지리 환경이 복잡한 만큼 지역개발 정책 추진의 기초 및 전제가 되는 행정구역과 경제지대 구분에 대한 기준과 분류 방식에 대한 논의도 다양하게 진행되어 왔다. 중국 정부 차원과 관련 학계 및 연구자들에 의해서 1950년대의 '6대 경제지대'에서 1990년대의 '10대' 및 '7대' 경제지대에 이르기까지 다양하게 지속적으로 시도·수정·보완되어 왔다. 경제지대 구분에 관한 논의가 활발하게 전개되고 있다는 것은 지역경제 정책 추진에 지대 구분을 그만큼 중시하고 있음을 반영하는 것이다. 따라서 각종 경제협작구(經濟協作區), 경제기술협작구 등 경제지대의 구분은 행정구역 구분과 밀접하게 연계되어 있고, 현존하는 각종 경제지대 네트워크도 통상의 행정구역을 바탕으로 지역단위 차원에서 조직된 것이다.

2000여 년 전 진시황이 전국적으로 시행한 군현제부터 계산하면 중국은 세계에서 행정구역 구획의 역사가 가장 오래된 국가라 할 수 있다. 일정한 지리적 조건

표 6-1 중화인민공화국 이전 행정구역의 역사적 연혁

왕조 및 국가	행정구역 구분상 특징
하조(夏朝, BC 22세기 말~ BC 17세기 초)	국(國, 원시 공동체 부락 위에 형성)과 하왕조 간의 느슨한 종속관계
동주(東周, BC 770~BC 256년)	제후국 군(郡)·현(縣)
진(秦, BC 221~BC 206년)	• 춘추시대 이래의 군·현 통일 양급제 실시 • 36군 800개 현 • 현 이하 향(鄕), 정(亭) • 최초 통일된 행정구역 체계 완성
당(唐, 618~907)	• 도(道), 주(州), 현의 3급으로 나누어져 15도로 구분 • 개원(開元) 말년 328개의 부(府)·주와 1573개 현
송(宋, 960~279)	• 로(路), 부[주-감(監)-군(軍)], 현의 3급제 • 24로 351주(부, 감) 1234현
원(元, 1206~1368)	• 행정구역의 큰 변동 • 성, 노, 부, 주, 현의 5급 행정구역 • 11행성[行省, 성제(省制)의 효시]
명(明, 1368~1644)	• 15개 1급 행정구역[성, 경(京), 포정사사(布政使司) 등 명칭] • 부, 주, 현의 4급 행정구역제
청(淸, 1616~1911)	• 22성 부, 주, 청(廳), 현
1912년 신해혁명	• 황제제도 폐지, 중화민국 건립 • 행성, 현 2급제 • 1947년 자료로 35성, 1개 지방(西藏)과 12직할시

의 기초 위에서 생산력 발전 과정의 복잡한 변천을 거친 중국 행정구역의 역사적 연혁을 간략히 정리해 보면 다음과 같다.

(1) 중화인민공화국 이전 시기

중화인민공화국 이전 시기 중국 행정구역의 역사적 연혁과 특징은 〈표 6-1〉과 같다.

(2) 중화인민공화국 시기

① 개혁개방 이전 시기

1949년 중화인민공화국 출범 이후에는 행정구역 변경이 빈번했다. 개혁개방 이전 시기에는 1949년 말 50개 성급 행정단위[30성, 1자치구, 12직할시, 5행서구(行署區), 1지방, 1지구]로 개편했고, 1959년에 다시 29개 성급 행정단위[22성, 4자치구, 2직할시, 1주비(籌備)위원회]로 개정했고, 1967년에는 다시 30개 성급 행정단위(22성, 5자치구, 3직할시)로 개편했다.

② 개혁개방 이후 시기

개혁개방 이후에는 1987년 말 30개 성급 행정단위, 2826개 현으로 개정했고, 1988년 4월, 전인대 7기 1차 회의에서 하이난성 설치를 결정해 31개 성급 행정단위(23성, 5자치구, 3직할시)로 개편했다.

개혁개방 이후 중국 행정구역 조정 및 변경의 특징은, 건제시(建制市)와 시 관할현(市管縣)의 개혁이다. 시 설치모델(设市模式)을 개혁해 건제시는 1949년의 132개에서 2006년 초 661개로 증가했다. 1988년에 하이난다오(海南島)가 하이난성이 되었고, 1997년에는 쓰촨성 충칭시가 직할시로 승격되었으며, 1997년에는 홍콩(香港), 1999년에는 마카오(澳门)가 귀속되어 각각 '특별행정구'가 되었다.

현행 행정구역은 전국이 성(省), 현(縣), 향(乡)·진(镇)의 3급으로 나누어진다. 그중에 성급은 성, 자치구(自治区), 직할시(直辖市) 3종을 포함한다. 성과 자치구 아래에는 자치주(自治州), 현, 자치현(自治县), 시로 구분된다. 현, 자치현 아래에는 향과 진으로 구분된다. 직할시와 비교적 큰 시는 구, 현으로 구분된다. 자치주는 현, 자치현, 시로 구분된다. 성과 현의 사이는 여러 개의 전문구(专区)로 나뉘는데, 예를 들어 허베이성 아래 스자좡(石家庄), 바오딩(保定), 청더(承德), 장자커우 등 8개 전문구로 구분한다. 이들 전문구는 행정단위로 다루지 않고 중공 성 위원회가 현 위원회를 관리하기 위함이다. 자치구, 자치주, 자치현은 소수민족지구의 행정단위이다. 멍(盟), 치(旗)는 네이멍구자치구의 지구(地区), 현급 행정단위이다.

2018년 말, 중국 전국에 성급 행정단위는 33개이고, 그중 22개 성, 5개 자치구,

4개 직할시, 2개 특별행정구가 있으며, 333개 지(地)급 행정단위, 2851개 현급 행정단위, 3만 9945개 향진(乡鎭, 街道办事处)급 행정단위가 있다.

22개 성은 헤이룽장, 지린, 랴오닝, 허난, 허베이, 산시, 섬서, 간쑤, 칭하이, 산둥, 안후이, 장쑤, 저장, 장시, 푸젠, 후난, 후베이, 광동, 쓰촨, 구이저우, 윈난, 하이난이다. 5개 자치구는 시짱, 신장, 네이멍구, 닝샤, 광시이다. 4개 직할시는 베이징, 상하이, 텐진, 총칭이다. 2개 특별행정구는 1997년 7월 1일 영국으로부터 반환·귀속된 홍콩과 1999년 말 포르투갈로부터 반환·귀속된 마카오이다(中国统计出版社, 2019: 3).

2) 성급 행정구역별 현황

(1) 4개 직할시

- 베이징(약칭 '京'): 중화인민공화국의 수도이다. 2018년 말 기준 인구는 2154만 명, 면적은 1.64만 km², 1인당 지역총생산액(gross regional domestic product: GRDP)는 14만 211위안(2만 1188달러)[1]이다.

- 상하이(약칭 '沪'): 장강이 동중국해로 흘러드는 곳에 위치한다. 중국에서 가장 큰 공업기지이자 상업 및 무역 중심이다. 2018년 말 인구는 2424만 명, 면적은 6219km², 1인당 GRDP는 13만 4982위안(2만 398달러)이다.

- 텐진(약칭 '津'): 수도 베이징의 관문항구도시이고 전국적 경제 중심지다. 2018년 말 인구 1560만 명, 면적 1.19만 km², 1인당 GRDP 12만 711위안(1만 8241달러)이다.

- 총칭(약칭 '渝'): 장강 상류에 위치하고, 1997년 쓰촨성에서 분리되어 직할시가 되었다. 2018년 말 인구 3102만 명, 면적 8.2만 km², 1인당 GRDP 6만 5933위안(9964달러)이다.

---

1   2018년 환율 1달러당 6.6174위안으로 계산했다.

(2) 22개 성

- 허베이: 황하 북안(北岸)에 위치한데서 얻은 지명이다. 고대에 일부 지역이 지저우(冀州)에 속했던 관계로 약칭은 '冀'라고 부른다. 수도(省会)는 스좌장이고, 11개 지급시(地級市)로 구성되어 있다. 2018년 말 인구 7556만 명, 면적 18.8만 km², 1인당 GRDP는 4만 7772위안(7219달러)이다.

- 허난: 중국 고대 문명의 양대 중요 발상지 중 하나이며, 중국 고대 '구주도(九州島)' 중의 예주(豫州)이기 때문에 약칭은 '豫'라고 부른다. 수도는 정저우이며, 17개 지급시로 구성되어 있다. 2018년 말 인구 9605만 명, 면적 16.7만 km², 1인당 GRDP 5만 152위안(7579달러)이다.

- 섬서: 중국 '고대 역사의 박물관'이라고 한다. 고대 진나라의 소재지였던 관계로 '秦' 혹은 '陝'이라고 부른다. 수도는 시안(옛 이름은 장안)이고, 중국의 저명한 천년고도(千年古都)이다. 10개 지급시로 구성되어 있으며, 2018년 말 인구 3864만 명, 면적 20.6만 km², 1인당 GRDP 6만 3477위안(9592달러)이다.

- 산시: '석탄의 바다(煤海)'라는 별칭이 있다. 타이항산의 서쪽에 위치하기 때문에 '산시'라는 지명을 얻었으며, 약칭은 '晉'이라고 부른다. 수도는 타이위엔(太原)이고 11개 지급시로 구성되어 있다. 2018년 말 인구 3718만 명, 면적 15.6만 km², 1인당 GRDP 4만 7434위안(7168달러)이다.

- 산동: 타이항산 동쪽에 위치한 데서 얻은 지명이다. 중국 고대에 제(齊)나라와 노(魯)나라의 소재지였기 때문에 약칭은 '魯'라고 부른다. 수도는 지난이고, 17개 지급시로 구성되어 있다. 2018말 인구는 1억 47만 명, 면적은 15.7만 km², 1인당 GRDP는 7만 6267위안(1만 1525달러)이다.

- 간쑤: 황하 상류에 위치하고, 중국 고대 실크로드(絲綢之路)의 주요 경과 지점이었다. 수도는 란저우이고 12개 지급시로 구성되어 있다. 2018년 말 인구는 2637만 명, 면적은 45.4만 km², 1인당 GRDP는 31336위안(4735달러)이다.

- 랴오닝: 성내에 랴오하가 있기 때문에 얻은 지명이다. 약칭은 '辽'라고 부른다. 수도는 선양(沈阳)이고 14개 지급시로 구성되어 있다. 2018년 말 인구는 4359만 명으로, 전년 대비 10만 명 감소했다. 면적 14.8만 km², 1인당 GRDP 5만 8008위안(8766달러)이다.

- 지린: 동베이(東北) 평원의 중심에 위치해 있다. 약칭은 '吉'라고 부르며 중국의 자동차 공업도시(汽车城)이다. 수도는 창춘(长春)이고 8개 지급시로 구성되어 있다. 2018년 말 인구는 2704인으로, 전년 대비 13만 명 감소했다. 면적은 18.7만 km², 1인당 GRDP는 5만 5611위안(8403달러)이다.

- 헤이룽장: '베이따창(北大仓: 북쪽의 곡식창고)'이라 불리는, 중국 영토의 북동부에 위치한 성이다. 약칭은 '黑'라고 부른다. 수도는 하얼빈시로, '얼음도시(冰城)'라고도 불리며, 매년 원단(元旦)과 춘절 기간에 얼음조각축제를 거행한다. 12개 지급시로 구성되어 있다. 2018년 말 인구는 3773만 명으로 전년 대비 16만 명 감소했다. 면적은 46.9만 km², 1인당 GRDP는 4만 3274위안(6539달러)이다.

- 윈난: 미얀마, 라오스, 베트남과 서로 인접하는 중국 서남부 국경과 접하는 성이며, 약칭은 '滇' 혹은 '云'라고 부른다. 중국 역사 문화 명성 중의 하나이고, 고원 지대로 연중 기온이 봄 날씨 같아서 '봄의 도시(春城)'라고 불린다. 수도는 쿤밍(昆明)이고, 8개 지급시로 구성되어 있다. 2018년 말 인구는 4830만 명, 면적은 39.4만 km², 1인당 GRDP는 3만 7136위안(5612달러)이다.

- 구이저우: '하늘은 삼일 이상 맑지 않고, 땅은 삼척이 안 되는(天无三日晴, 地无三尺平) 곳'이라 불린다. 약칭은 '黔' 혹은 '贵'라고 부른다. 이곳에서 생산하는 마오타이주(茅台酒)는 세계 3대 증류 명주 중 하나에 속하며, 중국의 국주(国酒)라는 칭호를 얻었다. 수도는 구이양(贵阳)이고, 4개 지급시로 구성되어 있다. 2018년 말 인구는 3600만 명, 면적은 17.0만 km², 1인당 GRDP는 4만 1244위안(6233달러)이다.

- 푸젠: 중국 동남 연해의 남쪽에 위치한다. 약칭은 '闽'이라고 부르는데, 경내에 가장 큰 강인 민강(闽江)으로 인해 이 약칭을 얻었다. 또 '룽청(榕城)'이라고도 하는데, 시내에 용(榕)나무가 많은 관계로 지명을 얻었다. 수도는 푸저우(福州)이고 9개 지급시로 구성되어 있다. 2018년 말 인구는 3941만 명, 면적은 12.0만 km², 1인당 GRDP는 9만 1197위안(1만 3781달러)이다.

- 광동: 중국 남부에 위치해 있으며, '양성(羊城)'과 '화성(花城)'이라고도 불린다. 홍콩, 마카오와 서로 이웃하며, 중국에서 동남아시아, 대양주, 중근동과 아프리카 등 지역으로 가장 가까운 출해구(出海口)이다. 약칭은 '粤'라고 부른다.

수도는 2000년 넘는 역사를 가진 광저우(广州)이다. 21개 지급시로 구성되어 있으며, 2018년 말 인구는 1억 1346만 명으로 성급 행정단위 중 최대 규모이고, 면적은 18.5만 km², 1인당 GRDP는 8만 6412위안(1만 3058달러)이다.

- 하이난: '동방 하와이'라고도 불리는 곳으로, 약칭은 '琼'이다. 수도는 하이커우(海口)이고 2개 지급시로 구성되어 있다. 2018년 말 인구는 934만 명, 면적은 3.4만 km², 1인당 GRDP는 5만 1955위안(7851달러)이다.

- 쓰촨: 쓰촨은 풍부한 물산으로 인해 '천부지국(天府之國)'이라고 부르며, 약칭은 '蜀'이다. 수도는 삼국시대 촉(蜀)의 수도였던 청두이다. 18개 지급시로 구성되어 있으며, 2018년 말 인구는 8341만 명, 면적은 48.8만 km², 1인당 GRDP는 4만 8883위안(7387달러)이다. 쓰촨이란 명칭은 역내를 흐르는 4개의 강, 즉 장강, 민강(岷江), 자링강(嘉陵江), 따두하에서 유래되었다[따두하 대신 퉈강(沱江)이란 설도 있고, 장강 외의 강도 모두 장강의 지류이다]. 절경을 자랑하는 저우자이거우(九寨沟)가 관광 명소로 유명하다. 2008년 5월에 발생한 원촨(文川) 대지진과 2013년 4월에 발생한 야안(雅安) 대지진은 모두 쓰촨성 내, 수도 청두시에서 멀지 않은 지역에서 발생했다.

- 후베이: 호북(湖北)이라는 명칭은 동팅호의 북쪽에 위치한 데서 유래되었다. 약칭은 '鄂'이라고 부른다. 수도는 장강 수로와 베이징-광저우[징광(京广)] 철도가 만나는 우한이고, 12개 지급시로 구성되어 있다. 2018년 말 인구는 5917만 명, 면적은 18.7만 km², 1인당 GRDP는 6만 6616위안(1만 066달러)이다. 내륙 수운과 철도, 도로 교통의 요지이고, 여름 기온이 높기 때문에 화로(火炉)라고 불리기도 한다.

- 후난: 동팅호 남쪽에 위치한 데서 지명을 얻었다. 경내에서 가장 큰 강인 샹강이 전 성을 경과하므로 '湘'이라는 약칭으로도 불린다. 수도는 창샤(长沙)이고, 13개 지급시로 구성되어 있다. 2018년 말 인구는 6899만 명, 면적은 21.2만 km², 1인당 GRDP는 5만 2949위안(8001달러)이다. 우리나라 관광객도 많이 찾는 장자지에(张家界)가 이곳에 있다.

- 장시: 장강 중하류 남안에 위치한다. 성내에서 가장 큰 강인 '간강(赣江)'에서 딴 '赣'이라는 약칭으로도 부른다. 수도는 중국공산당이 최초로 국민당에 대

항해 무장 봉기한 난창군사정변(南昌起义)로 유명한 난창이고, 11개 지급시로 구성되어 있다. 2018년 말 인구는 4648만 명, 면적은 16.7만 km², 1인당 GRDP는 4만 7434위안(7168달러)이다.

- 안후이: '문방사보(文房四寶)' 중 종이, 먹, 벼루를 생산한다. 약칭은 '皖'이라고 부른다. 수도는 허페이이고 17개 지급시로 구성되어 있다. 2018년 말 인구는 6324만 명, 면적은 13.9만 km², 1인당 GRDP는 4만 7712위안(7210달러)이다. 유명한 관광지인 황산이 있다.

- 장쑤: 중국 화동 지역에 위치하며, 약칭은 '苏'라고 부른다. 수도는 저명한 '육조고도'(六朝古都)인 난징이고, 오국(误國)의 수도였던 쑤저우도 있다. 13개 지급시로 구성되어 있으며, 2018년 말 인구는 8051만 명, 면적은 10.3만 km², 1인당 GRDP는 11만 5168위안(1만 7404달러)이다.

- 저장: 중국 동남부 연해의 중단에 위치하며, 약칭은 '浙'이라고 부른다. 수도는 중국의 7대 고도(七大古都)중의 하나인 항저우이고, 시내에 아름답기로 유명한 호수인 서호(西湖)가 있다. '저장'이란 지명은 이 지구를 흐르는 첸탕강의 옛 이름인 저강(浙江)에서 유래했다. 11개 지급시로 구성되어 있으며, 2018년 말 인구는 5737만 명, 면적은 10.4만 km², 1인당 GRDP는 9만 8643위안(1만 4907 달러)이다.

- 칭하이: 경내에 중국 최대의 내륙 함수호인 칭하이호(青海湖)가 있고, 지명도 여기서 유래한다. 칭하이호는 고대에는 '서해(西海)'라 불렸고, 몽골어로는 '청색의 호수'라는 뜻의 '쿠쿠누얼(库库诺尔)'이라고 부른다. 성급 지명 중 유일하게 호수의 이름을 땄는데, 약칭은 '青'이라고 부른다. 수도는 시닝(西宁)이고 1개 지급시로 구성되어 있으며, 2018년 말 인구는 603만 명, 면적은 72.1만 km², 1인당 GRDP는 4만 7689위안(7207달러)이다.

(3) 5개 자치구

- 신장위구르자치구(약칭 '新'): 중국 내 최대 면적의 자치행정구로, 중국 서북부에 위치해 있다. 위구르족의 분리독립주의자들의 항의와 테러로 인한 긴장 사태가 빈발하는 지역이다. 수도는 우루무치(乌鲁木齐)이고 2개 지급시로 구성되어

있다. 2018년 말 인구는 2487만 명, 면적은 166.5만 km², 1인당 GRDP는 4만 9475위안(7477달러)이다.

- 네이멍구자치구(약칭 '內蒙古'): 몽골족 자치구이며, 중국의 동북·화북·서북 지구를 동서로 가로지른다. 수도는 후허하오터(呼和浩特)이고 9개 지급시로 구성되어 있다. 2018년 말 인구는 2534만 명, 면적은 118.3만 km², 1인당 GRDP는 6만 8302위안(1만 322달러)이다.

- 닝샤회족자치구(약칭 '寧'): 후이족 자치구로, 중국 서북부에 위치한다. 수도는 인촨이고 5개 지급시로 구성되어 있다. 2018년 말 인구는 688만 명, 면적은 6.6만 km², 1인당 GRDP는 5만 4094위안(8175달러)이다.

- 시짱자치구(약칭 '藏'): 중국 서남부 국경의 자치구이고 칭장 고원에 위치하며, 수도는 라싸(拉萨)이다. 기원 7세기부터 내륙과 정치, 경제, 문화 등 면에서 자주 왕래했고, 장(藏)과 한(漢) 민족 간의 교류와 발전을 촉진시켰다. 라싸시는 티베트어(藏语)로 '성지(聖地)' 혹은 '불지(佛地)'라는 뜻이고, 일 년 사계절 내내 맑고 일조 시간도 길기 때문에 '일광성(日光城)'이라고도 불린다. 1개 지급시로 구성되어 있으며, 2018년 말 인구 344만 명, 면적 122.0만 km², 1인당 GRDP 43398위안(6558달러)이다.

- 광시좡족자치구(广西壮族自治区, 약칭 '桂'): 자치구 내의 구이린, 양쒀(阳朔) 구역은 일찍이 '구이린의 산수는 천하제일'이라는 명성을 얻었고, 세계적으로 유명한 관광지 중의 하나이다. 수도는 난닝이고, 14개 지급시로 구성되어 있다. 2018년 말 인구는 4926만 명, 면적은 23.7만 km², 1인당 GRDP는 4만 1489위안(6270달러)이다.

(4) 2개 특별행정구

- 홍콩특별행정구(香港特別行政区, 약칭 '港'): 주강 하구 남중국해상의 홍콩섬, 중국 대륙과 연결하는 주룽반도 및 신계와 그 부근의 200개가 넘는 섬들로 구성되어 있다. 2019년 말 기준 인구는 740.1만 명, 면적은 1106km², 1인당 GRDP는 4만 8700달러이다.

- 마카오특별행정구(澳门特別行政区, 약칭 '澳'): 중국 대륙과 연결하는 마카오반

도, 주강 하구 남중국해상의 당쯔도(㟧仔岛)섬 그리고 루환도(路环岛) 등 세 부분으로 구성되어 있다. 2019년 말 기준 인구는 65.2만 명, 면적은 31.3km², 1인당 GRDP는 8만 4000달러이다.

(5) 타이완: 중화민국

푸젠성의 건너편은 바로 중국의 아름답고 풍요로운 섬인 타이완섬이다. 약칭은 '台'라고 부르며, 1949년 제2차 국공내전에서 중공 인민해방군과의 전쟁에서 패한 장제스의 국민당 세력이 대륙에서 이 섬으로 퇴각해 온 후 중화민국을 설립했다. 수도인 타이베이(台北)와 가오슝(高雄)이 가장 큰 도시이다. 타이완의 주민은 한족이 제일 많으며, 그들의 조상 대부분은 대륙의 푸젠이나 광동 출신이다. 언어는 보통화(普通话)와 민남화(闽南话)이고, 해협을 사이에 두고 마주보고 있는 대륙의 민난(闽南, 푸젠성) 일대와 풍습이 비슷하다. 2019년 말 현재 인구 2369만 명, 면적 3만 6123km², 1인당 GDP 2만 5893달러이다.

2. 경제지대 구분

경제지대는 통상적으로 노동의 지역적 분업 원칙에 근거해 각 지역의 지리환경, 자원 조건, 경제 발전의 역사 및 현존하는 경제 기초와 연계되어 있다. 등급이 다른 경제 종합체의 필요에 따라 일국 또는 한 지구를 특징적인 몇몇 종합경제지대 또는 기타 유형의 경제지대로 구분할 수 있다. 경제지대 구분의 목적은 경제지대의 발전 변화 법칙을 확실하게 이해하는 기초 위에서 경제지대의 구분과 지속적인 조정을 통해 노동의 지역 간 분업을 확정하고, 각 경제지대의 생산 발전 방향을 결정해 국토자원의 적절한 개발과 생산력의 합리적인 배치를 이루기 위해서이다.

중국 전국의 7대 경제구(经济区)는 환발해경제권(环渤海经济圈)(北京, 天津, 河北, 山东), 주강삼각주경제구(广东, 海南, 福建), 장강삼각주경제구(上海, 江苏, 浙江), 중부6성종합경제구(山西, 安徽, 江西, 河南, 湖北, 湖南), 대서남(大西南)종합경제구(重庆, 广西, 四川, 贵州, 云南, 西藏), 대서북(大西北)종합경제구(陕西, 甘肃, 青海, 宁夏, 新疆, 内蒙

古), 동북종합경제구(辽宁, 吉林, 黑龙江)로 구분한다.

1) 경제지대 구분의 원칙과 변천

첫째, 경제원칙으로 지역경제의 중심을 확정하는 기초 위에서 그 영향권 범위를 지대의 관할 범위로 삼는다. 경제 중심지의 파급 및 흡인 범위를 통상 경제지대의 범위라 한다. 그러나 이 같은 범위를 절대화하기는 쉽지 않다. 그것은 대부분의 경우에 경제 중심지의 파급 및 흡인 범위가 상호 교차하기 때문이다. 따라서 구체적인 계획 작업에서는 여타의 원칙을 동시에 고려해 종합적인 판단을 함으로써 최종적으로 적절한 범위를 정해야 한다.

둘째, 전문화 및 종합 발전의 결합이다. 전문화 및 생산 부문을 확정해 상이한 등급 및 각각의 특색을 가진 지역경제 종합체의 필요에 따라 구분한다. 각 경제지대는 여러 종류의 생산 부문으로 구성된다. 각 지대의 자연, 기술, 경제, 노동력, 역사적 조건의 상이성에 바탕을 둘 때 각 지역은 각자의 이점을 가지게 되는데, 이들 이점을 이용해 발전된 하나 또는 몇 개의 생산 부문은 종종 하나의 지대를 넘어선 전문화된 생산 부문으로 전국적 범위에서의 노동의 지역 간 분업 중 특정 임무를 수행한다.

셋째, 경제지대 구분은 통상 경제 발전 상황에 바탕을 두고 착수하되, 해당 지역의 경제 발전에 관한 장기적인 방향을 고려해야 한다. 이는 경제지대 구분의 주요 목적이 경제지대의 상황 인식을 위해서뿐만 아니라, 동시에 현상 분석을 통해 해당 지역의 전략 개발에 관한 장기 방향을 확정하고, 지역 내의 자연환경과 사회경제적 조건을 종합적으로 분석해, 경제개발의 적정 규모 및 합리적인 분포 방안을 입안하는 데 필요한 과학적인 근거를 제공해야 하기 때문이다.

넷째, 경제지대와 행정구역의 일치 원칙으로, 각급 경제지대 구분이 통상 상응하는 행정구역에 바탕을 두어야 한다. 예컨대 국가의 1급 경제지대 구분은 중앙의 직할시, 성과 자치구를 단위로 해야 한다. 이는 국가 행정구역이 역사적으로 장기간의 발전과 누차의 조정·변경을 거쳐 형성되었으며, 대체로 합리적인 경제 체제 및 내외 경제가 연관된 계획적 상품경제 관리의 기본 지역단위이기 때문이다. 따라서 경제지대를 구분하기 위해서는 상응하는 경제지대를 적극적으로 조정해야 하며, 행정구역과 일치시켜야 한다.

중화인민공화국 건국 이전에 중국의 주요 산업과 교통, 운송 시설은 연해지구에 집중되어 있었으며 이에 따라 생산력 수준은 동부의 연해에서 서부의 내륙으로 가면서 점차 낮아지는 경향을 보였다. 중화인민공화국 건국 후 중국 정부는 이 같은 동서 간 불균형 상태를 개선하기 위해 내륙 지역 경제개발을 중시하게 되었지만, 1954년까지는 여전히 대군구(大軍區)위원회와 중앙국이 존재하고 있었던 관계로 지역경제는 기본적으로 동북, 서북, 화북, 화동, 중남, 서남의 6개 대구(大區)로 구분해 연해와 내륙의 균형발전을 도모했다.

1958년에는 다시 전국을 동북, 화북, 서북, 화동, 화중, 화남, 서남의 7대 협력구(協力區)로 구분하고, '협력구위원회'라는 지도기구를 설립해 각 대협력구(大協力區)들이 각기 다른 수준에서 각각의 특색과 비교적 완전한 공업 체계를 갖춘 경제지대를 설립토록 했다. 1961년 대구 중앙국이 재편되어 화중, 화남을 중남으로 묶어 다시 6개 대구가 되고, 이후 문화혁명 중 대구 지도기관들이 해산되면서, 이들 대구는 각각 해당 지역의 대군구로 이관되었다.

개혁개방 이전 시기, 특히 문화혁명 기간에는 국방 관점에서 전국을 1선, 2선, 3선 지구로 구분하고, 전쟁에 대비하기 위해 후방인 3선지구 건설을 중시하며 우선 추진했다. 이와 동시에 각 대군구에 근거해 전국을 서남, 서북, 중원, 화북, 화동, 동북, 화남, 민간(閩贛: 푸젠성과 장시성), 산동, 신장의 10개 지역으로 구분했다.

개혁개방 이후 지역경제 개발 정책의 일환으로 구상되거나 제기된 지역 구분안을 보면, 6차 5개년 계획(六五計劃, 1981~1985)은 연해지구, 내륙지구 및 변경 소수민족지구로 구분했고, 7차 5개년 계획(1986~1990)은 동부 연해 지대, 중부 지대, 서부 지대로, 8차 5개년 계획(1991~1995)에서는 전국을 연해지구, 내륙지구, 변경소수민족지구, 빈곤지구로 구분하고 이를 다시 10대 경제지대로 구분했다.

현재 중국의 경제지대는 기본적으로는 여전히 6개 대구의 골격을 유지하고 있고, 학자들의 개인적인 연구에 의해 각기 상이한 구분안이 제기되고 있다. 현재 제기되는 구분 안으로는 동북, 황하 유역, 장강 유역, 남방, 신장, 시짱(티베트)으로 구분되는 6대 경제지대 안과, 동북, 베이징-톈진, 산시, 섬서, 산동, 상하이, 중남,

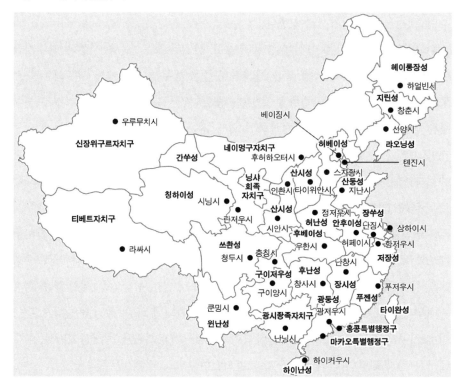

그림 6-1 중국의 행정구역도

쓰촨, 동남, 서남으로 구분되는 10대 경제지대 구분안이 있다.

또한 도시 경제지대의 구분에 대해서는 선양, 베이징-텐진, 상하이, 우한, 총칭, 광저우, 우루무치, 시짱으로 구분하는 9대 도시 경제지대 안과, 전국을 5급 지역 경제 중심지로 구분하자는 안 등이 제기되고 있다. 후자에 의하면 상하이, 베이징, 텐진, 광저우, 선양, 우한의 6개 도시를 1급 중심으로 하고, 이를 토대로 전국의 도시경제 영향 지구를 7개 경제지대, 즉 화북구(베이징, 텐진), 화동구(상하이), 화남구(광저우), 동북구(선양), 화중구(우한), 서북구(시안, 란저우), 서남구(총칭, 청두, 쿤밍)로 구분한다는 것이다.

2) 경제지대 구분 방식과 원칙

(1) 주요 구분 방식

① 3분법

전국을 동, 중, 서 3대 경제지대로 구분한다. 발전의 기본 조건과 잠재력, 현재의 생산력 발전 수준 및 지리 위치 특징을 종합적으로 고려해 현행 성급 행정구역의 완결성을 적절히 고려한다.

중국은 영토가 넓어 공간적 차이가 크고, 각 지대 내부의 공간 차이도 3개 지대간의 차이보다 크다. 이로 인해 거시적 구분만으로는 여전히 지역 간 분업과 각지대 내 주도산업의 선택과 산업구조 발전의 방향 및 노선 등의 지역문제를 해결하기 어렵다. 이런 윤곽적인 구분은 중국 지역 골격의 기본 지역단위를 안배·형상화할 수도 없다.

생산력의 총체적인 배치를 구체적으로 실행하기 위해 '전국 국토개발정비 총체전략 연구보고'는 3대 경제지대를 19개 중점개발건설 지역으로 나누었다. 그러나여기서 포괄하는 지역 규모가 너무 작고, 거시적 경제지대와 중점개발 지역이라는 두 개의 지역 계층을 연결하는 중간지역 계층이 결여되어 있다.

8차 5개년 계획(1991~1995)과 '10년' 계획은 지대 배치와 지역경제 발전부분을연해지구, 내륙지구, 소수민족지구, 빈곤지구로 나누었다. 빈곤지구는 상술한 3개지대 내에 흩어져 있으며, 상대적으로 소수민족지구에 집중되어 있다. 그러나 이들 4개 지구는 각 지구 간에 명확한 지리적 한계가 없는, 집행이 불가능한 개념적인 구분에 불과하다.

② 5분법

지역 공업 구조 특징을 기본으로 해, 성·직할시·자치구를 단위로 하고 '지대별 산업 전문화 계수'[2]를 주요 지표로 삼음으로써 전국 30개 성·시를 5종류의 유형으

2　개별 지대의 특정 업종이 지대 전체 공입총생산치에서 점유하는 비율에서 특정 업송의 전국 총생산치

로 구분했다.

ⓐ 1유형

- 채굴 공업을 위주로 하는 자원지대. 산시, 네이멍구, 헤이룽장, 장시, 허난, 칭하이, 닝샤를 포함
- 원재료 공업을 위주로 하는 자원지대. 허베이, 안후이, 후난, 시짱, 간쑤의 5개 지구를 포함
- 중공업을 위주로 하는 지대. 베이징, 톈진, 상하이, 장쑤, 섬서의 5개 지구를 포함
- 경공업을 위주로 하는 지대. 저장, 푸젠, 광동, 광시, 쓰촨, 신장의 6개 지구를 포함
- 자원과 가공을 병행하는 지대. 랴오닝, 지린, 구이저우, 산동, 후베이, 하이난의 7개 지구를 포함

ⓑ 2유형

앞의 1유형과 유사하지만 또 다른 기준을 통해 5개 지대로 구분한 것이 있다.

- 가공형 경제지대: 베이징, 톈진, 상하이, 후베이, 랴오닝의 5개 지구
- 가공 주도형 경제지대: 장쑤, 저장, 푸젠, 광동, 광시의 5개 지구
- 자원 개발 주도형 경제지대: 산시, 네이멍구, 장시, 구이저우, 칭하이, 닝샤, 간쑤, 윈난의 8개 지구
- 자원 개발 가공 혼합형 경제지대: 산동, 섬서, 쓰촨, 안후이, 후난, 헤이룽장, 지린, 허베이, 허난의 9개 지구
- 특수 유형 경제지대: 신장, 시짱, 하이난의 3개 지구

가 전국 공업총생산치에서 점하는 비율로 나눈 것으로, 입지계수라고도 한다.

③ 6분법

전국을 다음과 같이 6개 대구로 나눈다.

- **동북 경제지대**: 동북 3성 및 네이멍구 동부의 3맹(盟) 1시를 포함하고, 중공업형을 위해 야금, 기계, 석유, 화공, 삼림공업을 위주로 한다.
- **황하 유역 경제지대**: 칭하이, 간쑤, 산시, 허베이, 산동, 베이징, 텐진, 허난 북부, 관중(關中), 섬서 북부, 네이멍구 중서부를 포함한다. 이 지대는 4개의 하위 지구로 나눌 수 있다. 즉, 철강, 석유화학, 해양화학 공업, 고급 일용 소비품을 핵심으로 하는 베이징-텐진-허베이 지대, 에너지, 석유화학, 방직 및 면, 담배, 땅콩, 과일 등 경제작물을 중심으로 하는 산동구(山东区), 에너지 중화학공업을 중심으로 하는 산시-허난 북부-네이멍구 중부지구, 에너지, 야금, 화학공업, 축산품 가공을 중심으로 한 섬서-간쑤-닝샤-칭하이-네이멍구 서부지구이다.
- **장강 유역 경제지대**: 쓰촨, 후베이, 안후이, 장쑤, 저장, 상하이, 섬서 남부, 허난 남부, 장시 북부, 장시 중부, 후난 북부, 후난 중부, 구이저우 북부를 포함한다. 이는 상류, 중류, 하류의 3개 2차 구분으로 다시 나눌 수 있다. 즉, 군사공업, 기계, 에너지 소모 공업을 주체로 하는 상류의 쓰촨, 구이저우 북부 지대, 에너지, 강철, 야금, 기계를 중심으로 하는 중류 지대, 기술 집약형과 수출지향 산업을 중심으로 하는 하류 지대이다.
- **남방 경제지대**: 윈난, 광시, 광동, 푸젠, 후난 남부, 장시 남부, 구이저우 남부를 포함하며, 항구와 수력발전 개발을 중심으로 한다.
- **신장-시짱지대**: 면적이 광활하고, 조건이 특수하며, 전략적 지위가 중요한 곳으로, 각 2개의 경제지대로 다시 구별된다.

단, 이 같은 구분 방법은 종합경제지대와 생산력 배치 계획 측면에서 문제가 있다. 우선 경제지대 간에 지역적으로 중첩 혹은 교차하는 곳이 매우 많고, 유역별 지대 구분이 종합경제지대 구분과 혼합되었다. 장강 유역 지대와 그 상류와 및 서남구, 룽하이(陇海)-란신 철로 경제지대와 황하 유역 지대의 상·중·하 지대가 대부

분 중첩된다. 환보하이 지대, 즉 동북구 남부는 또 롱하이-란신 철로 경제지대의
동단과 황하 유역 지대의 하류와 중첩된다. 반면에 상당 부분의 지역은 이 구분에
서 배제되었고, 그 결과 국토 전부를 포함하지 못하게 되었다. 또한 구분 기준의
일관성 문제도 있다. 예를 들어 동남구, 서남구, 동북구는 종합경제지대 유형이
고, 장강 유역 지대와 황하 유역 지대는 유역 구분형이며 롱하이-란신 철도 연변
지대는 철도 구분형이다.

④ 7분법

전국을 7개의 대구로 나눈다.

- **동남 황금해안구**: 홍콩, 가오슝(高雄), 샤먼(厦门)을 잇는 삼각형을 핵심으로, 나
  아가 주위의 일련의 중소도시와 광대한 농촌지구를 포괄한다.
- **장강 대유역**: 동으로는 동해안의 상하이에서 서쪽으로는 판즈화(攀枝花)까지
  이르며, 장강 유역의 20여 개 도시를 연결해 도시와 농촌이 교차하며 연결되
  는 대유역 경제망을 형성한다.
- **롱하이, 란저우-신장 철로 경제지대**: 동쪽은 장쑤성의 항구 도시 롄윈강(连云港)
  에서 시작해 서쪽으로 신장자치구 이리(伊犁)까지 이르며, 현대적 실크로드와
  세계 최장의 대륙교(大陸橋, land bridge)를 구축한다.
- **황하 경제지대**: 동으로는 하류에 성리(胜利) 유전에서 시작해, 가운데 산시-섬
  서-네이멍구 대탄광구를 지나, 서쪽으로 상류의 대수력발전소군에 이르고, 전
  국 에너지중화학공업기지구를 조성한다.
- **환보하이 경제지대**: 태평양과 면하고, 랴오하, 하이하, 황하 3개 강 유역을 연
  결한다. 항구와 철로가 밀집한 전국 경중공업 기지인 동북, 화북, 화동 3개 대
  구의 결합부가 되는 교통 중심지이다
- **동북구**: 유럽과 아시아 양대 대륙의 경제 및 기술 교류 통로에 위치한다. 따롄
  (大连)은 시베리아 '대륙교'의 환승역으로 동북아 국제경제협력의 전략 임무를
  담당하고, 국내에서는 전국 중공업 기지의 작용을 발휘한다.
- **서남구**: 자연자원이 풍부하고 결합 조건도 이상적인 전국 3대 원자재(야금, 화

공, 건자재)와 수력, 화력을 겸비한 에너지기지이며, 전국 동식물자원 보고이자
자연생태의 보호벽이다.

⑤ 대권역 개념의 대지구

수 개의 성급 행정구 단위로 묶은 대지구로 구분한다.

ⓐ 유형 1

• **동북(东北)지구**: 헤이롱장, 지린, 랴오닝
• **화북(华北)지구**: 베이징, 텐진, 허베이, 허난, 네이멍구
• **화동(华东)지구**: 산동, 장쑤, 상하이, 저장, 안후이
• **동남(东南)지구**: 장시, 푸젠, 타이완
• **화남(华南)지구**: 광동(홍콩, 마카오, 하이난다오 포함), 광시
• **서남(西南)지구**: 쓰촨(총칭 포함), 구이저우, 윈난
• **화중(华中)지구**: 섬서, 산시, 후베이, 후난
• **서부지구**: 신장, 칭하이, 간쑤, 닝샤, 시짱

ⓑ 유형 2

• **화북**: 베이징, 텐진, 허베이, 네이멍구, 산시, 산동
• **화동**: 상하이, 저장, 장쑤, 안후이
• **화남**: 광동, 푸젠, 광시, 하이난
• **화중**: 허난, 후베이, 후난, 장시
• **서남**: 쓰촨, 총칭, 윈난, 구이저우
• **동북**: 헤이롱장, 지린, 랴오닝
• **서북**: 섬서, 닝샤, 칭하이, 간쑤, 신장
• **기타**: 타이완·홍콩·마카오지구

(2) 경제지대 구분 원칙과 지표

① 구분 목표

지대 구분은 구분하는 목표 혹은 대상과 직접 관련이 있다. 서로 다른 구분 목표는 그 구분의 원칙 근거 내지 구체적 지역 범위가 동일하지 않다. 두 가지로 나눌 수 있다.

- 단일 기능 구분: 경제사회 발전 가운데 특정 발전 목표를 해결하기 위해 구분한 지역으로, 농업지대, 에너지 경제지대, 빈곤지대 등의 구분이 있다.
- 다기능 종합 구별: 지역 발전을 위한 다양한 목표 달성을 위해 다시 유역과 종합적 기준 두 가지로 나눌 수 있다.

   첫째, 유역에 따른 구분. 대개 분수계(分水界)를 경계선으로 모든 하류의 유역 면적을 1개 경제지대로 구분하는데, 그 목적은 주로 수자원의 종합 이용 혹은 이와 연계된 전체 유역의 종합 정비 및 개발 문제를 해결하기 위한 것이다.

   둘째, 종합적인 경제지대 구분. 전국적인 지역분업의 요구와 지역의 객관적인 조건에 근거해 이루어진다. 전체 국민경제를 고려해, 지역의 발전 방향, 목표, 전략 중점, 산업구조와 건설사업의 종합 배치를 확정하고, 지역개발 정책, 절차 혹은 지역 간 협조와 지역 내 각 부문의 경제활동이 원활히 되도록 구분한다. 이는 전형적인 다기능 종합지대 구분이다. 배치 전략을 실행하는 데는 이런 지역단위에 근거할 필요가 있다.

이런 지대 구분의 기본 원칙은 많은 요소들이 유사해야 하고, 외부 지대와 차이점이 있어야 한다. 즉, 각 지대의 현재 생산력 발전 수준, 발전의 기본 조건과 잠재력, 당면한 주요 임무 및 발전 방향, 발전 기본 노선 등에서 유사성과 차이점이 있어야 한다. 내부의 유사성은 경제지대의 응집력의 기초이고, 외부 지대와 차이는 각 지대 또는 지역 간 분업의 기초가 된다.

② 주요 구분 기준

한 경제지대 내에 역사상 형성된 전문화된 특화 산업, 일정 정도의 종합적인 개발 조건, 전국적인 전문화 산업과 종합적인 발전을 점차 형성해 나갈 수 있는 기본 조건과 잠재력을 갖추어야 한다. 지대 내에는 일정 규모와 파급효과를 지니고 지역경제의 발전을 이끌어갈 수 있는 지역의 경제중심지가 있어야 한다. 현대 지역 공간구조의 요소, 즉 결절로서의 각 도시, 관할 범위로서 결절점의 흡인 범위, 그리고 네트워크로서 각 생산 요소의 유통망과 교통망의 구성이 이미 일정 수준에 이르고, 특별히 네트워크를 통해 결절점과 관할 범위를 연결하도록 해야 한다. 기타 종합경제지대를 구분하는 중요 기준은 다음과 같다.

- 원칙적으로 성급 행정 구분을 교란하지 않도록 하는 행정구역 요소를 고려해야 한다. 그러나 경제지대와 행정구역의 모순이 비교적 클 때 행정구역을 조정해 경제 발전의 수요에 적응할 수 있게 해야 한다.
- 동급 경제지대 사이에 지리적인 범위가 교차되거나 중첩되지 않도록 하는 명확한 지리상의 한계를 설정한다. 이 같은 지리적인 범위는 고정불변한 것은 아니고, 지역경제가 일정 단계까지 발전한 후에 새로운 상황에 의거해 적당하게 조정할 수도 있다.
- 종합경제지대 구분은 국토 전부를 포괄해야 한다. 한 국가의 범위 내에 각 경제지대가 경제적인 발달 정도가 다르다고 배제되는 지역이 있어서는 안 된다. 예를 들어 낙후지구를 전체적인 지대 구분에서 누락시켜서는 안 될 것이다. 왜냐하면 경제지대 구분의 목표 가운데 하나는, 낙후지구를 이용하는 데 유리한 요소와 잠재력을 도출하고, 생산력 배치의 조정을 통해 경제지대 간의 협력과 낙후 지역의 경제 활력을 일으키는 것이기 때문이다.

③ 경제지대 구분 지표

중요한 지표로 자연자원, 경제 요소, 사회자원의 3개 지표로 구분할 수 있다. 각 지표는 다시 다른 측면으로부터 각 자원의 특징을 반영할 수 있는 세부 지표를 나누어서 선정한다.

- 자연지표로 자연자원은 일반적으로 에너지자원, 광산자원, 수자원, 토지자원, 기후자원, 생물자원으로 나눌 수 있다. 그중 토지자원, 기후자원, 생물자원 간 상호관계가 밀접하다. 토지자원은 다시 경지, 삼림, 초지, 양식 가능 담수로 나눌 수 있다. 각 유형별 자연자원의 특성을 반영하는 지표 가운데 주로 그 풍부한 정도를 가늠할 수 있는 지표를 선택한다. 에너지자원은 통상적으로 석탄, 물, 석유, 가스를 포함한다. 이들을 양으로 나타낼 때는 표준치로 환산해 계산한다.

성 단위로 '자연자원 종합 우세도' 공식을 이용해 각 성·직할시·자치구의 각종 자연자원을 하나의 총체적인 지역의 자연자원 절대부존도를 반영하는 종합평가지표로 표시한다. 그와 동시에 자연자원 1인당 보유량 종합지수를 이용해 자연자원의 상대부존도를 반영하는 종합평가지수로 표시해 낸다. 이 두 개의 종합지수 수치의 제곱으로 각 지역의 자연자원 부존도를 반영하는 종합평가치를 계산해 낸다.

- 주요 경제 요소 지표는 경제 총규모, 경제 증가 활력, 지대의 자아 발전 능력, 공업화 구조 비중, 구조 전환 조건 등이다.
- 주요 사회자원 지표는 인구의 문화적 소양, 기술 수준, 도시화 수준, 주민 소비 수준 등이다.

이러한 경제사회 지표를 각 지표 수치로 나누어 각 성·직할시·자치구의 경제사회 발전 정도의 종합평가지표를 얻을 수 있다.

(3) 지대 구분 절차와 방법

① 자연자원 풍부도에 근거, 4급으로 구분

종합평가치는 1 이상을 제1급으로 분류하고, 시짱·칭하이·네이멍구·신장·윈난·산시·헤이룽장·구이저우·닝샤의 9개 성을 포함한다. 0.5 이상은 제2급으로 분류되며, 쓰촨·섬서·간쑤·광시·안후이·랴오닝·지린·장시·후난 등 9개 성을 포함한다. 0.3 이상은 제3급으로 구분하며, 허베이·허난·푸젠·산동·후베이·광동 등 6성을 포함한다. 0.3 이하는 4급으로 구분되며, 베이징·저장·텐진·장쑤·상하이 등 5개 성·시를 포함한다.

또한 경제사회 발달 수준 종합평가치에 근거해 각 성·자치구·직할시를 4급으로 나눈다. 종합평가치 0.51 이상인 제1급은 상하이·베이징·랴오닝·산시·장쑤·광동·저장 등 7개 지역, 0.41 이상인 2급은 산동·헤이룽장·후베이·지린·푸젠·허베이 등 6개 지역, 0.31 이상인 제3급은 후난·텐진·허난·쓰촨·안후이·섬서·장시·신장·광시 등 9개 지역, 그리고 0.31 이하인 4급은 네이멍구·윈난·간쑤·구이저우·닝샤·하이난·칭하이·시짱 등 8개 지구를 포함한다.

② 경제사회와 자연자원 특징에 근거해 전국 30개 성급 행정구역을 6대 유형구로 구분

- 1유형: 경제가 발달(제1급)하고 자연자원은 빈약(제4급, 개별적으로 제3급)한 곳으로, 베이징·텐진·상하이·장쑤·저장·광동 등 6개 지구를 포함한다.
- 2유형: 경제가 비교적 발달(제2급)하고 자연자원이 비교적 빈약한(제3급) 곳으로, 푸젠·산동·후베이 3개 지구를 포함한다.
- 3유형: 경제가 발달하지 못하고(제4급) 자연자원이 풍부한(제1급) 곳으로, 네이멍구·구이저우·윈난·시짱·칭하이·닝샤 등 6개 지구를 포함한다.
- 4유형: 경제의 발달이 부진(제3급) 혹은 발달하지 못한(제4급) 곳으로, 자연자원이 비교적 풍부(제3~4급)한 산시·신장·섬서·쓰촨·안후이·후난·간쑤·장시·광시·하이난 등 10개 지구를 포함한다.
- 5유형: 경제가 발달하거나 비교적 발달하고(제1급, 제2급), 자연자원이 풍부하거나 비교적 풍부한(제1급, 제2급)곳으로, 랴오닝·지린·헤이룽장(동북 3성)이다.
- 6유형: 경제가 약간 부진하고(제3급), 자연자원이 비교적 빈약한(제3급) 허베이성과 허난성이다.

같은 맥락과 기준으로 아래와 같은 6대 경제지대 구분 방안도 있다.

- **동북지대:** 랴오닝·지린·헤이룽장 3성 및 네이멍구 동부를 포함한다.

- 황하 중하류 지대(혹은 화북 지대): 베이징, 텐진, 허베이, 산동, 네이멍구 중서부, 산시, 허난으로 분류하고, 다시 환발해 지대(혹은 황하 하류 지대)인 베이징, 텐진, 허베이, 산동과 황하 중하류 지대인 네이멍구 서부, 산시, 허난으로 세분된다.
- 장강 중하류 지대(혹은 화중 지대): 상하이, 장쑤, 저장, 안후이, 장시, 후베이, 후난 등이며, 다시 장강삼각주 지대인 상하이, 장쑤, 저장과 장강 중류 지대인 후베이, 후난, 장시, 안후이로 세분된다.
- 동남 연해 지대: 푸젠, 광동, 광시, 하이난(홍콩, 마카오, 타이완 포함)이 해당된다.
- 서남 지대: 쓰촨, 구이저우, 윈난과 시짱 두 개 지대로 세분된다.
- 서북 지대: 섬서, 간쑤, 칭하이, 닝샤와 신장 두 개 지대로 세분된다.

③ 6대 유형을 4대 유형으로 구분, 귀속
- 1유형: 경제가 발달 혹은 비교적 발달했으며, 자연자원은 빈약 혹은 비교적 빈약한 지역
- 2유형: 경제가 미발달 혹은 부진하며, 자연자원은 풍부 혹은 비교적 풍부한 지역
- 3유형: 경제가 발달 혹은 비교적 발달했으며, 자연자원은 풍부 혹은 비교적 풍부한 지역
- 4유형: 경제 발전이 부진하고 자연자원이 빈약한 지역

위에서 설명한 '4대 유형' 가운데, 랴오닝·지린·헤이룽장은 동일 유형에 속하며, 지리적으로도 연속적으로 분포해 하나의 경제지대로 나누어진다. 그러나 다른 3개 유형들은 같은 유형에 속한 성들이 다른 유형에 속한 성에 의해 분할되어 있고, 지리적으로 다르게 편성되어 경제지대 구분의 취지에 부적합하다. 따라서 지리적으로 분할되지 않게 편성하면 상술한 4대 유형은 다음과 같이 10개 경제지대로 나눌 수 있다.

- 동북지대(랴오닝, 지린, 헤이룽장)

- 베이징-텐진 지대
- 네이멍구-산시 지대
- 허베이-허난 지대
- 상하이-장쑤-저장 지대
- 안후이-장시-후난 지대
- 푸젠-광동 지대
- 광시-하이난 지대
- 쓰촨-구이저우-윈난-시짱 지대
- 섬서-간쑤-칭하이-닝샤 지대

이 같이 구분된 10개 경제지대는 기본적으로 자연·경제·사회적 특징이 유사하고 지리적으로 연계되어 있다는 구분 취지에는 부합되나, 그 가운데 일부는 단지 2개 성만 포함하거나 경제가 비교적 발달하지 못하고 자연자원이 빈약해 종합경제지대의 임무를 담당할 수 없다. 이 결함을 보충하기 위해 동시에 전국 생산력 총배치 양태 및 지역 간 분업 및 협력의 발전 추세를 고려함으로써, 상술한 10개 경제지대 구분의 기초를 근거로 적합한 조정을 진행하고 6대 경제지대로 합병할 수도 있다.

④ 기타

ⓐ **네이멍구 동부를 동북 지대에 포함**

네이멍구 동부 지역은 랴오닝, 지린, 헤이룽장 등과 가장 가까운 에너지 보급기지이며, 이들 지역의 경제, 기술, 정보 등의 지원을 가까이서 제공할 필요가 있다. 통계자료로는 이 지구를 네이멍구자치구에서 단독으로 분리해 낼 수 없기 때문에, 기초 자료 정리를 위해 임시로 네이멍구를 황하 중하류 지대에 분류했다. 네이멍구의 현행 행정구역을 적합하게 조정하는 것이 필요하다면, 행정구역에서 민족 원칙을 반영해야 하기 때문에 네이멍구자치구를 동서로 나누는 것을 고려할 수 있을 것이다. 서부는 황하 중하류 지대로, 동부는 동북 지대로 구분한다.

ⓑ 상하이, 장쑤, 저장과 후베이, 후난, 장시, 안후이가 하나의 경제지대

이는 전자가 후자의 수력발전과 원재료의 긴밀한 협력을 필요로 함을 고려한 것이고, 후자에 대해서는 전력소모 공업으로 전환하는 것이 비교적 편리하기 때문이다. 후베이, 후난, 장시, 안후이는 상하이, 장쑤, 저장에 분포해 있는 개방 도시, 경제 개방구와 경제적 연계를 진행할 수 있으며, 이 과정에서 장강의 이점을 충분히 이용하고 바다로 진출할 수 있는 장점을 지닌다. 또한 상하이, 장쑤, 저장을 포함하는 장강삼각주지구가 보유한 자금, 기술, 인재, 정보를 이용해 하나의 경제지대로 상호 보완적인 관계를 가질 수 있다.

ⓒ 섬서성의 과도적 성격

섬서성은 기본적인 조건, 잠재력과 미래의 발전 방향에 따르면 황하 중하류 지대로 구분될 수 있다. 그러나 이렇게 하면 비교적 유력한 경제 중심지와 발달한 성을 서북 지대 경제 발전의 전진기지로 삼을 수 없게 되어 지역경제의 네트워크를 형성하기 어려워진다. 따라서, 역시 서북 지대에 포함시키는 것이 합리적이다. 쓰촨성 역시 서남 지대에서 분리해 단독으로 하나의 경제지대로 구분한다면 위와 유사한 문제가 발생한다.

ⓓ 신장과 시짱

이들 두 지역은 비교적 면적이 광활하고 조건이 특수하고 전략적 지위가 비교적 중요하지만, 단독으로 하나의 지대가 된다면 기본 조건이 달라진다. 이들 지역은 미래 상당한 장기간 내에 종합경제지대로 형성되기 어렵지만, 상황이 특수해 서북·서남 지대 내의 2차 구분으로 분류할 수 있다.

ⓔ 광시성의 귀속 문제

만약 서남 지대의 항구, 구이저우성 서부 및 윈난성 동부의 석탄 산지, 윈난, 구이저우의 수력발전 자원의 개발, 철로의 개축, 광시와 윈난, 구이저우의 경제적 연계가 강화될 것을 고려한다면, 광시를 서남 지대로 구분하는 것도 일리가 있다. 그러나 역사적인 측면과 현재·미래의 지역발전을 고려하고, 광시와 광동의 경제

기술 연계, 대외개방, 국제적 분업, 생산력 배치에 대한 영향 등을 고려하면, 광시, 광동, 푸젠 3개 성을 하나의 동남 연해경제지대로 합치는 것이 보다 바람직하다는 의견이 지배적이다. 한편, 최근에 베트남을 포함한 아세안(ASEAN, 東盟)국가들과의 교류를 촉진하기 위한 거점기지로 광시 북부만(北部灣) 개발 사업과 북부만 도시군 형성 전략이 추진되면서, 동남아 국가 자원과 시장 개척을 위한 윈난과 광시 간의 전략적 연계 필요성도 제기되고 있다.

Questions

1. 행정구획과 경제구획의 구획 구분 목적과 특징, 차이점을 설명하시오.
2. 한반도와 러시아 연해주, 일본을 포함한 중국 지도를 연필로 스케치하고, 중국의 성급 행정구역별로 구분하고 각 성별 수도를 표시해 보시오.

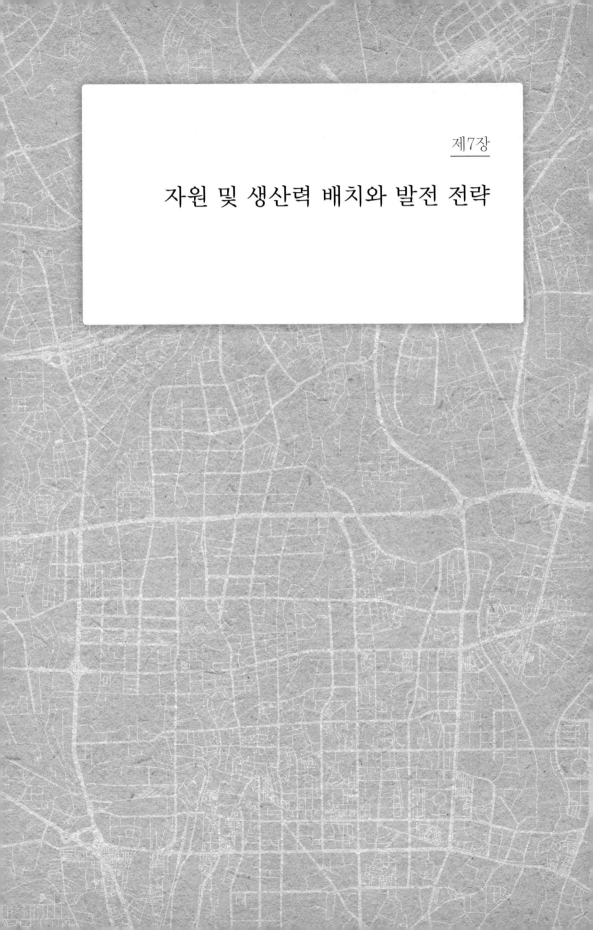

제7장

자원 및 생산력 배치와 발전 전략

자원 및 생산력 배치의 주요 모델은 시장모델과 계획모델로 구분할 수 있다. 계획모델은 자본주의의 모순과 위기가 첨예화되어 갈 때 일부 이상주의자(utopian)들에 의해 추구된 이상화된 목표였고, 사회주의 혁명에 성공한 구소련이 채택하고 중용한 방식이었다. 중화인민공화국 출범 후에 중공 정권도 계획모델을 채택했으나 적지 않은 시행착오와 좌절을 경험했고, 1978년 말 개혁개방 정책을 채택한 후에는 시장모델을 확대하면서 '중국 특색의 길(道)'을 찾고 있다.

본장에서는 광활한 영토와 풍부한 인적·물적 자원의 배치 전략에 대해 고찰했다. 즉, 자원 배치 모델, 계획경제 체제하에서의 자원 배치의 특징, 개혁개방 이후 자원 배치의 특징, 그리고 주요 에너지 및 광산자원의 분포 현황 및 개발 이용 동향, 그리고 경제지리학의 중요한 임무 중의 하나인 전국 및 각 지구의 생산력 배치의 현황과 전략을 고찰·정리했다.

1. 자원 배치 모델

1) 계획경제 체제하에서의 자원 배치의 특징

(1) 계획과 시장, 그리고 자원 배치

자원 배치에서 계획모델과 시장모델의 중요한 차이점은 다음과 같다.

첫째, 배치 주체다. 시장경제 체제에서 배치 주체는 상품 생산자와 경영자이고, 계획경제 체제에서는 국가와 정부이다.

둘째, 배치 기제(配置機制)다. 시장경제의 경우 각종 자원의 조합·재조합의 방향, 규모, 속도 및 그 변동의 직접적인 시장 신호[예를 들면 가격, 임금, 이자율의 수준 및 그 변화 추세, 소비 수준 구조 및 그 변화 추세, 지세율(地稅率) 및 그 변화 추세], 대외무역 상황 등이 반영된다. 반면에 계획경제에서는 각급 정부가 경제생활과 그 규모에 대해서 주관적으로 파악한 인식을 기초로 한다.

셋째, 배치 목표이다. 시장모델은 자원 배치를 통해서 시장에서의 거래와 교환에 사용되는 상품과 노무(勞務)를 생산하는 과정에서 미시적 경제효율 극대화를 목표로 하나, 계획모델은 거시적 사회 효익(效益) 극대화를 추구한다.

(2) 계획경제 체제하의 자원 배치

① 고도로 집중된 배치 정책

계획경제 체제에서는 기업은 말할 것도 없고 지역과 지방정부까지도 발전 또는 이익의 주체가 아니며, 단지 총체적 국민경제 배치의 한 요소로 고려되었다. 지역의 우위나 지역 자치권 등은 거의 고려되지 않았고, 자원 배치의 주요 목표는 거시구조인 국민경제를 위한 것이었다. 따라서 중앙과 지방 간의 수직적 관계가 강화되었고, 수평적 관계는 약화되었다.

② 자원 배치의 이론 지도

자원 배치의 이론 지도에서는 (생산력 배치의 일반 규율을 부인하고) 지역경제 발전의 균형과 불균형을 사회주의와 자본주의의 분포 규율의 차이라고 단순하게 간주했다. 또, 자본주의식 규율에 대해 이념적 사상적 관점에서 비판했으나 대안에 대한 진지한 연구는 없었다. 그뿐만 아니라 '생산력의 균형 배치'라는 추상적 구호를 내세웠고, 대부분의 경우 실천 적합성에 대한 진지한 검토조차 없었다.

③ 자원 배치의 실천

중국정부는 세 가지 균형 배치 목표를 채택했다. 첫째, 공업 건설 중점을 내륙 지역(內地)으로 전환해 내륙 지역에 대한 투자 비중을 높이고, 내륙과 연해 지역 간의 격차를 좁힌다. 둘째, 다양한 층차(層次)의 독립되고 완전한 공업 체제를 전국에 분산 배치해, 낙후 지역 발전과 국민경제의 균형발전을 촉진한다. 셋째, 중앙 집중 투자와 행정명령을 통해 사람, 돈, 물자와 공업 생산 기능을 서부의 3선지구(三線地區)[1]로 옮기고, 동·서부의 균형발전을 실현한다.

3개년 경제 회복기(1950~1952)부터는 연해지구의 일부 공장들을 내지로 이전했다. 이어서 1953년부터 추진된 1차 5개년 계획(一五計劃, 1953~1957) 기간에는 주요

---

1   3선지구란 전쟁에 대비해 전국을 1, 2, 3선 지구로 구분했을 때 전쟁으로 인한 피해 위험으로부터 가장 안전한 후방지구를 의미한다. 1선(一線)지구는 전방이고, 2선(二線)지구는 1선과 3선의 중간 지대를 가리킨다.

신규 건설 항목들을 내지에 배치했고, 동부연해지구의 기존 공장들도 내지로 이전했다. 이어서 '대약진', 3차 5개년 계획(三五計劃, 1966~1970), 그리고 '3선건설(三線建設)' 기간 동안 투자 지역 분배에도 이 같은 생산력 배치 기조가 집중적으로 반영되었다. 3선지구 건설은 주로 국방상의 요구만 중시하고 경제적 효과를 경시, 심지어 무시하면서 투자를 국방공업과 중공업에 편중시켰다. 공업 배치는 전반적인 계획과 종합적인 평형이 결여된 지나친 분산으로 사회·경제 환경을 갖추지 못했고 지방경제의 협력 분배도 갖추지 못하는 등의 문제를 야기했다. 이러한 균형 배치 노력과 내륙 중시 정책을 장기간의 정치혼란과 경제 침체기(1958~1965년)에도 견지했다.

1964~1980년 동안에는 3선지구에 1100여 건의 중대형 건설사업을 비준했다. 원래 대도시에 입지해 있던 공장과 인재가 서부 산악지역(西部山区)으로 대규모로 이전했다. 더욱이 '인민을 위한 전쟁과 기황 대비', '좋은 인민은 바로 3선지구로 가자' 등의 구호에 따라 사람들을 3선지구로 보냈다. 문화대혁명 초기에는 3선지구도 대다수 지식청년(知青)들이 간 곳이었다. 전 국가주석 후진타오(胡锦涛)도 간쑤 류자협수력발전소(刘家峡水电站)에 분배받았었다. 국방적 고려하에 이 같은 공장의 입지가 모두 벽지·오지 지역으로 분산되었고, 이것이 기업의 후속 발전에 장애가 되었다. 예를 들면 섬서 한중(汉中)의 항공공업기지 산하 28개 단위가 2개 지구, 7개 현 지역으로 분산되었고, 이 중 한 기업은 6개의 자연촌(自然村)으로 분산되었으며, 차량 장비, 부품기업들 간에도 몇 십리 심지어는 몇 백리 거리로까지 분산되었다. 그 결과, 부품 조달, 조립 공정은 물론 직공들의 주택과 출퇴근 문제도 돌출되었다.

1980년대 이후 개혁개방과 냉전 완화 국면에 따라 3선건설이 비밀 보안 대상 명칭에서 해제되어 점차 언론 매체에 등장하게 되었고, 수많은 3선건설 단위들의 문제가 갈수록 심각한 문제로 돌출되었다. 1983년 12월 중국 정부는 청두에 '국무원 3선 판공실(国务院三线办公室)'을 설립했다.[2] 1984년 11월 청두회의에서는 처음으

---

2   이 기구는 1990년대에 '국가계획위원회 3선판공실'로 변경되었고, 2000년대에 다시 '국방과학공업위원회 3선협조중심(三线协调中心)'으로 변경되었다.

로 제1기 121개 단위를 조정하고, 48개 단위를 이전 또는 합병하며, 15개 단위를 전반적 생산 전환(转产)을 한다는 방침을 확정했다. 그 후 일련의 3선기업(三线企 业)이 연이어 부근의 중소도시로, 예를 들어, 셴양(咸阳), 바오지(宝鸡), 샤스(沙市), 샹판(襄樊), 한중, 광위엔(广元), 더양(德阳), 몐양(绵阳), 톈수이(天水) 부근으로 이전 했다. 또한 기술 밀집형 기업과 군사공업 과학기술기업(军工科技企业)들이 청두, 총칭, 시안, 란저우 등 대도시로 이전했다. 이들 기업은 이전 후에 대부분 제도 개 혁(改制)을 진행했고, 군용기업(军用企业)에서 민용기업(民用企业)으로 전환했다.

3선건설 20년 기간 동안 중국은 중서부지구에 2000여 개의 현대 공광업기업(工 矿业企业)과 과학연구원(소)을 건설했다. 중서부지구에는 45개 공업 생산품과 연관 중대 과학연구기지, 생산기지를 건설했고, 석탄, 전력, 야금, 화공, 기계, 핵에너지, 항공, 우주(航天), 국방공업, 전자, 선박공업 등 업종에서 비교적 완비된 전략 후방 기지를 형성했다. 이 중 군수공업 관련 기술 인력만 20여만 명에 달했다. 판지화, 류판수이(六盘水), 스옌(十堰), 더양 등 일련의 신흥공업도시가 황야와 산골짜기에 형성되었고, 청두, 총칭, 시안, 란저우, 구이양, 안순(安顺), 준이(遵义) 등 일련의 옛 도읍(古老的城镇)들에 공업화 기능이 주입되면서 동부의 발달 도시들과의 격차를 줄였다. 수백만 건설자가 청춘과 땀, 심지어 생명까지 바친 이 같은 건설은 유구한 중국 역사를 통틀어 보아도 매우 드문 사례였다. 또 한편, 3선건설은 중국의 중대 국가전략인 서부대개발에 두터운 공업 기초를 구축했고, 오늘에도 '일대일로' 추 진의 기초가 되고 있다.

(3) 계획 배치의 문제점

① 자원 배치 권한의 과도한 중앙 집중

계획모델에서는 모든 자원의 소유권이 국가에 귀속되어 있다. 자원의 점유, 지 배, 수익, 연합, 이동, 처리 등의 권한이 국가에 고도로 집중되어 있었고, 자원 배 치의 주체도 중앙정부였다. 산업의 지역 분포, 투자 지역의 분배, 중점건설 지역 의 선택, 각 지역의 발전 방향, 국제분업 합작 및 상품 개발 방향, 가격 결정, 판매 수익 분배 등 모든 것을 중앙정부가 독자적으로 계획에 의해 처리하면서 직접적으로 자원 배치 임무를 담당했다.

지방기업은 단지 정부행정기구에 속한 부속기구이고, 자원 배치의 피동적 집행자였다. 재량권도 없었고 정책의 타당성 여부와 관계없이 정책을 집행해야 했는데, 그 결과 각 지역, 특히 기업자원 배치의 적극성과 창조성이 말살되었다. '경제 운용 과정 중 투자 부족 → 투자 팽창 → 경제 과열 → 투자 침체 → 강한 조정' 등의 현상과 행위가 주기적으로 반복 출현했고, 이로 인한 대량의 경제자원 낭비가 초래되었다.

② 부분 이익의 경시와 융통성 결여

계획 배치의 긍정적 측면은 전체 이익을 중시한다는 점이지만, 그 이면에서는 부분의 이익을 경시하고 심지어 말살하기도 했다. 각 지역과 기업이 가장 유리한 투자 방향과 자원의 효과적 조합을 비교·선택하려는 시도를 억압해 자원 이용 총효율을 감소시켰다. 또한 행정명령으로 자원을 배치하면 융통성이 결여되어, 시장 정보에 상응하는 반응을 할 수 없고, 문제를 발견해도 적시에 신속하게 조정하기가 어려워지는데, 그 결과 자원 이용의 총체적인 균형과 협조 상태 유지가 어려워진다. 이러한 자원 배치의 저효율이 불합리하고 불완전한 사회 체제 및 관리제도와 결합되어 경제활동의 생기와 활력을 저하시켰다.

2) 개혁개방 이후 자원 배치의 특징

(1) 체제 개혁

1978년 말 개혁개방 정책 결정을 전환점으로, 집권적 계획경제 체제에서 효율성과 합리성을 중시하는 시장경제 체제로의 전환을 추진하면서 행정 간소화와 분권 등 일련의 개혁을 추진했다. 이에 따라 시장의 범위가 지속적으로 확대되고 자원 배치에 대한 시장기제의 조절 작용이 대폭 강화되었다. 반면에 지령성 계획의 역할은 갈수록 감소했고, 자원 배치에 대한 중앙정부 및 각 부문의 권한이 축소 및 약화되었다. 한편, 지방은 발전과 이익의 주체로서의 지위를 인정받았고, 지방경제는 국민경제의 중요한 구성 부분으로 간주되었으며, 국민경제 활동에 대한 역할이 갈수록 중요해졌다.

(2) 전국 경제 발전 전략의 변화

경제 발전 전략 중점을 군중 동원을 통한 속도 추구에서 경제효율 중시로 바꿨다. 동부연해지구가 경제 발전과 자원사용 효율을 높이기 위한 성장 거점(增长極)이 되었고, 투자 중점이 동쪽으로, 특히 동남연해지구에 집중되었다. 이론 측면에서는 '선부론(先富論)'과 '불균형 거점발전론'을 채택하고 효율 우선의 배치 전략으로 전환했다.

(3) 투자의 지역별 분배

개혁개방을 기점으로, 그 이후와 이전의 기간에 투자의 지역별 분배 측면에는 명확한 차이가 있었다. 1979년 이전의 계획적 자원 배치 단계에서 산업과 투자의 지역 분배는 내륙과 연해의 균형발전을 촉진했다. 1953~1978년 기간 전국 전민소유제(全民所有制) 단위 기본건설에 대한 투자는 중·서부지구 55.0%, 동부연해지구 35.9%였다. 3차 5개년 계획(1966~1970)시기에는 더욱 큰 폭으로 중·서부지구에 편중되어 중·서부지구 64.7%, 동부연해지구 26.9%였다. 이 기간 동안 투자 면에서 전국 비중 4% 이상을 차지한 8개 성 중, 중부지구에는 헤이룽장, 허난, 후베이 3개 성, 서부지구에는 쓰촨, 구이저우, 윈난, 섬서, 간쑤 5개 성이 있었고, 동부연해지구에는 하나도 없었다.

그러나 1979년 이래 연해지구의 지리적 위치, 경제, 기술, 노동력 등을 이용하고 종합적인 우위를 발휘하기 위해 투자 중점이 동부연해지구로 옮겨졌다. 개혁개방 초기 13년간(1979~1991), 기본건설투자총액의 전국 비중은 동부연해지구 49.2%, 중·서부지구 42.8%였다. 즉, 연해 12개 성에 대한(하이난성 포함) 투자가 중·서부지구 18개 성에 대한 투자총액의 115%에 상당했다. 이 기간에 투자 면에서 전국 9위까지의 성·직할시 중 동부연해지구 내의 성·직할시가 7개를 차지했는데, 상하이, 랴오닝, 산둥, 베이징, 장쑤, 허베이 성의 순서이고, 중서부지구는 헤이룽장, 쓰촨 두 개 성뿐이었다.

표 7-1 '1·5'~'3·5' 시기별 전민소유제 단위 기본건설투자의 지역별 분배

지역	'1·5(一五)' (1953~1957년) 시기		'2·5(二五)' (1958~1962년) 시기		'3·5(三五)' (1966~1970년) 시기	
	절대액 (억 위안)	전국 점유율 (%)	절대액 (억 위안)	전국 점유율	절대액 (억 위안)	전국 점유율 (%)
전국	587.47	100.0	1206.09	100.0	976.04	100.0
동부	217.26	36.9	462.62	38.5	262.85	26.9
베이징	40.7	6.9	55.4	4.6	29.01	3.0
톈진	8.97	1.5	22.02	1.8	12.93	1.3
허베이	21.6	3.7	51.31	4.3	34.2	3.5
랴오닝	68.6	11.6	86.29	7.2	37.4	3.8상
상하이	14.3	2.4	44.13	3.7	23.7	2.4
장쑤	13.39	2.3	42.95	3.6	20.38	2.1
저쟝	5.19	0.9	26.94	2.2	12.46	1.3
푸젠	9.28	1.6	23.88	2.0	9.51	1.0
산둥	14.65	2.5	44.05	3.7	33.1	3.4
광둥	15.47	2.6	47.20	3.9	30.48	3.1
구이린	5.11	0.9	18.45	1.5	19.68	2.0
중부	168.43	28.7	409.75	33.9	290.67	29.8
산시	22.56	3.8	49.96	4.1	32.39	3.3
네이멍구	12.27	2.1	40.18	3.3	16.87	1.7
지린	23.33	4.0	32.75	2.7	20.4	2.1
헤이룽쟝	37.93	6.4	66.29	5.5	49.11	5.0
안후이	12.82	2.2	38.79	3.2	20.06	2.1
쟝시	7.65	1.3	26.23	2.2	22.96	2.4
허난	21.04	3.7	62.68	5.2	38.88	4.0
후베이	21.07	3.6	52.36	4.3	54.45	5.6
후난	9.76	1.6	44.51	3.4	35.55	3.7
서부	106.14	18.1	265.86	22.0	340.55	34.9
쓰촨	26.88	4.5	70.15	5.8	132.53	13.6
구이저우	3.42	0.6	22.00	1.8	40.45	4.2
윈난	9.73	1.7	33.77	2.8	41.25	4.2
시쟝	1.23	0.2	0.89	0.1	2.31	0.2

지역	'1·5(一五)' (1953~1957년) 시기		'2·5(二五)' (1958~1962년) 시기		'3·5(三五)' (1966~1970년) 시기	
	절대액 (억 위안)	전국 점유율 (%)	절대액 (억 위안)	전국 점유율	절대액 (억 위안)	전국 점유율 (%)
섬서	23.55	4.0	35.30	2.9	40.27	4.1
간쑤	21.68	3.7	48.22	4.0	43.96	4.5
칭하이	6.87	1.2	15.79	1.3	12.16	1.2
닝샤	0.69	0.1	7.35	0.6	10.55	1.1
신장	12.09	2.1	32.39	2.7	17.07	1.7
국무원 각 부문	95.64	16.3	67.86	5.6	81.97	8.4

(4) 외자 유치

대외개방으로 외자를 유치하기 시작한 1979년 이후, 외상(外商)직접투자가 중국 경제 정책의 주요 요소가 되었다. 비록 그 규모와 전국 총생산에서 차지하는 생산액 비중이 높지 않았지만, 부족한 건설자금을 어느 정도 보충해 줄 수 있었고, 이와 동시에 선진 기술과 현대화된 관리 경험을 도입해 수출을 통한 외화 조달 능력을 확대시키고, 대외무역을 발전시킬 수 있었다. 특히 삼자기업[합자(合資), 합작(合作), 독자(獨資)][3]의 경제효율이 일반적으로 높았다. 1인당 평균생산액, 이윤, 노동생산성 등이 중국 내 같은 업종의 기업에 비해 4~10배 정도 높아 경제 발전을 촉진했다. 개혁개방 초기에 동남부 연해지구의 광동성과 선전의 주요 성장 동력은 외자 유치와 이에 상응하는 특혜 정책이었다고 할 수 있다.

1979~1992년 외상직접투자 합의액이 1115억 달러에 이르렀고, 실제 투자에 이

---

3 삼자기업이란 외국인의 직접투자기업 유형으로 합자, 합작, 독자 투자기업을 가리킨다. 합자기업이란 외국 기업 혹은 개인이 중국 정부의 인가를 받아 중국 기업이나 경제단체와 공동으로 자본을 출자해 설립한 회사로 유한책임회사와 비슷한 성격을 지닌다. 이때 외국인 투자 지분이 등록자본의 일정 비율(25%) 이상이어야 하고, 현금뿐 아니라 현물(기계설비, 토지, 특허권 등)까지 포함해 상호 지분을 산정한다. 합작기업은 투자자 쌍방의 협의로 설립·공동 경영하는 회사로, 일반적으로 중국 측이 토지, 노동력, 공장, 설비 등 현물을 제공하고 외국 투자자는 자금, 기술, 주요 설비 등을 제공한다. 독자기업은 외국 기업이나 경제조직, 개인 등이 단독으로 자금을 출자해서 설립한 독립법인으로, 경영상의 모든 관리나 위험, 손익 등에 대해 투자자가 단독으로 책임을 진다.

표 7-2 1979~1991년 외상직접투자의 지역별 분포

지역	항목 수	전국 점유율(%)	협의금액(만 달러)	전국 점유율(%)
전국	41,988	100.0	5,231,333	100.0
연해지구	37,675	89.7	4,259,622	81.4
베이징	1,554	3.7	225,064	4.3
톈진	914	2.2	80,756	1.5
허베이	664	1.6	62,182	1.2
랴오닝	1,714	4.0	197,583	3.8
상하이	1,305	3.2	345,954	6.6
장쑤	2,259	5.4	177,093	3.4
저장	1,367	3.3	79,628	1.5
푸젠	4,967	12.1	482,970	9.2
산둥	1,747	4.2	156,981	3.0
광둥	18,851	44.9	2,271,330	43.4
구이린	795	1.9	74,113	1.4
하이난	1,538	3.7	105,967	2.0
내지지구	3,973	9.5	367,408	7.1
후베이	521	1.2	32,515	0.6
쓰촨	504	1.2	40,108	0.8
섬서	226	0.5	104,697	2.0
국무원 각 부문	340	0.8	604,303	11.5

용된 외자는 약 350억 달러로 같은 기간 중국 내 전민(全民) 기본건설 투자총액의 6.5%를 점유했다. 외국 자본 투자 지역의 공간적 분포를 보면 연해지구, 그중에서도 동남부에 집중되었다. 1979~1990년 말까지는 연해개방지구만이 외상직접투자 합의금액 302억 달러를 유치하고, 128.6억 달러를 실제로 이용해 3자기업 2.6만여 개를 설립했다.

〈표 7-2〉에 의하면, 이 기간 중 연해지구에 외자항목의 89.7%, 계약금액의 81.4%가 집중되었고, 이 중 광둥성과 푸젠성이 전국의 57%, 계약금액의 52.6%를 점하고 있어, 중국 전국의 투자(내자, 외자 포함)가 동부연해지구에 더욱 편중되었음을 알 수 있다. 한편, 개혁개방 이후 자원 배치 주체 구조가 변화하면서 지방이

표 7-3 　2018년 외상투자기업구와 투자총액 지역별 분포

지역	기업 수	전국 점유율(%)	투자금액(억 달러)	전국 점유율(%)
전국	593,276	100	77,026.79	100
연해지구	467,062	78.73	58,664.28	76.16
텐진	15,089	2.54	2,906.2	3.77
허베이	8,255	1.39	1,086.65	1.41
랴오닝	17,028	2.87	3,774.94	4.9
산동	30,733	5.18	3,452.29	4.48
장쑤	59,308	10	10,560.42	13.71
상하이	87,300	14.71	8,849.11	11.49
저장	40,191	6.77	4,457.88	5.79
푸젠	30,150	5.08	2,786.98	3.62
광동	170,968	28.82	19,234.65	24.97
광시	5,333	0.9	627.23	0.81
하이난	2,707	0.46	927.93	1.2
내륙지구	126,214	21.27	18,362.5	23.84
베이징	32,306	5.45	5,477.18	7.11
산시	3,381	0.57	630.11	0.82
네이멍구	3,511	0.59	448.53	0.58
지린	4,018	0.68	490.09	0.64
헤이룽장	5,028	0.85	427.47	0.55
안후이	6,611	1.11	1,129.84	1.47
장시	6,137	1.03	877.2	1.14
허난	8,257	1.39	1,054.08	1.37
후베이	11,761	1.98	1,422.75	1.85
후난	8,765	1.48	1,831.85	2.38
총칭	6,299	1.06	1,106.86	1.44
쓰촨	12,502	2.11	1,255.57	1.63
구이저우	1,891	0.32	453.03	0.59
윈난	4,343	0.73	543.69	0.71
시짱	266	0.04	26.39	0.03
섬서	5,856	0.99	1,187.86	1.54
간쑤	2,342	0.39	—	—

지역	기업 수	전국 점유율(%)	투자금액(억 달러)	전국 점유율(%)
칭하이	519	0.09	—	—
닝샤	762	0.13	—	—
신장	1,659	0.28	—	—

자료: 각 성별 외상투자 통계(1994~2018년).

배치와 투자의 주체가 되었고, 지역경제 성장의 주요 동력이 되었다. 또한 개혁이 진전되면서 지방정부는 중앙정부로부터 자율성을 확대하면서, 지역이익 주체로서의 위치를 강화했다. 즉, 개혁개방 이전의 고도로 중앙집권화된 중공업 건설 위주의 종적 경제 질서 틀을 지역경제와 경공업을 중시하는 틀로 바꿨다.

2018년 시점에서 보아도, 중국에 투자하는 외국 기업 수는 비약적으로 증가했다. 1979~1991년 12년간 외국 기업 투자 총건수는 4만 1988건이었으나 2018년에는 1년간 투자기업 수가 59만 3276개에 달했다. 같은 해(2018년) 1년간 투자총액은 개혁개방 초기 13년간(1979~1991) 총투자액의 147배 이상이었다. 과거 수십 년간 중국은 국내외 각종 위기와 충격에 성공적으로 대응했고, 경제는 지속적이고 급속하면서도 안정적인 성장을 유지했으며, 시장공간은 거대하게 발전했다. 최근 십 수 년간 유엔의 세계투자전망조사(IPA Survey)에서 중국은 다국적자본에게 가장 매력 있는 투자 목적지 중 하나로 꼽히는 국가 중 하나였다. 지구별로 보면 동부연해지구의 외상투자 점유 비율이 78%의 비중을 차지했다. 이는 1990년대보다는 소폭 하락했지만 여전히 절대적인 우위를 차지하고 있다.

(5) 토지자원 문제

중국의 토지자원 관리상의 주요 문제점은 다음과 같다.

첫째, 전체 토지 면적 중 19.4%가 고산빙하, 유동사구(流動砂丘), 고비 사막 늪지대로, 농업·임업·목축업 생산용지로 이용이 불가능하다.

둘째, 공업화와 도시화의 진전으로 인한 농경지의 감소이다. 1997~2008년 기간 중 중국 전국에서 1.25억 무의 농경지가 감소했다. 주요 원인은 연평균 약 20만 3000ha에 달하는 비농업 건설용지 수요 때문이었다(赵华甫 等, 2010: 16).

셋째, 각 지역의 특성과 조건을 무시하고 곡물 증산을 위해 산림과 목축을 위한 호수 주변의 초지를 곡물경지로 개간·확대하고 있다. 이로 인한 문제점과 피해 상황은 다음과 같다. ① 임업·목축업·어업 생산이 뒷전으로 밀렸다. ② 경지의 이용만을 중시해 지력의 소비가 과도하고 토양의 유기질이 감소했다. ③ 임지에서 과도한 채벌이 계속되고 임지를 조성해도 관리하지 않은 탓에 소비량이 성장량을 크게 웃돌아 매년 삼림 적자가 1억 m²에 달한다. ④ 지나친 방목으로 초지 식물이 퇴화했다. ⑤ 수산자원도 포획에만 치중하고 제대로 양육하지 않았다. ⑥ 삼림과 초원의 파괴로 사막화된 토지 면적이 33.4억 m²에 달한다. ⑦ 장강 및 황하 양대 수계에서만 강으로 들어가는 퇴적토가 해마다 26억 t에 이르고, 전국에서 매년 평균 50억 t의 토양이 손실되었다.

(6) 환경문제

공업 생산으로 방출되는 오염물이 전국 오염 물질 방출량의 70%를 차지하고 있으며, 이 중 대기오염을 일으키는 연무와 이산화유황, 그리고 공업폐수로 인한 피해가 특히 심각하다. 농업 배치에서는 무분별한 산림·초원·농경지 훼손으로 인해 생태계 파괴와 사막화를 초래했고 토양 비옥도가 저하되었다. 광산자원의 개발에서도 무분별한 채굴과 광산의 파괴로 자원을 낭비했다. 이는 자연자원을 이용한 사회생산력의 확대에 주력하면서 자연보호와 생태계 균형 측면의 문제를 소홀히 한 결과이다.

중국 정부는 공업 생산 과정에서 생기는 3폐(三癈)(폐수, 폐기가스, 폐기물)의 처리는 물론이고, 보다 적극적으로 농경지를 다시 임지와 초지로 환원시키는 퇴경환림환초 정책을 추진하면서, '자연환경 보호' 개념보다 적극적인 '생태환경 건설'이란 개념을 정책 목표로 세우고 강조하고 있다.

3) 자원 배치 계획 및 전략

(1) 지하자원의 개발 및 이용

경제의 번영과 합리적 생산력 배치를 위해 전제되어야 할 것이 광산자원의 합

표 7-4 6대 경제지구별 우세 및 열세 광물(저장량 비중 기준)

지구	우세광물	열세광물
화북	석탄, 철, 크롬, 희토, 천연가스, 석유, 내화점토 등	비나듐, 티타늄, 구리, 주석 등
동북	철, 석유, 마그네사이트 등	석탄, 구리, 납, 니켈 등
화동	텅스텐, 금, 은, 석고 등	망간, 바나듐, 주석 등
중남	납, 아연, 텅스텐, 주석, 탄탈, 게르마늄 등	바나듐, 니켈, 석탄 등
서남	철, 바나듐, 구리, 납, 아연, 주석, 인, 석면 등	텅스텐, 마그네사이트 등
서북	코발트, 몰리브덴, 석면, 마그네슘, 붕소 등	철, 텅스텐, 석탄 등

리적 개발·이용이다. 중화인민공화국 출범 이후 지하자원의 특성에 대한 인식 부족으로 인해 채광공업 분야에서 야기된 문제와 그 해결 방법으로 제안된 주요 대책들을 요약하면 다음과 같다.

첫째, 자원의 종합탐사와 종합이용을 강화한다. 중국의 지하자원은 한 지역 내에 여러 종류가 분포하므로 지하자원 탐사에서 (한 가지 광물만이 아닌) 여러 종류의 광물에 대한 종합적 탐사, 종합적 평가와 이용을 통해 작업의 중복을 피하고 투자와 시간을 절약한다. 또한 광물의 선별 제련 기술문제를 적극적으로 연구해 종합적으로 채굴한다.

둘째, 광물의 선별 및 제련 가공 기술을 높여 원료 수출에서 상품 수출로 전환해 자원의 부가가치를 높이고 외화 수입을 증대시킨다.

셋째, 각종 자원의 부광(富鑛)을 찾기 위해 노력하고, 지속적인 탐사 발굴과 함께 해당 지하자원을 수입 저장하고 대용(代用) 지하자원을 연구개발한다.

넷째, 지역 특성을 파악해 지역 광산기지를 건립한다. 광물 저장량의 비중을 우세와 열세로 나누어 6대 경제구별로 나타내면 다음 〈표 7-4〉과 같다.

(2) 12차 5개년 계획 에너지 분야 중점

2013년 1월, 중국 국무와 국가에너지국(国家能源局)이 발표한 '에너지발전 12차 5개년 계획의 통지(国务院关于印发能源发展十二五规划的通知)'에 급속하게 수요 증가가 예상되는 에너지 분야에 대한 중점 전략은 다음과 같다(国家能源局, 2013.1).

첫째, 화석 에너지를 특화 발전시킨다. 화석 에너지는 에너지 공급의 기초이므로, 석탄광 승급개조를 추진하고, 석유와 가스자원 개발을 증대시키며, 화력발전 개발을 특화한다. 석탄 생산량을 합리적으로 규제하고, 국내 원유 생산량을 기본적으로 안정시키기 위해 노력하며, 천연가스 공급 능력을 제고한다. 그와 동시에 자원 이용 방식의 특화와 석탄의 청결, 고효율 이용을 추진하고, 최종 소비단계에서 전력과 천연가스의 소비 비중을 확대한다.

둘째, 비(非)화석 에너지 개발 추진을 가속화한다. 수력발전과 원자력발전 건설을 가속화하고, 풍력발전·태양열·생물질 에너지 등 재생 가능 에너지의 전화(轉化) 이용을 순차적으로 추진해 1차 에너지 소비 중 비화석 에너지 소비 점유 비중을 높인다(2015년 11% 이상, 2020년 15% 이상).

셋째, 석탄개발의 총체적 배치는 동부는 규제, 중부는 안정화, 서부는 발전이다. 동부(동북지구 포함)는 채광의 역사가 길어서 새로이 채광할 수 있는 자원이 적으므로 개발 강도를 규제하고 현재의 공급 능력을 유지한다. 중부는 자원이 상대적으로 풍부하나 개발 강도와 속도를 안정적으로 유지할 필요가 있다. 서부는 개발 잠재력이 크므로 공급 능력과 채굴량을 늘릴 수 있다. 2010년 말 중국 전국의 석탄 매장량은 1조 3412억 t이고, 이 중 서부지구가 전국의 채굴 가능량 증가분 중 90% 이상을 점하고 있다.

넷째, 에너지 수송관망 건설을 강화하고 에너지 배치 능력을 제고한다. 동서와 남북을 연결·관통하는 간선관망(骨干管网)을 건설하고, 합리적 배치, 막힘없는 연결, 안전하고 믿을 만한 시스템을 형성한다.

다섯째, 에너지 과학기술 장비의 창조와 혁신을 가속화한다. 에너지 장비 과학기술 발전의 실제 수요에 근거해 중점을 더욱 명확하게 하고 연구를 강화하고, 에너지 장비 자주화 발전 수준을 끌어올리고, 기초건설, 응용 개발, 중대형 장비, 그리고 공정시범의 4위 1체의 에너지 과학기술 장비 체계를 초보적으로 형성한다.

여섯째, 에너지 절약과 배출 감소를 강화한다. 이는 에너지 과학 발전의 요구이며, 또한 에너지 구조조정 추진을 위한 중요 경로(途徑)이다. 더욱 강도 있게 시책을 강화해, 에너지 개발과 이용 전 과정에서 에너지 절약과 배출 감소를 촉진한다. 에너지자원 집약 개발을 통한 에너지 수요 관리를 강화하고, 중점 영역의 에너지 절약을 추진해 오염물 배출을 감소시킨다.

일곱째, 국제 에너지 합작을 강화한다. 국내 및 국외의 상호 이익과 협동 보장 원칙을 견지하면서 해외 개발을 강화한다. 국내외에 에너지 대외개방을 심화 및 확대 발전시키고, 에너지 무역을 확대한다. 양자 및 다자간 국제 에너지 합작교류를 적극 추진하고, 에너지 국제합작 신질서를 구축하고, 에너지 안전을 보장한다.

여덟째, 에너지 체제 개혁을 추진한다. 체제 개혁 추진을 통해 에너지 투자관리 시장운행 기제를 정화·건전화한다. 동시에 에너지 세수재정 정책 지도를 강화하고, 입법건설과 업종 관리를 강화하며, 에너지 업종의 과학 발전을 추동한다.

(3) 2020년 에너지 발전 주요 목표

2016년 12월, 중국 국가발전개혁위원회와 국가에너지국이 13차 5개년 계획 강요를 발표하고, 총체적 요구에 의한 안전, 자원, 환경, 기술, 경제 요인들을 종합적으로 고려해 2020년 에너지 발전 주요 목표를 다음과 같이 설정했다.

- 에너지 소비총량: 2020년 에너지 소비총량을 50억 t 표준매(标准煤, TCE) 이내로 통제한다. 석탄 소비총량은 41억 t 이내로 통제한다(전 사회의 전력사용량은 6.8조~7.2조 kW·h로 추산).
- 에너지 안전 보장: 에너지 자급률은 80% 이상으로 유지하며, 에너지 안전전략 보장 능력을 강화하며, 에너지 이용 효율을 승급시키고, 에너지 청정 대체 수준을 끌어올린다.
- 에너지 공급 능력: 에너지 공급 능력의 안정적 증가 추세를 유지하고, 국내의 1차에너지 생산량을 약 40억 t 표준매로 하고, 그중 석탄은 39억 t, 원유 2억 t, 천연가스 2200억 m³로 하고, 비화석 에너지는 7.5억 t 표준매로 한다. 발전기 용량은 20억 kW 내외이다.
- 에너지 소비 구조: 비화석 에너지 소비 비중을 15% 이상 늘리고, 천연가스 소비 비중을 10%에 도달하게 하고, 석탄 소비 비중은 58% 이하로 낮춘다. 발전용 석탄의 석탄 소비량 중 소비 비중을 55% 이상으로 끌어올린다.
- 에너지 시스템 효율: 2020년 단위국내총생산액 중 에너지 소비를 2015년에 비해 15% 하락시키고, 석탄발전 평균 전력 공급을 매 kW·h당 310g 표준매 이

하로 하고, 전선망 손실률(电网线损率)을 6.5% 이내로 통제한다.

- 에너지 환경 보호와 저탄소: 2020년 단위국내총생산 대비 이산화탄소 배출을 2015년 대비 18% 줄인다. 에너지 업종의 환경 보호 수준을 현저히 높이고, 석탄발전소의 오염 물질 배출을 현저히 줄이고, 개조 조건을 구비한 석탄발전기의 배출을 최소화한다.
- 에너지 서비스: 에너지 공공서비스 수준을 현저하게 높이고, 에너지 이용 서비스 편리화를 실현하고, 도농(城乡) 간 주민 1인당 생활용 전기 수준 격차를 현저히 축소시킨다.

2. 생산력 배치

1) 생산력 배치의 개념 및 개괄

중국에서 통용되는 '생산력 배치(生産力布局)'라는 용어는 공업과 교통운수업 등 사회물질 생산 부문의 지리적 배치 및 연계 상태를 지칭한다. 또한 생산력 배치는 국가, 지구, 도시 등 일정 공간 범위 내에서 농공업과 교통운수업 등 사회물질 생산 부문의 지리적 배치 및 공간적 연계 상태에 대한 정책이라는 의미도 포함한다. 따라서 중국의 공업화와 현대화 건설 분야의 가장 중요한 문제는 '어떻게 생산력을 배치(布局)할 것인가?' 라는 문제였다.

중국은 광활한 국토와 많은 인구, 그리고 각 지역의 환경 조건들이 다르고 자원의 종류와 우열이 다르며, 사회경제 발전 정도도 차이가 큰 대국(大國)이므로, 생산 요소의 공간적 배치 효율을 중시하지 않을 수 없다. 이와 동시에 사회주의 사상과 국방상의 요구도 생산력 배치 시 주요 고려 사항이었다.

생산력 배치는 국민경제의 다양한 각도와 시각에서 3개 층차(層次)로 구분할 수 있다. 즉, 국민경제 차원의 거시(宏观)적 배치와 기업 차원의 미시(微观)적 배치, 그리고 부문과 지역 차원에서 이 둘 사이를 아래위로 연결하는 중관(中观)적 배치이다. 1949년 중화인민공화국 출범 이후 생산력 배치의 주요 흐름은 다음과 같이 5

개 단계로 구분할 수 있다.

첫째, 중화인민공화국 출범 직후 3년간의 정돈 및 회복 시기와 1차 5개년 계획 시기까지로, 연해지구와 내지(內地)와 협조 관계를 주선(主線)으로 하고, 공업 배치를 연해지구에서 내지로 이전했다.

둘째, 2차 5개년 계획 시기부터 5차 5개년 계획 기간 만료 시기까지로, 3차 5개년 계획(1966~1970)과 4차 5개년 계획(四五計劃, 1971~1975) 시기의 '3선(三線)건설'을 중심으로 전쟁 준비와 전략후방 건설을 기조로 하고, 공업을 중심으로 하는 생산력을 서부지구로 이전 배치했다.

셋째, 1980년대부터 1990년대 후반까지로, 거시적 효율과 국민경제 발전의 총체적 속도 확보를 목표로 동부연해지구에 각종 특구를 설치하고, 생산력을 집중 배치하는 불균형 거점발전 전략을 추진했다.

넷째, 1990년대 말부터 동부연해지구에 편중된 불균형 발전과 지역 간 격차 문제를 중시하고, 생산력 배치의 중점을 동부지구에서 중서부 내지로 이전하면서, '서부대개발', '동북진흥', '중부굴기' 전략을 연이어 발표·추진했다. 최근에는 지역 간, 도농 간 '조화발전', '협조발전', '포용성 발전', 그리고 '도농 일체화 발전'과 '신형 도시화' 등의 방향성 목표를 연이어 발표하면서 경제성장 방식의 전환(轉變)과 (총량발전 측면만이 아닌) 질적 발전을 강조하고 있다. 단, 이 같은 상황과 분위기에서도 '지역 간 균형발전'이라는 용어 사용을 자제하면서, '동부의 발전을 계승하면서 중·서부를 개척해 나간다(承東啓西)'는 정책 기조를 견지하고 있다. 즉, ('균형'이 아니고), '조화(和諧)', '협조(協調)', '포용(包容)'이라는 용어를 사용하면서 동부 연해지대의 발전 추세를 계속 유지 및 가속화하고, 동시에 서부·동북·중부지구의 경제 건설을 병행하는 정책을 추진하고 있다. 또한 서부·동북·중부지구의 풍부한 에너지자원 개발과 농공업 생산기지 및 교통운수망 건설, 그리고 내수시장 확대를 추진하고 있다.

다섯째, 최근에는 양적 성장을 통한 자본 축적과 풍부한 외환 보유량을 바탕으로 해외 진출(走出去)을 추진하고 있다. 특히 시진핑 주석-리커창 총리 체제 출범 후에는 이제까지의 경험과 성과를 바탕으로 '일대일로' 건설, 해외경제특구 개발, 아시아기초시설투자은행(Asian Infrastructure Investment Bank: AIIB) 조직 등을 추진하면서 경제권과 연계 기반시설 건설사업 영역을 국제적으로 확대하고 있다.

2) 생산력 배치 연혁

1949년 10월에 출범한 중공 정권은 낙후 지역의 경제 상황을 개선하기 위해 내륙의 경제 발전에 주력했다. 이들은 지역 격차를 줄이기 위해 기본건설 투자와 신규 건설 항목을 분배하면서 내륙 지역 편중 정책을 시행했다.

이러한 지역 정책 방향이 변화한 것은 개혁개방 이후 6차 5개년 계획 기간부터였다. 이때부터 지역 정책은 '균형발전'으로부터 각 지역의 장점과 경제효율을 최대한 발휘토록 하는 방향으로 전환되었는데, 동부연해지구에 정책적 특혜를 부여하고 외국인 투자 유치를 기초로 하는 경제성장 정책을 채택·추진했다. 개혁개방 이래 생산력의 공간 배치에서 시장경제 기제의 역할이 점차 강화되면서, 과거 국가가 직접 자원을 배치하던 방식에서 간접적 통제 방식으로 바뀌었다. 이에 따라 각급 지방정부가 권한을 위임받아 생산력 배치 조정을 담당하면서 사회적 수요와 시장을 중시하기 시작했다. 또한 시장 체계의 발육, 요소시장의 개척으로 생산 요소의 유동성이 크게 증가되었으며 기업제도 개혁으로 경제주체로서의 기업의 지위가 점차 확립되었다.

그러나 개혁개방 초기 단계에서는 다음과 같은 부작용도 나타났다. 첫째, 계획 없는 배치와 도입이다. 무계획적으로 투자와 산업구조를 팽창시킨 결과 기업 규모가 그것을 따라가지 못해 가공 능력과 에너지 원자재 공급 등의 부문에서 불균형이 확대되었다. 이 문제는 계획경제 체제하 인민공사(人民公社) 생산대 조직을 기반으로 촌위원회가 운영하는 농촌기업인 향진기업에서 더욱 두드러지게 돌출되었다. 둘째, 각 지방과 기업이 자신의 조업률을 높이기 위해 타 지역으로의 원자재 공급을 제한했다. 동시에 각 지방정부가 타지방 기업 산품의 진입을 억제하는 폐쇄적인 조치를 시행하는 사례가 속출하면서 '제후경제(諸侯經濟)'라고도 불리었다.

1980년대 이후에는 동부연해지구 우선 개발이라는 불균등 지역발전 전략이 추진되면서 동서 차이가 확대되었고, 투자 구조도 경가공업에 편중되어 전국의 기

[상자글 7-1] 중국 생산력 배치의 새로운 요구와 형세

2011년 이래 중국 국내에 새로운 추세가 출현함에 따라서, 생산력 총체배치에 대해서도 새로운 요구가 대두되었다.

첫째, 구역발전총체전략과 도시화(城镇化) 전략 실시 요구이다. 중국의 구역발전총체전략은 12차 5개년 계획(2011~2015)에서 '서부대개발 심화 추진, 동북지구 등 노후 공업기지(老工业基地) 전면 진흥, 중부굴기 강력 촉진, 동부지구 솔선발전 적극 지원' 등으로 더욱 명확하게 제시되었다. 구역발전총체전략 실시의 목적이 각 구역의 발전을 통해서 지역 간 격차(区域差距)를 줄이고, 구역협조발전을 실현하는 것임을 알 수 있다.

둘째, 국제 분업과 산업 전이(转移)의 신추세와 신특징에 따른 생산력 배치 특화에 대한 신요구이다. 21세기 진입 이후 세계 산업가치체인의 산업 전이에 기초해 새로운 변화 추세가 출현했다. ① 제조업 체인(链条)은 저부가가치 체인 부문에서 고부가가치 체인 부문을 향해 순차적·지속적으로 저비용 국가로 이전하고 있고, 제조업의 저급 고리에서 상류의 연구개발 고리(연구개발의 글로벌화)와 하류의 마케팅 등 서비스업 고리[서비스업 외부 하청, 해외 도급(离岸外包)을 주요 형식으로 하는 서비스업 글로벌화로 확장하고, 공동으로 서비스업 국제 전이의 파도를 추동한다. ② 산업 전이는 분산에서 집합(集聚) 식으로 전이하고, 산업집군(产业集群)은 중국 경제 중 중요 지위를 점하는데, 이 같은 변화는 향후 중국 경제의 지속적 성장에 중요한 영향을 미칠 것이다. ③ 산업 전이는 산업 모듈화(模块化) 발전의 영향을 받고, 정보·기술의 신속한 발전에 따라 모듈화 생산은 산업체인 고리의 분해와 전이를 가능하게 한다. 집군의 전체 이전이 아닌 전체 가치 사슬상 일부분의 이전도 가능하게 되었다. 국제 산업 전이의 발전 역정을 꿰뚫어 보면, 산업 전이는 이제 더는 전체 산업의 공간 위치 이동이 아니고, 각 산업체인의 개별 고리(예를 들면, 고급신기술산업의 노동밀집형 고리)의 전이이다. ④ 국제산업 전이의 진일보 가속화가 이루어지고 있다. 이 같은 태세의 직접 표현이 바로 산업 글로벌화 발전의 진일보 가속화이다.

이 같은 새로운 추세는 중국의 생산력 배치 특화에 새로운 요구를 제출했다.

① 동부연해지구는 자신의 전통산업을 신속하게 중서부지구로 전이시키고, 국제 산업체인의 고급 고리를 받아들이기 위해 공간을 확보한다. 저렴한 원가에 의거해 생산하는 저부가가치 전통제조업이 중서부지구로 이전하지 않으면 동부연해지구는 더욱 많은 토지와 공공기반시설 등을 조건으로 고부가가치 산업을 받아들일 수 있는 공간을 확보할 수 없게 된다. ② 동부연해지구에서 서부지구로의 산업 전이는 개별 기업의 전이에만 국한되지 않고, 집군식 전체 전이도 가능하다. ③ 기업은 가치 체인에 따른 분업을 시작하고, 특화 생산 입지 배치를 조정하고, 일련의 자원과 노동력 참여도가 높은 고리를 중서부의 자원이 풍부하고 노동력이 밀집된 지구로 이전하고, 지구 간 산업분업 합작을 통해 공동 이익을 실현한다. ④ 중국의 산업 이전 속도는 국제적 산업 이전 속도 가속화에 따라 빨라지고 있고, 이는 중서부지구에 산업 클러스터 방식(集群式)의 전체 전이의 연계 작업을 양호하게 추진할 것을

요구하고 있다. 산업 전이의 최적 시기를 놓치지 않으려면 중서부지구에 대량의 기초시설 건설과 연계산업의 발전을 추진해 현존 공간구조를 개변하는 것이 요구된다.

셋째, 국제무역과 시장화 정도 심화가 생산력 배치 특화에 대한 새로운 요구이다. 개혁개방 이래 중국의 국제무역 발전이 급속하게 진행되어 이미 세계 2대 무역국이 되었고, 외향형 경제의 지속발전에 따라 중국의 대외무역량이 지속적으로 증가했고, 산업 구조조정 또한 가속될 것이므로 연해 지역의 공업 구조 배치를 특화해 외향형 경제 발전에 부응토록 해야 한다. 따라서, 국제무역 발전과 시장화 정도의 심화가 중국 생산력 배치 특화에 새로운 요구를 제출하고 있다. ① 국제와 국내, 2종 자원을 이용해야 하고, 국내와 국제 2종 시장을 주시해야 하고, 공업은 입지 조건이 상대적으로 양호한 지구에 배치해야 하고, 국내에 교통 편리한 곳뿐만 아니라 국제연계가 편리한 입지를 충분히 고려해야 한다. ② 자원 등의 산품이 시장에서 가격이 결정되므로 동부 지역의 자원, 에너지 소모가 큰 산업은 중서부 자원, 에너지 생산지구로 이전해 생산원가를 낮춰야 한다. ③ 환경 보호 감독·관리의 강화와 오염배출권 거래제도의 건립에 따라 '오염자 부담'원칙이 실현되어 기업이 오염 처리 비용을 부담하게 될 것이다. 분산배치된 공업기업은 환경 압력을 받게 되어 필히 공업단지(工业园区)에 집중해 오염 처리시설을 공동 이용하고 오염 처리 비용을 분담한다.

넷째, 저탄소산업 체계와 녹색경제의 공업 배치 특화에 대한 새로운 요구이다. 중국의 조방형 경제 발전을 전환하기 위해 기존의 경제성장 과정에서 표출된 '삼고(三高)'(고투입, 고오염, 고속 성장)와 '삼저(三低)'(저효율, 저순환, 저구조)를 변환시키고, 자원과 환경이 경제의 지속가능한 발전을 제약하는 영향을 감소·약화시키기 위해, 중국은 저탄소 산업 체계를 건립하고 녹색경제를 발전시켜야 한다. 저탄소 산업 체계와 녹색경제는 모두 함께 중국 생산력 배치에 새로운 요구를 제출하고 있다. ① 오염이 심각하고 에너지 소모가 많은 기업은 장차 '폐업, 정지, 합병, 전환(关, 停, 并, 转)'될 수 있고, 새로운 에너지 절약 정책을 채용함으로써 낙후된 생산 능력을 도태시킬 수 있다. ② 산업 정리와 통합을 추진한다. 일련의 앞선 기술, 저에너지 소모, 환경 보호 수준이 높은 대기업은 생존공간이 비교적 크고, 발전 형세도 더욱 좋아질 것이다. 이 같은 기업이 소재한 지구는 향후 중국 경제의 지속 성장을 지지하는 지구가 될 것이다. ③ 기술 수준이 낮고, 자원 소모가 높은 기업이 존재하고 있는 지구에 대해서 국가가 응당 일련의 기업 퇴출 정책을 실시해 시장에서의 퇴출을 촉진해야 한다. ④ 원자력(核能), 풍력(风能), 태양열(太阳能) 등 청정 신에너지의 생산과 개발·이용에 따라, 중국의 공업 배치에도 상응한 조정이 진행될 것이다.

자료: 孙久文·肖春梅(2014).

초산업과 가공업 간에 심각한 불균형을 초래했다. 이러한 편향으로 중·서부지구의 공업 비중이 동부에 비해 감소하기 시작했고, 공업 이외의 기타 부분에서도 격차가 확대되는 추세가 1990년대 중반까지 계속되었다. 이를 1인당 지역총생산액(GRDP) 수치로 보면 1978년 동부, 중부, 서부, 동북지구의 비율이 1:0.45:0.41:0.79이던 것이, 2000년에는 1:0.37:0.32:0.60으로 동부지구에 대한 서부, 중부, 동북지구의 비율이 모두 낮아졌다.

이 같은 상황에 위기감을 느낀 중국 정부는 지역 정책 기조를 '불균형 거점개발' 전략에서 '구역협조발전(區域協調發展)' 전략으로 전환하고, '서부대개발', '동북진흥', '중부굴기' 등 거시지역발전 전략을 연이어 발표했고, 이와 연관된 정책 목표와 시책들을 '과학적 발전', '조화발전(和諧發展)', '승동계서(承東啓西)',[4] '포용성 발전', '도농 일체화 발전' 등의 구호와 함께 발표·추진하고 있다. 이에 따라 경제 발전이 동부연해지구로부터 중·서부 내륙지구로 확산되고 있다. 그 결과 동부에 대한 중부, 서부, 동북 지구의 1인당 GRDP 비율이 1978년 1:0.45:0.41:0.79에서, 2010년에는 1:0.52:0.48:0.74로, 2012년에는 1:0.56:0.54:0.80으로 증가했다.[5]

3) 생산력 배치 현황과 문제점

(1) 생산력 배치 현황과 특징

개혁개방 정책이 본격적으로 추진된 1980년대 이래, 약 20년간 선별된 경제특구와 개발구 등에 대한 정책적 특혜를 기초로 불균형 거점발전 전략을 추진한 결과, 총량적 경제 발전이라는 측면에서는 상당한 성과를 거두었다. 그러나 동부, 중부, 서부 지구 간의 경제적 격차가 현저하게 벌어졌다. 즉, 동부연해지구 GRDP의 전국 GDP 점유 비중을 보면 1978년 52.6%에서 1990년 54.0%, 1999년에는 58.7%로 증가했다. 이 같은 현상을 중시한 중국 정부는 1999년부터 지역균형발전의 새로운 단계 진입을 결정하고, 그 출발 선언으로 1999년 9월 중공 15기 4중

---

4 '승동계서'란 동부의 발전을 계승하고, 서쪽을 열고 개척해 나간다는 의미이다.
5 1978년 1:0.45:0.41:0.79, 2000년 1:0.37:0.32:0.60, 각 해당 년도는 『中國統計年鑑』의 수치이다.

전회에서 서부대개발 정책 추진을 정식 제출·발표했다. 이어서 2003년에는 중앙 정부가 '동북 노(老)공업기지 진흥'전략을 발표했고, 이듬해(2004년) 3월에 국무원에 '동북 등 노공업기지 진흥 추진 판공실'을 건립했다. 또한 동시에 '중부굴기' 전략을 제출하고, 2005년 10월 중공 16기 5중전회에서 통과된 11차 5개년 계획(十一五規劃, 2006~2010) 건의에 '중부굴기'를 향후 국가 구역협조발전을 촉진하는 중점 내용으로 포함시켰다. 이어서 2007년 12월에는 국가발전개혁위원회가 중부지구의 우한 도시권(城市圈)과 창주탄(長株潭: 창샤-주저우-샹탄) 도시군을 신형 특구인 '자원 절약형 및 환경 우호형 사회종합연계 개혁시험구(资源节约型和环境友好型社会综合配套改革试验区)'로 지정·승인했다. 이는 중부지구 발전을 위한 새로운 동력과 경제성장 방식의 질적 전환 방향을 목표로 한다.

2006년 6월에는 국무원이 '톈진 빈하이신구(濱海新区) 개발개방에 관한 의견'을 발표하고 정책적 지원을 시작했다. 톈진 빈하이신구의 건설은 동부연해지구 내의 남북 간 격차를 좁히기 위해 톈진시를 북방공업의 중심으로 발전시키고, 환발해지구(环渤海地区)의 발전을 대동하게 하기 위한 것이다. 이와 같이 소위 '신균형발전 정책'을 추진한 결과, 2000년대 중반경부터 동부연해지구 GRDP의 전국 GDP 대비 점유 비중이 감소하기 시작해, 1999년 58.7%에서 2010년에는 53.1%로, 2012년에는 51.3%로 줄었다.

또한 풍부한 외환 보유량을 기초로 해외 진출과 '일대일로' 건설, 해외경제특구 개발, 아시아기초시설투자은행 조직 등을 추진하면서 경제권과 연계 기반시설 건설사업 영역을 국제적으로 확대하고 있다.

(2) 생산력 배치상의 문제점

① 동부와 중·서부 지구 간 불균형 심화

경제개혁의 핵심 중 하나는 그 이전 30년간 추진해 온 균형발전모델을 불균형발전모델로 바꾼 것이다. 즉, 입지 조건이 양호한 특정 지구를 경제특구, 개방도시, 경제기술개발구 등으로 지정하고 집중적으로 지원해 경제거점으로 발전시킨후, 그 발전 효과를 주변 지역과 산업 및 경제 연계 지역으로 파급·확산시키면서 전국의 경제 발전을 추진한다는 전략이다. 그 결과 동부지구 경제는 튼튼한 기초와 경제 능력을 바탕으로 신속하게 발전할 수 있었으나, 동시에 중·서부 지구와의 격차는 계속 벌어졌다.

1979년 이래로 국가생산력 분포의 중점 지대가 동부지구로 되었고 동부지구의 경제 발전 속도가 가속화되기 시작했다. 공업의 경우, 6차 5개년 계획(1981~1985) 기간 동안 동부지구 공업총생산액의 연평균 성장률은 11.1%, 중·서부는 10.9%였고, 7차 5개년 계획(1986~1990) 기간 중에는 동부지구 11.3%, 중·서부는 9.1%(중부지구 8.9%, 서부지구 9.4%)로 동부와 중서부 지구 간 경제 발전 격차가 벌어지기 시작했다.

②남북 지역 간 경제 발전의 격차

전국을 남부지구, 북부지구, 서부지구로 나눈다면, 중화인민공화국 출범 이후 세 차례 비교적 분명한 경제중심의 이동이 있었다. 첫 번째는 1950년대에 일어났다. 이동 방향은 남에서 북쪽 방향이 주류였고, 동에서 서쪽 방향 이동도 있었다. 두 번째는 1960년대와 1970년대에 나타났으며 이동 방향은 거의 대부분이 동에서 서였다. 세 번째는 개혁개방 이후에 북에서 남으로의 이동이 일어났고, 북방과 서부지구 경제의 전국 비중이 감소한 반면, 남부지구는 신속하게 증가해 북부지구를 대신해 전국 경제성장의 중심이 되었다. 1990년 전국공업총산액 중 남부지구의 비중은 48%로 1978년에 비해 5% 증가했다. 북부와 서부의 비중은 각각 40%(4% 감소), 12%(1% 감소)였다. 1979~1990년간 전국의 공업총생산액 증가분 중 남부지구 비중은 49%로, 1966~1978년 기간과 비교했을 때 6.2%가 증가했다. 같은 기간 중에 북부와 서부는 각각 39.1%(4.6% 감소), 11.9%(1.6% 감소)였다.

③동부연해지구 내의 남북 격차

개혁개방 초기에 동남연해지구의 광동, 푸젠, 저장, 장쑤 4개 성 중 장쑤성은 비교적 충분한 기반을 가지고 있었으나, 다른 3개 성의 공업 기반은 상대적으로 빈약했다. 1979년 장쑤성의 공업총생산은 상하이와 랴오닝성에 이어 전국 3위였으나, 1980년에 랴오닝성을 초과해 전국 2위가 되었다. 이때 광동성과 저장성은 각각 전국 7위, 10위였으며, 이 2개 성의 공업 생산액을 합쳐도 랴오닝 한 성에 미치지 못했다.

1985년에 이르러 장쑤성의 공업총생산액은 상하이시를 초과해 전국 1위가 되었으며, 1988년 광동성은 랴오닝성을 초과해 전국 3위가 되었고 저장성 또한 랴오닝성에 근접했다. 1979~1989년 기간에 동남연해지구 4개 성, 즉 저장, 광동, 장쑤, 푸젠 성의 성장률이 각각 20.7%, 17.8%, 17.2%, 16.8%였으며 북방 경제중심인 산동, 랴오닝, 허베이 3개 성은 각각 14.8%, 9.7%, 10.4%였다. 1980년 동남연해지구 4개 성의 공업총생산액(946.8억 위안)은 전국의 19.0%를 점했으나, 북방 3개 성 공업총생산액(991.2억 위안)은 전국의 20.0%를 점했고, 동남부 4개 성을 초과했다. 그러나 1991년에 동남부 4개 성의 공업총생산액은 8144.7억 위안(전국의 28.8%)까지 증가했으나, 북방 3개 성의 공업총생산액은 5791.7억 위안으로, 동남연해지구의 4개 성과 차이가 컸다.

2018년 말에는 동남부 4개 성 중 장쑤성이 2차산업 총생산액 4조 1248.5억 위안으로 전국 1위였고, 광동성이 2위 (4조 695.2억 위안), 저장성은 4위(2조 3505.9억 위안)를 차지했다. 반면에 북방 3개 성 중에는 산동성이 3조 3641.7억 위안으로 3위를 차지했고, 허난성(2조 2034.8억 위안)과 허베이성(1조 6040.1억 위안)은 5위와 11위를 차지했다(中国统计出版社, 2019: 69). 2000년대에 들어서면서 베이징-톈진-허베이지구 발전과 동북진흥정책 추진의 영향으로 북방 3개 성의 경제 발전에 다시 탄력이 붙고 있지만, 동남부 4개 성과 비교하면 여전히 차이가 크다.

1인당 지역총생산액(GRDP)을 비교해 보면, 1991년 동남부 4개 성이 2319.7위안으로 북방 연해지구 3성의 1918.1위안보다 높았다. 이 같은 추세가 계속되다가, 2000년 이후에는 북방 3개 성의 경제 발전에 탄력이 붙고 있다. 그러나 2018년 말에도 동남부 4개 성 1인당 지역총생산액 평균이 10만 1266.5위안으로 북방 3개 성의 평균치 4만 3121.7위안보다 여전히 높았다. 즉, 동남부 4개 성은 장쑤성 11만 5930위안, 저장성 10만 1813위안, 푸젠성 9만 8542위안, 광동성 8만 8781위안이고, 북방 3개 성은 산동성 5만 6323위안, 랴오닝성 6만 1686위안, 허베이성 3만 8716위안이었다(国家统计局, 2019).

④ 신흥공업지구의 신속한 성장과 노공업기지의 상대적인 위축

개혁개방 이전에 상하이, 랴오닝, 톈진 등 노공업지역은 중국의 경제 건설에 중요한 역할을 해왔으며, 국민경제에서도 매우 중요한 위치를 점했다. 그러나 1980년대 이후에는 상하이 푸동(浦东)지구를 제외하고는 이들 노공업지역의 성장이 지속적으로 둔화되었다. 1981~1990년 전국의 향 이상의 공업기업총생산액 연평균 성장률은 10.7%인데 이 중 신흥공업지구인 광동성이 18.2%, 저장성이 16.2%, 푸젠성이 15.1%, 장쑤성이 14.3%였다. 그러나 노(老)공업기지인 상하이는 6.1%에 그쳤으며, 랴오닝은 7.3%, 톈진은 7.4%, 헤이룽장은 7.1%였다. 즉, 이들 노공업기지의 공업 성장 속도는 신흥공업지구의 1/3~1/2에 그쳤고, 이들이 전국 공업에서 차지하는 비중도 하락했다.

⑤ 산업구조상의 결함

개혁개방 초기 단계에 진행된 산업구조 재조정으로 농업과 경공업, 그리고 1·2·3차산업의 비율은 대체로 조화를 이루게 되었으나, 이 과정에서 신구(新舊) 경제 체제가 대립·마찰하게 되었다. 이러한 문제의 특성은 다음과 같다.

첫째, 기초산업, 기초설비의 발전이 가공공업에 비해 크게 뒤져 모든 국민경제 발전을 제약하는 병목이 되었다.

둘째, 가공공정의 합리적인 지역 분담이 이루어지지 않거나 부족했다. 에너지, 원자재공업이 발전할 수 있는 지역에서 가격 체계의 불합리로 때문에 개별이익을 추진해 가공공업에 치중했고, 연해 발달 지역도 고급 기술 및 신기술을 발전시키는 동력이 부족해 여전히 전통 가공공업 발전에 주력했다. 또한 기본적으로 모두 일용 소비품과 내구성 소비품 등의 업종에 집중되어 지역산업구조의 동질화를 초래했다.

셋째, 도시의 대공업과 농촌의 향진공업(乡镇工业)이 동시에 발전하면서, 원료, 에너지원과 시장을 다투었다.

넷째, 산업구조의 '허고도화(虛高度化)'와 '후경화(后傾化)'가 병존했다. 허고도화는 주로 국외의 전자기술과 신공업이 기초가 되는 내구성 소비품공업을 도입한 것을 말한다. 이러한 방식은 국내 연관 산업으로의 전도 효과가 낮았다. 또 후경

화는 향진공업 및 지방공업의 발전이 주로 저기술 위주로 확산되며 대도시에서 도태된 에너지 다소비형, 환경오염 유발성, 저성능 및 낮은 수준의 기술설비가 장소를 바꾸면서 유지되는 것을 가리킨다.

다섯째, 소비 구조의 변동이 비교적 빨랐지만, 소비 구조를 조종할 기제, 특히 자산 조정 기제가 부족해서 생산 요소가 수요·공급 관계에 따라 이동하지 못했으며, 산업과 제품 구조조정의 어려움이 커 부족과 과잉이 병존했다. 특히 대부분 지역에서 성장 속도가 빠르고 자산 가치가 높은 산업을 육성하기 위해 중복투자, 중복건설, 중복도입이 심화되어 지역 산업구조가 동질화되었다. 동·중·서부의 발전이 불균형적임에도 불구하고 산업구조의 동질화 정도가 중부와 동부 간은 93.5%, 서부와 중부 간은 97.7%에 달했고, 물품 생산의 중첩도 심각했다. 특히 국유경제 부문의 중복건설이 기타 사유제 경제 부문에 비해 심각했다. 이는 계획경제 체제하에서 국유경제가 부문화되고 지역화되었기 때문이다. 또한 제조업에 이어서 서비스산업 영역에서도 중복건설문제가 대두되었다.

⑥ 지역 간 무역 마찰과 자원 쟁탈

고도로 집중된 전통적 계획경제 체제에서는 체제적 요인으로 인해 지역경제 성장과 지역이익 간의 관계가 단절되어서 어려움에 직면해도 그것이 지역에 경고나 현실적 위기감을 주지 못했다. 따라서 이러한 문제를 해결하기 위한 경제 체제 개혁이 진행되면서 과거의 일괄적인 수입·지출의 재정 체제를 개혁하고 새로이 등급 구분을 했다. 이에 부응해 각 성·자치구의 기업효율 향상 정도와 재정 수입 간의 연관성이 강화되면서 오랫동안 풀어져 있던 지역경제 성장과 지역이익 간의 연결고리가 회복·강화되었다.

지방정부의 권한과 책임이 증대됨에 따라 지역경제 업무 중 지방정부의 정책결정권이 확대되어 공간 배치를 합리화하며 자원 이용 효율을 높였고, 지구의 비교 우위를 지역경제 발전의 수단으로 삼게 되었다. 그러나 에너지, 원재료 및 가공공업 완제품은 적시에 소비되지 못했고 재고가 쌓여갔다. 이러한 상황은 산업구조와 지역 간 분업 체계에서 자원이 풍부한 성·자치구에 불리했다. 이 같은 곤경과 지역경제의 악순환을 어떻게 극복하느냐가 이들 자원형 성·자치구의 절박한 전략적 과제가 되었다.

산업구조 고도화 추진의 핵심은 자원산업과 초급산업 성장효과의 외부 누출을 억제하고, 그 지역의 승수효과를 확대하고 가속화시키는 것이다. 이를 위한 방안은 두 가지로 구분된다. 하나는 산업구조 고도화의 중점을 수입 제품, 특히 소비품 생산의 지방화에 두어 수입대체상품의 생산하고 공급량을 증가시키는 것이다. 또 하나는 고도화의 중점을 가공 능력의 고도화에 두어 초급자원 산품(産品)의 직접수출 비중을 억제하고 중간재 산품과 최종 완제품의 수출로 이동시켜 생산의 전후방 연계효과를 극대화시키는 것이다.

국가예산 내의 투자는 줄이고 예산 외 투자를 대폭 늘리면 지방의 투자 자주권과 정책결정권이 강화된다. 이런 상황에서 투자의 문턱이 높은 에너지원, 원재료 및 초급산품 공업에 투자하겠는가, 아니면 이익이 높고 취업 기회가 많고 생산주기가 짧으며 투자위험이 적은 가공공업과 소비재공업에 투자하겠는가? 자원형성·자치구(資源省區)들은 당연히 후자를 선택했다. 이로 인해 자원형 및 가공형성·자치구(加工省區)의 산업 선택 및 투자행위가 점차 동일화되었고, 중복투자가 성행하면서, 지방정부 간 충돌과 지역경제 관계의 혼란이 초래되었다.

⑦ 중앙과 지방 간의 모순 충돌 격화

개혁개방 이후 중국 정부는 일련의 특혜 정책과 개혁개방 조치를 제정해서 단계별로 추진했다. 이 같은 지원을 획득하고자 지방정부가 중앙정부에 맞서 흥정하고, 심지어 저항 혹은 충돌하는 상황도 야기되었다. 또한 지방정부 재정의 분리 독립 과정에서 실시된 지역경제의 도급(承包), 대외무역의 도급경영(包干) 등의 체제는, 도급 비율과 도급경영 비중에 대한 체계적이고 합리적인 기준 및 근거가 결여된 채로, 단지 중앙과 지방의 흥정에 의해 정해지는 경우가 빈번했다. 주요 내용은 다음과 같다

• 지방정부는 종종 중앙이 규제하는 기본건설 항목과 기본건설 규모의 축소 지시를 고려치 않고 할당받을 수 있는 재정 수입을 늘리기 위해 인맥을 활용해 서로 경쟁하고 투자 규모를 증대시켰다.

- 지방정부는 전체 국민경제의 안정과 국가에 이익이 되는 거시정책에는 관심이 적고, 부여받은 권한을 이용해 각자 자기 지방의 이익만을 쫓았으며, 그 결과 심각한 지역 통화 팽창을 야기했다. 지방정부가 지방의 이익을 위해 재정도급(財政包干) 경영 체제를 이용해 관할 지역의 이점을 기타 지역과 경쟁할 수 있는 특권으로 변모시켜 지방기업에 대한 보호주의 정책을 실시하고 맹목적으로 투자 규모를 확대한 결과, 은행대출 및 신용대출 규모를 통제하는 데 실패했고 투자제품의 가격 상승을 초래했다.
- 지방정부는 자신의 이익을 보호 또는 보다 적극적으로 추구하기 위해 행정권한을 이용해 자원을 봉쇄하고 시장을 분할했다. 이로 인해 중앙정부가 제정한 정책들이 적실하게 맞아 들어갈 수 없었고, 각 지방이 자신의 이익을 최대화하면서 타 지역의 이익 추구를 방해하는 일이 빈번해졌다.

4) 중국 정부의 대응 정책

(1) 생산력 배치의 원칙

중국에서 생산력 배치 시 중시하는 원칙은 크게 두 가지로 구분할 수 있다. 하나는 경제원칙으로, 그 목표는 경제효율과 노동 생산율 제고를 최종 목표로 한다. 예를 들면, 생산지구 간 분업, 운수비용 감소 등이다. 다른 하나는 정치 원칙이다. 예를 들면, 도농 간 차별 축소, 국방 공고 원칙 등이다. 정리해 보면 다음과 같다.

첫째, 통일 계획과 총체적 배치를 이룬다. 국민경제 발전이라는 전체 국면에서 출발해, 각 지구의 경제 발전 속도와 각 항목별 비율을 계획적으로 안배한다. 국가는 산업 구조조정, 특히 기초산업과 규모경제의 요구가 높은 경쟁력 있는 산업 영역에 대한 지도를 강화하고 각 지역의 우수성을 파악해 각 성·직할시·자치구가 유리한 산업을 선택하도록 해야 하고, 각 지방정부는 국부적이고 일시적인 이익 추구에서 벗어나 전반적인 이익을 고려해야 하며, 각 지방경제 발전에 유리한 산업을 중점적으로 보호·육성해야 한다.

둘째, 협조발전을 이룬다. 동부연해지구의 기술 관리 자금과 중부·서부·동북지구의 자원, 노동력, 시장을 결합한 구역협조발전을 추진한다. 동부 지역은 더욱 발전시키는 동시에 서부 및 동북 지역, 그리고 중부 지역과의 구역협조발전 전략을 추진한다. 동부연해지구의 발달된 경제, 문화, 기술과 서부지구의 풍부한 자원과 확대되는 시장을 결합시킨다. 변경지구, 낙후지구, 소수민족지구의 발전을 지원한다.

셋째, 도농 간 격차를 축소한다. 공업과 농업 간 협력 강화, 도시와 농촌 간 협력을 촉진한다.

넷째, 운송 수요를 감축한다. 원료·연료·소비 시장에 가까운 곳에서 생산하고, 자원 낭비를 최대한 줄인다. 현지의 자연·기술·노동력 자원과 기타 사회자원을 충분히 이용한다.

다섯째, 지역 간 분업 생산을 촉진한다. 지역의 전문화와 특화 분야를 강화하고, 지역 간 생산 협조를 추진한다. 산업 집적 효과 발휘를 고려해 미시적 생산력을 배치한다. 각 지역의 특색에 맞춘 경제적 장점을 발굴·발전시킨다.

여섯째, 생태환경 보호와 에너지 절약 원칙을 견지한다.

일곱째, 국방 공고화 원칙을 견지한다.

(2) 지역 산업구조의 합리적 조정

국토가 광활하고 지역 간 격차가 크고 자연자원, 인력자원, 기술 조건 및 사회경제 조건 등이 상이한 상태에서 각 지역 산업구조의 우위와 특징이 형성되어 있다. 따라서 각 지역의 장점을 선택해 지역분업을 실행함으로써 지역의 전문화를 추진하고 기타 부문이 협조하는 지역경제 구조를 건립한다. 중국 정부의 지역산업 구조조정 정책은 다음과 같이 크게 세 지역으로 구분해 추진되었다.

① 동북지구

이 지구는 지역분업 중 중공업 비중이 중요한 지역이다. 기본 원자재가 확보되어 있고, 중공업 발전에 유리한 기초를 가지고 있다. 주요 도는 선양, 푸순(抚顺), 안산(鞍山), 번시(本溪), 따롄, 하얼빈, 창춘, 지린, 랴오양(遼阳) 등이다. 중공업의 발전 역사가 긴 동북지구는 일부 자원의 저장량이 크게 감소했고, 석탄 전기 등의 공급이 부족하기 때문에, 중공업 산업 구조조정에서 에너지 소비가 큰 중공업은 제한하고 상품식량과 콩 생산을 발전시켰다. 특히 농업 생산품을 원자재로 삼는 경방공업(輕紡工業)을 발전시켜 생산재 생산과 소비재 생산을 연계시키는 데 중점을 두었다.

② 연해도시지구

상하이, 베이징, 장쑤, 광동, 허베이 등의 연해지구는 경공업·중공업, 농업 발전의 기초를 구비하고 있으며, 가공업 생산 능력이 강하고 기술 수준이 높은 반면 천연자원과 에너지자원이 부족하다. 이 지구 도시들은 지역 간 분업의 기술기지, 그리고 정밀하고 새로운 상품과 수출상품 생산기지의 역할을 담당하고 있다. 이 지구는 기술주도형의 정밀하고 고급화된 수출상품 생산에 주력하고, 중공업과 경공업을 함께 중시하면서 공업화와 정보화를 병행 추진하고 다품종 고품질의 공업구조를 형성하는 데 중점을 두었다. 또한 에너지원 개발과 교통운수 부문의 발전을 위한 기술 제공과 중공업 제품의 국제시장 진입을 장려했다.

③ 신자원지구

중화인민공화국 출범 이후 본격적으로 개발되기 시작한 자원 지역은 네이멍구, 산시, 허난, 허베이, 후난, 섬서, 간쑤, 닝샤, 칭하이, 쓰촨, 윈난, 구이저우 등이다. 이들 지역은 광산자원이 풍부하고 농업자연자원과 농업원료 생산량이 풍부하지만, 농업과 경공업의 비중이 과도하게 높아서 경제효율과 역내 산업 간 연관도가 낮다. 따라서 군수산업과 민간산업을 함께 운영해 군수품과 일용 공업품을 함께 생산토록 하고, 군수산업과 중공업의 기술적 우세를 지방공업에 투입시킴으로써 국방공업과 중공업의 설비 이용률을 제고한다. 또한 지역 내 경방직공업의 발전을 촉진시키고 에너지와 원자재를 현지에서 가공 전환하는 능력을 강화해, 지역 내 산업 간 연계성과 자원의 부가가치를 높이는 데 중점을 두었다.

(3) 자연자원의 보호와 환경보호계획의 수립·집행

자연자원의 보호와 환경보호계획의 수립·집행은 자연자원의 특성, 분포상황, 생태계에서의 기능에 따라 다음 세 가지로 구분된다.

첫째, 복사에너지, 수자원, 기온 등 생태자원은 지역의 특색에 맞게 충분히 이용한다.

둘째, 삼림, 초원, 수산자원, 야생동물, 그리고 토양 등 재생 가능한 생물자원은 보호와 발전을 결합하고, 생산 능력을 초과한 이용을 금지 또는 규제한다.

셋째, 매장량이 제한적이고 분포도 불균형적이며 기본적으로 재생산이 안 되는 광산자원은 장기적 수요 예측에 맞추어 합리적으로 개발·이용한다.

한편, 환경 보호는 인민 생활을 개선하고 장기적으로는 경제 발전에도 도움이 되지만, 단기적으로는 경제 발전을 제약하기도 한다. 그러므로 오염원이 적고 동시에 경제를 발전시키는 기업에 혜택을 부여하고, 업종별로는 야금, 화공, 에너지, 제지업 등 오염 정도가 큰 업종의 관리에 중점을 두되, 지역별로는 대도시와 황하 및 발해만 연안 지역의 관리에 중점을 두고 있다.

3. 경제중심지의 형성

대부분의 경우 경제중심과 도시는 같은 개념이다. 즉, 국가와 지역사회 경제활동의 집중 공간이며, 전국 또는 지역경제 체계 내의 요충지이다. 도시 간의 기능 차이로 인해 어떤 것은 단일 항목인 것, 어떤 것은 다항목 또는 종합적인 것이 있다. 도시의 규모가 큰 것은 특대도시를 중심으로 한 전국적인 성격의 경제중심이고, 작은 것은 하나 또는 몇 개의 향 범위에서 집중된 진(鎭)을 중심으로 한 농산품 집산지이다. 대·중형 경제중심은 일반적으로 다음과 같은 특징을 가지고 있다.

첫째, 인구밀도와 비농업 인구의 비중이 높다.

둘째, 2차 및 3차산업 기초가 비교적 두텁고, 교통이 편리하며, 다양한 방면의 정보 교류가 원활하다. 또한 생산, 교환, 분배, 소비 등 경제활동과 과학, 교육, 문화 등 다양한 사회활동이 집중되어 있다.

셋째, 상응하는 규모의 경제 흡인력을 가지고 있고, 관련 시설과 기능이 집중된 중심지와 발전축(development axis)을 형성하고 있다. 중심지의 흡인 및 집산 기능이 크고 강하고, 연계 범위와 공간적 네트워크가 확대·발전해 나간다.

1) 경제중심의 형성과 발전

노예사회와 봉건사회, 그리고 상품경제의 발전에 따라 경제중심지로서의 도시가 출현했고 점차 발전·확대되었다. 노예사회 시기의 도시는 대부분 노예주의 봉지(封地) 중심에 있었다. 당시의 도시는 주로 정치와 군사 중심이었고, 대부분 소비도시의 성격이 강했다. 왕궁 부근에는 약간의 수공업 지역이 있었으나 경제중심 역할은 극히 미약했다. 이 시기에 도시 발전의 경제 기초는 농업 생산이었고, 도시는 주로 농업이 비교적 발달한 황하 하류 지역에 분포되어 있었다.

봉건사회 초기와 중기에 중국 도시의 수와 규모가 크게 증가했고, 많은 지역에 점차 정치 경제 문화의 중심이 형성되었다. 진(秦) 왕조가 중국을 통일한 이후 군현(郡縣)을 설치해 전국에 많은 현급 소형 도시가 나타났다. 한대(漢代) 봉건사회가 융성하면서 상업 수공업과 함께 경제중심 역할을 하는 대도시의 발달이 더욱 촉진되었다. 당시 장안(長安, 현 시안)을 수도로 전국적으로 6개의 대형 중심도시가 형성되었다. 그리고 여타 지역 내에 중소형 도시 수도 증가했다. 당시 중국의 경제중심 역할을 하는 도시는 대부분 황하 유역에서 발달했다. 장강 유역에 형성된 대도시는 청두 정도였다.

남북조(南北朝) 이후 중국 경제 발전의 중심은 점진적으로 남쪽으로 이동했다. 황하 유역에서 남쪽 장강 유역으로, 그리고 다시 그 이남 지역으로 이동했다. 동진(東晉) 시기에는 북방 지역이 전쟁으로 피폐해졌고, 원래 있던 수많은 큰 도시들은 수차례 흥망성쇠를 겪었다. 그러나 남방 지역은 상대적으로 안정적이어서 농업과 수공업, 그리고 상업과 무역이 활발하게 발전하며 전국 경제의 핵심 지역이 되었다.

당·송대에 이르러서는 장강 유역 및 그 이남 지역의 농업과 수공업 생산이 더욱 발전하면서 상품경제의 번영과 대도시의 발전을 촉진했다. 남송(南宋) 때는 린안(臨安, 현 항저우)이 전국의 정치중심이자 최대의 상업도시가 되었고, 인구는 100만을 넘었다. 장강 하류 지역의 젠캉(建康, 현 난징)[6]은 주요 경제중심이자, 장강에 인

---

6   삼국시대의 오(吳), 동진, 남조송(南朝宋), 제(齊), 양(梁), 진(陳)이 이곳을 수도로 정했다. 원래 이름

접한 군사도시였다. 기타 새롭게 생긴 비교적 큰 규모의 경제중심은 쑤저우, 양저우, 전장, 우장(吳江), 화이안, 타이저우(泰州) 등이 있었다. 장강 중류 지역에 새로 생긴 대도시로는 난창, 어저우, 장링, 창샤(長沙), 핑장(平江)과 한양(汉阳), 잉저우(颍州) 등이 있었다. 대외무역의 발전으로 동남 연해 지역에서는 대외무역의 경제중심이 출현했다. 예를 들어 광저우 취안저우(泉州) 밍저우(明州, 현 닝보) 등으로 이들 지역은 중국 동남연해지구의 대규모 항구였다.

아편전쟁 이후 중국 경제는 갈수록 반(半)봉건 반(半)식민지 경제의 성격이 짙어졌다. 이와 동시에 자본주의 경제로 발전하기 시작했고, 연해(沿海)·연강(沿江)·연간선철로(沿幹線鐵路) 도시, 그리고 동북 지역에서는 현대화 공업과 공공사업을 갖춘 식민지 또는 반식민지 성격의 상공업 도시들이 생겨났다. 예를 들어 제국주의 열강의 중국 침략 근거지였던 상하이는 중국 최대의 공상업중심과 수륙 교통운수의 요충지였고, 세계적 규모를 갖춘 대도시로 빠르게 발전했다. 이밖에 톈진, 따롄, 칭다오(青岛), 광저우 등과 같은 연해도시, 난징, 우한 등과 같은 연강도시 그리고 선양, 안산, 번시, 푸순, 탕산 등과 같은 철도 간선변과 탄광 지역에 위치한 도시들이 경제중심이 되었다. 이러한 상공업 대도시의 발전이 중국 상품경제의 발전을 촉진시켰다. 이와 동시에 지역 간 도시-농촌 간 불균형을 가속화시켰다.

2) 도시 수와 도시 인구의 증가

중화인민공화국 출범 이후 도시 인구의 증가는 시대별로 기복이 심했다. 경제회복 시기와 1차 5개년 계획(1953~1957) 시기와 같이 정치 형세 안정기에는 경제발전과 도시 인구 증가가 비교적 빠르게 진행되었다. 1950~1957년 기간에는 연평균 390여만 명이 증가했고, 전체 국민경제의 발전과도 조화를 이루었다. 1958~1960년 기간에는 대약진운동의 영향을 받아 수많은 농촌 인구가 도시로 진입해, 도시 인구가 기형적으로 증가했다. 이 기간 동안 매년 1000만 명 이상 증가했고, 1960년 도시 인구 비중은 19.8%가 되었다. 1961~1965년의 국민경제 대조

은 금릉(金陵)이고, 오의 손권이 이곳에 축성하고 '건업(建業)'이라 개칭한 바 있다.

그림 7-1 2008~2017년 중국 도시 수 변동 추이

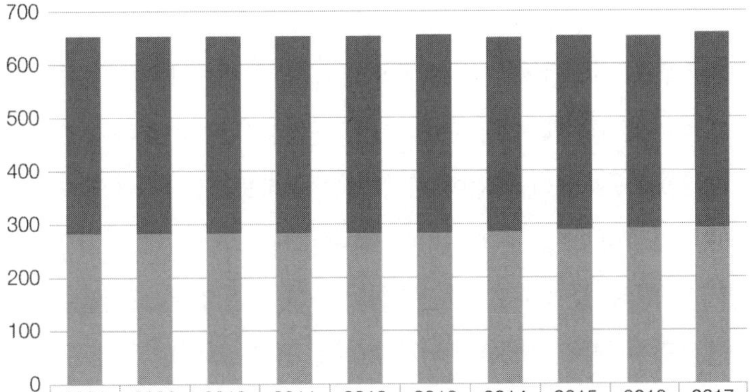

	2008	2009	2010	2011	2012	2013	2014	2015	2016	2017
■ 현급(개)	368	367	370	369	368	368	361	361	360	363
■ 지급(개)	283	283	283	284	285	286	288	291	293	294

자료: 住建部(2018).

정기에는 도시 인구를 대폭 농촌으로 하방(下放)시켰고, 1966~1976년 기간에 대
규모 지식청년과 간부들을 하방시킨 결과, 도시 인구의 증가율이 둔화되었다(1975
년 중국 전국의 도시 인구는 1965년에 비해 단지 약 1000만 명 증가에 그쳤다).

개혁개방 이후에는 도시의 수와 규모가 빠르게 확대되었다. 2005년에 이르러
전국 성·직할시·자치구 내의 도시 수(지급시+현급시)는 661개로, 중화인민공화국
출범 초기와 비교하면 약 5배로 증가했다. 2018년 도시화율, 즉 총인구(13억 9538
만 명) 대비 도시 인구(8억 3137만 명) 비중은 59.6%이다. 2018년 말 전국의 도시 수
는 672개이고, 이 중 지급시 278개, 현급시 375개이다[직할시 4개, 부성급시(副省級市)
15개]. 지구별로 보면, 동부지구에 지급 이상 도시와 현급시가 가장 많고, 중부지
구가 그다음이다. 중국은 호적 인구의 도시화율을 가속적으로 올리는 배치를 통
해서 토지, 재정, 교육, 취업, 의료, 양로, 주택보장(住房保障) 등 영역과 연계된 개
혁을 추진했고, 농업 전이 인구의 시민화(市民化)를 촉진했다. 도시지구(城区)의 인
구수는 안정적으로 증가했다.

3) 도시 성격의 변화와 경제중심의 역할 확대

중화인민공화국 이전 시기에 중국의 도시는 그 성격에 따라 크게 세 가지로 분류할 수 있다. 첫째는 베이징, 시안, 카이펑 등과 같은 옛 봉건 왕조의 수도였던 도시들로서, 근대적 개념의 공업이 거의 없는 소비도시였다. 둘째는 아편전쟁 이후 제국주의 국가들이 자국 조계(租界)를 설치한 후, 반(半)식민지성 도시로 형성, 발전한 광저우, 상하이, 칭다오, 톈진, 따렌, 우한 등과 같은 도시들이다. 셋째, 일제의 식민지였던 만주국(滿洲國)에 의해 건설된 창춘, 하얼빈 등과 같은 식민지 도시이다. 이들 도시에는 공통적으로 통치 계급 및 대량의 기생 인구, 그리고 투기자들이 모여 살고 있었고 소비성이 강했다.

중화인민공화국 출범 이후 개혁개방 이전까지 약 30년간은 집권적 계획경제 체제하에서 도시의 경제 기능도 정치 및 행정의 지휘를 받아야 했고, 극좌 경향의 정치운동과 전쟁 준비 분위기에 휘둘려서 도시의 경제중심 역할이 대폭 위축되었다. 단, 이러한 상황과 조건하에 내륙 지역에 새로이 건설된 공업도시들로, 비교적 큰 규모의 도시는 신장자치구의 수도인 우루무치(종합성 공업), 헤이롱장성의 따칭(大慶)(유전, 석유공업), 쓰촨성의 판지화(제철업), 후베이성 스옌(자동차공업) 등이다. 개혁개방 이전 기간을 '중국의 도시 발전 역사에서 잃어버린 30년'이라고 평가할 수도 있겠으나, 도농 간 차별과 격차 문제가 갈수록 돌출됨에 따라, 도시화와 농촌 문제의 본질을 천착하면서 개혁개방 이전 시기의 도시 및 농촌 관리 경험을 재평가하고 교훈을 찾으려는 시도도 있다.

개혁개방 정책이 본격적으로 실시된 1980년대 이후 현재까지는 동부연해지구의 공업, 상업, 운수업, 그리고 서비스업이 종합적이고 급속하게 발전하면서 도시의 인구와 인구밀도도 모두 크게 증가했다. 2018년 시구(市區) 인구 규모별 지구별 도시 분포 현황은 〈표 7-5〉와 같다. 중국 도시화의 진전에 따라서, 2018년 대도시 수가 급속히 증가했음을 알 수 있다. 인구 1000만 명 이상의 초대도시(超大城市)가 13개이고, 인구 500만 이상의 도시도 89개이다. 이 중 시구 인구 1000만 명 이상 대도시의 연간 공업총생산액은 상하이 3조 2680억 위안, 베이징 3조 320억 위안, 충칭 2조 363억 위안, 톈진 1조 8810억 위안, 쓰촨성 청두 1조 5343억 위안이다. 또한 시구 인구가 500만 명 이상 1000만 명 사이의 도시들의 연간 공업 생산액을 보면, 광동성의 광저우 2조 2859억 위안, 산터우(汕头) 2512억 위안, 섬서성 시안 8349억 위안, 장쑤성 난징 1조 2820억 위안, 후베이성 우한 1조 4847억 위안, 랴오닝성 선양 6102억 위안, 허난성 정저우 1조 143억 위안이다(中国统计出版社, 2020, 69~75).

한편, 1980년대 이래로 중국의 이론계와 정부의 관련 부문에서는 도시와 광대한 농촌 사이에서 소성진이 보유하고 있는 연결 및 보완 기능을 중시해 왔다.[7] 소성진은 수적으로 대·중 도시보다 많고, 다양한 지리 조건과 환경을 제공할 수 있으며, 특히 대·중 도시와 농촌 사이에서, 공간구조 차원에서는 도시와 농촌 간을 연계시키고, 산업구조 측면에서는 농업과 공업 및 서비스업을 연결하면서, 농촌 인구가 직접 대·중 도시로 이전·유출하는 추세를 완화시킬 수 있다는 점을 중시했다. 소성진의 건설과 발전은 농업과 공·상업의 결합, 농부산품 가공업, 교통운수 창고업, 건축업, 상업 등의 육성을 필요로 한다. 또한, 임업장, 목축장 그리고 다종 경영의 발전 가능성이 있는 조건을 갖춘 농촌지구를 임업 및 목축업 도시로 발전시키고, 점진적으로 도시와 농촌, 공업과 농업, 제품 공급과 소비의 결합을 추진하는 방안도 검토하고 있다.

4) 경제중심의 유형

(1) 종합성 경제중심

종합성 경제중심의 특징은 규모가 크고 기능이 다양하며 종합적이다. 제조업 품종이 다양하고 생산량과 생산액이 크다. 상대적으로 넓고 많은 수의 교외 지역과 현을 가지고 있고, 농업 생산의 현대화 및 집약화 수준이 비교적 높다. 공공사업, 정보통신, 금융, 상업무역, 과학기술이 비교적 발달했고, 도시 내외의 교통운

---

7   개혁개방 이후 중국 정부가 추진해 온 도시화 모델은, 개혁개방 초기의 균형을 중시한 '소도시 중점모델'에서 시작해, 효율을 중시하는 '대도시 중점모델', 그리고 양자의 절충모델이라 할 수 있는 '중등도시 중점모델'이 있으나, 최근에는 이들을 종합한 '다원화 모델'과 '도시군 주도 모델'이 중국 도시 발전의 주류 사상으로 자리 잡아가고 있다(盛广耀, 2008: 109~113).

표 7-5 인구 규모별 도시 분포 현황(2018년)(단위: 만)

시구 인구 규모	동부연해지구	중부지구	서부지구	동북지구
1000만 명 이상	상하이(1462), 베이징(1376), 텐진(1082), 린이(臨沂, 1180), 허저(菏泽, 1025), 쉬저우(徐州, 1045),	난양(南阳, 1238), 저우커우(周口, 1259), 푸양(阜阳, 1071), 한단(邯郸, 1058), 바오딩(保定, 1208)	총칭(3404), 청두(1476)	—
500만~ 1000만 명	광저우(928), 산터우(569), 잔장(湛江, 848), 마오밍(茂名, 811), 메이저우(梅州, 548), 지에양(揭阳, 705), 난징(南京, 697), 지난(济南, 656), 칭다오(青岛, 818), 옌타이(烟台, 654), 웨이팡(潍坊, 914), 지닝(济宁, 891), 타이안(泰安, 573), 더저우(德州, 598), 랴오청(聊城, 645), 푸저우(福州, 703), 첸저우(泉州, 755), 장저우(漳州, 521), 항저우(杭州, 774), 닝보(宁波, 603), 원저우(温州, 829), 타이저우(台州, 605), 쑤저우(苏州, 704), 난통(南通, 763), 렌윈강(连云港, 534), 화이안(淮安, 561), 옌청(盐城, 825), 타이저우(泰州, 503), 수첸(宿迁, 591)	창샤(长沙, 729), 헝양(衡阳, 801), 샤오양(邵阳, 828), 예양(岳阳, 569), 창더(常德, 605), 천저우(郴州, 535), 용저우(永州, 645), 화이화(怀化, 524), 우한(884), 샹양(襄阳, 592), 샤오간(孝感, 518), 징저우(荆州, 641), 황강(黄冈, 741), 정저우(郑州, 864), 카이펑(开封, 560), 뤄양(洛阳, 740), 핑딩산(平顶山, 570), 안양(安阳, 627), 신샹(新乡, 656), 쉬창(许昌, 509), 샹처우(商丘, 999), 신양(信阳, 912), 주마뎬(驻马店, 964), 난창(南昌, 532), 저우장(九江, 523), 간저우(赣州, 981), 지안(吉安, 539), 이춘(宜春, 605), 상라오(上饶, 789), 허페이(合肥,758), 안칭(安庆, 528), 수저우(宿州, 657), 류안(六安, 587), 하오저우(亳州, 657), 스자좡(石家庄, 982), 탕산(唐山, 758), 싱타이(邢台, 797), 창저우(沧州, 783)	시안(987), 웨이난(渭南, 546), 쿤밍(572), 취징(曲靖, 664), 자오퉁(昭通, 625), 비지에(毕节, 930), 루저우(泸州, 510), 몐양(绵阳, 536), 난충(南充, 728), 이빈(宜宾, 552), 다저우(达州, 666), 난닝(南宁, 771), 구이린(桂林, 538), 구이강(贵港, 561), 위린(玉林, 733), 윈청(运城, 513)	선양(746), 따롄(大连, 595), 하얼빈(952), 치치하얼(530), 쑤이화(绥化, 524) 창춘(754)

시구 인구 규모	동부연해지구	중부지구	서부지구	동북지구
200만 명~ 500만 명	선전(455), 사오관(337), 쯔보(淄博, 434), 짜오좡(枣庄, 423), 웨이하이(威海, 257), 샤먼(厦门, 243), 자싱(嘉兴, 360), 후저우(湖州, 267), 우시(无锡, 497), 창저우(常州, 382) 등 계: 34개	주저우(株洲, 403), 샹탄(湘潭, 289), 이양(益阳, 478), 로우디(娄底, 455), 황스(黄石, 273), 스옌(十堰, 347), 이창(宜昌, 392), 자오쭤(焦作, 373), 푸양(濮阳, 435), 뤄허(漯河, 267), 싼먼샤(三门峡, 227), 핑샹(萍乡, 200), 우후(芜湖, 389), 친황다오(秦皇岛, 300) 등 계: 25개	난닝(南宁, 271), 구이양(418), 란저우(328), 우루무치(222), 시닝(西宁, 207), 톈수이(天水, 372), 핑량(平凉, 234), 칭양(庆阳, 270), 딩시(定西, 304), 룽난(陇南, 288), 타이위안(太原, 377) 등 계: 50개	따칭(273), 자무쓰(佳木斯, 233), 무단장(牡丹江, 252), 지린(414), 안산(鞍山, 342), 단동(丹东, 234) 등 계: 19개

자료: 中国统计出版社(2020.1: 13~19).

수가 편리하며, 경제 흡인의 범위와 집산 작용이 크고 강하다. 이 유형에 속하는 주요 도시는 상하이, 베이징, 톈진, 선전, 선양, 광저우, 총칭, 청두, 시안, 란저우, 우한 등이다. 이 중 상하이, 베이징, 톈진, 총칭은 직할시로, 성(省)급에 상당한다.

(2) 공업중심

① 단일공업중심

단일공업중심은 도시의 규모는 그다지 크지 않지만, 공업 전문화의 정도가 비교적 높고, 대부분 어떤 자연자원을 개발해 기초로 삼아 발전하기 시작한 공업도시이다. 예를 들면 석탄공업 중심도시로 푸순, 쉬저우(徐州), 탕산, 푸신(阜新), 지시(鸡西), 허강(鹤岗), 솽야산(双鸭山), 따통(大同), 양취안(阳泉), 핑딩산(平顶山), 이마(义马), 자오쭤(焦作), 화이베이(淮北), 통촨(铜川), 핑샹(萍乡), 스쭈이산(石嘴山), 허비(鹤壁), 짜오좡(枣庄), 한청(韩城), 류판수이 등이다.

석유공업중심은 1960년대 이후 헤이룽장성 따칭유전에 따칭시가 건립되었고,

산둥성 셩리유전에 둥잉시가 건립되었으며, 신장성 커라마이(克拉瑪依) 유전에서
는 커라마이시가 새롭게 건립되었다. 야금공업중심은 중국의 각종 공업중심 중에
서 특수하고 중요한 위치를 점하고 있다. 예를 들어 랴오닝성 안산, 네이멍구자치
구 바오터우, 그리고 쓰촨성 판지화는 중국의 3대 강철 공업기지이며, 마안산, 렁
수이장(冷水江), 진창(金昌), 바이인(白银), 퉁링, 황스, 자위관(嘉峪关), 둥촨(東川),
거저우(個舊) 등은 중소형 야금공업과 광산 중심이다.

대형 수자원을 개발해 발전하기 시작한 공업중심의 예는 황하 중상류 지역의
허난성 싼먼샤,[8] 닝샤회족자치구 칭퉁샤(青銅峽)가 있다. 규모는 그다지 크지 않
지만 서남, 서북, 중남의 대형 수자원 개발과 대량의 전기공업 건설을 대동함에 따
라 이 같은 유형의 공업중심은 계속 증가할 전망이다. 또한 싱안링, 이춘(伊春), 야
커스(牙克石) 같은 주요 삼림 지역에는 삼림 채취, 운수, 목재 가공, 임산화학을 위
주로 한 삼림공업중심이 있다.

② 복합공업중심

공업중심 대다수는 복합공업중심이고, 중공업 위주와 경방직공업 위주의 두 종
류로 구분할 수 있다. 비교적 자연자원이 풍부하거나 원재료공업이 발달했고 교
통이 편리하거나 혹은 국방 조건이 좋은 지역에서는 일련의 중공업을 위주로 한
복합공업중심을 형성했다. 주로 하얼빈, 창춘, 치치하얼, 지린, 따롄, 진저우(錦
州), 잉커우, 타이위안, 장자커우, 지난, 난징, 항저우, 벙부(蚌埠), 허페이, 난창, 뤄
양, 황스, 주저우(株洲), 류저우(柳州), 카이펑, 바오지, 쿤밍, 구이양 등이 있으며,
대부분 기계, 화공, 전력 등의 공업을 기초로 복합공업을 발전시켰다.

(3) 교통운수중심

교통운수중심은 우세한 지리적 위치와 편리한 교통운수 조건을 갖추고 있고,
대부분 몇 종류의 운수 방식의 결합부 혹은 몇 개의 간선의 교차점에 위치해 있고

---

8 싼먼샤시는 1957년 황하 제1댐 건설에 따라 발전한 신흥도시이며, 2009년 기준 총면적 10496km², 총
인구 223만 명이다. 허난성 서부에 위치하며 동북 방향으로 뤄양시, 신안(新安)현과 접하고 있다.

대량의 승객과 화물 유동의 중심이다.

① 수륙공 종합운수중심

수륙공 종합교통운수중심의 전형적 도시로는 후베이성 우한이 있다. 장강 중류에 위치한 우한은 중국 최대의 내륙수운 항구 중 하나이다. 또한, 남북 방향 간선철도인 베이징-광저우 철도와 모허-한단 철도가 횡으로 관통해 이곳에서 교차하는 중국 중부 지역 최대의 철도 중심지이기도 하다. 우한은 예부터 중요한 수륙운수의 교차점으로, '9성과 통하는 지역(九省通衢)'이란 명칭을 가지고 있다. 우한의 교통운수의 의미는 더욱 커지고 있고, 기능 또한 더욱 종합적으로 발전하고 있다.

한편, 내륙 물류중심은 육지항구(land port) 또는 무수항(無水港, dry port)이라고도 부르며, 4개 육지항구군으로 구분할 수 있다.

- 동북 육지항구군: 따롄과 잉커우를 출해항으로 하고, 선양, 창춘, 하얼빈, 통랴오를 포함한다.
- 화북·서북 육지항구군: 톈진을 출해항으로 하고, 베이징 차오양(潮阳), 스좌장, 정저우, 바오터우, 후이농(惠农), 우루무치, 더저우(德州)를 포함한다.
- 산동·중원 육지항구군: 칭다오와 르자오(日照)를 중심으로 하고, 칭저우(青州), 린이(临沂), 쯔보(淄博), 뤄양을 포함한다.
- 동남연해지구 육지항구군: 닝보, 샤먼, 선전 등을 출해항으로 하고, 진화(金华), 이우(义乌), 샤오싱, 난창, 간저우(赣州), 상라오(上饶), 진장(晋江), 룽옌(龙岩), 난닝, 쿤밍 등을 포함한다.

② 철도중심

철도를 주축으로 하는 철도중심지는 비교적 많고 분포 또한 광범위하다. 주요한 곳으로는 베이징, 선양, 하얼빈, 정저우, 쉬저우, 스자좡, 란저우, 잉탄(鹰潭), 주저우, 화이화(怀化), 충칭, 청두, 쿤밍, 구이양 등이다.

③철도·수운중심

철도와 수운의 중심은 동부연해 지역과 장강수계 연안에 위치하며, 주요 도시로는 총칭, 이창, 황스, 저우장, 우후, 지커우(鷄口), 난징 등이 있다.

④도로·수로중심

도로와 수운의 중심은 대부분 수운을 위주로 교통운수중심을 형성한다. 예를 들어 장강 수계의 수많은 현과 후베이성의 샤스, 총칭, 장쑤성의 양저우, 전장 난통 등이다.

⑤항구

주로 상하이, 따롄, 친황다오(秦皇島), 텐진신항, 칭다오, 렌윈강, 광저우, 잔장(湛江), 르자오 등이다. 이런 항구들은 대부분 전국적인 공업중심 및 대외무역의 중심이다. 공업설비와 기술 방면에서뿐만 아니라 부두, 대외무역기구, 창고, 통신설비 등의 방면에서 우세한 조건을 가지고 있다.

(4) 관광중심

중국은 광활하고 역사가 오래된 국가이므로 분묘, 고건축, 조경, 풍치림 등 유물과 유적지가 많고, 분포 지역이 넓고, 내용이 풍부하다. 또한 광활한 국토, 웅장하고 수려한 산수, 기이한 동굴, 크고 아름다운 호수, 하천, 해안 등 관광자원이 풍부하다. 구이린(광시자치구), 서호(저장성 항저우시), 타이후(장쑤성), 황산(안후이성), 태산(泰山, 산동성), 어메이산(峨眉山, 쓰촨성) 등의 명승지는 예전부터 중국인과 외국인들이 모두 즐겨 찾는 곳이다. 이 중 가장 유명한 곳으로는 항저우, 쑤저우, 구이린, 저우자이거우(쓰촨성), 장자지에(후난성), 시솽반나(윈난성) 등이 있다.

'하늘에는 천당이 있고 지상에는 쑤저우와 항저우가 있다(上有天堂, 下有苏杭)'라는 말이 있듯이, 인간 세계의 천당이라 일컬어지는 쑤저우와 항저우는 아름다운 산수와 적당한 기후, 풍부한 생산물과 유구한 역사문화 문물과 고적이 사방에 가득하다. 항저우에는 '담백함과 농염함이 서로 어울리는' 호수 서호(西湖)가 있다. 쑤저우는 수로가 사방으로 통하고 도처에 작은 다리 아래 물이 흐른다. 특히 고전적인 정원에는 송, 원, 명, 청 등의 역대 조경예술이 집중되어 있다. 각각의 아담하고 정교한 풍치림과 화초, 수목, 주랑(走廊), 화단, 다리들이 유한한 공간에 정교하게 배치되어 있다.

또한, 광시성 구이린 구이강의 지류 중 하나인 리강은 강물이 맑고 강안(江岸) 양변의 풍경이 수려하기로 유명해, '구이린의 산수는 천하제일'이라 평가받고 있다. 구이린 산수경관의 특색은 비녀와 같은 형상의 산(簪山), 물과 어우러진 경관(帶水), 깊은 동굴(幽洞), 기묘한 암석(奇石)으로 개괄하고 이를 총칭해 '4개의 절경(四絶)'이라 한다.

(5) 정책실험 특구

개혁개방 초기 단계인 1980년대에는 동부연해지구에 건립·운영된 경제특구와 항구개방도시들이 발흥하면서 도시 발전을 주도했다. 개혁개방 정책 시행은 계획경제 체제하에서 통제 받고 억눌려 왔던 시장기제와 개인과 기업, 기층 지방정부 단위 등 경제주체들의 경제적 동기를 해방·부활시켰고, 이것이 도시 발흥과 발전의 주요 동력이 되었다.

1979~1983년 기간에는 홍콩과 타이완과 인접한 광동성과 푸젠성에 특수 정책을 시행한다고 선포하고, 광동성 선전과 주하이에 실험적으로 경제특구를 설치·운영했다(国务院, 1979, 1982). 1984~1988년 기간에는 광동성 산터우와 푸젠성 샤먼을 경제특구로 지정하고, 해안선을 따라서 최북단인 랴오닝성 따롄에서 최남단인 광시성 베이하이(北海)에 이르는 14개 연해항구도시[9]를 개방해 국가급 경제기술개발구를 설립했다. 이어서 3개 삼각주 지구에 대한 보다 진전된 개방 방안을 발표했다(国务院, 1985). 이어서 1990년대에 들어서 개혁개방 실험 무대가 상하이로 북상하면서, 푸동신구 개발 개방이 본격적으로 추진되었다.

중국 국무원이 관할하는 국가 특구의 유형은 경제특구(經濟特區), 경제기술개발구(經濟技術開發區), 변경경제합작구(邊境經濟合作區), 그리고 2005년 이후 상하이를

---

9 따롄(大连), 친황다오(秦皇岛), 톈진(天津), 칭다오(青岛), 옌타이(烟台), 롄윈강(连云港), 난퉁(南通), 상하이, 닝보(宁波), 원저우(温州), 푸저우(福州), 광저우(广州), 잔장(湛江), 베이하이(北海)

시작으로 지정하기 시작한 종합연계개혁시험구(综合配套改革试验区)와 자유무역시험구가 있다. 국무원 관할 경제개방지구는 그 위치와 개방 순서 및 정도에 따라 다시 연해개방지대(沿海開放地帶), 연변개방도시(沿邊開放城市), 연강(沿江) 및 내륙(內陸) 개방도시로 구분된다. 2010년 5월 중앙신장공작회의(中央新疆工作会议)에서 중공 중앙이 후어얼궈스(霍尔果斯)와 카쓰(喀什) 경제특구 설립을 정식으로 비준했다. 그 외에도 국무원과 해관이 공동 지정 관리하는 보세구(保稅區), 중국 과학기술위원회 관할 첨단기술개발구(高新技術開發區), 중국 관광국(旅游局) 관할 관광휴양지구(旅遊度暇區) 등이 있다.

1980년대의 경제특구와 구별하기 위해서 '종합연계개혁시험구(综合配套改革试验区)'는 일반적으로 '신특구(新特区)'라고도 부른다. 2014년 6월 10일 국가발전개혁위원회 부비서장(副秘书长) 판형샨(范恒山)이 발표한 바에 의하면, 당시 기준으로 국무원이 12개 국가종합연계개혁시험구(国家综合配套改革试验区)를 비준했다. 이들 시험구의 임무를 주제별로 구분하면 다음과 같다.

- 개발개방: 상하이 푸동신구, 텐진 빈하이신구, 선전시, 샤먼시, 이우시.
- 도농통합(统筹城乡): 충칭, 청두.
- '양형(兩型)' 사회 건설: 우한 도시군(武汉城市圈), 창샤-주저우-샹탄 도시군(长株潭城市群).
- 신형공업화 도로 탐색: 선양경제구(沈阳经济区).
- 농업 현대화: 헤이룽장성의 양대(兩大) 평원.
- 자원형 경제 전형(转型): 산시성.

2014년 9월 19일, 중국정부망(中国政府网)이 '국무원, 산터우경제특구 화교경제문화합작시험구 유관정책 지지에 대한 회신'을 공표하고, '중국 산터우 화교경제문화합작시험구(中国汕头华侨经济文化合作试验区)' 설립에 정식으로 동의했다.

이외에 국무원은 5개 지구에 저장성 원저우(溫州)시, 광동성 주강삼각주, 푸젠성 취엔저우(泉州)시, 광시좡족자치구와 산동성 칭다오시에 '금융시험구(金融试验区)' 설치를 승인했다.

4. 거시적 생산력 배치

거시적 경제 배치의 목적은 단기적 이익과 장기적 이익, 국부적 이익과 총체적 이익을 명확히 구분·처리해 경제효율과 사회효율, 그리고 환경효율 간의 협조와 통일을 촉진하고 거시경제의 효율을 극대화하는 데 있다. 이러한 정책 기조하에 거시적 경제 배치의 주요 내용은, 첫째는 경제발전축의 배치, 둘째는 경제핵심지구의 배치이다.

1) 경제발전축의 배치[10]

전국적 차원에서 1급 경제축이라 할 수 있는 것은 연해축(沿海軸)과 연장강축(沿長江軸) 두 가지가 있다. 연해축은 주로 해양수송축(근해 지역 철도와 도로망 포함)에 의지하고 있으며, 연해지구 도시들로 구성되어 동북, 화북, 화동, 화남의 4개 경제구를 유기적으로 연결시키고 있다.

한편, 연장강축은 주로 장강의 내륙수운축(연강 지역 철도와 도로망 포함)에 의지하고 있으며, 연강도시들로 구성되어 동·중·서부 경제지대의 화동·화중·서남 경제구를 연결시키고 있다. 연해축은 중국의 경제 발전 실현을 위한 제1단계 전략 지역이라 할 수 있다. 1980년대에 실시된 연해 발전 전략과 관련 정책의 지원하에 급속한 발전이 이루어졌으며, 경제특구-개방도시-개방구 위주의 외향형 경제구역이 형성되었다. 한편, 연장강축의 발전은 중국의 지역 간 경제의 협조발전이라는 측면과 함께 소강(小康) 수준 실현이라는 제2단계 전략 목표와 연관된다.

2급 경제발전축이라 할 수 있는 것도 두 가지를 꼽을 수 있다. 하나는 베이징-광저우 철도축으로서 화북과 중남경제구를 연계시키고 있다. 또 다른 하나는 렌윈강-란저우-신장 철도축으로서 화동·화북·화중·서북 경제구를 관통·연결하는데, 중앙아시아와 유럽을 연결하는 아시아-유럽 대륙교(大陸橋)[11]의 주요 구성 부분이다.

---

10 이 내용은 國家計劃委員會國土開發與地區經濟硏究所, 「地區經濟的合理布局與協助發展硏究」, 『1991-97年 課題 報告選編』(中国: 國家計劃委員會國土開發與地區經濟硏究所, 1997.12), pp.16~21를 정리한 것이다.

따라서 남북 방향의 주요한 경제축은 1급축인 연해축과 2급축인 징광 철도축, 그리고 네이멍구 바오터우와 윈난성 쿤밍 간 철도축이며, 동서 방향의 주요 경제 축은 1급축인 연장강축과 2급축인 렌윈강-란저우-신장 철도축으로 동부·중부·서부 지구 경제의 협조적 발전을 위한 전략적 거점이기도 하다. 이 같은 3종 2횡의 5개 축이 중국의 거시경제 배치의 기본 골격을 이루고 있다.

이밖에 1997년 개통된 베이징-홍콩(홍콩 저우룽반도)(京九) 철도와 이보다 조금 앞서 개통된 난닝-쿤밍(南昆) 철도를 따라서 철도 연변 개발축 형성이 진행 중이다. 징저우(京九) 철도는 화북·화동·화남 지구의 경제 연계를 강화하면서, 경제 낙후 지역인 중부 지역 동부의 발전을 촉진시킬 것으로 전망된다.

난쿤 철도는 총연장 898km로, 난닝-쿤밍 간을 동서로 연결하고 북으로는 홍궈(红果)에 접한다. 난쿤 철도는 자원이 풍부하고 광활한 서남지구와 화남지구를 연결하고, 서남지구에 편리하고 빠른 해상 진출 통로를 제공한다. 난쿤 철도 연변지구는 전형적인 낙후 지역으로, 중국 전국 빈곤 인구의 약 1/4에 해당하는 약 1500만 명이 이곳을 생활 터전으로 삼고 있다.

또한, 동북진흥정책 추진에 따라 동북지구에도 새로운 발전축이 형성되고 있다. 2009년 9월에 중국 국무원이 발표한 '동북진흥' 정책 추진 관련 '의견'[12] 내용에 포함된 랴오닝성 연해경제지대, 선양경제구, 하얼빈-따롄-치치하얼(哈大齐) 공업회랑, 창지투(长吉图, 창춘-지린-투먼)경제구도 새로운 발전축으로 부상할 것으로 전망된다.

최근에 주목되는 동향은, 철도 분야의 여섯 차례에 걸친 제속(提速)과 '4종 4횡(4縱4橫)' 구상 틀 안에서 연이어 건설·개통되고 있는 고속철도망이다. 2008년 10월, 중국 철도부가 발표한 '중장기 철로망계획(中長期鐵路網規劃)' 조정안에 의하면, '4종'은 남북 방향의 주요 간선 4개 노선[13]을 가리키고, '4횡'은 동서 방향 주요 간선

---

11 대륙교란 대륙을 연결하는 철도(land bridge railway)라는 의미이며, 중국횡단철도(Trans China Railway: TCR)라고도 부른다.

12 '동북지구 등 노공업기지 진흥 전략의 진일보 실시에 관한 약간의 의견(关于进一步实施东北地区等老工业基地振兴战略的若干意见)'.

13 ① 베이징-상하이 노선(京沪, 1318km), ② 베이징-우한(武汉)-광저우 노선(京广, 2111km)(선전-홍콩 연결 구간까지 더하면 2242km), ③ 베이징-선양-하얼빈-따롄 노선(684km), ④ 상하이-항저우-닝보(宁波)-

4개 노선[14]을 가리킨다.[15] 최근에 개통·운행되고 있는 대표적인 구간은, 베이징-상하이 구간(京沪, 1318km)과 2012년 12월에 개통·운행 중인 베이징-광저우 구간(京广, 2111km)이다. 베이징-광저우 구간은 고속철도 구간 중 세계 최장이고, 원래 20시간 이상 걸리던 베이징-광저우 간 운행 시간을 약 8시간으로 단축했다.

2) 경제핵심지구의 배치

경제핵심지구란 일정한 지역 범위 내에서 하나 혹은 수 개의 중심도시로 형성된 경제발달지구를 가리킨다. 이 같은 경제핵심지구는 지역경제에서 차지하는 비중이 비교적 크고, 집적 이익의 효과 등으로 해당 지역 및 배후지역 경제를 주도해 지역경제 발전의 경제 심장 및 경제 엔진 역할을 수행한다.

경제핵심지구는 그 지구가 발휘하는 역할의 작용 범위에 따라 국가급, 대지구(大區)급, 성간(省間)급, 성급, 성 아래 급의 5개 등급으로 구분된다.

국가급 경제핵심구는 모두 3개이다. 첫째는 장강삼각주지구이다. 중심도시는 상하이를 중심으로 난징, 항저우, 닝보, 쑤저우, 우시 등이다. 둘째는 주강삼각주지구로, 중심도시는 광저우, 선전, 주하이 등이다. 셋째는 수도(首都)경제구로, 중심도시는 베이징, 톈진과 허베이성의 탕산, 친황다오, 랑팡(廊坊)이다.

대지구급 경제핵심구는 모두 4개이다. 즉, 선양-따롄 경제구, 우한 경제구, 청두-충칭 경제구, 관중[16]경제구로서 각각 동북, 화중, 서남, 서북 경제구의 경제핵심지구이다.

성간급 경제핵심구는 하얼빈·지난-칭다오, 푸저우-샤먼, 정저우, 베이부만(北部灣), 쿤밍 란저우 우루무치의 8개이다. 이들은 국가급 및 대지구급 경제 체계 중 불가결한 경제중심 지역으로, 국가급 및 대지구급 경제핵심구의 부중심구의 역할

원저우(温州)-푸저우(福州)-샤먼-선전 노선(1723km).

14 ① 쉬저우(徐州)-정저우-란저우 노선(1388km), ② 한저우-난창(南昌)-창샤·구이양(贵阳)-쿤밍 노선(2080km), ③ 칭다오-스자좡(石家庄)-타이위안(太原) 노선(961km), ④ 난징-우한-충칭-청두 노선(1361km).

15 중국 철도부, '中長期鐵路網規劃'(2008년 10월 조정안).

16 섬서성 웨이하 유역 일대를 가리키며, 중심도시는 시안이다.

을 담당한다. 이 중 하얼빈, 푸저우-샤먼, 베이부만, 쿤밍, 우루무치 경제구는 국제 경제 교류가 활발하다.

성급 경제핵심구는 성 단위의 기본적 경제핵심구로서 4개 직할시와 타이완을 제외하면 전국에 27개가 되어야 하나, 이 중 15개는 이미 상급 경제핵심구에 포함되어 있으므로 상대적으로 독립된 지구는 12개다. 즉, 스자좡(허베이), 타이위안(산시), 후허하오터(네이멍구), 창춘(지린), 허페이(안후이), 난창(장시), 창사(長沙, 후난), 하이커우(하이난), 구이양(구이저우), 라싸(시짱), 시닝(칭하이), 인촨(닝샤) 경제구이다.

성 아래 급 경제핵심구는 주로 각 성내 경제구역의 경제핵심구를 가리킨다. 주로 해당 구역의 경제중심지로서 무역, 금융, 기술, 정보의 중심지 역할을 하며, 공업기지 및 교통 요지인 경우가 많다.

Questions

1. 중국의 자원 및 생산력 배치 정책 기조와 변화 내용 중 중요한 부분이라 생각되는 바를 개혁개방을 기준으로 그 이전과 이후 시기로 구분해서 설명하시오.
2. 개혁개방 이후 중국 정부가 인식하는 생산력 배치상의 문제를 동부연해지구와 중부지구, 서부지구 간 불균형, 남북지구 간 경제 발전 격차, 동부연해지구의 남북 격차 문제를 중심으로 주요 현황과 중국 정부의 대응 정책에 대해 설명하시오.

제8장

농업의 분포와 발전 동향

농업은 각종 식량의 생산, 공급, 그리고 공업 원료를 제공해 주며, 시장경제의 발전에 따라 농업경영 방식도 자영농에서 전국 및 수출시장을 대상으로 하는 기업농으로까지 변화해 왔다. 공급 측면에서는 생명과학 등 과학기술 발전과 연계된 생산성 향상, 그리고 소비시장 수요 측면에서는 생산품과 환경의 질에 대한 요구가 증가하고 있고, 또한 공급과 수요 양방향에서는 교통운수 조건과 환경 등을 포함한 조건의 변화와 다원화를 요구하며 진행되고 있다. 한편, 어느 국가를 막론하고 식량안보와 직결된 농업의 중요성과 기초 전략적 지위를 결코 경시할 수 없지만, 14억 인구를 부양해야 하는 인구 대국 중국의 경우는 더욱 그러하다. 본장에서는 이 같은 맥락에서, 중국의 각 농업지대별로 농업 생산의 자연 조건, 사회경제 조건, 농업, 임업, 목축업, 어업의 발전과 배치 상황 등을 고찰·정리했다.

1. 중국 농업의 개황과 생산구조

중국의 농업 생산구조는 1949년 중화인민공화국 출범 이후, 그 이전까지의 단일적 경작이 절대적 우위를 점하던 단순 농업에서 농·임·목·어업의 각 부문이 모두 발전한 방대한 생산 체계로 변화가 진행되면서 사회생산의 각 부문과 더욱 긴밀하게 연계되었고, 농업 생산력, 노동 생산성, 농업 상품화율 등의 방면에서 현대화된 모습을 갖추었다. 또 한편으로는 개혁개방 이후 농업 자유화 정책으로 인민공사 시기의 사대기업(社队企业)이 각 지역의 특수성과 결합된 향진기업으로 발전하면서 '중국 특색'의 공업화가 진행되었다. 농산품을 1차 원료로 하는 농가공업의 발달, 상업과 유통업의 발전은 농업 경제를 다원화시켰고, 농촌에서 비농업 산업과 비농업 산품 비중을 획기적으로 증가시켰다.

그러나 최근에는 중국에서도 농업이 GDP에서 차지하는 비중이 감소하는 추세가 지속되고 있다. 즉, 1957년 40.3%에서 1978년에는 28.1%, 그리고 2011년 10.0%로 감소했으나, 2012년에는 10.1%로 다시 소폭 증가했다. 이는 2010년 이후 공업 비중은 완만하게 감소하고 3차산업 비중이 증가하는 추세 속에, 농업 현대화 추진 등에 의한 농산물의 상대 가격 상승 영향이 반영된 결과라 할 수 있다. 2018년 중국에서 농업(农林牧渔业)이 산출한 GDP총량은 6조 7538억 위안이고 동기간 GDP총량 점유 비율 7.5%이다.

12차 5개년 계획 수립 과정에서, 중국 정부가 11차 5개년 계획 기간 중 농업 분야에서 추진한 내용과 그 성과를 총결, 평가한 내용을 요약하면 다음과 같다.

삼농(三農: 농업, 농민, 농촌) 문제에 대한 대응에 중점을 두고, 관련 투자 강도를 높이면서 소위 '강농혜농(强農惠農)' 정책을 추진해 왔고, 계획 기간 중 심각한 자연재해와 국제금융위기 등 영향이 있었지만 주요 목표와 임무는 기본적으로 달성했다. 그중 주요한 부분은 다음과 같다.

첫째, 양식 생산은 지속적 증산(增産) 추세와 연간 5억 t 이상 생산량을 유지했고, 채소와 과일 생산도 다양화된 시장 수요를 만족시켰다.

둘째, 농민 소득은 연평균 8.9% 상승으로, 차례로 년 4000위안대, 5000위안대를 넘어섰다. 이는 7차 5개년 계획(1986~1990) 기간 이후 가장 높은 증가율이다.

셋째, 농업에 대한 과학기술 진보 공헌과 기계화 농업 수준이 52%에 달했고, 농업 생산 방식이 사람과 가축의 힘 위주에서 기계작업 위주로 전환하는 단계에 접어들었다.

넷째, 농업과 농촌 개혁개방 측면에서는, 집체소유 농지의 도급관계가 계속 안정 상태를 유지(保持)했고, 농촌토지 유전(流轉) 현상이 안정화되고 질서를 회복했고, 가정 농(목)장과 대규모 영농 농가가 부단히 생성되었다. 또한 농민전문합작사(農民专业合作社)가 37만 개, 농업 산업화 경영조직이 25만 개에 달하는 등 신형 농업 생산경영 주체가 점진적으로 발전·성장하고 있다. 농산품 수출입 무역액 1000억 달러를 돌파해 세계 3위의 농산품 무역국이 되었다. 농촌의 2차·3차 산업 발전 속도도 빨랐다. 농산품 가공업 생산액과 농업총산액비가 1.7:1로 제고되었고, 향진기업 증가치가 11조 위안을 초과해, 연평균 12.9% 증가했다. 여가농업(休閑農业)의 연간 접대 관광객 수가 4억 명·회를 초과했고, 영업수입은 1200억 위안을 초과했다.

다섯째, 농·임·목·어업 서비스업 총생산액이 2300억 위안을 초과해 2005년 대비 110% 이상 증가했고, 사회주의 신농촌 건설이 추진되면서 농촌 기초시설과 교육, 위생, 문화, 사회보장 등 사회사업이 가속적으로 발전했으며, 농촌의 면모와 경관을 현저하게 개선한 다수의 시범사업이 추진되었다.

한편, 11차 5개년 계획 기간 중의 실천과 성과를 통해서 얻은 교훈과 향후 농업 발전 정책은 다음과 같다.

첫째, 현대농업의 급속한 발전과 신농촌(新農村) 건설 추진을 통해서, 농업과 농촌경제의 양호하고 빠른 발전을 견지해야 할 필요성을 실천 과정에서 체득했다. 과학적 발전관을 중점 중의 중점으로 심도 있게 관철하고 전면적으로 구체화·착근시키고, 강농혜농 정책을 완비(完善)하고, 농업지원보호 체계를 건실하게 완비한다.

둘째, 국내 양식 기본자급 보장 방침을 필히 견지하고, 농업기반시설 및 장비건설 강화를 구체화하고, 농업종합생산 능력과 위험 대항 능력을 부단히 제고한다.

셋째, 농업과학기술 혁신 및 보급 서비스 강화를 견지하고, 농업과학기술 지원 능력을 실질적으로 증강시키고, 농업과 농촌경제 발전 방식 전변을 추동한다.

넷째, 농촌기본경영제도를 견지 및 완비하고, 농업 생산경영 체제 기제(机制) 혁신을 추동하고, 농업과 농촌경제 발전 활력을 부단히 증강시킨다.

다섯째, 도농통합발전 방책을 견지하고, '사회주의 신농촌' 건설을 심도 있게 추진하고, 도농 경제사회 일체화 발전의 새로운 틀 구축을 가속화한다.

이와 관련해 중국의 산업구조 변화 추이를 살펴보면 다음과 같다.

12차 5개년 계획 기간 중 중공 중앙은 '삼농'을 전당 공작에서 가장 중시했고, 강농(强農), 혜농(惠農), 부농(富農) 정책 체계를 부단히 완비했고 일정한 성과도 거두었다.

첫째, 농업종합생산 능력이 증가했다. 2015년 중국 전국 양식 생산량이 6.21억 t에 달해, 12년 연속 증산과 3년 연속 6억 t을 초과했고, 1무당 생산량이 366kg으로, 11차 5개년 계획 기간 말기에 비해 34kg 늘었다. 고표준(高标准) 농경지 4억 무를 조성했고, 농업장비 수준을 현저하게 제고했고, 농업과학기술 진보 공헌율은 56%, 농작물 경종 및 수확 종합기계화율은 63%에 도달했고, 농지 유효 관개 면적 점유 비중이 52%를 넘어섰다.

둘째, 농민 소득이 증대되었다. 2015년 중국 전국 농촌 주민 1인당 가처분수입(可支配收入)이 1만 1422위안에 달해, 증가 속도가 6년 연속 도시 주민 소득증가 속도를 초과했고, 도농 주민 소득 차이를 좁혔다.

셋째, 농촌기초시설 확충과 공공서비스 확대가 이루어졌다. 마실 물(饮水) 안전, 농촌전력 조건을 현저하게 개선했고, 농촌 도로 건설, 위험불량주택(危房) 개조, 농촌기초교육시설 등 모두 대폭 진전했다.

넷째, 생태보호와 수복(修复)이 이루어졌다. 5년간 누적 조림 면적 3000만 ha, 1.08억 ha의 천연림 유효관리보호 단계 진입, 전국 삼림 복개율 21.7%, 삼림 축적량 151억 m³ 도달, 초원 종합 식피복개율(综合植被盖度) 54% 도달, 수토 유실 누적 정비 면적 26.55만 km²이다.

다섯째, 농촌개혁 분야에서는 농촌토지 도급경영제도 개혁을 심화시키고, 전국의 토지경영권(土地承包经营权) 확정 등기 면적을 3억 무 이상으로 확대한다. 신형 농업경영 체계 구축을 가속화하고, 가정농장(家庭农场), 합작사(合作社), 선도기업(龙头企业) 등 신형 농업경영주체가 250만 가구, 농촌토지 징용 및 수용(征收), 집체(集体) 경영성 건설용지 시장 진입, 택지(宅基地), 농촌집체자산 지분 권능(权能) 개혁 실험지구 안정적 진행, 국유림구(国有林区), 국유림장(国有林场), 집체임권(集体林权), 농지 개간 등을 질서 있게 추진한다. 또한, 농산품 가격형성 기제(机制) 개혁을 심화시키고, 농업 지원 보호, 농촌사회 보장, 농촌사회 거버넌스(治理)제도와 도농 일체화(城乡一体化) 발전 체제기제를 점진적으로 완비한다.

2016년 10월, 국가발전개혁위원회와 유관 부문이 '중화인민공화국 국민경제와 사회 발전 13차 5개년 계획 강요(十三五规划纲要)'의 관련 배치에 근거해 '전국 농촌경제 발전 13차 5개년 계획'을 수립했다. 계획의 발전 목표는, 2020년 현대농업건설 전진 달성, 신농촌 건설 수준 제고, 농민 생활 전면 소강 수준(小康水平) 도달, 생태환경질량 총체 개선, 농촌 발전 활력 진일보 증강이라 설정했다. 구체적 목표와 그 실현 수단이기도 한 하위 목표는 다음과 같다.

첫째, 농산품 공급 보장 체계를 더욱 건전하고 효과적으로 한다. 농업종합생산 능력을 진일보 공고하게 승급시키고, 곡식(谷物) 기본자급, 식량(口粮) 절대 안전, 목화, 기름, 설탕, 육류, 계란, 우유, 채소와 수산품 자급율 안정 추세 유지, 농산품 품질 안전 유효보장 도달한다. 농업 발전 방식 전변 적극 추진, 지속가능발전 수준과 경쟁력 승급, 국제시장과 자원에 대한 장악 통제 능력을 안정적 증강시킨다.

둘째, 농촌경제 번영, 협조(协调)발전을 이룬다. 농촌경제 구조를 더욱 특화하

표 8-1 중국의 산업구조 변화 추이(1978~2018)(단위: %)

	1978	1990	2000	2005	2010	2015	2018
1차산업	28.2	27.1	15.1	12.2	10.1	8.4	7.2
2차산업	47.9	41.3	45.9	47.7	46.7	41.1	40.7
3차산업	23.9	31.6	39.0	40.1	43.2	50.5	52.2

자료: 中国统计出版社(2019: 58).

표 8-2 농·임·목·어업 생산구조 변화 추이(1978~2018)(단위: 억 위안)

	1978	1990	2000	2005	2010	2015	2018
총생산액	1397.0	7662.1	24915.8	39450.9	69319.8	101893.5	113579.5
농업	1117.5	4954.3	13873.6	19613.4	36941.1	54205.3	61452.6
임업	48.1	330.3	936.5	1425.5	2595.5	4358.4	5432.6
목축업	209.3	1967.0	7393.1	13310.8	20825.7	28649.3	28697.4
어업	22.1	410.6	2712.6	4016.1	6422.4	10339.1	12131.5

자료: 中国统计出版社(2019: 380).

고, 현대농업산업 체계 기본 구축, 농산품 가공 및 유통업 발전 가속화, 농업 다종 기능 개척, 양식작물, 경제작물, 사료작물 통합(粮经饲统筹) 기본 형성, 농·임·목·어(农林牧渔) 결합, 종식업(种植业), 양식업(养殖业), 농산품가공업 결합(种养加一体)을 하고, 1·2·3차 산업 융합 발전 틀과 농촌창업·취업 공간을 더욱 확대하고, '신형 도시화'의 농촌경제에 대한 복사대동(辐射带动) 능력을 진일보 증강한다.

셋째, 농민 생활수준과 질을 보편적으로 제고한다. 농민 수입 급속 증가 지속, 도농 주민 소득 격차 축소 지속, 현행 기준하에서 농촌빈곤 인구를 전면 탈빈곤(脱贫)을 이룬다. 농촌 홍수, 전기 공급, 도로, 통신 등 기초시설 진일보 완비, 거주환경경관 대폭 개선, 아름답고 살기 좋은 농촌 건설을 하고, 농촌공공서비스 수준 대폭 승급, 기본공공서비스제도 도농 통합, 기준 통일의 점진적 실현을 이룬다.

넷째, 생태환경의 질을 총체적으로 개선한다. 삼림 복개율과 축적량 지속적 제고, 초원 보호건설 강화, 자연습지 위축과 해양생태기능 하락 추세의 초보 억제를 한다. 중점 정비구역 수토 유실과 토지 사화, 석막화(石漠化)[1]를 방지 및 통제한다. 경지, 초원, 하천, 호수 휴양생식제도 기본 건립, 농업환경 돌출문제 정비(治理),

단계적 성과 및 효과를 획득한다.

다섯째, 농촌경제 체제를 더욱 성숙하게 하고 정형화시킨다. 농촌집체 자산소유권, 농가 토지도급 경영권과 농민재산권 보호제도를 더욱 건전하게 하고, 신형 농업경영 체계 기본 형성, 농업 지원 및 보호 강도 진일보 증대, 효능 특화, 현대농촌금융보험서비스 규모 확대, 수준 전면적 승급, 도농 경제사회 발전 일체화 체제 기제 기본적 건립을 한다.

중국의 1, 2, 3차 산업구조 변화 추이는 〈표 8-1〉과 같다.

이와 더불어 농·임·목·어업 생산구조 변화 추이를 살펴보면 〈표 8-2〉와 같다.

2. 지역별 농업의 특성과 발전 동향

일반적으로 각종 동식물은 모두 특정한 적응 환경을 갖고 있으며, 모종의 자연 환경 간에 특정한 의존 관계를 형성한다. 이 같은 '지역성'은 농업 생산에서 더욱 선명하게 나타나는데, 이는 자연 재생산과 경제 재생산이 교착되어 토지 등의 요소에 대해 특수한 의존성을 갖게 되면서 파생된다. 각 지역의 자연환경 간에는 서로 다른 특징과 차이가 있고, 이로 인해 농업 생산 분포는 뚜렷한 지역성을 나타내게 된다. 즉, 각 지역의 자연 조건과 사회경제 조건에 따라 농업, 임업, 목축업, 부업, 어업의 발전과 배치 그리고 농업기술 수준에 현저한 차이를 보인다. 중국에서도 이러한 조건들이 일정한 농업지대 안에서 상호 연관되고 영향을 미치면서 발전해, 각 지역은 다른 지역과 구별되는 특성을 형성했다.

1) 10대 농업지대별 현황

중국의 농업지대는 크게 동부와 서부로 나눌 수 있다. 동부 지대는 온도, 물, 토

---

1   석막화란 '석질황막화(石质荒漠化)'라고도 부르며, 수토 유실로 인한 지표토양 손실, 기층암석(基岩)이 노출되어 토지가 농업 이용 가치를 상실하고, 생태환경 능력이 퇴화되는 과정 및 현상이다. 석막화는 토층 두께가 얇은(대부분 10cm 이내) 석회암지구에서 자주 발생한다.

표 8-3 중국의 10대 농업지대 구분

동서 구분	지역 구분	농업지대
동부	화이하, 친링 북부	동북 지대, 네이멍구 및 만리장성 인접 지대, 황화이하이하 지대, 황토고원 지대
	화이하, 친링 남부	장강 중하류 지대, 서남 지대, 화남 지대
	해양수산지대	해양수산지대
서부	치롄산 북부	간쑤-신장 지대
	치롄산 남부	칭하이-시장 지대

그림 8-1 중국 농업 지역의 분포

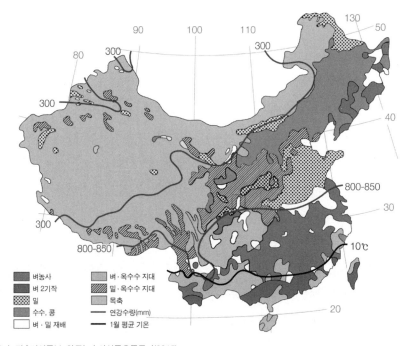

벼농사
벼 2기작
밀
수수, 콩
벼·밀 재배
벼·옥수수 지대
밀·옥수수 지대
목축
연강수량(mm)
1월 평균 기온

자료: 농림축산식품부·한국농수산식품유통공사(2015).

양의 기본 조건들이 비교적 잘 갖추어져 있고, 농업 발전의 역사가 오래 되었으며 인구가 조밀하다. 이 지역은 중국 농경지의 대부분을 차지하며, 농업, 임업, 어업, 부업 등이 집중된 지대다. 서부는 기후가 건조하고, 온도, 물, 토양의 기본 조건들이 상대적으로 열악하며, 대부분이 소수민족 지역으로, 농업 발전의 역사가 짧고 인구가 희소하며 노동력이 부족하다. 또한 농업 지역이 작게 분산되어 있고, 방목을 위주로 한다.

동부 지대는 다시 화이하, 친령(秦峯)을 기준으로 남북으로 나뉜다. 화이하, 친령 이북은 건조한 농경지가 주로 분포해 있다. 이 지역은 다시 동북 지대, 네이멍구 및 만리장성 인접 지대, 황화이하이하(黃淮海河) 지대, 황토고원 지대 등으로 구분된다. 화이하, 친령 이남에서는 수경(水耕) 위주의 농업이 이루어지고 있고, 다시 장강 중하류 지대, 서남 지대, 화남 지대로 구분한다.

서부 지대는 치롄산을 중심으로 북쪽을 간쑤-신장 지대로 나눈다. 이 지역은 땅은 광대하나 기후가 극히 건조해서 농업은 관개에 의존하고 있으며 방목의 비중이 크다. 치롄산 이남은 칭하이-시짱 고원 지대로, 방목을 위주로 하며 농작물, 임목, 가축 등은 모두 고랭지의 특성을 가지고 있다. 동부의 해양수산지대까지 포함시켜서 중국의 농업지대는 모두 10개로 구분된다(〈표 8-3〉).

(1) 동북 지대

동북농업지대는 헤이룽장, 지린과 랴오닝(서부의 허베이성과 연접한 차오양지구 제외) 등 3성과 네이멍구의 동북부 따싱안링지구를 포괄하며, 총 181개의 현 및 시로 구성되어 있다. 단, 행정구역별로 생산되는 통계자료 이용상의 편리에 따라 랴오닝, 지린, 헤이룽장 3개 성을 '동북 3성'으로 다룬다. 동북 지대의 토지 면적은 95.3만 km²이며, 농업 개간의 역사가 짧고 1인당 평균 농경지가 비교적 넓으며, 중국 전국에 상품식량과 콩, 목재 등을 공급하는 중요한 농업 생산 지역이다.

동북 지대는 토지, 물, 삼림자원은 비교적 풍부하나 일사량은 충분치 않다. 중부의 쏭넌 평원(松嫩平原)은 면적이 남한 면적의 3배인 30만 km²로 광활하고, 해발고도 50~200m, 경사도 6도 이하로 면적이 넓어 기계화 농업에 유리하다. 이 평원은 토층이 깊고 두텁고 비옥하며, 흑토, 칼슘토, 초목토 등이 넓게 분포되어 있다. 동부와 북부는 기온이 비교적 습윤하고, 연 강수량은 500~700mm이며, 평원의 지표수와 지하수가 비교적 풍부해 관개에 편리하다. 삼림 피복률은 32%에 이르며, 삼림 면적과 목재 축적량은 전국의 1/3에 달한다.

동북 지대는 위도가 높고 한랭한 날이 많아 농작물 생장 기간이 짧다. 서리 없는 날(無霜日)의 수가 북부 80~120일, 남부 140~180일이고, 적산(積算)온도[2]도 높지 않다. 랴오닝 남부 지역이 비교적 온난한 것 외에는 대부분의 지역에서 겨울에 밀이 자랄 수 없고, 따라서 1모작 수확밖에 하지 못한다. 북부는 농작물 생장기 내에 자주 저온과 냉해가 출현해서 벼, 옥수수, 수수, 대두 등의 농작물의 정상 성숙에 영향을 주고, 생산량을 대폭 감소시킨다. 특히 산장 평원과 쑹화강 중하류 지구에 저온과 냉해가 빈번하게 출현한다.

동북 지대의 농산품 생산은 중국 내에서 중요한 위치를 차지하고 있다. 옥수수, 콩, 밀, 조, 수수는 전국의 5대 식량작물로, 주요 작물의 전국 생산량 점유율을 보면, 수수, 콩, 조가 40~50%, 사탕무 2/3 이상, 목재 1/2 이상, 잠사 1/3 이상이다. 이 지역은 1인당 식량 생산량이 800kg 이상으로 전국에서 1인당 곡물 생산량이 최대이다. 또한 황무지 개간의 중점 지역으로서 1949년 이래 개간한 농경지가 현 경지 면적의 30%를 차지하며, 국영농장 면적의 전국 점유율이 1/2에 달한다. 하지만 이 지역은 농업의 단위면적당 생산량이 낮고, 생산량이 일정하지 않으며, 자연재해의 위협이 비교적 높다.

(2) 네이멍구 및 만리장성 인접 지대

네이멍구자치구 바오터우의 동쪽 지역, 랴오닝 차오양지구, 허베이 청더와 장자커우, 베이징 옌칭(延庆)현, 산시의 서부와 서북부, 섬서 위린 지역 및 만리장성과 인접한 각 현, 닝샤의 옌츠(盐池)와 통신(同心) 등 모두 130개의 현으로 이루어져 있으며, 토지 면적은 80.1만 km²이다. 이 지역은 반습윤에서 반건조 또는 건조로 바뀌는 지대이다. 농업과 목축업이 함께 이루어지며, 전국 목축업 생산에서 중요한 위치를 점하고 있다.

이 지대는 자연은 물이 충분하지 않고, 초원이 넓어 목축업과 임업에 적합하다. 연평균 10도 이상의 적산온도가 2000~3000도이며 무상일수가 100~150일이다. 농작물은 매년 한 번 수확한다. 이 지역은 동남 계절풍의 영향을 받는 말단으로, 강우량이 적지만 그 변화의 폭은 커서 동남부는 연평균 강우량이 400~500mm, 서

---

2 적산온도란 각 작물의 생장에 필요한 최소한 선 이상 온도의 날수와 온도를 누적 합산한 것으로, 주로 식물 분포의 지표로 사용된다.

북부는 200~300mm이다. 봄은 매우 건조하며, 남부와 동남부의 황하와 서랴오하 일대를 제외하고는 대부분의 지역이 구릉·산지여서 관개 조건이 열악하다. 이 지대의 따싱안령 동남부에서 서북쪽으로 따칭산(大靑山) 이북에 이르는 지역은 전국적으로 유명한 유목지대로 매우 넓은 초원이 있다. 동부의 후룬베이얼 고원과 시맹(錫盟) 동부 초원은 초원 피복률이 65~80%를 차지하고, 중국 제일의 목초지 생산지이다(초원 1무당 200~300kg의 목초 생산).

이 지대의 북부는 목축업지대이고, 중부는 농업과 목축업이 함께 이루어지고 있으며, 남부는 농업지대이다. 농업의 주요 파종 식물은 봄밀, 옥수수, 수수, 조, 기장, 메밀 등이며, 내한성 식물 기름작물로 참깨, 봄유채, 해바라기, 사탕무 등이 있다. 그러나 대부분 농경지의 단위생산량이 전국 농경지에 비해 매우 낮다. 목축업으로는 면양, 산양, 소, 말 등 가축이 주류를 이루며, 전 지역의 1인당 사육하는 양은 2.96마리로, 이는 전국 가축 사육에서 중요한 위치를 점한다.

(3) 황화이하이하 지대

만리장성 이남, 화이하 이북, 타이항산 및 위시산(豫西山)의 동쪽, 베이징의 대부분, 톈진, 허베이성의 대부분, 허난성의 대부분, 산동성, 안후이성과 장쑤성의 화이베이지구 등 375개 현과 시를 포함한다. 토지 면적은 44.4만 km²이며, 농업 인구는 2.08억 명이다. 경지 면적은 중국에서 제일 넓고(전국의 1/5 이상), 개간지수도 제일 높은(전 지역이 50% 이상) 농업지대이다. 이 지역은 중국 전국에서 밀, 면화, 땅콩, 깨를 제일 많이 생산하는 곳이다.

전 지역의 3/4 이상이 해발 100m가 되지 않는 광활한 평야 지대이며, 전국 최대의 충적 평원으로, 토양이 두터워 대규모의 기계화에 유리하다. 전 지역이 온난기후에 속하고, 연평균 10도 이상의 적산온도가 4000~5000도이며, 무상일수가 175~220일이어서 2년 3작 또는 1년 2작까지 가능하다. 연 강우량은 500~800mm이며 지표수와 지하수 자원이 풍부해 관개에 유리하다. 하지만 강우량이 고르지 못해, 대부분 봄에는 가물고 여름에는 폭우로 인해 황하가 범람해 농작물에 피해를 주기도 한다.

이 지대는 중국 고대 문화의 중심지이며, 농업의 역사가 길어 토지 개간 정도가 전국에서 으뜸이다. 식량작물은 밀, 옥수수를 주로 하는데, 이 부문의 생산량은 전국 제일이며, 그다음으로는 감자, 고구마, 수수, 조, 콩 순이다. 면화, 땅콩, 깨, 담배 등 경제작물의 재배 면적과 생산량 또한 전국 제일이며, 온대지역의 과일인 사과, 배, 감 등의 생산량도 전국 1위이다. 하지만 임업과 목축업은 미약하고 삼림 피복률이 7~8% 정도로서 동부 농업지대 가운데 제일 낮다.

(4) 황토고원 지대

황토고원 지대는 타이항산의 서쪽, 칭하이성 르웨산(日月山) 동쪽, 푸뉴산(伏牛山) 및 친령 이북, 만리장성 이남, 허베이성 서부의 일부 현, 산시성의 대부분, 허난성의 서부, 섬서성 중북부, 간쑤성의 중동부, 닝샤자치구 남부 및 칭하이성 동부를 포함하며, 모두 227개의 현과 시로 이루어져 있다. 토지 면적은 40.6만 km²이고, 대부분 황토고원 지대로써 건조작물 생산을 위주로 하며, 물과 토지의 유실이 심해 생산량이 극히 적어 종합적인 치수사업이 필요한 지대이다.

이 지대는 연평균 10도 이상의 적산온도가 3000~4300도이고, 무상일수는 120~250일이며, 만리장성 이남과 류판산(六盤山) 동부의 대부분 지역은 이모작이 가능하다. 연 강우량은 400~600mm이며, 봄 가뭄이 특히 심하다. 산시와 섬서의 일부 계곡 분지를 제외하고는 대부분의 지역이 해발 1000~1500m의 황토 고원이다. 황토 입자는 가늘고 토질이 부드러워 지표면에 식생이 부족하다. 이러한 조건에서는 토양이 물에 쉽게 침식되는데, 특히 여름의 집중호우와 폭우로 지표면의 침식이 심하므로 농작물의 재배가 용이하지 않다. 산간 분지 등의 농사에 적합한 땅은 10%도 되지 않고, 대부분의 경지가 10~35도 정도의 황토 구릉에 위치하고 있어 수리의 개선과 기계화에 불리하다.

이 지대의 관중(섬서의 웨이하 유역 일대), 산시 남부, 허난 서부 지역은 중국 고대 문화의 요람이고, 농업 개간의 역사가 매우 오래되었다. 이 지역은 밀과 면화의 주요 생산지이며, 황하 유역의 평원 분지는 관개사업이 발달해 식량 생산이 1무당 200~300kg에 이른다. 광대한 황토 고원 위에는 밀 이외에 가뭄에 잘 견디는 조, 기장 등을 재배하고 있다.

(5) 장강 중하류 지대

장강 중하류 지대는 화이하-푸뉴산 이남, 푸저우-잉더(英德)-우저우(梧州) 선의 이북, 어시산(鄂西山)-쉐링산(雪峯山) 선의 동쪽, 허난성의 남부, 장쑤, 안후이, 후베이, 후난의 대부분, 상하이, 저장, 장시의 전부, 푸젠, 광동, 광시의 북부 등을 포함하며 총 544개의 현과 시로 이루어져 있다. 토지 면적은 96.9만 km²이고, 농업 인구는 2.18억 명이며, 총 경지 면적은 1653ha로, 매 100명의 농업 인구당 7.59ha를 경작하고 있다. 인구는 많고 경지 면적은 적으며 물과 일사량이 풍부하고, 농·임·어업이 발달해 있다. 장강 중하류 지대는 전 지역이 북아열대 혹은 중아열대에 속하며, 기후는 온난 습윤하다. 연평균 10도 이상의 적산온도는 4500~6500도이며, 무상일수는 210~300일이다. 밀이 겨울을 지내도 생장발육이 멈추지 않으며, 소수의 산지를 제외하고는 일 년에 2~3회의 수확이 가능하다. 연 강우량은 800~2000mm이며, 우기가 비교적 길다.

장강 이남 지역은 봄의 강우량이 많고, 여름에는 상대적으로 적어 늦여름에 한발의 위협이 있다. 지형은 평원이 1/4이고 구릉산지가 3/4이다. 평원은 크고 작은 강이 흐르는 충적 평원이며 토지가 평탄하고 비옥하다. 이 지대에는 특히 호수와 강이 많아 중국 담수면적의 절반을 차지하는, 중국의 주요한 농업지대이자 담수 수산지대이다. 장강 중하류 지대의 경제작물, 임산물, 담수어 등은 전국 최대의 생산량을 차지한다. 전국 식량의 31%를, 그중에서도 벼 생산은 전국의 57%, 유채는 75%, 차는 73%, 잠사는 48%, 담수 수산물은 60%를 차지한다. 평균 이모작 지수가 223%이고, 1무당 수확량은 295kg으로 전국의 농업지대 중 제일 높다. 하지만 토지와 수자원 이용이 합리적이지 못하고, 자연재해의 위협이 여전하고, 각 지역의 생산 수준이 불균등해서 생산 잠재력을 충분히 발휘하지 못하고 있다.

(6) 서남 지대

이 지대는 친령(秦峯) 이남에 위치하며, 바이써(百色, 광시)-신핑(新平, 윈난)-잉장(盈江, 윈난) 선의 이북, 이창-수푸(淑浦) 선의 서쪽, 촨시(川西) 고원의 동쪽, 섬서 남부, 간쑤 동남부, 쓰촨과 윈난의 대부분, 구이저우성, 후베이, 후난, 광시의 북부를 포함하며, 총 432개의 현과 시로 이루어져 있다. 토지 면적은 100.8만 km²이며, 산지 구릉이 많은 중요한 농림업 생산지이다.

이 지대는 약 95% 이상의 면적이 구릉산지와 고원 지대이며, 대부분이 해발 500~2500m이고, 제일 높은 곳은 4000m가 넘는다. 평지가 적은 관계로 개간지수가 13.5%에 불과하며, 수경이 가능한 경지 면적은 40%이다. 전 지역이 아열대 기후에 속하며, 물과 기후 조건은 좋으나 일사량이 비교적 적은 편이다. 친령다바산(秦嶺大巴山)이 추위와 습기를 막아주어 겨울에도 따뜻해 생물이 자랄 수 있다. 이 지역의 강우량은 800~2000mm이나 계절별로 고르지 못해 봄에는 가뭄, 여름에는 한발, 가을에는 가뭄이 자주 발생해 농업 생산을 위협한다.

서남 지대는 중요한 식량 생산지이며, 유채, 땅콩, 고구마, 담배, 차, 감귤, 잠사 등을 생산하는 지역인 동시에 중국의 주요한 목재, 임산물, 축산물의 생산지이다. 가축은 소, 돼지, 산양 등을 주로 사육하며, 오동기름과 옻칠은 전국 생산의 80~90%를 차지하며, 기타 여러 종의 임축산물과 약재를 생산한다. 하지만 우수한 자연 조건에 의한 생산 잠재력을 충분히 발휘하지 못하고 있고, 이모작 지수가 낮으며(평균 159%), 단위당 생산량이 높지 못하다(1무당 232kg). 쓰촨 분지는 역사적으로 전국에서 유명한 식량 생산지이지만, 근 20여 년 동안 식량 생산이 적었다. 원난 고원지의 식량은 더 말할 것도 없다. 이곳은 지형이 복잡하고 소수민족이 많으며, 농업 생산지 또한 각양각색이어서 생산량이 매우 빈약한 지역이다.

(7) 화남 지대

화남 지대는 푸저우-따푸(大埔)-잉더-바이써-신핑-잉장선의 이남, 푸젠성의 동남부, 타이완, 광동 중부 및 남부, 광시 서남부 및 윈난 남부, 하이난성 전부를 포함하며, 총 192개의 현과 시로 이루어져 있다. 총면적은 49.6만 km²이고, 전 지역이 남아열대 혹은 열대지역이며, 중국에서 유일하게 열대작물을 재배하는 지역이다.

온도가 높고 비가 많이 내리며 수자원이 풍부하고, 연평균 10도 이상의 적산온도는 6500~9500도이며, 무상일수가 300~365일이다. 겨울에도 온난해 작물 성장이 빠르며, 식량 작물은 일 년에 3~4회 수확이 가능하다. 남부는 3모작이 가능하며 각종 열대작물과 열대 과일, 열대 경제작물 등을 재배할 수 있다. 연 강우량은

1500~2000mm이며, 타이완의 화샤오랴오(火燒療)는 전국 최대의 강우량 지역으로 연평균 6489mm에 달한다. 산이 많고 경지는 적어 약 90% 이상의 면적이 구릉산지이고, 농사지을 수 있는 분지 또한 제한적이다. 농지 면적이 넓지 않은 관계로 100명당 농경지가 7.08ha에 불과하고, 주강삼각주, 차오산(潮汕) 평원 및 민난(閩南) 평원의 농경지는 3~5ha이다. 이 지역의 구릉산지는 생물 자원이 매우 풍부하고 종류 또한 다양하며, 희귀한 동식물자원이 풍부하다. 이 지역의 삼림 피복률은 30% 이상이다. 약 90% 이상의 면적이 구릉산지여서 농업에 적당한 평원과 경작이 가능한 면적이 넓지 않아 농민 100명당 경작 면적은 7.08ha이며, 주강삼각주나 차오산 평원 및 푸젠 연해 지대의 평원은 100인당 평균 면적이 3~5ha에 불과하다. 단, 생물자원은 매우 풍부하며 열대, 아열대 지역에 서식하는 희귀한 나무나 동물들이 많이 있다.

이 지대의 농림수산물 생산은 전국적으로 중요한 위치를 점한다. 사탕수수 경작 면적은 전국의 70%를 점하고, 열대와 아열대 지역의 과일인 바나나, 파인애플, 여지, 감귤 등의 생산지이다. 주강삼각주는 전국에서 유명한 상품작물인 고구마, 잠사, 내수면 수산물 생산지이다.

(8) 간쑤-신장 지대

바오터우-옌츠-텐주(天祝) 선의 서쪽, 치롄산-아얼진산 이북, 신장 전부, 간쑤의 허시 회랑, 닝샤 중북부, 네이멍구 서부의 총 131개의 현과 시를 포함하며, 토지 면적은 225.4만 km²이고 국경선을 점하고 있다. 기후는 건조하고 땅은 넓지만 인구는 적다. 소수민족이 거주하고 있고, 관개에 의지해 경작하며 목축업을 위주로 한다.

이 지대는 깊은 내륙지로 해양성 계절풍의 영향이 미약하고 대부분이 건조하고 무더운 사막기후다. 연평균 10도 이상의 적산온도가 2600~4300도이며, 맑은 날이 많고 복사열이 강하며 일조시간이 길다. 이러한 조건은 광합성 작물의 재배에 유리해, 특히 수박, 참외, 사탕무 등의 작물 재배에 유리하다. 이 지대의 기후는 건조하고 더우며, 연평균 강우량이 250mm 이하이고, 건조도는 2.5 이상이다. 절반 이상의 지역은 강수량이 100mm보다 적고 건조도가 4.0 이상이다. 아얼타이산,

쿤룬산, 치롄산 등은 강수량이 비교적 풍부하고(400~600mm), 해발 3500m 이상의 고원에는 눈과 얼음이 있어 관개에 도움을 준다. 사막, 반사막, 또는 산지이고, 경작이 가능한 경지 면적은 2%에 불과한데, 95% 이상이 사막 또는 반사막이고, 경작이 가능한 지역은 수박, 참외, 사탕무 등 당도가 높은 과일을 재배한다. 경작이 불가능한 지역은 계절적인 방목으로 면양, 산양, 말, 소 등의 가축을 사육한다. 계절적인 방목은 대부분 하늘에 의존하며 계절별 목장도 불균형적이며, 초원의 조성 또한 매우 형편없고 재해에 대한 능력도 열악하다.

(9) 칭하이-시짱 지대

시짱자치구, 대부분의 칭하이성, 간쑤성 남부 및 톈주 장족자치현, 수난(肅南) 위구족자치현, 쓰촨성 서부, 윈난성 서북부 등을 포함하며, 총 155개의 현과 시로 이루어져 있다. 토지 면적은 226.9만 km²이며, 전국 토지 총면적의 23%, 농업 인구의 0.5%, 초지의 30%, 가축의 10%를 차지하는 중국의 중요한 목축업·임업 지역이다.

이 지대는 중국 최대의 고원 지대로, 4000~6000m의 산지와 3000~5000m의 많은 분지가 있다. 대부분의 지역은 지세가 높고, 적산온도 열량이 부족하다. 해발 4500m 이상의 고원 면적이 75%에 달하고, 가장 더운 달에도 평균 기온이 6~10도이며, 무상일수가 없으므로 계곡에 작물이 자라기 힘들어 방목만이 이루어진다. 동부 및 남부의 해발 4000m 이하 지역에서는 연평균 10도 이상의 적산온도가 1000~2000도에 달해 내한성 작물을 재배할 수 있고, 지대 내 최남부의 강과 인접한 지역에서는 옥수수, 벼 등을 재배할 수 있다. 천연 초지가 1.3억 ha를 차지하며, 이는 총토지 면적의 60%를 차지한다.

이 지대의 농업과 목축업, 임업은 모두 고랭지의 공통점을 가지고 있다. 가축, 농작물, 수목 등은 모두 고랭지 자연환경에 적응력이 강한 것들이다. 가축은 내한성이 있는 야크, 신장 면양, 신장 산양 등이 주류를 이루고 있다. 농작물로는 쌀보리, 밀, 완두, 감자, 유채 등 내한성 작물이 주종을 이룬다. 동남부의 지세가 낮은 계곡 등에는 약간의 온대성 농작물과 가축이 있는데, 황소, 돼지 등의 가축과 옥수수, 벼 등의 농작물이다.

(10) 해양수산지대

해양수산지대는 북에서부터 남으로 랴오닝, 허베이, 톈진, 산둥, 장쑤, 상하이, 저장, 푸젠, 광둥, 하이난, 광시 등 11개 성과 접해 있다. 남쪽의 난사(南沙)군도에서 북쪽의 요동만까지 약 44도의 위도 범위에 걸쳐 있으며, 열대, 아열대, 난온대, 온대를 포함하고 있다. 북쪽으로부터 발해, 황해(黃海), 동중국해(东海), 남중국해(南海)와 타이완 동쪽의 태평양 서부 등 5대 해역을 포함하고 있다. 총면적은 120.8만 해리이며, 그중에 200m 이내의 대륙붕 지역은 43만 해리이다.

이 지역은 어류들이 군집해 있으며, 품종 또한 다양하다. 자료에 의하면 약 1000여 종이 있는데, 이 중 중요한 경제적 가치가 있는 어류로는 갈치, 조기, 참조기 등이며, 연체동물로는 오징어, 해파리 등이 있고, 갑각류로는 새우, 큰새우, 보리새우, 바닷게 등이 있다. 이외에도 굴, 섭조개, 고막, 맛조개, 가리비, 전복 및 대합, 바다표범, 해삼, 물개, 바다거북 등과 다시마, 김, 우뭇가사리 등이 있다.

2) 최근의 생산 방식 특성에 따른 지구 구분

(1) 동부연해지구

동부연해지구는 위치, 자원, 기술 우위 등을 충분히 발휘하고, 적시에 농업 구조를 조정하면서 적극적이고 유효하게 농촌경제 발전을 추진하고 있다.

첫째, 식량작물 생산 면적을 대폭 축소하고 고부가가치의 과일, 화훼, 채소, 찻잎 등의 재배 면적과 수산양식 면적을 늘린 결과, 경지 면적당 및 농업 노동력당 가치 산출량이 모두 현저하게 제고되었다.

둘째, 비농업산업이 급속하게 발전했다. 비농업 부문 소득이 농촌 주민의 소득 중 70%에 달한다.

셋째, 농업 생산이 자급자족 위주에서 국내 및 국외 시장 판매 위주로 전환되었고, 중국의 농산품 수출지구가 되었다.

이 지구의 향후 농업 발전 방향은, 국가급 농산품 수출기지 조성 등 대외 지향형 발전 추세 강화와, 부가 가치가 높은 채소, 과일, 화훼 등 경제작물과 축산품 및 수산품 생산 강화이다. 예를 들면, 산둥성 자오둥반도(胶东半岛)의 온대 과일과 땅콩, 수산품 기지, 장강삼각주지구의 비단, 담수어류 기지, 저장성 동부와 푸젠성 북부의 찻잎과 수산품 기지, 푸젠성 남부와 광둥성 중부의 아열대 과일과 야채, 담수어류 기지 등을 조성한 것이다.

(2) 전통농업지구

전통농업지구는 전국의 상품 곡물과 가공 양식, 그리고 사료용 곡물 생산기지이다. 비록 곡물 작물의 비중이 하락하고 기름작물(油料), 채소 등 비양식작물 비중이 급증하고 있긴 하지만, 여전히 식량작물의 절대 우위 지위가 흔들리지 않고 있다. 최근에는 수산 양식업 비중이 대폭 증가했고, 목축업도 장려하고 있다.

(3) 대도시 교외지구

동부연해지구 외에 내륙의 대도시 교외지구도 시장과 가깝고, 농업 현대화 수준이 상대적으로 높은 비교 우위를 적극 활용하면서 농업 생산이 우수 품질과 고효율 추구 방향으로 발전하고 있다. 대도시 교외지구는 관광농업과 고투자·고수익의 시설 농업 방향으로 발전하고 있다. 또한 녹색 무공해 농산품을 발전시키고, 선별, 등급 구분, 포장, 가공, 저장 등을 통해 농산품의 품질 안전 수준과 등급을 높이는 데에도 주력하고 있다.

(4) 서부 생태취약지구

서부 생태 취약지구의 농업 조정 방향은, 첫째, 퇴경환림[3] 정책 시행 기회를 이용해 경제림과 용재림(用材林)의 육성 발전을 추진하고, 퇴경환초 시행 과정에서는 초지 회복 건설 강화와 목초자원 증대 추진 기회를 이용해 목초 생산량과 목축 수용량을 증대시키고, 생산품의 가공을 심화해, 다양한 충차로 부가 가치를 증대시킨다. 둘째, 태양광과 열 등 자원 우위를 충분히 이용해 전통 우세 산

---

3 '퇴경환림', '퇴경환초'는 서북부지구에서 토지 사막화 문제에 대한 대응책으로 물소비가 많은 경지를 임지나 초지로 환원시키는 정책을 가리킨다.

품의 생산을 보호 유지하는 동시에 우수 품질과 고효율의 특색 농산품 생산 발전을 촉진시킨다. 예를 들면, 윈궤이(云貴) 고원[4]의 연초건조기지, 웨이베이(渭北) 고원[5]과 간쑤성 동부 지구의 우량 품질의 상품과일 기지, 신장과 허시 주랑의 특색과일기지, 신장 우수품질 면화기지, 시짱 동남부의 유명하고 진기한(名貴) 약재 기지 등을 지역화·전문화·규모화·산업화 생산의 특색 농산품 공급 체계를 구축한다.

3. 중국 농업의 최근 동향과 문제

1) 개혁개방 이후 농업 발전 현황과 특징

(1) 농업 생산량 증가

농촌경제 체제 개혁과 농업 현대화 건설을 추진한 결과 중국의 농업 생산은 지속적으로 증가했다. 양식을 포함한 대부분의 농산품 생산 능력이 대폭 제고되어 농업 생산과 농산품 공급이 양성순환 추세를 보이고 있고, 과거의 장기적 전면적 부족 상태에서 총량 평형 및 잉여 단계로 전환되었다. 양식 총생산량은 1978년 3억 476.5만 t에서 2007년 5억 160.3만 t으로 증가했다(路紫, 2010: 158).

2018년 주요 농산품의 1인당 생산량을 1980년과 비교해 보면, 식량이 1.4배 증가했고, 가장 큰 폭으로 증가한 과일 생산량은 무려 26.7배 증가했다. 이외에 수산품이 10배, 찻잎과 돼지·양고기가 각각 6.2배, 3.8배 증가했다(〈표 8-4〉).

---

4   윈난성 동부에서 구이저우성 전역을 범위로 하는 대고원이다.
5   간쑤성에서 발원해 섬서성에서 징수(泾水)와 합류해 황하로 흘러들어 가는 위수 북부의 고원 지대이다.

표 8-4 주요 농산품 1인당 생산량 변화 추이(1980~2018)(단위: kg)

연도	식량 (곡물)	면화	유료	당료 (糖料)	찻잎	과일	돼지고기· 양고기	수산품
1980	326.7	2.8	7.8	29.7	0.3	6.9	12.3	4.6
1985	360.7	4.0	15.0	57.5	0.4	11.1	16.8	6.7
1990	393.1	4.0	14.2	63.6	0.5	16.5	22.1	10.9
1995	387.3	4.0	18.7	65.9	0.5	35.0	27.4	20.9
2000	366.0	3.5	23.4	60.5	0.5	49.3	37.6	29.4
2005	371.3	4.4	23.6	72.5	0.7	123.7	42.0	33.9
2010	418.0	4.3	23.6	84.5	1.1	150.2	46.2	40.2
2015	481.8	4.3	24.7	81.8	1.66	178.9	48.9	45.1
2018	472.4	4.4	24.7	85.7	1.87	184.4	46.8	46.4

자료: 国家统计局(2019b: 14~15).

(2) 농업 생산 배치의 전문화·지역화

개혁개방 이후 상품경제의 발전에 따라, 모든 지역이 전통적인 '농업-종식업-식량작물'을 고수하던 고도로 단일화된 지역생산 모델에서 벗어나서, 각 지역이 자신의 비교우위에 근거해 자원을 배치하고 전문화 및 지역화된 상품생산 체계를 형성했다. 즉, 경지자원을 많이 점유한 지역은 양식 생산에 집중해 주요 식량작물 생산지구를 형성했고, 초지(草場), 연해지구, 산지자원의 우세를 보유한 지역은 목축업, 수산 양식 및 임업 등에 주력해 식량작물보다 부가가치가 높고 생태환경 효율이 높은 축산, 수산, 임업 제품 및 경제작물을 생산하는 특종 농산품 생산기지를 조성했다. 또한 정보, 기술, 자본, 지리 위치 등이 우세한 대·중도시 교외 지역에서는 과학기술 함량과 부가가치, 그리고 경제효율이 보다 높은 경제작물, 수산 양식, 축산양식, 그리고 수출농산품 발전에 주력해, 현대화된 농업고급과학기술 산업구를 건설했다. 또한 신농촌 건설 추진 등에 따라 비닐하우스 농업, 목축 양식 단지 등 시설농업이 농업 효율 증대를 위한 새로운 추세가 되었고, 이에 따라 농업의 집약화 정도도 현저하게 제고되었다.

(3) 농업 생산 및 농촌경제의 구조적 변화

중국의 종식업 구조는 이미 식량 작물 생산 위주에서 식량과 경제작물 및 사료 작물이 전면 발전하는 구조로 전환되었고, 전체 농업의 내부 구조도 종식업 위주에서 종식업과 임업, 목축업, 어업이 함께 발전하는 구조로 전환되었다. 식량작물 점유율은 농작물 파종 면적 측면에서는 1978년 80%에서 2005년 67%로 감소했다. 단, 2005년 이후에는 소폭 상승해 2018년 식량작물 파종 면적 비중이 70.55%에 달했다. 농업총생산액 측면에서는 1978년 80%에서 2005년 50%로, 2018년에는 37%로 감소했다(중국 전국 농업총생산액 6조 1452.6억 위안 중 곡물양식 생산액은 22487.3억 위안).

또한 농촌경제의 구조는 농업 위주에서 농업과 비농업 산업의 협조발전 구조로 전환되었다. 상당한 부분의 농촌지구에서 2차 및 3차 산업의 비중이 농촌경제의 60% 이상을 차지하고 있다. 농촌산업 구조 또한 농산품 생산의 수평적 영역 발전에서 농산품 가공 유통의 수직적 영역으로 발전했는데, 이에 따라서 농업산업 체계를 완비하고, 산업 체인을 연장하며, 농업 초급생산품의 부가가치를 높였다.

중국 특색의 농촌 현대화 노선으로 간주하고 중시하던 향진기업과 소성진의 발전 추진 과정에서 중국 농촌의 취업 구조에도 획기적인 변화가 발생했다. 긴 역사 기간 동안 중국의 농촌은 노동력 잉여 상태였고, 또한 많은 노동력이 대부분 전통 농업 부문에 집중되어 있었다. 1990년대 이래 대량의 농업 노동력이 각종 형식으로 농업 부문에서 이탈하기 시작했다. 1978~2018년 기간 중 총노동인구 중 농업 노동력의 비중이 71%에서 26%로 감소했고, 농민의 노임 급여 형식의 소득이 농민 순수입의 약 30%를 점유했다. 그 결과 농촌의 종합경쟁력이 강화된 면도 있으나, 주강삼각주와 장강삼각주지구 등 경제발달지구 주변 농촌지구에서는 농촌 노동력 부족 현상이 나타났다.

(4) 농업 발전에 대한 과학기술 영향 증가

1990년대 중기 이래, 농업 부문의 고급 신기술 발전 속도가 빨라졌고, 일련의 성과가 무르익었다. 예를 들면, 벼, 옥수수, 유채, 면화의 우세종 교배의 이용과 조직 배양, 생물농약과 비료, 유전자 전환 채소와 면화, 주요 가축·가금 전염병 백신 등 기술의 산업화가 실현되기 시작해서, 과학기술의 농업 발전에 대한 공헌율이 42%까지 올라갔다. 이 중 옥수수 기계화 수확 수준은 2008년의 10.6%에서 2016년 61.7%로 성장했다. 최근에는 원격탐사(remote sensing: RS), 지리정보시스템(geography information systems: GIS), 지구 위치지정 시스템(global positioning systems: GPS) 등의 기술을 응용해 농업자원 조사와 동태 및 재해 감측과 피해 평가, 옥수수, 벼, 면화 등 주요 농작물에 대한 생산량 예측 등 방면의 업무도 수행하면서 농업 생산 증가와 효율 제고를 촉진하고 있다. 또한 종합 농업기계화 작업 수준이 이미 40%에 도달했으며, 이 중 경작, 파종, 수확 분야별로 기계화 수준은 각각 50%, 35%, 24%이다. 일부 지구는 종합 기계화 수준이 45~50%에 달한다. 전국 농작물 경작 종합 기계화 수준이 2008년의 45.8%에서 2015년 63.8%로 증가했고, 2015년 경작, 파종, 수확 분야별로 각각 80.4%, 52.1%, 53.4%이다(焦长权·董磊明, 2018). 농업 기계화의 작업 영역도 농토 내 작업 기계화에서 농업 생산 전 과정의 기계화로, 그리고 농산품의 조방적 가공에서 심화 가공으로 발전하고 있다.

(5) 농업 생산력 중심이 북방으로 이전

동북지구와 화북지구는 농업 자연 조건이 우월하기는 하지만, 원래 농업 생산력 수준은 상대적으로 낮았고, 중간 수준 및 저수준 생산 농지 면적이 비교적 많았다. 그러나 1990년대 이래 농업자원의 개발과 농업기본시설의 개선, 그리고 농업 구조조정에 따라 농업 발전이 급속하게 진행되었다. 특히 토지자원의 개발 측면에서 매우 큰 진전이 있어서 경지 면적은 줄지 않았고, 농업 생산효율은 대폭 증가했다. 농업 생산액이 전국 농업 총생산액에서 차지하는 비중으로 보면, 화북지구가 가장 큰 폭으로 증가했고 그다음이 동북지구이다. 화중지구는 기본적으로 안정 상태를 유지했으나 동남연해지구와 서남지구는 모두 감소했다.

화중지구와 동남연해지구의 식량작물 생산량 감소의 주요 원인은 파종 면적이 감소한 때문이다. 식량작물의 단위면적당 생산량 증가도 화북지구와 동북지구보다 많이 낮고, 벼농사 중심이 북쪽 방향으로 이전하는 추세가 뚜렷하다. 벼농사가 북방으로 이전하는 것은 기술 진보의 결과이다. 품종 개량과 재배기술 개혁이 북방지구에서 벼농사에 적합한 범위를 큰 폭으로 확대했고, 단위면적당 생산량 증가를 촉진했다.

목축업 생산 중심이 북방으로 이전한 것은 동북과 화북지구 목축업 발전 속도가 전국 평균 수준을 초과했음을 나타낸다. 돼지, 소, 양고기 생산량 증가 속도 순서로 보면 동북지구, 화북지구, 화중지구, 서북지구 순이고, 서남과 동남 연해지구는 모두 상대적으로 낮다. 목축업 생산기지가 북방으로 이동했다는 것은, 중국의 식량작물 주 생산기지인 북방지구가 점진적으로 축산품 생산기지가 되고, 농업 생산품의 변화와 가치 증가를 촉진하고 있음을 의미한다.

2) 중국 농업의 주요 문제점

(1) 도농 간 소득 격차 확대

농민과 도시 주민 간 소득 격차가 갈수록 커지고 있고, 도농이원구조 문제가 여전히 돌출되고 있다. 농민 소득 증가 속도가 느리고 불안정한 주요 원인은 농업 노동 생산율의 낮음과, 향진기업 발전의 침체 등을 들 수 있다. 반면에 도시 주민 소득수준은 대폭 상승 추세여서 도시-농촌 간 주민소득 차이가 갈수록 확대되고 있다. 농민과 도시 주민 간의 수입 비율 차이 추이를 보면, 1980년대 중기에 1:1.8, 1990년에는 1:2.2, 2000년 1:2.8, 2007년 1:3.3이다. 2018년에는 도농 간 주민 1인당 평균 가처분소득(人均可支配收入)을 비교해 보면 도시(城镇) 주민 가처분소득은 3만 9251위안이며, 농촌 주민(1만 4617위안)의 2.7배로 격차가 다소 완화되었다.

(2) 잉여노동력 취업 문제

농촌 노동력 전이는 도시화 진행과 농촌인력자원 개발, 농촌산업 승급(昇級)과 일정한 관계가 있다. 산업구조가 기술과 자본 밀집형 방향으로 바뀌면서 노동력 퇴출은 더욱 강해지고, 취업문제가 갈수록 심각해지고 있다. 2007년 현재 중국에서 향진기업에 취업한 농민총수가 1억 5000만 명에 달하고, 도시-농촌 간을 유동

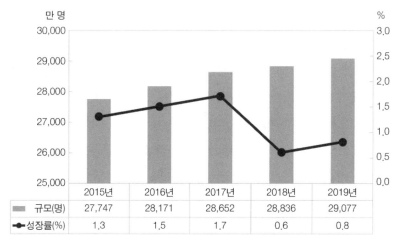

그림 8-2   농민공 규모 및 증가 속도

	2015년	2016년	2017년	2018년	2019년
규모(명)	27,747	28,171	28,652	28,836	29,077
성장률(%)	1.3	1.5	1.7	0.6	0.8

자료: 国家统计局(2020).

하고 있는 농민공 수는 1억 2600만 명에 달했다(路紫, 2010: 161). 2020년 중국 국가
통계국이 발표한 '2019년 농민공 감측조사 보고'에 의하면 2019년 중국 전국에서
도시-농촌 간을 유동하고 있는 농민공 총수는 2억 9077만 명에 달한다(전년 대비
241만 명 증가)(国家统计局, 2020).

(3) 농업 발전과 자원환경 간의 모순

토지와 수자원이 심각한 환경오염 문제에 직면해 있다. 주요 원인은 화학비료
와 농약 사용, 그리고 공업 오염물 배출이다. 경제가 발달한 지구와 대·중 도시 교
외지구, 그리고 농산품 가공 정도가 높은 지구일수록 오염 상태가 심각하다. 이는
경지 면적은 부단히 감소하고, 화학비료 사용량은 급속하게 증가하는 추세 때문
이다. 중국의 화학비료 사용량은 1978년 884만 t에서 2005년에는 4766만 t, 2015
년에는 6022.6만 t으로 최고점을 기록했다. 이는 ha당 366kg으로 세계 평균 수준
의 2.5배이다. 이후 매년 감소 추세를 보였고, 2018년 화학비료 사용량은 5653.4
만 t이다. 이처럼 화학비료와 농약의 과량 사용 및 불합리한 사용으로 인해 토양
중 대량의 무기물이 잔류하게 되었고, 토양 비옥도가 하락하고 대량의 처리되지
않은 농업 폐기물이 농업용수와 함께 배출되어 대다수 강, 하천, 호수의 부영양화

상태를 초래했다.

(4) 향진기업의 문제

향진기업의 문제 중 주요한 것으로는, 품질관리 의식이 부족하고, 환경 보호 의식이 부족하며, 물자 및 에너지 소모가 많고, 오염 물질 및 폐기물 배출량이 많다는 점이다. 또한 관리기술 측면에서 양질의 인력 유치와 낙후한 기술과 설비의 도태와 개혁을 추진하기 위한 유효한 기제(機制)가 결여되어 있다.

일반적으로 향진기업은 광대한 농촌 지역에 과도하게 분산된 상태로 분포되어 있어서, 집적 이익을 만들어내지 못할 뿐만 아니라 도시경제의 외부효과를 향유하기도 어렵고, 또한 향촌공업 발전에 수반해 농촌의 서비스산업이 발전할 수 있는 기회를 획득하기도 어렵다.

(5) 각 농업지구가 당면한 문제의 특징

동부연해지구가 농업 생산 부문에서 당면한 주요 문제는, 첫째, 농산품 표준화 관리가 지체되고 있는 점이다. 과일, 화훼, 채소 등 고부가 가치 농산품 품질 표준 체계에 통일성과 규범성이 부족하고, 무공해 표준 및 검측 방법이 미비해서 농산품의 판매에 심각한 영향을 주고 있다. 둘째, 명품, 특산품, 우수 농산품 육성 정책이 시급하다.

전통농업지구가 당면한 주요 문제는, 부가가치가 적은 식량작물 재배 면적은 줄이고 경제작물 재배 면적을 확대하면서, 식량작물 생산을 경시하는 추세로 인해 양식 생산량이 감소하고 있다는 것이다. 또한 경제작물 재배 면적을 확대하는 과정에서도 시장 및 판로 개척을 소홀히 해서 농산품 판매에 어려움을 겪고 있다.

대도시 교외지구 농업 생산이 당면한 주요 문제는, 첫째, 채소단지에 대한 공업 오염이 채소의 품질에 직접적으로 영향을 미치고 있고, 둘째, 대도시 교외에 위치한 비교 우위와 현대 도시농업의 특성을 충분히 발휘하지 못하고 있으며, 셋째, 농업 생산의 규모화 발전 속도가 늦어서 농업 생산기술 수준과 농산품 품질 및 국제 경쟁력 제고에 한계가 있다.

서부 생태취약지구가 당면한 문제는 다음과 같다. 첫째, 국부적으로 생태환경이 개선되기는 했으나 전체적인 악화 추세는 근본적으로 변하지 않았다는 점이다. 수토 유실, 토지 사막화, 그리고 초지 퇴화 문제가 여전히 매우 심각하다. 둘째, 농촌산업의 층차가 낮다. 농촌산업 구조 중 1차산업이 여전히 주도적인 지위를 점하고 있고, 비농업 산업의 농촌경제 발전에 대한 추동력이 미약하다. 셋째, 가뭄, 우박, 홍수, 병충해 등 자연재해가 빈발하고, 단위면적당 농산품 생산이 상대적으로 낮다. 예를 들면 섬서성과 간쑤성의 식량작물의 단위면적당 생산량은 전국 평균의 60% 정도에 불과하다.

3) 향후 발전 전략

농업을 발전시키기 위해서는 농업자연자원과 사회경제 조건의 기초에서 각 지역의 구체적 조건에 따라 경작할 농작물과 상품작물을 결정해, 지역화 및 전문화 생산을 통해 농산물 생산기지를 형성해야 한다. 이러한 관점에서 중국 전국의 농업경제구를 다음의 네 지역으로 나눌 수 있다.

첫째, 대도시 교외 지역, 연해 지역, 장강삼각주, 주강삼각주 지역이다. 이 지역에는 상품성 농산품 생산을 위주로 도시와 수출무역을 위한 농업과 목축업 결합의 농공상(農工商) 종합경영의 농업 생산구조를 구축한다.

둘째, 평원과 분지로, 동북 평원, 화북 평원, 장강 중하류 평원 및 관중 분지와 쓰촨 분지 등의 광대한 지역이다. 곡물, 면화, 마, 사탕수수 등의 생산기지 건설에 유리하다.

셋째, 광대한 방목지와 농업과 목축업의 교차구다. 이 지역에는 목축업을 주로 하고 목축 농림업이 밀접하게 결합된 농업 생산구조를 건립할 수 있다.

넷째, 구릉과 산지 지역에는 임업과 목축업을 중심으로 전통적인 지방 특산물의 생산기지를 건립할 수 있다. 특히 남방 아열대 구릉 지대는 산을 전략 중점으로 삼아, 수원림(水源林), 연료림(薪炭林), 경제림(經濟林), 용재림(用材林)을 발전시켜 임업과 목축업의 생산을 합리적으로 배치할 수 있다.

그 외에 ① 현재 생산 규모가 크고 대량의 상품화된 농산물을 제공할 수 있는

그림 8-3　7구(区) 23대(帶) 농업전략 구조

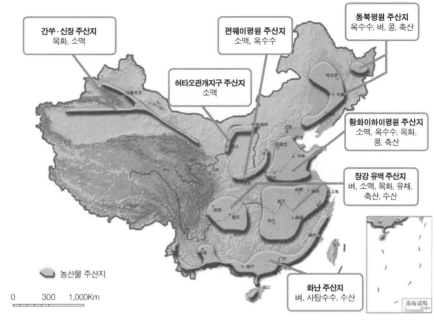

간쑤·신장 주산지
목화, 소맥

허타오관개지구 주산지
소맥

펀웨이평원 주산지
소맥, 옥수수

동북평원 주산지
옥수수, 벼, 콩, 축산

황화이하이평원 주산지
소맥, 옥수수, 목화,
콩, 축산

장강 유역 주산지
벼, 소맥, 목화, 유채,
축산, 수산

화난 주산지
벼, 사탕수수, 수산

농산물 주산지

0　　　300　　　1,000Km

자료: 中华人民共和国农业农村部(2011).

지역, ② 토지자원이 풍부하고 미래 잠재력이 큰 지역, ③ 일정 특색을 갖춘 지역 (예를 들면, 남아열대 지역 중아열대 지역 동부구릉 지역) ④ 현재 생산 수준이 낮고 모순이 두드러진 북방 농목(農牧)교차 지역 및 사막화 지역 등에 농업구 건설을 완성하고, 농업 외에도 도시 건설과 농촌주택 건설 그리고 광산 지대에서의 토지 재조성과 철도 건설 등을 추진한다. 또한 비농업용 토지의 사용제도를 개혁해 농촌 택지 및 향진기업용지 등의 비농업용 토지의 사용권을 유상·유기한으로 사용할 수 있도록 함으로써 건설용지를 절약하고 정부의 토지 수익을 증대시킬 수 있다.

Questions

1. 중국 정부는 '배고픈(吃不饱)' 문제를 해결하기 위해 장기간 농업 발전의 핵심발전 목표를 농산품, 특히 식량 증산에 두어왔고, 이러한 정책은 농산품 공급과 국가 식량안전을 보장해 주었다. 그러나 새로운 형세하에서 이 같은 증산 지향 정책이 당면한 경제사회 발전 수요에 적응하지 못할 수도 있다는 시각도 있다. 어떤 문제가 있을 수 있을까?

2. 중국 정부는 2013년에 미국식 '가정농장(家庭农场)'을 발전시킨다는 정책 방침을 발표하고, 가정농장의 규모화와 토지의 대량 유전(流转) 추진을 주장하고 있다. 이는 단위 노동력의 토지사용을 증대시키고, 토지 단위면적당 노동력을 감소시키고, 노동력과 토지의 생산효율을 향상시킬 것이다. 이 같은 정책이 중국의 농업 발전에 적합한지 여부에 대한 자신의 견해와 이유를 간단히 설명해 보시오.

제9장

공업의 분포와 발전 동향

개혁개방 이후 중국의 공업은 이전의 '중공업 위주 경공업 경시' 정책을 탈피했고, 각 지역 및 도시마다 개발·설치된 경제특구와 경제기술개발구 등을 중심으로 급속하게 발전하고 있다. 중국의 공업은 산업 부문 중 발전 속도가 가장 빠르고, '세계의 공장'이라 불리면서 주도적 지위를 유지하고 있고, 동시에 세계 제조업에서 차지하는 비중과 위상도 급속하게 상승하고 있다.

한편, 2008년 미국발 금융위기 이후에는 중국 내에서 서방 국가의 투기성 거품경제모델에 대한 경계와 회의론이 대두되면서, 주체적·창의적으로 '중국 특색의 사회주의'를 실천하기 위해 '실체경제(實體經濟)'인 제조업을 더욱 중시하고 있다. 이번 장에서는 공업 생산의 특징 및 배치의 기본 원칙, 공업 배치의 발전과 현황, 중국의 주요 공업지대, 그리고 '신상태(新常態, new normal)'와 '중국 제조 2025(中國制造 2025)' 정책 내용 등을 고찰·정리했다.

1. 중국 공업의 특성과 최근 동향

공업 배치는 종적으로 보면 지역적인 입지와 공장부지 선택을 포함하며, 횡적으로 보면 다른 부문, 규모, 성질의 기업 배치 등을 포함한다. 즉, 채굴, 초벌 가공 또는 제조업의 분포 등을 막론하고 정도의 차이는 있더라도 모두 자연요인(자연자원, 자연지리 조건), 기술요인, 사회요인(인구, 노동력의 질, 경제 기초 및 사회제도 등), 정치요인(국가 정책, 국제 환경 등) 등 다방면의 영향을 받는다. 따라서 공업 배치는 공업 생산의 효율성 외에도 농업과 서비스산업 발전 및 환경과의 조화와도 밀접하게 연관되어 있다.

산업혁명 이후에 탄생·발전해 온 현대 공업의 특징은 기계를 사용한 대규모 생산을 위해 현대화된 운수 방식에 의존해 대량의 원재료와 에너지 연료를 운반해 와야 하고, 완제품과 반제품 그리고 부산품을 수출하게 되었다는 점이다. 또한 이를 위해 일정한 지역 범위를 정하고 그 곳에 생산 과정이 고도로 집중된 공장을 건설해, 그 지역 인근 범위 내에서 일정 수량의 노동력을 고용해야 한다. 어떠한 국가 또는 어떠한 경우이건 하나의 공장을 건설하고 입지를 선정하려면 이미 정해진 규모와 기술노선의 전제하에 가능한 원료 산지와 소비시장에 가깝게 입지해야 하고, 노동력 조달 가능성과 협력 작업 조건, 그리고 도시기반시설 등을 충분히 고려해 최대한 운송비와 생산비용을 줄이고 경제효율을 최대화해야 한다. 또한 일반적으로 대다수의 공장과 광산은 공장 건설과 준공 후 가동까지 길게는 십수 년의 시간이 요구되므로, 그 입지를 변경하기가 복잡하고 어렵다. 따라서 어떤 국가나 지역의 공업 분포는 상대적으로 안정된 틀을 유지하고 있다. 경제지리 또는 공업지리의 주요 관심은 이러한 안정적 공업 분포의 틀 안에서 그 형성 요소와 특성과 규율을 찾아내는 것이다(李文彦, 1990: 1).

개혁개방 이후 중국에서 공업은 산업 부문 중 발전 속도가 가장 빠르고, '세계의 공장'이라 불리면서 주도적 지위를 유지하고 있고, 동시에 세계 제조업에서 차지하는 비중과 위상도 급속하게 상승하고 있다. 2004년에는 172개 공업 생산품의 생산량이 세계 1위를 차지했고, 주강삼각주지구, 장강삼각주지구, 환발해지구는 세계적인 제조업 밀집 지구가 되었다. 이 3개 지구의 제조업 생산총액은 중국 전국의 66%, 전국 수출액의 85% 이상을 점하고 있다. 또한 강철, 자동차, 전자, 통신 설비, 가전, 화공, 방직의류, 의약, 완구 제조 등 생산 품목의 생산 규모도 세계 상위 수준이다.

2008년 미국발 금융위기 이후 중국 내에서 서방 국가의 투기성 거품경제모델에 대한 경계와 회의론이 대두되면서, '중국 특색의 사회주의'를 실천하는 방안을 보다 주체적·창의적으로 개척해야 하며, '실체경제(實體經濟)'인 제조업을 더욱 중시해야 한다는 의견에 힘이 실리기도 했다.

중국의 공업 발전도 이미 '신상태'에 진입했다. 소위 '신상태'란 중국 경제가 고속 성장에서 중고속 성장으로 방향 전환했고, 경제 발전 방식도 규모 및 속도형의 조방(粗放) 성장에서 품질효율형의 집약(集約) 성장으로 방향 전환했고, 경제구조는 에너지 소모 확대 증량 위주에서 재고 조정으로, 특화 조정이 병존하는 심도 조정 단계로, 경제 발전 동력은 전통 성장지점(增長点)에서 새로운 성장지점으로 방향을 전환한다는 것이다. 이 같은 상황 아래, 중국의 공업 증가 속도도 뚜렷한 하락 추세에 직면하고 있다. 2013년 중국 GDP 점유 비중 중 서비스산업이 공업을 추월했다.

따라서 '신상태'에서는 공업수요가 공업기업의 성장 방식을 전변시키고, 기술혁신 능력을 승급시키며, 기존의 저비용 전략 등을 개변하고, 중속 성장환경하의 생존과 발전에 적응해야 한다는 것이다. 단, 중국사회과학원 공업경제연구소는, 중국 경제 발전 중의 공업의 지위는 변하지 않을 것이며, 기본 경제제도를 견지·완비하고, 질서 있게 경쟁하는 현대시장 체계 건설을 가속화하고, 개방형 신경제 체제 구축과 교육, 과학연구 등 영역의 개혁과 혁신 추진을 통해서 중국 공업의 발전을 추동해야 한다는 의견을 제출했다.

2. 공업 배치의 기본 원칙

1) 균형 원칙

공업 배치를 통해 각 자원을 균등하게 개발할 수 있으며 생산력 수준도 동일 정도의 발전을 이룰 수 있다. 그러나 실제적으로는 각 요소의 제약을 받기 때문에 배치는 항상 불균형적이다. 일반적으로 공업 배치는 불균형 구조 안에서 균형을 추구하나, 이러한 노력의 결과로서 얻은 상대적 균형 상태는 다시 또 다른 불균형 상태로 진행되는 경향이 있다. 공업의 발전과 그것을 위해 요구되는 전체 국토에 분포된 다양한 부분의 협조는 이 같은 불균형-균형의 변증법적 과정을 거치면서 진행된다.

2) 효율 원칙

계획경제 체제하의 공업 배치에서 중시한 요소는 ① 원료 산지와 소비지와의 거리가 가까워야 한다. 그래야 운송비를 절약할 수 있고 제품 손실을 막아서 효율성을 높일 수 있기 때문이다. ② 기반시설이 완비된 지역에 근접해야 한다. 공업 배치는 직접투자 외에도 대규모 연관투자가 필요하므로 되도록 기반시설 조건이 좋은 곳을 택해야 한다. ③ 지역 전문성과 종합적 발전이 결합되어야 한다. 이는 같은 제품의 생산비용도 지역별로 차이가 나는 점을 고려한 것이다. 즉, 지역의 생산 전문화가 획일화되지 않게 주의해야 하고, 전문화와 종합적 발전이 상호 결합해 경제효과를 극대화하도록 해야 한다.

3) 환경 보호 원칙

공업 배치와 폐기물의 처리는 지속적 발전 가능성과 다음 세대의 생존과 관련되는 문제이다. 발전 정도와 집중도를 일정 정도에서 통제해야 하고 공업 폐기물을 엄격한 규제하에 처리토록 해야 한다. 중국 정부는 환경오염 문제가 매우 심각하다는 걸 인식하고, 정책과 법규에 의거해 엄격히 오염을 규제하고, 에너지와 오염 물질 배출을 원천적으로 줄일 수 있는 과학기술과 환경산업을 육성·발전시키면서 경제성장 방식의 전변을 모색하고 있다. 한편, 환경문제 해결을 위한 국가 간 협력이 갈수록 중시되고 있으며, 경제성장과 환경의 질 유지 및 제고가 조화될 수 있는 경제성장모델에 대한 관심과 요구가 갈수록 절실해지고 있다.

4) 정치 원칙

정치 원칙은 민족, 사회, 국방 방면의 문제를 포괄한다. 특히 서부지구 및 변방지구 등 경제가 낙후된 소수민족지구의 단결과 평화를 추구해야 하고, 이를 위해서는 당지 특성에 맞는 경제 발전 동력 창출이 핵심 과제이다. 따라서 농목축업의 현대화와 함께 공업 배치와 투자가 요구된다. 또한 전쟁 발발에 대비해 주요 공업 및 군사 물자를 내륙지구에 분산 배치한다는 국방적 관점의 정책 기조도 견지하고 있다. 국방 관점의 원칙은 개혁개방 이전 '3선건설' 시기에 가장 강조되었으며, 균형 원칙의 방향과 연결되는 부분이 많다.

3. 공업 배치의 발전 과정

1) 구중국 공업 배치에 대한 중공의 시각

구(舊)중국의 지역 간 공업 분포에 대한 중공의 시각과 평가는 대략 다음과 같았다. 첫째, 균형을 잃었다. 예를 들면 1949년 만주지구와 연해지구 6개 성 면적의 전국 점유 비중은 18%, 인구는 42%이나 공업 생산액의 비중은 80%를 차지했다.

둘째, 공업 생산지와 원료 공급지 간의 거리가 너무 멀다. 또한 가공업이 집중된 지구는 자원이 부족했고, 자원이 풍부한 지구는 가공업 조건이 미비했다. 가령 상하이는 제조업 집중 도시이지만 부근에 석탄, 철, 석유자원 산지가 없다.

셋째, 공업 구조가 기형적이다. 이를테면 1942년 만주지구의 중공업과 경공업의 구성 비중은 79.2% : 20.8%로 중공업의 비중이 과다했다. 반면에 상하이의 경우에는 1949년 공업 생산액 중 경방직과 경공업, 그리고 중공업의 비율이 62.4% : 24% : 13.6%로 경공업 비중이 압도적으로 높았다.

2) 중화인민공화국 이후 공업 배치의 변화

(1) 개혁개방 이전(1949~1978)

1949년 10월 중화인민공화국 건국 이후, 3년간의 회복기를 거친 후 처음으로 수립·실시된 제1차 경제사회 발전 5개년 계획(一五計劃, 1953~1957) 기간에는 화북, 서북, 화중 등지의 공업 기반 건설사업이 착수·추진되었다. 이 시기에는 전국 800여 개 공업 건설 단위 중 36.5%가 연해지구에 위치했으며, 내륙지구에 63.5%가 위치했다. 1차 5개년 계획 기간(1953~1957)에는 아직 보편적 지역 구분을 하지 않았지만, 10개 지구의 중점지구에서는 이 작업을 통일된 계획하에 진행했고, 비교적 신중히 연합공장 건설 계획을 진행했다. 그러나 1958년 이후 일정 기간 동안 지역계획, 도시계획 작업이 부정되어 새로운 공업 지역 건설은 혼란에 빠졌다. 시장기능보다 계획기능에 의존하던 체제에서 계획기능을 부정한 결과가 불러온 피해는 더욱 엄중했다. 동일 공업 지역 내부에서, 심지어는 동일

도시의 동일 공장 내부에서조차 관련 부문 기업들 간에 협조가 안 되었고, 수직적 연계는 여전히 유지됐지만 수평적 연계는 감소 또는 정지되었다. 생산설비와 기초시설 간에도 협조가 안 되었고, 폐수, 매연, 폐기물 방출에 따른 오염도 매우 심각했다.

2차 5개년 계획기(1958~1962)에는 연해와 내륙 지역에 계속 공업 기반을 건설하는 것 외에 서남지구 및 서북지구와 싼먼샤 주위에 공업기지를 건설했다. 3차 5개년 계획기(1966~1970)에는 전쟁 발발에 대비한다며 공업투자의 65% 이상을 후방지구로 분류된 3선지구에 투자했다. 이에 따라 3선지구인 섬서, 쓰촨, 구이저우, 산시에 새로운 공업지대가 형성되었다.

총체적으로 1단계는 동부 연해 지역에서 내륙 방향으로 진행되어 자연자원과 원료를 개발·이용해 공업 자급률을 제고시켰고, 내륙 지역의 교통·운수업의 발전을 추동하면서 낙후한 내륙지구의 경제와 문화 수준을 일정 정도 끌어올렸다. 그러나 3선건설이 야기한 문제는 매우 심각했다. 첫째, 추진 속도가 너무 빨랐고, 건설망 분포가 너무 넓게 퍼졌으며, 생산 능력과 효율 측면에서 문제가 돌출되었다. 둘째, 국방상의 요구에만 치중해 기업 분포가 과도하게 분산되어 각 요소가 종합적으로 결합되지 못했다. 또한 동일 공업지대 내에서도 관련 공정과 생산시설이 통일적인 계획과 설계 없이 건설된 결과, 장기적이고 종합적 생산 능력을 갖추지 못했다.

(2) 개혁개방 이후

1978년 중공 제11기 3중전회 이후 개혁개방 정책이 실시되었고, 동부 연해 지역경제가 급속히 발전했다. 1980년부터 설립·운영한 광동성의 선전, 주하이, 산터우, 그리고 푸젠성의 샤먼 경제특구에서는 외자 유치, 기술 및 설비 도입 등을 통해 성공적인 성과들이 창출되었다. 이에 1983년 5월에 개최된 '연해 부분항구 도시 좌담회(沿海部分港口城市座談會)'에서 정식으로 따롄, 텐진, 광저우 등 14개 연해도시를 개방하기로 확정했고, 이후 연해 지역의 공업 발전은 매우 빠르게 진행되었다.

1979~1997년 기간 중 경제성장, 관광 수입과 기반시설 건설이 연평균 9.8% 증

가했다. 경제특구 및 경제기술 개발구가 연해 지역 경제 발전에 큰 역할을 했으나, 또 한편으로 연해 지역과 내륙 지역 간의 경제 격차가 증대되었고, 내륙 지역에서 성급 지방정부 단위로 타 성에 대한 원료 공급을 제한하는 '제후경제(諸侯經濟)'와 원료대전(原料大戰)'이라 불리는 행태가 출현했다.

중화인민공화국 출범 후에 시행된 양 단계의 공업 배치 전략은 극단적으로 대조된다. 개혁개방 이전에는 효율보다 균형과 국방적 고려를 중시했고, 개혁개방 이후에는 지역 간 불균형 발전을 감수하면서 거점개발과 효율을 중시했다. 개혁개방 이후 공업 발전상의 특징은 다음과 같다.

첫째, 향진기업 발흥에 의한 향진공업의 발전이다. 향진공업 총생산액은 1978년 493억 위안에서 2002년에 3조 2386억 위안, 그리고 2010년에는 11조 2232억 위안으로 증가했다. 향진기업이 이처럼 빨리 성장할 수 있었던 이유는 기업의 규모가 작아서 시장경제 기제에 빨리 적응할 수 있었고, 대·중형 기업 틈새에서의 합작, 낙후설비 사용, 부분 가공 방식 등 보충적 역할을 하기가 유리했기 때문이었다. 이 같은 향진기업의 성장 추세 속에 현급 지역경제(县域经济)에서 차지하는 향진기업의 비중이 커졌다. 예를 들면, 대부분 현급 지역에서 공상업 세수 중 향진기업이 부담하는 비중이 평균 60%에 달한다(中華人民共和國農業部, 2011.5).

둘째, 지역 전문화를 실시하고 발전시키는 동시에 지역 공업 구조의 고도화에 큰 진전이 있었다. 중국정부는 전국적 필요와 각 지역의 구체적 조건에 따라 지구를 구분하고 전문화 부문을 설립했다. 이와 동시에 각 지구는 원래의 편향된 공업 구조에 다른 공업 부문을 접목시켜서 종합적 성격을 강화했다. 각 지역별로 차이는 있으나 보편적으로 공업 구조가 보다 다양화되었고 종합적 능력이 증가했다.

〈표 9-1〉은 개혁개방 정책이 실질적으로 추진되기 시작한 1980년 이래 최근까지 주요 공업 생산품별 생산량 추이를 정리한 것이다. 1980~2018년 기간 중 생산량이 가장 큰 폭으로 증가한 품목은 시멘트로 약 23배 증가했고, 종이 및 종이판이 18.2배, 선철이 20.1배, 전력 생산이 16.7배 증가했다.

2003년 이후 중국 공업 부문의 발전 및 변화 동향의 특징은 중공업 증가율이 경공업보다 높은 추세가 지속되었고, 세부 산업별로는 철강, 비철금속 등 금속제조 가공업이나 전기전자, 기계류 등 비교적 가공도가 높은 산업 비중이 증가하고 있

표 9-1 주요 공업 생산품 1인당 생산량 변화 추이(1980~2018년)

연도	석탄(t)	원유(kg)	직물(m)	종이 및 종이판(kg)	시멘트(kg)	선철(kg)	발전량 (kWh)
1980	0.6	108.8	11.5	4.6	68.2	33.2	306.4
1985	0.8	118.8	14.0	8.7	138.9	44.5	390.8
1990	1.0	121.8	16.6	12.1	184.7	58.5	547.2
1995	1.1	124.5	21.6	23.3	394.7	79.2	835.8
2000	1.1	129.1	21.9	19.7	472.8	101.8	1,073.6
2005	1.8	139.1	37.2	47.6	819.8	271.0	1,917.8
2010	2.6	151.8	59.8	73.5	1,406.8	476.4	3,145.1
2015	2.7	156.4	65.1	85.6	1,720.5	586.2	4,240.4
2018	2.6	135.8	47.2	83.7	1,585.2	666.3	5,106.4

자료: 中国统计出版社(2019: 445).

표 9-2 중국 공업 부문 중 비중 증가 상위 10대 산업(단위: %)

	2000년	2009년	증감
철강 제련 및 압연 가공업	5.52	7.78	2.25
석탄 채굴업	1.49	2.99	1.50
일반기계 제조업	3.56	4.99	1.43
교통운수 설비 제조업	6.26	7.61	1.35
비철금속 제련 및 압연 가공업	2.54	3.75	1.21
공예품 및 기타 제조업	0.00	0.81	0.81
농산물 가공업	4.35	5.10	0.75
전력·난방 생산 및 공급업	5.38	6.10	0.72
전기기계 및 기자재 제조업	5.64	6.16	0.51
전용설비 제조업	2.56	3.06	0.50
소계	37.31	48.35	11.04

자료: 이문형 외(2011: 40).

는 점이다. 반면에 음식료, 섬유 및 의류 등 소비재 가공업과 석유, 화학, 비금속광물 등 원재료 가공업의 비중은 줄었다(〈표 9-2〉).

4. 공업지대 분포 현황과 특징

중국 공업지대 분포상의 특징은, 첫째, 대부분 치치하얼-퉁랴오-베이징-광저우로 이어지는 철도 부근과 동부지구에 집중되어 있고 생산 규모가 크다는 것이다. 중화인민공화국 출범 이후 이보다 서쪽에 위치한 헝양-여우이관(衡阳-友谊关: 湘桂), 구이양-류저우(黔桂), 구이양-쿤밍(贵昆)철도 이북, 란저우-우루무치(兰新), 바오터우-란저우(包兰), 베이징-바오터우(京包) 철도 이남 지역에도 대공업지대가 건설·형성되었으나, 그 집중 정도와 규모 등이 상술한 동부 지대에는 미치지 못한다. 란저우-우루무치 철도 이남, 바오지-청두, 청두-쿤밍(成昆) 철도 서부지구는 전 국토 면적의 1/3을 차지하고 있으나 아직 대중형 공업지구를 형성치 못하고 있고, 가장 낙후된 지구이긴 하지만 자원이 풍부하고 발전 잠재력이 높은 지역이다. 둘째, 공업 지역은 주로 철도 및 장강·황하 유역을 따라서 벨트형 분포를 이루고 있지만, 랴오닝 중남부, 허베이 동부, 장강삼각주, 주강삼각주, 청두-충칭 지역, 관중 중부 지역, 허베이 남부 및 허난 북부 지역, 후난 중부지구는 비교적 넓은 범위의 공업도시 벨트를 이루고 있다.

중국의 주요 공업 지역은, 공업 구조상의 특징이 다르긴 하지만 대체로 에너지 및 원료 중심 지역, 제조업 중심 지역, 원료와 가공 공업이 비교적 발달한 지역 등 세 종류로 구분할 수 있다.

1) 에너지 및 원료 중심 지역

(1) 헤이룽장 동부 공업지대

헤이룽장성 동부는 만주지구 내에서 유일하게 석탄이 풍부한 곳이고, 전국적으로 중요한 삼림 지역 가운데 하나다. 지시, 허강, 솽야산, 치타이허(七臺河) 등 석탄 중심의 광업단지와, 삼림공업 위주의 이춘, 경방직공업 위주의 무단장, 자무쓰 등을 포함한다. 공업 구성이 석탄 위주라서 생산량은 많지만 생산액은 그만큼 크지 않다. 7개 시급 단위의 공업 생산액의 합계가 헤이룽장성 전체 공업총생산액의 1/5을 차지하지만, 전국 공업 생산액의 0.73%에 불과하다. 이곳은 만주지구의 주요 석탄 공급기지이며 중공업기지에 속한다.

(2) 헤이룽장 서부, 네이멍구 동부 공업지대

헤이룽장 서부와 네이멍구 동부는 석유와 금광 매장량이 가장 많고, 석탄과 삼림자원이 풍부하며, 목축업도 발달했다. 주요 공업은 석유, 화공, 채금, 삼림공업, 유제품, 제당공업이다. 헤이룽장성 따칭은 중국 내 최대 원유 생산기지이고 주요 석유화학공업의 중심이다. 따싱안령 임업 지대는 최대의 삼림공업기지이며, 모허는 채금공업, 하이라얼(海拉尔)과 야커스의 유제품, 임산, 화공, 치치하얼은 중기계, 특수강, 제당, 제지공업, 그리고 나허(訥河), 린덴(林甸)은 제당공업 중심이다. 이 지구는 중국 최대 에너지, 삼림공업, 대형 야금설비 제조기지이며 만주지구와 중국 전국에 에너지를 공급하는 주요 석유화학공업 중심지다.

(3) 퉁푸(同蒲)철로 연접 공업지대

이 지구는 산시성 따퉁, 닝우(寧武), 시산(西山), 훠펀(霍汾)의 4대 탄전지역과 허둥(河东), 신수이(沁水) 탄전지역 사이에 위치하고 있다. 이곳은 가장 많은 석탄 매장량을 보유하고 있으며 풍부한 동광, 철광, 보크사이트광이 있다. 석탄 화공, 야금, 야금설비 제조, 방직기계 제조업 위주의 공업단지이다. 주요 공업중심은 타이위안 외에 따퉁, 쉬저우(朔州), 위츠(榆次), 린펀(临汾), 허우마(候马) 등이 있다. 이 지구는 부근의 양취안, 푸청(普城), 루안(潞安)과 함께 전국 최대의 석탄 공급기지를 형성하고 있으며, 전국 에너지 생산에서 매우 중요한 위치를 차지하고 있다. 풍부한 석탄자원을 기초로, 화력발전, 석탄화공, 유색야금 등의 공업이 발전했고, 석탄을 위주로 하고 전기, 화학, 야금을 포함하는 공업지대를 형성하고 있다.

(4) 쓰촨-구이저우-윈난 공업지대

쓰촨, 구이저우, 윈난 3개 성은 석탄, 철, 유색금속, 인광, 보크사이트광, 수력자원이 풍부해서 석탄, 강철, 바나듐 위주의 채굴공업과 원재료공업이 상대적으로 발달했고 경방직공업 수준은 낮다. 전국적으로도 중요한 철강, 동, 바나듐의 생산지이지만, 경방직공업 제품은 외부 지역에 의존하고 있다. 이 지대 내의 도시 중

종합적 공업중심지는 쿤밍, 구이양 정도이고, 쓰촨 두커우(渡口), 구이저우 류판수이, 쿤양(昆阳), 카이양(开阳), 준이, 동촨은 모두 야금, 채광 위주의 공업중심이다. 이 지역에서 수력자원이 개발된 곳은 리하(禮河), 마오탸오하(猫跳河) 등 중소 하천 유역 정도이고, 이외에도 다오강(岛江), 난판강(南盘江), 따두하 등 하천이 있다.

(5) 안후이 중부 공업지대

안후이성 중부지구의 공업중심은 화이베이, 화이난, 허페이, 마안산, 통링 등이다. 석탄, 철, 구리 자원이 풍부하고 면화, 담배 생산량도 비교적 많다. 허페이와 벙부는 전반적인 공업 체계를 갖추었지만, 기타 대다수 도시들은 채굴과 야금 공업에 편중되어 있다. 상하이를 포함한 장강삼각주 지역의 가장 가까운 석탄 및 철강 공급기지이다. 장강삼각주 공업지구와 수륙교통 접근이 편리해서 양 지역의 자원과 기술·경제 간에 보완 관계가 형성되어 있다.

2) 제조업 위주의 공업지대

(1) 장강삼각주 공업지대

장강삼각주지구는 중국 최대 인구 밀집 종합공업지대이고, 수륙교통이 편리하고, 농업 및 공업 기초가 좋고 기술 수준이 높다. 경방직공업 부문은 생산 능력이 크고 제품의 종류도 많고 품질도 비교적 좋다. 중공업 분야에서는 기계, 야금, 화공 등의 발전 수준이 높다. 상하이는 장강삼각주 공업지대 및 전국 최대의 공업중심이고, 장쑤성 난징, 쑤저우, 우시, 창저우, 양저우, 그리고 저장성 항저우, 닝보 등도 중요한 공업 중심지이다. 이 지구 내 주요 10개 도시의 공업 생산액이 중국 전국 공업 생산액의 약 1/10을 점한다. 장쑤성과 저장성은 개혁개방 이후 향진기업과 사영기업(私營企業)이 가장 활발하게 발흥한 지역이기도 하다.

이 지구 공업 구조의 특징은 제조업이 매우 발달했고 원재료 공업도 일정 수준에 도달했으나, 채굴공업은 매장량의 한계로 인해 생산 규모가 작다는 점이다. 따라서 원료와 연료는 외부에서 대량으로 들여와 제품을 만들어 국내외로 수출한다. 상하이-난징 철도와 상하이-항저우-닝보(沪杭甬) 철도, 장강 수운망을 중심으

로 하는 조밀한 운하망과 최근에 급속하게 확충되고 있는 고속도로와 고속철도망
을 포함한 도로 및 철도망이 잘 갖춰져 있다.

(2) 주강삼각주 공업지대

주강삼각주 지구는 홍콩, 마카오와 인접해 있는 중국 개혁개방의 최전방 지구
이고, 대외 지향형 경제가 가장 발달한 지대로서 개혁개방 초기 10년간, 즉 1980
년대에 공업 성장 속도가 가장 빨랐던 곳이다. 제당, 제지, 견직, 통조림, 향료 등
경공업도 비교적 발달해 있다. 광저우 외에 선전, 포산(佛山), 장먼(江门), 후이저우
(惠州), 중산(中山), 순더(顺德), 난하이 등이 주요 공업 밀집 지역이다. 또한 이곳은
중국 최대의 사탕수수 산지이고, 누에, 과일, 향료의 주요 산지이자 담수 양식지이
다. 농업원료에 의한 생산 전문화 정도가 높고 비교적 밀집하게 분포되어 있으나,
농경지가 제한되어 있어 농업 생산량이 큰 폭으로 증가하기는 어렵다. 에너지가
부족하고 광산자원이 적으나, 지구 내 항구 조건이 좋아서 외자 유치와 선진 기술
도입에 유리한 조건을 갖추고 있다.

1997년 홍콩, 1998년 마카오가 반환·귀속된 후, 최근에는 이 지구의 발전이 광
동-홍콩-마카오를 대권역으로 하는 '광동-홍콩-마카오 대만구(大灣區)' 개념으로 추
진되고 있다.

(3) 헤이룽장-지린 중부 공업지대

헤이룽장성 하얼빈시와 지린성의 창춘시, 지린시 등을 포함하는 공업지대를 말
한다. 이곳은 대형 플랜트 설비, 자동차, 객차 제조, 유기화공 등 중공업 위주이고
생산품 대부분을 외부에 판매한다. 경공업은 제지, 아마 방직, 사탕수수 제당 등
이 있다. 석탄, 수력자원을 제외한 광산자원은 많지 않고, 원료공업과 채굴공업의
생산 규모도 크지 않다.

최근에는 동북진흥전략(东北振兴战略)의 실천 전략과 두만강과 북한의 나선지구
와 연결해 동해로 나가는 출해항로(出海航路)를 확보하기 위한 중공과 지린성 정
부의 전략 구상을 기초로 창춘-지린-투먼과 옌룽투(延龙图) 발전축 건설 개념의 발
전 전략이 추진되고 있다.

(4) 청두-총칭 공업지대

쓰촨성 청두시와 총칭직할시를 연결하는 지역으로, 주요 자원은 천연가스, 염전, 수력자원, 양잠, 면화 등이고, 석탄, 철강의 부존량은 많지 않다. 자원을 바탕으로 경공업인 제당, 제지, 제염 등 공업이 발달했으며, 서남부에는 면방직공업 발전 수준이 비교적 높다. 중공업은 기계 제조, 강철, 천연 가스 위주이고, 전력공업 중 수력이 큰 비중을 차지하고 있다. 서남지구에는 공업중심이 집중 분포되어 있고, 발전 수준도 가장 높다. 총칭직할시와 청두시 외에도 쯔궁(自貢), 네이장(內江), 러산(樂山), 난충(南充), 몐양(綿阳), 더양, 쯔중(资中), 장여우(江油) 등의 공업중심도시가 있다.

(5) 후베이 서부 공업지대

후베이성 서부지구는 스옌, 샹판, 징먼(荆门), 샤스, 이창, 지청(枝城) 등 공업중심을 포함한다. 주요 공업자원은 수력, 철광, 인광, 면화와 약간의 석유가 있다. 공업은 자동차 제조와 수력발전이 주요 위치를 차지하고 있다. 발전 잠재력이 큰 수력자원의 진일보 개발에 따라 철광, 인광 등의 공업 발전 기초를 갖추고 있고, 대형 수력발전과 전기공업을 기초로 하는 원재료 채굴 공업과 제조업이 종합적으로 발전하고 있다.

(6) 관중공업지대

섬서성 시안, 셴양, 퉁촨, 바오지, 후셴(户县) 등의 공업 중심을 포함하고 서북지구에서 경제, 기술, 자원 등 종합조건이 가장 좋은 지역이다. 공업의 규모가 가장 크고 비중도 가장 높다. 주요 업종은 면방직, 송전설비, 전기기계, 전자, 항공, 석유, 기계제조 위주이다. 기술주도형 첨단공업으로 가공공업의 개량·개조·발전이 진행되고 있다. 첨단산업과 중고급 소비품공업 위주의 시안공업지대와 셴양공업지대를 중심으로 하고, 기계, 전자, 유색공업, 금속공업 위주의 위시(玉溪)공업지대와 메탄, 건설자재 위주의 퉁촨공업지대가 있다.

3) 원료와 가공공업이 병행 발전한 공업지대

(1) 랴오닝 중남부 공업지대

랴오닝성 중남부는 도시와 인구가 밀집되어 있고, 선양, 푸순, 안산, 번시, 따롄, 랴오양, 잉커우, 진저우, 단동 등의 도시가 밀집되어 있다. 이 지구는 석탄 철강 자원 및 야금 보조자원 모두 비교적 풍부하고, 유색금속 자원이 다수 존재하며, 석유자원과 염전자원도 있다. 일제의 만주 식민통치 시절부터 중국 최대의 중공업 기지였고, 경방직공업도 비교적 발달했다. 석탄, 철강, 동연, 유전 등 채굴 공업을 기초로 하고, 강철, 유색야금, 제련 등 원재료 공업과 기계제조, 석유화공, 제염화공, 질소 비료 등을 포함한 다종의 중공업 제품이 생산된다. 경방직공업의 비중은 낮으나 가전, 견직, 착유(榨油), 방직 등은 비교적 발달했다. 만주지구에서 면방직 능력이 가장 큰 곳이자 유일한 원염 생산 지역이고, 철도망 밀도가 높고, 따롄, 잉커우 등 양호한 조건의 항구를 보유하고 있다. 만주지구의 주요 전신망과 따칭-따롄, 따칭-친황다오 송유관이 관통하고 있으며, 내외 교통운수 조건도 비교적 양호한 편이다.

(2) 베이징-톈진-탕산 공업지대

베이징, 톈진 양대 직할시와 허베이성 탕산 연결축상에 조성된 공업지대다. 철광과 소금이 풍부하고, 일정량의 석탄자원과 석유자원을 보유하고 있으나 농업원료가 부족하다. 톈진은 면방직 공업 위주이며, 경방직공업이 비교적 발달된 종합공업 중심 지역이다. 탕산은 광업원료 공업 중심이며, 베이징은 정치와 문화의 중심이다. 이 지구는 중화인민공화국 출범 이후 가장 많은 신규 개발 항목 투자사업이 진행된 곳이다. 공업 구조는 기계, 강철, 석유, 화공, 제염화공, 정밀화공, 석탄 위주의 중공업과 면방직, 염업, 가전용 전기공업, 경방직공업 등이 모두 발달했다. 이러한 조건을 바탕으로 장강삼각주 공업지대로 많은 경방직공업 제품을 수출하지만, 면, 모직, 담배 등 주요 농업원료는 주로 외부에 의존하고 있다. 발해만에 면해서 주요 철도, 항공, 원유 수송관이 동부 주요 유전과 연결되어 있는 등 양호한 교통운수 조건을 갖추고 있다.

베이징과 텐진 두 도시는 에너지 부족 지역이지만 허베이 탄광과 근접해 있고, 산시 탄전과도 인접하고 있다. 베이징-텐진-탕산 전선망, 허베이성 남부(冀南) 전선망, 산시 전선망이 연결되어 있어서 에너지 공급상황은 랴오닝 중남부 공업지대나 장강삼각주지구보다 양호하다. 베이징은 정치와 문화의 중심이면서, 고정밀 첨단, 경방직 식품 인쇄 등 노동, 자본 집약적 공업이 발전했으나, 2000년대 이후 제조업은 교외지구나 허베이성 등으로 이전시키고, 교육, 문화, 국제금융 등 3차 서비스 산업 위주로 산업 구조조정 및 재편을 추진 중이다. 텐진과 탕산은 베이징과 분업 및 협조 관계를 유지하면서 공업기능을 확충 및 강화하고 있다.

최근에는 베이징-텐진-탕산(京津唐)에서 허베이성 전체를 포괄하는 베이징-텐진-허베이지구로 지역 정책의 관심 범위와 확대되었고, 허베이성 바오딩시 부근에 베이징시의 비수도 기능의 공간적 재배치를 주요 전략으로 하는 슝안신도시(雄安新城) 건설을 추진 중이다.

(3) 자오저우-지난 철도 연접 공업지대

산동성의 자오저우(胶州)와 지난(济南) 간을 연결하는 철도에 연접한 지역에 형성된 공업지대이며, 가스, 소금, 양잠 등의 자원이 풍부하고, 철강과 면화, 목화의 주요 산지이다. 이러한 자원을 기초로 석유화학 위주의 중공업과 면방직, 권련, 착유 위주의 경방직공업, 철강 채굴 및 철강공업, 기계제조도 일정 규모를 형성하고 있다. 에너지 사정이 좋은 지역으로서 원유와 석유 제품을 수출할 수 있으며, 석탄도 부분적으로 조달 가능하다. 주요 공업중심은 칭다오, 지난 외에 더저우, 웨이팡(潍坊), 르자오 등이다.

(4) 란저우, 텐수이, 인촨, 시닝 공업지대

이 지구는 풍부한 수력자원과 유색금속 자원이 있고, 공업 구조는 중공업 위주이며 대규모 수력발전을 기초로 동, 질소 등 금속공업과, 재료, 시험기, 석유기계업, 석유화공도 비교적 발달했다. 면방직 공업 외에 경방직공업 수준은 대체로 낮다. 섬서-간쑤-칭하이 대전선망이 섬서와 츠다무 분지와 허시주랑을 통해 전력을 제공한다. 공업중심은 간쑤성의 란저우, 텐수이, 진창, 칭하이성 시닝, 그리고 닝샤자치구의 인촨, 우쭝(吳忠), 중웨이(中卫) 등이다. 란저우와 진창은 서북지구 최대의 철도 요충지이다. 란저우-우루무치, 바오터우-란저우, 란저우-시닝(兰青線) 구간 등의 철도가 서북지구 내부의 주요 공업중심 간을 연결하고 있다.

5. 주요 공업 부문별 현황

1) 철강공업

(1) 중국 철강공업의 발전 과정과 현황

철강 재료는 현대 산업 체계에서 그 사용 범위가 광대하고 중요한 기초재료 역할을 하고 있고 다른 재료로 이를 대체하기 어렵다. 즉, 자동차, 조선 등 제조업의 수많은 부문 산업들과 연관성이 높고 과학기술 흡수 수용력이 매우 강하므로, 국가 정책과 산업 정책에서 차지하는 전략적 지위가 매우 높다. 1980~1990년대 고급 신기술이 발전함에 따라 수많은 자원 의존형 산업들이 '석양산업(夕陽産業)'의 범주에 들어가면서 과거의 지위를 상실했고, 철강산업도 그 영향을 받았었다. 그러나 1990년대 이후에 철강업 내부의 갱신 개조와 신기술 채용, 박판(薄板) 등 새로운 재료 및 용도 방면에서 소비자의 요구에 부응하면서 비용을 더욱 낮추고 응용 범위를 부단히 확대하고 있다.

중국 역사상 철의 제련과 사용에 관한 기록은, 3000여 년 전 은(殷), 상(商) 왕조 시기부터 있었고, 춘추전국 시기에는 주철과 강철 제련기술을 발명했다. 그러나 청조 말기 근대에 들어서면서 전반적인 국력 쇠퇴와 함께 철강산업도 침체되었다. 1890년 장지동(張之洞)이 후베이성 한양(汉阳)[1]에 최초의 근대 철강공장인 소규모 철공장(漢陽鐵廠)을 건설했고, 이후 랴오닝성 안산, 번시 등지에 비교적 규모가 큰 철강공장이 건설되었다. 1943년 중국 전국의 철 생산량은 190만 t이었고 이

---

1 현재는 후베이성 우한시에 속하고, 옛 우한삼진(武漢三鎭: 한양, 한커우 우창) 중 하나다.

중 강철은 92만 t으로 전 세계 철강 생산국 중 26위 수준이었다. 중화인민공화국 출범 이후 개혁개방 이전 시기에도 철강 생산을 매우 중시하고 독려했으나 극좌 노선의 영향을 받아서 수많은 파행과 시행착오를 겪었다.

개혁개방 이후, 특히 1990년대 이후 중국의 철강산업은 양적 팽창 추구를 벗어나 구조조정과 경쟁력 제고 위주의 발전 단계로 진입했다. 지속적인 경제성장에 따라 수요가 증대되고 있는 철도, 자동차, 조선, 발전, 기계, 석유, 석탄 등 업종 및 도시기반시설 건설에 요구되는 각종 철강 재료를 공급하고, 생산과 수요를 연결하는 시장판매 유통 체계를 단계적으로 건립하고 있다. 2000년대 이후 중국의 철강 생산량은 2003년 2억 t대 돌파를 시작으로 2000년 5억 t대를 돌파했다. 이 같이 급속한 발전의 배경과 주요 요인을 정리하면 다음과 같다. ① 내수가 왕성하다. 특히 최근에 들어 신중공업화, 대형 기반시설 건설, 그리고 내수 확대 추세에 따라 철강 수요가 급증했다. ② 서방 선진국에 비해 인건비 등 요소가격이 낮다. ③ 기술 진보 속도가 빠르다. 특히 상하이시 바오산(宝山) 등지의 바오산 강철(宝钢)과 장쑤성 장자강(张家港)시의 샤강(沙钢) 등은 세계 선두 수준에 접근했다. ④ 심수항(深水港) 건설이 빠르게 진전되었다. 대형 전용 선박 운수 또는 철강공장이 항구에 입지함으로써 비용을 대폭 절약할 수 있었다. ⑤ 대형 국제 철강기업의 지분 참여, 구조조정의 가속화, 산업구조 재편 등이 원료 구입과 생산품 판매에 유리하게 작용했다. 2005년에 국무원이 발표한 '국가 강철산업 정책'에는 기업의 합병과 구조조정을 통해서 산업 집중도 제고를 핵심으로 하는 산업기술 및 분포 조정 정책이 포함되었다.

2017년 중국의 철광석 원광석(原矿) 매장량은 210억 t으로, 전 지구 매장량의 12.35%로 제4위이다. 1~3위는 호주, 러시아, 브라질이고, 각각의 매장량과 지구 매장량 중 점유율은 각각 500억 t(29.4%), 250억 t(14.7%), 230억 t(13.5%)이다(中国产业信息网, 2019). 러시아나 브라질 등과 비교하면 양적으로도 적고, 대부분이 철 함유량이 낮은 빈광(貧鑛)이고 이 중 직접 야금 제련이 가능한 광산은 약 3%에 불과하다. 따라서 한편으로는 양질의 철광석을 대량으로 수입하고 있다. 2018년 중국 철광석 생산량은 7.6억 t인데 비해 수입량은 10.65억 t으로, 철광석 대외의존도가 매년 상승하는 추세이다. 또 한편으로는 채광 및 소결(燒結) 기술 개발을 통해

표 9-3 중국의 철광석 수입량 추이

년도	수입량(억 t)	의존도(%)	2017년 중국 철광석 수입원 국가별 순위와 비중(%)
2010	6.19	36.6	
2011	6.85	34.1	
2012	7.43	36.2	
2013	8.19	36.1	호주(62), 브라질(21), 남아프리카(4), 인도(3),
2014	9.32	38.1	
2015	9.52	40.8	
2016	10.24	44.4	
2017	10.75	46.8	
2018	10.65	58.6	

자료: 国家统计局·中国海关·智研咨询整理.

채산성을 높이기 위해 노력하고 있다.

세계강철협회 발표 자료에 의하면, 2018년 세계 각국의 강철 생산총량은 18억 860만 t이었다. 같은 해 중국의 강철 생산량은 9억 2830만 t으로 세계 1위이고, 세계 총생산량 점유 비중도 1위이며, 2017년 50.3%에서 2018년 51.3%로 증가했다. 2위는 인도로, 생산량 1억 650만 t, 3위는 일본으로 생산량 1억 430만 t이었고, 이어서 미국(8660만 t), 한국(7250만 t), 러시아(7170만 t), 독일(4240만 t) 등이었다. 중국은 세계 최대 강철 생산국이고, 동시에 급속한 경제성장과 함께 세계 최대의 강철 소비국이 되었다. 〈그림 9-1〉에서 볼 수 있듯이 2014년 중국의 강철 생산량은 2014년 11.2억 t으로 최고점에 도달했고, 2015년 1월 중앙경제공작회의에서 강철 생산량 감소 임무를 명확하게 요구한 후 그해에 처음으로 생산량이 감소했으며, 생산 능력을 감축하기 시작했다. 그 감축 부분 중 매우 큰 부분이 소형 강철공장기업 정리였다. 이들 소형 강철공장기업은 보편적으로 원가가 상대적으로 높아서 강철 생산 능력 과잉 상황에서 가격이 하락하자 이윤율이 급속히 감소했고, 중국 내 환경 보호 압력이 증대되면서, 특히 2017년에 소형 강철공장들의 환경 보호 설비 시설 투자가 크지 않았기에 국가 환경 보호 검측 요구 기준을 통과하기가 매우 어려웠다. 2018년에는 중국의 철강 생산량은 다시 다소 회복되어서 생산량 11억

그림 9-1   2000~2018년 중국 강재(钢材) 생산량 추세

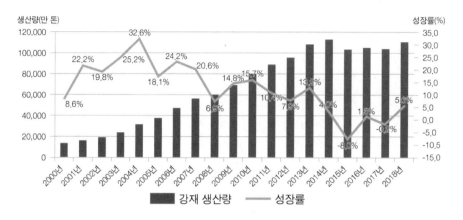

600만 t이고, 여전히 2위와 차이가 매우 큰 세계 1위이다.

(2) 주요 철강기업의 분포 현황

철강산업이 상대적으로 집중된 곳은 허베이, 장쑤, 산동, 랴오닝, 상하이, 산시, 후베이 등지이다. 생산량 2000만 t 이상 등급의 기업은 상하이와 우한에 본사를 두고 있는 바오한강철집단(宝武钢铁集团)[2]과 랴오닝성의 안산강철(鞍钢), 허베이성 차오페이뎬(曹妃甸)의 수도강철(首钢) 등이 있고, 2008년에 신축된 허베이강철(河北钢铁)과 산동강철(山东钢铁)이 있고, 민간기업인 장쑤성의 샤강(沙钢) 등 실력 있는 지방철강기업이 있다(〈표 9-4〉).

1985년 대비 2018년 성급 지역별 철강 생산량 순위는 랴오닝과 상하이는 내려가고, 허베이, 장쑤, 산동 등지는 큰 폭으로 상승했다(〈표 9-5〉).

---

2   정식 명칭은 '中国宝武钢铁集团有限公司'이고 약칭은 '中国宝武集团'이다. 중국 국무원 국유자산감독관리위원회가 감독·관리하는 중요 골간 중앙국유기업이고, 본사(总部)는 상하이와 우한(武汉)에 있다. 자회사는 '宝山钢铁股份有限公司'(약칭 宝钢股份)이고, 중국에서 가장 크고 가장 현대화된 연합강철기업이라 할 수 있다.

표 9-4　2018년 중국 주요 강철기업 조강(粗钢) 생산량과 입지 분포

생산기업		2018년 조강 생산량(만 t)	주요 생산시설 분포
주력 철강기업	바오우강철집단 (宝武钢铁集团)	6,743	상하이 바오산, 장쑤 메이산(梅山), 우한 칭산(青山) 등 전국
	안산강철	3,736	랴오닝 안산, 번시
	수도강철	2,785	허베이 보하이만 차오페이뎬
지방 철강기업, 특성화 철강기업	허베이강철	4,489	허베이 탕산, 이화(宜化), 청더, 한단 등
	장쑤샤강	4,066	장쑤 장자강 미엔펑진(棉丰镇)
	베이징젠롱중공업 (北京建龙重工)	2,785	베이징 펑타이(丰台)
	산동강철	2,321	산동 지난
	후난화링(湖南华菱)	2,301	후난 샹탄(湘潭), 렌위엔(涟源), 헝양(衡阳)
	마안산강철(马钢)	1,964	안후이 마안산
	번시강철(本钢)	1,590	랴오닝 번시
	팡다강철 (江西方大钢铁)	1,551	장시 난창
	바오터우강철(包钢)	1,525	네이멍구 바오터우, 바이윈어보(白云鄂博)

자료: 世界钢铁协会(2019).

표 9-5　중국 주요 철강 품목별 생산지 순위 및 변화(1985년, 2018년)

		생철(生鐵)		조강(粗鋼)		강재(鋼材)	
		1985년	2018년	1985년	2018년	1985년	2018년
생산량(만 t)		4,384	77,105	4,679	92,801	3,693	110,552
순위	1	랴오닝	허베이	랴오닝	허베이	랴오닝	허베이
	2	후베이	장쑤	상하이	장쑤	상하이	장쑤
	3	베이징	산동	후베이	산동	후베이	산동
	4	쓰촨	랴오닝	쓰촨	랴오닝	쓰촨	랴오닝
	5	허베이	산시	베이징	산시	베이징	산시
	6	안후이	후베이	허베이	안후이	허베이	텐진
	7	산시	허난	안후이	후베이	장쑤	허난
	8	상하이	안후이	산시	허난	텐진	후베이

자료: 中国统计出版社(2019: 442).

2) 자동차 공업

자동차 공업은 산업 간 연계 범위가 넓고, 원재료 제공 산업과 연료, 전자, 고무, 금융 등 업종에 대한 전후방 연계효과가 높으며, 또한 세수, 고용, 수출 등에 대한 공헌율도 높다. 따라서 여건을 갖춘 국가와 지구는 모두 자동차산업을 주도산업으로 지정하고 적극적으로 지원하고 있다.

중국 자동차 공업의 3대 생산품은 승용차, 화물차, 버스(승합차)이다. 생산 규모는 1971년 10만 대, 1986년 37만 대(이 중 승용차 1.2만 대) 수준이었다.

2017년에는 중국 자동차 연간 생산량과 판매량이 각각 2901.5만 대와 2887.9만 대로 전년 동기 대비 3.2%와 3% 증가했다. 이 중 승용차는 생산량 2480.67만 대, 판매량 2471.83만 대로 전년 동기 대비 각각 1.58%, 1.40% 증가했다. 단, 2018년에는 중국 자동차 산업이 전형(转型) 승급(升级)을 추진하면서 비교적 큰 압력을 받은 관계로, 자동차 생산과 판매가 각각 2780.9만 대와 2808.1만 대였고, 전년 동기 대비 각각 4.2%와 2.8% 하락했다. 중국은 자동차 생산과 판매량에서 연속 10년간 세계 1위를 기록했다. 2018년 전 세계 자동차 판매량 9265.4만 대 중 중국이 2808.1만 대로 점유율이 30.3%를 넘어섰다. 2025년경에는 세계 자동차 생산의 50% 이상이 중국에서 이루어질 것으로 예측하고 있다(胡欣, 2010: 164). 2018년 기타 국가의 판매량은 미국 1783만 대, 일본 526만 대, 인도 440만 대, 독일 376만 대, 영국 273만 대, 프랑스 268만 대, 한국 181만 대이다.

중국 내 주요 자동차 생산 공장이 입지한 성급 지구는 광동, 지린, 상하이, 충칭, 베이징, 후베이, 광시, 안후이 등지이고, 승용차 생산 공장이 입지한 주요 도시는 상하이, 광동성 광저우, 지린성 창춘, 텐진, 충칭, 후베이성 우한, 안후이성 우후 등지이다(〈표 9-6〉).

한편, 중국 브랜드 자동차의 중국 내 시장 점유율은 비교적 낮다. 2018년 중국 자동차시장에서 일본 브랜드의 점유율은 93.3%, 한국은 65.4%에 달했으나, 중국 브랜드의 자국시장 점유율은 42.1%이다. 물론 이는 중국 브랜드에 아직 확장 공간이 잠재되어 있음을 의미한다.

중국자동차협회(中国汽车协会)가 발표한 통계에 의하면, 2018년 판매량 10강 기

표 9-6 중국 자동차공업 발전 추이 및 분포 현황

	자동차 보유량 (만 대)	승용차 비율 (%)	생산량(만 대) (승용차)
1971년	130	—	10 (─)
1980년	178	2.3	22 (0.5)
1990년	551	6.8	51 (3.5)
2000년	1,609	29.4	207 (61)
2010년	7,802	52.4	1,827 (958)
2018년	23,231	41.7	2,782 (1160)
완성차 제조기지 입지	—	—	총칭, 광동, 상하이, 광시, 지린, 베이징, 후베이, 안후이, 광저우, 창춘, 텐진, 우한, 우후

자료: 中国统计出版社(2019: 443).

업과 판매량, 그리고 전년 대비 증가율을 순위대로 나열하면 ① 상하이 따종(大众) 자동차(206.5만 대, 0.1%), ② 창춘제1자동차(一汽, 203.7만 대, 4.1%), ③ 상하이통용 (上汽通用, 197.0만 대, -1.5%), ④ 지리(吉利, 150.0만 대, 20.3%), ⑤ 상하이통용5링(上汽 通用五菱, 135.6만 대, -13.0%), ⑥ 동펑일산(东风日产, 130.0만 대, 4.0%), ⑦ 창청자동차 (长城汽车, 91.5만 대, -3.7%), ⑧ 장안(长安, 85.9만 대, -19.1%), ⑨ 베이징현대(北京现代, 79.0만 대, 0.7%), 그리고 광저우혼다자동차(广汽本田, 74.0만 대, 5.0%) 순이다.

2018년 말 기준, 성, 직할시, 자치구급 지역 중 자동차 생산대수 상위 10위까지 의 지역 현황을 성, 직할시 단위로 보면 ① 광동 321.6만 대(승용차 174.1만 대), ② 상하이 297.8만 대(승용차 194.8만 대), ③ 지린 276.9만 대(승용차 181.3만 대), ④ 후 베이 241.9만 대(승용차 99.7만 대), ⑤ 광시 215.1만 대(승용차 12.1만 대), ⑥ 총칭 172.6만 대(승용차 46.4만 대), ⑦ 베이징 165.3만 대(승용차 78.1만 대), ⑧ 장쑤 121.9 만 대(승용차 58.7만 대), ⑨ 허베이 121.1만 대(승용차 5.6만 대), ⑩ 저장 119.2만 대 (승용차 87.7만 대)이다(中国统计出版社, 2019: 443).

3) 전자정보산업 및 소프트산업

최근에 중국 공업 중 가장 빠른 발전 속도를 기록한 업종은 전자정보산업과 소프트웨어산업이다. 중국의 전자정보산업과 소프트웨어산업 생산액 증가 추이를 보면, 1980년 100억 위안에 불과했으나 1996년에 2982억 위안으로 증가했고, 2008년에 총판매액 5조 8800억 위안에 달해 방직, 화공, 야금, 전력 등의 총판매액을 초과했고, 중국 전국의 39개 공업 부문 중 1위를 차지했다. 2019년 정보 전송, 소프트웨어와 정보기술 서비스업이 진일보 발전했고, 증가치는 3조 2689.7억 위안에 달했다. 2009년 중국 공업정보부(工信部)가 발표한 '전자정보산업 조정진흥계획(电子信息产业调整和振兴规划)'에서 설정한 목표는, 산업 체계 완비, 컴퓨터산업 경쟁력 강화, 전자부품 산품 품질 제고 가속화, 오디오 및 비디오 산업 디지털

표 9-7   주요 전자제품 생산량 지역별 순위(2018)(단위: 만 대)

순위	휴대폰	개인 컴퓨터	컬러 TV	에어컨	냉장고	가정용 세탁기
1	광동 (80,818)	총칭 (7,074)	광동 (9,048)	광동 (6,129)	안후이 (2,631)	안후이 (2,126)
2	허난 (20,606)	장쑤 (6,215)	안후이 (1,779)	안후이 (3,210)	광동 (1,599)	장쑤 (1,892)
3	총칭 (18,868)	쓰촨 (5,904)	산동 (1,695)	총칭 (1,849)	장쑤 (956)	저장 (1,153)
4	쓰촨 (9,437)	광동 (4,734)	장쑤 (1,313)	후베이 (1,843)	산동 (888)	광동 (683)
5	베이징 (9,030)	안후이 (2,022)	쓰촨 (1,001)	저장 (1,613)	저장 (618)	산동 (667)
6	저장 (5,318)	상하이 (1,449)	푸젠 (979)	허난 (1,505)	후베이 (489)	총칭 (362)
7	장쑤 (4,925)	푸젠 (1,184)	베이징 (897)	허베이 (1,154)	구이저우 (143)	쓰촨 (178)
8	상하이 (4,729)	후베이 (1,111)	저장 (722)	산동 (1,060)	총칭 (140)	상하이 (140)
전국	179,846	30,700	18,834	20,486	7,993	7,268

자료: 中国统计出版社(2019: 443~444).

화, 소프트산업 자주발전 능력 제고, 통신설비와 정보서비스 및 정보기술 응용 등 영역에서 신흥 발전산업 육성 등이다. 2018년 말 중국 내 각 성, 직할시급 지구별 주요 전자제품 생산량 순위는 〈표 9-7〉과 같다.

6. 공업 발전 정책 방향

1) 기본 정책

12차 5개년 계획의 산업발전계획은 구역산업발전계획(区域产业发展规划)과 전문항목산업계획(专项产业规划) 두 종류로 구분된다. 지역산업발전계획은 특정 지역에서 산업의 지속적이고 건강한 발전 촉진을 위해서 진행하는 산업발전 위상 확정, 산업 체계 구축, 산업공간 통합배치, 중대 산업항목 계획 구상, 중점 전문항목공정(专项工程) 실시 및 산업발전 환경의 총체전략 배치를 작성하는 것을 가리킨다. 전문항목산업계획은 고급신기술산업, 현대서비스업, 생산성 서비스업, 문화창의산업, 현대제조업, 도시공업, 관광산업, 현대농업 등 특정 산업에 대해 산업발전 추세와 지역발전을 위한 기초 조건을 파악한 기초 위에서 전략성·전망성·방향성을 구비한 발전사로(发展思路)를 제출하고, 중점 영역 발전 책략, 공간 배치, 중점 항목, 그리고 산업촉진시책 등의 방면에 구체적 배치를 진행하는 것을 가리킨다.

산업발전계획은 지역산업의 특화승급 또는 전형승급(转型升级)을 지도·조정·통합하는 근거일 뿐만 아니라, 산업 정책 지도 방향을 전달하고, 고층차 산업 요소의 집적을 유도하며, 자원의 효과적 배치를 실현하는 중요한 수단이다.

(1) 성장률의 안정

공업은 개혁개방 이후 중국 경제 발전에 가장 크게 공헌해 왔고, 2000년대 이후에도 연평균 10%대의 성장률을 유지하고 있다. 2012년 공업 생산액은 19조 9671억 위안(약 3조 1631억 달러)이고, 2018년에는 공업총생산액이 30조 5160억 위안에 달했다. 반면에 이 같은 고속 성장에 따른 각종 문제도 발생했다. ① 적자기업이 많다. 적자 국유기업이 34.8%에 달하고, 특히 전민소유제 국유 중공업 기업이 집중된 만주지구 국유기업의 적자폭이 크다. 즉, 랴오닝성과 헤이룽장성은 국유기업 중 절반 또는 그 이상이 적자 상태이다. ② 일관성 없는 투자 결정과 투자 규모 확대로 인해 자금 부족 문제가 가중되고 있다. ③ 공업의 배치와 발전이 동부연해지구에 편중되면서, 에너지, 원재료, 교통 부문에서 문제가 돌출되었다. 이 같은 당면 문제들을 극복하면서 높은 성장률을 지속하는 것이 공업 부문의 최우선 목표이자 과제이다.

(2) 경공업과 중공업의 균형발전

개혁개방 이후 효율을 중시하는 상황에서 적은 투자와 빠른 성장을 보이는 경공업이 우위를 보이기 시작했다. 향진기업의 발전이 대표적인 예이다. 그러나 2000년대에 진입한 이후부터는 후방 연계효과가 보다 강한 중공업 발전에 속도가 붙기 시작했다. 단, 이 또한 경공업의 발전이 그 기초를 제공했기 때문이라고 하겠다. 즉, 경공업과 중공업이 동반으로 균형발전을 해야 각자 발휘하는 전후방 연계효과 범위도 더욱 확대될 것이다.

(3) 개방지구를 따라 주변으로 확산

각 지역의 공업 발전 속도와 대외개방 정도는 비례관계가 있다. 성장 속도가 빠른 지구는 개방 정도가 높은 동부연해지구이고, 4연[연해(沿海), 연변(沿邊), 연강(沿江), 연로(沿路)] 개방지구의 공업 발전 속도도 가속화되고 있다. 따라서 개방지구를 전방위로 확대하면서 경제 발전 효과 파급을 확산시키고, 공업 배치 및 발전 정책도 이에 부응하면서 전국을 향해 균형 배치를 추구한다.

(4) 공업에너지 절감

중국 정부는 12차 5개년 계획 기간(2011~2015)을 경제사회 발전을 위한 중요한 전략 기회의 시기이자, 발전 방식 전변과 자원 절약형 및 배경 우호형 공업 체계 건설을 가속화하기 위한 관건 시기로 설정했다. 공업화·도시화의 급속한 진전에 따라 경제성장과 함께 에너지자원과 환경 제약이 나날이 강화되고 있고, 에너지 소모의 주요 영역이자 에너지 절약 업무의 중점 및 난점이 공업 에너지에 있으므로, '공업에너지 절약 12차 5개년 계획(工业节能十二五规划)'을 수립하고, 공업의 전형승급 촉진과 지속가능발전 실현, 에너지 절약 및 배출 감소를 주요 목표로 설정했다.

12차 5개년 계획 기간 중에는 공업에너지 소모량이 매년 증가했는데, 2005년 16억 t 표준매에서 2010년에는 24억 t 표준매로 증가했다. 전사회 에너지 총량 중 점유 비중은 2005년 70.9%에서 2010년 약 73%로 증가했다. 에너지 소비량이 많은 6대 업종(강철, 유색금속, 건재, 석유화학, 화공, 전력) 공업 부문의 전체 에너지 소모량에 대한 점유율은 2005년 약 71.3%에서 2010년에는 약 77%로 증가했다. 반면에, 공업 증가치의 GDP 증가치에 대한 비중은 2005년 41.8%에서 2010년 40.2%로 감소했다. 6대 에너지 고소모 업종 증가치의 전체 공업 증가치에 대한 비중도 2005년 32.7%에서 2010년 30.3%로 감소했다. 12차 5개년 계획의 공업에너지 절약 관련 주요 내용을 소개하면, 주요 목표는 2015년에 일정 규모 이상 기업의 공업 증가치에 따른 에너지 소모를 2010년 대비 21% 정도 저감시키고 에너지 절약 양적 목표 6.7억 t 표준매를 실현하는 것이다. 즉, 2015년에 중점 업종의 단위 공업 증가치의 에너지 소비를 2010년 대비 강철(18%), 유색금속(18%), 석유화학(18%), 화공(20%), 건재(20%), 기계(22%), 경공업(20%), 방직(20%), 전자정보(18%)를 각각 저감시키는 것이다.

2) 기본 방향

중국은 현재 공업화·도시화 발전 단계에 깊숙이 들어가는 단계에 있고, 경제사회 발전에 따른 에너지 수요는 부단히 증가하고 있지만, 반면에 에너지자원의 한계와 그로 인한 제약은 갈수록 심각해질 것이다. 그와 동시에 공업 발전에 따른 에너지 수요는 계속 증가하고, 공업과 에너지 고소모 업종의 국내생산총액에 대한 공헌율이 하강하는 추세다. 또한 에너지 소모에 대한 총량규제 실시도 공업 발전에 대한 강한 제약이 될 것이다.

전통적인 에너지 및 자원 고소모적인 조방형(粗放型) 공업 발전 방식은 이미 지속하기가 어려우므로 에너지 절약을 위한 계기 제공을 위해 공업의 전형(转型)과 승급 필요성이 커지고 있다. 즉, 에너지 절약, 소비 저감 강도를 높이고, 공업에너지 이용 효율과 에너지생산율을 진일보 제고시키고, 전통제조업을 개조·승급시킨다. 이것이 자원 절약형, 환경친화형 산업구조와 생산 방식을 건립하고, 에너지자원에 대한 환경제약 난제를 해결하고, 중국 특색의 신형 공업화의 길을 가는 필연적 선택이다.

세계적 관점에서 보면 경쟁 환경의 변화가 중국 공업의 에너지 절약에 준엄한 도전이 되고 있다. 국제사회의 기후 변화에 대응한 게임이 나날이 격렬해지고 있고, 녹색무역 장벽 형성이 가속적으로 진행되고 있고, 일부 선진국가가 중국산 수입 제품에 대한 에너지 효율 수준과 이산화탄소 만족도에 대해 보다 높은 요구를 제기하고 있다. 중국의 제조업은 산업가치사슬 중 총체적으로 중저위에 처해 있고 생산품의 자원에너지 소모가 높아서 수출이 거대한 압력에 직면할 것이다. 전 지구적 범위에서 녹색경제 발전과 저탄소 생활 요구가 갈수록 높아지고 점진적으로 새로운 추세로 진행되고 있으므로, 에너지 절약과 환경 보호 저탄소산업을 적극 발전시키는 것이 미래 발전의 고지를 선점하기 위한 핵심 가치관 및 주요 과제가 되었다.

중공업 발전 속도가 경공업보다 빠르고, 주로 에너지 고소모 산품의 생산량과 단위 공업산품의 에너지 소모가 상대적으로 높은 수준이므로, 에너지 절약 잠재력은 여전히 매우 크다. 출로는 에너지 절약에 있다. 장기적 전략으로 보면, 에너지 절약 배출 저감이 공업의 양호하고 빠른 발전 실현과 동시에 에너지 소비총량을 규제하고 에너지 안전과 공급 보장을 해결하는 우선적 조치이기도 하다. 따라서 필히 에너지 절약 배출 저감 강도 강화와 공업에너지 절약 잠재력 발굴을 가속화해야 한다.

정보화와 공업화의 심도 깊은 융합과 녹색정보기술의 광범위한 응용이 공업에너지 절약과 소비 절감을 지지해 줄 것이다. 2010년 10월에 개최된 중공 17기 5중 전회[3]에서는 '포용성 성장(包容性增长)', '약세군체(弱势群体) 보호', '발전 방식 전변' 방침을 정했고, 12차 5개년 계획(2011~2015) 기간이 구조조정과 발전 방식 전변의 관건 시기라고 밝혔다. 개혁개방 30여 년의 공업 발전 역정이 말해주듯이, 조방적 발전 방식은 공업 발전이 직면한 두드러진 문제로, 성장을 주로 자원 소모에 의지하고, 외연(外延)을 중시하며, 내함(內涵)을 경시하는 현상이 여전히 보편적이고, 특히 발전을 지지하기 위해 지불하는 자원환경 대가가 너무 크다. 투자, 수출, 자원에너지 지원을 동원하는 데 의지하는 공업 발전은 지속 불가능하다. 따라서 필히 내함식 성장을 중시하고, 공업에너지 절약과 소모 절감을 공업 전형승급의 돌파구 및 중요 착안점 중 하나로 해야 한다고 밝혔다.

　12차 5개년 계획 기간 동안 중국에서는 에너지 절약, 환경 보호, 신세대 정보기술, 생물, 첨단장비 제조, 신에너지, 신재료, 그리고 신에너지 자동차 등 전략적 신흥산업이 급속하게 발전했다. 2015년 국내생산총액 중 전략성 신흥산업 증가치 점유율이 약 8%에 달했고, 산업 혁신(創新) 능력과 수익 창출 능력이 현저하게 승급했다. 신세대 정보기술, 생물, 신에너지원 등 영역의 기업들의 경쟁력이 국제시장 제1전투대형(方阵)에 진입했고, 고속철도, 통신, 우주장비(航天裝备), 핵발전설비 등이 국제화 발전을 실현했고, 생산액 규모 1000억 위안 이상의 일군의 신흥산업 집군(集群)이 지역경제 전형승급을 유력하게 지탱해 주었다. 대중창업(大众创业)과 만중창신(万众创新)이 발흥하고, 전략성 신흥산업이 넓게 융합하고, 전통산업 전형 및 승급 추동을 가속화하고, 대량의 신기술, 신산품, 신업태, 신모델 출현을 장려하고, 다수의 일자리를 창조했고, 안전 성장, 개혁 촉진, 구조조정, 민생 혜택을 유력하게 지원했다.

　2016년 11월 중국 국무원은 '13차 5개년계획 국가 전략성 신흥 산업발전계획(十

3　중공 제17기 5차 중앙위원회 회의(十七届五中全会, 2010년 10월 15~18일)의 주요 활동 내용은 12차 5개년 계획 건의(十二五规划建议)에 대해 집중적으로 토론·심의하고, 중국의 향후 5년간의 경제, 사회, 민주·민생 방면의 발전 경로와 전망(图景)을 제시하는 것이었다. 이 회의 직전인 2010년 9월 16일, 베이징에서 개최된 제5기 아태경제합작조직인력자원개발(亚太经合组织人力资源开发) 장관급 회의에서 당시 국가주석 후진타오(胡锦涛)는 치사를 통해서 최초로 '포용성 증장(包容性增长)' 개념을 제출하고, 이는 '보다 많은 사람들에게 세계화의 성과를 향유하게 하고, 약세군체(弱势群体)가 보호받을 수 있게 하고, 경제성장 과정 중 평형(平衡)을 견지'하는 등의 개념을 포함한다고 밝혔다. 이 내용은 12차 5개년 계획에도 반영되었고, 발전 방식 전형의 기본 방략(方略)은 "인본, 녹색, 혁신, 협조"를 주선(主线)으로 하고, 경제시장화, 정치민주화, 사회 조화(和谐化), 생태문명화, 그리고 가치관의 선진화와 다원화를 추진하는 것이라고 제시했다.

三五'国家战略性新兴产业发展规划)'을 발표하고 '계획'의 목표를 아래와 같이 제시했다(中华人民共和国中央人民政部, 2016).

첫째, 산업 규모 지속 성상, 경제사회 발전의 신동력을 확보한다. 전략성 신흥산업 증가액이 국내생산총액 비중 15%에 도달하게 하고, 신세대 정보기술, 첨단제조, 생물, 첨단제조(高端制造), 녹색 저탄소, 디지털 창의(数字创意) 등 5개 영역의 생산액 규모 1조 위안 급의 신지주(新支柱) 형성, 동시에 보다 넓은 영역에서 대규모 업종 경계를 넘어서 융합하는 신성장 거점(新增长点) 형성, 연평균 100만 명 이상 일자리 증가 대동을 한다.

둘째, 혁신 능력과 경쟁력을 현저하게 제고한다. 글로벌 산업발전의 새로운 고지(高地) 형성, 일련의 관건 핵심기술 공격·점령, 발명특허 보유량 연평균 증가 속도 15% 이상으로 제고, 일군의 중대산업기술혁신 플랫폼 구축, 산업혁신 능력 세계 선두에 진입, 일부 중요 영역에서 선발우세(先发优势) 형성, 생산품 품질을 현저하게 향상을 이룬다. 에너지 절약 환경 보호, 신에너지, 생물 등 영역의 신산품과 신서비스의 응용 가능성 대폭 향상시킨다. 지식재산권 보호를 더욱 엄격히 하고, 혁신 장려 정책 법규를 완비한다.

셋째, 산업구조를 진일보 특화하고, 산업 신체계를 형성한다. 일군의 창의력이 강하고, 국제영향력과 브랜드 신용이 있는 업종의 선도기업을 발전시키고, 활력이 강하고, 용감하게 개척하는 중소기업을 지속적으로 육성한다. 중고급 제조업, 지식밀집형 서비스업의 비중을 대폭 증가시키고, 중고급 수준을 지향토록 지원한다. 일정한 글로벌 영향력을 보유한 전략성 신흥산업 발전 발원지(策源地)와 기술혁신중심을 형성한다. 100여 개의 특색 선명, 혁신 능력이 강한 신흥산업 클러스터(集群)를 건립한다.

넷째, 2030년에는 전략성 신흥산업 발전이 중국 경제를 지속·건강·발전을 추동하는 주도 역량이 될 것이고, 중국은 세계 전략성 신흥산업의 중요한 제조중심과 혁신중심이 될 것이고, 글로벌 영향력과 주도 지위를 보유한 일군의 혁신형(创新型) 선도기업(领军企业)이 형성될 것이다.

총체 배치에서는 혁신(创新), 장대(壮大), 인솔 유도(引领)를 핵심으로 하고, '중국제조 2025' 전략 실시와 긴밀히 결합하며, 혁신 구동(驱动) 발전의 길을 견지하며

[상자글 9-1] 중국 제조업 2025

중국 국무원은 2015년 5월에 총리 리커창(李克强)의 서명 비준을 거친 '중국 제조업 2025'를 발표했다. 이 문건은 중국 정부가 최초로 제조업 강국 전략 실시를 위해 전면 배치를 실시한 10년 행동강령이자 전략 문건이라 할 수 있다.

'중국 제조업 2025'는 '一, 二, 三, 四, 五五, +'의 총체 구조로 개괄할 수 있다.

'一', 제조업 대국에서 제조업 강국으로 전변하고, 최종 목표로 제조업 강국을 실현한다.

'二', 정보화와 공업화 융합 발전을 통해서 목표를 실현한다. 중공 18차 대회는 정보화와 공업화 양화(兩化)를 심화 융합해 전체 제조업의 발전을 인도 및 대동한다. 이 또한 중국 제조업이 점령해야 하는 고지(制高点) 중 하나이다.

'三'은 '3보 전진(三步走)' 전략으로, 상하이가 매 1보당 10년 내외의 시간으로 제조업 대국에서 제조업 강국으로의 전변 목표를 실현하는 것이다.

'四'는 4항 원칙 확정이다. 제1항 원칙은 시장 주도, 정부 인도이다. 제2항 원칙은 현재에 발을 딛고, 또한 장기적으로도 보자는 것이다. 제3항 원칙은 전면 추진과 중점 돌파이다. 제4항 원칙은 자주발전과 합작 공동승리(合作共赢)이다.

'五五'는 두 개의 '五'로서, 첫째는 5개 방침을 뜻한다. 즉, 혁신구동(创新驱动), 품질 우선, 녹색발전, 구조 특화, 그리고 인재 본위(人才为本)이다. 또 하나의 '五'는 5대 공정(五大工程) 실행이다. 즉, 제조업 혁신중심 건설 공정, 기초 강화 공정, 스마트(智能) 제조 공정, 녹색제조 공정, 그리고 첨단장비 혁신공정(高端装备创新工程)이다.

'+'은 10대 영역으로, 신세대 정보기술산업, 첨단 디지털 통제선반과 로봇, 항공우주장비, 해양공정장비 및 고급기술선박, 선진궤도교통장비, 에너지 절약 및 신에너지원 자동차, 전력장비, 농기계장비, 신재료, 생물의약 및 고성능의료기기 등 10개 중점 영역을 뜻한다.

'중국 제조업 2025'는 9개 항의 전략 임무와 중점을 명확히 했다. 즉, ① 국가제조업 혁신 능력 제고, ② 정보화 및 공업화 심화 융합 추진, ③ 공업 기초 능력 강화, ④ 품질 브랜드 건설 강화, ⑤ 녹색제조 전면 추진, ⑥ 중점 영역 돌파·발전 강력 추동, ⑦ 제조업 구조조정 심화 추진, ⑧ 서비스형 제조와 생산형 서비스업 적극 발전, ⑨ 제조업 국제화 발전 수준 제고이다.

자료: 百度百科. "中国制造2025".

나아가고, 일련의 신흥 영역의 장대한 발전과 지주산업(支柱产业)이 될 수 있게 촉진하며, 산업 중 첨단발전과 경제사회 고품질 발전을 지속적으로 유도·인솔한다. 발전 수요와 산업 기초에 근거해 산업과학기술 함량을 대폭 승급시키고, 장대한 네트워크 경제, 첨단제조, 생물경제, 녹색저탄소, 그리고 디지털 창의(数字创意) 등 5대 영역의 발전을 가속화하고, 혁신경제를 향한 도약을 실현한다. 글로벌 과학기술혁명과 산업 변혁의 새로운 추세와 방향에 착안해 우주해양, 정보네트워크, 생물기술, 그리고 원자핵기술 영역 등 일군의 전략성 산업을 최전선에 미리 배치함으로써 미래 발전의 신비교우위(新優勢)를 조성한다. 전략성 신흥 산업발전의 기본 규율을 따르면서, 우세(優勢)와 특색을 돌출시키고, 일군의 전략성 신흥 산업발전 정책 근원지(策源地)와 집합지구(集聚区), 그리고 특색산업 클러스터(集群)를 조성하고, 지역 발전의 새 틀을 형성한다. '일대일로' 건설 전략 계기를 파악·추진하고, 더욱 개방적 시야로 전 세계 혁신자원을 고효율로 이용하고, 전략성 신흥산업 국제화 수준을 승급시킨다. 중점 영역과 관건 고리(环节) 개혁 추진을 가속화하고, 기술, 자금, 인재를 모으는 데 유리한 정책과 시책을 지속적으로 완비하고, 공평경쟁 시장 환경을 창조하고, 신기술과 새로운 업태가 발흥할 수 있는 생태환경을 전면적으로 조성하고, 경제사회 발전 신운동에너지(新动能) 형성을 가속화한다.

Questions

1. 중국 공업의 지리적 분포의 특징을 개혁개방 이전과 이후 시기로 구분해서 설명하시오.
2. 2014년 중국 국가주석 시진핑(习近平)이 "중국 경제는 이미 과거 30여 년과 같은 고속 성장기와 다른 새로운 단계에 들어섰다. 즉, '신상태(新常态, new normal)'이다"라고 제출했다. 이 같은 배경과 맥락이 중국의 '신상태' 단계에서 공업 발전에 미칠 영향에 대해 개인의 견해를 정리하고 설명해 보시오.

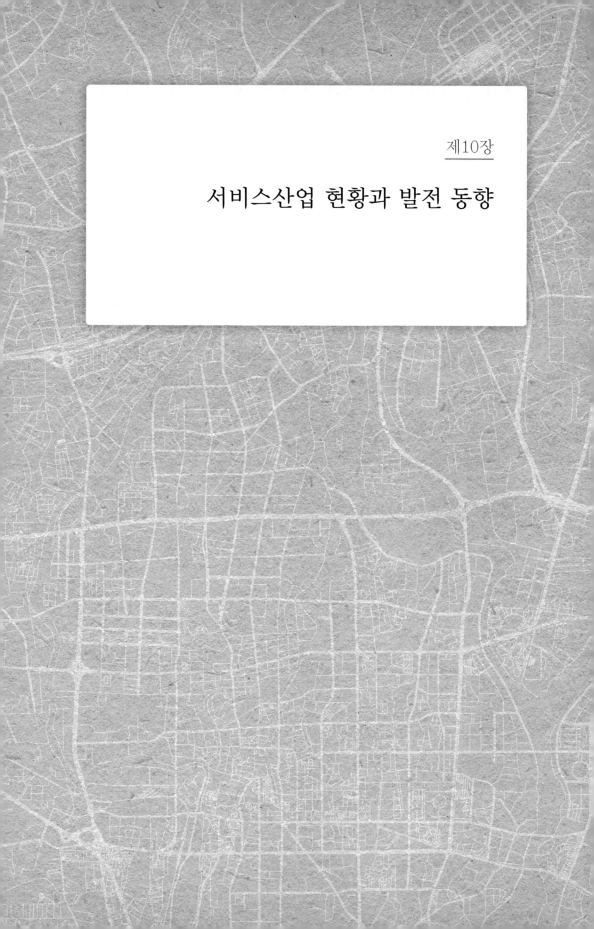

제10장

서비스산업 현황과 발전 동향

서비스산업은 1차산업인 농수산업과 2차산업인 공업을 제외한 기타 산업을 가리킨다. 중국 국가통계국의 정의 및 분류에 의하면 3차산업을 크게 유통 부문과 서비스 부문으로 구분하고, 다시 4개 층차(層次)로 구분한다. 첫째, 유통 부문으로 교통운수와 창고 및 우편통신업, 도소매업, 식음료업을 포함한다. 둘째, 생산과 생활 서비스 부문으로 금융 및 보험업, 지질감측업, 수리관리업, 부동산업, 사회서비스업, 농림, 목축·어업 서비스업, 교통운수보조업, 종합기술서비스업 등을 포함한다. 셋째, 과학문화 수준과 주민 소질을 제고하기 위한 서비스 부문으로 교육, 문화예술 및 방송, 영화업, 위생 및 체육 사회복지사업, 과학연구사업 등이다. 넷째, 사회공공수요 서비스 제공을 위한 부문으로 국가기관 및 당정기관, 사회단체, 군대 및 경찰 등이다. 본장에서는 중국 서비스산업의 총체적 발전 추세와 함께, 서비스산업과 관광산업의 유형별 현황 및 발전 동향을 함께 고찰·정리했다.

1. 중국 서비스산업의 총체적 발전 추세

1) 개혁개방 이전

개혁개방 이전에는 고도로 집중된 계획경제 체제하에서 서비스 기능을 정부의 경제계획 기능으로 대체했고, 직장 '단위(單位)'에 생산, 생활, 공공서비스 시설과 기능이 집중되어 있었으나 폐쇄적으로 운영되어 단위 밖으로는 제공되지 않았다. 이 같은 상황에서 서비스업은 장기간 침체되었다. 즉, 대규모 공장과 노동자 생활구 및 서비스 시설은 집중 건설된 '단위' 체제하에서 '선생산 후생활'을 정책 기조로 도시 및 산업 배치가 진행되었다.

단위는 혼합적인 토지 이용으로 특정 용도지구의 수요를 감소시키고 효율적인 토지 이용을 가능케 했다. 단위 내에는 생산구(生産區)와 생활구(生活區)가 인접해 있고, 생활구 내에는 주택 외에도 상점, 식당, 목욕탕, 의무소(醫院), 도서실, 활동중심, 방송실, 유치원, 초등학교(혹은 중학교까지) 등의 서비스 기능이 함께 있었고, 일반적으로 대외에는 개방하지 않았다.

도시 체계도 고도로 집중된 계획경제 체제하에서 폐쇄적으로 형성되었다. 즉,

도시 체계가 지역 간 산업 간 분업의 산물이 아닌 국가 행정 역량과 투자정책의 결과였다. 각 지구의 경제가 수직적으로 연계되었고, 중앙이 도시의 대중형 기업의 생산건설, 물자 분배, 인원 선발 고용 등을 직접 통제했으므로, 도시 간의 수평적 연계가 매우 적고 약했다. 이러한 상황하에서 중앙정부의 경제계획 기능이 중심도시의 종합서비스 기능을 대체했고, 중심도시는 생산 기능만 보유하고 있었고, 대외서비스 기능은 결여되었다. 이 같은 상황은 서비스업 발전을 장기간 제약했다(陈甬军等, 2009: 264~265).

2) 개혁개방 이후

개혁개방 이후 시장기제가 점진적 확대되고 각급 도시에서 경제개발구가 건립되면서, 도시 중심지구의 공업과 기업들이 개발구 내로 이전해 갔고, 원래 공업용도였던 시중심지구 토지가 점진적으로 상업 및 서비스용도로 대체되었다. 1981~1991년 도시용지 중 공업용지 비중은 27.2%에서 25.1%로 줄었으나, 공용시설용지 비중은 20.7%에서 22.8%로 증가했다(陈甬军等, 2009: 265~266).

2018년 중국의 3차산업 총생산액은 43조 2954.4억 위안으로 1978년(846억 위안)의 511배를 넘는다(불변가격으로 계산). 국내생산총액 중 3차산업의 비중도 1978년 23.9%에서 2018년 52.2%로 증가했고, 연도별로 단기적 기복을 보이기는 하지만 총체적으로 상승 추세를 유지하고 있다. 11차 5개년 계획(2006~2010) 기간 중 서비스업 성장률은 연평균 11.9%로 연평균 국내생산총액(GDP) 성장률보다 0.7% 높았고, 10차 5개년 계획(十五計劃, 2001~2005) 기간 연평균 성장률보다는 1.4% 높았다(中国国务院, 2012). 주요 업종별 연평균 성장률은 금융업 18.7%, 도소매업 16.5%, 부동산업 0.3%, 숙박 및 음식업 9.5%, 교통운수, 창고, 우정업 8.3%이다. 12차 5개년 계획 시기에는 중국 국내경제를 구조조정했고, 이에 따라 서비스산업이 가장 비중이 큰 대(大)산업이 되었다. 2012년에 중국 3차산업이 처음으로 2차산업을 초과했고, 현재 가치 증가치의 GDP 비중이 45.5%로 상승했다. 13차 5개년 계획(2016~2020) 기간에는 서비스업의 GDP 점유 비중이 지속적으로 증가해 2015년에 50%를 초과했고, 2019년에는 53.9%에 달했다.

또한, 전체 취업 인구 중 3차산업에 종사하는 인구 비중이 1980년 13.1%에서 2013년 38.5%로, 2018년 46.3%로 증가했다. 취업자 수 증가 측면에서 보면 2018년 중국 전국의 3차산업 취업자 총수는 3억 5922만 명으로 1980년(5532만 명)에 비해 약 6.5배 증가했다.

개혁개방 이후 1994년에 3차산업 종사자 비중(23.0%)이 처음으로 2차산업 취업자 수 비중(22.7%)을 추월했다. 즉, 일자리 창출 및 제공 측면에서 3차산업의 공헌이 2차산업보다 더 커지기 시작한 것이다. 이 같은 추세가 지속되어 2018년에는 3차산업 취업자 수 비중이 46.3%로, 2차산업(27.6%)과 상대적 격차를 더욱 벌렸다.

또한, 전체 취업 인구 중 3차산업에 종사하는 인구 비중이 1980년 13.1%에서 2013년 38.5%로 증가했고, 2018년에 이르러서는 46.3%를 점했다. 취업자 수 증가 측면에서 보면 2018년 중국 전국의 3차산업 취업자 총수는 3억 5938만 명으로, 1980년(5532만 명)에 비해 약 6.5배 증가했다.

그러나 서방 선진국과 비교하면 여전히 차이가 크고, 따라서 앞으로 발전 공간 역시 매우 크다고 할 수 있다. 선진국의 경우 2005년 총 GDP 중 서비스업의 점유 비중이 평균 72.2% 수준이었고, 3차산업 취업자 수의 전체 취업자 중 점유 비중도 일본 66%, 미국 77.6%, 영국 76.3%였다. 이와 같이 발달국가들은 이미 일찍이 경제성장률 둔화 시기(緩行期)에 들어섰고, 산업구조 변화도 상대적으로 적다. 이들 국가들의 2012년 서비스산업의 GDP 점유 비율은 영국 78.2%, 독일 71.1%, 일본 71.4%, 미국 79.7%이다(Wikipedia, 2021).

서비스업은 에너지 및 자원 소모가 적고 투입·산출 효율이 높으며 발전 잠재력이 커서 그 발전 수준이 해당 국가와 지역의 경제사회 발전 정도를 나타내는 중요한 지표 중의 하나이고, 1차 및 2차 산업의 발전과 매우 밀접하게 연관되고 중요한 영향을 미친다. 단, 아직까지 중국의 서비스산업은 국가 경제구조 중의 비중이 상대적으로 낮고, 급속하게 성장하고 있는 농업과 공업과 상호 협조도 미흡한 상황이다. 그러나 다른 한편에서는 전통서비스업의 기초 위에 금융, 보험, 물류, 통신, 자문, 정보, 광고, 환경 보호 등 일군의 현대적인 신흥 서비스업이 발전하고 있다.

대내적으로 중국 서비스산업은 개방 확대 추세를 유지하고 있다. 기반시설, 물

표 10-1 지구별 서비스업 관련 주요 지표 전국 점유 비중(2018년)

부문	전국총계	동부지구(%)	중부지구(%)	서부지구(%)	동북지구(%)
토지 면적 (만 km²)	960.0	91.6 (9.5)	102.8 (10.7)	686.7 (71.5)	78.8 (8.2)
총인구	139,538	53,750 (38.5)	37,111 (26.6)	37956 (27.2)	10,836 (7.8)
대학 수(개)	2,663	1,015 (38.1)	695 (26.1)	695 (26.1)	258 (9.7)
대학 재학생 수 (만 명)	2,831.0	1,076.9 (38.0)	786.5 (27.8)	732.2 (25.9)	235.4 (8.3)
소비품 소매총액 (억 위안)	37,6971.6	193,865.4 (51.4)	81,571.6 (21.6)	70,554.0 (18.7)	30,980.6 (8.2)
화물 수출입 총액 (억 달러)	40,432.8	31,987.7 (79.1)	3,138.6 (7.8)	3,689.4 (9.1)	1,617.2 (4.0)
부동산 개발 투자액 (억 위안)	120,263.5	64,355.2 (53.5)	25,180.1 (20.9)	26,008.6 (21.6)	4,719.6 (3.9)
철도 총연장(만 km)	13.17	3.16 (23.9)	2.88 (21.9)	5.29 (40.2)	1.84 (13.9)
고속도로(만 km)	14.25	4.08 (28.6)	3.60 (25.3)	5.36 (37.6)	1.21 (8.5)

자료: 国家统计局(2019a).

업관리(物業管理), 환경위생, 교육 등 공공서비스 영역은 전면적으로 개방되었고, 비(非)공유제 경제 비중이 부단히 증가하고 있다. 자본시장과 국제무역업무도 사유기업에 개방되었고, 신용대출 및 융자 혜택도 받을 수 있다. 또한 비공유제 사유기업이 각종 유형의 상장기업을 인수 합병할 수도 있고, 지분 참여, 지배주주, 대출 등의 형식을 통해 국유경제에 참여할 수 있다. 따라서 비공유제 경제와 국유경제의 융합이 가속화되고 있고, 전통서비스업을 개조 및 승급시키는 역할도 강화되고 있다.

중국 서비스시장의 대외개방 정도는 제조업과 비교하면 아직까지도 상대적으로 낮지만, 경제의 세계화 추세와 세계무역기구(WTO) 가입 등의 영향에 따라 서비스시장의 대외개방 폭도 부단히 확대되고 있다. 상업, 금융, 보험, 전신, 교육, 문화, 관광, 중개 서비스 등 영역의 대외개방 폭이 확대되었고, 외국 자본 점유 비중도 부단히 증가하고 있다. 중국의 국제무역이 전반적으로는 장기적인 흑자 구조를 유지하고 있으나, 서비스무역 방면에서는 적자 상태이며 그 폭도 커지고 있는 추세다.

동·중·서부 지구 그리고 동북지구의 주요 서비스산업별 전국 비중을 보면 동부 지구의 비중이 압도적으로 크고, 특히 대외교역 화물수출입 총액(79.1%), 소비품 소매총액(51.4%), 부동산개발 투자액(53.5%)의 비중이 크다(〈표 10-1〉).

2. 중국 서비스산업 유형별 현황 및 발전 동향

1) 생산성 서비스산업

생산성 서비스업이란, 제조업과 직접 연계되는 서비스업이자, 제조업 내부 생산 서비스 부문에서 독립 발전한 신흥산업으로 물류, 연구개발, 정보, 중개, 금융보험 및 무역 관련 서비스 등을 포괄한다. 주요 역할은 기업 생산의 상류, 중류, 하류의 모든 결절을 관통·연결하고, 각 생산 단계별로 서비스를 제공하는 것이다. 생산성 서비스는 기업의 생존과 경제 발전과 함께 존재해 왔으나, 전문화 및 분업의 심화 발전에 따라 기업 내부의 생산성 서비스 직능이 점진적으로 분리되어 나와서 신흥 업종 부문이 되었다. 생산성 서비스의 발전은 공업화가 일정 시기까지 진행된 이후의 결과물이고, 산업 구조조정과 경제사회의 전반적 발전을 더욱 촉진하는 중요한 동력을 형성한다고 할 수 있다.

중국 정부도 생산자에 대한 서비스업 발전을 갈수록 중시하고 있다. 2005년 생산성 서비스업의 GDP 점유 비중은 14.6%였다. 생산성 서비스업이 흡수한 취업자 수 비중은 3차산업 고용자 수의 24.9%, 중국 전국 취업자 수의 12.9%를 차지했다(〈표 10-2〉).

표 10-2 생산성 서비스업의 3차산업 및 GDP 대비 비중(단위: %)

	생산성 서비스업 합계	교통운수, 창고, 우편	정보, 컴퓨터, 소프트웨어	금융	임대, 자문서비스	과학연구, 기술 서비스, 지질 감측
3차산업 대비 가치 증가 비중	36.7	14.8	6.5	8.6	4.0	2.8
GDP 대비 비중	14.6	5.9	2.6	3.4	1.6	1.1
3차산업 대비 고용 비중	24.9	10.0	2.2	5.2	3.7	3.8
GDP 대비 비중	12.9	5.2	1.1	2.7	1.9	2.0

주: 가치 증가치는 2005년 수치, 취업자 수는 2006년 수치다.
자료: 刘玉·冯健(2008: 262).

2) 소비성 서비스산업 현황

현재 중국의 소비자에 대한 서비스업종 중 비중이 비교적 큰 것은 도소매업, 부동산업, 공공관리 및 사회조직 등이다. 고용 비중이 상대적으로 큰 업종은 교육, 공공관리 및 사회조직, 위생, 사회보장 및 사회복지업 등이다(〈표 10-3〉). 중국의 경제사회 발전에 따라 소비의 고급화와 개성화 추세가 갈수록 뚜렷해지고 있고, 특히 여가 및 문화, 관광 분야의 수요가 매우 빠른 속도로 증가하고 있다.

〈표 10-4〉를 통해서 다음과 같은 결론을 얻을 수 있다.

첫째, 중국의 생산성 서비스업 발전 규모는 매년 증가 추세를 유지하고 있다. 증가액 측면에서 보면 2009년의 8조 2556억 위안에서 2013년 16조 103.9억 위안으로, 2009~2013년 기간 중 연평균 1조 9387억 위안씩 증가했다. 도시 생산성 서비스업 취업자 수를 보면 2009년 2341.2만 명에서 2013년 3411.9만 명으로, 연평균 267.7만 명의 취업자 증가를 유발했다(명목상 증가치, 가격 변동 영향을 보정하지는 않았음).

둘째, 생산성 서비스업의 규모 증가 속도가 빠르다. 2009~2013년 중국의 생산성 서비스업의 연평균 명목상 증가치는 18%에 달해, 3차산업 증가치 15.4%와

표 10-3 소비성 서비스업의 3차산업 및 GDP 대비 비중(단위: %)

	3차산업 대비 가치 증가 비중	GDP 대비 비중	3차산업 중 고용 비중	GDP 대비 비중
소비성 서비스업 합계	**63.4**	**25.4**	**75.1**	**38.9**
도소매업	18.4	7.4	8.4	4.4
숙박음식	5.7	2.3	2.9	1.5
부동산	11.2	4.5	2.4	1.3
공공시설 관리	1.2	0.5	3.0	1.6
주민 서비스	4.3	1.7	0.9	0.4
교육	7.7	3.1	25.4	13.1
사회보장, 위생, 복지	4.0	1.6	8.7	4.5
공공관리, 사회조직	9.3	3.7	21.4	11.1

주: 가치 증가치는 2005년 수치, 취업자 수는 2006년 수치다.
자료: 최玉·馮健(2008: 265).

GDP 증가치 13.7%보다 빠른 성장을 이루었다. 같은 시기 도시 취업자의 연평균 증가 속도는 9.9%로 3차산업 전체의 평균 증가 속도 6.5%보다 빠르다.

셋째, 생산성 서비스업의 경제사회 발전에 대한 공헌도가 지속적으로 상승했다. 2009~2013년 생산성 서비스업의 전체 서비스업 증가치에 대한 공헌율이 지속적으로 상승 추세에 있었다. 2010년 명목상 상승률이 61.1%에서 2013년 90.1%로 상승해 매년 7.3% 상승했다. 같은 시기 전체 서비스업의 노동력 흡수율은 매년 8.4% 증가했다.

넷째, 3차산업의 경제성장률에 대한 공헌은 주로 생산성 서비스업에 의존하고 있다. 2010~2013년 전체 3차산업의 GDP 증가에 대한 공헌율은 각 연도별로 42.2%, 44.2%, 57.7%, 61.3%로 갈수록 커지고 있다. 이 중 생산성 서비스업 공헌율은 2009~2013년 각 연도별로 25.8%, 26.3%, 34.2%, 55.2%로 비생산성 서비스업의 공헌율(2009~2013년 각 연도별 16.6%, 17.9%, 23.5%, 6.1%)보다 훨씬 크다는 것을 알 수 있다.

표 10-4 소비성 서비스업 및 관련 통계(2009~2013년)

연도		2009	2010	2011	2012	2013
GDP(억 위안)		340,902.8	401,512.8	473,104.0	519,470.1	568,845.2
3차산업 증가치(억 위안)		148,038.0	173,596.0	205,205.0	231,934.5	262,203.8
생산성 서비스업 증가치(억 위안)		82,556.0	98,162.7	116,989.5	132,830.1	160,103.9
도시 취업인 수 (만 명)	3차산업	6,668.6	6,898.6	7,294.4	7,649.5	8,592.8
	생산성 서비스업	2,341.2	2,424.4	2,613.4	2,752.9	3,411.9
생산성 서비스업 공헌율 (%)	대 GDP 증가	—	25.75	26.30	34.16	55.24
	대 3차산업 증가치	—	61.06	59.56	59.26	90.10
	대 도시 단위 취업인 수 증가치	—	36.17	47.75	39.28	69.86

자료: 翁古小凤·熊健益(2016: 23).

3. 관광산업[1]

1) 중국의 관광산업 및 출국관광 발전 동향

관광산업은 고용과 소득 창출의 경제적 효과와 더불어 환경에 무해하고 지속가 능한 성장이 기대되고 있는 신(新)성장 동력산업이다. 최근 6년간 중국 관광산업 은 평균 16%의 성장률을 기록하고 있다. 2018년 중국인 출국관광객 수는 1.5억 명으로 전년 동기 대비 14.7% 증가했고, 2009년 4750만 명과 비교하면 약 10년간 3배 이상 증가했다.

2009년 한국에 입국한 중국인 관광객 수는 134만 명에 달했는데, 이는 전체 한 국에 입국한 관광객 수의 17.2%로 방한 일본인 입국관광객 수에 이어 2위를 차지 했다. 2012년에는 방한 중국인 관광객 수가 일본인 입국관광객 수를 추월해 1위 를 차지했다. 그러나 이러한 추세에 대한 한국의 대응 정책은 지역별로 경제, 문

---

[1] 중국 관광 부분은 이현주(2010)의 보고서 내용 중 관련 내용을 재정리했다.

화, 사회, 민족 등의 측면에서 차이가 크고 특성이 뚜렷한 거대 국가 중국에 비해, 지역별 관광객 특성과 시장별 세분화 전략 제시 측면 등에서 고려가 부족했다. 따라서 중국인 방한 입국관광객 수요를 적극적으로 창출해 내기 위해서는 중국의 권역별 잠재수요자를 대상으로 한 보다 세분화되고 정교한 관광 행태와 성향에 대한 조사·분석이 필요하다.

(1) 중국 출국관광시장의 발전 과정

개혁개방 이후 30여 년간 중국의 출국관광 발전 과정은 다음과 같이 크게 3단계로 구분할 수 있다.

① 1983~1997년: 시작 단계

중국인 출국관광은 1980년대의 홍콩, 마카오 친척 방문 여행에서 시작되었다. 개혁개방 초기에 중국 정부가 연해 지역의 거주민과 해외 거주 친척들과의 만남을 주선하기 위해 '친척 방문 여행 시험지구' 추진을 결정하고, 1983년 11월 15일 광동에서 첫 번째 홍콩행 친척 방문 여행단이 출발함으로써 내지(内地) 주민의 최초 출국관광이 시작되었다. 당시의 여행 형태는, 해외의 친지가 비용을 지불하고 기한 내 귀국을 보장해야 했으며, 특별한 비준을 받은 몇 개의 여행사가 경영했고, 여행 목적지는 홍콩과 마카오로 국한되었다.

1990년 10월, 국가여유국(国家旅游局)이 외교, 공안(公安), 화교판공실(侨办) 등과의 협의와 국무원 비준을 거쳐 '중국 공민의 동남아 3국 관광 실시에 관한 잠정 관리 방법(关于组织我国公民赴东南亚三国旅游的暂行管理办法)'을 발표한 후, 중국 공민의 싱가포르, 말레이시아, 태국으로의 친지 방문 관광을 허가했다. 이어서 1992년 7월에는 친척 방문 관광 목적지 국가로 필리핀이 추가되었고, 9개의 여행사가 친지 방문 관광 업무 담당 허가를 받았다.

1987년 11월에 국가여유국과 대외경제무역부가 랴오닝성 단동시에 북한 신의주에 대한 일일 관광을 허가함으로써, 중국 국경 지역 관광(边境旅游)이 가능하게 되었다. 1998년 상반기 중 헤이룽장, 네이멍구, 랴오닝, 지린, 신장, 윈난, 광시 등 7개 성·자치구와 러시아, 몽골, 북한, 카자흐스탄, 키르기스탄, 타지키스탄, 미얀마, 베트남 등 8개 국가의 국경 지역 관광이 허가되었다. 당시 국가의 비준을 받은 국경 지역 관광사업은 56개에 달했고, 여행 기간은 일일관광에서 8일 정도까지였다. 1997년 국경지대 관광 프로그램을 통해 중국을 관광한 인접국 관광객 수는 7118만 명에 달했고, 중국 공민이 국경지대 관광 프로그램을 통해서 인접국을 관광한 수는 170만 명에 달했다.

1997년에 이르러 중국의 출국관광객 수는 532만 명에 달했고, 이 중 공적인 업무가 288만 명, 사적인 사유(친지 방문 포함)로 인한 해외 출국자가 244만 명에 달했다. 또한 1993년에서 1997년까지의 기간 중 여행사를 통해 해외로 출국한 관광객 수는 연평균 30만 명이 증가해, 연평균 증가율 42%를 기록했다.

② 1997~2002년: 규범적 발전 단계

이 시기의 중국 관광시장에는 다음과 같은 변화가 나타났다. 첫째, 1997년부터 2001년까지 중국인 총 출국자 수가 연평균 170만 명이 증가할 정도로 출국관광 규모가 빠르게 확대되었다. 둘째, 공적인 사유의 연평균 출국자 수는 57.6만 명이고, 사적인 사유의 출국자 수는 112.7만 명을 기록함으로써 사적인 사유의 출국이 급속하게 증가했다.

1997년 7월 1일 국가여유국과 공안부(公安部)가 공동으로 제정하고 국무원 비준을 받은 '중국 공민 자비 출국관광 관리 잠정방법(中国公民自费出国旅游管理暂行办法)'이 발표되어 시행됨에 따라 중국 공민의 자비 출국관광이 정식으로 시작되었고, 이를 계기로 출국관광 시에 더 이상 친지 방문이라는 명분을 요구하지 않게 되었다. 이어서 1997년 하반기부터 1999년 초까지 연속적으로 호주, 뉴질랜드, 한국과 일본을 자비 해외관광 목적지 국가로 개방·비준했으며, 2001년 6월부터는 베트남, 캄보디아, 미얀마, 브루나이 등이 차례로 개방되었다.

또한 중국 정부는 '출입 연계(出入挂钩), 총량 통제, 할당 관리(配额管理)' 원칙을 명확히 하고, 심사·비준 증명(审核证明), 단체 명단(团队名单表), 대행업소 관리(代办点管理), 가이드 인증(领队认证) 등을 포함한 비교적 체계적인 출국관광 관리제도를 수립했다.

이 시기 동안 출국관광업체 수는 67개로 증가했으며, 2000년에 중국인 출국관광객 수가 최초로 1000만 명을 넘어섰고, 2001년에는 1213만 명에 달했다.

③ 2002년~현재: 가속 발전 단계

2002년 7월 1일부터 정식 시행된 '중국 공민 출국관광 관리법(中国公民出国旅游管理办法)'을 계기로 출국관광 전문여행사가 증가하고, 출국관광 관련 절차가 더 간소화되어 출국관광은 더욱 편리해졌다. 특히 출국관광 경영 허가를 내준 단체에 대해 동태화(动态化) 관리 실행, 외국 접대 단체에 대한 자격, 가이드와 서비스 품질에 대한 명확한 요구를 규정하고, 규정을 어기면 엄격하게 처벌하는 등 출국관광의 서비스 품질 제고와 관광객의 합법적인 권익 보호를 위한 조치 등을 시행했다.

2005~2009년 기간은 감독·관리 강화와 품질 승급을 목적으로 하는 규범적 발전 단계였다. 2009년 말 중국 정부는 출국관광을 '국민경제의 전략적 지주산업'으로 지정했고, 이후 2015년 말까지 중국 출국관광객 수는 8300만 명·회(人次)에 달해 연평균 9%의 성장 목표를 총체적으로 실현했다. 이외에 최근 수년간 중국 출국관광의 지속적 발전에 따라, 중국 출국관광 서비스 체계, 목적지, 그리고 각 방면의 수요가 모두 일정 정도 증가했다.

(2) 중국 출국관광시장의 발전 동향과 특성

2000년대 이후에는 출국관광 관련 개방 정책이 더욱 빠르게 추진되고 있다. 2008년 말 기준 정식으로 허가된 해외 출국관광 목적지가 136개 국가와 지역에 달했다. 2005년 이래 중국의 출국관광객 수는 2005년 3102만 명, 2008년 4584만 명, 2013년에는 9800만 명, 2018년 1억 6199만 명으로 증가했다. 관광객 수 분야에서 2013년 처음으로 세계 1위를 차지한 이래 2014~2018년 지속적으로 세계 1위를 차지해, 전 세계에서 가장 큰 출국관광시장이 되었다. 출국관광 소비 분야에서 2005년 소비지출은 세계 25위에 불과했지만, 2013년에는 해외 소비가 1200억 달러로 전년 대비 약 20% 증가했고 세계 2위를 차지했다. 2014년부터 2018년까지 세계 1위를 차지했고, 2018년 중국 출국관광객의 연간 해외 총소비는 1300억 달러로 전년 대비 13% 증가했다.

중국인 출국관광객의 주요 목적지는 홍콩, 마카오, 일본, 한국, 태국 등이며,

그림 10-1 2010~2018년 중국 출국관광 성장 추이

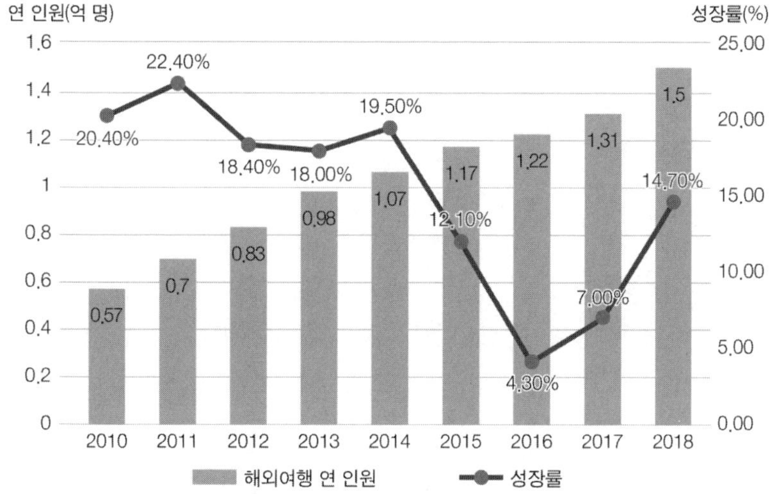

자료: 智研咨询(2020).

2008년 한국에 입국한 중국인 관광객 수는 137만 명으로, 중국인 출국관광객의 관광 목적지 국가 중 5위를 차지했다. 2006년 이후 한국을 선택한 중국인 출국관광객 수는 순위는 낮아졌으나 관광객 수는 증가 추세를 유지하고 있고, 2012년에는 방한 입국 중국인 관광객 수가 일본인 방한 입국관광객 수를 추월해 1위를 차지했다. 2018년 방한 입국한 외국인 관광객 수는 1534.7만 명·회인데, 이 가운데 중국 대륙에서 온 관광객 수가 약 478.9만 명·회로 입국 외국인 관광객 총수의 31.2%를 차지했다.

중국 출국관광시장의 급성장 원인은 우선 중국 경제의 지속적이고 빠른 성장이다. 2008년 세계적인 경제불황하에서도 중국 경제는 여전히 9% 성장했다. 또 다른 요인은 지난 몇 년간 인민폐 가치가 미국 달러 대비 20% 이상 상승한 것이다. 1인당 평균 수입 증가와 국제항공 노선의 증가, 중국 여권의 가치 제고 등의 요인으로 중국은 이미 다년간 연속으로 세계 1위의 출국관광 지위를 차지하고 있고, 2018년 중국의 출국관광객 수는 전년 대비 14.7% 증가했다. 출국관광 소비 방면에서는 중국 관광객의 해외 소비가 점차 이성적으로 변화고 있어 증가 속도는 다소 완만해지고 있으나, 여전히 출국 소비지출은 세계 최대이다.

표 10-5 세계 10대 출국관광 국가 현황(단위: 천 명)

순위	국가	연도		
		2007년	2006년	2005년
1	홍콩	80,682	75,812	72,300
2	독일	70,400	71,200	77,400
3	영국	69,450	69,536	66,494
4	미국	64,052	63,662	63,503
5	폴란드	47,561	44,696	40,841
6	**중국**	**40,954**	**34,524**	**31,026**
7	러시아	34,285	29,107	28,416
8	이탈리아	27,734	25,697	24,796
9	캐나다	25,163	22,732	21,099
10	슬로바키아	23,837	22,688	22,405

자료: 한국관광공사(2009).

표 10-6 중국 출국관광객의 10대 인기 목적지

순위	출국관광 목적지	신흥 목적지	가족관광	장려목적지	허니문 여행지
1	호주	영국	호주	호주	호주
2	프랑스	이집트	영국	영국	지중해
3	독일	아일랜드	지중해	프랑스	스타크루즈
4	홍콩	네덜란드	코스타리카	홍콩	홍콩
5	이탈리아	필리핀	프랑스	마카오	일본
6	일본	스칸디나비아 3국	홍콩	네덜란드	몰디브
7	마카오	남아프리카	싱가포르	필리핀	네덜란드
8	싱가포르	스페인	**한국**	Cruises	**한국**
9	**한국**	호주	스위스	싱가포르	스위스
10	태국	—	스타크루즈	태국	로마

자료: 中国出境旅游网, 中经网.

중국인 출국관광객이 가장 선호하는 10대 목적지, 10대 신흥 목적지, 10대 가족관광 목적지, 5대 자유여행(自助游) 목적지, 5대 도서관광 목적지, 10대 허니문 관광 목적지와 10대 장려관광 목적지(会奖旅游目的地)는 〈표 10-6〉과 같다.

그림 10-2 관광 목적지 선택 요인

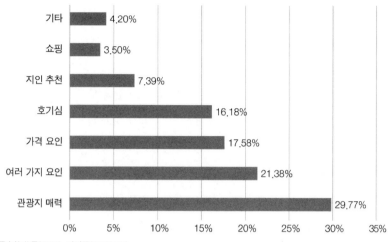

자료: 国家旅游局(2018), 이현주(2010: 27).

그림 10-3 출국관광 관광객의 자비 항목의 소비 항목 비율

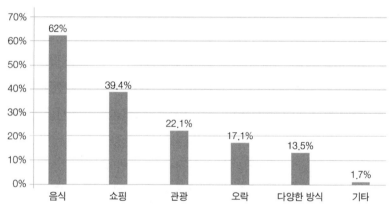

자료: 国家旅游局(2018), 이현주(2010: 28).

  중국 관광객의 해외여행 정보 획득 방법은 신문과 잡지, 친구의 소개와 인터넷이 차지하는 비중이 78.8%에 이르고, 이 중 지인의 소개와 신문 및 잡지가 각각 28.5%와 26.4%를 차지하고 있다. 관광 목적지 선택의 중요한 요인은 '관광 목적지의 매력'(29.7%), '여러 가지 요인 고려'(21.3%)라고 응답한 비중이 컸다. 또한 관광상품 가격과 목적지에 대한 호기심이라는 비율이 각각 17.6%와 16.2%를 차지했다.

한편, 2006년에 비해 관광객의 자비(自費) 항목이 단체비용(团費)보다 높았으며, 이것은 자비출국관광이 시작되고 있음을 보여준다.[2] 71.4%의 여행자가 자비 항목이 단체비용보다 낮게 나타났고, 28.6%의 여행자는 반대의 경향으로 나타났다. 자비 항목 중 식비(62%)와 쇼핑(39.4%)이 각각 1위와 2위를 차지했다. 관광 관람, 오락과 여러 항목 소비 또한 많았으며, 이는 각각 22.1%, 17.1%와 13.5%를 차지했다. 1.7%의 여행자는 기타 종류 항목에서의 소비가 비교적 높았다.

(3) 중국 출국관광시장의 특징

중국 공민의 출국관광은 중국 개혁개방의 산물임과 동시에 중국 관광산업의 부단한 발전과 성장의 결과라고 할 수 있다. 비록 역사는 길지 않지만 발전 속도가 매우 빠르며, 이미 일정한 규모를 형성했고, 또한 지속적으로 안정적이며 건강하고 빠른 발전 추세를 유지하고 있다. 중국 출국관광시장은 아래와 같은 특징을 보이고 있다.

① 관광 목적지 증가

2002년 이전 출국관광 목적지 국가는 주로 동남아시아 국가들과 오세아니아 지역에 집중되어 있었고 개방의 속도도 더뎠으나, 2002년 이후 성장 속도가 빨라졌고 블록 단위로 다수의 국가가 개방되었다. 특히 2002년과 2003년에는 남부 아시아 지역에 중점을 두었고, 2004년에 전면적으로 개방되었다.

2004년 2월 12일 유럽연합(EU)과 중국은 '중국 관광단체 유럽 공동체 관광 비자 및 상관 업무에 관한 양해 비망록(关于中国旅游团队赴欧洲共同体旅遊签证及相关事宜的谅解备忘录)'을 체결해, 유럽연합 24국을 포함한 29개 유럽 국가가 중국 공민의 출국관광 목적지로 전면 개방되었으며, 이어서 아프리카 8개국도 정식으로 중국 관광객들을 향해 개방되었다. 또, 중국 공민의 출국관광 목적지 국가와 지구를 확정했는데, 이 중 가장 특기할 만한 점은 미국과 타이완 관광의 정식 개방이라 할

---

2 단체비용은 단체관광 상품 구매 시 지불해야 할 비용을 말하며, 자비 항목은 여행 중 관광객이 쇼핑, 관광, 식비, 교통 등 방면에 지불하게 되는 비용을 말한다.

수 있다. 2008년 말 기준 정식으로 개방한 중국 공민의 출국관광 목적지는 136개 국가와 지역에 달하고, 이 중 정식으로 중국 공민의 출국관광 업무를 시작한 곳은 95개소이다.

② 출국관광객 수의 대폭 증가

중국인 출국관광객 수는 1997년 이래 매년 증가 폭이 거의 100만 명 이상이고, 연평균 증가율이 10% 이상을 기록하고 있으며, 2004년 증가율은 42.7%에 달했다. 특히 2000년에 최초로 1000만 명을 돌파한 후 거의 2년마다 1000만 명씩 증가하는 추세를 보이고 있는데, 2003년에는 2022만 명에 달해 최초로 일본을 초과한 아시아 최대의 출국관광 국가로서의 위상을 차지했다.

2005년에는 3102만 명, 2007년에는 4095만 명에 달했으며, 2008년의 세계 금융위기와 경제 쇠퇴 그리고 자연재해와 대지진의 영향 속에서도 전년 동기 500만 명 증가, 11.9% 증가 등 지속적인 성장세를 유지했다. 1997년부터 2008년까지 12년간 중국 출국관광객 수는 7.6배가 증가했고, 연평균 증가율은 19%를 상회하고 있다.

③ 사적인 해외 관광객 수 상승

출국관광시장 규모의 안정적인 성장 속에서, 사적(私的)으로 출국하는 관광객 수가 증가하고 있다. 1997년 이전에는 공적 사유와 사적 사유로 인한 출국자 수가 대체로 유사한 수치를 보였으나, 1998년부터 공적 사유에 의한 출국자 수가 지속적으로 하락했다. 그와 반면에 사적 사유로 인한 출국자 수는 (2000년에 최초로 공적 사유의 출국자 수를 초과한 후에) 급속히 증가했고, 2008년에는 전년 동기 대비 증가율이 30%에 달했고, 출국관광객 중 점유 비중이 전년도의 85.3%에서 87.5%로 상승했다.

한편, 1997년 이전 중국 내 출국관광 업무를 담당하는 여행사는 9개에 불과했으나, 이후 국가여유국(國家旅遊局)의 수차례 조정을 거쳐 중국의 출국관광 여행사 수는 2001년에 67개에서, 2008년에 984개로 증가했다.

표 10-7 1997~2008년 중국 출국관광 통계(단위: 만 명)

연도	출국 수	증가율(%)	공적인 출국 수	증가율(%)	사적인 출국 수	증가율(%)
1997	532.39	–	288.43	–	243.96	–
1998	842.56	–	532.53	–	319.02	30.80
1999	923.24	9.60	496.63	-5.1	426.61	33.70
2000	1,047.26	13.43	484.18	-2.5	563.09	31.99
2001	1,213.4	15.9	518.77	7.2	694.54	23.3
2002	1,660.23	36.8	654.00	26.1	1,006.00	44.8
2003	2,022.19	21.8	539.65	-17.5	1,481.09	47.2
2004	2,885.00	42.7	579.40	7.4	2,298.00	55.16
2005	3,102.63	7.5	588.63	0.2	2,514.00	9.40
2006	3,452.36	11.27	572.44	-2.8	2,879.91	14.55
2007	4,095.40	18.6	603.00	5.3	3,492.40	21.27
2008	4,584.44	11.94	571.32	-5.25	4,013.12	14.9

자료: 中国统计年鉴(연도별), 中国旅游统计年鑑(연도별).

(4) 중국 관광시장의 발전 방향 및 전망

중국 출국관광객의 관광 욕구상 특징은 '일상적 관광에서 심도 깊은 체험 관광으로 방향 전환', '장거리 노선의 고급화, 심층 여행, 남보다 먼저 앞서가는 관광', '자유여행과 호화여행' 추구 현상 등이 나타나고 있다는 점이다.

① 원거리 관광 목적지 선호의 지속적 증가

2008년 기준 중국 출국관광 5대 관광 목적지 중 5위인 홍콩만이 중국 주변에 위치해 있고, 나머지는 모두 원거리 목적지인 호주, 프랑스, 이탈리아, 독일 등이다. 특히 독일과 프랑스, 이탈리아, 그리고 북유럽에 속한 핀란드에 대한 관심이 고조되고 있으며, 아직 외국여행 승인(ADS) 목적지가 아닌 미국과 캐나다 방문자수도 증가하고 있는 추세이다. 아프리카 국가들의 경우 출국관광 목적지로의 개방은 비교적 늦었으나, 베이징에서 중국-아프리카 포럼이 개최된 이후 갈수록 주목받고 있다.

② 다양화되는 출국 형태

출국 목적과 방식 측면에서, 다양한 형식의 비자비(非自費) 관광이 증가하고 있다. 비자비 여행 방식에는 국제회의, 전시회 전람, 포상관광 및 직원의 해외연수 등이 포함되는데, 중국 정부는 예비 지도간부의 해외 저명 대학과 기구에서의 연수 계획을 제정했고, 일부 성·직할시도 일련의 연수와 고찰 계획을 제정했으며, 향후 이 같은 추세와 행태는 더욱 다양화되고 심화될 것으로 전망된다.

③ 다양한 관광 경험 추구

지속적인 경제성장과 소득 증가에 따라 중국인 출국관광 수요가 급증하는 추세 속에서 다양화·세분화되고 있다. 휴양 섬 관광 상품이 인기를 끌기도 했고, 지역 역시 기존의 동남아시아 국가들에서 남아프리카와 호주 등지로 확대되고 있다. 예를 들면 몰디브, 모리셔스로의 신혼여행, 황혼 여행, 호주의 음악 여행, 네덜란드의 화훼 여행과 스파 여행, 알프스 산지 여행, 크루즈 여행 등이다. 즉, 초기 단계의 낮은 가격, 낮은 품질, 촉박한 일정 등을 벗어나 한 단계 높아졌다고 할 수 있다.

④ 상업투자 관광의 계속적인 상승

지속적인 대외개방 확대와 국제 비즈니스, 문화 영역 등의 왕래가 날로 빈번해지면서 사업 및 공무 관광 규모도 날로 커지고 있고, 여행 목적과 활동 방식, 증명서 지참 등에 대한 경계와 한도가 갈수록 완화되고 있다.

사업 및 공무 관광 영역 역시 중국 출국관광시장의 주요 구성 요소로 인식되기 시작했으며, 국제회의 관광, 전시회 관광, 포상 관광, 시찰 관광, 업무 연수, 사회단체 교류 등의 관광 유형을 포함하고 있다. 따라서 적극적으로 중국 전시회 및 교역 활동을 개최하고, 빈번한 중국 내 판촉활동 방안 등을 적극적으로 검토해야 할 것이다.

한편, 중국 입국 관광객 추이를 보면 2005년 이후 한국인 입국 관광객 수가 1위를 유지하고 있고, 이어서 일본, 러시아, 미국, 말레이시아, 싱가포르 순이다(〈표 10-8〉).

표 10-8 국가별 중국 입국 관광객 추이(1995~2018)(만 명·회)

	1995	2000	2005	2010	2015	2018
한국	52.95	137.47	354.53	407.64	444.4	419.35
일본	130.52	220.15	339.00	373.12	249.77	269.14
러시아	48.93	108.02	222.39	237.03	158.23	241.55
미국	51.49	89.62	155.55	200.96	208.58	248.46
말레이시아	25.18	44.10	89.96	124.52	107.55	129.15
싱가포르	26.15	39.94	75.59	100.37	90.53	97.84
몽골	26.19	39.91	64.20	79.44	101.41	149.43
필리핀	21.97	36.39	65.40	82.83	100.40	120.50
호주	12.94	23.41	48.30	66.13	63.73	75.22
캐나다	12.88	23.66	42.98	68.53	67.98	85.02

자료: 国家统计局, "按国别分外国入境游客".

표 10-9 지구별 국제관광 외화 수입 추이(1995~2018)(단위: 100만 달러)

	1995	2000	2005	2010	2015	2018
광동	2,392.7	4,112.2	6,388.1	12,382.6	17,884.7	20,511.7
장쑤	259.9	723.84	2,259.7	4,783.4	3,527.3	4,648.4
상하이	939.4	1,612.7	3,555.9	6,340.9	5,860.4	7,261.4
저장	235.9	514.0	1,716.3	3,930.2	6,788.5	2,595.8
베이징	2,181.6	2,768.0	3,618.9	5,044.6	4,605.0	5,516.4
푸젠	484.1	893.8	1,305.3	2,978.2	5,561.4	2,828.2
랴오닝	189.0	382.7	737.8	2,259.3	1,636.5	1,739.6
산동	153.8	315.1	780.2	2,155.0	2,896.5	3,292.8
톈진	132.8	231.8	509.0	1,419.5	3,298.1	1,109.9
윈난	165.0	339.0	528.0	1,323.7	2,875.5	4,418.0

자료: 国家统计局, "地区生产总值(亿元)".

표 10-10 지구별 내방 숙박 관광객 추이(2000~2018)(만 명·회)

지구	2000		2005		2010		2015		2018	
		국제		국제		국제		국제		국제
광둥	1199	213	1897	477	3141	733	3450	784	3748	862
저장	113	65	348	233	685	447	459	334	457	323
장쑤	161	98	378	262	654	474	305	201	401	265
상하이	181	144	445	380	734	593	654	541	742	602
베이징	282	238	363	312	490	422	420	358	400	340
푸젠	161	50	197	72	368	115	333	134	514	218
랴오닝	61	50	130	111	362	307	264	205	288	230
산둥	72	48	155	125	367	278	312	226	422	306
윈난	100	67	150	100	329	231	570	420	706	550
광시	123	51	148	89	250	141	450	239	562	270
안후이	32	17	63	41	198	117	291	171	371	219

자료: 国家统计局, "地区生产总值(亿元)".

4. 최근 중국 정부의 관광계획과 정책

1) 12차 5개년 계획 관광 분야의 주요 내용

(1) 주요 목표 및 추진 과제

중국 정부는 12차 5개년 계획 중 관광계획에서, 이 기간이 세계 관광 강국 건설을 위한 관건 시기이므로 관광업을 전략성 지주산업과 현대서비스업으로 육성하고, 관광업 개혁개방을 전면적으로 심화하면서 관광업 발전을 가속화한다고 밝혔다. 주요 목표 및 추진 과제로는 관광업의 산업 지위 승급, 발전 방식 전변, 체제기제 혁신, 시장 수요 만족 등을 선정했다. 이는 국무원이 12차 5개년 계획 수립과 관련해 하달한 중요 업무를 구체화하고, 관광산업 응집력을 강화하는 계통공정(系统工程)이라고 밝혔다.

관광업 발전 12차 5개년 계획을 양호하게 수립하기 위해서 우선 네 가지를 명확히 했다. 첫째, 출발점을 명확히 한다. 12차 5개년 계획 시기 관광업의 발전 정황을 전면적 체계적으로 총결한다. 둘째, 종점(終點)을 명확히 한다. 12차 5개년 계획 시기의 관광업 발전에 대해 과학적 판단을 도출하고, 발전 목표와 지표 체계를 합리적으로 확정한다. 셋째, 중점을 파악한다. 12차 5개년 계획 시기 관광업 발전의 대국(大局)과 관계된 중점 영역과 중점 임무를 뚜렷하게 파악하고, 전력을 다해서 해결한다. 넷째, 특성을 돌출시킨다. 본 지구와 본 부문의 실제 정황에 근거해 종합적으로 두루 고려하고, 지역과 업종의 특성을 구비한 계획을 수립한다.

12차 5개년 계획 시기에 중국 관광업 발전이 직면한 환경에 대해 세 가지 기본 판단이 있다. 첫째, 관광업이 계속 고속 성장의 새로운 단계에 있다. 둘째, 국내관광이 산업발전의 기초가 되었다. 셋째, 관광업이 역사적 발전의 가장 양호한 시기에 진입했다. 이 같은 판단은 주로 아래와 같은 동향에 의거한 것이다.

첫째, 관광소비가 이미 대중화 시대에 진입했다. 최근 10년 이래 중국의 GDP 성장이 연평균 10% 이상을 기록했고, 2012년 말 1인당 GDP는 6000달러 선을 넘어섰으며, 2019년엔 7만 0892위안(1만 84달러)[3]이다. 12차 5개년 계획 시기에 소강사회 진행 과정이 안정적으로 추진됨에 따라 1인당 소비 수준이 지속적으로 성장했고, 소비 방식도 실물소비 위주에서 실물소비와 서비스 소비가 함께 중시되는 궤도로 변화하고 있다. 중국의 관광소비 수요는 이미 폭발적 증가 단계에 들어섰고, 공휴일, 유급휴가 등 휴식 시간이 이미 중등발달국가 수준에 근접하고 있으므로, 거대한 관광소비시장 형성이 가속화될 것이다.

둘째, 내수 확대 정책의 강력한 견인 동력이다. 12차 5개년 계획 수립의 중요 배경은 국제금융위기에 대한 대응이었고 일정한 성과를 거두었다. 단, 유럽 채무위기 영향이 심화되면서 인민폐 가치 상승 압력이 커지고, 또한 세계경제에 2차 위기 발생 가능 위험성 등 다중 요소가 존재하는 등 중국 경제 발전의 불확정성은 여전하다. 관광산업은 내수 확대, 소비 촉진, 성장 보장 역할을 담당하고 있다. 이 외에도 금융위기에 대응하기 위해 실시한 고속도로, 고속철로, 민항 등 교통기반의 건설, 재정보조 및 감세 등 정책이 주민의 가정용 승용차 보유량 급증을 유발

---

3 2019년 12월 환율(1USD=7.0295위안)로 계산했다.

표 10-11 1인당 GDP 1만 달러 이상 성급 지방 현황(2012년 말)

1인당 GDP[위안(달러)]		순위	인구 규모(만 명)	
텐진	93,173(14,760)	1	광동	10,594
베이징	87,475(13,857)	2	산동	9,685
상하이	85,373(13,524)	3	허난	9,406
장쑤	68,347(10,827)	4	쓰촨	8,076
네이멍구	63,886(10,121)	5	장쑤	7,920
저장	63,374(10,039)	6	허베이	7,288
라오닝	56,649(8,974)	7	후난	6,639
광동	54,095(8,569)	8	안후이	5,988
푸젠	52,763(8,358)	9	후베이	5,779
산동	51,768(8,201)	10	저장	5,477
중국 전국	38,420(6,086)	*	중국 전국	135,404

주: 2012년 인민폐 대 달러 평균 환율은 100달러(USD)=631.25위안(中国统计出版社, 2013: 224).
자료: 中国统计出版社(2013: 57, 98).

시켰고, 교통골격과 주민의 외출이동 방식의 변화를 초래했으며, 이에 따라 관광 시장 규모가 부단히 확대되고 있다.

세 번째, 중공 중앙과 국무원이 관광업 발전을 고도로 중시하고 있다. 2009년 중국 국무원이 발표한 '관광업 가속 발전에 관한 의견(关于加快发展旅游业的意见)'은 관광업을 위해 강력한 정책 지지를 제공했다. 중국 정부가 발표한 25항의 주요 지역전략 중에도 관광업이 전략 시책 추진의 주요 내용으로 포함되었다. 예를 들면, 하이난에 국제관광 섬 건설을 요구했고, 광시에는 구이린국가관광종합개혁시험구 건설을, 닝샤에는 서부지구의 독특한 특색의 관광 목적지 건설을, 푸젠에는 해협 서안 자연 및 문화관광 중심 건설을, 시짱에는 국제적 저명한 관광 명승지 건설을, 신장에도 중요한 관광 목적지 건설을 요구했다. 관광업은 이러한 전략 정책의 틀 속에서 지역 특성을 살리면서 가속적으로 발전 중이다.

네 번째, 과학기술 발전의 유력 추동이 이루어진다. 과학기술 진보와 정보화·네트워크화 기술의 진전에 따라, 관광업과 정보산업의 융합 발전이 필연적인 추세가 될 것이고, 관광업이 신기술의 도움으로 새로운 발전을 실현할 것이다. 먼저,

관광 전자상업 업무의 보급·응용이 가속화될 것이고, 관광과 정보의 보다 심도 있는 융합이 추진될 것이다. 또, 3G 등 선진 기술과 이동상업 업무가 보급·응용되고, 인간 중심의 관광 전자 비즈니스(电子商务) 응용이 진정으로 실현될 것이다. 총괄하면, 과학적 발전관을 심도 있게 관철·착근시키고, 지속가능발전 사고 노선을 적극 실천하며, 관광업 발전의 단계성 특징을 정확히 파악하고, 관광업 발전 관련 계획을 과학적으로 수립하며, 관광업의 전형(转型)과 승급(升级)을 가속화하고, 국내관광 발전을 더욱 중시해야 한다.

(2) 관광업 발전의 주요 임무와 목표

① 산업 지위 승급

관광 부문은 각급 정부가 국무원이 하달한 '관광업 가속 발전에 관한 의견(关于加快发展旅遊業的意见)'을 진지하게 학습토록 적극 추동해야 하고, 문건에 명확하게 제시된 '관광업을 국민경제의 전략성 지주산업과 인민 군중이 더욱 만족하는 현대서비스업으로 배양 육성'하고, 국가의 중대 지역전략으로 확정, 제시한 관광발전 중대 목표 등을 정부의 관련 계획에 포함시키고, 지방경제를 전형·승급하기 위한 손잡이로 삼는다.

② 발전 방식 전변

발전방식 전변은 관광자원 개발의 질과 효익을 제고하고, 관광기업 경영관리 수준을 승급시킬 수 있게 생태, 저탄소 관광소비 이념을 수립한다. 일반성 산품 경쟁에서 더욱 높은 층차의 산업 체계경쟁으로 적극 전환하고, 관광산업의 총체적 경쟁 능력을 제고한다. 관광산품 개발 단계를 조방적 단계에서 효익화 발전 단계로 적극 전환한다. 시설 건설 등 하드웨어 요소 중심에서 서비스와 환경 건설 강화로 전환하고, 관광업 발전의 환경 요소를 개선한다.

③ 체제기제 혁신

시장주체 육성을 강화하고, 관광 신업태, 신상업 모델의 발전을 지원한다. 지방의 관광 체제 개혁 진행을 장려하고, 시험지구(试点地区) 건설을 지원하고, 관광 종합개혁, 전문항목 개혁 그리고 관광자원 일체화 관리 등 새로운 노선(新路了)을 모색한다. 조건과 실력을 갖춘 관광기업의 해외 진출을 지원하고, 국제관광 합작을 강화한다. 12차 5개년 계획 기간 중 관광업 발전 체제기제 혁신을 위해서 일반성 요소 건설에서 관리제도 건설로 전환하고, 체제기제 완비를 통해서 관광업 장기발전 동력 기제를 해결한다.

④ 시장 수요 만족

날로 확대되는 관광시장과 날로 대중화 다원화되어 가는 관광소비 수요 발전 추세에 적응하고, 관광산품 공급 증가, 관광산품 구조 완비, 관광소비 만족도를 제고시킨다. 관광산품 개발은 풍경자원 개발 외에도 도시 주변 농촌과 생태환경 개발을 더욱 중시하고, 관광 수용에 적응하는 신산품·신업태를 개발하고, 현대관광산품 체계를 구축하고, 국제경쟁력을 갖춘 관광도시와 세계급 관광 목적지를 건설한다.

2) 12차 5개년 계획 관광 분야의 성과

개혁개방 이래 중국은 관광 부족형 국가에서 관광대국으로 약진했다. 12차 5개년 계획 기간에 관광업은 전면적으로 국가전략체계에 융입(融入)되었고, 국민경제 건설의 전방을 향해 발걸음을 내딛고 있고, 국민경제의 전략성 지주산업이 되었다. 2015년 관광업의 국민경제에 대한 종합 공헌도는 10.8%에 달했다. 국내관광, 입국관광, 출국관광이 전방위로 번영·발전해 이미 세계 1위의 출국관광객 자원국과 세계 4대 입국관광 접대국이 되었다. 관광업은 사회 투자의 핫플레이스(热点)와 종합적 대산업(大産業)이 되었다.

종합 대동(带动) 기능이 전면적으로 돌출되었다. 12차 5개년 계획 기간 관광업의 사회 취업에 대한 종합공헌도는 10.2%이다. 중국 정부는 관광산업이 중화 전통문화 전파, 그리고 중국 당정이 중시하는 소위 '사회주의 핵심 가치관'류의 국정 홍보 통로와 수단으로서의 역할을 수행하고 있고, 생태문명 건설의 중요한 역량이 되었고, 또한 대량의 빈곤 인구의 빈곤 탈출(脫貧)을 수반하면서 녹수청산(綠水青山)이 금산은산(金山銀山)으로 되고 있다는 점을 중시하고 있다.

현대 거버넌스(治理) 체계를 초보적으로 건립했다. 중국은 '중화인민공화국 관광법(旅游法)'을 공포·실시하고, 법에 의거한 거버넌스 관광(依法治旅)과 관광 촉진(依法促旅) 추진을 가속화했다. 국무원 관광 업무 부서 간 연석회의제도를 건립하고, '국민관광여가 강요(国民旅游休闲纲要, 2013~2020)', '국무원, 관광업 개혁발전 촉진에 관한 약간의 의견(关于促进旅游业改革发展的若干意见)' 등 문건을 발표했고, 각 지방에서는 관광조례(旅游条例) 등 법규제도를 발표했고, 관광법(旅游法)을 핵심으로 하는 정책 법규와 지방조례를 지지하는 법률 정책 체계를 형성했다.

관광업의 국제적 지위와 영향력이 대폭 올라갔다. 출국관광객 수와 관광소비가 모두 세계 1위를 차지했고, 세계 각국 각 지구 및 국제관광조직과의 합작이 지속적으로 강화되었다. 국가의 총체적 외교전략에 부응하면서 미국, 러시아, 인도, 한국과 관광의 해(旅游年) 등 상호 관광 교류 활동을 개최했고, 관광외교(旅游外交) 업무의 틀이 형성되기 시작했다.

3) 13차 5개년 계획의 관광업 발전의 주요 목표[4]

13차 5개년 계획에 포함된 관광업 발전 목표의 주요 내용은 다음과 같다.

첫째, 관광경제의 안정적 성장이다. 도시와 농촌 주민 관광 증가 증가율은 관광객 수 기준으로 연평균 10% 내외로, 관광 총수입은 연평균 11% 이상 증가했고, 관광직접투자는 연평균 14% 이상 증가했다. 2020년 목표는 관광시장 총규모 67억 명·회, 관광투자총액 2조 위안, 관광업 총수입 7조 위안이다.

둘째, 종합적 효율을 현저히 제고한다. 관광업의 국민경제에 대한 종합 공헌도를 12%로 하고, 음식, 숙박, 항공, 철도여객운수업의 종합 공헌율을 85% 이상 달하게 하고, 연평균 신규 관광업계 취업인 수를 100만 명 이상으로 한다.

---

4 이 내용은 国务院, 「国务院关于印发"十三五"旅游业发展规划的通知」(中国: 国务院, 2016.12.26)를 정리한 것이다.

셋째, 인민 군중의 만족도를 더욱 높인다. '화장실 혁명(厠所革命)' 성과를 명확히 하고, 관광교통을 더욱 편리하고 빠르게, 관광 관련 공공서비스를 더욱 건전하게 한다. 유급휴가제도 정착을 가속화시키고, 시장 질서를 현저하고 양호하게 전환, 문명관광(文明旅游)을 보편화하고, 관광환경을 더욱 아름답게 조성한다.

넷째, 국제 영향력을 대폭 승급시킨다. 입국관광(入境旅游)의 지속적 증가, 출국관광(出境旅游)의 건강한 발전을 이루고, 관광 발달국가와의 차이를 명확하게 줄이고, 글로벌 관광 규칙을 제정하고 국제관광 사무 중의 발언권(话语权)과 영향력을 증대시킨다.

제11장

수송 체계 현황과 발전 동향

수송 체계의 주요 목적과 기능은 소비주체이자 생산 요소인 인구와 자원, 제품 등의 공간적 이동 및 유통 효율성을 높이는 것이고, 교통운수업은 이 같은 수송 체계 구축을 위한 기반시설 건설 및 관리를 담당하는 하나의 산업 부문이면서 중요한 국가중점 투자 및 관리 분야다. 제1차 세계대전 이전까지는 장·단거리나 여객과 화물 구분 없이 철도교통의 비중이 압도적이었으나, 최근에는 단거리 화물은 트럭, 부피가 큰 장거리 화물은 내륙수운, 중단거리 여객 수송은 고속도로나 고속철도, 장거리 여객 수송, 특히 바다를 건너는 국제 여객 수송 분야에서는 항공교통의 우세가 뚜렷해지고 있다. 한편, 수송 체계의 발달에 따라 공간적 이동을 제약하는 거리 제약이 극복되면서 인구와 자원의 분포를 중심으로 한 공간구조 체계와 그 틀 안에서의 지역 및 장소별 입지 조건도 부단히 변하고 있다. 본장에서는 이 같은 관심과 맥락에서 중국 교통운수 체계의 발전 과정과 함께 고속철도 및 고속도로, 철도, 수운, 항공, 파이프라인의 부문별 교통시설의 현황과 관련 정책 등을 고찰·정리했다.

1. 중국 수송 체계의 발전 과정

과학기술의 진보와 함께 현대적 개념의 수송 체계가 발전해 왔다. 1765년 증기기관 발명, 1807년 증기선 발명 및 운행에 따라 수운 발전이 촉진되었고, 1829년에 증기기관차가 발명되면서 철도교통 혁명이 시작되었다. 이어서 1900년대 초에 자동차와 항공기가 교통수단으로 등장한 후 현대적 개념의 수송 체계 형성이 시작되었다. 자동차의 보급은 철도가 미치지 못하는 지역으로까지 전 방향으로 접근성을 높여주었고, 제1차 세계대전 이후 본격적으로 추진된 민용항공 상업화는 육상 및 수상 교통의 시간과 거리를 획기적으로 단축시켜 왔다.

중국에서는 고속철도와 국내 항공교통을 중심으로 교통수단의 성능 개선과 함께 철도망, 국내 항공교통망, 고속도로망, 내륙수운망 등 교통망의 건설·확충·개조가 진행되면서, 각 교통수단별 특성과 비교 우위 변화에 따른 교통수단 간의 경쟁도 가열되고 있다. 이하에서는 중국 수송 체계의 발전 과정을 중화인민공화국 출범 이전과 이후, 그리고 개혁개방 이전과 이후로 구분해서 고찰하고자 한다.

1) 중화인민공화국 이전

중국에서 현대적 개념의 수송 체계의 형성은 1843년 아편전쟁(1840~1842) 이후 제국주의 국가들의 압력에 의해 통상항구가 개항되면서 수운 발전이 촉진되고, 청일전쟁(1894년) 이후 제국주의 국가들에 의해 분할된 지역구간별로 철도 건설이 추진되면서부터 시작되었다. 1895~1911년 기간 중에는 9200여 km의 철도가 건설되었다. 즉, 매년 평균 544km의 철도가 건설되었고, 연해지구 외에 내지에까지 철도망이 건설되었다. 이후에 국민당 정부도 철도망 정비 및 신설을 추진한 결과, 1937년에는 중국 전국 철도 총연장이 2만 2000km에 달했다.

구중국의 수송 체계는 수운과 철도에 편중되어 있었다. 1947년까지 공공 부문에서 건설한 철도는 2.2만 km로 토지 100km²당 0.23km였고, 내륙수운 이용이 가능한 하천 총길이는 7.36만 km로, 중국 전국 하천 총길이의 17%를 점했다. 도로 건설은 1913년에 시작되었고, 항공운수는 1929년에 시작되었다. 항공운수 부문은 항일전쟁 시기와 국공 내전 기간 중 피해가 가장 컸던 부분이다. 전국 도로의 통행 길이는 8.07만 km였는데, 절반 이상의 성에 기본적으로 자동차가 없었고, 절반 이상의 도로에 노석(路石)이 없었다. 민영항공운수는 구식 비행기 몇 대와 소수 정기 항로가 있는 정도였고, 내륙수운 운항 선박들도 대부분이 소형 구선박이었다.

이 시기에 중국 대륙의 철도망은 주로 동부연해지구와 만주지구에 편중 분포되어 있었다. 동부연해지구와 만주지구의 토지 면적 비중은 전국의 20%에 불과했지만, 철도망 총연장의 점유 비중은 94%에 달했다. 특히 만주지구는 토지 면적의 전국 비중은 9%였으나, 철도망은 전국의 절반을 점했다. 수운은 주로 동부연해지구에 집중되어 있었다. 이 중 상하이에 전국 항만의 처리량과 자동차 보유 대수의 50% 이상이 집중되어 있었다. 반면에 광대한 내륙지구, 특히 서북 및 서남지구에는 철도, 도로, 수운 등 교통망 시설이 매우 빈약한 상태였다.

2) 중화인민공화국 출범 후 개혁개방 이전 시기

(1) 문화혁명 이전 시기(1949~1965년)

이 시기는 건국 초기 3년간의 회복기, 1차 5개년 계획 시기(1953~1957) 및 3년간의 조정기, 그리고 대약진 기간(1958~1960)을 포함한다. 이 시기에는 국토균형발전과 국방상의 요구에 의해 '내지 중시'와 '중공업 위주'의 공업 건설 정책을 실시했다. 동시에 동부연해지구에도 기존의 공업 기초를 활용하면서 내지 건설을 지원했다. 교통시설 건설과 배치도 이 같은 지역개발 정책 기조의 틀 속에서 진행되었다.

1차 5개년 계획 철도 투자 중 1/2이 신설 노선에, 1/4이 기존 노선 개조에 투입되었다. 1949~1965년 16년간 신설된 철도 노선은 총 22개이고, 이 중 중서부지구에 12개(신노선 총길이의 2/3), 동부지구 및 국경을 통과해 인접 국가로 연결되는 신노선이 10개였다(신노선 총길이의 1/3). 주요 구간은 화북, 서남, 서북 지구 간의 교통 동맥인 바오지-청두(宝成)[1], 톈진-란저우(天兰), 바오터우-란저우[2] 구간 등이다. 또한 그와 동시에 연해항구와 연결하는 잉탄-샤먼(鹰厦)[3], 와이양-푸저우(外洋-福州: 外福)[4], 란저우-옌타이(兰州-烟臺: 兰烟) 노선을 신설했다. 또한, 인접국과 연결되는 지닝-얼롄하오터(集宁-二连浩特: 集二)[5] 구간, 그리고 주요 광공업 지역과 삼림개

---

1 바오지-청두 철도는 중국의 서북지구와 서남지구를 연결하는 최초의 간선철도이며, 북쪽의 섬서성 바오지에서 남쪽의 쓰촨성 청두까지 669km 구간이다. 1952년 7월에 청두에서, 1954년 1월에 바오지에서 착공했고, 1956년 7월에 간쑤성 후이현(徽县) 황샤하(黃沙河)에서 남북 구간이 연결되었고, 1958년 1월부터 운행을 시작했다. 주요 경유 도시는 바오지, 광위안(广元), 몐양, 청두이다.

2 바오터우-란저우 철도는 네이멍구 바오터우에서 간쑤 란저우까지 총연장 990km이다. 1954년 10월에 착공했고 1958년 10월부터 운행을 시작했다. 중국에서 네 번째로 큰 텅거리(腾格里) 사막을 통과하는 구간이 140km이고, 철도 연변에 방사치사 공정을 시행했다.

3 잉탄-샤먼 철도는 북의 장시 잉탄에서 남의 푸젠 샤먼까지 연결하는 중국 동남부 지역의 주요 철도 간선이며, 총연장 694km이다. 산이 많고 비가 많은 지구를 운행하므로 수시로 산사태 등으로 인한 철도 중단 사태가 발생한다.

4 와이양-푸저우 철도는 라이푸철로(来福铁路)라고도 부른다. 푸젠 라이저우(来舟) 남측의 작은 역 와이양에서 푸저우역까지 총연장 186.7km이다. 1959년 12월 1일 개통·운영하고 있다. 전 구간이 난창철로국(南昌铁路局) 관할이다.

5 지닝-얼롄하오터 철도는 네이멍구 우란차부(乌兰察布)의 지닝 남역에서 중국-몽골 변경도시인 얼롄하오터까지 총길이 331km이고, 몽골의 울란바토르, 러시아의 모스크바와 연결되는 국제연결운송간선(国际联运干线)철도이다. 1953년 5월 착공, 1955년 완공된 후, 베이징-모스크바 간 거리를 만저우리를 경유해서 가는 노선보다 1141km 단축했다. 전 구간이 후허하오터철로국 관할이다.

발구를 연결하는 철도도 신설되었다. 또한 우한에서 장강을 횡단하는 장강대교 (长江大桥)를 건설했다.

교통운수 시설 건설의 주요 목적은 공업의 건설과 발전을 지원하기 위한 것이었다. 즉, 간선과 지선 철도를 신설하거나 기존 영업간선을 개조해 신흥공업기지의 건설과 중요 공정을 지원하기 위한 것이었다. 또, 내지의 청두, 총칭, 시안, 란저우의 대형 공업지구 간을 연결하는 신철도 노선을 건설했다. 이는 중공업 발전에 필요한 교통 조건을 제공하고, 광대한 중국 서부지구의 교통 폐쇄 상황을 종결시킨 것이었다. 1960년대 중기에는 베이징-광저우(京廣)선 서쪽 방향으로 철도가 건설되어 광대한 내지에서 시짱을 제외한 모든 지역에 철도가 개통·연결되었다. 서북지구와 서남지구 철도 노선의 총길이가 전국 철도 총길이의 1/5을 넘어섰고, 구노선 개조에도 철도투자총액의 1/5을 투입했다. 당시의 영업선로는 대부분이 징광철도 서쪽 지역에 있었고, 156개 항목의 중점 공업 건설 항목 대부분이 즉각적 성과를 낼 수 있는 주요 간선철도와 연결 가능한 위치에 있었다. 예를 들면 랴오닝성 중부의 선양, 안산, 번시, 푸순, 랴오양, 그리고 바오터우(包斗)와 우한 철강기지, 창춘, 하얼빈, 푸라얼(富拉儿) 등의 공업지구이다. 그 외에 철강과 석탄 등 주요 자원산지인 북방 지역의 대부분이 수운 교통 조건이 좋지 않았으므로 광산과 철강기지 간의 교통수단으로 철도 지선을 건설했다.

건국 초기 3년간의 회복기에는 교통 부문 투자 점유율이 22.4%에 달했다. 수륙교통시설을 회복하는 동시에 청두-총칭(成渝), 톈진-란저우 구간 철도를 신설했다. 계획경제 기간 중 가장 성공적인 시기로 평가 받고 있는 1차 5개년 계획 (1953~1957) 기간 중에는 교통 투자 비중이 건설 총투자액의 14.5%였다. 이 기간 동안에는 철도 건설 위주였고, 도로, 내륙수운, 해상운수도 상응하며 발전했고, 내지에 중점을 두는 동시에 연해지구에서도 필요한 건설과 기술 개선이 추진되었다. 전국 철도 총길이는 1949년 2.1만 km에서 1965년 3.64만 km로 74% 증가했다. 연평균 1000km씩 신설된 셈이다. 도로는 16년간 8.06만 km에서 51.45만 km로 5.4배 증가, 연평균 2.7만 km씩 신설되었다. 연해 지역 도시와 서부 변경 성 지역 간을 연결하는 간선도로가 건설되었고, 도시와 향진(乡镇) 간 연결도로도 건설되었다. 내륙수운 항로는 1950년 7.36만 km에서 1965년 15.77만 km로 1.14배 증가했다. 특히 광대한 남부 평원지구에서 수운의 역할이 중시되었다. 민항 노선은 1950년 1.13만 km에서 1965년 3.94만 km로 2.5배 증가했으며, 기본적으로 각 성간을 연결·운행했다. 그러나 1965년 민항이 담당한 여객 운송량의 분담 비율은 0.0003%에 불과했다. 이 시기 교통망 건설 및 배치상의 특징을 요약하면 다음과 같다.

첫째, 중서부에 철도와 간선도로를 집중 건설했다. 1946~1965년 기간 중 신설된 철도와 도로 총길이 중 중부와 서부 지구가 각각 76.1%와 69.7%를 차지했다. 이 중 철도는 서부가 42.6%로, 중부(33.5%)보다 높았고(동부는 23.8%), 도로는 중부지구가 35.7%로 서부지구(33.6%)보다 높았다(동부지구는 30.4%). 그 결과 서북구, 서남구, 중남구, 화북구 4개 대구(大區)의 철도망 총길이의 전국 점유 비중이 상승했다. 반면에 동북구의 철도 비중은 대폭 하락했고, 화동구의 비중도 다소 하락했다. 이 시기에 건설한 22개의 신철도 노선 중 13개가 중서부에 건설되었고, 서부지구 철도망 총길이의 전국 점유 비중이 5.7%에서 21.5%로 상승했다.

둘째, 도로 건설이 전국적 전면적으로 진행되어 도시뿐만 아니라 향촌의 교통조건도 개선되었다. 각 지구 도로 총길이의 증가 폭이 매우 컸다. 각 대구의 도로 총길이는 5만~9만 km 증가했고, 중남구, 서남구, 화동구, 화북구, 서북구, 동북구 순으로 증가했다. 도로 배치에도 큰 변화가 있어서 서남구, 화북구, 화동구, 서북구 4개 대구의 비중은 상승했고, 나머지 2개 대구의 비중은 하락했다. 서부의 도로 길이는 전국 비중 28%에서 33.1%로 상승했다(〈표 11-1〉).

한편, 내지의 광대한 농목지구와 변경지구에서 지방정부가 군중 동원 방식으로 도로 건설을 추진했다. 성회(省會) 도시에서 향촌에까지 도로망이 형성되면서 광대한 농목지구와 내지의 교통 조건이 현저하게 개선되었다. 도로는 도시-농촌 간, 그리고 간선철도 간을 연결했고, 주요 통항 하천들과 연결되었다. 서부 변경 지역에 외부와 연계되는 간선도로를 건설해 농목업 생산 발전과 국방력 증가에 중요한 역할을 했다. 쓰촨성과 시짱 짱족자치구, 신장 등 토지가 광활하고 인구는 희박한 지역에서는 (철도 대신) 도로가 간선교통 기능을 담당했다.

표 11-1 6개 대구와 3대 지구의 철도, 도로 분포 변화

지역	철도				도로			
	길이(km)		전국 점유율(%)		길이(km)		전국 점유율(%)	
연도	1949	1965	1949	1965	1949	1965	1949	1965
화북	4,406	8,061	21.4	21.5	8,992	74,698	12.2	14.5
동북	8,673	10,116	40.1	27.0	11,468	66,547	15.5	12.9
화동	3,596	5,598	16.7	15.0	13,121	93,646	17.7	18.2
중남	3,650	5,839	16.3	15.6	19,165	109,392	25.9	21.3
서남	724	3,536	3.4	9.5	10,573	95,944	14.3	18.6
서북	497	4,266	2.1	11.4	10,611	74,462	14.4	14.5
합계	21,546	37,416	100	100	73,930	514,689	100	100
동부	7,988	11,605	37.1	31.1	28,607	162,636	38.7	31.6
중부	12,337	17,671	57.2	47.4	24,139	181,647	32.7	35.3
서부	1,221	7,999	5.7	21.5	21,184	170,406	28.6	33.1

자료: 中國統計出版社(1999).

(2) 3선건설 시기(1966~1973년)

3선건설 시기는 문화혁명 시기와 겹친다. 이 시기 중국 경제 건설 전략의 특징은, 국제 정세 및 환경 변화가 위협적으로 전개되고 있고, 전쟁 발발 가능성이 높다는 판단이 최우선순위로 반영되어 전쟁 발발 시 후방 지역인 3선지구 위주로 경제 건설을 추진했다는 점이다. 1선·2선·3선 지구란, 지리적 지역 획분에 근거해 전쟁 발발 시 전후방 개념으로 지구를 획분한 것이다. 1선지구는 전방 지역으로 연해지구와 북부 및 서부 변경지구, 후방 지역인 3선지구는 윈난, 구이저우, 쓰촨, 후난, 광둥, 섬서, 간쑤, 닝샤, 칭하이, 허난, 산시 11개 성의 전부 혹은 대부분을 포함하는 지구이고, 2선지구는 중간지구로서 1선 및 3선지구 사이이다.

'3선' 건설 전략은 한국전쟁, 중소 국경 분쟁, 베트남 전쟁 등 미국의 포위정책과 타이완의 대륙 공격 가능성, 구소련의 패권주의 등에 대한 경계심이 국토개발 및 산업입지 정책에 반영된 것이다. 1960년대 중반에 들어서면서 미국의 인도차이나 반도 전쟁 확대, 소련과의 관계 악화가 일어나면서, 마오쩌동과 중공 중앙은 국제 형세가 매우 심각하고 전쟁 위험이 증대되고 있다는 판단하에 전쟁 준비와 내륙

건설을 보다 강화하기로 결정했고, 이후 10여 년간 '3선건설'을 추진했다. 즉, 국토개발 및 공업입지 정책을 경제적 측면보다는 전쟁 대비 및 군사전략 측면에서 '분산시키고, 산속에 은폐하고, 동굴에 들어간다(散, 山, 洞)'는 원칙에 치중해, 교통, 통신 및 자원 공급 등의 경제지리적 입지 조건을 무시하면서 진행했다. 그 특징은 다음과 같다.

첫째, 전쟁 대비를 위해 국가는 공업 건설과 철도를 중점적으로 3선지구에 집중배치했다. 3차 5개년 계획(1966~1970) 시기에 진입한 이후, 중국은 전쟁 대비를 최우선 방침으로 정하고, 건설의 중점을 전쟁 발발 시 후방지구인 3선지구에 두고, 1선지구인 연해지구의 주요 기업들을 내지로 이전했다. 이에 따라 철도 건설의 중점도 3선지구로 이전되었고, 그 결과 3차 5개년 계획과 4차 5개년 계획(1971~1975) 시기에 서남지구에 철도 건설 투자 비중이 중국 전국의 1/2을 점했다.

둘째, 따칭, 성리, 따롄 등 3대 유전이 순조롭게 개발되어 고도 생산기에 진입함에 따라, 석유 생산량의 국내 수요를 해결하고 석유 수출을 통한 외화 획득을 시작했다. 이에 따라 석유 운송을 위한 파이프라인과 석유 부두를 건설했다.

셋째, 4차 5개년 계획에서 상대적으로 독립적인 '경제합작구' 전략 방침을 제출했다. 주요 목적은 전쟁 준비를 위해 각자 특성을 보유하고 대규모 협동이 가능한 6개 '경제 대합작구(大合作區)'를 건설하고, 각 대합작구의 농업, 경공업, 중공업 각 부문이 기본적으로 자급·발전하는 시스템을 구축하는 것이었다.

넷째, 1970년대 초에는 지방의 도로와 철도에 의존한 5개 지방 소공업(소철강, 소광산, 소화학비료, 소시멘트, 소농업기구)이 발전하기 시작했다.

(3) 문화대혁명 후기 극좌노선 교정 시기(1973~1975년)

개혁개방 이전 시기에는 경제 정책의 기본 노선과 건설이 전반적으로 정치 노선에 종속되어 있었고, 특히 문화혁명 기간에 이르러서는 정치와 경제 정책의 기본 노선을 마오쩌동이 독단적으로 결정했다. 이 같은 1인 전제적 정치 환경 속에서 린뱌오(林彪) 집단과 사(四)인방[장칭(江青), 장춘차오(张春桥), 왕홍원(王洪文), 야오원위안(姚文元)] 집단은 권력 투쟁 수단으로 극좌 정치구호 및 극좌 경제 노선을 주장·선동했고, 그 결과가 중국 경제에 미친 손실과 폐해가 극심했다.

단, 문혁 후반기인 1973년부터 1975년 기간에 극좌적 정치운동의 영향에서 벗어나려는 시도가 있었다. 이 같은 변화의 배경은, 우선 국내 정세 변화로, 1971년 9월 소위 '9·13 사건'[6]으로 린뱌오 집단의 쿠데타 음모가 드러나면서부터, 이에 충격을 받은 마오가 문혁 기간 중 린뱌오와 장칭 집단의 음모에 연루되어 숙청당했던 덩샤오핑(邓小平)과 혁명 1세대 노간부들을 복권시키고 재등용한 것이다. 마오쩌둥은 특유의 고집과 오기를 부리면서 문화혁명에 대한 비판이나 착오 지적을 허용하지 않았고, '계속적인 무산자 계급혁명'을 주장했지만, 문혁의 선봉장 역할을 한 린뱌오 집단의 쿠데타 음모가 드러난 후에는 문혁 노선에 대한 일정 정도 착오 인정과 조정을 하지 않을 수 없었고, 최고 통차자로서의 권위 손상과 당내 입지의 약화를 면할 수 없었다. 또한 문혁 발동 후 5년여의 무질서, 파괴, 혼란 기간을 겪은 대다수 인민 군중들이 '문화혁명'이라는 이름하에 진행되는 정치동란에 회의와 피로감을 느끼고, 안정과 생산 발전을 바라고 있다는 점도 고려해야 했다.

한편, 이 시기에 대외무역과 유전 개발에 따른 석유공업 발전에 의해 지역발전 중심이 다시 동부연해지구로 이전하기 시작했고, 이에 따라 교통건설 방침을 조정하고 동부연해지구에 항만시설 및 파이프라인 건설 및 확충이 추진되었다.

1973년 저우언라이(周恩来) 총리는 설비 유치와 석유 운송 수요를 충족시키기 위해 항구 건설을 강화하기로 하고, '3년 내에 항구의 면모를 바꾼다'라는 방침 의견을 당 중앙에 제출했다. 5차 5개년 계획(五五計劃, 1976~1980) 기간에는 따롄, 칭다오, 친황다오, 잔장 등 항구에 석탄, 석유, 식량, 광석 등 화물 전용 부두를 중점 건설했다. 또한 톈진, 상하이, 광저우 등 항구에 대형 컨테이너 부두 버드(berth, 泊位)를 건설했다.[7]

1975년 저우언라이의 병환이 위중해지면서, 마오쩌둥의 지시에 따라 (저우언라이 대신) 국무원 업무를 주관하게 된 덩샤오핑이 강력한 '전면정돈(全面整頓)'을 추

---

6 1971년 9월 13일, 당시 중공 중앙위원회 부주석, 중앙군사위원회 제1부주석, 국방부부장 린뱌오와 처 예췬(叶群), 아들 린리궈(林立果) 등이 허베이 산하이관공항에서 공군기를 타고 이륙해 소련 망명을 시도하던 중, 새벽 2시 25분 비행기가 몽골인민공화국 영내에 추락해 탑승인원 9명이 모두 사망한 사건을 가리킨다. 이 사건은 이론과 실천 측면 모두에서 문화대혁명의 파산을 선고한 것이었다.

7 개혁개방 이전 중국의 전력공업 발전 원가 중 석탄 운수비용이 1/3 이상을 차지했다. 구소련의 경우, 제품원가 중 운수비용 점유 비중은 석유 제품이 15%, 석탄 20%, 철광석 35%를 차지했다.

진했다. 덩샤오핑은 어려운 상황 속에서도 '안정단결', '국민경제 향상'을 기치로 명확하게 '전면정돈' 지도사상을 밝히고 강력하게 추진한 결과, 그 효과가 매우 빠르고 뚜렷하게 나타났다. 개괄하면, 1975년 3월 이후 달마다 상황이 급속하게 호전되어 6월에는 전국 철강 일일 평균 생산량이 7.24만 t으로 전년도 계획지표를 초과했고, 철강 외에도 상반기 전년도 계획 생산지표 달성도를 보면, 원유 49.8%, 석탄 52%, 목재 51.3%, 전국 공업총생산액 47.4%, 국가 재정 수입 43%에 달했다. 이외에도 군대, 농업, 과학기술, 문화 교육 등 각 방면에도 '정돈'을 추진해 현저한 성과를 거두었다. 덩샤오핑은 '전면정돈'의 시작과 중점을 당시 비림비공(批林批孔)운동[8]의 영향 때문에 심각한 상태로 악화되어 있던 교통운수, 특히 철도운송 분야에 두었다. 당시 쉬저우, 정저우, 난징, 난창 등지에 소재한 철로국 관할하의 철도운수는 마비 상태였고, 톈진에서 난징 푸커우(浦口)까지 연결하는 진푸(津浦)철도, 베이징-광저우 철도, 롄윈강-란저우 철도(陇海线), 저장성 항저우와 후난성 주저우 간을 운행하는 저간선(浙赣线) 등도 정체가 심해서 생산과 건설에 심각한 장애가 되고 있었다. 덩샤오핑은 베이징에서 철도운수 문제 해결을 위한 전국 공업 부문 서기회의(1975년 2월 25일~3월 8일)를 개최하고, '철도업무 강화에 관한 결정'을 전달하고 강력하게 추진해 약 한 달 만에 심각한 철도 마비 상태를 대부분 해소했다. 또, 전국 20개 철로국의 운송량을 목표 초과 상태로 호전시키고, 1975년 연간 화물 운송량과 화물 운송 회전량을 전년 대비 각각 12.9%, 15.6% 증가시켰다(王海波 等, 2011: 257~258; 丛树海·张桁, 1999: 482~483).

---

8   마오가 린뱌오 비판(批林)과 공자비판(批孔)을 연결시킨 목적은 문화혁명 부정을 방지하기 위해서였다. 쿠데타 음모가 발각된 것을 감지한 린뱌오와 처 예천, 아들 린리궈 등이 비행기를 타고 외국으로 탈출을 시도하다가 1971년 9월 13일 새벽 3시경 몽골인민공화국 경내 온두라스(温都尔汗) 초원에 비행기가 추락해 사망했고(9·13사건), 약 2년 후인 1973년 7월, 마오쩌둥이 왕훙원, 장춘차오와의 담화 중에 "린뱌오는 국민당과 같다. 모두 공자를 추종하고 법가(法家)를 범(犯)했다"라고 말했다. 마오는 법가는 역사상 앞으로 전진했고, 유가(儒家)는 역행했다고 말하며, 2인자로서 자신의 문화대혁명 노선을 충실히 지지하고 수행했던 린뱌오를 공자와 국민당과 같은 파라고 몰아서라도 난처한 국면을 벗어나고 싶었을 것이다. 장칭을 중심으로 한 사인방 세력이 마오의 이 말을 내세우고 소위 '비림비공(批林批孔)'운동을 전개했고, 9·13 사건 이후 문혁 기간 중 야기된 혼란 상태를 수습 중이던 저우언라이를 '공자노선 추종자'로 매도하면서 공격했다. 1974년 초부터 약 6개월간 진행된 비림비공운동은 문혁 말기의 중국 전국을 다시 정치구호와 군중 동원 분위기로 몰고 갔고, 막 복권된 노간부들을 유가파로 몰면서 다시 숙청하는 동란을 야기했다.

그러나 이 같은 '정돈' 국면도 오래 지속되지 못했다. 장칭을 중심으로 한 사인방은 덩샤오핑이 주도하는 '정돈'을 오직 당파 투쟁 각도에서만 다루면서, 마오쩌둥에게 집요하게 왜곡된 보고를 올리면서 덩샤오핑을 모함했다. 예를 들면, 사인방은 덩샤오핑이 주도한 '전면정돈' 중 4개 현대화는 '자본주의를 위한 물질 기초 준비', 합리적 규장제도는 '간섭하고 가로막고 억압하기 위한 수정주의 왕법(王法)', 사회주의적 축적은 '자본주의적 이윤 최우선 추구', 노동에 따른 분배 원칙 및 정책은 '자산계급 법권 강화' 등으로 모함하고 매도했다(蕭国亮·隋福民, 2011: 163~164). 당시 마오는 1971년 린뱌오 사건 이후의 충격과 노환으로 인해 계속 중환 상태였고, 1975년 하반기 이후에는 병환이 더욱 심각해져서 행동과 말하기조차 자유롭지 못한 상태였다. 장칭 등이 집요하게 왜곡해서 전달하는 보고와 모함에 영향을 받은 마오가 1975년 11월에 '덩샤오핑 비판(批邓)'과 '우경(右傾) 반안풍(翻案風) 반격' 운동 발동을 결정하면서, 덩샤오핑의 직위가 다시 해제되고 덩이 추진해 온 '정돈'도 중단됐다.

그러나 덩샤오핑이 주도한 '전면정돈'의 성과는 뚜렷했다. 이후의 사태 진전 과정에서 알 수 있듯이, 이듬해인 1976년 9월에 마오쩌둥이 사망하고 10월에 사인방이 제압된 이후 덩샤오핑이 다시 복권해 권력 투쟁에서 승리할 수 있었던 중요한 기초 중의 하나가, 바로 1975년 '전면정돈'의 탁월한 성과에 대한 인민대중과 중공 중앙 내부의 인정과 신뢰였다고 할 수 있다. 권력 투쟁에서 승리한 후 덩샤오핑은 더욱 통 크고 대담하게 '대내개혁, 대외개방'을 주도해 나가게 된다.

3) 개혁개방 이후 시기

개혁개방 이후, 즉 1980년대 이래 지역발전의 주요 과제는 첫째, 지역발전의 중점을 다시 동부연해지구로 이전, 둘째, 지역 간 경제 사회 발전격차 해결, 셋째, 서부대개발 추진이었다. 이러한 전략적 임무와 목표를 완수하기 위해서는 우선적으로 교통 통신업의 신속 발전과 배치 조정, 그리고 현대화 추진이 요구되었다.

먼저 1980년대에 지역발전 중점이 전면적으로 동부로 이전되면서 연해지구 교통이 빠르게 발전했다. 동부지구는 광대한 내지의 경제 발전에도 기여해야 했고,

또한 보다 편리하게 국제시장에 진입해 국제경제에 참여하기 위해서는 연해 핵심지역과 국제시장의 접근성을 높이기 위한 발달된 교통통신 체계를 구축해야 했다. 따라서 연해지구에 발달된 교통 체계 건설 목표를 확정하고, 하위 목표 및 실천 방침으로 연해항구 중심의 수륙공 요충지, 화물집하운반 노선, 육로 교통 네트워크 구축을 포함시켰다. 그러나 동부의 교통 위기와 에너지 부족 문제는 갈수록 심해졌고, 대외개방 정책과 대외무역 발전 및 내지와의 교류에 심각한 장애 요인이 되었다. 이로 인해 중국 정부는 연해항구, 철도, 도로 등 교통 건설의 중점을 동부연해지구로 이전했다.

그리고 1990년대 이후 지역 간 격차가 확대된 데 주목해, 동부, 중부, 서부의 지역 간 연결교통망 건설을 추진했다. 그러나 겉으로 내세운 명분 외의 또 다른 주요 목적은 중부, 서부 지구의 에너지와 자원에 대한 동부연해지구의 수요에 부응하기 위한 것이었다.

(1) 개혁개방 초기

① 연해지구 항구 건설 강화

문화대혁명 말기인 1973년부터 수운에 대한 투자가 대폭 증가되었다. 연해 주요 항구에 시설 개축이 진행되고 심수 버드를 중점적으로 건설해 대형 공업설비의 수입을 담당하고 해외에 원유 수출을 시작함에 따라, 연강과 연해지구의 공업 발전에 새로운 활력을 불러 일으켰고, 동부지구 석유 가공과 화공, 발전(發電), 강철 등의 공업기술이 승급되었다. 특히 랴오닝 중남부, 베이징-톈진, 산동 연해지구, 장강삼각주지구 등의 공업 능력이 크게 증강되었고, 석유화학공업이 지역개발의 주요 추동력이 되었다. 이 시기부터 지역개발 동력이 동부연해지구로 이전하기 시작했다.

② 서북과 중남지구 신노선 철도 건설

1970년대 말에서 1980년대 초에 3선지구에 철도 신노선 지려우선(枝柳線: 湖北 枝城-广西 柳州, 총연장 885km), 양안선(陽安線: 阳平关-安康, 총연장 21km), 타이챠오선

(太焦線: 山西 太原-河南 焦作, 총연장 398km) 등이 연이어 개통되었다. 이어서 '소3선' 철도 간선인 완간선(皖赣線: 安徽 芜湖-江西 贵溪, 총연장 570km), 푸첸선(福前線: 黑龙 江 集贤县 福利镇-前进镇), 한창선(邯長線: 河北 邯郸-山西 长治, 총연장 220km) 및 서북 지역의 난장선(南疆線: 吐鲁番-喀什, 총연장 약 1500km), 칭장선(青藏線: 西宁-格尔木, 총 연장 782km) 등이 건설 개통되었다. 1970년대 신노선 증가가 가장 많은 곳은 서북 과 중남 지구였다. 그와 반면에 전국 철도운송량의 80%를 맡고 있었던 베이징-광 저우선[징광선(京廣線)] 및 동부지구의 간선철도는 장기간 개수되지 못해 동부 지역 철도운수 상태가 계속 악화되었다.

③ 유전과 수출항, 가공센터 간 파이프라인 건설, 동부 석유공업 발전 촉진

1970년대에는 헤이룽장성 따칭유전, 산동성 동잉시 성리유전, 그리고 랴오허 (辽河) 등 대규모 유전 개발로 인해 파이프라인 건설이 활발했다. 1980년대에는 원유 파이프라인이 6553km, 천연가스 라인 2756km, 완성유 라인 1600km에 달해, 따칭유전, 성리유전 등을 기점으로 각 정유공장, 수출 항구, 그리고 철도간선의 원유 파이프라인, 쓰촨 천연가스 라인까지 이어져, 석유화학공업이 연해와 연강 지역으로까지 확대·발전할 수 있도록 지원했고, 철도운수에 대한 압력을 덜어주었다. 파이프라인이 담당하는 원유 운수는 1980년 9471만 t에 달해, 1966년(374만 t)의 25배였다. 또한 파이프라인 운수가 담당한 원유 운수의 비중은 1966년 25.3%에서 1980년 63.7%로 증가했다(〈표 11-2〉).

표 11-2 원유 운수 및 각종 운수 방식이 담당하는 비중

연도	원유 운수 총량(만 t)	파이프라인 운송량(만 t)	운수 방식별 분담비중(%)		
			파이프라인	철도	수운
1966	1,478	374	25.3	65.9	8.8
1970	3,380	883	26.2	61.1	12.7
1975	10,438	4,676	44.8	32.7	22.5
1980	14,877	9,471	63.7	10.8	25.5

자료: 王德荣(1986).

④ 운수 구조 변화

1980년대 종합운수시스템 건설 방침을 관철하기 시작하면서 운수 구조조정을 실시했다. 경제 또는 행정 조절 수단을 통해 '철도와 도로를 분류하고', '철도와 수로를 연계시키는' 등의 조치를 취했고, 다량의 중단거리 여객이나 화물 운송은 점진적으로 도로가 담당하도록 했고, 연해 및 원양 수운의 수륙 연계 교통망 규모를 확대했다. 그 결과, 여객과 화물운수 모두 철도의 주도적 지위는 하락하고, 도로

표 11-3 여객 수송 구조 추이(1980~2019년)(단위: 만 명)

	1980	1990	2000	2005	2010	2015	2019
총계	341,785 (100.0)	772,682 (100.0)	1,478,573 (100.0)	1,847,018 (100.0)	3,269,508 (100.0)	1,943,271 (100.0)	1,760,436 (100.0)
철도	92,204 (30.0)	95,712 (12.4)	105,073 (7.1)	115,583 (6.3)	167,609 (5.1)	253,484 (13.0)	366,002 (20.8)
도로	222,790 (65.2)	648,085 (83.9)	1,347,392 (91.1)	1,697,381 (91.9)	3,052,738 (93.4)	1,619,097 (83.3)	1,301,173 (73.9)
수운	26,439 (7.7)	27,225 (3.5)	19,386 (1.3)	20,227 (1.1)	22,392 (0.7)	27,072 (1.4)	27,267 (1.5)
민항	343 (0.1)	1,660 (0.2)	6,722 (0.5)	13,827 (0.7)	26,769 (0.8)	43,618 (2.3)	65,993 (3.8)

자료: 中国统计出版社(2020).

표 11-4 여객 수송 회전량 구조 추이(1980~2019년)(단위: 억 명·km)

	1980	1990	2000	2005	2010	2015	2019
총계	2,281.3 (100.0)	5,628.4 (100.0)	12,261.1 (100.0)	17,466.7 (100.0)	27,894.4 (100.0)	30,058.9 (100.0)	35,349.2 (100.0)
철도	1,383.2 (60.6)	2,612.6 (46.4)	4,532.6 (37.0)	6,062.0 (34.7)	8,762.2 (31.4)	11,960.6 (39.8)	14,706.6 (41.6)
도로	7,29.5 (32.0)	2,620.3 (46.6)	6,657.4 (54.3)	9,292.1 (53.2)	15,020.8 (53.8)	10,742.7 (35.7)	8,857.1 (25.0)
수운	129.1 (5.7)	164.9 (2.9)	100.5 (0.8)	67.8 (0.4)	72.3 (0.3)	73.1 (0.2)	80.2 (0.2)
민항	39.6 (1.7)	230.5 (4.1)	970.5 (7.9)	2,044.9 (11.7)	4,039.0 (14.5)	7,278.6 (24.3)	11,705.3 (33.2)

자료: 中国统计出版社(2020).

표 11-5　화물 수송 구조 추이(1980~2019년)(단위: 만 t)

	1980	1990	2000	2005	2010	2015	2019
총계	546,537 (100.0)	970,602 (100.0)	1,358,682 (100.0)	1,862,066 (100.0)	3,241,807 (100.0)	4,175,886 (100.0)	4,713,624 (100.0)
철도	111,279 (20.4)	150,681 (15.5)	178,581 (13.1)	269,296 (14.5)	364,271 (11.2)	335,801 (8.0)	438,904 (9.3)
도로	382,048 (69.9)	724,040 (74.6)	1,038,813 (76.5)	1,341,778 (72.1)	2,448,052 (75.5)	3,150,019 (75.4)	3,435,480 (72.9)
수운 (원양)	42,676 (7.8) 4,292 (0.8)	80,094 (8.3) 9,408 (1.0)	122,391 (9.0) 22,949 (1.7)	219,648 (11.8) 48,549 (2.6)	378,949 (11.7) 58,054 (1.8)	613,567 (14.7) 74,685 (1.8)	747,225 (15.8) 83,243 (1.7)
민항	8.9 (0.0)	37.0 (0.0)	196.7 (0.01)	306.7 (0.02)	563.0 (0.02)	629.3 (0.02)	753.1 (0.02)
파이프 라인	10,525 (1.9)	15,750 (1.6)	18,700 (1.4)	31,037 (1.7)	49,972 (1.5)	75,870 (1.88)	91,261 (1.98)

자료: 中国统计出版社(2020).

표 11-6　화물 수송 회전량 구조 추이(1980~2019년)(단위: 억 t/km)

	1980	1990	2000	2005	2010	2015	2019
총계	12,027 (100.0)	26,208 (100.0)	44,321 (100.0)	80,258 (100.0)	141,837 (100.0)	178,356 (100.0)	199,394 (100.0)
철도	5,717.5 (47.5)	10,622.4 (40.5)	13,770.5 (31.1)	20,726.0 (25.8)	27,644.1 (19.5)	23,754.3 (13.3)	30,182.0 (15.1)
도로	764.0 (6.4)	3,358.1 (12.8)	6,129.4 (13.8)	8,693.2 (10.8)	43,389.7 (30.6)	57,955.7 (32.5)	59,636.4 (29.9)
수운 (원양)	5,052.8 (42.0) 3,532 (29.4)	11,591.9 (44.2) 8,141 (31.1)	23,734.2 (53.6) 17,073 (38.5)	49,672.3 (61.9) 38,552 (48.0)	68,427.5 (48.2) 45,999 (32.4)	91,772.5 (51.5) 54,236 (30.4)	103,963.0 (52.1) 54,057 (27.1)
민항	1.41 (0.01)	8.18 (0.03)	50.27 (0.11)	78.90 (0.98)	178.90 (0.13)	208.07 (0.12)	263.20 (0.13)
파이프 라인	491 (4.1)	627 (2.4)	636 (1.4)	1,088 (1.4)	2,197 (1.5)	4,665 (2.28)	5,350 (2.77)

자료: 中国统计出版社(2020).

의 지위가 대폭 상승했고, 연해 및 원양 수운의 역할도 증가했다.

하지만 2010년 이후 고속철도 건설과 공항 건설에 따라 여객 운송 중 철도와 항공운송 비중이 증가 추세에 있다. 구체적으로 살펴보면, 철도의 경우 총 여객 운송 중 비중은 1980년 30.0%에서 2010년 5.1%로 하락했지만 2015년에는 13.0%, 2019년 20.8%로 증가했다. 항공운송은 1980년 0.1%에 불과했지만 2015년 2.3%, 2019년 3.8%로 지속적 증가 추세에 있다. 화물 운송의 경우, 여전히 도로운송 중심으로 이루어지고 있으며, 철도운송은 점차 감소, 수운은 점차 증가 추세에 있다. 구체적으로 살펴보면 1980년, 2010년, 2019년의 경우 철도는 각각 20.4%, 11.2%, 9.3%로 감소 추세이며, 도로는 69.9%, 75.5%, 72.9%로 대부분을 차지하고, 수운은 7.8%, 11.7%, 15.8%로 증가 추세에 있다(〈표 11-3〉~〈표 11-6〉).

(2) 최근 동향

2018년 중국의 수륙 교통선은 540.6만 km에 달해, 1980년 105.9만 km에 비해 5.1배로 증가했다. 특히 민항 노선은 948.22만 km에 달해, 1980년(19.53만 km)의 48.6배로 증가했다. 국가 및 지방 철도, 그리고 합자 철도도 신속히 발전해 총영업 길이가 13.99만 km에 이르러서 1980년(5.33만 km)에 비해 2.6배로 증가했다 (〈표 11-7〉).

한편, 2018년 성급 지역별·운송수단별 여객 및 화물 운송량 전국 비중을 보면, 여객 운송량은 광둥성이 도로와 철도 부문에서 1위이고 수운은 2위이다. 저장성은 수운이 1위이고 철도가 2위이다. 여객 철도운송량은 광둥성에 이어 장쑤성 2위, 허난성 3위, 후난성 4위, 쓰촨성 5위 순이다. 화물 운송량 전국 비중은 광둥성이 8.1%로 전국 1위를 차지하고 있고, 도로운송과 수운은 7.7%, 14.6%로 각각 2위를 차지하고 있다. 산동성은 도로 비중(7.9%) 1위, 철도운송량 비중은 석탄 등 광물 수송량이 많은 네이멍구가 압도적 비중(18%)으로 1위를 점했으나 도로 비중(4%)이 미약하고 수운 기능이 전무해서 종합 순위는 8위이다. 2018년 중국 성급 지역별 여객 및 화물의 운송량 및 회전량 현황은 〈표 11-8〉~〈표 11-11〉과 같다.

표 11-7 교통수단별 노선길이 추이(1949~2019)(단위: 만 km)

	철도 영업거리 (전기화 구간)	도로 총길이 (고속도로)	내륙수운 총길이	민항 노선 총길이 (국제항공 노선)	파이프라인 총길이
1949년	2.18(0)	8.07(0)	7.36	1.31(0.51)	0
1980년	5.33(0.17)	88.83(—)	10.85	19.53(8.12)	0.87
1990년	5.79(0.69)	102.83(0.05)	10.92	50.68(16.64)	1.59
2000년	6.87(1.49)	167.98(1.63)	11.93	150.29(50.84)	2.47
2005년	7.54(1.94)	334.52(4.10)	12.33	199.85(85.59)	4.40
2010년	9.12(3.27)	400.82(7.42)	12.42	276.51(107.02)	7.85
2015년	12.10(—)	457.73(12.35)	12.70	531.72(239.44)	10.87
2019년	13.99(—)	501.25(14.96)	12.73	948.22(401.47)	12.66

자료: 中国统计出版社(2020).

표 11-8 2018년 여객 운송량 10대 지구(단위: 만 명, %)

지구	합계		철도		도로		수운	
전국	1,793,820	100.0	337,495	100.0	1,367,170	100.0	27,981	100.0
광둥	142,144	7.9	34,121	10.1	105,249	7.7	2,775	9.9
장쑤	120,612	6.7	21,870	6.5	97,025	7.1	2,383	8.5
허난	110,421	6.2	16,383	4.9	93,707	6.9	331	1.2
후난	106,680	5.9	13,943	4.1	91,007	6.7	1,729	6.2
쓰촨	98,569	5.5	15,116	4.5	81,462	6.0	1,991	7.1
저장	98,380	5.5	21,870	6.5	72,013	5.3	4,497	16.1
후베이	98,350	5.5	16,713	5.0	80,990	5.9	648	2.3
구이저우	93,025	5.2	6,761	2.0	84,053	6.1	2,211	7.9
산시	71,583	4.0	10,953	3.2	60,269	4.4	361	1.3
랴오닝	71,343	4.0	14,422	4.3	56,355	4.1	566	2.0

자료: 中国统计出版社(2019: 522).

표 11-9   2018년 여객 운송 회전량 10대 지구(단위: 억 명·km, %)

지구	합계		철도		도로		수운	
전국	34,218.2	100.0	14,146.6	100.0	9,279.7	100.0	79.6	100.0
광동	2,085.6	6.1	935.8	6.6	1,120.7	12.1	11.1	13.9
허난	1,775.0	5.2	1,063.3	7.5	711.2	7.7	0.6	0.8
장쑤	1,539.3	4.5	819.2	5.8	716.6	7.7	3.5	4.4
후난	1,463.1	4.3	979.5	6.9	479.9	5.2	3.6	4.5
산동	1,289.6	3.8	783.3	5.5	493.6	5.3	12.8	16.1
허베이	1,289.2	3.8	1,061.4	7.5	227.6	2.5	0.2	0.3
후베이	1,258.9	3.7	800.7	5.7	453.4	4.9	4.7	5.9
안후이	1,163.7	3.4	786.4	5.6	376.9	4.1	0.4	0.5
저장	1,103.7	3.2	694.6	4.9	402.8	4.3	6.3	7.9
장시	993.7	2.9	732.4	5.2	261.0	2.8	3.3	4.1

자료: 中国统计出版社(2019: 523).

표 11-10   2018년 화물 운송량 10대 지구(단위: 만 t, %)

지구	합계		철도		도로		수운	
전국	5,152,732	100.0	402,631	100.0	3,956,871	100.0	702,684	100.0
광동	416,389	8.1	9,293	2.3	304,743	7.7	102,353	14.6
안후이	406,761	7.9	8,066	2.0	283,817	7.2	114,877	16.3
산동	354,019	6.9	23,247	5.8	312,807	7.9	17,964	2.6
저장	269,083	5.2	4,330	1.1	166,533	4.2	98,219	14.0
허난	259,884	5.0	10,461	2.6	235,183	5.9	14,240	2.0
허베이	249,323	4.8	19,637	4.9	226,334	5.7	3,352	0.5
장쑤	233,157	4.5	6,171	1.5	139,251	3.5	87,735	12.5
네이멍구	232,525	4.5	72,506	18.0	160,018	4.0	—	—
후난	229,957	4.5	4,468	1.1	204,389	5.2	21,101	3.0
랴오닝	223,346	4.3	19,691	4.9	189,737	4.8	13,918	2.0

자료: 中国统计出版社(2019: 524).

표 11-11　2018년 화물 운송 회전량 10대 지구(단위: 억 t/km, %)

지구	합계		철도		도로		수운	
전국	204,686	100.0	28,821.0	100.0	71,249.2	100.0	99,052.8	100.0
광동	28,338.3	13.8	270.6	0.9	3,890.3	5.5	24,177.4	24.4
상하이	28,299.9	13.8	9.77	0.0	299.3	0.4	27,990.8	28.3
허베이	13,873.0	6.8	4,832.0	16.8	8,550.2	12.0	490.88	0.5
안후이	11,803.7	5.8	721.2	2.5	5,451.6	7.7	5,630.9	5.7
저장	11,538.1	5.6	221.5	0.8	1,964.1	2.8	9,352.5	9.4
랴오닝	10,654.5	5.2	1,184.6	4.1	3,152.3	4.4	6,317.6	6.4
산동	10,052.2	4.9	1,357.0	4.7	6,859.7	9.6	1,835.5	1.9
허난	8,982.1	4.4	2,066.4	7.2	5,893.9	8.3	1,021.8	1.0
장쑤	8,969.3	4.4	303.0	1.1	2,544.4	3.6	6,121.9	6.2
푸젠	7,646.2	3.7	147.4	0.5	1,289.5	1.8	6,209.4	6.3

자료: 中国统计出版社(2019: 525).

2. 부문별 교통시설 현황 및 발전 전망

1) 철도

(1) 철도운수의 지위

철도수송은 적재량이 많고 수송 속도가 빠르며, 기후 및 기타 자연 조건의 영향을 적게 받는다. 철도는 중국 수송 체계의 골간이다. 남북 및 동서 철도 간선들이 상호 교차되면서, 전국 3대 지역 및 각 성, 직할시, 자치구와 수백 개의 도시를 연결하고 있다. 철도 연선상의 주요 도시는 베이징, 톈진, 선양, 창춘, 하얼빈, 지난, 푸양(阜阳), 난징, 상하이, 스자좡, 타이위안, 정저우, 우한, 주저우 등이다.

남북 방향 주요 간선 철도망은 ① 징광(京廣: 北京 豊台-廣州南)선, ② 진후(津滬: 天津-上海)선, ③ 완간(皖赣: 安徽 蕪湖-江西 貴溪)-잉샤(鷹厦: 鷹潭-아모이)선, ④ 하다(哈大: 하얼빈-따롄)선, ⑤ 징통(京通: 北京-통랴오)-통랑(通讓: 通遼東-讓湖路)선, ⑥ 지얼(集二: 集寧-二連浩特)-통푸(同蒲: 大同-孟塬)-타이자오(太焦: 太原北-九府墳)-자오지(焦枝:

표 11-12 　10대 간선철도 여객 및 화물 운송량 현황(2014년)

여객		
노선명	여객 운송량(만 명)	회전량(백만 명·km)
베이징-광저우(京广线)	15,969	121,583
상하이-쿤밍(沪昆线)	10,864	90,261
롄윈강-란저우(陇海线)	10,474	66,684
베이징-상하이(京沪线)	8,818	61,316
베이징-홍콩(京九线)	8,405	71,524
베이징-하얼빈(京哈线)	8,103	52,698
바오지-청두(宝成线), 청두-총칭(成渝线)	3,376	12,878
란저우-우루무치(兰新线)	2,538	36,488
펑링두-타이위엔(南同蒲线)	1,514	4,565
베이징-바오터우(京包线)	1,475	5,028

화물		
노선명	화물 운송량(만 t)	화물 운송 회전량(백만 t/km)
베이징-다퉁-푸저우(北同蒲线)	18,456	37,084
베이징-바오터우(京包线)	14,599	65,697
빈저우(滨州线)	7,091	53,337
타이웬-쟈오쥐(太焦线)	7,062	9,520
바오터우-란저우(包兰线)	6,786	37,466
롄윈강-란저우(陇海线)	6,394	144,169
상하이-쿤밍(沪昆线)	5,998	113,439
베이징-광저우(京广线)	5,966	117,126
스자좡-타이웬(石太线)	5,865	22,461
신샹-르자오(新石线)	5,617	55,856

자료: 中国统计出版社(2015: 593).

焦作-枝城)선, ⑦ 바오청(寶成: 寶雞-成都)-청쿤(成昆: 成都-昆明)선, ⑧ 청위(成渝: 成都-重慶)-촨친(川黔: 重慶-貴陽)선 등이다.

동서 방향 주요 간선 철도망은 ① 빈저우(濱洲: 하얼빈-滿洲里)-빈수(濱綏: 하얼빈-綏

芬河)선, ② 징선(京沈: 北京-沈陽)-징바오(京包: 北京-包頭)-바오란(包蘭: 包頭-蘭州東)
선, ③ 징친(京秦: 北京 通县-秦皇島)-펑사따(豊沙大: 豊台-沙城-大同)선, ④ 스옌(石兖:
日照-兖州)-옌허(兖菏: 兖州-菏澤)-신허(新菏: 新鄉-菏澤)-신자오(新焦: 新鄉-九府埇)선,
⑤ 룽하이(隴海: 蘭州西-連云港)-란신(蘭新: 蘭州-乌鲁木齐)선, ⑥ 란칭(蘭青: 蘭州-西寧)-
칭장(青藏: 西寧-格尔木)선, ⑦ 한단(漢丹: 武漢-丹江口)-샹위(襄渝: 莫家營-重慶西)-양안
(陽安: 陽平關-安康)선, ⑧ 후항(滬杭: 上海-杭州)-저간(浙贛: 浙江 杭州-江西 株洲)-샹첸
(湘黔: 湖南 株洲-貴州 貴陽)-구이쿤(貴昆: 貴陽-昆明)선, ⑨ 샹궤이(湘桂: 衡陽-友誼關)-첸
구이(黔桂: 貴陽-廣西 柳州)선 등이다.

여객 운송량의 전국 순위는 베이징-광저우선, 상하이-쿤밍선, 렌윈강-란저우선
순이고, 화물 운송량은 따퉁-칭다오선, 렌윈강-란저우선, 란저우-우루무치선 순이
다. 2014년 10대 간선철도의 여객 및 화물 운송량은 현황은 〈표 11-12〉와 같다.

(2) 고속철도망

중국의 고속철도 발전은 2009년 4월 상하이-쑤저우 구간에서, 평균 시속
200km 이상으로 운행하는 열차(D460, 허시에호) 운행이 시작되면서 시작되었다고
할 수 있다. 이후 여섯 차례에 걸쳐서 중국 전국 주요 간선철도의 평균 운행속도
가 200~250km로 제속되었다. 그다음 단계에서는 '4종 4횡' 구상 틀 안에서 고속
철도망 건설이 진행되었다. '4종(四縱)'은 남북 방향의 4개 노선을 가리킨다. 즉,
① 베이징-상하이 노선(1318km), ② 베이징-우한-광저우 노선(京广, 2111km)(선전-홍
콩 연결 구간까지 더하면 2242km), ③ 베이징-선양-하얼빈-따롄 노선(684km), ④ 상하
이-항저우-닝보-원저우-푸저우-샤먼-선전 노선(1723km)까지 4개 노선이다.

'4횡(四橫)'은 동서 방향 4개 노선을 가리킨다. 즉, ① 쉬저우-정저우-란저우 노선
(1388km), ② 항저우-난창-창샤-구이양-쿤밍 노선(2080km), ③ 칭다오-스자좡(石家
庄)-타이위엔 노선(961km), ④ 난징-우한-총칭-청두 노선(1361km)이다(中华人民共和
国铁道部, 2008).

2010년 이후 연이어 건설된 고속철도 개통으로, 베이징-텐진 간 120km 구간이 1
시간 반에서 30분으로, 상하이-항저우 간 210km 구간이 2시간 10분에서 45분으
로, 상하이-난징 간 300km 구간이 4시간에서 1시간 10분으로 줄었다. 이보다 장거

리 노선으로 최근에 개통·운행되고 있는 대표적인 구간은 베이징-상하이 구간 (1318km)과 2012년 12월에 개통·운행 중인 베이징-광저우 구간(2111km)이다. 베이징-광저우 구간은 세계 최장의 고속철도 구간으로, 원래 20시간 이상이던 운행 시간이 약 8시간으로 단축되었다. 2009년 12월에는 우한-광저우 구간(989km)이 개통되었고, 2012년 12월에 베이징-우한 구간(1122km)이 개통되었다. 베이징-광저우 고속철은 크게 베이징-정저우, 정저우-우한, 우한-광저우, 광저우-선전 4개 구간으로 구분되어 운행되고 있다(총연장 2323km). 2015년까지 선전-홍콩 구간 고속철을 완공해 베이징-홍콩(京港) 간 전 구간을 평균 운행 시속 300km/h(설계 시속 350km/h)로 운행할 계획이다.[9]

중국 전국 고속철도 총연장은 2008년 1400km에서 2012년 말 9400km, 2019년 3만 5000km로 증가했고, 철도 총연장은 2008년 7만 9700km에서 2012년 말 9만 8000km로 증가했다. 2015년 6월에는 베이징과 푸젠성 푸저우 간을 연결하는 고속철도가 개통되었다. 이 노선은 베이징과 안후이성 벙부, 허페이, 그리고 푸젠성 푸저우 간을 운행한다. 이 중 베이징-벙부 구간은 2011년에, 벙부-허페이 구간은 2012년에 개통되었다. 2015년 6월에 마지막으로 개통된 허페이-푸저우 구간(合福高铁)은 원래 8시간 소요되던 시간을 4시간으로 단축시켰다.

허페이-푸저우 간 고속철도는 안후이성 허페이시에서 출발해 차오후(巢湖), 통링, 우후, 쉬엔청(宣城), 황산과 장시성 상라오(上饶), 그리고 푸젠성의 난핑(南平), 닝더(宁德)를 경유해 푸저우까지 운행한다. 철도총연장은 850km, 정차역은 허페이남역(合肥南站), 차오후동역(巢湖东站), 통링북역(铜陵北站), 황산북역(黄山北站), 우위엔역(婺源站), 상라오역(上饶站), 우이산북역(武夷山北站), 난핑북역(南平北站), 구톈북역(古田北站), 푸저우역(福州站) 등 24개 역이다. 초기 속도는 시속 300km로 운영한다.

허페이-푸저우 간 고속철도는 남으로 푸저우와 연결하고, 북으로는 허페이-벙부(合蚌) 고속철도를 지나 베이징-상하이 고속철도와 연결되면서 베이징에서 푸저

9　1차적으로 2009년 12월 26일에 우한-광저우 구간을 평균 시속 350km로 운행하는 우광(武广)고속철도가 개통되어, 당시에 이미 세계 최장·최고 시속의 고속철도의 기록을 달성했다. 일본의 신칸센과 프랑스의 TGV의 평균 시속이 300km이다.

표 11-13 중국 고속철도 관련 추이

	운행 노선 총연장(km)	여객 운송량(만 명)	여객 운송 회전량 (억 명·km)
2008년	672(0.8)	734(0.5)	15.6(0.2)
2009년	2,699(3.2)	4,651(3.1)	162.2(2.1)
2010년	5,133(5.6)	13,323(8.0)	463.2(5.3)
2011년	6,601(7.1)	28,552(15.8)	1,058.4(11.0)
2012년	9,356(9.6)	38,815(20.5)	1,446.1(14.7)
2013년	11,028(10.7)	52,962	2,141.1
2014년	16,456(14.7)	70,378	2,825.0
2015년	19,838(16.4)	96,139	3,863.4
2016년	22,980(18.5)	122,128	4,641.0
2017년	25,164(19.8)	175,216	5,875.6
2018년	29,904(22.7)	205,430	6,871.9

주: 괄호 안 수치는 전체 철도 내 점유 비중이다.
자료: 中国统计出版社(2019: 530).

우까지 고속철도로 연결하고, 상하이-쿤밍, 동남연해지구의 고속철도망 노선 등과 상호 연결된다.

중국 내 매체와 관계 기구의 예측에 의하면 이 철도가 개통·운영됨에 따라 징진지지구와 장강삼각주지구, 그리고 타이완과 마주 보고 있는 푸젠성 샤먼-푸저우축과 저장성 원저우를 포함하고 있는 해협서안경제권(海峽西岸經濟圈)의 여객 및 물류 흐름이 촉진되고, 연선지구 농촌에 1000여 개 이상 일자리가 창출될 것이고, 안후이성과 푸젠성에 매년 800만~1000만 명의 관광객이 유입될 것이다. 예를 들면 푸저우에서 안후이성의 황산시까지 관광객의 이동 시간을 원래의 14시간 39분에서 2시간 15분으로 단축한다(人民网, 2015.6.26, 2015.6.30).

2015년 기준 중국은 시속 200~380km의 다양한 등급의 고속철도 차량 1300여 대를 보유하고 있고, 고속철도 총연장은 1.6만 km에 달하는데, 이는 전 세계 고속철도 총연장의 절반에 해당한다. 또, 중국 고속철도의 해외 건설시장에서의 경쟁력 강화와 진출 범위 확대가 이루어지고 있다. 즉, 2014년 앙골라 횡단 고속철도 완공, 나이지리아 고속철도 개통 등 사업을 기반으로 아프리카 지역 건설시장 진출을 확대하고 있다. 그뿐만 아니라 해외 건설시장에서 고속철도 기술의 학습 대상이자 신칸센(新幹線)을 건설·운영 중인 일본과 세계시장에서 경쟁 중이다.

중국 고속철도는 다양한 지역·지형에 적용 가능한 기술과 저렴한 비용을 앞세우고 있고, 일본 고속철도는 안전성과 장기간 축적한 건설 및 운영 경험을 앞세워 경쟁하고 있다. 일본의 신칸센은 50년간 사망 사고가 없었고, 평균 연착 시간이 1분 미만인 부분 등 안전성 측면에서 우수하다는 평가를 받고 있다. 반면에 해외 건설시장에서 중국의 고속철도 건설 입찰가는 1km당 3000만 달러로, 1km당 5000만 달러인 일본보다 저렴하고 기술 우세도 갈수록 강화되고 있다. 또한 여객 열차에 치중된 일본에 비해 중국은 여객·화물 운송을 병행하고 있다. 향후 중국 정부가 중점 추진하고 있는 '일대일로' 건설 전략과 연계하고, 말레이시아와 싱가포르 간 동남아시아 횡단철도 건설, 중앙아시아와 유럽 간 고속철도 및 교량 건설 확대에 따라 국내외 경제통합이 가속화되면 중국 고속철도의 종합적 경쟁력이 더욱 강화될 것으로 전망된다(新華网, 2015.4.8).

2) 수운

(1) 수운의 발전 조건과 수운업의 발전 현황

내수면 및 해상 운송로로 구성되어 있는 수운은 수로 조건의 영향을 크게 받으며 운송 속도는 느리나 적재량이 크다. 특히 해운에서는 단위당 운송비가 철도나 도로보다 저렴하다. 따라서 강, 호수, 바다와 가까운 지방에서는 수운의 장점을 최대한 이용해 지역경제에 도움을 줄 수 있다. 중국은 태평양 서안에 위치해 1.8만여 km의 대륙 해안선과 1.4만여 km의 도서 해안선을 가진 나라로서 해안선의 길이가 세계에서 가장 길다. 또 태평양 연안에서 가장 긴 장강과 기타 일련의 큰 강들이 있어서 수운 조건이 매우 우수하다. 그러나 1950년대 이전에는 수운업이 매우 낙후되어 긴 내수면 항정(航程)(1949년, 7.36만 km)이 충분하게 이용되지 못했으며, 내수면 운송은 주로 목선과 범선에 의존했다. 소수의 연해·연하 운수기선은 주로 외국 자본에 의해 운행되었고 원양운수 능력은 취약했다.

1950년대 및 1960년대 초에는 내수면 운수 발전 속도가 비교적 빨랐다. 1962년까지 전국의 내수면 항운 거리는 16.19만 km로, 1949년의 7.36만 km보다 2배 이상 증가했다. 같은 기간, 장강을 중점으로 안후이의 위시커우항(裕溪口港)이 새로 건설되었고 상하이항과 한커우항(漢口港)이 확장되었다. 하천의 항로가 정리되고, 장강 항로 전선에는 통신설비가 마련되었으며, 이밖에도 주강 및 징항(北京-杭州) 운하의 항로가 정비되었다. 1980년에 중국 전국 주요 항구의 1만 t급 이상 심수(深水) 버드 144개가 있었으나, 2003년 650개로 증가했다. 그러나 이 시기에는 해상 운수에 대한 관심과 계획이 결여되어 있었고, 개발도 소홀했으며, 이로 인해 해운 설비의 극심한 부족과 선박 및 화물 적체 현상이 야기되었다.

1970년대 이후 중국의 내수 항정은 매년 축소되었는데, 1979년 10월 내수항로 조사 당시에는 10.78만 km로 1960년대 초기보다 약 6만 km가 감소되었다. 이 같은 현상은 종합적인 관점이 결여된 채로 항행이 이루어지는 하류 위에 4000여 개의 댐을 건설했고, 이 중 약 60% 정도가 항행을 방해하게 되었기 때문이다.

싼샤(三峽)댐 건설 등으로 장강 유역의 내륙수로가 크게 정비되면서 수로의 화물 수송 비중이 계속 증가하고 있다. 즉, 1980년 7.8%(4.3억 t)에서 2003년 10.1%(15.8억 t)로 사상 처음 10%를 넘어섰다.

1970년대까지 중국 수상운송은 연안과 장강, 황하를 이용한 내륙수운(內河水運)이 중심이었다. 1970년 중국의 수상운송 화물 물량은 약 2억 5440만 t이었고, 이 중 약 98%인 2억 4940만 t이 연안 및 내륙 하천을 통해 수송되었으며, 원양(외항) 수송 화물량은 약 500만 t으로 약 2%를 점유했다. 그러나 1980년대 들어서면서부터 자원 및 제품의 수상운송 화물량은 수출입무역을 중심으로 증가하기 시작해 1993년 9억 7940만 t에 달했다. 이 중 원양수송 화물량이 약 1억 4000만 t으로 증가해 수상운송 화물량에서 차지하는 비중이 14%로 증가했다. 이처럼 중국의 수상운송 화물량은 1970~1993년 기간 중 연평균 6%의 신장률을 보였으며, 이 가운데 원양화물량 연평균 신장률은 16%에 달했다.

각종 운수 방식(철도, 도로, 항공, 파이프라인 및 내륙수운 포함)의 화물 운송총량에서 보면, 1952년에 3.7%에 불과하던 원양운수가 1993년에는 30.9%로 급증해 철도 다음이 되었고 내륙수운을 능가했다. 거의 10여 년에 걸친 해운(특히 원양운수)의 발전은 중국 대외무역의 번영을 촉진했다. 그러나 현재까지도 연해항구는 여전히 비좁아서 선박 폭주, 화물 적체 현상이 완화되지 못한데다가 장강 등 내륙수운 연안항구 이용률 저조 때문에 '바다는 바쁘고 강은 한가한' 현상이 지속되고 있다. 중국 정부는 연해 및 내륙 수운 항구의 건설과 이용을 고려해 중추항과 위성항, 그리고 연해 항구와 내륙수운 항구가 상호 결합된 수운 체계를 구축 중이다.

지속적으로 증가하는 물류운수 수요와 항구시설 완비의 영향으로 수운의 지역 물류 중의 지위가 갈수록 두드러졌고, 화물운수 수요 증가 추세도 안정화되었으며, 화물운수량(货运量)도 안정적 증가 추세를 유지하고 있다. 2019년 중국의 수운을 통한 화물 운송량은 74.7억 t으로 전년 대비 6.3% 증가했고, 국내 화물 운송총량 대비 비중이 16.2%에 달했다. 이 중 내륙수운(内河水运)이 완성한 화물운수량이 39.1억 t, 연해운수가 완성한 화물운수량이 27.3억 t, 원양운수가 완성한 화물운수량이 8.3억 t이다.

2012~2019년, 고등급(高等级) 항도(航道)의 승급에 따라 내륙수운의 평균 운수 거리가 25.6% 증가했고, 연해운수 거리는 기본적으로 변하지 않았으나 원양업종의 평균 운수 거리는 현저하게 감소했다. 이는 주로 중국과 주변 연해국가 간 무역 비례가 현저히 상승한 결과이다. 향후에는 장강 지류의 항운(航运)이 부단히 발전하고, 이에 따라 내륙수운의 운수 거리도 여전히 지속적으로 증가할 것으로 예상된다.

(2) 주요 항구 및 항로

① 연해 항구

1950년대 초까지 기초적인 규모를 갖춘 항구로서는 상하이, 칭다오 등이 있었다. 1942년에 발해만 서안의 하이하에서 바다에 들어가는 입구 부근인 탕구(塘沽)에 신항 제2차 공정이 완성·개항된 후에는 베이징 및 톈진의 해상관문 역할을 하고 있다. 1954년에는 광동성 서단 레이저우(雷州)반도의 동쪽에 잔장신항을 건설하고 1957년에 일련의 대형·중형·소형 버드와 그에 상응하는 시설을 갖춤으로써 화남지방 2대 수출입항의 하나가 되었다. 그러나 1970년대 초까지는 항구 건설이 소규모였으며, 원양운수 선박을 위한 심수 버드는 전국적으로 89개에 불과했다.

표 11-14　주요 연해항구의 부두 길이와 버드 수(2018년 말)

항구	부두 길이(m)	버드 수(개)	만 t급
총계	876,523	6,150	2,019
따롄	44,978	248	104
잉커우	19,709	93	61
친황다오	17,161	92	44
톈진	39,509	167	120
옌타이	34,604	207	91
칭다오	30,429	128	85
르자오	19,203	75	64
롄윈강	16,634	73	59
상하이	107,234	1,054	224
닝보(宁波+舟山)	96,840	707	178
푸저우	28,359	200	70
샤먼	31,246	173	81
선전	32,932	156	76
광저우	55,285	556	96
잔장	17,388	132	36
하이커우	9,867	70	34

주: 2006년부터 닝보항에 저우산항 포함, 2007년부터 옌타이항에 롱커우(龙口)항 포함.
자료: 中国统计出版社(2019: 540).

1973년에서 1985년에 이르기까지 중국 정부는 적극적인 해운 발전 조치를 추진해 심수 버드 117개를 건설했다. 이는 그 이전 22년 동안에 건설한 심수 버드의 합계보다 많다. 이 중에는 새로 건설된 일련의 현대식 원유, 석탄, 광석, 식량, 컨테이너 전용부두 버드도 포함되어 있다. 예를 들면 따롄의 유류항에는 10만 t급 및 5만 t급 원유 버드가 건설되었고, 칭다오항의 황다오(黃島) 유류항 구역에는 5만 t 및 2만 t급 원유 버드가 건설되었다. 산동성 동남부 황해 연안에 위치한 르자오항은 1986년 5월에 대외개방되었고, 중국이 자체적으로 설계·시공한 대규모 석탄 전용 부두를 갖추어 2척의 10만 t급 석탄선이 동시에 정박할 수 있게 되었다.

표 11-15 주요 항구 화물 출입량 변화 추이(1990~2018)(단위: 만 t)

항구	1990	2000	2010(A)	2015	2018(B)
총계	48,321	125,603	548,358	784,578	922,392(1.68)
따롄	4,952	9,084	31,399	41,482	46,784(1.49)
잉커우	237	2,268	22,579	33,849	37,001(1.64)
친황다오	6,945	9,743	26,297	25,309	23,119(0.88)
톈진	2,063	9,566	41,325	54,051	50,774(1.23)
옌타이	668	1,774	15,033	25,163	44,308(2.95)
칭다오	3,034	8,636	35,012	48,453	54,250(1.55)
르자오	925	2,674	22,597	33,707	43,763(1.94)
롄윈강	1,137	2,708	12,739	19,756	21,443(1.68)
상하이	13,959	20,440	56,320	64,906	68,392(1.21)
닝보(宁波+舟山)	2,554	11,547	63,300	88,929	108,439(1.71)
푸저우	561	2,426	7,125	13,967	17,876(2.51)
샤먼	529	1,965	12,728	21,023	21,720(1.71)
선전	—	5,697	22,098	21,706	25,127(1.14)
광저우	4,163	11,128	41,095	50,053	59,396(1.45)
잔장	1,557	2,038	13,638	22,036	30,185(2.21)
하이커우	288	808	5,700	9,204	11,883(2.08)

주: ① 괄호 안은 B/A.
　　② 2006년부터 닝보항에 저우산항 포함, 2007년부터 옌타이항에 룽커우항 포함.
자료: 中国统计出版社(2019: 539).

　　항저우만 입구에 위치하며 닝보항에 속한 베이룬항구지구(北仑港区)에는 10만 t
급, 2.5만 t급 광석전용 버드 3개소가 건설되었는데, 이에 따라 닝보항은 2003년
화물 물동량 1억 8543만 t을 확보함으로써 전국급 대항구가 되었다. 허베이성의
동북부 발해 연안에 위치한 친황다오항은 원래 카이롼(开滦) 석탄광에서 석탄을
운반하는 중소 규모의 단일 버드였던 것이 여러 차례의 확장을 거쳐 현대식 원탄
및 잡화용 부두가 되었으며, 2003년에는 연간 화물 물동량 1억 2562만 t을 확보함
으로써 북방 제1, 전국 제2의 대항구가 되었다. 이 항구는 3차공정이 완료되어 중
국 최대의 에너지 수출항이 되었다.
　　톈진신항 확장 건설은 컨테이너 물동량 처리에 역점을 두어, 1985년에 중국 최

표 11-16 주요 내륙 항구의 부두 길이와 버드 수(2018년 말)

항구	부두 길이(m)	버드 수(개)	만 t급
총계	791,221	11,148	451
총칭	84,771	1,024	—
이창	24,676	249	—
우한	16,456	162	—
황스	7,892	89	—
저우장	17,516	176	—
안칭(安慶)	7,621	90	—
츠저우	8,393	86	—
퉁링	7,414	74	3
우후	13,544	124	13
마안산	9,027	110	1
난징	29,958	236	66
전장	22,602	211	42
타이저우(泰州)	20,989	161	61
양저우	7,446	42	23
장인(江陰)	16,692	111	39
창저우	4,134	32	9
난퉁	20,165	114	67
상하이(上海內河)	42,005	839	—

자료: 中国统计出版社(2019: 540).

대의 컨테이너 부두인 제4항구 컨테이너 부두가 준공되었다. 이 부두에는 현대화된 5대의 40.5t 하역설비와 야적장 13.2만 m²에 1만 4918개의 컨테이너를 수용할 수 있어 연간 출입 능력이 30만 표준상(標準箱, TEU)[10]으로 톈진항의 컨테이너 운수 능력이 3배로 제고되었고, 2003년 연간 화물물동량 1억 6182 만 t으로 상하이, 닝보, 광저우 다음이었다.

송(宋)대에 개항한 상하이항은 2018년 말 현재 버드 수가 1054개로 중국 전국에

---

10 컨테이너를 세는 단위로서, 1TEU는 20피트(ft) 컨테이너 1개이다.

서 버드 수가 가장 많다(〈표 11-14〉, 〈표 11-15〉 참조). 단, 2018년 화물물동량은 닝보-저우산 항구가 10억 8439만 t으로 중국 최대이고, 세계 10대 항만 중 7개 항만이 중국 항만이고 닝보-저우산항이 세계 1위이다. 상하이는 전 세계 166개 국가 및 지구의 600여 항구와 업무 관계를 맺고 있으며 중국의 대내외 무역운수의 중추이다. 또 하나의 대항구는 따롄항으로서, 2018년 화물 출입량 4억 6784만 t으로 전국 5위이고(1985년 4381만 t, 1997년 7044만 t, 2003년 1.26억 t), 부두설비가 양호하고 버드가 많으며(2018년 248개로 전국 4위), 인근 지역의 경제가 발달해 수출입 화물이 많고, 수출입액 역시 전국 최고이다(〈표 11-15〉).

② 해운항로

해운항로는 연해항로와 원양항로로 나뉜다. 중국 동부 연해 지대 남북 교통의 수상운수 간선을 연결하는 연해항로는 다시 북방 연해항구와 남방 연해항구로 나뉜다. 북방 연해항구는 따롄, 친황다오, 텐진신항, 옌타이, 칭다오, 롄윈강, 상하이 등을 기점으로 다음과 같은 항로들이 개설되어 있다.

따롄-상하이(1022km), 따롄-텐진신항(520km), 따롄-친황다오(311km), 따롄-옌타이(165km), 따롄-칭다오(504km), 텐진신항-상하이(1217km), 텐진신항-옌타이(440km), 텐진신항-칭다오(790km), 친황다오-상하이(1217km), 칭다오-상하이(756km), 칭다오-롄윈강(180km), 상하이-롄윈강(731km), 상하이-옌타이(961km), 상하이-닝보(252km), 상하이-원저우(520km), 상하이-푸저우(802km), 상하이-홍콩(1524km), 상하이-광저우(1698km). 남방항구는 황푸항(黃埔港)을 중심으로 몇 개의 항로가 개설되어 있는데, 광저우-산터우(511km), 광저우-아모이(706km), 광저우-잔장(537km), 광저우-하이커우(600km), 광저우-홍콩(154km) 등이다. 이 밖에 잔장-상하이(1954km), 잔장-방청(448km) 등의 항로가 있다.

원양항로는 상하이, 따롄, 텐진신항, 황푸, 칭다오, 친황다오, 잔장 등 항구를 기점으로 세계 각국·지구의 주요 항구 간에 동서남북 4개 노선의 원양항로가 운행되고 있다.

동행 항로는 일본, 미국, 캐나다 및 중남미 각국의 항구에 이르며, 중국의 국제무역 수송이 가장 빈번한 원양항로이다.

서행 항로는 중국 남해-인도양을 거쳐 서쪽으로 운항하거나 수에즈 운하를 거쳐 지중해, 대서양에 진입 또는 희망봉을 돌아 대서양에 진출하는데, 중도에 남아시아, 중동, 유럽, 아프리카 각국의 항구에 정박하며, 국제무역 수송이 빈번한 항로이다. 2018년, 난징항(南京港)의 화물물동량(货物吞吐量)은 2억 5199만 t에 달했고, 이 가운데 대(對)외국 무역 총량은 3103만 t에 달했다.

남중국해 항로는 남중국해-서태평양을 거쳐 남쪽으로 동남아 및 대양주의 항구로 향하는데, 이 항로는 근년에 에너지(석유), 공업원자재(철광석·축산품), 식량, 잡화 등 외국 물자 운수량이 크게 증가하면서 중요성이 더욱 크게 부각되고 있다.

북행 항로는 중국 연해 항구를 북쪽으로 경유해 북한·러시아의 극동지구 주요 항구에 이른다. 이 중 러시아의 극동 해운항로는 40여 년간의 냉각 상태를 거친 후 최근 중·러 무역량의 증가에 따라 다시 활성화되었다.

③ 내륙수운 항구

1950년대 초 장강 연안에는 17개의 항구와 72개소의 부두가 있었으며 인력에 의한 하역이 이루어졌으나, 1990년대 초에 이르러서는 200여 개의 항구 및 3900여 개소의 부두가 있고, 버드에서 대부분 기계 또는 반(半)기계에 의존해 하역되고 있다. 이 중 난징항은 하역량 4366만 t(1990년)인 중국 제1의 내륙수운 항구이다. 난징항은 장쑤성의 물자 집산지일 뿐만 아니라 장강 중하류에서 가장 중요한 중개항이고, 세계 최대의 내륙수운 항구이다. 장강 중류에 위치하며 난징항과 비견되는 우한항은 중국 제2의 내륙수운 항구이다. 우한항의 여객 수송용 부두는 대형 여객선 4척이 동시에 정박할 수 있는 장강 최대의 여객운수 중심이다.

위의 항구들을 중심으로 한 주요 내륙수운 항로는 장강 수계 항로, 주강 수계 항로, 징항 운하 항로 및 흑룡강-쑹화강 항로 등이 있다.

장강 항로의 주류는 쓰촨성의 이빈으로부터 장쑤성의 난통까지 그 길이가 2813km에 이르며, 계절에 관계없이 운항이 가능한 가장 긴 간선항로이다. 이 중 장강 하구로부터 우한까지 구간은 5000t급의 선박 통행이 가능하고, 우한-충칭 구간은 3000t급 기선 운항이 가능하다. 충칭에서 이빈까지는 1000t 이하의 기선이 운항되고 있다.

주강 유역은 전 지역이 아열대기후 지대로 강우량이 풍부하고, 화남지구에서 가장 중요한 내륙수운 항로이고 장강 다음으로 내륙수운 조건이 좋다. 특히 시강 (西江)의 조건이 가장 좋으며, 광저우에서 북으로 우저우에 이르는 노선에는 기선 이 운항되고 있다.

한편, 육지항구(land port) 또는 무수항(無水港, dry port)이라고도 부르는 내륙 물류중심은 다음과 같이 4개 지구 육지항구군으로 구분할 수 있다.

- **동북 육지항구군**: 따롄과 잉커우를 출해항으로 하고, 선양, 창춘, 하얼빈, 통랴오를 포함한다.
- **화북·서북 육지항구군**: 텐진을 출해항으로 하고, 베이징 차오양, 스좌장, 정저우, 바오터우, 후이농, 우루무치, 더저우를 포함한다.
- **산동·중원 육지항구군**: 칭다오와 르자오를 중심으로 하고, 칭저우, 린이, 쯔보, 뤄양을 포함한다.
- **동남연해지구 육지항구군**: 닝보, 샤먼, 선전 등을 출해항으로 하고, 진화, 이우, 샤오싱, 난창, 간저우, 상라오, 진장, 롱옌, 난닝, 쿤밍을 포함한다.

(3) 항만발전계획

중국 정부는 12차 5개년 계획 기간 장강삼각주, 주강삼각주, 환발해만 3개 권역의 연해항만 건설 계획과 그 실시 과정에서 견지한 다섯 가지 원칙은 다음과 같다.

첫째, 통일된 계획, 합리적인 배치, 중복건설 방지 원칙.

둘째, 시장화, 규모화, 집중화, 현대화 건설 목표를 견지하고 정부와 기업의 분리 시장기제에 의한 건설과 관리 체계를 구축한다.

셋째, 항만의 기능을 보다 향상시키고 기타 운송 방식과의 연계를 권장하며 현재 보유하고 있는 장점을 최대한 활용한다.

넷째, 선진 과학기술을 운용하고 항만 건설과 개조를 강화하며 항만 물동량 처리 능력을 확대하고 기술 장비 수준을 제고한다.

다섯째, 해안자원을 보호하고 해안선 사용 효율을 제고한다. 3개 권역 이외의 기타 지역 및 대형 제철기업이 필요로 하는 항만·부두 건설 계획은 국가가 지역사회·경제·무역 발전의 수요에 근거해 확정한다.

① 장강삼각주지구

장강삼각주지구는 상하이, 난징, 전장, 양저우, 타이저우(泰州), 난통, 장인(江陰), 창저우, 우시, 쑤저우, 자싱, 후저우(湖州), 항저우, 샤오싱, 닝보, 저우산 등 16개 도시를 포함한다. 이들 16개 도시의 대륙해안선(전체 1만 8000km)과 도서해안선은 각각 중국의 21%와 39%를 차지하고 있다.

컨테이너, 철광석, 원유 수입 운송, 석탄 운송 시스템 구축을 중심 목표로 삼고 있다. 아울러 상하이, 닝보항을 중심으로 하고 쑤저우항 등 장강 하류 지역의 항만을 보조항으로 해서 상하이 국제해운중심 컨테이너 운송 체계를 확립하고자 한다. 또한 닝보항, 저우산항을 중심으로 상하이항, 난통항, 쑤저우항, 전장항과 연계해 철광석 운송 체계를 확립한다. 닝보항, 저우산항을 중심으로, 난징항을 발전시켜 원유 운송 체계를 확립한다. 아울러 상하이, 저우산항과 전력기업의 자용(自用) 부두를 연계해 석탄 운송 체계를 확립한다.

② 주강삼각주지구

주강삼각주지구는 광저우, 선전, 주하이, 동관(东莞), 중산, 장먼, 자오칭(肇庆), 포산, 후이저우 등 9개 도시를 포함하고 있는 지역이다.

중점적으로 건설할 분야는 컨테이너, 수입 원유(석유 제품, LNG, LPG 포함)터미널, 석탄 운송 체계이다. 이 중 선전항, 광저우항을 중심으로 컨테이너 항만운송 체계를 확립하고 주하이항, 동관항(东莞港) 등에 상응하는 컨테이너 항만을 건설한다. 아울러 후이저우, 선전, 주하이항 등 주강 외항을 중심으로 수입 원유, 석유 제품, LNG 터미널을 건설하고 주강 내항인 광저우, 동관항을 중심으로 석유 제품, LPG 운송 체계를 확립한다. 광저우항과 전력기업의 자용(自用) 부두를 중심으로 석탄 운송 체계를 확립한다.

③ 환발해만지구

환발해만은 랴오닝, 산동, 허베이의 3개 성과 베이징, 텐진의 2개 직할시를 포함한다.

이 지구에는 컨테이너, 철광석, 원유, 석탄 항만을 중점적으로 건설하되 컨테이너 항만은 따롄, 텐진, 칭다오항을 중심에 두고 잉커우, 단동, 진저우, 친황다오, 황화(黃驊), 옌타이(烟台), 르자오항을 보조항으로 삼아 컨테이너 운송 체계를 확립한다.

따롄, 칭다오, 르자오항과 차오페이뎬(曹妃甸)항의 심수항 및 전용 부두를 중심으로 철광석 운송 체계를 확립하며 따롄, 칭다오, 텐진 등의 심수항 및 전용 부두를 이용해 원유 수송 체계를 구축한다. 아울러 친황다오, 텐진, 황화, 칭다오, 르자오항을 중심으로 석탄 운송 체계를 확립한다.

2017년 10월, '중공 제19차 전국대표대회'(약칭 '十九大')에서 시진핑 주석이 보고 중에 '교통 강국'이란 용어를 제출했고, "항구는 교통강국의 중요한 조성 부분으로 대체 불가능한 특수 지위와 역할을 가지고 있다"라고 했다. 이어서 중국의 항구 배치와 발전 현황을 근거로, 향후 2개의 세계급 국제항운중심, 3개의 구역성(区域性) 국제항운중심, 2개의 국내 환적중심(转运中心) 및 장강유역항운중심을 조성한다는 계획이 발표되었다.

2개의 세계급 항운중심은 홍콩을 중심으로 하고 선전과 광저우를 부중심으로 하는 주강삼각주국제항운중심(珠三角国际航运中心)과 상하이를 중심으로 하고 장쑤성과 저장성을 양 날개로 하는 상하이국제항운중심(上海国际航运中心)이다.

3개의 구역성 항운중심은 텐진을 중심으로 하고 랴오닝과 산동을 양날개로 하는 '환발해만 구역성 국제항운중심'과, 샤먼을 중심으로 하는 '동남연해 구역성 국제항운중심', 북부만 항구를 중심으로 하는 '서남연해 구역성 국제항운중심'이다.

2개의 국내 환적 항운중심은 '저우산강과바다연합운송중심(舟山江海联运中心)'과 '닝보-저우산연해환적중심(宁波舟山沿海转运中心)'이다.

장강유역항운중심은 우한을 중심으로 하고 총칭을 부중심으로 하는 항운중심이다.

중국 항구 14차 5개년 계획 발전의 총체 요구는 '하나의 목표', '2대 요소(二大因素)', '3화(三化) 추진', '4개 융합(四融) 발전'으로 개괄할 수 있다.

'하나의 목표'는 일류 항구를 건설하고 교통 강국을 위해 복무해, 2035년에는 현대화와 2개의 100년의 발전 전략을 실현해 중요한 기초시설 제공을 보장하는 것이다.

'2대 요소'는 '기회를 파악하고, 도전에 응한다(把握机遇, 迎接挑战)'는 것이다.

'3화 추진'에서 3화는 플랫폼화(平台化), 정보화(信息化), 국제화이다. 플랫폼화는 항구 서비스 기능의 기본 속성으로 항구 발전 자원을 집결하는 그릇이고, 항만 운영기업과 정부 업무의 플랫폼이자 출발점이다. 플랫폼의 자원 집결 능력과 발전 수준은 항구 경쟁력과 지속가능발전 능력의 중요한 표지이다. 정보화는 항구 경쟁과 발전의 핵심 수단으로, 항구 생산의 자동화, 관리의 지혜화(智慧化), 서비스의 지능화(스마트화), 그리고 발전 현대화의 관건 부분이자 근본 체현이다. 국제화는 국가전략을 위한 복무, 세계 일류 항구 건설, 시장 확대, 세계 운명공동체 건립 및 촉진을 위한 중요한 경로이다. 국제화의 핵심은 넓고 포용력 있는 가슴과 시야이다. 국제화된 서비스 네트워크를 갖추고, 국제 선도적인 발전 수준을 갖춘다.

'4개 융합 발전'은 다양한 운수 방식의 융합 발전이자 항구·산업·도시(港产城) 융합 발전이고, 연해 배후지와 내륙 배후지의 융합 발전이고, 주경영업무와 비(非) 주경영업무의 융합 발전이다. 또한 항구 발전 모델의 전형승급을 촉진하고, 세계 일류 항구를 만들어내기 위해 견실하게 기초를 다지고, 국가전략에 복무하며 새로운 공헌을 만들어내는 것이다(中国港口网, 2019.12.19).

3) 고속도로

1984년 착공된 상하이-자딩 구간(19km)이 중국 최초의 고속도로이다. 그 후 선양-따롄(沈大), 허페이-난징(合寧), 상하이 신좡-쑹장(莘松), 광저우-포산(廣佛), 베이징-스자좡(京石), 베이징-텐진-탕구(京津塘), 광저우-선전-주하이(廣深珠) 등의 고속도로가 착공되었다. 2018년 말 중국의 고속도로 총연장은 14만 2600만 km에 달하고 있다. 참고로 다른 국가의 고속도로 총연장을 보면, 미국 10만 8394km(2017년), 프랑스 1만 1882km(2013년), 브라질 1만 1000km(2013년), 한국 4766km(2018년)이다.

중국의 고속도로 분포 현황은 환발해지구, 주강삼각주지구, 장강삼각주지구의

그림 11-1   중국 고속도로 현황

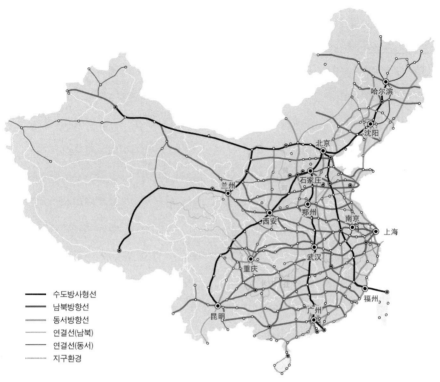

凡례:
- ▬ 수도방사형선
- ▬ 남북방향선
- ▬ 동서방향선
- — 연결선(남북)
- ▬ 연결선(동서)
- ⋯⋯ 지구환경

자료: 中国高速公路地图地图大全.

3개 주요 지구로 구분된다. 이들 지구 내의 고속도로 총연장의 전국에 대한 비율은 각각 6.8%, 8.6%, 17.0%이다.

4) 항공

1950년대에서 1980년대 초까지의 기간에 항공운송은 군대 편제에 속했고, 중앙 통제에 의한 집중적 관리 체제하에 있었고, 각 생산 요소 투입량이 매우 적고 발전 속도가 느렸다. 그러나 개혁개방 이후 1980년대 중반부터는 민항(民航)의 기업화, 서비스 증진과 함께 민항에 대한 투자가 증대되었다.

2018년 민항의 여객 수송량과 화물 수송량은 각각 6억 1174만 명, 738.5만 t으로, 1990년에 비해 각각 약 36.9배, 20배 증가했다. 항공 여객 운송 비중은 도로와

표 11-17 민용항공 여객 및 화물 운송량 추이(1990~2018년)

	1990(A)	2000	2005	2010	2015	2018(B)
여객 운송량(만 명)	1,660	6,722	13,827	26,769	43,618	61,174(36.9)
국제항선	114	690	1,225	1,931	4,207	6,367(55.9)
국내항선	1,346	6,031	12,602	24,838	39,411	54,807(40.7)
홍콩·마카오지구	200	403	509	672	1,020	1,127(5.6)
화물 운송량(만 t)	37.0	196.7	306.7	563.0	629.3	738.5(20.0)
국제항선	8.1	49.2	77.2	192.6	186.8	242.7(30.0)
국내항선	23.9	147.5	229.6	370.4	442.4	495.8(20.7)
홍콩·마카오지구	4.9	13.5	16.9	21.7	22.1	23.5(4.8)

주: 괄호 안은 B/A이다.
자료: 中国统计出版社(2019: 542).

함께 지속적으로 늘어나고 있다. 아직 여객 운송량과 비중이 도로나 철도와 비교할 만한 수준이 아니지만, 방대한 국토와 소득수준의 향상을 감안하면 중장거리 여행객의 항공로 이용횟수는 계속 증가할 것으로 예상된다. 단 최근에 고속철도 망이 급속히 확충되면서 800km 이내 노선은 고속철도에 잠식당하고 있는 현상이 나타나고 있다.

1980년부터 중국 민항의 관리가 군대에서 국무원으로 이양되었고, 1987년부터 정치와 기업의 분리원칙에 근거해 민항의 관리 체제가 개혁되었다. 관리 체제는 민항총국과 지방관리국의 두 단계의 행정관리 체제를 실시하고 항공사, 공항, 성 관리국과 공항 정류장은 기업화 경영 관리를 실시해 기본적으로 정부와 기업이 분리되었다.

2018년 기준 중국 내 공항 수는 233개이고, 항공 노선 수는 국내노선 4096개, 국제노선 849개로 총 4945개 노선이 운행 중이다. 중국 항공교통 관련 주요 지표의 변화 추이는 〈표 11-19〉과 같다.

중국민용항공국(이하 '민항국')은 2015년 3월 양회 기간 중 중국 내 2800개의 현에 모두 일반 공항을 건설하고, 기초시설 관련 경제성장 동력을 극대화하는 방안 추진을 검토 중이라고 밝혔다. 2015년 4월 중국 내 일반 공항 수는 399개였고, 2018년 말에 이르러서 국가가 정식으로 승서를 발급한 공항 수는 235개에 달했

표 11-18 민용항공 여객 및 화물 회전량 추이(1990~2018년)

	1990(A)	2000	2005	2010	2015	2018(B)
여객 회전량(억 명·km)	230.5	970.5	2,044.9	4,039.0	7,282.6	10,712.3(46.5)
국제항선	51.7	232.8	452.4	758.9	1,716.8	2,822.6(54.6)
국내항선	157.7	737.7	1,592.5	3,280.1	5,565.7	7,889.7(50.0)
홍콩·마카오지구	21.1	50.2	70.9	98.2	151.8	165.1(7.8)
화물 회전량(억 t/km)	8.2	50.3	78.9	178.9	208.1	262.5(32.0)
국제항선	4.4	29.2	45.2	125.3	141.1	187.0(42.5)
국내항선	3.2	21.1	33.7	53.6	66.9	75.5(23.6)
홍콩·마카오지구	0.6	1.9	2.6	2.9	2.9	3.0(5.0)

주: 괄호 안은 B/A다.
자료: 中国统计出版社(2019: 542).

표 11-19 중국 항공 노선 및 비행기 수 추이(1990~2018년)

지표	1990년	2000년	2010년	2015년	2018년
총 항공 노선 수	437	1,165	1,880	3,326	4,945
국제노선	44	133	302	660	849
국내노선	385	1,032	1,578	2,666	4,096
항공 노선 총 연장(km)	506,762	1,502,887	2,765,147	5,317,230	8,379,833
국제노선	166,350	508,405	1,070,167	2,394,434	3,598,911
국내노선	329,493	994,482	1,694,980	2,922,796	4,780,922
공항 수	94	139	175	206	233
비행기 수	503	982	2,405	4,554	6,134
화물기	204	527	1,597	2,650	3,639
보잉747	11	19	40	26	24
보잉737	21	186	650	1,104	1,513
보잉757	9	48	48	35	46
보잉767	6	16	18	9	5
MD90	—	22	11	—	—
에어버스 A320	—	60	281	645	892
소형 비행기	—	65	144	151	187
통용 비행기	217	301	606	1,904	2,495

자료: 2019中國統計年鑑(2019: 541).

다. 이 중 여객 운송량 1000만 회급 공항이 총 37개로 전년 대비 5개 늘었고, 3000 만 회급 공항는 10개이다. 2030년까지 약 15년간 전국 현급 지역에 총 1600개 이 상의 일반 공항을 추가로 건설할 계획이다.[11]

3. 중국 수송 체계의 주요 문제

1) 교통시설 입지와 지역경제 발전과의 불일치

교통운수망의 지역 간 불균형이 매우 심각하다. 중국 전체 국토의 54%를 차지 하고 있는 서북부 지역은 전체 교통운수망의 14%를 점유하고 있는 반면, 전체 국 토의 46%인 동남부 지역은 86%를 점유하고 있다. 반면에, 베이징, 텐진, 허베이, 허난, 랴오닝, 안후이, 후난, 산동 등의 철도 화물 운송량의 전국 비중은 철도길이 의 전국 비중보다 훨씬 크다. 도로의 상황 역시 비슷하다. 따라서 동·중부 지구의 교통건설을 강화하는 것이 수송 체계 입지조정의 주요 과제이다.

한편, 철도의 경우 절반 이상이 동북, 화북 및 산동성 지역에 있다. 전체 국토의 27.4%인 이들 지역이 총 철도 라인의 53.1%를 점유하고 있다. 내륙 수상운송 라 인의 대부분은 장강, 주강, 흑룡강 등 3대 지역에 집중되어 있는데 특히 장강 지역 은 절대적인 비중을 차지하고 있다(전체 수운 라인의 71.4%). 도로의 경우 철도나 수 운에 비해 전국적 분포 현황이 비교적 균등한 편인데 최근 들어 동남 지역의 도로 밀도가 서북 지역보다 점점 높아지는 모습을 나타내고 있다. 파이프라인은 천연 가스, 석유 등 자원수송용이 대부분이고 크게 화중 지역의 서쪽과 동쪽을 연결하 는 라인과 동북 지역에서 화중, 화남으로 이어지는 라인 등으로 구성되어 있다.

---

[11] 미국의 경우 약 2만~1만 9000개의 일반 공항 중 500개 공항만 대외에 개방하고 있다. 연간 이용객 10 만 명 이상인 378개 공항을 제외한 나머지는 모두 일반공항으로 분류해 의료 구조, 군·경찰용, 공무 여행, 농업·임업 개발 등에 사용하고 있으며, GDP의 1%를 점유하고 있다(≪21世紀經濟報道≫, 2015.3.19).

2) 교통량 증가에 따른 사회적 비용의 증가

도시로 몰려드는 인구는 점점 증가하고 있지만 이들이 이용할 만한 대중교통의 공급은 양적·질적인 면에서 모두 수요를 따라가지 못하고 있다. 대도시의 경우 도로 신규 건설이나 증설, 지하공간의 활용 및 주차장 확충사업이 순조롭게 추진되지 못하고 있다. 도심으로 진입하는 외곽도로와 도심 내 이동의 고질적인 교통체증 현상도 물류비용의 증가와 에너지 낭비, 대기환경 오염 등 각종 부작용을 낳고 있다. 특히 도시 수 증가와 시가지 확산으로 인해 도시 간 물동량 및 인원 이동이 급증하면서 도로교통 체증 문제가 갈수록 심화되고 있다.

한편, 대도시에서 자동차 배기가스가 대기오염 물질에서 차지하는 비중이 60%를 넘어섰으며 전국 660여 개 도시 중 약 40%에 달하는 도시의 대기오염 정도가 인체에 해를 끼칠 정도로 대기 상황이 많이 악화되었다. 특히 2013년 하반기부터는 베이징, 텐진 등 북부 대도시뿐만 아니라, 상하이, 난징, 항저우 등 장강삼각주 지구 내 도시에도 스모그(霧霾) 기후 출현이 빈번해지면서 대기오염문제를 포함한 환경문제가 최대 현안으로 부상하고 있다.

3) 자원 및 에너지 비용 증가

교통운수업의 발전은 필연적으로 재생이 불가능한 자원을 많이 사용하게 되는데 대표적인 것이 석유와 토지이다. 중국 교통운수업 발전에 가장 큰 제약 요인이되고 있는 것은 바로 자동차 운행 에너지 소비의 급증이다. 특히 원유 소비의 경우 중국이 소비량과 수입량에서 일본을 제치고 미국에 이어 세계 2위가 되었다.[12] 이처럼 중국에서 원유 소비량이 증가하고 있는 가장 큰 이유는 교통운수업을 포함한 3차산업의 석유 수요가 급증하고 있기 때문이다. 특히 민간 보유 차량과 개인 소유 승용차가 지속적으로 증가하면서 석유 소비량 중 도로교통 분야의 비중이

---

[12] 국제에너지기구(IEA) 발표에 의하면, 2003~2004년 중국의 원유 수요 증가가 세계 원유 수요 증가분의 1/3 가량을 차지했다.

1985년 12.8%에서 1995년 17.8%, 2004년 30%, 2017년 48%로 증가했다. 또한 토지의 점유는 농경지와 건설용지 공급에 모두 영향을 미친다. 중국은 960만 km²에 달하는 광대한 국토를 소유한 국가이지만 전체 국토의 2/3 가량이 산악과 구릉, 사막 지역이고, 경지 면적은 30% 정도인데 1인당 경지 면적은 세계 평균 수준의 약 47%에 불과하다. 따라서 도로 및 철도 건설을 위한 건설용지 수요가 급증하면서 식량 생산 보장을 위한 농경지 보호 정책과의 모순 및 충돌이 증대되고 있다.

4. 수송 체계 발전 전망

1) 중국 수송 체계의 향후 발전 전망

향후 중국 수송 체계의 변화 추세와 방향을 전망해 보면 다음과 같다.

첫째, 지속적인 사회경제 발전에 따라 수송량의 증가와 질적 제고에 대한 요구가 더욱 높아질 것이다. 화물 수송량 증가 추세가 계속될 것이지만 증가율은 점차 완만해질 것이다.

둘째, 여객 수송량 증가 속도가 화물 수송량 증가 속도보다 더 빠를 것이고 평균 수송 거리도 더욱 길어질 것이다.

셋째, 여객 및 화물의 대외교통량이 대폭 증가할 것이다.

넷째, 시장과 정책의 이중구조 틀 속에서 각종 수송 방식 간 분담이 더욱 합리화될 것이다.

다섯째, 철도의 국내 중장거리 여객화물 수송의 주요 수단으로서의 역할이 지속될 것이고, 평균 수송 거리도 늘어날 것이다.

여섯째, 고속도로의 지속적 확충에 따라 도로의 수송 분담율이 계속 증가할 것이다.

일곱째, 연해항구의 선적 하역량이 계속 증가할 것이다.

여덟째, 민항과 고속철도의 급속 발전 추세가 상당 기간 지속될 것이다. 단 고속철도와 민항 간의 경쟁이 가열되면서 800km 이내 구간에서는 고속철도가 경쟁

우위를 보일 것이다. 2019년 말 중국의 고속철도 총연장은 3만 5000만 km에 달했고, 교통운수장비 제조업 발전 속도도 매우 빠르다. 중국 정부는 자국 고속철도 건설 및 운영 경험을 바탕으로 터키와 이란, 동유럽 국가 등에 대한 고속철 건설 및 운영사업 시장 진출을 추진하고 있다. 2013년 11월, 중국 국무원 리커창(李克强) 총리가 루마니아 방문 시 빅토르 폰타(Victor-Viorel Ponta) 루마니아 총리와 루마니아 고속철 건설 분야에서 협력하기로 합의했고, 이어서 헝가리 방문 시에는 베오그라드와 부다페스트 구간을 잇는 고속철도 건설에 협력하기로 한 것이 대표적 사례다.

중국 정부의 수송 체계 건설 중점은 다음과 같다.

첫째, 서부지구의 석탄과 전력을 함께 건설 중인 산시성, 섬서성, 그리고 네이멍구자치구 서부, 소위 '3서(三西)에너지기지'를 중심으로 한 석탄의 대외 수송로 건설을 계속 추진한다. 석탄은 중국의 에너지 소비 구조의 75% 이상을 차지하고 있으며 '3서' 지역에 집중되어 있다. 3서 에너지기지의 석탄 대외 수송로의 입지와 건설은 ① 현존 대외 수송로의 역량을 계속 높이고, ② 중량이 무겁고 용량이 큰 전용 저장고를 건설하고, ③ 현실에 맞게 철도-해상, 철도-하천을 연계하는 시설을 건설하고 이 중에서도 연해와 내륙수운 항구에 석탄버드를 건설하는 것이다.

둘째, 대도시와 소도시를 중심으로 상호 연계할 수 있는 여객 수송로 건설을 가속화한다. 이를 위해서 '항공운수 적극 발전'이라는 전제 하에 고속철도와 고속도로의 주요 간선이 주축이 되는 여객 수송로를 건설·확충한다.

셋째, 연해 및 내륙수운 항구도시, 대외개방도시를 중심으로 한 국제수송로를 건설한다. 구체적 추진 방안은, ① 연해 및 내륙수운 항구를 중심으로 후방의 수송로를 건설하는 동시에 대형 벌크 화물과 컨테이너 버드를 중심으로 한 수출입 화물 버드를 분산·배치·건설한다. ② 주요 지방 거점도시에 공항을 확충한다. ③ 국경 지역에 대외무역 및 통관 관련 시설과 후방 통로를 건설한다.

넷째, 도시계획에 맞춰 여러 형태의 수송 방식으로 구성된 도시 내 대외 수송로를 건설하고, 도시 도로 시스템 및 도시 발전 특성에 맞는 종합 도시교통 체계를 건립한다.

2) 12차·13차·14차 5개년 계획의 교통운수 목표와 방향

(1) 12차 5개년 계획의 종합교통운수 체계 건설 목표[13]

2011년 4월 13일, 중국 교통운수부가 수립·발표한 '교통운수 12·5 발전계획(交通运输五十二发展规劃)'은 종합운수, 도로교통, 수로교통, 민용항공, 우정업, 도시여객운수 관리 등 교통운수부 직책 범위 내 내용 전부를 포괄한다. '계획' 전문은 전언(前言)과 10개 장(章)으로 구성되었고, 모두 4개 부분으로 구분된다.

첫째는, 지도사상과 발전 목표로, 주로 12차 5개년 계획 교통운수 발전 수요를 분석했고, 교통운수 발전의 지도사상, 기본 원칙과 발전 목표를 명확히 했다.

둘째는 전문업종(专业)편으로, 종합운수, 도로교통, 수로교통, 민용항공, 우정업(邮政業) 5개 장 내용을 포괄하고, 종합운수 체계 건설 추진의 주요 임무와 도로, 수로, 민항 그리고 우정(邮政) 발전의 목표, 임무와 중점을 제시했다.

셋째는 전문주제편으로, 교통과학기술과 정보화, 녹색교통, 안전과 응급보장 3개 장 내용을 포괄하고 있다. 이 부분은 업종 건강, 지속발전이 가능한 보장 체계, 경제사회와 교통운수 발전 시대 특징과 요구에 대한 집중 체현을 다룬다.

넷째는 보장시책으로, 주로 조직영도 강화로부터 계획의 지도성 강화, 투자정책 완비, 자금보장 강화, 체제기제 개혁 심화, 법규 체계 건전화, 인재대오 건설 강화, 정신문명 건설 강화, 정신동력과 사상보장 등 5개 방면 제공, 보장업종 발전계획 목표 실현을 위한 정책조치를 제출했다.

2012년 3월에는 원자바오(溫家宝) 국무원 총리가 주재한 국무원 상무회의에서 '12·5 종합교통운수체계계획(十二五综合交通运输体系规劃)'이 통과되었다. 계획 기간 중 종합교통운수 체계 건설 원칙은 다음과 같다.

첫째는 품질과 안전이다. 엄격한 안전 감독·관리와 품질관리제도를 건립하고, 이를 교통운수계획, 설계, 건설, 운영 각 단계에 적용 관철하고, 기술과 장비 수준을 승급시킨다.

둘째는 합리적 배치다. 구역경제 발전, 도시화 틀, 자원분포 및 산업 배치와 상

13　이 내용은 国务院, 「十二五综合交通运输体系规划」(中国: 国务院, 2012.3.21)의 내용을 정리한 것이다.

호 적응시키고, 통로의 원활한 소통과 중심결절의 고효율을 실현한다.

셋째는 구조 특화다. 각종 운수 방식을 통합 발전시키고 운수 구조를 특화한다.

넷째는 적정 수준 선도다. 현 단계 여객화물 운수 수요의 요구를 만족시키는 기초 위에 적절 정도 기반시설을 선행 건설한다.

다섯째, 효율 강조다. 각종 운수 방식의 유효한 연계와 서비스 일체화를 촉진한다.

여섯째는 녹색 발전이다. 자원을 절약·집약 이용하고, 적극적으로 환경을 보호한다.

일곱째는 투자 다원화다. 민간자본의 교통운수 건설 참여를 장려한다.

여덟째는 개혁창신이다. 체제 개혁을 심화 관리하고, 정부의 운수 감독·관리를 완비하고, 운수서비스 수준과 물류 효율을 제고한다.

2012년 3월에 통과된 '12차 5개년 계획 종합교통운수 체계계획'의 주요 내용은, ① '5종 5횡(五纵五横)'을 주 골격으로 하는 종합교통운수망 초보 형성, ② 국가쾌속 철로망과 국가고속도로망 건설의 기본적인 완성, ③ 대규모 화물 집산지와 인구 20만 이상 도시에 기본 철로운수서비스 제공, ④ 향진과 건제촌(建制村)에 농촌 도로 건설, ⑤ 전 지구에서 해운서비스 접근 가능, ⑥ 70% 이상의 내륙수운 고등급 항도(航道) 계획표준에 도달, ⑦ 민용항공망 진일보 확대 특화, ⑧ 42개 국가급 종합교통중심(综合交通枢纽)을 기본적으로 건설 완료, ⑨ 민간자본의 교통운수 건설 참여 장려이다.

2012년에는 일련의 중대 철도 건설 공정을 완공하고, 시급하고 필수적인 항목부터 착공했다. 또한 국가고속도로망 계획 항목과 농촌 도로 건설을 추진하고, 국가 및 성급 간선(国省干线) 개조 강도를 강화하며, 장강 간선의 항도(航道) 등 통항 조건을 개선하고, 일련의 기존 및 신규 공항과 도시궤도교통 건설사업 추진 계획을 제시했다.

향후 수송 체계 발전 전망 및 대응 전략과 관련해 중국 정부가 제시하고 있는 중요 임무를 열거해 보면 다음과 같다.

첫째는 종합운수 체계 발전 추진이다. 도로, 수로, 민항, 우정(邮政) 기반시설망 건설 추진, 기반시설 간 연계 강화, 종합운수 기반시설 네트워크 배치 특화, 종합교통운수 공급 능력 증강을 이룬다.

둘째는 현대 물류업 발전 촉진이다. 교통운수 서비스 수준 제고, 다양화한 운수 수요 만족, 운수 준비 전문화를 이루고, 표준화 수준을 점진적으로 승급시키며, 운수 조직화 정도를 현저히 제고하고, 운수서비스 범위를 부단히 연장하며, 현대물류업 발전 수준과 서비스 효율을 현저하게 승급시킨다.

셋째는, 교통운수 시설장비의 기술 수준과 정보화 수준 제고다. 과학기술 진보의 인도로 과학기술 혁신 능력 건설을 추진하고, 중대 과학기술 연구개발 강화, 과학기술 성과 보급 응용 촉진, 과학기술 표준화 건설 강화를 한다. 교통정보화 건설을 추진하고, 업종 관리 서비스 응용계통 건설을 강화하며, 지능교통을 적극 발전시키고, 교통운수의 현대화 수준을 승급시킨다.

넷째는 자원 절약형 및 환경 우호형 업종의 건설이다. 에너지 절약 배출 감소를 중점으로 하고, 저탄소 교통발전 모델 건립, 자원 이용 효율 제고, 생태보호와 오염처리 정비(治理) 강화, 녹색교통운수 체계 구축, 폐·구재료의 순환 이용 추진, 자원 절약, 환경 우호 발전 추진을 달성한다.

다섯째는 안전 감독·관리와 응급 보장 능력 제고다. 교통운수기업, 종업인원과 운수 도구의 안전관리를 강화하고, 교통안전 감독·관리 체계 건설 강화, 교통운수 응급 체계 건설 강화, 경제사회의 지속건강발전과 인민 군중의 안전, 편리, 쾌속 출행을 양호하게 보장한다.

여섯째는 개방의 확대와 국제협력의 강화다. 교통기반시설 건설은 대외개방을 확대하기 위한 주요 조건이기도 하다. 교통시설 건설과 관련해 부족한 건설자금을 광범위하게 조달하고, 교통시설 관련 기술 및 관리 기법의 도입을 위해서 국제사회와의 합작과 교류를 더욱 확대해야 한다. 이를 위해 국가발전계획위원회는 외국 기업의 투자 범위를 더욱 확대하고 특혜 조건도 더욱 확대해, 중국 교통수송 시장 진입을 정책과 법률로 권장하고 있다. 한국과의 관계를 보면, 1992년 8월 한중수교 후 경제 발전의 상호 보완성 및 유리한 지리적 여건 때문에 양국 간 교역량의 증가 외에 정치, 문화 등 다양한 분야에서 인적 교류가 날로 확대·증가하고 있다. 이에 따라 양국 간의 화물교역량도 해마다 증가하고 있고, 한중 양국은 이미 해운과 항공 부문에서 협정을 체결했고, 정부와 기업 간에는 민간교류가 지속적으로 증가하고 있다.

(2) 13차 5개년 계획의 교통운수 건설 목표[14]

2017년 2월, 중국 국무원은 '13·5 계획 기간의 현대종합교통운수 체계 발전계획('十三五'现代综合交通运输体系发展规划)'(이하 '계획')을 발표했고, '계획' 기간의 현대종합교통운수 체계 발전의 지도 사상과 발전 목표, 주요 임무를 명확하게 했다. 즉, '계획' 기간은 중국의 교통운수 발전이 전면적 소강사회를 지탱하게 하는 공격 시기(攻坚期)이며, 네트워크망 배치를 특화하기 위한 관건 시기이고, 품질 제고와 효율 증대 전형승급기(转型期)로서 현대화 건설의 새로운 시기에 진입하는 시기라고 규정했다. 다시 말해 교통운수가 인민에 서비스하는 근본 취지(宗旨)를 견지하고, 발전의 질과 종합 효율을 중심으로 서비스 공급 구조 특화를 주선(主线)으로 하고, 기반시설 네트워크를 완비하고, 운송서비스 일체화 연계를 강화하고, 운영 관리의 스마트(智能) 수준을 제고하고, 녹색안전 발전모델을 추진하고, 현대종합교통운수 체계 완비를 가속화하고, 교통운수가 경제사회 발전을 지지하고 인도하는 역할을 더욱 양호하게 발휘토록 하고, 소강사회의 전면적 건설을 위해 견실한 기초를 구축해야 한다는 것이다.

'계획'은 2020년까지 안전, 편리, 신속, 고효율, 녹색의 현대화된 종합교통운수 체계를 건설하고, 부분 지역과 선도 지역에서 교통운수 현대화를 기본적으로 실현하고, 네트워크 보급을 촘촘히 확대하고, 종합적 고효율 연계망, 운송서비스 업그레이드, 스마트(智慧)기술의 광범위한 응용, 녹색안전 수준 업그레이드를 한다고 제시했다. 또, 상주인구 100만 이상의 도시의 고속철도 보급률을 80% 이상으로 하고, 철도, 고속도로, 공항의 보급을 확대한다고 제시했다. 도시 궤도교통 운행 거리는 2015년 대비 2배로 확충하고, 연료 유류와 가스 주요 간선 파이프라인망 발전을 가속화하고, 종합교통망 총운행 거리를 540만 km 내외로 확충한다고 제시했다.

'계획'은 교통운수 발전의 8대 중점 임무를 다음과 같이 제시했다.

첫째, 기반시설 네트워크화 배치를 완비하고, 다방향으로 연결하고 통하는 종

---

14 이 내용은 中国人民政府网, "国务院印发 '十三五'现代综合交通运输体系发展规划"(中国: 中国人民政府, 2017.2.28)를 정리한 것이다.

합운수 통로를 건설하며, 고품질의 쾌속교통망을 구축하고, 고효율의 보통 간선 망을 강화하고, 광역 범위의 기초 서비스망을 확장한다.

둘째, 전략적 지지(支撑) 역할을 강화한다. '일대일로' 상호 연결, 소통 통로를 조성하고, 구역협조발전 교통의 새 구조를 조성하며, 교통이 빈곤 구제와 빈곤 탈출을 지원하는 기초 역할을 발휘토록 하고, '신형 도시화'를 인도하는 도시 간 교통을 발전시킨다.

셋째, 교통운수 서비스 일체화 진전을 가속화하고, 종합교통 허브(枢纽) 배치를 특화하며, 여객서비스의 안전, 편리, 쾌속 수준을 끌어올리고, 화물운수 서비스의 집약·고효율 발전을 촉진하며, 국제화 운수서비스 능력을 증강시키고, 선진적 적응 기술과 장비를 발전시킨다.

넷째, 교통발전의 지능화(智能化) 수준을 승급시키고, 교통산업의 스마트화(智慧化) 변혁을 촉진한다.

다섯째, 교통운수의 녹색발전을 촉진하고 생태보호와 오염 방지 정비를 강화한다.

여섯째, 안전응급보장 체계 건설과 안전생산 관리를 강화한다.

일곱째, 교통운수의 신영역, 신업태(新业态)를 확장하고, 교통운수 신소비를 적극적으로 인도하고, 교통물류 융합 신모델을 창조한다.

여덟째, 교통관리 체제, 교통 시장화, 교통 투융자 방면의 개혁을 전면적으로 심화시킨다.

'계획'은 다음과 같은 점을 강조했다. 계획의 조직과 실시의 강화, 상관 연계 정책 조치의 완비, 정책 지지 강도 강화, 토지, 투자, 지원(补贴) 등 조합정책(组合政策) 지원 보장 강화, 법규표준 체계 완비, 교통과학기술 혁신(科技创新) 강화, 과학기술 함량과 기술 수준 제고발전, 다원화, 고층차(高层次)·고기능 인재 대오(队伍) 육성 등이다.

(3) '14차 5개년 계획'의 교통운수 발전 방향

2019년 중공 중앙과 국무원이 14차 5개년 계획(十四五规划, 2021~2025)의 교통운수 발전 방향을 밝힌 '교통강국 건설강요(交通强国建设纲要)'를 발표했다. '강요'는 2021년부터 21세기 중엽까지 2단계로 나누어 교통강국 건설을 추진한다고 제출했다. 2035년까지 교통강국을 기본적으로 건설한다는 총목표를 향해, 교통운수 부문이 '3개 교통망(三张交通网)'과 '2개 교통권(两个交通圈)' 조성에 주력한다는 것이다. 첫째, '3개 교통망'은 발달된 쾌속 교통망을 포함하며, 주로 고속철도, 고속도로, 민항(民航)을 포함하고, 고품질, 빠른 속도 등 특징을 돌출시킨다. 둘째, 간선교통망 완비이다. 이는 주로 보통 속도의 철도, 국도, 항도(航道), 그리고 가스 파이프라인(气管线)으로 구성되며, 운행효율이 높고 서비스 능력이 강하다는 특징이 있다. 셋째는 광범위한 기반시설망이다. 이는 성도(省道), 농촌 도로, 지선철로(支线铁路), 지선항도(支线航道), 통상 이용 항공으로 구성되어 있고, 공간 범위가 광대하고 연결 정도가 깊고 혜택범위가 넓다. 2개 교통권은 국내 운송 체계와 전 세계 쾌속 화물물류(快货物流)에 쾌속 서비스 체계(快速服务体系)를 건립한다.

2019년 7월, 14차 5개년 계획의 종합교통운수 발전계획 수립 업무 발동 화상회의를 교통운수부가 개최하고, 이 계획의 수립 업무가 전면적으로 시작되었음을 공식화했다. 회의는 '계획'의 성격과 의미를 다음과 같이 규정했다. 즉, ① 교통운수 발전의 신시대 진입과 사회주의 현대화 국가 신노정의 5개년 계획, ② 전면적으로 교통강국 건설을 추진하는 첫 번째 5개년 계획, ③ 교통운수의 질적 발전을 추구하는 5개년 계획, ④ 중앙이 계획 체계를 완비하고 계획 연계 요구를 강화하는 5개년 계획이다.

'회의'는 13차 5개년 계획(2016~2020) 기간의 종합교통운수 발전 경험을 전면적으로 총결하고, 존재하는 문제를 분석·정리하며, 국제 및 국내 형세변화 추세를 과학적으로 연구·판단하고, 14차 5개년 계획의 중점 기조를 심도 있게 연구해, 다음과 같은 일련의 중대 정책, 중대 공정 항목, 그리고 중대 개혁 조치(举措) 핵심 항목을 제시했다.

- 기반시설 네트워크망을 완비하고 종합교통운수망 효율을 높인다.
- 운송서비스 품질을 승급시키고, 쾌속 편리한 교통서비스를 제공한다.
- 교통운수 공급측면에서 구조적 개혁을 심화하고, 물류 분야의 원가 절감 및 효율 증대(降本增效)를 추진한다.
- 과학기술 혁신을 돌출시키고, 신발전 동력을 제공한다.

- 생태 우선, 녹색발전을 견지하고 지속 추진한다.

- 안전제일, 안전 발전을 견지하고 수준을 올린다.

- 개혁 심화를 견지하고 업종 정비 수준을 승급시킨다.

- 높은 수준의 개방 확대를 견지하고 상호 연계 및 소통을 추진한다.

- 투자 및 융자 정책 연구를 강화하고 채무 부담 위험을 방지 및 해소한다.

Questions

1. 12차 5개년 계획과 13차 5개년 계획의 교통운수 분야 목표와 추진 성과 중 중요하다고
   생각하는 점 하나를 들고, 그 이유를 정리해 보시오.
2. 중국 대륙의 지역발전계획과 공간 전략에서, 주요 기능의 공간적 배치와 교통운수 기능
   간의 상호 보완 및 상승 관계와 영향 면에서 역사적 발전 과정을 개략 정리해 보시오.

제12장

장강삼각주지구

장강삼각주지구(長江三角洲)는 양저우, 전장 이남, 북쪽으로는 난통-양저우 운하와 접하고 남쪽으로는 타이후 평원을 포함하며 항저우만까지 4만 km²에 달하는 지역으로, 근대 경제발전기 이래 중국 민족공업의 중요한 거점이었다. 역사적으로도 장강 하구는 해상 실크로드의 중요한 기점이었으며, 장강삼각주지구는 근대 중국 민족공업 중흥에 중요한 역할을 해왔고 지금도 중국 경제의 핵심 지역이다. 중국의 국가 현대화 건설 전략의 큰 국면과 전 방위 개방의 틀에서 매우 중요한 전략적 지위를 점하고 있고, 전국적으로 고도의 현대화된 경제 체계 건설에 중대한 의의가 있는 지역이다. 또한 유구한 문화 역사를 보유하고 있고, 발달된 수리 체계와 풍부한 토지자원은 중국의 농업과 수공업 발전을 이끌어왔고, 중국 봉건사회 중후기부터 초기 도시군을 형성해 왔다. 본장에서는 중국 경제의 중심지인 상하이를 중심으로 장강삼각주 지역의 현황과 발전 동향을 고찰·정리했다.

1. 장강삼각주지구 개황

1) 개황

세계적으로도 큰 하천의 삼각주 지역은 풍부한 수자원과 비옥한 토양, 편리한 수운 교통 등 유리한 입지 조건으로 인해 세계적으로도 인류 문명사와 경제 발전 과정 중 매우 중요한 위치를 점하고 있다. 중국 대륙의 최장 하천인 장강은 세계 3대 강 중의 하나이고, 광대한 유역에 경제 배후지를 갖고 있으며, 수륙교통과 남북의 상호 연결에 의해 세계의 거의 모든 큰 항구와 해운으로 연결된다.

중국의 장강은 세계의 지붕인 칭장 고원의 탕구라 산맥 거라단 동봉(各拉丹冬峰) 서측에서 시작된다. 주류는 칭하이, 시짱자치구, 쓰촨성, 윈난성, 충칭시, 후베이성, 후난성, 장시성, 안후이성, 장쑤성, 상하이시 등 모두 11개 성급 행정구를 지나, 상하이시 관할 섬 충밍도(崇明島)를 거쳐 동중국해(東海)로 흘러들어 간다. 총 연장은 6300여 km이고, 유역 면적이 180만 km²에 달해 중국 육지 면적의 1/5을 차지한다. 장강의 강 길이는 아프리카의 나일강, 남아메리카의 아마존강에 이어 세계 3위이다. 중국 대륙 서부에서 시작해 중부를 관통해 동부로 흐르며, 동경 90

도 33분~122도 25분, 북위 24도 30분~35도 45분 사이에 있다. 또, 수백 개의 지류가 남북 방향으로 흐르며 구이저우, 간쑤, 섬서, 허난, 광시, 광동, 저장, 푸젠 8개 성과 일부 자치구를 지난다.

장강 주류는 후베이 이창을 상류로 하며, 길이가 4504km, 유역 면적 100만 km²이다. 그 가운데 즈먼다(直门达)[1]에서 쓰촨 이빈까지를 진샤강이라 부르며 그 길이는 3464km이고, 이빈에서 이창까지를 촨강(川江)이라 부르며 길이는 1040km이다. 이창에서 후커우(湖口)까지는 중류이고 길이 955km, 유역 면적 68만 km²이다. 후커우 이하는 하류로, 길이는 938km, 유역 면적은 12만 km²에 달한다.

장강삼각주지구는 약칭으로 '장삼각(长三角)'라고도 부른다. 이곳은 장강이 바다로 흘러들어 가기 전에 형성한 충적 평원이고, 상하이시, 장쑤성, 저장성, 안후이성의 41개 도시를 포함한다. 장강의 하류에 위치해 있고 황해와 동중국해에 면하고 있는 등 강과 바다가 만나는 위치에 있으므로, 연강(沿江) 및 연해 도시가 매우 많다.

장강삼각주는 중국에서 경제 발전이 가장 활발하고, 개방 정도가 가장 높으며, 혁신 능력이 가장 강한 지역으로, 상하이를 경제중심지로 하고 상하이-난징-항저우-허페이 축을 중심축으로 한다. 2019년 12월 국무원이 발표한 '장강삼각주 일체화 발전계획 강요(长江三角洲区域一体化发展规划纲要)'에서는 안후이성이 포함되었으므로 본 장에서의 장강삼각주에 대한 통계 자료는 상하이, 저장성, 장쑤성, 안후이성 전체를 범위로 했다. 주요 도시는 상하이시, 장쑤성 난징, 우시, 창저우, 쑤저우, 난통, 양저우, 전장, 옌청(盐城), 타이저우(泰州), 저장성의 항저우, 닝보, 온저우(温州), 후저우, 자싱, 샤오싱, 진화, 저우산, 타이저우(台州), 안후이성의 허페이, 우후, 마안산, 통링, 안칭, 추저우(滁州), 츠저우, 쉬안청(宣城) 등이 있고, 이 도시들을 중심축으로 하는 지구의 면적이 약 22.5만 km²이다.

장강삼각주지구는 중국에서도 오래 전부터 '물고기와 쌀의 고장(魚米之鄉)', '비단 생산의 명소'로 불렸다. 장쑤성과 저장성의 경계인 우현(吳縣) 일대 발굴에 의

---

1 위수짱족자치주(玉树藏族自治州) 청두어현(称多县) 남부의 촌락으로, 티베트어의 뜻은 '나루터(渡口)'란 의미이다. 위수(玉树)는 칭하이 남부와 티베트과 쓰촨에 접하고 있는 쓰촨의 짱족(藏族, 티베트족) 자치주 중 하나이다.

하면, 5000~7000년 전에 벼를 재배하고 돼지나 개와 같은 가축을 기른 흔적이 있다. 이 지역은 근대에 들어서면서 자본의 집중과 산업의 발전으로 중국 최대의 경제 중심지로 발전했다. 2019년 말 장강삼각주지구의 전체 인구는 2억 2700만 명이고, 면적은 35.8만 km²이다. 2019년 이 지구의 총생산액은 23억 7200만 위안이고, 전국 국토 면적의 4%에도 못 미치는 면적에서 중국 경제총량의 1/4, 수출입 총액의 1/3을 창출했다. 2019년 이 지구의 철도망 밀도는 1만 km² 당 325km로 중국 전국 평균 수준의 2.2배이다.

2) 자연환경

장강삼각주는 아열대 중·북부에 속하며, 동아시아 계절풍기후의 영향을 받고, 햇볕, 온도, 수분 등이 모두 풍족하다. 연중 일조시간은 2000~2200시간이고 이 중 7~8월에 60~70%가 집중된다. 이 지역의 연평균 기온은 14~17°C 정도이며, 연중 무상(無霜) 기간은 약 220~250일이고, 10°C 이상 기온 지속일 수가 220~240일이다. 이 지역의 농업은 다모작의 조건을 가지고 있지만, 오늘날의 상황은 이모작과 월동작물(보리류, 유채류)을 포함하면 3모작이라 할 수 있다. 연 강우량은 1000~1400mm정도이며, 봄과 여름의 강우량이 총 60~70%로, 농작물의 성장 조건으로 충분하다. 이와 같이 장강삼각주는 햇볕, 열, 수자원이 풍부하며, 또한 이들이 계절적으로 잘 조화되어 있다.

장강삼각주는 평원이 중심이 되고 남쪽으로는 그다지 크지 않은 일련의 산지와 구릉이 있다. 이 중 대표적인 것은 장쑤성의 닝전(宁镇) 산맥과 이리 산지(宜溧山地), 저장성의 텐무산(天目山)과 모간산(莫干山) 및 저장성 동북쪽의 쓰밍 산맥(四明山脈) 등이다. 토양은 주로 황갈색토이며 부분적으로는 황적토이고, 장기적인 개량과 이용을 거쳐 질 좋고 양분이 풍부한 고생산성 토양이 형성되었다.

구릉 산지는 활엽수와 상록수의 혼합림과 상록활엽수림이 주를 이루고 있으며 북아열대에서 중아열대에 걸쳐 있어서 다양한 종류의 작물과 아열대 경제작물을 재배할 수 있다. 금속광물과 에너지자원은 상대적으로 부족한 편이며, 일부 지역에 철, 동, 은, 스트론튬, 석유, 천연가스 등이, 그리고 앞바다인 동중국해 대륙붕에 석유, 천연가스 등이 매장되어 있다. 또한 건자재 생산에 필요한 석회석, 대리석, 백운석 등의 비금속 광산자원이 넓고 풍부하게 분포되어 있다.

이 지구는 강, 호수, 바다의 이점을 고루 갖추고 있고, 평원에 강과 호수가 밀집되어 있다. 특히 타이호 수계와 장강은 매우 큰 용량의 수자원 비축 및 조달 능력을 갖추고 있다. 남쪽으로는 신안강, 첸탕강이 수자원의 비축과 공급 역할을 담당하고 있어서 농업과 도시용수 공급, 수운의 발전에 유리하다. 그 외에도 평원에 흩어져 있는 저산지 구릉과 호수, 수륙교통로 등이 잘 어울려 있다. 또한 경제가 발달한 도시들과 인접하게 분포된 명승고적이 풍부해 관광산업의 발전에도 유리하다.

3) 입지 조건 연혁과 발전 동향

명대(明代)에서 청대(淸代) 시기에 장강삼각주에 9개의 비교적 큰 상업 및 수공업 도시가 출현했다. 방직업 및 그 교역의 중심도시로는 난징, 항저우, 쑤저우가, 양식 집산도시로는 쑹장(松江), 그리고 양저우, 우시, 창저우는 인쇄 및 문구 제작이 발전했고, 그 교역 중심도시인 후저우 등이 있다. 상하이는 원나라 시기에 현이 설치되었고, 당시에 이미 연해지구 남북 교역의 주요 상업 중심지 중 하나였다.

1842년 아편전쟁 이후부터 1949년 중화인민공화국 출범 이전까지 시기에는 대외개방 조건하에 상품경제가 초보적으로 크게 발전했고, 장강삼각주지구에 신흥 현대 공상업 도시들이 형성 및 발흥했다.

개혁기 이전 계획경제 시대(1949~1978)에 장강삼각주지구는 도시 기능이 상호 발전하는 시기였고, 종종 특수한 환경하에서 소련 모델의 고도의 집중화된 계획경제 체계와 폐쇄형 경제 발전 전략을 실시했다.

1983년 1월 국무원 부총리 야오이린(姚依林)은 '장강삼각주경제구 건립에 관한 초보 구상(关于建立长江三角洲经济区的初步设想)'에서 장강삼각주 경제구 계획은 상하이를 중심으로 쑤저우, 우시, 창저우, 난통, 항저우, 자싱, 후저우, 닝보 등의 도시를 포함시켰으며, 이후 그 도시범위가 점차 확대되었다.

1992년 6월 장강삼각주 연해지구 경제계획 좌담회에서 장강삼각주 발전 추진에 대한 공감대가 형성되었고, 1996년에는 장강삼각주 도시경제발전회의로 발전했으며, 2006년 11월에 '장강삼각주지구 계획 강요(长江三角洲地区区域规划纲要)' 계획 수립이 기본적으로 마무리되었다. 2010년 5월에 국무원은 장강삼각지구 구역계획(长江三角洲地区区域规划)을 정식으로 추진해 장강삼각주 범위를 상하이와 장쑤성, 저장성으로 확정했다.

　2014년 9월, 국무원은 '황금수계에 의탁한 장강경제 발전에 관한 지도의견(国务院关于依托黄金水道推动长江经济带发展的指导意见)'을 발표해 장강삼각주의 일체화된 발전을 촉진했고, 국제경쟁력을 갖춘 세계급 도시군으로 발전시키겠다는 구상을 제출했다. 2015년 3개 성(장쑤성, 저장성, 안후이성), 1개 시(상하이) 주요 지도자 회의가 허페이에서 개최되었고, 2016년 5월 국무원은 장강삼각주 도시군 발전계획(长江三角洲城市群发展规划)을 통과시켰으며, 2018년 7월부터 장강삼각주 일체화 발전 3년 행동계획(长三角地区一体化发展三年行动计划, 2018~2020)을 정식으로 실시했다. 같은 해 11월에 시진핑은 제1차 중국국제수입박람회에서 장강삼각주 구역 일체화 발전을 지지하며 국가전략으로 승격시킨다고 발표했다. 2019년 12월 '장강삼각주 구역일체화 발전계획 강요'에서 계획 범위를 장쑤, 저장, 안후이, 상하이 전역으로 확대했다.

　또한 통계 수치 분석의 편의를 위해서 장강삼각주 지역 범위를 상하이시, 장쑤성, 저장성, 안후이성의 1직할시 3성의 행정구역 범위로 했다. 이 기준에 의하면 2018년 장강삼각주지구 총인구는 2억 2536만 명으로, 전국인구의 16.1%, 면적은 35.04km²로, 전국의 16.1%를 차지한다. 경제 규모는 21조 1477억 위안으로 전국의 23.4%이고, 1인당 GDP는 9만 3839위안이다. 각 부분의 건설 부문에서는 용지 부족이 심각한데, 경제 발전 속도가 빨라짐에 따라 도시, 공업, 3차산업, 각 산업의 사회간접자본 건설용 토지 수요가 급증하고 있다.

　장강삼각주지구의 공업 생산을 위한 원재료, 연료 등 동력자원 대부분은 타 지역에서 운반해 온 것을 이용하고, 이렇게 생산한 각종 공산품을 중국 내 타 지방과 국외로 수출하고 있다. 개혁개방 이후에는 국제시장과의 연계가 확대·강화되고 있다. 상하이 항구는 1930년대부터 중국 최대의 대외무역 항구였고, 근래에 들

표 12-1 장강삼각주지구 개황(2018년)

구분	면적(만 km²)		인구(만 명)		총생산액(억 위안)		1인당 GDP (위안)
	면적	전국 비중 (%)	인구	전국 비중 (%)	총생산액	전국 비중 (%)	
중국 전국	960	100.0	139,538	100.0	900,309	100.0	64,520
장강 삼각주	35.04	3.65	22,536	16.1	211,477	23.4	93,839
상하이	0.63	0.06	2,424	1.7	32,679	3.6	134,982
장쑤	10.26	1.06	8,051	5.7	92,595	10.2	115,168
저장	10.18	1.06	5,737	4.1	56,197	6.2	98,643
안후이	13.96	1.47	6,324	4.6	30,006	3.4	47,712

자료: 行政区划网(2019)(각 지구 면적), 中国统计出版社(2019b: 34, 69).

어서는 장강삼각주지구 내에 장쑤성 난통, 난징, 전장, 장자강항, 그리고 저장성 닝보항이 연속적으로 개방되었다.

상하이가 장강삼각주의 경제중심지가 된 데에는 앞서 발전한 상하이의 상업과 금융업이 기초가 되었다. 역사상 상하이의 경제적·정치적 요소와 지리적 우세는 각종 자본을 이곳으로 집중시켰고, 상업과 금융의 신속한 발전에 따라 산업자본이 집중되었다. 장강삼각주의 풍부한 농업자원이 제공하는 식량, 면화, 잠사, 축산품 등의 경공업 원료와 풍부한 노동력, 여기에 해외의 설비, 기술, 정보, 그리고 만주와 화북지구의 공업원료와 에너지자원 등이 유입되어 신속한 공업 발전이 가능했다. 또 하나 중요한 조건은 장강 내륙수운의 발달이다. 특히 타이호 유역은 선박의 운항 조건이 매우 좋고, 1.6만 km이상의 항로를 갖추고 있어 지역 내 경제교류의 양호한 기반이 되었다. 장강 수운을 통한 운수량은 이 지구 화물총량의 34.6%를 점하고 있고, 전국 수운화물 총량의 35%를 차지한다. 장강삼각주지구의 철도, 도로, 항운 등이 함께 연결된 종합 교통망의 단위면적당 교통운수 밀도는 전국 평균의 4배를 넘는다.

장강삼각주지구의 발전은 개혁개방 이후 장쑤성 남부의 향진기업과 저장성 원저우, 타이저우, 이우 등의 민영기업과 상업 기능이 부활·발흥하면서 시작되었고, 특히 1990년대부터 상하이 푸동신구 개발이 추진되면서 본격적으로 가속화되었다.

장강삼각주지구는 농업·공업을 포함한 경제 각 부문이 크게 성장했고, 특히 도시 건설, 교통운수, 현대통신, 관광업, 첨단기술산업 등의 성장 속도가 두드러졌다. 또한 장쑤성 남부지구(苏南地区)에서 발흥한 향진기업의 발전에 따라 지역 경제력이 증대되었고 산업구조의 변화와 교외 농촌 지역의 도시화를 촉진시켰다. 그뿐만 아니라 장강삼각주 광역대지구권 범위에 걸친 산업기반시설, 즉 고속도로, 공항, 수운수상로, 항구 등을 지속적으로 확충했다. 이에 따라 개발구가 신속히 발전했고 국가급 개발구가 증가했다.

국가급 개발구의 분포 현황을 보면, 상하이 푸동의 종합성개발구(경제, 금융, 첨단신기술산업), 항저우, 닝보, 난통, 쿤산(昆山)의 경제기술개발구, 그리고 과학기술의 성과를 바탕으로 고도 기술산업으로 전환하고 있는 난징, 쑤저우, 우시, 창저우의 첨단기술산업개발구,[2] 쑤저우, 우시의 타이호변 관광휴양지, 항저우, 상하이 위산(余山)의 관광휴양지, 이 외에도 푸동, 장자강, 닝보 등의 보세구가 있다.

2008~2018년 기간 중 장강삼각주지구 GDP 추이를 보면, 2008년 7조 4370억 위안에서 2018년 21조 1477억 위안으로 184% 증가했고, 같은 기간 상하이, 장쑤, 저장, 안후이의 GDP 성장률은 각각 138%, 205%, 161%, 238%였다. 한편, 같은 기간(2008~2018년) 이들 1직할시 3개 성의 GRDP의 장강삼각주 전체 지구 내 비중을 보면, 상하이는 18.4%에서 15.4%로 감소 추세이고, 장쑤성은 40.7%에서 43.7%로 증가 추세이며, 저장성은 28.9%에서 26.6% 수준으로 줄었고, 안후이성은 12.0%에서 14.3%로 증가 추세이다. 특히 안후이성의 GRDP 성장률이 빠른 것은 중국 정부의 중부 지역 발전 전략 추진과 연관성이 있다고 판단된다(〈표 12-2〉).

---

2 난통, 타이저우, 양저우와 연결되고, 이싱(宜兴)환경공업단지를 포함한다.

표 12-2 장강삼각주지구 GDP 증가 추이(단위: 억 위안)

연도	장강삼각주지구계	상하이	장쑤	저장	안후이
2008	74,370(100)	13,698(18.4)	30,312(40.7)	21,486(28.9)	8,874(12.0)
2018	211,477(100)	32,679(15.4)	92,595(43.7)	56,197(26.6)	30,006(14.3)

주: 괄호 안은 장삼각지구 전체 GDP에 대한 비중이다.
자료: 中国统计出版社(2019).

4) 지역경제 발전의 새로운 특징

(1) 푸동신구의 개발과 상하이의 재부상

상하이는 근대 역사에서 동아시아의 금융과 상업의 중심지였고, 특히 상하이의 공업은 전국에서 중요한 비중을 차지하고 있었다. 하지만 개혁개방 이전 시기에는 경제 체제상의 제약으로 인해 산업구조와 도시 건설이 경제 발전의 요구에 부응할 정도로 변화·발전하지 못했고, 유리한 지리적·사회경제적 이점을 제대로 발휘하지 못하면서 동아시아 금융중심지로서의 위상도 하락했다.

반면에, 개혁개방 이후, 특히 1990년대부터 푸동신구의 개방·개발이 추진되면서 상하이의 각 분야 건설사업이 촉진되었고, 상하이를 중심으로 하는 장강삼각주 전체 지구의 경제발전을 추동하는 동력이 증대되었다. 이와 동시에 투자환경도 크게 개선되었다. 장강삼각주의 연강 및 연해의 대·중형 항구를 대부분 개방했고, 1만 t급 이상의 버드를 대량으로 건설했다.

상하이의 산업 구조조정은 장강을 따라 장강 연안 산업지대 조성을 촉진했고, 장강삼각주의 산업구조 조정과 경제 발전을 추동했다. 이에 따라 2차산업이 빠르게 발전했고 3차산업에도 활력이 발생했다. 단, 이러한 변화과정 중에 농업과 수산업 비중이 하락했고 그 내부 구조도 변화 중이다.

(2) 향진기업의 발전과 지역 산업구조의 변화

장강삼각주의 향, 진 및 촌 이하의 공업 총생산량은 전국 동일 유형 지구의 총공업 생산량 중 약 40% 비중을 점하고 있다. 대부분의 현 및 현급 시의 향진공업 생산량은 전국 동급 총생산량의 1/2을 초과했고, 이 중 장쑤성 남부지구와 상하이

근교 현이 장강삼각주 총생산량의 2/3 이상을 점하고 있다. 많은 현급의 총생산량 중 공업 생산이 90%이상을 점하고 있는데, 이로 인해 이곳의 향진기업은 일찍이 농촌경제의 지주산업이 되었고 중국 전체 국민경제 중 중요한 위치를 차지했다.

쑤저우, 우시, 창저우 일대의 향진기업은 초기의 규모가 작고 기술 수준이 낮은 상태에서 대형 그룹화, 국제화 방향으로 발전하고 있다. 또한 이미 외국 기업과의 합자, 혹은 외자 이용과 기술 개조를 통해 규모를 확대하고 있다. 농촌의 공업화와 동시에 향촌의 도시화가 급속하게 진행되면서 향진들에서 도시농촌계획(城乡规划)에 따라 개조와 건설이 진행되고 있다.

(3) 공업의 발전과 각 지역의 산업축 형성

장강삼각주의 공업은 이미 도시와 농촌에 광범위하게 분포하면서 공업지대를 구성하고 있으며, 동시에 뚜렷한 산업 축을 이루고 있다. 주요한 것은 다음과 같다.

첫째, 상하이-쑤난(苏南)축과 상하이-항저우-닝보(滬杭甬)축을 따라서 밀집해 있는 대·중형 도시들로 구성된 산업축이다.

둘째, 난징에서 장쑤 북쪽으로 양저우와 통양 운하(南通-扬州)를 따라, 장쑤 북쪽의 가오샤(高沙) 지역 일대의 도시와 현으로 구성된 산업축이다. 원래는 농산품 가공과 경방직공업을 기초로 발전했는데, 그 위에 새로운 산업의 건설과 규모의 확대가 이루어져 장쑤 북쪽의 강을 따라 산업축을 형성했다.

셋째, 임강(臨江) 산업축이다. 역사상 장쑤성 북쪽과 남쪽의 공업과 대·중도시는 장강 연안에 밀집되어 있지 않았고, 산업 규모도 그다지 크지 않았다. 그러나 개혁개방 이후 30여 년간 장강 항구의 건설과 장쑤성 남부와 북부 지역에서 장강의 수자원과 항운 여건을 이용한 산업 배치가 활발하게 진행되었다.

그러나 문제도 적지 않다. 첫째, 토지자원의 부족으로 건설용지 수요 증가에 따른 농업용지 점용이 심각하다. 장강삼각주지구의 1인당 경지 면적은 0.045ha에 불과하나 건설용지 수요 증가에 따라 농업용지 점용이 증가했고, 이는 필연적으로 식량 생산과 농업 발전에 부정적 영향을 주고 있다. 둘째, 지역 자연환경문제가 심화되고 있다. 수질오염, 지하수의 과다 채취로 인한 지반의 침강, 수질오염, 수자원 부족, 대기오염으로 인한 산성비, 폐기물 퇴적 등의 문제 때문이다. 셋째, 에너지 자원과 원료의 부족으로 인해, 화물 수송량이 급증하고 있다. 넷째, 거대 건설 공정사업의 공간 배치 및 시간적 안배가 불합리해 투자 효율을 떨어뜨리고 있다.

2. 장강삼각주지구 산업구조와 생산력 배치

1) 산업구조의 현황과 조정

2018년 장강삼각주의 1, 2, 3차 산업의 비중의 지역별 차이가 비교적 크다. 상하이는 1, 2, 3차 산업 비중이 0.3:29.8:69.9로 3차산업 비중이 월등히 높지만, 장쑤성은 4.3:44.4:51.3, 저장성은 3.5:41.8:54.7, 안후이성은 7.9:46.3:45.8로 기타 3개 성은 제조업과 서비스업의 비중이 비슷한 수준을 유지하고 있다.

(1) 양호한 농업기초와 높은 집약화 수준

장강삼각주지구의 경작지 면적은 3327만 ha로 전국의 3.6%를 점하며, 이모작지수는 206%로 중국 전국 평균보다 50%가 높다. 이 지구의 연간 생산량의 전국 점유 비중을 보면, 식량 5.9%, 유류(油類) 6.3%, 면화 5.6%, 육류 8.5%, 수산품 12.9%, 잠사 27.0%, 차(茶) 14.6%이다. 전체 농업 생산 수준은 전국 평균보다 30~50% 높다. 이 지구의 농업은 파종 48%, 임업 2%, 목축업 28%, 부업 8%, 어업 14%로 구성되어 있다. 또한 양식업도 비교적 높은 비중을 점하고 있다. 농업과 토지 이용은 파종에서 양식을 위주로 하는 방향으로 나아가고 있고, 노동 집약형에서 자본 및 기술 집약형으로 발전하고 있다. 파종작물은 식량과 유류 위주이고, 전체 파종 면적 중 식량작물은 73%, 경제작물(유류, 면화) 17%, 채소 등의 기타 작물 10%로 식량과 유류의 비중이 84%에 달한다.

(2) 중국 최대의 종합적 공업기지

장강삼각주지구는 중국 최대의 종합적 공업기지이며, 2018년 2차산업 총생산

표 12-3 장강삼각주지구 2차산업 생산총액 현황(2018년)(단위: 억 위안)

년도	장삼각지구계	상하이	장쑤	저장	안후이
2018	88,330(24.1)	9,732(2.6)	41,248(11.3)	23,505(6.4)	13,842(3.8)

주: 괄호 안은 전국 비중이다.
자료: 中国统计出版社(2019).

액 약 8조 8330억 위안으로 중국 전국의 약 24.1%를 점했고, 이 중 상하이 9732억 위안(2.6%), 장쑤성 4조 1248억 위안(11.3%), 저장성 2조 3505억 위안(6.4%), 안후이성 1조 3842억 위안(3.8%)이다.

장강삼각주 공업 생산의 기술과 장비는 매우 좋은 기초를 가지고 있으며, 공업의 업종별 구조는 방직, 기계, 화학, 야금, 압출가공, 전기, 교통운수 설비제조, 전자, 금속, 식품, 의복 등의 순이며, 이 10개 업종이 공업 총생산의 75%정도를 차지하고 있다. 많은 업종이 중국 전국 총생산량 중 차지하는 비중이 매우 높다. 화학섬유는 전국 총생산의 47.6%, 방직은 36.2%, 전자는 33.2%, 금속은 29.3%, 전기는 29%, 의복은 28.7%, 화학공업은 24.8%, 야금 및 압연은 21%를 점하고 있다.

장강삼각주의 각종 경제기술개발구와 첨단기술개발구는 신기술의 개발로 상품화와 산업화를 실현하고 있다. 동시에 외자 이용, 해외 선진 기술과 설비 도입으로 발전한 삼자기업(三資企業)[3]은 신기술 산업기지를 만들어 파급효과와 전시효과를 극대화하고 있다. 마이크로칩과 전자정보, 정밀화학, 신소재, 생화학 등의 고신기술산업도 기초 구축 단계를 지나서 발전 단계에 진입했다고 할 수 있다.

(3) 3차산업의 발전

1990년대 들어서면서부터 장강삼각주지구 3차산업의 발전 속도가 같은 기간의 국내총생산 증가 속도를 앞지르기 시작했고, 부분적으로 몇몇 도시에서는 2차산업의 증가 속도를 앞질렀다. 이를테면 2005년 상하이의 1, 2, 3차 산업구조 비율은 0.9:48.9:50.2였고, 장쑤성 8개 시는 4.4:59.8:35.8, 저장성 7개 시는 6.4:54.6:

---

3 중국 내의 중외합자경영기업(中外合資経営企業), 중외합작경영기업(中外合作経営企業), 외상독자경영기업(外商独資経営企業) 3개 유형의 외상투자기업을 지칭한다.

39였다.

장강삼각주지구 3차산업의 주요 업종은 상업유통 부문이다. 상하이시의 경우 교통, 우편, 상업, 물자 판매, 창고업 등의 유통 부문이 49%, 생산과 생활 서비스 부문이 38%, 문화와 교육 등의 서비스업이 10%에 달한다. 난징시와 항저우시의 상황도 이와 비슷하다. 최근 중국 정부와 상하이시가 급속히 강화하고 있는 상하이의 국제 금융 및 무역 중심 기능에 대해서는 본장 뒷부분에서 정리했다.

2) 생산력 배치의 특징과 발전

시장경제 체제로의 전환 과정 중 장강삼각주의 생산력 배치는 거시경제의 각도에서 다음과 같은 원칙을 따르고 있다.

첫째, 지역개발과 생산력 배치를 고려함과 동시에 전국의 총체적 발전 전략과 일치시킨다.

둘째, 각 도시 지역이 소유하고 있는 자연자원과 경제적·사회적 우세 여건을 충분히 이용해 전문화, 분업화, 종합발전의 관계를 잘 배합한다. 생산력 배치의 조정과 고도화 과정 중에 행정적 규제를 완화해 가면서 생산력 수준을 끌어올리며 나간다.

셋째, 공업과 도시 배치를 개선하고, 낙후된 공업 지역을 조정·개조하고, 신공업 지역의 발전을 병행한다. 산업의 발전과 배치는 시장기제를 통해 조정해 나가고, 새로운 지주산업의 발전은 공간적 배치 계획을 통해 추진한다.

넷째, 경제효율, 사회이익, 생태환경과의 조화를 견지하고, 이에 상응하는 평가 체계를 정하고, 동시에 생산력 배치의 과학성, 합리성, 실현 가능성 사이의 관계를 조정한다.

공업을 중심으로 하는 생산력 배치의 특징은 다음과 같다.

첫째, 상하이에 중국 경제의 30%가 집중되어 있다. 특히 푸동지구의 개발을 통해 상하이에 거대한 경제 활력이 주입되었다.

둘째, 상하이-난징 지역과 상하이-항저우-닝보지구를 주(主) 발전축으로 하면서, 장기간의 발전 과정 중에 각각의 특색을 지니게 되었고, 생산력 수준도 각각 다른 지구를 형성했다. 즉, 장쑤성의 쑤저우, 우시, 창저우, 난퉁지구와, 난징, 전장, 양저우, 타이저우, 그리고 저장성의 항저우, 자싱, 후저우, 닝보, 샤오싱(紹興), 저우산 등이다. 일정 정도 규모가 있는 2차 및 3차 산업은 주로 상술한 지구 내에 분포되어 있다. 도시지구 내의 공업은 그 밀도가 매우 높으며, 공간적 여유가 그다지 많지 않다. 새로운 발전 활력의 기본 동력은 생산설비의 갱신과 기업 경영 체제의 개혁이라고 할 수 있다.

셋째, 장강삼각주는 향진공업이 전국적으로 가장 발달한 지구이다. 그러나 향진공업은 그 발전 과정에서 농경지 과다 점유, 투자의 분산, 규모의 경제와 기술 개조에 불리, 환경오염 등의 문제점도 야기했다.

장강삼각주의 산업 배치는 전체적으로 두 가지 측면의 새로운 추세가 형성되고 있다.

첫째, 대공업 지역이 연해축과 연강축에 형성되었고, 석유화공, 제철, 전력 등의 원재료공업, 에너지공업이 대규모로 형성되었다. 예를 들어 난징-전장-양저우(宁镇扬)의 연강 지대, 항저우만 양안과 닝보 연해지구에는 대공업 지역이 형성되었다. 점유 면적이 크고, 물과 전기 소비량이 큰 공업은 점차로 연강·연해 지역으로 이동하는 추세이다.

둘째, 고급신기술산업단지(高新技术产业园区)의 형성이 신기술 산업의 발전을 촉진했다. 이 지구는 과학기술 기초가 견고하고, 전국 고급인력의 약 20%를 차지하고 있다. 노동자의 소질도 우수하므로 고급 신기술산업 발전을 위한 일정한 기초를 갖추고 있다. 예를 들어 항공업, 마이크로전자와 컴퓨터, 정보, 생물학, 현대의약 등은 이미 상당한 수준에 도달했다. 고급신기술산업단지는 장강삼각주를 따라 형성되어 있다.

3. 농업과 식품 보장 체계의 건설

장강삼각주지구는 오래된 농업 역사와 전통을 보유하고 있고, 벼, 유채, 면화, 잠사, 씨돼지, 수산품, 진주, 차 및 경제작물과 과수의 중요 생산기지로서 중국 농업의 높은 생산량과 안정된 생산을 확보하기 위한 매우 중요한 여건을 확보하고 있다. 또한 농산품의 종류가 많고 수량이 커서 공업용 농산품 원료가 충분하고, 양식과 여러 종류의 채소, 가축, 기타 부식품 확보도 용이하다.

1) 농업 발전에 유리한 여건과 제약 요소

장강삼각주지구는 삼각주 평원을 중심으로 하며, 일부 지역에 낮은 구릉이 분포해 있다. 경제구의 범위에 따라 구분해 보면 저장성 서부의 톈무산에서 이뤄산(宜溧山)과 난징-전장 구릉(宁镇丘陵)에 이르고, 동부는 항저우만에서 남부의 시밍산(西明山) 일대의 구릉으로, 전 지역이 대부분 평원과 산지와 구릉으로 구성되어 있다.

이 지구는 농업 생산 부문의 기초와 기술이 비교적 좋아 각 농작물과 가축사업 단위면적당 생산량이 모두 전국 평균보다 높다. 우수한 시장 여건 또한 농업 발전에 유리한 요소이다. 밀집된 도시 분포, 도시화 수준이 높고, 시장 규모가 커지고 농산품의 대외개방이 확대됨에 따라 화훼, 채소, 특수 수산품, 가금류 등의 외화 획득량이 증가하고 있다. 이외에도 독특한 경치와 좋은 교통 여건을 갖추고 있어서 농업관광과 결합해 농업경영의 영역을 확대할 수 있는 곳이 많다. 단, 빠른 공업화와 도시화 과정으로 인해 대량의 농경지가 건설용지로 바뀌면서 경작지 유실이 심각한 상황이다.

2) 식량문제의 해결 방안

주목해야 할 점은 장강삼각주가 예전의 식량생산기지에서 점차 식량 부족 지역으로 변화하고 있다는 점이다. 변화가 가장 큰 지역은 타이호 평원이다. 이 지역은 이전에 중국의 중요한 식량생산기지로 현을 단위로 계산한 국가 수매량이 1965년 24.6억 kg에서 1984년 36억 kg으로 증가했고, 상품화율은 25%에 달했고, 증산 속도가 인구 증가율보다 높았다. 하지만 1984년 이후 1인당 생산량이 감소하고 있다. 비록 식량의 단위면적당 생산량은 다소 증가했지만 전체적인 생산량

표 12-4 장강삼각주지구의 토지 이용 현황

구분	농경지	과수원지	임야	목초지	주민 거주, 공장부지	교통	수역	미이용지
비율(%)	38.55	3.94	17.12	0.06	12.46	2.28	23.39	2.20

자료: ≪中國地理學報≫(2014.10).

은 감소 추세이다. 이는 인구의 증가로 인해 식량작물 경작 면적이 현저히 감소했기 때문이다. 이와 동시에 생활수준의 향상과 주민의 식량에 대한 품종과 품질의 요구 수준이 높아지면서 식량의 품종 구조와 수요 간의 모순도 증대하고 있다.

인구밀도가 높고 1인당 경작 면적이 전국 평균의 반도 안 되는 조건에서, 경제의 고속발전을 유지하는 동시에 식량과 기타 농작물을 자급자족할 수 있었던 것은 이 지역의 농업 생산성이 부단히 발전했기 때문이다. 근 10여 년간 이 지역의 식량 소비 구조 변화 추세가 뚜렷해, 1인당 연간 곡물소비량이 도시의 경우는 25kg, 농촌의 경우는 20kg 감소했다. 지역 전체로 보면 연간 200만 t이 감소한 것이다. 하지만 육류와 유류의 소비량은 현저하게 증가했다. 특히 식용유, 가축, 계란, 수산품의 경우는 40~50% 증가했다. 이러한 변화 추세에 대응해 가축, 수산양식 등에 유리하게 사료작물의 재배 면적이 확대되었다. 또한 해수와 담수 양식 수산품 생산도 매우 빠른 속도로 확대·발전하고 있다.

4. 장강삼각주 교통운수 발전 연혁 및 동향

1) 수운 교통

장강삼각주지구는 중국 영토 내에서 수운 조건이 가장 우세한 지구이고, 그 중심은 장강 하구와 동중국해가 만나는 지점에 위치한 상하이이다. 상하이는 장강을 중심으로 하는 내륙수운축과 태평양과 세계로 연결하는 해운축의 결절 중심지다. 우세한 내륙수운 조건이 장강삼각주 각 도시와 지구의 경제사회 협조발전, 연

표 12-5 장강삼각주지구 주요 하천 및 운하 변 도시 분포

	성, 지급시	현급시	현성진(县城镇)
장강	상하이, 난통, 전장, 난징	치동(启东), 하이먼(海门), 장인, 징장(靖江), 타이싱(泰兴), 양중(扬中), 이정(仪征)	난훼이(南汇), 총밍(崇明), 장푸(江浦), 단투(丹徒)
징항 대운하	양저우, 전장, 창저우, 우시, 쑤저우, 자싱, 항저우	통샹(桐乡), 우장, 우셴(吳县), 시산(锡山), 단양(丹阳), 장두(江都), 가오여우(高邮), 우진(武进)	—
타이호	후저우, 쑤저우, 우시	이싱(宜兴), 시산(锡山), 우셴(吳县), 우장	장싱(长兴)

자료: 上海财经大学财经研究所(2006: 87).

강·연하(沿河) 지대 산업 발전, 도시 건설 및 생태환경 개선, 육로 교통의 압력 완화 등에 유리한 조건을 제공했다.

장강삼각주지구의 내하항도(內河航道) 총연장은 3.3만여 km로, 중국 전국 내하항도 총연장의 28%를 점하고 있다. 이 중 4급 이상 항도가 약 1800km로 지구 내 항도총연장 중 5.3%를 점하고, 중국 전국의 4급 이상 항도의 12%를 점하고 있다. 이 지구의 생산성 버드 총수는 1만 6000여 개이고, 이 중 공용 버드가 5600여 개이다. 항저우, 자싱, 후저우, 우시, 쑤저우 등 내하(內河) 항구는 이미 내하 컨테이너 운수 업무를 시작했다.

철도가 출현하기 이전에 도시 간의 연계는 주로 수운에 의존하고 있었으므로, 수운 교통 조건은 지역경제 발전과 도시 발전의 중요한 기초였다. 이 같은 조건을 갖춘 하천과 운하는 장강, 베이징-항저우 대운하(京杭大運河), 그리고 타이호(太湖)이다. 이들 연안 지역에 이 지구 내 중심도시의 70%와 도시(設市城市)의 50%가 위치하고 있다.

장강삼각주는 중국 동해안선의 중부에 위치하며 장강이 바다로 유입되는 관문이다. 강과 바다, 육지를 모두 접하고 있어서 황금해안과 황금수로의 특성을 모두 갖추고 있으며, 유리한 항만 조건을 갖추고 있어 상하이항, 닝보항, 저우산항, 전장항 등 다수의 항구를 보유한 최대의 항구 밀집 지역이다. 2018년 상하이항의 컨테이너 처리 실적은 4200만 TEU로 세계 1위, 닝보-저우산항은 2640만 TEU 세계 3위를 차지했다.

표 12-6 장강삼각주 주요 항만의 기능 특화 방안

구분	내용
상하이항	국제물류중심: 와이가오차오 및 양산항을 중심으로 국제 컨테이너 운송 시스템 집중 개발
닝보항	산업항: 광석, 원유 등 대량 화물 중심, 수요에 따라 컨테이너항만 개발
단산항	유류를 중심으로 하는 지역 산업항
난징항, 난통항	지역 산업항만: 대량 화물 하역시설 확충

중국 교통부는 장강삼각주가 급속한 경제성장 추세를 보이고 있으나, 각 지방 정부의 경쟁적인 개방 및 성장 정책에 따라 지역의 산업, 물류 체계가 상호 연계성을 가지지 못하고 있다고 판단하고 항만의 기능 특화를 골자로 하는 장강삼각주 항만 개발 및 운영에 관한 정책을 발표했다. 주요 내용은, 상하이항, 닝보항 등 양대 항만은 국제 무역항으로 개발하고, 나머지 항만(장강 내륙항만 포함)은 지역 산업항만으로 개발하되 각 항만의 화물 처리 기능을 특화한다는 것이다.

2) 육로 교통

장강삼각주지구의 육로 교통 간선은 상하이-난징, 상하이-항저우(沪杭), 항저우-닝보(杭甬), 난징-난통-치동(宁南启), 쑤저우-자싱-항저우(苏嘉杭) 난징-항저우(宁杭) 간을 연결하는 철도와 고속도로, 그리고 312국도, 320국도, 204국도, 104국도, 328국도, 329국도 등으로 구성되어 있다.[4] 이 중 가장 중요한 축은 상하이-난징과 상하이-항저우 양축이며, 이 지역경제 발전과 도시 배치의 주요 축을 형성하고 있다. 또한 항저우-닝보와 난징-난통-치동 방향에도 도시 밀집 지대(城镇密集地带)가 형성되었다.

---

4 상하이-난징 철도 및 고속도로, 312번 국도는 기본적으로 상하이-난징 간의 서북-동남 방향, 상하이-항저우 철도 및 고속도로, 320번 국도는 기본적으로 상하이-항저우 간의 서남-동북 방향, 항저우-닝보 철도 및 고속도로, 329번 국도 및 104번 국도는 기본적으로 항저우-닝보 간의 동서 방향, 난징-난통-치동 고속도로와 328번 국도 난징-하이안(海安) 구간, 104번 국도 하이안-난통 구간은 기본적으로 난징-난통 간의 동서 방향을 연결하고 있다.

항저우만대교(杭州灣大橋)의 개통과 총밍(崇明) 월강하저터널(越江隧道) 공정의 착공에 따라 상하이에서 닝보와 난통으로 통하는 연해교통간선(沿海交通干线) 지대가 형성되고 있다. 하나는 항저우만대교와 이에 상응하는 고속교통간선망을 중추로 하고, 상하이에서 핑후(平湖), 자푸(乍浦), 츠시(慈溪), 옌동(魔东)을 지나서 닝보로 연결되는 상하이-닝보 경제 및 도시 밀집 지대이고, 또 다른 하나는 쑤저우-난통(苏通)대교와 상하이-총밍(沪崇) 월강하저터널, 총밍-하이먼(崇海)대교, 난징-난통-치동고속도로 등 고속교통간선을 중추로 하고, 상하이에서 타이창(太仓), 창수(常熟), 난통, 양저우와 연결되는 상하이-난통-양저우(沪南扬)경제 및 도시 밀집 지대이다.

장강삼각주지구에서 최근에 개통된 주요 고속철도는 2011년 6월에 개통된 베이징-상하이 간 고속철도와 2015년 완공 개통된 장강삼각주-주강삼각주 간 연해 관통철도 등이 있다. 베이징-상하이 간 고속철도는 상하이 홍차오역(虹桥站)에서 베이징남역(北京南站) 간 총연장 1318km 구간의 운행 시간을 5시간 이내로 단축했다. 총투자액 약 2209억 위안이고, 베이징, 텐진, 상하이 3개 직할시와 허베이, 산동, 안후이, 장쑤 4개 성을 지난다. 개통 당시에 중화인민공화국 출범 이래 노선 구간이 가장 길고, 투자액이 가장 많으며, 기준이 가장 높은 고속철도였다.[5] 이 철도는 저장성과 장쑤성을 관통하면서 장강삼각주의 주요 도시를 이전의 2배 이상 속도로 연결해 이 지역의 인적 흐름과 경제 네트워크를 크게 향상시키고 있다.[6][7] 또한 2015년에는 상하이-항저우-닝보-원저우-푸저우-샤먼, 그리고 광동성 선전경제특구와 홍콩으로 연결되는 장강-주강삼각주 간 연해 관통 철도망이 완공·개통되었다.

상하이-항저우 도시 간 고속철도(沪杭城际高速铁路)는 중국의 '4종 4횡' 여객운수 전용 철도망 중 상하이-쿤밍(沪昆) 여객운수 전용선의 일부 구간이다. 총연장은

---

5 이후 2013년 베이징-우한-광저우 구간 등의 고속철도가 완공·개통되면서 총연장, 운행속도 등 측면에서 기록 갱신이 계속되고 있다.

6 상하이-베이징 고속철도 구간 중 상하이-난징 구간(301km)은 2010년 7월 1일부터 운행을 시작했다.

7 2010년 12월부터는 상하이-항저우 구간 고속철도도 개통·운행되고 있다. 평균 설계시속 300km 이상의 고속도로로 2시간 이상 걸리는 상하이 홍차오역에서 항저우역까지 운행 시간을 50분 이내로 단축했다. 이어서 항저우-닝보, 자싱-쑤저우-창저우 구간의 고속철도가 연이어 개통·운행을 시작했다.

그림 12-1 상하이-항저우 간 고속철도

자료: 2008년 2월 2일 촬영.

160km이고 이 중 87% 구간이 입체교량이다. 상하이 훙차오역에서 송장남역(松江南站)-진산북역(金山北站)-자산남역(嘉善南站)-자싱남역(嘉兴南站)-퉁샹역(桐乡站)-하이닝서역(海宁西站)-위항남역(余杭南站)을 경유해 항저우동역(杭州东站)까지 운행한다. 전 구간에 9개 역이 있고, 설계 시속 350km이다. 2009년 2월 26일 착공했고, 2010년 10월 26일 개통·운영을 시작했다.

한편, 2007년 12월에는 항저우만을 가로질러 상하이와 닝보를 연결하는 총연장 36km의 항저우만대교(杭州灣大橋)가 완성·개통되어, 상하이와 저장성의 최대 항구 도시인 닝보시와의 교통·물류 체계의 발전과 상하이-닝보 간 발전축의 형성을 촉진하고 있다. 항저우만 대교가 완공됨으로써 상하이와 닝보 간 거리는 종전보다 약 120km 정도 줄었고, 두 도시는 2시간대 생활권이 되었다. 저장성과 닝보시는 항저우만대교 인근에 대규모 물류단지를 개발해 닝보항을 상하이 푸동 지역, 양산(洋山) 심수항 지구를 연결하는 물류 거점으로 육성하고 있다.

그림 12-2 상하이역 앞 광장

자료: 2010년 10월 8일 촬영.

3) 항공교통과 공항

장강삼각주지구의 주요 공항은 상하이 푸둥공항, 상하이 훙차오공항, 창저우공항, 항저우 샤오산(蕭山)공항, 닝보 러셔(栎社)공항, 난징 뤼커우(禄口)공항, 난통 싱둥(兴东)공항, 우시 슈어팡(硕放)공항, 저우산 주자첨(朱家尘)공항 등이 있다. 이 중 국제공항은 상하이 푸둥공항, 항저우 샤오산공항, 닝보 러셔공항, 난징 뤼커우공항이다. 2012년 5월에는 11차 5개년 계획 사업으로 제시한 양저우, 타이저우(泰州), 쑤저우 3개 도시 중간 지점에 공항 신설 항목인 양저우타이저우 공항(陽州泰州機場)이 준공·개통되었다.

한편, 장강삼각주지구의 용 머리 역할을 하고 있는 상하이의 국제화 지위가 갈수록 두드러지고 있고, 이에 대응해 상하이의 항공운수업도 급속하게 발전하고 있다. 상하이 푸둥공항을 예로 들면, 공항 이용객은 2010년 3642만 명에서 2018년 5921만 명으로 62.5% 증가했고, 항공화물 운송량은 2010년 371만 t에서 2018

년 418만 t으로 증가했다.

4) 상하이의 국제항운중심 건설 전략

시대 변천에 따라 국제항운중심의 기능도 크게 3단계로 변해왔다. 제1단계에서는 주로 항운 중개와 화물 집산 기능, 제2단계에서는 화물 집산과 가공을 통한 가치 증식, 제3단계에서는 화물 집산 이외에 종합적 자원 배치 기능으로 확대된다.

세계 각국의 국제항운중심의 기본 모델은 주요하게 3개 종류로 구분할 수 있다. 첫째, 영국 런던과 같이 시장 거래와 항운 서비스 제공 위주의 유구한 역사 전통과 인문 조건에 의지해 형성된 국제항운중심, 둘째, 네덜란드의 로테르담, 미국의 뉴욕과 같이 배후지의 화물 집산 서비스를 위주로 하는 배후지형 국제항운중심, 셋째, 홍콩과 싱가포르 같이 중개무역 위주의 국제항운중심이다.

1999년 중국 교통부가 주도해 장강삼각주지구 항구 발전과 악성 경쟁을 감소시키기 위한 조치로 '상하이 조합항구 관리위원회 사무실(上海组合港管理委员会办公室)'을 설치했다. 그 역할은 국가교통 발전계획과 교통부 업무 중점에 의거해, 해당 지구 내 지방정부가 항구 발전 관련 분야의 중심업무에 적극적으로 협조하고, 지역항구자원을 합리적으로 배치하고, 항구 시장행위를 규범화하고, 장강삼각주지구 경제 발전을 더욱 유리하게 지원하는 것이다. 주요 추진 내용은 다음과 같다.

(1) 해관 서비스 기능 완비

항운과 물류비용을 낮추고 편리한 서비스를 제공하기 위해 행정수속을 간소화하고 보다 혁신적인 방안을 만들었다. 양산항 보세구에서 시행하는 바와 같이, 항구지구(港區)에 더욱 많은 정부 직능 부문을 설치하고, 우수하고 시의적절한 법률, 정책자문을 제공했다. 또한 시구(市區)에는 항운 서비스 산업집군(産業集群, industrial cluster)을 발전시키거나, 통일협조기구를 설립할 수도 있다. 예를 들면 (기존 시가지인) 푸시(浦西, 황푸강 서부)지구 와이탄 북부와 푸둥지구에 각각 항운 서비스와 항운금융집적지구를 조성하고, 정보화 건설을 강화하고, 선박 등록 및 매매, 항운 거래, 해사보험, 항운 융자, 항운 조직, 공정 또는 기술 자문을 적극적으로 발전시키는 것이다. 또한 무역금융법률서비스종합기구를 설립한다. 그 기능은 정부직능 부문의 조정·통합까지 다룰 수 있어야 하고, 정보 공유, 자원의 조정 및 결합, 인재 배양, 투자 유치 자문, 항운 투융자 등 방면에 편리한 서비스를 제공하는 것이다. 이 같은 목적과 취지에서 톈진시가 국제항운 및 무역서비스 중심(国际航运与贸易服务中心)을 설립했고, 관련 관리판법(办法)을 발표했다.

(2) 상하이 양산 보세항구지구에 부여한 특혜 정책

중국 국무원은 양산보세항구지구에 대한 위치 우세와 정책 우세를 강화하는 데에 동의하고, 국제중개(国际中转), 배송, 합병(并购, merger and acquisition), 중개무역(转口贸易), 그리고 수출가공 등 관련 기능을 확대 전개했다. 이는 현재 중국 내의 보세구, 수출가공구, 보세물류단지(保税物流园区) 세 방면의 정책 특혜와 항구 기능을 일체화한 모델이며, 현재 중국의 국정 아래 가장 개방적이고, 특혜 정책이 가장 많고, 관리는 가장 느슨하고, 운행 계획이 기본적으로 국제 궤도와 접하는 새로운 무역 모델로, 항구도시가 바라고 요구해 온 개방 정도를 실현했다고 할 수 있다.

(3) 항운법률 서비스 수준 제고

광의의 항운법률 서비스는 일반적으로 다음 두 가지 측면의 서비스를 포함한다. ① 해사(海事) 입법, 해사 사법 및 해사 행정법 집행 등 공공법률 서비스, ② 중국의 해사 중재, 해사 변호사, 해상보험 등 시장법률 서비스 등이다. 그러나 해사 입법이 비교적 늦게 시작되어서 상하이와 중국 전국 모두 해사법률 서비스가 비교적 취약한 상태이고, 또한 이러한 상태가 해사법률 서비스 발전을 제약하는 중요 요인이기도 하다.

(4) 항구 투융자 체제 건립과 자산 증권화 완비

우량 자산에 속하는 항구자산의 증권화는 항구 건설자금 부족 문제를 해결해 줄 뿐만 아니라, 금융시장의 과잉 유동성을 분산시킬 수 있다. 또한, 자산 증권화 융자모델은 국가와 정부가 주체가 되는 기반시설 투자이거나, 또는 민간 자본이 주체가 되는 경영성 자산의 투자를 막론하고 공동으로 채택할 수 있다.

(5) 국제화 항운 인재 유치와 집중 추진

풍부한 항운 업종 관련 경험과 전문지식을 가진 복합형 인재 유치뿐만 아니라, 유치 인재의 관리와 후속 배양 등을 중시하고, 이와 연계한 체제를 구축한다. 또한 호구 및 거주증 제도와 관련된 거주, 의료, 양로 등 복지 방면에서 인재 유치 및 후속 배양에 장애가 되는 요인들을 개선하고, 적극적인 우대 방안을 제시한다.

5. 상하이의 국제금융중심 건설 전략과 자유무역시험구

상하이시는 개혁개방 30년간의 성과를 바탕으로, 향후에는 혁신의 틀 속에서 도시 발전 목표를 추진하기로 결정했다. 이 같은 방향과 방침 결정을 중앙정부 차원에서 공식화한 것은 2009년 3월 중국 국무원 상무회의이다. 이 회의에서 상하이시에 대한 현대서비스업과 선진 제조업의 가속 발전, 국제금융중심과 국제항운중심 건설 의견을 심의해, 원칙상 통과시켰고, 2020년까지 상하이를 중국의 경제 실력과 인민폐의 국제 지위에 부응하는 국제금융중심으로 건설한다는 방침을 제출했다.

상하이시 정부 차원에서는 국가금융관리 부문과 협조하면서 금융시장 체계 건설을 핵심으로 하고, 금융 혁신의 우선 시행 및 실험(先行先試), 금융발전 환경 특화를 중점으로 하는 상하이 국제금융중심 건설을 추진하고 있다. 또한 시장 규모 확대, 시장 구조 완비, 시장 개방을 추진하고, 각 유형의 금융시장 기능을 증강시키고, 채권시장과 선물시장, 융자임대시장 발전을 추진하고 있다.

1) 상하이의 전략 선택

국제금융중심 건설 노정에서, 상하이 특유의 관건 비교 우세(優勢)를 찾아내고,

상하이의 위상을 명확히 하고, 상하이의 실제와 당면한 형세에 부합한 건설 전략을 제정하는 것이 국제금융중심 건설 업무의 핵심이다. 상하이가 보유하고 있는 관건성 우세는, 중국이 당면하고 있는 세계경제 구조의 전변으로 인해 세계의 제조업 중심이 중국을 향해서 이전하고 있는 중이며, 중국이 세계의 공장이 되고 있고, 중국의 제조업은 세계 생산과 소비에 상당히 중요한 영향을 미치고 있다는 점이다. 그러나 중국의 금융업은 아직도 낙후된 상태로, 제조업의 지위와 견줄 수 없으며, 국제상 가격결정권(定價權)이 없다. 상하이 국제금융중심 건설은 이 같은 문제 해결을 위한 돌파 정책이다.

상하이는 세계 제조업이 대규모로 중국을 향해서 이전해 오는 유리한 기회를 장악하고, 생산과 밀접히 연결되는 금융서비스를 우선 발전시키면서, 금융자원을 유치·집중시키고 있다. 동시에 국제금융중심 발전의 새로운 특성을 고려해 기타 금융 업무, 예를 들면 역외금융 업무(离岸金融, offshore finance), 금융파생품 업무 등을 시장 수요에 근거해 점진적으로 전개하는 방안을 검토 중이다(上海财经大学财经研究所·城市经济规划研究中心, 2009: 36).

2) 국제금융중심 건설의 전략 위상

상하이 국제금융중심의 성격과 전략의 위상은, '생산에 의지하고, 새로운 세계 제조업 중심인 중국을 위해 복무하는 국제금융중심'이다. 이 같은 전략과 이전의 '아시아 금융중심', '역외금융중심', '인민폐 거래 중심' 등의 전략과 가장 큰 차이점은, 상하이가 국제금융중심 기능 담당으로 출발해 상하이의 우세를 표명할 뿐만 아니라, 상하이의 국제금융중심 건설 방향을, 제조업을 위한 복무를 중심으로 순차적으로 진행하겠다고 제시한 점이다.

상하이가 보유한 우세는, 자금원이 다원화되어 있고 자금 투자 방향을 대내 및 대외 양방향 모두 겸해 고려할 수 있다는 점이다. 최근 수년간 선진국들이 산업구조를 전면적으로 조정했고, 다국적 기업들이 분분히 중국에 직접 투자하고 있으며, 상하이에 중국 전국 또는 아시아·태평양 지구를 겨냥하는 지역 본사를 설립하고 있다. 중국은 이미 다국적 기업의 글로벌 생산 및 공급망 안으로 진입했고, 또한 점진적으로 다국적 기업의 글로벌 생산기지, 연계기지, 고급신기술 산업기지, 연구개발 및 기술중심, 국제구매중심이 되었다. 이에 따라 대량의 외국 자본이 중국으로 유입되고 있고, 동시에 중국의 제조업 상품도 대량으로 세계 각지로 팔려 나가면서 중국에 자금이 집적되고 있다.

한편 중국 기업도 대외투자를 시작했다. 중국 상무부 발표에 따르면 2019년 중국의 해외직접투자액은 1369억 달러로 세계 2위를 차지했으며, 전 세계 해외직접투자액의 10.4%를 차지했다. 2019년 말 기준 중국의 해외투자기업 수는 2만 7500여 개로 전 세계 188개 국가에 분포해 있으며 누적 투자액은 7조 2000억 달러에 달한다. 따라서 상하이의 자금원과 투자 방향은 이전의 런던과 같이 금융과 생산 일체형의 국제금융중심은 아니다.

상하이는 자금원 출처가 다양하고, 자금투자 방향도 국내외 시장에 동시에 서비스하고 있으므로, 만일 국제금융중심을 건설한다면 (자금의 분배가 상하이에서 완성될 것이므로) 진정으로 자금의 집합-배치-발산의 중심 허브가 되어 명실상부한 국제금융중심이 될 것이다.

상하이의 금융총량, 금융기구의 집적, 금융시장의 발전, 그리고 금융 혁신은 중국 제1의 지위를 차지하고 있다. 2007년 말 상하이시의 각급 및 각 유형의 은행업 금융기구 총수는 2963개이고, 그중 중국 자본 금융기구가 2877개이고, 외자 은행업 영업성 기구가 87개(84개 외자 은행+2개 자동차 금융회사+1개 화폐 중개회사)이고, 그 외에 외자은행 대표처 109개, 27개 상업은행 영업중심(주로 신용카드 중심, 자금거래중심, 어음수표중심, 통계수치처리중심, 연구개발중심 등) 등이 상하이 은행업의 기구와 기능의 집적효과를 부단히 증강시키고 있다. 상하이는 전국적으로 통일된 은행 간 동업종 단기대출시장(同业拆借市场), 채권시장, 그리고 외환시장을 설치했고, 증권, 선물상품, 황금 3대 거래소가 모여 있는 비교적 완비된 금융시장 체계를 형성했고, 중국 내 금융중심의 지위를 확보했다. 2006년 9월에는 상하이금융선물거래소가 성립되었다.

상하이의 발전은 이미 상하이만의 문제가 아니다. 국가, 특히 동남아 국가들은 중국과 발전 역정이나 경제 수준이 서로 비슷하고, 매우 강한 지역 공통점을 갖고 있다. 따라서 상하이의 금융중심 건설은 주변 지구에 매우 강한 영향을 미칠 것이다. 만일 상하이가 국제금융중심 건설에 성공한다면, 동남아 국가들의 금융 수요를 흡수할 수 있을 것이다.

3) 상하이 자유무역시험구

2013년 8월 중국 국무원이 상하이 자유무역시험구(上海自由貿易試驗区, Shanghai Pilot Free Trade Zone) 설치를 비준했다. 이로써 자유무역시험구는 기존의 와이가오차오 보세구(上海外高桥保税区)를 핵심으로 하고 푸동공항 종합보세구와 양산항 임항신도시를 보조 지역으로 하는 중국 경제의 새로운 실험 지역이 되었고, 금융개혁, 무역서비스, 외국인투자와 세수정책에서 다양한 개혁조치를 실행하게 되었다.

상하이 자유무역시험구는 이후 루자쉐이, 진챠오, 장강고급신기술개발구, 임항구(臨港區)도 편입한 후 전체 면적 240.22km²로 정부정책 개혁, 금융제도, 외국인투자제도, 세수정책의 실험구 및 선두주자 역할을 담당하고 있다. 상하이 자유무역시험구 출범 이래 2018년 말 현재 신규 법인 설립 수 5만 7000개, 상하이시 GRDP의 25%, 대외수출입총액의 40%를 차지하고 있다.

국무원의 '중국 상하이 자유무역시험구 총체 방안(中国上海自由貿易試験区总体方案)'에 따르면, 인민폐 자본 개방과 자유태환 점진적 실시, 기업법인의 인민폐 자유태환을 우선적으로 실시한다. 또한 상하이자유무역시험구는 환태평양경제동반자협정(Trans-Pacific Partnership: TPP)의 최전방 개방 창구이며, 중국이 협정 가입에 중요한 역할을 하고 있다.

또한 상하이자유무역시험구는 2025년까지 비교적 성숙한 투자무역 자유화 제도 시스템 건설, 더욱 높은 개방도의 기능형 플랫폼 구축, 세계 다국적 기업의 집결, 지역 경쟁력 강화, 2035년까지 국제시장 경쟁력과 영향력을 보유한 경제특구 건설 등을 목표로 하고 있다.

중국 정부는 상하이자유무역시험구를 시작으로 2019년 말 기준 광동, 텐진, 푸젠, 랴오닝, 저장, 허난, 후베이, 총칭, 쓰촨, 섬서, 하이난, 산동, 장쑤, 허베이, 윈난, 광시, 헤이룽장 등 18개 자유무역시험구로 지역을 확대했다.

6. 장강삼각주 도시군 현황과 발전계획

장강삼각주 도시군은 중국 내 도시군 중 가장 활력 있고 개방 정도가 제일 높고, 혁신 능력과 외부 유입 인구가 가장 많은 지역이라 할 수 있다. '일대일로' 정책과 장강경제구의 핵심 지역이고, 중국의 현대화와 전방위 개방의 중요한 전략적 위치를 점하고 있다.

장강삼각주 도시군은 상하이시, 장쑤성, 저장성, 안후이성 범위에서 상하이를 핵심으로 긴밀하게 연결된 도시군으로 상하이시, 장쑤성의 난징, 우시, 창저우, 쑤저우, 난통, 옌청, 양저우, 전장, 타이저우, 저장성의 항저우, 닝보, 자싱, 후저우, 샤오싱, 진화, 저우산, 타이저우, 안후이성의 허페이, 우후, 마안산, 통링, 안칭, 츠저우, 쉬안청 등 26개 도시를 포함한다. 면적은 21.17만 km², 2014년 GDP는 12.67조 위안, 총인구는 1.5억 명이고 면적은 중국 전국 면적의 2.2%에 불과하지만 경제 규모 비중은 18.5%, 인구 비중은 11.0%이다.

장강삼각주 도시군은 1개의 초대도시(上海), 1개의 특대도시(南京), 13개의 대도시, 9개의 중도시, 42개의 소도시로 구성되며, 각각의 특색 있는 소성진이 위성처럼 분포해 있다. 소성진은 1만 km²당 전국 평균의 4배인 80개가 분포해 있고, 상주인구 기준 도시화율은 68%에 달한다.

1) 도시의 공간 분포와 발전

장강삼각주 지역 내 대·중도시의 공간 분포는 기본적으로 교통간선과 일치해, 모두 생산력 배치의 주축과 교차점에 위치하고 있다. 상하이-난징, 상하이-항저우-닝보 철도에 연접해 일련의 특대·대·중·소도시들이 도시밀집구를 이룬다. 연강·연해 산업지대가 건설됨으로써, 특히 항구의 발전이 빠르고 경제가 상당한 수준에 이르러 물자 유동이 증가해 도시는 항구를 부흥시켰고, 항구는 다시 도시 발전을 견인했다. 이 일대의 많은 현들은 시로, 향들은 진으로 승격했고, 원래의 대·중도시들이 새로운 도시계획을 실행해 범위를 확대함으로써 도시가 공간상에 밀집하게 되었고 범위가 확대됨으로써 도시들이 연담화되었다. 장강삼각주지구의

표 12-7 장강삼각주 도시군 분류

도시등급		상주인구	도시
초대도시		1000만 이상	상하이
특대도시		500~1000만	난징
대도시	I형	300~500만	항저우, 허페이, 쑤저우
	II형	100~300만	우시, 닝보, 난통, 창저우, 샤오싱, 우후, 옌청, 양저우, 타이저우(泰州), 타이저우(台州)
중도시		50~100만	전장, 후저우, 자싱, 마안산, 안칭, 진화, 저우산, 이우, 츠시(慈溪)
소도시	I형	20~50만	퉁링, 취저우(滁州), 쉬안청, 츠저우, 이싱, 위야오(余姚), 창수, 쿤산, 둥양(东阳), 장자강, 장인, 단양, 주지(诸暨), 펑화(奉化), 차오후루가오(如皋), 둥타이(东台), 린하이(临海), 하이먼, 성저우(嵊州), 원링(温岭), 린안(临安), 타이싱, 란시(兰溪), 퉁샹(桐乡), 타이창, 징장(靖江), 융캉(永康), 가오여우(高邮), 하이닝, 치둥(启东), 이정(仪征), 싱화(兴化), 리양(溧阳)
	II형	20만 이하	톈장(天长), 닝궈(宁国), 퉁청(桐城), 핑후, 양중(扬中), 쥐룽(句容), 밍광(明光), 젠더(建德)

자료: 长江三角洲城市群发展规划(2016.6).

도시화는 경제 발전 및 노동력의 직업 구성 변화로 인해 장기간 정체되었다. 하지만 1978년 이래로 상황이 크게 변해, 시(市) 승격이 증가했고, 시 지역이 확대되었으며, 도시 인구가 증가했다. 한편 도시 교외(郊外)지구와 농촌의 산업구조에 변화가 발생해, 2·3차산업이 주요 경제 기초와 소득원이 됨으로써 노동력이 2·3차산업 위주로 개편되었다.

그러나 도시화 과정 중에 적지 않은 문제점이 발생했는데, 현저한 것은 도시형태 구조의 불합리한 배치이다. 경제 발전이 가장 빠른 장쑤성 남부지구를 예로 들면, 쑤저우, 우시, 창저우의 3개 시는 각각 우셴(吴县), 시산(锡山), 우진(武进) 등의 3개 현으로 포위되어 있다. 역사적으로 상술한 3개의 시와 현은 행정구역상 수차례의 분할, 합병 등의 변동이 있었고, 원래의 현 정부 기구가 시 안에 설치되어 있는 것도 그에 기인한다. 장쑤성 남부의 기타 현은 모두 이미 현을 폐지하고 시가 되었다.

그림 12-3 장강삼각주 도시군 분포 현황

자료: 长江三角洲城市群发展规划(2016.6).

2) 도시의 특징과 파급효과

장강삼각주 도시군은 상하이를 중심으로 하고, 상하이-난징-항저우축을 중심축
으로 도시 간 네트워크를 형성·발전하고 있는 중이다.

상하이를 국제 금융, 무역, 그리고 항운 중심지로 건설하려는 목표는 곧 세계도
시(world city)로의 발전을 의미한다. 특히 1990년 푸둥지구의 개발·개방을 정식으
로 선포한 이래로, 푸둥지구의 토지를 분양함으로써 외자를 끌어들였고, 금융자

금을 집중시켜 국제 일류의 표준계획과 건설에 의거해 불과 수년 내에 종합교통
망과 도시 기초 설비, 통신 체계 등을 빠르게 확충했다. 또, 푸동의 상대적으로 독
립된 5개 지구와 황푸강(黃浦江)에 인접한 주축 지대, 루자쭈이(陆家嘴)에서 장강
하구의 푸동공항에 이르는 보조발전축 건설이 완공되었다. 푸동지구는 상하이는
물론 전 중국의 경제 발전을 선도하며 발전하고 있다. 푸동지구 건설과 푸시(浦西)
지역과의 연계 측면에서는 상하이 원래의 시 지역과 연결되며 45km에 달하는 상
하이시 내부 순환선과 89km에 달하는 외부 순환선, 황푸강대교 건설을 통해 푸동
과 푸시 지역의 일체화가 진행 중이다.

3) 장강삼각주 도시군 발전 전략

2019년 12월 중국 국무원은 '장강삼각주 구역일체화 발전계획 강요'를 발표하고
장강삼각주 구역통합 발전계획을 국가급 전략으로 격상시켰다. 장강삼각주는 경
제, 산업, 과학기술 혁신, 대외개방 등의 측면에서 구역통합발전을 위한 기초 여건
을 구비하고 있다.

장강삼각주지구 경제는 전 중국 경제의 1/4을 차지하고, 상하이 장강(張江), 안
후이 허페이 등 2개의 종합국가과학센터, 국가중점시험실, 국가공정연구센터를
보유하고 있고, 연구개발 경비 지출과 유효 발명특허 수가 전국의 1/3을 차지하고
있어 전자정보, 바이오의약, 신에너지, 신소재 등 분야에서 국제경쟁력을 보유하
고 있다.

상기 '강요'에서는 장강삼각주 도시군을 '1개 극(极), 3개 구(区), 1고지(高地)'와
'1+5 도시권' 건설을 목표로 설정하고 2단계 발전 목표를 설정했다. 발전 전략 위
상으로 장강삼각주를 전국의 발전 추진을 위한 강력하고 역동적인 성장극(1개 극),
전국 고품질 발전 모범구, 현대화 기본 실현 선도구, 지역통합발전 시범구(3개 구),
새 시대 개혁개방의 새로운 제1고지로 구축할 계획이며, 1단계는 2025년까지 지
역통합발전에서 실질적인 진전을 이루고, 2035년까지 비교적 높은 수준의 지역통
합발전을 실현해 장강삼각주 지역을 가장 영향력 있고 역동적인 성장 거점으로
구축한다는 것이다.[8]

'1+5 도시권'은 상하이 대도시권과 난징 도시권, 항저우 도시권, 허페이도시권, 쑤저우·우시·창저우[약칭 쑤시창(苏锡常)] 도시권, 닝보 도시권을 의미한다. 상하이 대도시권은 상하이, 장쑤성의 쑤저우, 우시, 창저우, 난통, 저장성의 자싱, 닝보, 저우산, 후저우의 '1+8'개 도시로 구성되며, 난징 도시권은 난징, 전장, 양저우로 구성된다. 또한 항저우 도시권은 항저우, 자싱, 후저우, 샤오싱을, 허페이 도시권은 허페이, 우후, 마안산을, 쑤저우·우시·창저우 도시권은 쑤저우, 우시, 창저우를 포함하며, 닝보 도시권은 닝보, 저우산, 타이저우를 포함한다. 용머리(龍頭)인 상하이가 선도하고 장쑤성, 저장성, 안후이성이 각자의 강점을 발휘하는 것을 기본으로 '1+5 도시권' 간 연계·통합 발전을 추진한다.

상하이의 발달한 현대서비스업과 전략적 신흥 산업, 장쑤성의 제조업과 풍부한 과학교육자원 및 높은 개방 수준, 저장성의 발달한 디지털 경제, 민영 경제와 아름다운 생태환경, 안후이성의 강력한 혁신 활력, 전통제조업과 광활한 내륙 입지 등 각 성·직할시의 강점을 적극적으로 활용한다. 상하이 대도시권을 건설해 상하이와 상하이 인근 지역 및 쑤시창 도시권의 연동 발전을 추진하며, 난징 도시권과 허페이 도시권의 협동발전을 강화해 중·동부 지역균형발전의 모범을 개발한다. 항저우 도시권과 닝보 도시권의 긴밀한 협력과 분업을 추진하고 항저우-샤오싱-닝보의 통합을 실현하며, 닝보-항저우 생태경제벨트 구축을 통해 난징 도시권과 항저우 도시권의 균형 연동 발전을 강화한다.

8　2025년은 14차 5개년 계획(2021~2025)이 마무리되는 시점이고, 2035년은 제19차 당 대회에서 사회주의 현대화를 기본적으로 실현하겠다고 선포한 시점이다.

Questions

1. 장강삼각주의 공간적 범위와 2019년 중국 국무원이 발표한 '장강삼각주 구역일체화 발전
   계획'에 따른 '1+5 도시권'에 대해 설명하시오

2. 중국 최초로 시범적으로 추진한 상하이 자유무역시험구의 추진 배경은 무엇이고 국제금
   융과 국제항운 중심으로 발전하기 위한 정책조치에 대해 설명하시오.

제13장

환발해지구

본장에서는 환발해만 지구의 현황과 발전 동향을 고찰·정리했다. 환발해지구(环渤海地区)는 발해를 C자형으로 둘러싸고 있는 요동반도, 산동반도, 그리고 화북 평원으로 구성되었고, '환발해경제권(环渤海经济圈)'이라고도 부른다. 이 지구는 중국 북방 지역의 인구, 산업, 도시의 밀집 지역일 뿐 아니라, 중국의 정치, 경제, 문화의 중심지이고, 주요 중심 도시는 베이징, 텐진, 션양, 따롄, 지난, 칭다오, 바오딩, 스자좡 등이다.

1. 환발해지구 개황

환발해지구의 범위는 황하, 화이하, 하이하 3개 강 및 그 지류로 충적된 화북 평원과 인접한 산동의 중남부 구릉과 산동반도 지구를 가리키며, 북쪽으로는 만리장성, 남쪽으로는 통바이산(桐柏山), 서쪽으로는 타이항산, 동쪽으로는 발해와 황해까지 포함한다. 이 지구의 주요 도시는 베이징, 텐진, 션양, 따롄, 지난, 칭다오, 바오딩, 스자좡 등이다. 또한 이 지구는 베이징, 텐진 양대 중심 대도시를 둘러싼 텐진 빈하이신구, 랴오닝성 연해경제지대, 산동성 황하삼각주, 허베이 차오페이뎬신구(曹妃甸新区), 그리고 허베이 보하이신구(渤海新区) 5대 지대를 포함한다. 한편, 보다 광의의 개념으로는 황하, 화이하, 하이하 3개 강의 유역과 자연지형을 기준으로 구분한 황화이하이지구(黃淮海地区)[1] 개념도 있다. 단, 최근에는 통계자료 이용 편의 등을 위해, 행정구역 구분에 기초해, 베이징, 텐진 2개 직할시와 허베이, 랴오닝, 산동의 3개 성으로 구성된 지구를 지칭하는 것이 일반적이며, 이 경우 면적은 전 중국 국토 면적의 5.4%, 인구는 17.8%를 점한다.

환발해지구는 토지자원이 풍부하고, 항구기초시설이 양호하며, 산업 및 과학기술 발달 수준이 상대적으로 양호하다. 이 같이 양호한 발전 조건을 기초로 비교적

---

1 황화이하이지구는 황하, 화이하, 하이하 3강 및 그 지류로 충적된 황화이하이 평원(화북 평원)과 인접한 산동의 중남부 구릉과 산동반도 지역, 그리고 북쪽으로는 만리장성, 남쪽으로는 통바이산, 다볘산(大別山), 서쪽으로는 타이항산과 위시푸뉴(豫西伏牛) 산지, 동쪽으로는 발해와 황해 연안 지역까지 포함한다. 행정구역상으로는 베이징, 텐진, 산동성의 전부와 허베이와 허난성의 대부분, 장쑤성과 안후이성의 화이하 이북 지구를 포함하며, 토지 총면적이 46.95만 km²로 전 중국 국토 면적의 4.89%를 점한다.

표 13-1 환발해지구 개황(2018년)

구분	면적(만 km²)		인구(만 명)		총생산액(억 위안)		1인당 GDP(위안)
	면적	전국 비중(%)	인구	전국 비중(%)	총생산액	전국 비중(%)	
중국 전국	960.00	100.0	139,538	100.0	900,309	100.0	64,644 (9,397달러)
베이징	1.64	0.8	2,154	1.5	30,319	3.4	140,211 (20,382달러)
톈진	1.18	0.1	1,560	1.1	18,809	2.1	120,711 (17,547달러)
허베이	18.83	2.0	7,556	5.4	36,010	4.0	47,772 (6,944달러)
랴오닝	14.75	1.5	4,359	3.1	25,315	2.8	58,008 (8,432달러)
산둥	15.71	1.6	10,047	7.2	76,469	8.5	76,267 (11,087달러)
환발해지구	52.11	5.4	25,676	18.4	186,924	20.8	72,801 (10,583달러)

주: 2018년 환율 기준, 1달러=6.8792위안으로 계산.
자료: 中国统计出版社(2019: 57, 69), 行政区划网(2019)(각 지구 면적).

강력한 후발 우세를 보이면서, 2000년대 이후 베이징 중관촌지구와 톈진 빈하이 신구, 그리고 최근에 중국 정부가 징진지 일체화 발전 전략을 중점 추진하면서 장 강삼각주와 주강삼각주보다도 높은 성장률을 보이고 있다. 세계적 범위에서 새로 운 산업 구조조정과 승급이 진행되고, 중국의 연해지구 개발·개방 정책의 무게 중 심이 남에서 북으로 이전하면서 혁신과 기술혁신이 가속화됨에 따라 이 지구의 발전이 더욱 활발히 진행될 것으로 예상된다(中国统计出版社, 2011: 11~18).

2. 지역발전 조건의 종합 분석

1) 유리한 조건

(1) 지리적 위치의 이점

환발해지구는 화북, 화동, 화중의 3대 지구를 결합하고 있고, 산과 바다를 끼고 있으며, 동북아 지역과 태평양에 면하고 있고, '3북지역(화북, 동북, 서북)'에 접하고 있어 중국 북방의 황금해안을 따라 경제산업지대를 이루며, 대부분 지역이 황화이하이지구에 속해 동부연해지구의 주강 및 장강삼각주 지역과 더불어 중국 개혁개방의 중심 지역이다. 전 지역이 베이징, 텐진, 스자좡, 지난, 정저우 등의 대도시를 중심으로 하고, 중서부의 광대한 내륙 배후지와 허베이와 섬서, 네이멍구는 에너지자원의 기지이다.

아울러 텐진, 옌타이, 칭다오, 렌윈강 등의 연해도시 경제개발구와 친황다오, 텐진신항, 옌타이, 칭다오, 르자오, 렌윈강 등의 해안 도시를 전진기지로 하고 있고, 베이징-광저우, 베이징-상하이, 베이징-홍콩, 베이징-산동 지난(京山), 칭다오-지난(胶済), 신장 우루무치-스자좡(新石), 렌윈강-우루무치(陇海) 간을 운행하는 간선 철도를 주축으로 중국 내 각지와 연결된다. 이 지역은 중국의 북방지구를 해외 각국과 연결해 주며, 동북아와 아태 지역의 경제기술 협력에 중요한 역할을 수행하는 주요 기지이자 창구이다. 또한 이 지역은 중서부 내륙의 광대한 지역에 대외개방과 외자를 끌어들이는 중요한 통로이자 관문이다.

(2) 산업발전을 위한 풍부한 자원 조건 구비

황화이하이 유역은 토지, 광산, 해양, 농부산품, 관광 등 다양하고 풍부한 자원을 보유하고 있는 지역이다. 각 자원의 매장량이 클 뿐 아니라 발달된 교통과 넓은 지역소비시장, 우세한 개발 조건 등을 갖추고 있어서 농업, 에너지, 원재료공업 및 가공업, 해양 수산업, 관광업 등을 발전시킬 수 있는 유리한 조건을 갖추고 있다. 또한 지세가 평탄하고 토지자원이 풍부하다. 농작물 파종 면적은 3581만 1958km²이며, 300만 무의 황무지 개간 면적과 550만 무의 간척자원을 가지고 있다. 평지의 토양층은 토양의 비옥도가 높고 일사량이 풍부해 농·목·임업의 종합 발전에 유리하다.

이 지역의 광산자원 중 황금, 석고, 금강석, 수정의 매장량은 전국적으로 수위를 차지하고, 석유, 석탄, 철, 암염, 대리석, 석회석 등의 매장량도 풍부하다. 연해 지역은 소금의 생산 가능량이 무궁무진하다. 광산자원 중 이 지역 발전에 가장 큰 역할을 하는 것은 에너지, 철광, 건재 순이다. 석탄 매장량은 중국 전국총량의 7.6%를 차지하며, 유명한 석탄 산지는 펑펑(峰峰), 펑딩산, 텅저우(滕州), 쉬저우, 화이베이, 화이난 등이다. 또한 황하 삼각주와 허베이 중부, 섬서 동북 평원, 발해 연해 등에 성리(勝利), 화베이(华北), 지동(冀东), 다강(大港) 등의 석유와 천연가스의 산지가 있다.

황화이하이지구는 산, 바다, 호수, 샘 등의 자연자원을 모두 가지고 있어 경치가 아름답고, 문화유적이 많다. 이곳에는 세계적으로 유명한 바다링장성(八達嶺長城), 산하이관, 고궁박물관(古宮博物館), 웬밍위안(圓明園), 이허위안(頤和園), 명13릉(明十三陵), 청더 피서산장, 태산, 베이다이허(北戴河), 창리(昌黎), 옌타이, 웨이하이(威海)의 해변, 칭다오, 취푸(曲阜)의 공자 유적지 등 풍부한 문화 유적지와 관광자원이 있다.

(3) 상품작물 및 과일의 주요 생산지

황화이하이지구는 중국에서 원시농업이 최초로 시작된 지역이다. 이 지역의 농지 면적은 중국 전국 농지 총면적의 22.02 %를 차지하며, 전국 농업 생산 중 식량이 27.9%, 면화 40.8%, 과일 25.1%, 유류 24.4%, 육류 25.1%, 수산품이 21.6%를 차지한다.

(4) 견고한 공업적 기초

환발해만 지구는 공업의 기초가 튼튼하고, 많은 대형 중추기업을 가지고 있는 중국의 중요한 종합적 공업기지이며, 총생산량의 규모가 크고, 각종 공업 부문이 고루 갖추어진 공업 생산 체제를 형성하고 있다. 2018년 산동 지역의 공업총생산액은 2조 8897억 위안으로 전국 공업총생산액(30조 5160억 위안)의 9.4%를 차지했다. 이 중 에너지, 철강, 화공, 건재 등의 기초공업을 주로 하는 중공업 비중이 58.7이다. 이 지구 석탄 생산량은 전국의 20.7%, 석유는 31.6%, 발전량은 21.5%, 철강은 25.8%, 점토는 26.8%, 화학비료는 23.4%를 차지하고 있다. 경공업은 중공업에 비해 상대적으로 정체되어 있고, 방직과 식품업종이 우세하고, 면방직은 전국의 31.1%, 음식료품은 27.9%, 제지 및 제판은 33.2%를 차지한다. 전체적으로 보면 이 지역의 공업은 전통적 업종이 주류를 이루고 있어, 기술 수준이 높고 부가가치가 높은 자본집약적 업종의 비중이 비교적 낮다. 베이징, 텐진, 칭다오 등 소수 특대도시를 제외한 나머지 도시의 공업 발전 수준은 초보 단계에 머물러 있다.

(5) 우수한 기반시설 및 투자환경

환발해지구는 풍부한 에너지자원 이외에 또한 전국에서 가장 큰 허베이, 섬서, 네이멍구의 에너지기지에 접해 있어 '북부와 서부의 석탄을 남부와 동부로 운송하는' 중요한 통로이다. 이 지역의 기초가 되는 화북 지역의 전력망은 중국 최대의 전력망에 속하며, 이 중 화력발전의 용량은 전국의 1/3을 차지한다. 교통 또한 편리해 철도는 '3종 4횡(三縱四橫)'[2]을 근간으로 하며, 도로는 사방팔방으로 연결되어 있고, 베이징, 텐진, 지난, 칭다오, 정저우, 쉬저우 등의 비행장이 서로 연결되어 종합적인 교통운수망을 갖추고 있다.

2) 제한 요소

(1) 자연재해의 빈발

황화이하이지구는 중위도 계절풍 기후대에 속하며, 지리 위치와 자연 조건의 영향으로 역사상, 가뭄, 홍수, 염분, 황사 등의 자연재해가 빈번했고, 농업생태환경이 취약해 농업 생산량이 안정적이지 못하다. 근 40여 년간 계속적인 종합 치수 개발 건설로 각종 자연재해가 다소 감소했지만 아직도 재해의 근원이 완전

---

2 '3종'은 베이징-상하이, 베이징-광저우, 베이징-저우룽 철도축을, '4횡'은 따롄-친황다오, 칭다오-지난-스자좡-더저우, 신장-스자좡, 렌윈강-란저우 구간 철도축을 말한다.

히 소멸된 것은 아니다. 주요 자연재해를 살펴보면, 첫째로 가뭄과 홍수의 재해 위협이 비교적 크다. 이 중 봄 가뭄과 여름 홍수 피해가 자주 발생한다. 1950년 대 초 이래 이 지역에 발생한 가뭄, 홍수의 피해 면적은 전 지역의 절반 이상을 차지하고 있다. 이는 중국에서 가뭄과 홍수 피해가 가장 빈번한 지역임을 의미 한다. 둘째로 염기성 토양, 풍사, 모래 등의 저생산 면적이 비교적 넓어 치수개 조사업이 매우 어렵다. 이 지역의 염기성 토양은 3499만 무, 풍사토는 2299만 무, 모래흙(沙土)은 3900만 무에 달해 전체 경지 면적의 30.9%를 차지하고 있다. 셋째는 환경 악화와 재해의 가중으로 인해 수질오염이 심각하고, 산지와 구릉의 물과 토지가 유실되고, 평지가 침식되고, 해안지구의 폭풍과 해수 침입 등의 재 해가 자주 발생한다.

(2) 수자원의 부족

환발해지구는 강수량이 적고 매년 강수량이 불균등해 수자원 부족 문제가 심각 하다. 이 지구의 1인당 평균 수자원량은 791m³이며, 경작지의 ha당 수자원량은 7635m³로 각각 전국 평균의 34.1%와 25.8%에 불과하다. 특히 인구와 경제의 밀 집지인 베이징-톈진-탕산 지역, 산둥반도, 허베이 평원 등지의 물 부족 문제가 심 각하다. 수자원의 수급 분석에 의하면 황화이하이 평원은 보통 613.5억 m³를 공 급할 수 있는데 필요한 양은 695.5억 m³로, 매년 약 80억 m³가 부족하다. 향후 사 회와 경제의 발전에 수반해 물 수요는 더욱 증가할 것이다.

(3) 미흡한 개혁개방 및 경제 발전 수준

환발해지구는 대부분 북방 연해 지역에 속하며, 경제가 발달된 동남 연해 지역 과 비교하면 이 지역 대부분의 간부와 주민들의 사상이 상대적으로 보수적이고, 시장개념, 경쟁의식, 효율의식, 개방의식이 비교적 약하다. 그리고 기업제도 개혁 과 정부직능 전환 등 개혁의 추진이 비교적 느리다. 산둥성을 제외한 나머지 4개 성의 경제 발전 속도는 연해 지역의 평균 수준에 훨씬 못 미치고 있다.

3. 농업 및 농촌경제의 지속발전

1) 농업 종합개발의 성과

이 지구는 장기적으로 가뭄, 홍수, 염기성 토양, 풍사 등의 자연재해의 위협을 받아왔고, 농업 생태환경이 취약하고 저생산 농경지의 면적이 넓어 지역의 경제발전과 인민 생활을 제약해 왔다. 이로 인해 중국 정부는 1988년부터 3년을 주기로 농업종합개발을 추진했다. 농업종합개발의 중점은 이 지역 농경지의 4/5를 차지하는 중·저생산 농지에 대한 개조와 황무지 개간을 통해, 식량, 면화, 육류, 유류를 증산하는 것을 주목적으로 했다.

(1) 농업 생산 조건 및 생산 능력의 제고

황화이하이 평원의 농업종합개발이 실시된 6년간(1988~1993)의 통계에 의하면, 종합 치수 정책을 통해 6144만 무의 농경지가 개조되었고, 이 중 관개시설이 개선된 면적은 5800만 무, 홍수 재해 방지 조건이 개선된 면적은 3315만 무에 달한다.

(2) 농업 생태환경의 개선

물, 흙, 삼림, 도로 등의 종합 정돈사업을 통해 이 지역에 논의 경지 정리, 삼림의 건설, 도랑의 상호 연결, 도로 연결, 교량 건설 등이 추진되었다. 6년간 조림된 면적은 504만 무이며, 개량된 초원은 147만 무이다. 종합개발구 내의 임목복개율(林木覆蓋率)은 3~6% 증가했고, 300~400만 무의 농경지가 삼림의 보호를 받게 되어 풍사와 가뭄의 피해를 크게 줄였다. 농업종합개발은 농업 생산의 지역화와 상품농업 기지화를 촉진했고, 농촌 경영 방식이 전통적인 분산적 소생산 방식에서 집약화, 규모화, 전문화된 방식으로 변화했고 농부산품 가공공업을 위주로 하는 향진공업의 발전을 촉진했다.

표 13-2   황화이하이 평원 토지 이용 구조(2000년)

이용유형		면적(km²)	점유 비중(%)
농업용지	경작지	182,545.07	56.14
	미개간지	10,351.86	3.18
	소계	192,896.93	59.32
임업농지	임업	13,821.10	4.25
	임업가능용지	27,064.02	8.32
	소계	40,885.12	12.57
목축농지	초원지	20,594.60	6.33
	초원가능용지	5,484.73	1.69
	소계	26,079.33	8.02
기타용지	염전	1,553.25	0.48
	수산양식지	6,767.50	2.08
	도시 주민 거주지	56,991.37	17.53
	소계	65,312.12	20.09
합계		325,173.50	100.00

자료: 人民教育出版社·课程教材研究所·地理课程教材研究开发中心(2008).

2) 농업 구조조정

황화이하이 평원은 중국의 면화와 유류를 주로 생산해 왔으며, 작물의 비중이 커서 임·목·부·어업과 겸업 및 결합 등을 통한 다양한 경영으로 발전하지 못했다. 이로 인해 농업 생산이 증가해도 수입의 증가를 가져오지 못했고, 경제효율이 저하되고 농민의 수입이 줄어서 '생산은 많지만 가난한 마을(高産窮村)' 현상이 보편적으로 나타났다. 1980년대 이래로 개혁개방 심화와 인민 생활수준 향상으로 임업, 과수, 축산, 수산품 시장이 확대되었다. 이 부문은 적은 투자로 빠른 효과를 볼 수 있고 외화 획득이 유리하고 효율이 높아 농업 구조가 단일한 방향에서 다원화 방향으로 발전했다.

1980~1995년 사이에 황화이하이 평원의 재배작물은 전체 비중의 77.6%에서 58.9%로 낮아졌고, 임·목·부·어업의 비중은 22.4%에서 40.2%로 상승했다. 이

표 13-3 황화이하이 지역 농작물 구조변화 추이

연도	농작물 총 파종 면적		농작물 총 파종 면적 중의 비율(%)		
	만 무	%	식량작물	경제작물	기타 작물
1979	73,030.5	100	80.5	11.9	7.6
1990	73,942.5	100	76.5	17.3	6.2
1995	73,594.5	100	73.9	17.2	8.9

중 목축업의 발전이 빨라 농업총생산 중의 비중이 1980년 15.6%, 1990년 24.2%, 1995년 29.9%로 지속적으로 상승했고, 초보적 수준의 과수, 축산업, 수산양식과 다양한 경영 방식이 형성·발전하고 있다.

작물 재배의 내부에서 식량작물의 재배구조가 점차 조정되었다. 전체적으로 보면 식량작물의 파종 면적이 다소 감소했고, 반면에 경제작물과 기타 작물은 다소 증가했다. 이 중 채소의 재배 면적이 빠른 속도로 증가했다(〈표 13-3〉).

3) 농업 생산의 전문화와 지역화

이 지구는 농업 발전의 자연적·사회경제적 조건, 농업기초의 지역적 차이가 매우 뚜렷하다. 1980년대 중반 이래로 이 지역 농업 생산력의 발전 속도가 빨라짐에 따라 농·임·목·어업의 식량작물, 경제작물, 채소가 점차 생태환경의 고려와 경제 효율이 높은 지역으로 이동해 농업 생산의 전문화와 지역화가 빠르게 진행되었고, 식량, 면화, 유류 및 다양한 경제작물을 재배하는 생산기지가 출현했다. 중국 전국에서 연 5만 t 이상, 농민 1인당 100kg 이상의 상품성 식량을 생산하는 현이 509개이고 이 중 황화이하이 지역이 132개를 차지하고 있다. 또한 면화를 15만 무 이상의 면적에서 1만 t 이상을 생산하는 전국의 150개 현 가운데 66개를 차지하고 있고, 땅콩 생산 전국 66개 현 가운데 34개를 차지하고 있다.

4) 향진기업의 출현과 농촌경제 구조의 고도화

1980년대 초 이래 국가 정책이 점차 자유화되고 농촌경제 개혁이 심화됨에 따라, 이 지구 농촌에 향진기업이 출현했고, 이에 따라 농촌경제에서 농업의 주도적 역할이 점차 줄어들었다. 비농업 생산의 비중은 농촌경제의 총생산량 중에서 1985년에는 10%에도 미치지 못했으나, 1990년대 초에는 60~65%, 1995년에는 70~80%로 급상승했다. 향진기업의 발전이 느리고 다른 성에 비해 상대적으로 낙후한 허난성과 허베이성의 경우, 1995년 비농업 부문 생산액의 성 전체 농촌생산액에 대한 비중은 각각 71.5%와 72%이며, 향진기업이 상대적으로 발달한 산동성은 83.2%를 차지했다.

환발해지구의 향진공업 특징은 대략 다음과 같이 네 가지로 분류할 수 있다.

첫째, 인근 지역에서 생산된 농부산품 원료를 가공하는 것으로, 주로 음식료품과 방직, 의복, 제지 등의 업종이다. 이 지구는 인구밀도가 높아 노동 집약형 산업이 넓게 분포해 있고 향진기업이 주요 업종을 이룬다. 둘째, 광산자원의 초기가공인 갈탄, 점토, 화공, 야금 등의 업종으로, 주로 산동반도, 허베이 동부, 타이항산 등지에 분포해 있다. 셋째, 농업 관련 서비스업으로, 예를 들면 농기계 수리, 화학비료, 농약, 비닐제조 등이며 생산량은 많지 않지만 넓게 분포해 있다. 넷째, 기술집약도가 높은 향진기업으로, 전자, 가전제품, 의약, 정밀화공, 의료기 등인데 주로 베이징-텐진-탕산 지구와 산동반도, 칭다오-지난 철도 부근에 분포해 있다.

1990년대 중반 이래 이 지구의 향진공업은 큰 폭의 구조조정을 진행했다. 즉, 소유제의 구조상 주식제의 방향으로 발전했고, 합병과 자산의 연합을 통해 경영규모가 확대되었다. 업종구조상 노동밀집형 산업을 계속 발전시키는 한편 환경오염이 심한 제지, 화학비료, 피혁, 시멘트 산업 등을 제한하고, 그 대신 자본과 기술밀집형 산업의 발전을 적극 추진했다. 비농업 분야의 신속 발전은 농촌공업화와 도농 간의 일체화를 실현하기 위한 유리한 발전모델을 제공했을 뿐 아니라, 농촌경영 구조의 고도화와 농업의 지속적 발전을 위한 농업 잉여노동력 문제를 일정 정도 해결할 수 있었고, 농촌 중심 소도시(小城鎮)의 발전 가능성을 제시했다.

4. 공업 발전과 입지

환발해지구는 전국 공업 부문의 40여 개 업종 중 거의 모든 업종을 보유하고 있으며, 에너지, 원재료, 경방직, 전기기계 등의 전통 산업을 지주산업으로 하고 기타 가공공업도 상당한 발전을 이루어 종합적으로 입지·발전하는 공업 체계를 형성했다.

1) 에너지와 원자재 공업

(1) 에너지공업

이 지구는 개발규모가 비교적 큰 에너지자원 기초 위에 강력한 전력공업을 건설했다. 중국 전국에 1000만 t 이상의 석탄을 생산하는 광산 16개 중 8개, 21개의 육지 유전 중 5개, 100만 kW의 전력을 생산하는 화력발전소 26개 중 10개가 이 지구에 있다. 이 지구의 1995년 석탄 생산량은 2억 8200만 t, 원유 생산량은 4746만 t, 천연가스는 35.4억 m³, 발전량은 2167억 kW이다(〈표 13-4〉).

이 지구의 석탄자원은 매장량이 풍부하고, 집중적으로 분포되어 있고, 종류가 다양하고, 질이 우수하다. 또한 각 주요 석탄 산지의 지리 조건도 양호하다. 인근의 대도시와 교통망 연결이 잘 되어 있고, 해륙운수도 편리하다.

1970년대 초부터 이 지구의 석탄공업이 신속히 발전해 일련의 대형화되고 현대화된 광산이 건설되었고 생산 능력도 증가했다. 주요 석탄 채광 지역은 허베이성의 한단, 징진(井陘), 펑펑(峰峰), 산동성의 텅저우(滕州), 짜오좡, 신원(新汶), 옌저우(兖州), 쯔보(淄博) 등이다.

하지만 석탄산업은 다음과 같은 문제점을 노출시키고 있다. 첫째, 기존 광산은 장기간의 강도 높은 채굴로 인해 고갈 상태이다. 둘째, 지질 탐사 작업 지체로 인해 새 광산 개발이 느리다. 셋째, 석탄기업의 재정적자가 심화되어 발전 역량이 부족하다. 넷째, 석탄 채굴로 인한 양호한 토지의 훼손이 일어난다. 가령 100만 t의 석탄을 채굴하는 데 360무의 토지가 매몰되고, 채광에 따른 생태환경 악화로 인근 주민에게 사회적·경제적 피해를 주고 있다.

표 13-4 2004년 황화이하이지구의 에너지 생산량(단위: 억 t)

성·도시	석탄(억 t)	원유(만 t)	천연가스(m3)	발전량(억 kWh)
베이징	0.10	—	—	132.2
텐진	—	621	7.6	133.7
허베이	0.72	517	3.5	607.2
산동	1.43	3,006	12.9	739.2
허난	1.54	602	11.4	544.7
합계	2.82	4,746	35.4	2,167.0
전국	13.61	15,005	179.5	10,077.3
점유 비율(%)	20.72	31.63	19.72	21.50

이 지구의 석유 및 천연가스는 주로 산동성 동잉의 셩리유전, 텐진의 다강유전, 허베이성의 화베이유전 및 허베이 동부(冀東)유전 등에서 생산된다. 이 중 셩리유전의 연간 원유 생산량은 약 3000만 t으로 헤이룽장성 따칭유전에 이어 중국 내 2위이다. 그러나 30여 년간의 채굴로 인해 매장량이 얼마 남지 않았으며, 채굴 원가도 날이 갈수록 높아지고 있다. 천연가스의 경우는 발해 지역만이 유리한 조건을 가지고 있고, 기타 육지 지역은 수요량만큼 공급하지는 못하고 있다.

전력산업은 50여 년간 이 지역과 인근 지역의 풍부한 석탄자원을 기초로 지속적으로 발전했고, 이 중에 화력발전이 절대적 우세를 점하고 있다. 발전소의 입지 특징은, 첫째로 석탄광산 부근에 건설한 것으로 허베이성의 탕산, 투허(徒河), 싱타이(邢台), 샤화위안(下花园), 산동성의 쯔보, 쩌우청(邹城), 스리첸(十里泉, 짜오쫭), 스황[石橫, 타이안(泰安)], 롱커우(龙口) 등이다. 둘째는 교통의 중추 지역에 건설된 발전소로, 베이징, 텐진, 스자좡, 지난, 더저우, 친황다오, 르자오 등이다.

전체적으로 살펴보면 환발해만 지역은 에너지 공급이 부족하다. 석탄자원은 일정 기간 현 상태 정도는 유지할 수 있겠지만 석유자원이 감소 추세이므로 전체적으로 에너지자원 부족 상황이 도래할 것이다. 이러한 문제를 해결하기 위해서는 섬서, 산시, 네이멍구의 에너지 자원을 끌어오기 위해 우루무치-스자좡 철도 확충, 지난-한단-따롄-친황다오 간 연결 철도 건설 등과 동시에 롄윈강과 자오동반도(胶东半岛)에 원자력 발전소 건설 등을 추진하고 있다.

(2) 원자재 공업

① 철강공업

환발해지구는 전국적으로 주요한 철강공업기지의 하나이며, 이 지역에 매장된 철광자원은 약 100억 t이고, 허베이성 동부 지역과 한단 지역에 전체 매장량의 2/3가 분포되어 있다. 철강공업지는 주로 베이징-톈진-탕산 지역과 산동성 중부, 허베이성의 남부에 위치하고 있다.

이 지구는 철광석 자원이 풍부하나 수자원 부족과 환경오염 등의 제약 요인으로 인해 다수의 철강회사들이 규모 확장에 어려움을 겪고 있다. 1980년대 초 관련 기관의 조사를 통해 허베이성 동부의 러팅(乐亭)현과 산동성의 르자오항에 1000만 t 규모의 현대화된 대형 철강기지 건설 방안이 제기된 바 있다. 러팅현은 철광석 생산지이고, 르자오항은 철광석과 석탄 운송의 종점이며 대량의 철광석 부두를 보유하고 있다.

② 건자재공업

환발해지구의 건자재공업 제품은 시멘트, 유리, 건축위생재료, 석고판, 석재 등을 포함한다. 시멘트공업은 주로 석회석 산지와 운수 조건이 편리한 지역에 분포해 있는데, 산동 남부, 허베이 동부, 타이안, 한단, 지닝(济宁), 쉬저우, 짜오좡, 핑딩산, 안양 등지에 집중적으로 분포해 있다. 유리공업은 평판유리를 위주로 하며, 전국총생산의 40.3%를 차지하는 전국 최대의 생산기지이다. 주요 생산 지역은 친황다오, 싱타이, 텅저우(滕州), 벙부, 뤄양, 상처우(商丘) 등이다. 특히 친황다오의 후이화(辉华)유리회사는 전국 최대 규모이다.

2) 경방직공업

방직공업은 환발해지구의 전통적인 경공업 부문이고, 톈진과 칭다오 외의 지역에서는 1차 5개년 계획 기간(1953~1957)에 발전하기 시작했다. 면방직은 이 지구의 방직 공업 중 주도적 위치를 점하며, 주로 면화 생산 지역과 소비시장에 밀접히 연결된 베이징, 톈진, 칭다오, 스자좡, 정저우, 한단, 안양, 신샹, 더저우 등에 분포해 있다. 1990년대 초에 들어서면서 면화 생산이 감소했으나, 국제시장에서의 방직품 파동으로 인해 과잉생산되기도 하면서 경제효율이 하락했다. 국가의 거시조정 정책이 시작된 1990년대 중반부터 베이징, 톈진, 칭다오, 지난, 스자좡, 정저우 등 대도시에서 경쟁력 없는 면방직 공장들이 조정·도태되었다

식품음료 산업은 대략 두 종류로 분류할 수 있다. 하나는 농부산품의 초기 가공품으로, 식용유, 육류, 과일과 채소, 수산품 가공 등이 있다. 다른 하나는 농부산품의 고급 가공품으로 주류, 음료 등이다.

3) 전기·기계 공업

전기·기계공업은 건국 이래 환발해지구에서 중점적으로 발전해 온 산업이며, 보통의 기계 제조, 전문설비 제조, 교통운수기계, 전기기계, 기자재, 정밀 의료기기, 전기, 통신설비 등을 포함한다. 이들은 생산 규모가 크고, 생산품 종류도 다양하며, 조립 능력도 강해 경제효율이 높고 외화 획득 능력도 강하다. 전기·기계 공업의 기본을 형성하는 지구를 살펴보면, 베이징·탕산·칭다오·스자좡 등은 기계차량 제조, 베이징·톈진·지난 등은 기차 제조, 베이징·톈진 등은 중형기계 및 전기기계, 베이징·톈진·지난은 응용기계 및 선반, 베이징·정저우·웨이팡은 동력기계, 뤄양·탕산은 광산기계, 쉬저우·지닝·칭저우는 공정기계, 톈진·정저우·스자좡은 방직 및 경공업기계 등이다.

이 지구 기계공업의 전문화 정도는 비교적 높고, 생산품의 조합 능력이 비교적 우세하다. 예를 들면 베이징과 톈진의 기계부품, 전기와 전기설비, 전자부품 등은 전국으로 공급되고 있다. 이 지구의 전기·기계 공업에 존재하는 문제는 우수 상품과 히트 상품이 없고, 생산품이 계열화되어 있지 않고, 대다수 상품의 기술 수준이 낮다는 점이다.

4) 고급 신기술 산업

고급 신기술 산업은 전자정보기술, 전기전자 의료기, 생물의약, 신에너지와 신소재 등의 업종을 포함한다. 이 지역의 고급 신기술 산업은 동남 연해 지역보다 3~5년 늦게 시작되었지만 그 발전 속도는 매우 빠르다. 베이징, 톈진, 칭다오, 옌타이, 지난, 스자좡, 정저우 등의 중심도시에는 각각 다른 형태와 다른 규모로 신기술 산업개발구를 건설했다. 예를 들면 베이징은 전자센터를 설립한 것 이외에 중관촌(中关村)의 전자거리, 이좡(亦庄), 상디(上地), 펑타이(丰台), 창핑(昌平), 바다추(八大处) 콩강(空港), 왕징(望京), 옌시(雁栖) 등 10여 개 지역에 고급기술개발실험구와 과학기술 공업단지, 공업개발구 등을 건설했다.

1990년대 이래 환발해지구 내 각 지역은 상술한 과학기술 단지를 충분히 이용해, 각 지역의 '인큐베이터' 역할을 수행해 고기술 산업을 발전시켰다. 특히 컴퓨터와 소프트웨어, 마이크로칩 등의 전자정보, 통신설비, 광전기 기계, 생화학 공정, 신약개발 등에 중대한 성과를 거두었다. 그러나 그 이면에는 고급 신기술 산업의 발전이 균형적이지 못하고, 지역적으로 베이징, 톈진, 칭다오, 웨이팡, 스자좡 등에 밀집되어 있고, 업종도 전자정보, 통신설비, 신약산업 등의 소수 업종에 편중되어 있다는 문제가 존재한다.

5. 교통망 입지와 연해 항구의 건설

이 지역은 인구가 많고 에너지와 원료 공업이 발달했으므로, 석탄, 석유, 철광, 건재, 농부산품의 운송량이 비교적 많고, 철도와 도로망의 밀집도가 전국 평균을 초과한다. 단, 교통운수업의 발전이 다른 경제 부문, 사회 부문의 발전에 비해 아직 정체된 상태에서 수요를 만족시키지 못하고 있다.

1) 기존의 교통망 체제

현재 환발해지구의 교통망은 철도를 기본으로, '3종 4횡'의 교통망을 골간으로 하고 있다. 이 중 베이징-상하이선(京沪線)과 베이징-광저우선 노선은 중국 중동부 지역의 남북을 연결하는 대동맥이며, 운송이 가장 번잡한 교통망이다. 베이징-상하이와 베이징-광저우의 교통 밀집도는 전국의 간선철도 중 각각 1위와 3위를 차지하고 있고, 화물 운송 밀도는 전국에서 베이징-선양 철도(京沈線) 다음으로 2위와 3위이다. 1997년에 개통된 베이징-홍콩 노선(京九線)은 국가급 간선철도로, 이 중 베이징-푸양(阜阳) 구간은 자동화된 복선이며, 연간 화물 운송량이 7000만 t이다. 이 철도는 베이징-상하이선과 베이징-광저우선의 화물과 여객의 포화 상태를 분산시키고, 철도 연변 지역의 경제를 발전시키는 데 매우 중요한 역할을 수행하고 있다.

4개의 횡축 간선철도 중 3개는 섬서, 산시, 네이멍구 에너지기지의 석탄을 외부로 운반하는 임무를 수행하고 있으며, 이 중 북부 통로인 따롄-친황다오선(大秦線)과 베이징-바오터우선, 베이징-친황다오선(京秦線), 베이징-타이위엔선(京原線), 베이징-산하이관선(京山線)의 구성은 동쪽으로 친황다오와 텐진항을 연결하고 있다. 중부 통로는 스자좡-타이위안선(石太線), 스자좡-더저우선(石德線)과 지난-한단선(济邯線)과 칭다오-지난선(胶济線)과의 연결은 칭다오와 옌타이를 통해 출항할 수 있고, 남부통로는 허우웨(侯月), 신옌(新兖)과 롄윈강-란저우선(陇海線)을 연결하고 있다. 이 중 남쪽 노선의 롱하이선과 시안-허우마(侯马)-웨산-신샹-옌저우 철도를 연결하면 새로운 유럽-아시아 대륙 연결철도의 동쪽 종점과 북쪽 지선(支線)을 형성할 수 있는 조건을 갖추고 있다.

2) 항구 건설

환발해지구의 해안선 길이는 4480km이며, 연간 화물 출입량이 100만 t 이상인 연해 항구가 11개 있다. 연간 화물 출입량이 1000만 t 이상인 항구는 6개이며, 중소 항구까지 포함하면, 황화이하이 지역의 화물 출입량은 전국 총량의 1/3을 차지

표 13-5 환발해만지구 주요 항구의 연도별 화물 출입량(단위: 만 t)

항구	1985	1990	2000	2010(A)	2015	2018(B)
전국 총계	31,154	48,321	125,603	548,358	784,578	922,392(1.68)
따롄	4,381	4,952	9,084	31,399	41,482	46,784(1.49)
잉커우	98	237	2,268	22,579	33,849	37,001(1.64)
친황다오	4,419	6,945	9,743	26,297	25,309	23,119(0.88)
톈진	1,856	2,063	9,566	41,325	54,051	50,774(1.23)
옌타이	689	668	1,774	15,033	25,163	44,308(2.95)
칭다오	2,611	3,034	8,636	35,012	48,453	54,250(1.55)
르자오	—	925	2,674	22,597	33,707	43,763(1.94)

주: 괄호 안은 B/A

한다. 이 지역의 항만 확충건설 과정 중 드러나는 문제는 다음과 같다. 첫째, 항구의 수가 비교적 적다. 예를 들면 허베이성과 톈진은 매 218km, 산둥성은 184km마다 하나의 항구가 있어 전국 평균 수준인 92km보다 낮다. 둘째, 항구의 기능 분화가 명확치 않아 중복 건설과 불필요한 경쟁을 유발하고 있다. 셋째, 컨테이너 전용 버드와 심수 버드의 수가 부족하다. 넷째, 항구의 진출입 화물 품목이 불균형적이다. 특히 르자오와 친황다오항은 출입 화물 중 석탄이 80% 이상을 차지하고 있다. 다섯째, 항구의 작업기계, 창고, 비축 공간 및 시설이 부족하고, 화물 운송 관련 집적과 분리 체계가 조화롭지 못해 선박의 체류 기간이 길고 화물 출입의 효율성이 낮다.

3) 고속교통 체계의 건설

고속교통 체계는 준고속·고속철도, 차량전용도로, 고속도로, 민용항공 운수망으로 구성되며, 상호 분업화와 연계화를 실현한 현대화된 교통운수 체계를 말한다. 이러한 교통운수 체계는 전국교통망 구조를 고도화하고 지역 내외의 운수 체계와 연계를 강화하고 경제의 국제화를 실현하는 데 중요한 작용을 한다. 이 지구의 고속 교통운수 노선은 베이징-톈진-탕산, 베이징-스좌좡-타이위엔(京石太), 지난-칭다오(济青), 정저우-뤄양(郑汴洛)의 4개 고속도로와, 베이징, 텐진, 지난, 칭다오, 스자좡, 정저우, 쉬저우, 친황다오 등의 공항으로 구성되어 있다.

6. 도시화와 중심도시의 건설

1) 도시 간 기능 분화 미흡

환발해지구 도시의 현재 산업구조의 특징에 근거하면, 이 지역의 도시 유형은 종합적 도시와 전문적 도시의 두 종류로 구분할 수 있다.

(1) 종합적 도시

이 유형은 주로 각 행정관리기능의 위계를 중심으로 나누며, 행정관리 기능이 각 종류의 경제 요소와 결합해 형성된 것이다. 이를 각각 그 관리 권한과 예속관계에 따라 다음과 같이 구분한다.

- 중앙직할시: 국가급 정치, 경제, 문화 중심이며 베이징과 텐진이 있다. 이 중 베이징은 중국의 수도로서 전국의 행정 중심도시이며, 전국 도시 체계의 정치, 문화, 관리 중심이다. 텐진은 북방 지역의 중요한 상공업 경제 중심이며 항구도시이다.
- 성 정부 소재지와 각 성의 최대 중심도시: 각 성 및 대경제구(大經濟區) 지역의 정치·경제·문화 중심이며, 지난, 스자좡, 정저우, 칭다오 등을 포함한다.
- 성내 일급 중심도시: 종합적 정치·경제·문화 중심으로, 허베이성의 한단, 싱타이(邢台), 바오딩, 탕산, 창저우(沧州), 랑팡, 헝수이(衡水), 산동성의 쯔보, 웨이팡, 옌타이, 웨이하이, 지닝, 타이안(泰安), 더저우, 린이, 빈저우, 허저, 랴오청, 그리고 황화이하이지구 범위로 확장해서 보면, 허난성의 카이펑, 뤄양, 신싱, 안양, 자오쭤, 푸양, 쉬창(許昌), 상처우, 저우커우(周口), 주마뎬(驻马店), 신양(新阳), 장쑤성 북부의 쉬저우, 롄윈강, 화이인(淮阴), 옌청, 안후이성 북부의 벙

부, 추저우, 화이난, 쑤저우(宿州), 푸양 등이다.

- 현급시: 현의 정치·경제·문화 중심으로, 비농업 인구가 5만 이상인 도시이다.

(2) 전문화 도시

전문화 도시는 주로 광업, 교통, 관광업 등을 기초로 하고 있는 도시이다. 이 중 발전의 역사가 유구하고 도시의 규모가 비교적 큰 도시 대부분은 이미 종합적 도시로 발전했다. 전문화 도시는 그 주요 기능에 따라 다음과 같이 분류할 수 있다.

- 광공업도시: 허베이성의 탕산, 한단, 런추(任丘), 산둥성의 쯔보, 동잉, 라이우(萊芜, 별명 凤城), 짜오좡 등이다.
- 교통 중심과 항구도시: 운수 방식의 완비 정도에 따라, 각종 운수 방식을 종합적으로 겸비한 도시는 텐진, 칭다오가 있고, 육해공의 운수 방식을 가진 쉬저우, 렌윈강, 벙부가 있으며, 육공 운수 방식의 베이징, 스자좡, 지난, 뤄양, 그리고 수륙 방식의 친황다오, 해상 위주의 르자오 등이 있다.
- 역사 문화 자연경관 도시: 베이징, 친황다오, 카이펑, 뤄양, 칭다오, 지난, 타이안(泰安), 옌타이, 웨이하이, 쉬저우 등이다.

2) 중심도시의 발전과 건설

(1) 중심도시의 현대화와 국제화 추진

도시 발전 과정에서 국제화와 현대화는 서로 보완적이다. 특히 연해도시와 특대도시의 발전이 더욱 그러하다. 이들 도시는 각종 경제기술개발구와 보세구 등의 대외개방 창구를 통해 외국 자본과 기술을 도입했을 뿐 아니라, 도시산업 구조 조정과 경제 발전의 추진력을 획득했다. 그러나 이들은 아직 도시 기반시설이 정체되어 있고, 도시 투자환경도 열악하다.

(2) 베이징과 텐진의 연계발전 추진

베이징과 텐진은 중국에서 2, 3위를 차지하는 특대도시이고, 근현대 정치·경제의 발전 과정에서 북방의 경제중심지 역할을 수행해 왔고, 발전 기초 또한 우수해 국제 대도시로 발전할 조건을 갖추고 있다. 도시 건설의 총체적 수준에서 보면 베이징이 뚜렷이 톈진을 추월하고 있다. 국제교통운수 측면에서 보면 베이징이 전국 최대의 교통·통신 중추도시이고, 도로·철도·항공 조건에서 톈진보다 우세하다. 베이징과 톈진이 하나의 도시로 연계되어 서로의 장단점을 보완하고 발전해나가면 거대한 국제도시로 발전할 수 있을 것이다. 베이징은 톈진을 해상의 관문과 경제 보조 중심으로 이용할 수 있을 것이고, 톈진은 베이징의 정치, 과학, 교육을 이용해 대외 교류 조건을 편리하게 하고 대규모의 대외경제 활동을 통해 경제력을 강화할 수 있을 것이다. 두 도시 간의 연합 발전의 속도를 가속화하기 위해, 두 도시는 구조조정을 통해 산업구조를 고도화하고 상호 협력 하에 전통공업을 개조하고, 상업, 무역, 금융, 부동산, 금융, 정보, 컨설팅 등 3차산업에 주력하고 있다.

한편, 2014년 3월 허베이성은 베이징과 톈진의 일부 행정기능과 산업을, 특히 베이징의 행정기능, 대학교, 과학연구소, 의료기관 등을 바오딩으로 유치하는 방안을 추진 중이라고 발표했다. 바오딩은 베이징에서 약 140km 거리에 있고 베이징 따싱(大興)신공항에서 15km 거리에 불과한데다, 베이징-광저우 간 고속철도가 통과하는데, 바오딩-톈진 간 도시철도가 완공되면 톈진까지 거리가 30분으로 단축된다.

바오딩은 중국 역사상 '병가필쟁지지(兵家必爭之地)'로 꼽혔던 지방으로, 남방의 지역 군대가 베이징에 진입하기 위해 꼭 공략해야 하는 군사적 요지였다. 베이징이 원·명·청 3대 왕조의 수도일 당시 바오딩은 '수도 입성을 위한 관문'이었다. '保定'이라는 지명도 '수도를 보호하고 천하를 안정시킨다'는 의미이다. 청조 시기 바오딩은 성급 관청인 직예총독부(直隸總督府)[3]가 설치되어 있었고, 중화민국 시기와 중화인민공화국 건설 초기에는 허베이성 성(省)정부 소재지였다. 1958년 허베이성 정부 소재지가 톈진으로 옮겨갔으나, 3선건설 추진 시기인 1966년에는 다시 상대적으로 내륙지구에 위치하고 허베이 평원 지대에 위치해 식량 확보가 용

---

3   즈리(直隸)는 허베이성의 옛 이름으로, 1928년에 허베이성으로 개명했다.

이한 바오딩으로 돌아왔다. 그러나 2년 후에 다시 스자좡으로 옮겨갔다. 그 후 현재까지 약 40여 년간 바오딩 지역경제는 침체되었다.

(3) 징진지 통합자유무역지구 설립 구상

'징진지 자유무역지구' 설립은 톈진 자유무역지구와 허베이 자유무역지구를 통합하는 방안과, 2개 지구를 각각 따로 승인받는 방안이 동시에 추진되고 있다.

징진지 자유무역지구의 핵심 지역은 허베이성에 위치한 징탕항(京唐港)과 차오페이뎬이 될 것으로 예상된다. 두 지역은 환발해 지역의 원자재 수출입 중심지로서, 석탄, 철광석, 석유, 천연가스, 식량, 목재 등 원자재의 교역 중심지이며, 이들 원자재를 소비하는 톈진 자유무역지구와 상호 보완적 관계에 있다. 융자 및 금융리스 산업을 중심으로 하는 톈진 자유무역지구와 원자재 실물경제 위주의 허베이 자유무역지구가 결합하면 상당한 시너지 효과가 있을 것으로 예상된다.

7. 지속발전을 위한 대책

1) 농업 기반시설의 강화와 농업자원 입지의 고도화

황화이하이 평원은 농경지 기본건설이 빈약하고, 특히 수리시설의 파괴와 노화가 심각하다. 부분적으로 강 및 수로의 배수가 원활하지 못하고, 가뭄과 홍수가 자주 발생한다. 이를 위해 향후 지역 실정에 맞는 정책을 채택해 개조를 공고히 하고, 관개와 배수를 결합하고 종합관리하는 방침하에 수리 건설을 강화하고 있다. 이러한 조치의 중점 지역은 허베이성 동부의 헤이룽항(黑龙港) 지역, 산동성의 북부지구, 산동성과 장쑤성의 접경 지역인 이위(沂浴), 쓰허(泗河) 유역 등이다. 이 지구 농촌 생산 증대를 위해서 일괄적인 수리시설 건설 가속화, 가뭄과 홍수에 대한 예방 능력 제고, 절수형 농업 발전, 수자원 이용 효율 제고, 그리고 구릉 지역과 산간 지역에 대해서는 저수지, 제방 등의 중소형 수리시설 건설과 수자원과 토지 보호사업을 추진 중이다.

시장경제 체제하에서는 반드시 해당 지역의 농업 발전 조건과 자원시장의 수요 변화에 근거해 적절하게 농업 내부 구조조정을 해야 한다. 이를 위해서는 농업자원 입지와 경제효율을 고려해 현재의 농업 구조를 조정해야 한다. 그 방향은, 첫째로 목축업, 임업, 과수업, 수산업을 위주로 한 다양한 경영 방식을 발전시키고, 둘째로 축산업의 빠른 발전에 부응하기 위해 기존의 식량작물과 경제작물로 이원화된 구조를 식량작물, 경제작물, 사료작물의 3원화 구조로 조정을 추진하는 것이다.

2) 투자환경 개선과 대외개방의 가속화

개혁개방 이래 톈진 빈하이신구 건설 추진 이전 시기까지는 동부연해지구에서도 경제 발전 속도가 '남부는 빠르고, 북부는 느린' 추세로 진행되었다. 이러한 차이의 가장 중요한 원인은 대외개방의 속도와 정도의 차이에 있었다. 환발해만지구의 대외개방에 영향을 미치는 요소 중 가장 중요한 것은 투자환경이다. 투자환경은 소프트웨어적인 측면과 사회기반시설의 수준과 배합 정도를 나타내는 하드웨어적인 측면을 모두 포함한다.

아직도 낮은 기반시설 수준이 이 지구의 경제 발전을 제약하고 있고, 이 중에서도 교통, 전력, 수리 방면이 가장 정체되어 있다. 이를 위해 향후 교통건설의 중점을 철도 개조, 항구 확장, 고급도로 건설, 고속교통 체제의 발전 등에 두고 있다. 전력 건설 분야에서는 섬서, 산시, 네이멍구의 석탄자원 수송을 통해 이 지역에 공급하고, 도로·항구 등의 전력 수송설비를 대폭 확대하고, 변압설비 및 전력망 체계를 개선해 화북, 산둥, 화둥, 화중의 4대 전력 연계망 건설을 추진하고 있다. 또한, 수리(水利) 건설은 황하, 화이하(淮河), 하이하(海河) 및 그 지류에 홍수 방어 체제를 강화하는 동시에 농업 수리시설의 대폭 확충을 추진하고 있다.

3) 수자원의 합리적 개발과 절약

이 지구는 중국에서 수자원이 매우 부족한 지역 중의 하나이다. 이 중 베이징-톈진-탕산 지역과 산둥성 자오둥반도 지역이 가장 심각하다. 베이징-톈진-탕산 지역

표 13-6 황화이하이 유역 지표수 자원량(2003년)

유역	하이하	황하	화이하	황화이하이평원
지표수자원량(억 m3)	263	580	621	1,464
지표수 개발·이용률(%)	90	80	71	─

자료: 中國科學院 地理科學與資源硏究所(2003).

은 평년에는 수자원 공급이 균형을 이루나, 가뭄 및 갈수기(渴水期)에 물 부족을 겪고 있다. 산동성 자오동반도 지역은 갈수기 외에 평년에도 물이 부족한 상황이다. 산동성의 경우 지표수의 부족과 장기적 이용으로 인한 지하수 고갈 면적이 계속 확대되어, 연해 지역의 경우에는 해수가 지하로 침투하고 있다. 경제 발전과 주민 생활수준의 향상으로 향후 수자원 부족 문제가 더 심각해질 것으로 예측된다.

중국 정부는 이 지역의 물 부족 문제를 해결하기 위해 남쪽 장강의 물을 북쪽으로 끌어오는 남수북조 사업을 추진하고 있다. 또 한편으로는 절수 산업 및 기술의 개발, 절수형 경제사회 체제 건설 전략을 추진하고 있다.

4) 생태환경의 보호와 관리

(1) 생태환경 문제의 심화

① 환경오염의 심화

환발해지구는 공업화의 중기 단계에 접어들면서 자원의 소비량이 늘었고, 환경을 오염시키는 기초공업이 발전하는 과정에서 심각한 환경문제에 직면했다. 즉, 철강, 화력발전, 석유화공, 해양화공, 건재, 제지 등의 오염산업 및 향진공업의 신속 발전으로 인해 환경 부담이 갈수록 커지고 있고 심각한 환경오염을 야기하고 있다. 이 중 대기오염과 수질오염의 정도가 가장 심하다. 오염 정도가 심한 도시는 베이징, 텐진, 탕산, 스자좡, 한단, 지난, 칭다오, 웨이팡 등이다. 오염 물질의 장기적 축적으로 대부분의 강과 호수가 표준 수질 등급 이하인 4급수(중간적 오염)와 5급수(비교적 심각한 오염)이고, 이 중에는 물색이 검고 악취가 심해 수자원으로서의 기능을 완전히 상실한 것도 적지 않다. 2004년에 시행된 각 수계 수질 검사 결과에 의하면, 환발해만지구의 주요 수계인 황하, 화이하, 하이하 수계 모두 중등 하수계로 분류되었고, 주요 오염원은 석유, 히스타딘, 망간산염 등이었다.

이 지역 내에 환경오염이 심각한 지구는 세 가지로 구분할 수 있다. 첫째는 산업과 인구가 과도하게 집중된 대도시 지역이다. 예를 들어 베이징, 텐진, 지난, 스자좡, 정저우 등이다. 둘째는 환경을 오염시키는 산업들이 집중된 지역으로, 탕산, 쯔보, 쉬저우, 한단, 자오쭤 등이다. 셋째는 향진기업이 비교적 발달된 지역으로, 산둥반도, 베이징-텐진-탕산 지구, 허베이성 남부 및 허난성 북부 지역 등이다.

② 생태환경 취약

이 지구는 자연재해가 빈번하고 생태환경의 기초가 취약하다. 예를 들면 가뭄과 홍수, 연해지구의 폭풍, 평야 지대의 염기성 토지, 풍사, 석탄매몰지, 산지 구릉지 지대의 토지 유실, 연해지구 지하수의 해수 침입으로 인한 피해 등이 있다.

③ 해양생태환경의 악화

황화이하이 평원에 인접해 있는 황해, 발해 해역은 연해 지역의 공업, 도시, 농업과 관광업의 환경오염 영향을 받았다. 특히 처리되지 않은 대량의 공업폐수와 생활폐수가 직접 바다에 배출되어 연해지구의 바다와 생태환경을 오염시켜 어업자원이 대폭 감소했다. 이 지구의 전체 오염 배출량 중 강을 통해서 바다로 배출되는 폐수가 72%에 달한다. 연해 수역의 오염은 해수의 부영양화와 적조 현상을 유발한다. 1980년대 중반 이래 황해와 발해 부근에 대면적 적조 현상이 빈번히 출현하고 있고, 그 면적이 30~40km²에 달한다.

(2) 생태환경 보호 대책

① 환경 보호 투자의 증가

환경오염과 생태의 악화를 통제하고, 생태환경의 질과 상태를 개선하기 위해 환경 보호 투자를 늘리고 있다. 현재 이 지구의 환경 보호 투자가 GRDP의 0.5~

0.6%인데, 이는 중국 전국 평균인 0.72%보다 낮다. 따라서 환경오염을 완화하기 위해서 정부와 기업이 환경 보호 기금 등의 방식으로 투자재원을 확대하고 있다.

② 오염물 배출의 엄격한 통제

환경 상태를 고려해 업종별·도시별 오염 물질 배출 기준을 다르게 규정하고, 배출량의 신고와 종합 통제를 시행하고 있다. 이를 위해 오염물 배출에 대한 비용 수납 기준을 정하고, 동시에 각 지구별로 기능, 환경 상태, 자정 능력에 따라 성급 혹은 전국적인 표준을 설정해서 기업의 오염 처리가 국가와 지방정부의 요구 기준에 부응할 것을 요구하고 있다. 특히 베이징, 텐진, 칭다오, 엔타이, 웨이하이 등의 국제도시와 관광도시의 경우는 환경에 대한 엄격한 법규를 제정하고, 감시를 강화하고 있다.

③ 산업 구조조정과 공간입지

중화학공업은 폐수 배출량이 가장 많고 환경오염이 가장 심각한 산업이다. 따라서 한편으로는 경공업과 중공업의 협력을 촉진하고 특히 중화학 공업의 과도한 팽창을 억제해야 하고, 다른 한편으로는 산업구조 및 상품구조의 개선을 통해 기술과 부가가치가 높고 환경오염이 적은 자동차, 기계, 전자, 의복 등과 고급 신기술 산업 발전을 추진하고 있다.

공업입지에 대해서는, ⓐ 도시와 수원지 부근에 오염 물질 배출이 심한 기업의 진입을 금지하고, ⓑ 오염 물질 배출이 심한 기업은 도시 외곽으로 이전시키고, ⓒ 향진기업에 대해서는 시장 경쟁력과 규모화·집단화에 근거해 한 지역에 집중적으로 입지시켜 오염 물질 처리 효율과 능력을 제고하고, ⓓ 오염이 심각한 소규모의 제지, 화학비료, 전기도금, 시멘트, 피혁공장, 연해 지역의 폐선박 분해 처리공장 등을 엄격히 통제하며 점진적으로 폐업, 정지, 합병, 이전 등을 추진하고 있다.

베이징, 텐진, 허베이 등 각 지구 산업발전 목표와 방향, 그리고 주요 동향은 다음과 같다.

베이징은 과학기술과 산업 융합을 가속화하고, 정보산업과 생물의약산업 등 7대 전략성 신흥산업 발전에 중점을 두고 있다. 비교적 양호한 신에너지산업의 발전 기초를 보유하고 있고, 그중 풍력발전 설비 제조와 태양에너지 광판 산업은 중국 내 선두 지위를 차지하고 있으며, 생물질에너지, 핵에너지와 지열에너지 산업도 일정 규모와 대오를 유지하고 있다. 현재 베이징 '신에너지 자동차 과학기술산업단지'가 이미 건립되었고, 2011년에는 각 종류의 신에너지 자동차 생산판매량이 약 3만 대에 달했다. 또한 신형 반도체, 나노 소재와 초전도 재료 등 영역의 연구가 이미 국제 선진 수준에 달했고, 2010년 신재료 판매액이 500억 위안을 돌파해, 베이징의 고급신기술 지주산업이 되었다. 전자정보산업은 이동통신, 디지털 TV, 소프트웨어 및 정보서비스, 고세대 평판모니터, 집성전자회로, 컴퓨터, 그리고 차세대 인터넷 응용 등 6대 영역의 발전이 빠르다. 최근에 중국 국무원은 기술, 자본, 인재 등 혁신 요소의 집적과 촉진을 위해 '베이징 중관촌 과기원구(北京中关村科技园区)'를 국가자주혁신시범구(国家自主创新示范区)로 비준했다.

톈진은 고도의 제조업기지로 발전시킨다. 톈진 항공우주산업은 무(無)의 상태에서 급속히 발전 중이다. A320 같은 대형 항공기를 매월 3대씩 조립 생산하고 있고, 대동력 로켓과 헬리콥터, 드론, 무인항공기를 연구개발 중이다.

산동은 신에너지, 신재료, 신의약, 신정보 등 전략성 신흥산업 육성을 가속화하고 있다. 신에너지 영역에는 풍력발전, 태양에너지 광판 발전, 해양에너지, 원자력 발전 장비, LED 조명, 신에너지 자동차 부문 등의 발전 속도가 빠르다. 신재료 영역에는 고기술 자기, 특종 섬유, 고분자 재료 등 방면의 연구개발 및 산업화가 중국 내 우세 지위를 점하고 있다.

허베이는 신에너지, 신재료, 전자정보, 생물의약 등 영역에서 우세 확보를 목표로 하고 있다.

랴오닝은 장비 제조, 신에너지, 환경 보호 등 영역에서 경쟁우세 확보를 목표로 하고 있다.

환발해지구는 동북·화북·서북 지구와 화동 부분 지구의 주요 출구이다. 동북 3성과 네이멍구 동부 4개 맹의 양식·축산품·석유, 그리고 서북지구의 석탄·모피, 화북지구의 석유·경방산품, 발해의 해산품, 심지어 수천 리 먼 거리에 있는 칭하이와 신장의 화물이 모두 이곳을 통해서 세계 각지로 운송된다(中国统计出版社, 2011: 15~16).

8. 징진지지구 발전계획

1) 기본 현황

징진지(京津冀)지구는 중국의 수도경제권으로 베이징, 텐진과 허베이성 바오딩, 랑팡, 스자좡, 탕산, 한단, 친황다오, 장자커우, 청더, 창저우(沧州), 싱타이, 형수이 등 11개 지급시와, 딩저우(定州) 그리고 신지(辛集)의 2개 성 직접관리 도시를 포함하고 있다. 이 가운데 베이징, 텐진, 바오딩, 랑팡이 핵심기능구로서 이 지역의 발전을 선도하고 있다.

징진지지구는 중국 환발해 지역의 심장 지대에 위치하며, 중국 북방 경제 중 최대 규모와 활력을 지니고 있다. 2019년 징진지지구의 GDP는 8조 4580억 위안으로 전 중국의 8.5%를 차지했다. 2017년 4월, 중국 국무원은 허베이성에 슝안신구를 설치해 바오딩시 산하의 슝(雄)현, 룽청(容城)현, 안신(安新)현 등 3개 현과 주변부 일부를 포함시켰다.

징진지지구는 중국 화북 지역에 위치하며, 면적은 21.8만 km², 인구는 1억 1200만 명에 달한다. 공항으로는 베이징수도국제공항(北京首都国际机场), 따싱신국제공항, 텐진빈하이국제공항, 스자좡정딩(石家庄正定)국제공항, 항만으로는 텐진항, 탕산항, 친황다오항, 황화항(黄骅港)이 있다.

2) 징진지지구 협동발전계획

2015년 4월, 중국 국무원은 '징진지 협동발전계획 강요(京津冀协同发展规划纲要)'를 발표했다. '강요'의 주요 내용은 징진지지구의 기능 위상, 공간계획, 발전계획 방향 등이다.

(1) 기능 위상

수도인 베이징을 핵심으로 해 세계급 도시군 형성을 목표로 하는 징진지지구의 종합적 기능 위상은 다음과 같다. 3개 지구는 각자의 특색을 기초로 하고, 협동발

그림 13-1 징진지지구 공간 배치

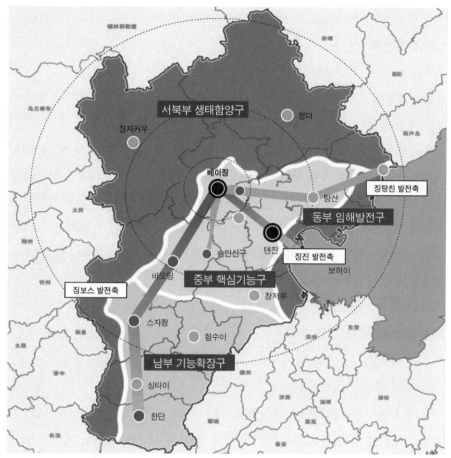

자료: 京津冀协同发展规划纲要(2015.4).

전에 부응하고, 융합을 촉진하고, 협력을 증대한다. 또한 수도인 베이징을 핵심으로 해 세계급 도시군으로 발전시키고, 전체 지구의 협동발전으로 지구 전체의 혁신을 선도하고, 이를 통해 전국의 새로운 경제성장 동력을 이끌어내면서 생태 회복 및 환경 개선 시범지구로 발전시킨다.

베이징은 전국의 정치, 문화, 국제교류, 과학기술의 혁신 중심으로 발전시키고, 톈진은 전국 선진제조업, 연구개발기지, 북방 국제항운중심, 금융혁신 시범지구, 개혁개방의 시범구로 발전시킨다. 허베이성은 전국 현대 상업무역 물류의 중요 기지이며, 산업 이전 시범지구, '신형 도시화'와 도농통합 시범구, 징진지지구 생태환경 지원지구이다.

(2) 공간 배치

징진지지구의 공간 배치 전략은 '1핵(一核), 두 도시(双城), 3축(三轴), 4구(四区), 다절점(多节点)'으로 요약할 수 있다. '1핵'은 베이징이 징진지지구의 핵으로서 수도 기능을 재정리해 과밀에 따른 비효율을 제거한다. '두 도시'는 베이징과 텐진의 상호 발전을 위해 협동을 확대하는 것이다. '3축'은 베이징-텐진축, 베이징-바오딩-스자좡축, 그리고 베이징-탕산-친황다오축으로 징진지 지구의 기반이 되는 산업 발전축이다. '4구'는 중부핵심산업구, 동부임해(滨海)발전구, 남부의 산업확대구, 서북부생태구이며 각각의 차별적인 기능과 역할을 담당한다. '다절점'은 스자좡, 탕산, 바오딩, 한단 등 지역별 중심지와 장자커우, 청더, 랑팡, 친황다오, 창저우, 싱타이, 헝수이 등 지역중심도시이다.

(3) 발전계획 방향

① 교통일체화

'징진지지구 철로망계획'에 따르면 2020년까지 징진지 내 구역을 1시간권으로 건설·조성한다. 3대 발전축인 베이징-텐진, 베이징-바오딩-스자좡, 베이징-탕산-친황다오의 핵심지구를 연결하는 철도망을 확충해 베이징-텐진-바오딩 권역을 1시간권으로 조성한다

베이징 주변의 고속도로망을 주요 도시 간 1시간 이동권 조성 기초시설로 건설·확충 중이며, 베이징의 수도국제공항, 텐진국제공항에 이어 베이징 남부 따싱구(大兴区)에 따싱신국제공항을 건설해 숑안신구의 대외개방 관문과 국제항공의 허브로 건설한다.

② 산업발전

베이징의 비(非)수도권 기능 산업의 숑안신구 이전 등으로 산업 입지 재편과 산업구조 고도화 추진을 가속화하고, 서비스업 육성을 통해 입체적 방사선 구조의

산업 분포를 형성한다. 베이징은 3차산업과 고도화된 제조업의 특화도가 높은 편이고, 톈진은 산업 정책에 따라 전통제조업의 특화도가 높으며, 허베이성은 산업의 기반과 구조가 상대적으로 낙후하고 낮은 수준이다. 향후 베이징의 비수도권 기능 산업이 톈진과 숑안신구 등으로 이전할 것이 예상됨에 따라 톈진에서는 연구개발 중심의 제조서비스업과 금융업 등이 상대적으로 발전할 것으로 예상되며, 허베이성에서는 첨단과학기술 기반의 제조업이 육성될 전망이다.

톈진시는 북방의 경제 중심지, 국제 해상운송 거점, 현대물류중심, 세계적인 현대제조업기지, 중화학공업 산업기지, 서비스업 중심지로 육성한다. 허베이는 스자좡 지역은 생물바이오 및 첨단장비산업과 서비스산업 중심으로 육성하고, 청더 지구는 녹색산업 및 관련 빅데이터산업, 농업정보화 기능 등을 육성한다. 장자커우는 청더지구와 함께 녹색산업 및 첨단산업 중심으로, 친황다오·탕산·창저우·차오페이뎬·보하이신구는 중화학공업과 장비제조업, 랑팡·바오딩은 신재생에너지, 장비제조업, 전자정보산업, 중남부 지역은 전략적 신흥산업 및 일반제조업 기능을 육성한다.

창저우시는 징진지지구 내 중화학공업 산업지대의 남부 거점도시로서 석유화학과 염(鹽)화학공업 위주로 발전시키고, 이를 위해 도로·철도 허브로 건설해 산시성·섬서성·네이멍구자치구 등의 중심 항구로 육성한다. 탕산시는 징진지지구의 주요 중공업 제품 및 에너지 공급기지로 석유 및 철광석 운송의 허브도시로 건설한다. 그 일환으로 수도철강을 탕산시 차오페이뎬4으로 이전한다.

랑팡시는 첨단산업과 서비스업, 관광 및 대형 회의·전시회의 개최를 담당하는 베이징시와 톈진시의 위성도시로 건설한다. 바오딩시는 베이징·바오딩·스자좡을 연결하는 현대제조업의 주요 거점도시로서 고급 장비 제조, 신재생에너지, 에너지 절약 및 환경 보호 산업, 공항을 통한 지역경제 및 현대 유통업을 발전시킨다.

주요 신도시(新城) 또는 신구(新区)의 임무와 발전 방향은 다음과 같다.

---

4 차오페이뎬공업구의 면적은 14.48km²이며, 국가급 경제기술개발구로 2013년 1월 국무원이 비준했다. 요동반도와 자오동반도로 둘러싸인 환발해경제권 중심에 위치하며, 육상과 해상 교통의 요충지로 베이징에서 220km, 톈진에서 120km, 탕산에서 80km, 친황다오에서 170km 거리에 위치한다.

- 베이징 통저우(通州) 신도시: 서비스 시설을 완비. 문화산업이 발달한, 그리고 비즈니스·전시·행정·인구 수용 기능을 겸비한 종합서비스 중심지로 건설·발전.
- 베이징 순이(順义) 신도시: 국내외를 연결하는 항공운송 허브 및 현대제조업 기지 건설.
- 텐진의 빈하이신구: 현대제조업 및 연구개발기지, 국제적인 북방 해상운송 물류중심, 생태형 도시로 건설·발전.
- 보하이신구: 석유화학공업, 장비제조업 및 연구개발기지, 항구 관련 물류를 기초로 하고, 도시 유통 물류를 위주로 하는 항운 중심지로 건설·발전.
- 탕산항 신도시: 북방의 대형 에너지·원자재 수입 항구이자, 북방의 중화학공업기지로 건설·발전.

9. 슝안신구 현황과 개발계획

1) 슝안신구 현황

(1) 개요

슝안신구(雄安新区)는 허베이성 바오딩시의 슝현, 룽청현, 안신현 일대 1779km² 규모의 지역으로, 2017년 말 기준 인구는 104만 명이며, 계획인구는 200~250만 명이다. 슝안신구는 1980년대 설립된 선전경제특구와 1990년대 상하이 푸둥신구에 이은 세 번째 국가급 신구다. 2017년 4월 국무원 비준 이후 국가 중장기 발전에서 슝안신구 개발의 전략적 중요성을 '천년대계, 국가대사(千年大计, 国家大事)'라 표현하며 강조했고, 2019년 1월 중국 국무원은 '허베이 슝안신구 총체계획(关于河北雄安新区总体规划'(2018~2035)을 발표했다.

슝안신구는 베이징과 텐진으로부터 남서쪽으로 각각 105km 떨어져 있으며, 허베이성 성도(省都) 스자좡시로부터는 155km, 최대 산업도시인 바오딩시로부터는 30km, 베이징 따싱신국제공항과 약 55km 거리에 위치해 있다.

그림 13-2 숑안신구 위치

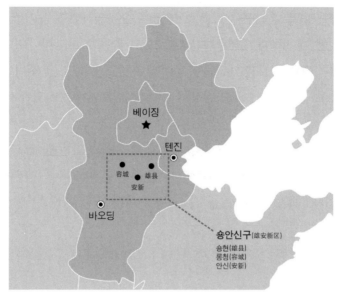

베이징

톈진

容城 雄县
安新

바오딩

숑안신구(雄安新区)
숑현(雄县)
룽청(容城)
안신(安新)

자료: 国务院(2018, 2019.1).

(2) 발전 과정

• 2017년 2월, 시진핑 주석이 허베이성 방문 시 숑안신구 건설 업무회의 주재.

• 2017년 4월, 중국공산당과 국무원이 숑안신구 설립 결정.

• 2017년 6월, 중공 허베이 숑안신구업무위원회(中国共产党河北雄安新区工作委员会)를 허베이성 정부에 파견기구 설립.

• 2017년 7월, 중국 숑안건설투자집단(中国雄安建设投资集团) 정식 설립.

• 2018년 4월, 중국 중앙, 국무원 '허베이 숑안신구 총체강요(河北雄安新区总体纲要)' 발표.

• 2018년 12월, 중국 국무원, '허베이 숑안신구 총체계획(河北雄安新区总体规划)'(2018~2035) 발표.

• 2019년 1월, 중국 국무원의 '허베이 숑안신구 전면 개혁 심화와 개방확대에 관한 의견' 발표.

(3) 경제현황

2019년 8월 30일, 송안신구에 중국(허베이) 자유무역시험구 송안지구가 설치되었고, 그해 말 이 지구의 지역총생산액은 215억 위안이었다. 이미 2017년 9월에 송안신구에는 정보통신기업 14개 사, 하이테크 연구원 7개소, 녹색기업 5개 사가 입주했고, 2020년 3월에는 규모 이상의 공업기업이 163개, 1억 위안 이상 매출기업 30개 사가 입주했다.

서비스업 분야에서는 중국공상은행, 중국은행, 중국농업은행, 중국건설은행 등 4대 국유 상업은행이 입주했고, 바이두, 알리바바, 텐센트 등이 포함된 다수의 IT 기업들이 지혜도시(智慧城市, smart city) 건설 참여를 위해 송안신구 투자계획을 발표했다.

2) 개발계획

중국 국무원이 발표한 '허베이 송안신구 총체계획'에 따르면, 송안신구의 중장기 발전계획, 교통망 계획의 주요 내용은 다음과 같다.

① 중장기 발전계획

송안신구 개발은 2035년까지 추진되며, 3단계 계획에 따라 추진될 예정이다. 2020년까지 추진되는 1단계는 베이징의 과밀 기능 이전 및 정착에 중점을 두며, 각종 기반시설 건설에 집중한다. 이어 2단계인 2027년까지 송안신구 내 기반시설 건설을 완성하고, 기업들의 혁신과 창업을 통해 자생적 성장 기반을 구축한다. 3단계인 2035년까지 '저탄소 녹색도시', '지혜도시', '살기 좋은 도시' 등 도시 경쟁력을 강화한다.

② 교통망계획

송안신구는 베이징과 인근 주요 도시의 접근성 개선을 위해 도시 간 철도(城际铁路) 및 도로 건설 등 교통허브 계획을 수립했다. 도시 간 철도 건설에 따라 베이징 신공항까지 약 20분, 베이징과 텐진까지 각각 30분, 스자좡까지는 1시간 내 도

그림 13-3 송안신구 도시철도 계획

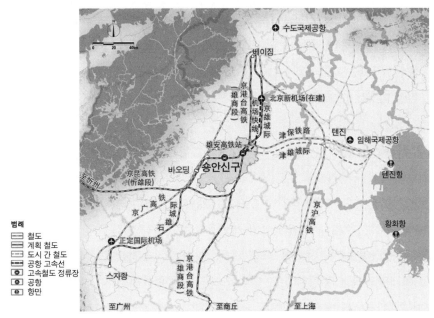

자료: 国务院(2018).

그림 13-4 송안신구 도로망 계획

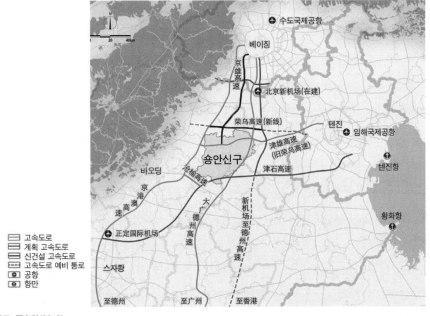

자료: 国务院(2018).

착 가능하게 생활권과 교통망을 조성한다. 2018년 2월 베이징-숑안신구 구간(연장 92.4km) 공사가 착공되었으며, 예산 규모는 335억 위안으로, '베이징-숑안선', '톈진-숑안선' 등 숑안신구와 주요 도시와 연결되는 도로망 확충을 추진 중이다. 또한 숑안신구에는 4개의 고속도로와 1개의 국도가 연결되며, 수도공항과의 연결도로 건설 계획도 진행 중이다.

3) 공간구조

숑안신구는 '다결절'의 공간구조로, 1기 개발은 '도심지역(一主)' 및 주변 '5대 지역중심축(五軸)'으로 구성된다. 1기 개발구역은 북부 시가화구역, 중부 중심구역, 남부 수변구역으로 구성되며, 그중 롱청현과 안신현의 경계지역이 주도심이다.

1기 개발구역 내 롱청현 동쪽 일부 구역을 시범개발구역으로 지정하고, 기초 인프라 건설 공사를 착공했다. '5대 지역중심'은 숑현, 롱청현, 안신현, 사이리(賽里) 및 잔강(碞崗)이며, '다결절'은 숑안신구 외곽지역의 특색 소도시(特色小鎮)들을 의미한다.

숑안신구는 빅데이터와 인공지능, 사물인터넷 기술을 활용한 첨단 지혜도시로 개발되며, 향후 중국 내 지혜도시 건설의 시범모델로 삼을 계획이다. 숑안신구 계획은 에너지 절감형 건축기술 도입, 신재생에너지 기반시설 확충 외에도 대중교통 시스템에 무인 자율주행차량 기술 적용, 지열발전 및 스마트 상하수도 시스템, 무인점포 등 다양한 스마트 기반시설 구축 추진 등에 대한 내용을 포함하고 있다.

Questions]

1. 환발해지구와 황화이하이지구, 그리고 징진지지구의 개념과 공간적 범위에 대해 간략히 설명하시오.
2. 중국 정부가 2000년대 접어들면서 연해 지역 내 남북 간 균형발전 문제를 중시하게 된 배경과, 환발해지구에 톈진 빈하이신구와 숑안신구 건설을 구상 및 추진하게 된 배경과 주요 동향을 개괄·설명하시오(1980년대 선전 경제특구, 1990년대 상하이 푸둥신구 건설을 추진한 맥락 포함).

제14장

만주지구

본장에서는 만주지구의 현황 및 발전 전략을 고찰·정리했다. 만주지구는 현재 중국 동북부의 3개 성(東北三省: 랴오닝성, 지린성, 헤이룽장성)과 네이멍구자치구의 동부 지역으로 구성되어 있다. 이 지역은 풍부한 자연자원을 보유하고 있고, 또한 여러 민족이 융화해 살고 있으며, 개발의 역사가 짧고 경제 연계가 밀접한 대(大)경제지대이다. 이곳은 일제가 만주국을 수립하고 식민통치한 시절부터 중화인민공화국 출범 이후 1980년대까지 중국 제일의 중공업 및 농업 지역이었으나, 현재는 노후한 중공업 위주 산업구조상의 소위 '동북현상(東北現象)'과 삼농 문제와 연관된 '신동북현상(新東北現象)' 문제가 돌출되고 있다. 그러나 만주지구의 발전 잠재력은 매우 높으며, 특히 남북한 간의 경제 교류가 활성화될 경우, 한반도 경제권과 가장 밀접한 대지구 경제권이 될 것이다.

1. 지역 현황과 경제 발전 동향

1) 만주지구 개황

만주지구의 지리적 범위는 중국 동북부 3개 성과 네이멍구자치구의 동부지구(츠펑시, 싱안맹, 퉁랴오시, 시린궈러맹, 후룬베이얼시)를 포괄한다. 이는 2007년 8월에 중국 국무원의 원칙적 동의를 얻은 '동북진흥계획'에서 제시한 '동북경제구(东北经济区)'의 범위와 일치한다. 만주지구의 토지 면적은 145만 km²로 중국 전국 국토 면적의 13%를 점하고, 인구는 1억 2000만 명에 달한다.

단, 중국 내에서는 성별 행정구역 단위로 생산 및 발표되는 통계자료 이용의 편의를 위해 지역 범위를 동북부 3개 성인 랴오닝성, 지린성, 헤이룽장성을 행정구역으로 설정하고 '동북 3성'이라 부른다. 랴오닝성, 지린성, 헤이룽장성, 즉, '동북 3성'의 행정구역 면적은 78.7만 km²로 중국 전국 육지 총면적의 8.2%를 점한다. 또한 2018년 동북 3성의 총인구는 약 1억 836만 명으로 중국 전국 인구(13억 9538만 명)의 7.8%이고, 지역총생산액(GRDP)은 5조 6752억 위안으로 중국 전국 GDP(90조 309.5억 위안)의 6.3%를 점한다(〈표 14-1〉).

만주지구는 풍부한 자연자원을 구비하고 있고, 개혁개방 이전까지는 중국 제일

표 14-1 중국 동북 3성 개황(2018년)

구분	면적(만 km²)		인구(만 명)		총생산액(억 위안)		1인당 GDP, 위안(달러)
	면적	전국 비중 (%)	인구	전국 비중 (%)	총생산액	전국 비중 (%)	
중국 전국	960	100.0	139,538	100.0	900,309.5	100.0	64,644(9,397)
동북3성	78.7	8.2	10,836	7.8	56,751.59	6.3	52,373(7,613)
랴오닝	14.6	1.5	4,359	3.1	25,315.35	2.8	58,008(8,432)
지린	18.7	1.9	2,704	1.9	15,074.62	1.7	55,611(8,084)
헤이룽장	45.4	4.7	3,773	2.7	16,361.62	1.8	43,274(6,291)

자료: 行政区划网(2019), 国家统计局(2019c).

의 중공업 및 농업지구였다. 그러나 개혁개방 이후 만주지구의 경제 발전이 동남 연해지구보다 느리고 정체된 상태가 지속되면서 '동북현상'과 '신동북현상'[1]이 출현했다. 이에 대응해 중국 정부가 2003년부터 '동북진흥'을 국가전략으로 발표하고, 일련의 정책과 사업을 적극적으로 추진하기 시작했다.

만주지구는 러시아, 몽골, 일본, 북한과 남한 등 국가들과 육지 및 해양에서 국경을 접하고 있는 관계로, 중국 정부가 지역발전 전략과 함께 안보 차원에서도 중시하고 있는 곳이다. 또한 만주지구는 북태평양 서단과 유럽과 아시아 간 대륙연결철도(大陸橋, land bridge)의 동단에 있고, 따롄-하얼빈 철도와 연결되고, 만저우리(滿洲里)를 경유해 러시아의 시베리아 철도와 연결된다. 특히 북한, 러시아와는 육지로 접하고 있으며, 북한과 접경하고 있는 랴오닝성과 지린성의 중조(中朝) 국경선 길이가 1334km이다.

이 중 지린성의 동부에 위치한 옌볜조선족자치주(延边朝鮮族自治州)는 조선족 집중 거주 지역으로 행정구역 면적 4만 3300km²이고, 중국 내 조선족의 42.3%가 이곳에 거주하고 있다. 2018년 자치주 총인구 약 208.7만 명 중 조선족이 74.9만 명으로 35.9%를 점했다(한족은 125.2만 명으로 60%). 조선족의 주요 분포 지역은 룽징

---

1 '동북현상'이란 1980년대 중반 이후부터 만주지구에서 대형 국유기업의 침체, 파산과 그에 따른 노동자 실직 문제 등이 심화되는 문제, 그리고 '신동북현상'은 1990년대 이후에 만주지구의 농업·농민·농촌(三农)의 침체 문제를 가리킨다.

그림 14-1 중국 동북 3성의 지리적 위치

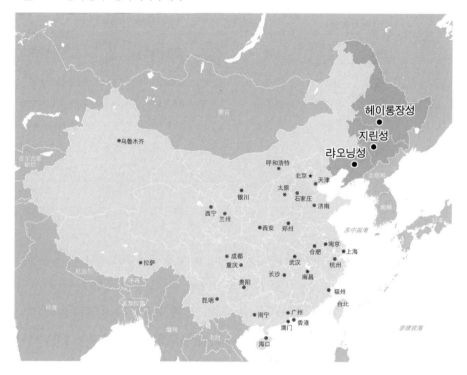

시·엔지시·투먼시이고, 훈춘시, 안투현(安图县)·왕칭현(汪淸县) 등은 만주족의 주
요 분포 지역이다.

자치주 중심도시인 엔지시는 지린성 옌볜조선족자치주 관할 현급시이면서 자
치주의 수도이다. 옌볜조선족자치주 중부 장백 산맥 북록(北麓)에 위치한 동북아
경제권의 배후지이고, UN이 설정한 두만강 구역 대삼각주의 중국 측 지점 중 하
나이다. 동으로 러시아 국경까지 60km이고, 동해까지 80km, 남으로 중북(中朝)
국경까지 10여 km 거리이다. 엔지시의 총면적은 1748.3km²이고, 2019년 기준 호
적 인구는 54.1만 명이고 도시화 수준이 90%를 넘어섰다. 엔지시 인구 중 조선족
인구 비중이 57%(30.8만 명)를 점하고 있다.

2) 자원 우세

만주는 동북아 지역의 중심에 위치하며, 북한, 러시아, 몽골인민공화국과 연접하고 있다. 또한 동해와 황해를 사이에 두고 한국, 일본과 접하고 있다. 남쪽으로는 발해 바다와 화북지구와 연접하고 있는 전략적으로 중요한 지구이다. 이 지구는 근대 이후 행정구역의 변화가 가장 큰 지역이다. 남으로는 황해 및 발해와 면하고 있고, 동과 북으로는 압록강, 두만강, 우수리강, 흑룡강이 흐르고 있고, 서쪽으로는 대륙과 접하고 있다. 또한 따싱안령·샤오싱안령(小兴安岭)과 장백산(長白山) 계통의 높고 낮은 산과 구릉이 있고, 중심부에는 광활한 쏭랴오(松辽) 대평원이 있다. 만주지구의 평원 면적은 중국 전국의 평원 면적 중 높은 비중을 점유하고 있고, 쏭랴오 평원, 산장 평원, 후룬베이얼 평원과 산간 평지 면적을 합하면 산지 면적과 거의 비슷하다. 만주지구는 광대한 산지와 풍부한 산림이 중국 전국 산림 면적의 1/3을 차지하는 주요 목재 및 임업 산지이기도 하다.

만주의 기후는 대륙성 계절풍 기후이다. 남만주(南满)지구에서는 겨울밀, 면화, 온대과일 등이 정상적으로 자라고, 중부에서는 봄밀, 콩, 옥수수, 수수, 사탕무 등의 작물이 자라고, 북만주지구에서는 봄보리, 콩 등이 주를 이룬다. 연평균 강수량은 동에서 서로 1000mm에서 300mm 범위에 분포한다. 만주지구는 특히 광물자원이 풍부하고 다양해 주요한 광물자원을 모두 갖추고 있다. 주요 광물자원으로는 철, 붕소, 다이아몬드, 활석, 철광석과, 보크사이트 등이 있고, 비금속 광물로는 천연가스, 석유, 백운석, 석면 등이 있다.

만주는 수자원이 비교적 풍부하다. 지표면의 총유량은 1500억 m³에 달하지만, 분포는 고르지 않아서 동부보다는 서부에, 북부보다는 남부에 더 많이 분포한다. 이 지구의 개발 가능 수력자원은 1200만 kW에 달한다. 한편, 남으로 황해와 발해와 접하고 있어 5.6만 평방해리의 어장을 가지고 있고, 또한 1358만 무(亩)의 강과 호수가 분포해 있어서 해운과 수산업 발전에도 유리하다.

표 14-2 만주지구 주요 지하자원 기초저장량(2016년)

구분	랴오닝	지린	헤이룽장	동북 3성	전국
원유(만 t)	14,351.60	17,500.60	42,665.80	74,518.00	350,120.30
비중(%)	4.09	5.00	12.20	21.29	100
천연가스 (억 m2)	154.54	731.25	1,302.33	2,188.12	54,365.46
비중(%)	0.28	1.35	2.40	4.03	100
석탄(억 t)	26.73	9.71	62.28	98.72	2,492.26
비중(%)	—	—		1.07	100
철광석(억 t)	50.96	5.02	0.34	56.32	222.3
비중(%)	22.92	2.26	—	25.18	100

자료: 中国统计出版社(2017).

3) 국제 지정학적 위치

근대 이래로 만주지구의 경제 발전은 지속적으로 국제 정세와 지정학적인 영향을 받았다. 1840년 아편전쟁 이후에 제국주의 열강의 중국 침입이 만주지구에까지 미쳤다. 영국은 1858년과 1861년에 각각 랴오닝성 뉴좡(牛庄)항과 잉커우항을 개방해 콩과 잠사 등을 대량으로 운반해 갔고, 이후 여기에 러시아, 일본 등도 끼어들었다. 1894년 영국이 베이징-펑톈(奉天)[2] 간을 연결하는 징펑(京奉)철도를 산하이관(山海关)까지 연장했고, 1889년 러시아 제국이 동청(東淸)철도를 건설해 1903년에는 따롄으로까지 연장했다. 철도의 출현으로 만주지구 내의 남북 방향 교통 조건이 개선되었고, 랴오하 수운의 역할을 대체하게 되었으며, 이에 따라 따롄항이 점차 잉커우항의 역할을 대신해 동북지구 최대의 대외무역 항구로 발전했다. 징펑철도, 동청철도의 개통 후 외국 열강은 만주지구의 농업·임업·목축업·광물 자원을 탈취하기 위해 대량의 노동력을 필요로 했다. 이에 청 왕조가 만주 봉금 조치를 해제하고 변경 지역으로 이민을 허용·장려했고, 만주지구는 점진적으

---

2 펑톈은 현 선양의 옛 지명이다.

로 전면 개방되었다. 만주족 왕조인 청 왕조는 원래 만주족 발상지인 만주지구를 보호하기 위해 봉금령(封禁令)을 공포하고, 한족과 조선족 등이 이 지구에 진입하는 것을 금지했었다. 따라서 만주 벌판은 빈번한 천재와 인재, 착취와 수탈로 고통 받고 파산한 산동성, 허난성 등 중국 화북 지역과 조선반도의 농민들에게 무주공산의 황금벌판이 되었다.

제국 열강의 만주지구 침탈의 주요 대상은 콩과 밀을 위주로 한 농산품이었다. 남부에서 생산된 콩은 따롄항을 통해 일본으로 운송되었고, 북쪽에서 생산된 농산품은 동청철도를 통해 유럽으로 운반되었다. 국제시장에서 콩의 수요가 날로 증가하자 철도를 따라 콩의 파종 지역이 확대되었다. 콩은 당시에 만주지구의 가장 중요한 농작물이었다. 또한 쏭화강 중류 지역에서 집중 생산된 밀은 주로 러시아로 운송되었다.

철도 개통 후에는 철도변을 따라 삼림, 석탄, 그리고 각종 광물자원이 대량으로 개발되었고, 또한 식용유, 제분, 건재, 전력, 제당 등의 새로운 공업이 발전했다. 상품작물이 재배되고, 철도, 신흥공업과 함께 하얼빈, 뤼순(旅順), 따롄 등과 같은 식민지형 도시들이 출현했다. 선양, 지린 등과 같은 오래된 도시들도 점차 식민지형 도시로 전환되었고, 도시와 농촌 간의 대립 또한 점차 심화되었다.

러일전쟁(1904~1905) 이후에 일본과 러시아의 세력이 창춘을 경계로 대치하는 국면이 되었으나, 이후에 일본은 러시아가 국내의 혁명 문제에 휩싸인 틈을 이용해, '남만주철도주식회사(滿鐵)'를 이용해 남부의 철도와 광산을 적극 경영하고, 푸순과 번시, 안산 등지에서 철과 석탄 채굴을 가속화했다. 후에 일본은 러시아의 수중에 있었던 만주 중부와 동부의 경영권을 획득하고, 이어서 전체 만주지구의 농산품과 광산품의 권리를 획득하고 따롄항을 통해 일본으로 물품을 운송했다.

1931년 '9·18 만주사변' 후에 만주는 일본의 식민지가 되었다. 일본은 이 지구의 경제권을 독점했고, 중국 본토 침략을 위한 근거지로 삼고 중공업 발전을 추진했다. 그러나 공업 부문의 내부 및 다른 공업 부문과의 연계 관계가 매우 약했고, 대부분의 공업 생산품은 원료가공 혹은 반제품 생산을 위주로 했다. 당시 만주지구의 경공업은 발전 속도가 느렸고, 제유, 제분, 제당, 제지 등 농산품 가공산업에 국한되어 있었다.

일본은 만주지구 경영의 중점을 지역적으로는 션양과 그 이남 지역, 그리고 업종으로는 채광, 야금, 기계, 군수산업에 두었다. 북만주에서는 주로 석탄, 삼림의 벌목, 소수의 유색금속의 채굴에 중점을 두었다. 농업 생산 수준과 철도망의 밀도는 남만주지구가 북만주보다 현저하게 높았다.

일제에 강점된 이후 만주지구는 중국 대륙과의 정상적인 경제 관계 연결이 불가능하게 되었고 식민지형 지역경제로 전환되었다. 그러나 1945년 일본이 항복한 후 대륙과 다시 연결되었고, 구소련의 원조하에 중공업기지도 건설되었다. 중화인민공화국정부의 1차 및 2차 5개년 계획(1958~1962) 시기에는 구소련의 원조하에 추진된 156항의 중점공정사업 중 54개 사업이 만주지구에 분포했다. 이러한 사업 추진과 전국의 통일된 계획하에서 랴오닝성 안산의 철강산업을 기본으로 한 만주지구의 공업 기반이 조성되었다. 또한 만주지구가 원래 소유하고 있던 공업인, 푸순의 석탄공업, 번시의 철강공업, 션양의 기계공업, 지린의 전력공업 등이 계속 발전했다. 농업 분야에서는 식량기지와 공업원료기지가 확충 발전되었고, 기계화 수준이 비교적 높은 국영농장이 출현했다. 사탕무, 삼베, 담배 생산기지가 확대되고, 상품식량인 콩, 사과, 잠사 등의 농산품 생산의 전국 비중도 높아졌다.

1959년 9월 이후 헤이룽장성 따칭유전이 개발되고, 3차 및 4차 5개년 계획(1971~1975) 시기에는 이 지구 지역경제 구조에 거대한 변화가 유발되었고, 에너지, 화학, 경방직, 화물 운송, 수출 등 부문의 발전이 촉진되었다. 하지만 이 시기에 국제 관계가 긴장되고 봉쇄가 심화됨에 따라 국가투자건설 중점이 전환되면서 발전 속도가 점차 완만해졌다. 개혁개방 시기에 들어서는 국유경제의 비중이 과다하고 생산설비가 노후한 대규모 국유기업의 수가 많아서, 이로 인해 시장경제 체제로 전환을 위한 구조조정과 선진 기술과의 접목이 어려운 악순환 구조 속에서 발전이 정체되는 이른바 '동북현상'과 '신동북현상'이 출현했다. 그러나 2000년대에 들어선 이후 '동북진흥' 정책이 추진되고 있다.

4) 민족 구성

만주지구는 총인구 중 소수민족 인구가 1350만 명으로 11.7%를 차지하고 있고,

만주족, 몽골족, 조선족의 비중이 비교적 크다. 이 중 만주족은 숙신(肅愼), 말갈(靺鞨), 여진(女眞) 민족이 뿌리이고, 주요 활동 지역은 동부의 백두산 일대 지역이었으며, 7세기경에는 고구려 유민과 말갈족이 함께 발해국(渤海國)을 세웠다. 12세기 초에는 여진족이 현재의 지린성 북부 바이청(白城) 일대를 영토로 하는 금(金) 왕조를 세웠고, 16세기 말에는 현재의 랴오닝성 선양을 도읍으로 정하고 청 왕조를 세우고 만주족이라 칭했다. 현재 이 지구 내 만주족 인구는 약 770만 명으로, 중국 내 전체 만주족 인구의 85%에 달한다. 그러나 만주족은 장기간에 걸쳐 한족에 융화되어서 언어를 포함한 민족적 특색이 거의 소멸된 상태이다.

유목, 말타기, 활쏘기에 능했던 몽골족은 그 전신이 동호(東胡), 선비(鮮卑)이며 근대에 이르러 몽골족이라 칭했다. 이들은 주로 네이멍구자치구 또는 그와 연접한 서만주지구에 분포하며, 인구는 약 300만 명으로 중국 내 몽골족의 73%를 차지하고 있다. 몽골족은 10세기 북송시대에 요(遼) 왕조를 건국했고, 13세기경에는 원(元) 왕조를 건국해 유럽과 아시아 대륙에 걸치는 대제국을 건설했다.

부여족, 고구려족의 후예인 조선족은 만주지구의 3대 소수민족 중 하나이며, 현재 만주지구 내 조선족 인구는 약 200만 명으로 중국 내 조선족 총수의 99%를 차지한다. 주요 활동 지역은 백두산 일대 지역이다. 조선족은 만주지구에 최초로 논을 개간하고 벼농사 기술을 보급했다.

만주지구 인구의 약 88%를 차지하는 한족의 주류는 금나라의 노예와 청조의 유민 출신이었고, 대부분이 현 산동성과 허난성 일대에 있었던 제(齊), 노(魯), 연(燕)나라에서 관리와 지주의 수탈을 피해 변방의 황무지를 개척하기 위해서 건너왔다. 그 결과, 20세기 이래로 만주지구의 인구 증가 속도는 중국 전국에서 가장 빨랐다. 1890~1930년 사이에 만주의 인구는 1000만 명에서 3100만 명으로 증가했고, 1930~1949년 사이에는 3100만 명에서 4182만 명으로 증가했다. 1949~1990년 기간에도 인구 증가 추세가 지속되어 1990년에는 1억 1093만 명으로 증가했고 전국 총인구에 대한 비중도 9%에서 9.5%로 증가했다. 그러나 1990년 이후에는 증가율이 둔화되고 감소하면서 2010년 말 1억 955만 명, 2018년 말 1억 836만 명으로 감소했고, 전국 총인구에 대한 비중도 1990년 9.5%에서 2010년 8.2%, 2018년 7.8%로 줄었다.

표 14-3   만주지구 주요 소수민족 현황과 분포 지역(2019년)

구분		인구(만 명)	비중(%)	주요 분포 지역
총인구		133,281.09	100	전국
그중 한족		122,084.45	91.60	
소수민족		11,196.63	8.40	
	만주족	1,038.79	0.78(9.28)	라오닝, 헤이롱장, 지린, 네이멍구, 허베이, 베이징
	몽골족	598.18	0.45(5.34)	네이멍구, 라오닝, 헤이롱장, 지린, 허베이, 신장
	조선족	183.09	0.14(1.63)	지린, 헤이롱장, 라오닝
	다워얼족	13.19	0.01(0.12)	네이멍구, 헤이롱장

주: 비중의 괄호는 전체 소수민족 중 차지 비율이다.
자료: 中国统计出版社(2019: 826).

만주지구의 주요 소수민족으로는 몽골족, 만주족, 조선족, 다워얼족이 있으며, 2010년 제6차 인구조사 결과에 따르면 중국 전국에 몽골족이 598만 1840명, 조선족이 183만 929명, 만주족이 1038만 7958명, 다워얼족이 13만 1992명으로 전체 소수민족 가운데 각각 5.34%, 1.63%, 9.28%, 0.12%를 차지하고 있다.

2. 경제 및 산업 개황

개혁개방 이후 동북 3성의 GDP가 중국 전국에서 차지하는 비중이 하락 추세이다. 1980년 13.4%에서, 1990년 11.3%, 1997년 10.2%로 하락했고, 이후 단기간 상승 추세로 변해 2001년 11.0%, 2003년 11.6%를 점했으나 다시 하락 추세를 보이면서 2010년에는 9.4%, 2018년에는 6.3%로 떨어졌다.

만주지구는 농·목·임·어업과 함께 철강, 기계, 석유, 화공도 중국 전국에서 중요한 위치를 점하고 있다. 2010년 중국의 성별 공업총생산액은 랴오닝성이 광동, 장쑤, 산동, 저장, 허난, 허베이에 이어 7위로 나타났지만, 2016년 공업 생산 증가치 6818억 위안으로 광동, 장쑤, 산동, 저장, 허난, 허베이, 후베이, 후난, 안후이, 쓰촨, 상하이, 섬서, 장시에 이어 14위에 불과했다. 이는 만주지구 공업 발전의 정체와 중서부 지역의 빠른 경제성장에 기인하고 있다. 개혁개방을 통해 시장경제

표 14-4 만주지구의 주요 경제지표(2018년)

구분	중국 전국	동북계	전국 비중(%)	랴오닝	지린	헤이룽장
인구(만 명)	139,538	10,836	7.8	4,359	2,704	3,773
GDP(억 위안)	900,309.5	56,751.6	6.3	25,315.4	15,074.6	16,361.6
1인당 GDP(달러)	9,397	7,613	—	8,432	8,084	6,291
1차산업 생산액 (억 위안)	64,734.0	6,195.1	9.6	2,033.3	1,160.8	3,001.0.
2차산업 생산액 (억 위안)	366,000.9	20,466.9	5.6	10,025.1	6,410.9	4,030.9
3차산업 생산액 (억 위안)	469,574.6	30,089.7	6.4	13,257.0	7,503.0	9,329.7

주: 2차산업은 건설업 포함된 수치임.
자료: 中国统计出版社(2018: 56, 69).

로 전환되고 만주지구의 경제발전이 정체되면서 만주지구는 섬서와 장시보다도 뒤쳐졌다. 주요 원인은 대형·중형·자원형 산업구조라서 개혁 추진이 어렵고, 기술과 설비의 노후화, 향진기업 발전의 둔화, 전기와 물 공급설비 부족, 문화와 기술 기초의 빈약, 전통적인 계획경제 의식, 체면과 권위 중시 문화 등에 기인한다.

만주지구는 중국의 주요 석유화학공업, 철강, 절삭기계, 자동차, 발전설비, 선박, 비행기 제조의 근거지이고, 주요 공업기지로서의 지위를 굳혀왔다. 일부 주요 공산품의 생산량은 중국 전국 점유율 20%를 넘는다. 또한 만주지구는 일제가 건설한 중화학공업을 기초로 해 1949년 중화인민공화국 출범 이래 상당 기간 중국 제일의 중공업기지의 지위를 유지했었다. 초기에는 철강공업을 기초로 했고, 1960년대 중반 석유자원 개발 이후에는 석유공업도 기반 산업이 되었다. 이후에는 철강, 기계, 석유, 화학공업을 기반 산업으로 하고 석탄, 전력, 건재, 삼림가공, 방직, 제지, 제당 등을 보조로 하는 비교적 완비된 공업 체계를 형성했다.

1) 야금 공업

철강공업은 만주지구 공업의 기초이며, 랴오닝성 안산철강(鞍钢)이 핵심이다. 안산철강은 내부 구조가 비효율적이고, 설비가 낙후되어 있었으며, 심하게 파괴된 적이 있었지만, 구(旧)중국의 철강공업 중 규모가 가장 크고, 설비 부문이 가장 잘 갖추어진 곳이었다. 안산의 철광석 광산은 매장량 1억 t 이상으로 현재 중국에서 가장 규모가 크다. 안산은 지리상 연료와 각종 보조원료 산지와 인접해 있고, 상당 부분의 연료는 푸순과 번시에서 공급받고, 부족한 부분은 헤이룽장의 치타이산(七臺山), 쌍야산(双鸭山) 및 화북의 허베이, 산시, 네이멍구 각지에서 보충하고 있다. 동시에 안산은 선양과 따롄 등과 같은 철강 소비 대도시와 인접해 있다. 안산철강에서 생산된 철강은 동북 3성에서 2/3 가량 소비되고 있다. 안산철강은 일찍이 대량의 직원, 기술 및 관리 간부를 선발해 각 성의 철강산업을 지원한 바 있다. 번시는 동북 제2의 철강 생산지이고, 이 밖에도 따롄, 푸순, 통화(通化), 링위안(凌源), 시린(西林), 지린 등이 있다. 2004년 6월에는 '동북진흥' 프로젝트의 일환으로 외국과의 합자를 통한 철강 생산 증대를 위해 번시철강이 포스코와 손잡고 번시철강포항냉연박판(本钢浦项冷延薄板)유한책임공사를 설립했다.

2) 기계제조 공업

선양, 창춘, 하얼빈, 치치하얼, 푸순 5개 도시는 만주 최대 기계제조 공업기지이다. 주요 생산품은 철강기계, 운수기계, 동력기계, 선반과 공작기계, 경공업, 화학공업, 농업기계 등이다. 선양, 푸순, 치치하얼은 만주지구의 최고 중요한 중형기계 제조 중심지이고, 선양과 푸순은 주로 광산기계와 야금(冶金) 설비를, 치치하얼은 대형 야금설비, 압출설비, 각종 대형 주형(鑄型) 설비를 생산한다. 또한 운송기계 제조도 매우 발달했다. 따롄은 해양 조선과 기계 차량, 창춘은 자동차와 객차, 하얼빈은 운하 선박 등을 생산하고 있다.

3) 에너지공업

1차 5개년 계획 시기에 만주지구의 전력·석탄·석유 생산량은 중국 전국의 수위를 차지했으며, 2차 5개년 계획(1958~1962) 이후에는 석탄 생산량이 감소해 전국에서 2위를 차지했다. 따칭유전 개발 이후에는 만주지구의 석유 생산량이 지속적으로 전국에서 수위를 차지했다. 만주지구는 원래 기본적으로 석탄, 전력, 석유를 자급자족하는 지역이었으나, 현재는 석탄과 전력은 부족한 반면, 석유는 중국 내타 지역으로 수출하고 있다.

2003년 만주지구는 중국 전국 원유 생산량의 41.1%, 목재의 27.8%, 철강의 13.0%, 석탄의 9.4%를 공급했다. 석탄자원 매장량은 약 723억 t이며, 이 중 네이멍구 동부가 약 60%, 헤이룽장이 27%, 랴오닝이 13%를 점하고 있다. 랴오닝과 지린 2개 성의 푸순, 푸신(阜新), 랴오위안(辽源), 통화, 잉청(营城) 등의 오래된 광산지역의 생산량은 감소하고, 헤이룽장 동부와 네이멍구 동부의 생산량은 증가하고 있다. 또한, 원유 매장량은 중국 전체의 38.1%를 차지하고 있다.

따칭유전의 개발에 이어서 랴오허유전과 지린유전이 연이어 개발된 후 만주지구의 석유 생산량은 7497억 t에 달했고, 중국 전국 석유생산량의 약 50%를 점했다. 따칭유전에서 생산된 석유는 중국 내 타 지역으로 수출하고 있다. 이외에도 파이프라인을 통해 만주지구 내에 연료와 석유화공의 원료로 공급되고 있고, 랴오허유전은 랴오닝성의 산업구조 변화와 공업 발전에 중요한 역할을 했다. 지린 유전은 동북에서 유일하게 생산량이 증가하는 유전으로, 2009년 천연가스 생산량이 750만 t에 달했다. 쑹랴오(松辽) 평원에서 발해에 이르는 지역은 험한 산지로이 지역에 풍부한 원유가 매장되어 있음이 증명되었고, 그 매장량이 70억 t이 넘는 것으로 추정되고 있다.

4) 목재 및 건자재 공업

만주지구는 중국의 주요 목재 공급 지역으로 대·소 싱안령과 장백산 지역은 중국 최고의 원시림 지역이다. 만주지구의 목재 총축적량은 32.5억 m³이며, 이는 중국 전국 축적량의 33%를 차지한다. 삼림 벌채업은 따싱안령(大兴安岭), 샤오싱안령(小兴安岭), 완다산(完达山), 장백산 지역에 집중되어 있다. 자무쓰, 무단장, 하얼빈, 지린, 투먼, 통화 등의 인접도시에 목재와 관련된 삼림벌채 공업이 발전했다. 헤이룽장과 지린의 2개 성에서 생산된 목재는 이 지역에서 60% 정도가 소비되고, 나머지는 다른 성에 공급한다. 하지만 만주 지역 목재 생산량의 전국 점유율 추이

를 보면, 2008년 1151만 m³로 중국 전체 8108만 m³의 14.2%를 차지했으나, 2018
년에는 407만 m³로 급감해 전국 목재 생산량(8810만 m³) 대비 점유율이 4.6%에 불
과하다. 이는 삼림의 과도한 벌채에 의해 이 지역의 목재 축적량이 크게 감소했
고, 생태환경도 악화되고 있기 때문이다. 만주지구의 건자재공업 또한 상당한 규
모이며, 특히 시멘트공업이 중요 부분이다. 대형의 시멘트 공장이 따롄, 안산, 푸
순, 번시, 차이툰(彩屯), 샤오툰(小屯), 하얼빈, 무단장, 지린 등지에 있다.

3. 주요 농업기지 현황

1) 농업자원과 기초

만주지구는 넓고 풍부한 토지자원을 소유하고 있어 농업 발전에 유리한 기반을
보유하고 있으며, 황무지와 초지가 대량 존재한다. 1인당 경지 면적은 만주지구
내에서도, 특히 북부 지역이 더욱 높다. 이 지역에서 중·저 생산면적이 총경지면
적의 72%에 달해 농지 개량을 통한 생산력 증대 잠재력이 매우 크다. 또한 이미
독특한 농업경제 체제와 농업의 지역 간 분업 체계를 갖추고 있다. 이 지구는 토
지 면적 규모가 상대적으로 크고, 생장 기간이 짧으며, 토지경영이 조방적이고, 단
위면적당 생산량이 적다. 이 지구의 개간 가능 황무지는 1억 무로, 주로 헤이룽장
성 일대에 분포한다.

삼림 면적은 약 8억 무로 만주지구 총면적의 42%를 차지해 임업 발전의 잠재력
이 크다. 이 중 초지 면적이 6.17억 무로 33%를 점하며, 커얼친(科儿沁) 초원과 후
룬베이얼 초원은 전국적으로도 유명하다. 그러나 과도한 농지 개간 및 방목에 의
한 초원의 퇴화와 그로 인한 사막화 현상이 심각하다. 내륙 수면은 500만여 무이
며, 또한 넓은 해양을 보유하고 있어 담수어업과 해양어업의 조건도 양호하다.

만주지구의 기후는 한대와 온대, 건조와 습윤 등의 기후 차별이 매우 심하고, 생
장 기한 또한 짧다. 하지만 일조량이 충분하고, 여름은 고온이 유지되고 강우량
또한 풍부해 일 년 일모작에는 충분한 조건을 가지고 있다. 북부의 헤이허는 봄밀

과 벼농사가 가능하며, 랴오닝의 서쪽과 남쪽은 겨울밀과 온대 과일이 월동할 수 있다.

2) 상품식량 기지와 사탕무 기지

만주지구는 본래 건조작물 재배를 위주로 한 지역이었으나, 사회생산 조건의 변화로 인해 작물 종류가 다양화되었다. 과거에는 '만주 들판은 모두 수수나 콩'이라고 했지만, 현재는 수수가 옥수수로 대체되었다. 콩은 두 번째로 많이 재배되는 농작물이지만 생산량의 전국 점유 비중은 감소 추세이다. 식량작물 중에서 생산량 비중이 감소 추세에 있는 것은 수수와 조로, 이 둘의 생산량 합의 지구 내 비중은 40%에서 20%로 하락했다. 반면에 옥수수, 벼, 밀 생산량은 지역 내 비중이 35%에서 65%로 상승했다.

벼와 밀은 만주지구의 양대 식량작물이다. 이 지구에는 원래 벼농사가 없었으나 청조와 조선조 말엽 한반도에서 조선족이 만주로 이주해 온 후에 이 지역에 벼농사 기법을 전파했다. 이는 당시로서는 주요 식량생산기술 혁신의 한반도에서 만주지구로의 전파였다. 벼농사 면적은 1949년 이전에는 겨우 2%에 지나지 않았으나, 수리시설의 확충 등을 통해 8%까지 증가했다. 벼농사가 가장 많은 곳은 조선족이 거주하고 있는 동만주 지역과 랴오하, 쑹화강 등 수리관개시설 수준이 양호한 지역이다.

만주지구는 전국에서 가장 중요한 봄밀 생산 지역으로, 밀의 경작 면적이 식량작물 경지 면적의 22.6%이고, 벼농사 경작 면적의 1.7배에 달한다. 봄밀은 생장 기간이 비교적 짧은 북만주 지역에 주로 분포하는데, 헤이룽장 지역이 만주지구 밀 총생산량의 90%정도를 차지하고 있다. 벼와 밀의 총생산량은 다른 작물의 생산량보다 많지 않지만, 상품성이 비교적 높아 발전 잠재력이 크다. 벼는 안정적이고 높은 생산을 유지하는 중요한 작물이고, 밀은 기계화와 황무지 개간에 적합한 주요 작물이다.

만주지구의 3대 잡곡인 옥수수, 조, 수수는 경작 면적과 생산량이 각각 70%에 달한다. 옥수수 생산은 20세기 초에는 식량작물의 10%를 차지했지만, 1950~1960

년대에는 20%, 1970년대에는 40%로 증가했고, 작물 분포도 동부, 서부, 산악 지대와 초원, 습지를 막론하고 가장 널리 퍼져 있다. 이 중 가장 밀집된 지역은 '중국의 옥수수 지대'라고 불리고 있는 쏭랴오 평원이다. 조의 재배 면적은 잡곡 가운데 두 번째이나 생산량은 수수에 이어 세 번째다.

콩은 남부보다는 북부에서 그리고 평원 지역에서 더 많이 재배되고, 총생산량 중 헤이룽장성 65%, 지린성과 랴오닝성이 각각 15%, 네이멍구 동부 5%를 차지하고 있다. 콩의 생산은 만주지구의 농업 가운데 특수한 위치를 점하고 있다. 역사상 만주지구는 세계적으로도 유명한 상품 콩 작물 재배지역으로, 75~80% 정도가 상품화되고 50% 이상을 수출했다. 하지만 1949년 이후 식용유와 공업유의 증가로 인해 식량으로서의 역할이 제한되었고 경지 면적 또한 축소되었다. 그 결과 생산량과 상품화율, 수출률이 감소해 오늘날에는 지역 내 소비에만 충당되고 있다. 콩은 다른 잡곡과 잘 배합할 수 있으며, 일반 소비용 및 공업용, 수출용 수요도 크다.

만주지구는 전통적으로 비교적 안정된 상품식량 생산기지이다. 랴오닝성은 거의 자급자족하고, 네이멍구 동부는 자급자족하고도 남으며, 헤이룽장성과 지린성은 식량의 상품화율이 각각 60%, 80%이다. 헤이룽장성과 지린성은 토지자원이 풍부하나 식량의 단위생산량은 상대적으로 낮다. 만주지구의 상품식량작물의 분포는 일조량과 수분, 토양 등의 차이에 따라 다르다. 개괄하면, 수수는 남부, 밀은 북부, 벼농사는 동부, 조는 서부, 콩은 중부, 옥수수는 전 지역에 걸쳐 분포해 있다.

3) 목축업·임업·어업 기지

만주지구는 농작물 재배와 관련된 사육 위주의 목축업과 방목 위주의 목축업이 병존하고 있다. 사육하는 품종은 주로 돼지, 소, 말이며, 당나귀와 노새도 사육한다. 방목은 양, 소, 말을 위주로 한다. 말은 그 수가 전국에서 가장 많으며, 남만주보다는 북만주에 더 많다. 헤이룽장은 가축 중에 말이 54%를 차지하고 있다. 소는 만주지구의 가축 중 두 번째로 많고, 네이멍구 동부지구에 가장 많다. 네이멍구 동부와 랴오닝성에서 사육하는 노새와 당나귀 총수가 만주지구 전체의 약 2/3를 차지한다. 만주 중부 농업지구에서는 주로 돼지를 사육하고 있고, 서부의 목축지구에서는 양 사육이 많다. 개괄하면, 소는 만주 전 지구에, 말은 북부에, 노새는 남부에, 돼지는 동부에, 양은 서부에 많다.

만주지구의 전체 삼림 면적은 8억 무에 달한다. 삼림에는 풍부한 목재자원뿐 아니라 야생 동식물이 존재하고 있으므로, 임업지구 농민들은 채집, 수렵, 식량 재배, 약재와 보양식품 제조·가공 등에 종사하고 있다. 요동반도와 랴오닝성 서부 구릉지는 과수원 재배 면적 증가 속도가 매우 빠르며 온대과일인 사과와 배가 유명하다. 누에 실(蠶絲)은 랴오닝성 동부와 지린성 남부지구에서 주로 생산되는 중요한 방직업 재료이며 수출품으로 전국 생산량의 3/4을 점한다.

만주지구는 남쪽으로 황해와 발해 바다를 접하고 있어 해양어업을 발전시킬 수 있는 유리한 조건을 보유하고 있다. 연해에는 수많은 어항이 있고, 이 중에 따롄이 어업 가공의 중심지이다. 랴오닝성의 해양수산품은 중국 전국의 1/7을 차지하고, 연해지구 성 중 5위를 차지한다. 주요 수산품은 청어, 대하, 황조기, 해삼, 조류, 바닷조개 등이다. 한편, 헤이룽강, 쑹화강, 넌강, 우수리강 등의 담수어업 발전 조건도 양호하다.

4) 만주지구 농업 발전 방향

중국정부는 13차 5개년 계획(2016~2020)에서 만주지구의 발전 목표를, 농업 발전 방식을 빠르게 변화시키고, 공급 측면의 농업 구조 개혁 추진, 현대화된 농업 생산 체계, 산업 체계, 경영 체계의 구축, 농업 효율과 경쟁력 제고, 현대화 대규모 농업 체계와 농촌을 건설하고, 중국의 중요한 현대농업 생산기지로 발전시킨다고 제시했다. 이러한 목표 달성을 위한 수단 및 하위 목표로 식량 생산배치 개선, 식량 창고지구 정책적 육성, 과학기술 강화 등을 설정했다. 또한 농촌산업의 융합 발전을 촉진하기 위해 종자 양식 생산구조의 고도화, 농업 산업클러스터 확장을 통한 1차, 2차, 3차 농업의 융합 발전, 사물인터넷, 클라우드, 빅데이터를 활용한 신농업의 대폭 발전, 농부식품 안전 확보 등을 제시했다.

4. 기반시설 건설

1) 교통망 건설

만주지구는 철도를 중심으로 도로, 수운, 항공, 파이프라인 등 비교적 발달한 교통운송망을 형성하고 있고, 최근에는 고속도로 건설과 철도 고속화, 고속철도 건설 사업이 활발하게 진행되고 있다. 종횡으로 교차하는 철도는 만주지구의 주요 광·공업중심과 농·목·임업기지를 연결하며, 하얼빈-만저우리(濱洲), 하얼빈-쑤이펀허(濱綏), 하얼빈-따롄(哈大), 선양-산하이관(沈山)을 기본으로 하고, 선양, 쓰핑(四平), 창춘, 하얼빈을 중추도시로 하고 각각의 지선을 연결해 비교적 완정(完整)한 철도망을 형성하고 있다. 이 철도망의 기본 구조는 동서 방향에서 남북 방향으로 간선을 이루고 있다. 하얼빈-만저우리선과 하얼빈-쑤이펀허선은 동서 간선철도이고, 이는 이투리허-넌장(嫩江)-베이안(北安)-자무쓰, 아얼산-바이청-창춘-투먼, 통랴오-쓰핑-통화, 차오양-푸신-선양-단동의 4개 노선으로 구성된다. 하얼빈-따롄선은 남북을 이루는 주요 노선으로, 구롄(古蓮)-넌장-치치하얼-통랴오-진저우, 따칭-통랴오-츠핑, 선양-지린-하얼빈, 투먼-자무쓰 등 4개 노선으로 구성되어 있다. 선양, 쓰핑, 창춘, 하얼빈은 교통의 중추도시이며, 이외에도 치치하얼, 무단장, 지린, 바이청, 메이허커우(梅河口), 신리툰(新立屯), 진저우, 통랴오 등도 철도교통의 중심도시이다. 선양은 동북 최대의 철도교통 중심도시이며, 선양을 중심으로 한 선양-따롄선, 선양-산하이관선, 선양-단동선, 선양-하얼빈선 등이 삼각형 모양으로 주축을 이루며 동북 철도망을 구성하고 있다.

'丁'자형의 하얼빈-만저우리, 하얼빈-쑤이펀허, 하얼빈-따롄 철도는 동북철도의 등뼈이다. 만저우리-쑤이펀허 선은 총연장이 1486km이며, 양끝이 러시아 철도와 연결되어 있는 중요한 국제철도이다. 동시에 이 철도는 헤이룽장성의 각 철도와 연결되어 있어 헤이룽장성 동부의 풍부한 석탄, 목재, 콩, 종이, 설탕 등의 광·임·농업품을 흡수하고, 북만주 서부의 목재, 석탄, 석유, 기계, 축산품, 콩, 식량, 사탕무 등의 생산품을 대량으로 남쪽으로 운반한다.

2) 동청철도

동청철도[또는 중동철도(中东铁路)]는 러시아가 만주의 자원을 자국으로 운송하고 극동지구 통제를 위해서 청조 말기인 1896~1903년 기간에 만주지구에 건설한 철도이다. 하얼빈을 중심으로 하고, 서쪽으로 만저우리, 동쪽으로 쑤이펀허(绥芬河), 남쪽으로 따롄까지 연결했다.

러시아의 입장에서는 시베리아 동부의 치타(赤塔, Чита)에서 중국의 만저우리, 하얼빈, 쑤이펀허를 지나 러시아 극동지구 블라디보스토크(海参崴, Владивостóк)까지 연결하는 시베리아철도의 부분 구간이다.

1917년 러시아 10월 혁명 이후에 북단(北段)은 중소가 공동 경영했고, 항일전쟁 승리 후 중국이 전 구간을 '중국창춘철로(中国长春铁路)'라 불렀다.

만저우리에서 하얼빈을 지나 쑤이펀허까지 구간이 중동철도 간선으로, 총연장 1480여 km이다. 남만철도(南满铁路)라 부르는 하얼빈-창춘-따롄 구간은 중동철로의 지선이고, 총연장 940여 km이다.

하얼빈-따롄선은 총연장 944km로 동북 최대의 공업중심이며, 정치·문화의 중심인 하얼빈, 창춘, 쓰핑, 톄링(铁岭), 선양, 랴오양, 안산, 하이청(海城), 와팡뎬(瓦房店), 따롄 등 10개 도시와 연결되어 있고, 3개 성의 성도와 최대의 항구도시 따롄을 포함하고 있다. 하얼빈-따롄선은 중요한 농업지구와 인구 밀집지구를 통과하고 있으며, 동북 변경의 모든 철도와 만주지구의 국제교역 관문도시(口岸城市)와도 연결되어 있다. 만주지구의 인구 백만 이상의 8개 도시 중 5개가 하얼빈-따롄선과 연결되어 있다. 하얼빈-따롄선은 만주지구의 주요 여객, 화물 간선철도를 포함하고 있고, 남쪽 구간은 석탄, 목재, 식량, 콩, 종이, 임목 등의 화물을 운송하고 있고, 북쪽 구간은 철강, 공업설비, 건축 재료, 경공업 제품을 위주로 운반하고 있다.

선양-단동 철도는 중국과 북한을 연결하는 중요한 국제선이다. 선양-산하이관 철도는 베이징-선양 철도의 동쪽 철도로, 만주지구와 베이징 및 관내의 각지를 연결하는 중요한 철도로 화물 운송량이 매우 많다. 베이징-청더(京承), 진저우-청더(锦承) 철도와 베이징-통랴오(京通) 철도는 만주지구와 베이징을 연결하는 제2, 제3의 철도로, 선양-산하이관선의 화물량을 분산시키고, 만주지구 서북부의 개발과

그림 14-2 중국 동변도철도

변방지구를 공고히 하는 데 중요한 역할을 한다.

연해 지역인 랴오닝성을 제외하고 지린성과 헤이룽장성은 내지에 속하므로 출해항구(出海港口)가 없다. 대외개방의 확대를 통한 지역의 통합적 발전을 이루기 위해 만주지구는 기존의 하얼빈-창춘-선양을 통해 따롄항으로 통하는 주요 물류 통로 외에도 하얼빈-쑤이펀허-블라디보스토크항 통로, 창춘-지린-훈춘-자루비노항(러시아) 및 나진항(조선) 통로, 동변도철도 통로 등 4대 출해 통로를 확보하는 전략을 추진 중이다. 이로 인해 '동북진흥'전략도 철도 건설 및 확충에 중점을 두고 있다. 또한 기존 철도에 대한 복선화, 전철화 등을 통해 베이징-하얼빈(京哈)철도의 운송 능력을 확대했고, 하얼빈-쑤이펀허선과 쑤이펀허-자무쓰(绥佳)선을 개조·확장해 헤이룽장성 동부 지역의 석탄을 외부로 수송하고 있다.

중국 정부는 동북진흥전략의 기초가 되는 철도 인프라의 건설을 위해 하얼빈-따롄선의 개조 외에 러시아, 북한 등과의 국경 경계 지점을 따라 북으로는 헤이룽장성의 쑤이펀허와 무단장에서 시작해 지린성의 투먼(土门), 옌지, 통화를 경유한 다음 랴오닝성의 환런(桓仁), 단동, 좡허(庄河), 따롄에 이르는 만주 동부의 1520km 철도 통로인 '동변도철도(东边道铁路)'를 건설, 2016년 12월에 개통·운행하고 있다.

동변도철도는 만주지구의 북에서 남으로 중·러, 중·조 국경을 달리는 변방철도로서, 총연장 약 1520km이다. 노선은 남쪽의 랴오닝성 따롄시에서 시작해, 좡허시, 동강시(東港市), 단동시, 펑청시(凤城市, 凤凰城站), 콴뎬만주족자치현, 환런만주족자치현(五女山站), 통화현, 통화시, 바이산시(白山市), 허룽시, 룽징시, 옌지시, 투먼시, 왕칭현, 무단장시와 북쪽의 헤이룽장성 쑤이펀허시까지 연결한다.

동변도철도 공정은 중국 정부가 '동북지구 등 노공업기지 진흥전략(东北地区等老工业基地振兴战略)' 실시 후 확정한 중대 건설 항목 중 하나이다. 이 철도 건설 계획은 2004년 12월 4일 중국 철도부와 동북 3성 각 성 정부가 베이징에서 '하얼빈-따롄 여객전용선과 동북부 동부 철도 합작건설회의(合作建设哈大铁路客运专线和东北东部铁路通道会谈)'와 협의서 체결식을 거행하면서부터 시작되었고, 마지막 공정 구간인 단동-따롄 구간이 2016년 12월에 완공·개통되었다.

동변도철도 노선 구간 중 만주 동부의 10여 개 시와 30여 개 현 영향권의 배후지 총면적이 22만 km²이고, 인구는 1800만여 명이다. 또한 4개 구간의 철도, 즉 랴오닝성의 따롄-단동 구간, 관수이(灌水)-통화 구간, 그리고 지린성의 바이허(白河)-허룽 구간, 훈춘-쑤이양(绥阳) 구간을 신설해, 기존 노선인 하얼빈-따롄선, 그리고 따롄시 행정구역 내 진저우(金州)-청즈탄(城子坦) 구간, 그리고 청즈탄-좡허(城庄)선, 단동-따롄(丹大)선 등 14개 철도 노선과 연결함으로써, 중북 접경 지역인 요동반도와 만주 남부와 동부, 중·러 접경 지역인 헤이룽장성과 동부 변경지구를 남북 방향으로 연결하는 철도 통로이다. 철도가 통과하는 도시로 랴오닝성 따롄, 단동, 번시, 지린성의 통화, 바이산, 옌지, 그리고 헤이룽장성의 무단장 등 7개 지구급 시(地级市)와 15개 현 및 현급시가 있다. 인구는 약 1600여 만 명이고, 철도 연변 토지 점유 면적이 약 14.4만 km²에 달한다. 연계된 철도 노선은 18여 개가 있는데, 배후 영향권까지 보면 영향권 내에 포함된 지급시가 13개 있고, 인구는 2700만여 명, 토지 면적은 20만여 km²에 달한다.

동변도철도의 건설·개통에 따라 만주 동부지구에서 출해항구인 단동 따동항(大东港)까지의 운수 거리가 대폭으로 줄었다. 헤이룽장성 무단장시를 기점으로 종점인 단동까지 이 철도를 이용하면 하얼빈-따롄선 철도 이용 시보다 98km가 단축되고, 지린성 투먼시를 기점으로 하면 278km, 지린성 통화시를 기점으로 하면 306km가 단축된다. 따라서 동변도철도의 완공은 철도 연변지구에 외자 유치 동기를 제공하고, 경제사회 발전을 촉진하고, 각 도시의 경제 연계를 강화시켰다. 또한, 단동항의 화물기지 배후지 확대 발전과 만주 동부지구의 중·러, 중·조 무역 가속화에 유리한 조건을 제공하고 있다.

항공운수는 따롄, 선양, 창춘, 하얼빈 등의 4대 거점 대도시 공항을 중심으로, 옌볜조선족자치주 수도인 옌지시와 백두산 관광 거점 도시인 바이산시의 장백산 공항 등이 발전 중이다. 옌지 차오양촨(朝阳川)국제공항은 1952년부터 군용 비행장으로 출발했고, 2000년 8월부터는 국제노선인 옌지-서울 간 전세기가 취항했다. 2018년 12월 말 기준 베이징, 상하이 등 국내 운행 18개 노선, 서울, 부산, 오사카 등 국제 5개 노선을 운행 중이며, 2019년 여객 운송량은 166만 명으로 전년 동기 대비 9.9% 증가했다.

또한, 도로건설도 매우 빠르게 진행되고 있다. 통장-따롄, 창춘-훈춘, 쑤이펀허-하얼빈-만저우리, 단동-산하이관 등의 4개 국도간선과 기타 간선도로는 만주지구 도로망의 기본 골격을 이루고 있다. 최근에 선양-따롄의 고속도로에 이어서, 선양-창춘-하얼빈, 선양-산하이관, 창춘-지린-옌지-투먼-훈춘 구간 등의 고속도로가 건설·개통되었다.

만주지구의 연해 운수는 따롄, 잉커우를 중심으로 하고, 단동, 진저우를 양 날개로 한다. 대외개방이 실시됨에 따라 컨테이너 운송량이 날로 증가하고 있어 컨테이너 운송항구의 건설 필요성이 증대되고 있다. 항구와 철도, 도로를 연결하는 주요한 중추도시는 따롄, 선양, 창춘, 하얼빈, 잉커우, 자무쓰 등이다. 하얼빈, 자무쓰를 중심으로 하는 항구의 건설과 함께 요동반도의 따롄항과 산동반도의 옌타이항을 연결하는 해상 통로의 역할이 증대되고 있다.

2) 전력망 건설 및 용량 확대

만주지구의 전력자원은 석탄 위주이고, 그다음이 수력과 석유이다. 전력설비 중 화력발전의 비중은 1949년 57.6%, 1965년은 77.5%로 증가했고, 1995년에는 80% 이상에 달했다. 만주지구는 수백만 kW에 달하는 수력발전 잠재력이 있지만 풍부한 석탄자원을 기반으로 하는 화력발전 위주이다. 전력 공업 가운데 대형 화력발전소는 푸순, 푸신, 따롄, 차오양, 진저우, 지린, 헤이룽장성의 하얼빈, 따칭, 지시, 그리고 네이멍구자치구의 츠펑, 통랴오 등에 있으며, 대형 수력발전소는 펑만(豊滿), 바이산, 홍스(紅石), 윈펑(云峰), 수이펑(水豊), 헝런(恒仁) 등이 있고, 이 중

그림 14-3 중국 쪽에서 본 수풍댐

자료: 2011년 7월 촬영.

에 바이산수력발전소는 만주지구 최대 규모이다.

랴오닝과 지린성의 푸순, 푸신, 지린, 평만 등과 헤이룽장의 하얼빈, 따칭, 네이멍구의 츠펑, 통랴오 등은 만주지구의 전력발전 중심이며, 이곳의 전력량은 이미 2500만 kW를 넘어섰고, 만주지구 전력 총량의 90%를 점하고 있다.

만주지구의 수력발전 용량의 비중은 전체의 18.5%를 차지하며, 화력발전과 배합해 전력의 수급을 안정화하는 기능을 담당하고 있다. 만주지구는 수력발전의 개발 수준이 전반적으로 높은 편이다. 특히 북한과 접경하고 있는 압록강은 창바이조선족자치현(북한 쪽 혜산)에서 단동 입해구까지 낙차가 680m이고, 유역의 연간 강수량이 약 870mm에 달하므로 수력발전에 유리한 조건을 갖추고 있다. 중국과 북한은 이 같은 조건을 활용하기 위해 쌍방의 공동계획을 거쳐서, 창바이현에서 단동 입해구까지 구간에 12개 계단식 수력발전소 배치 계획을 수립했다. 현재 압록강 간류상에 건설된 수력발전소는 윈펑(云峰), 웨이위엔(渭源), 수이펑(水丰),

타이핑완(太平湾) 등 4개 낙차식(梯级) 발전소이다. 이 중 설비용량이 큰 것은 수이 펑과 윈펑이다. 수이펑발전소는 1944년에 높이 106.4m, 넓이 30m, 길이 900m의 댐을 완공했고, 1980년대에 설비용량을 900MW로 확충했다. 수이펑저수지(水丰 水库)는 중국 만주지구에서 가장 큰 저수지로, 수면 면적은 345km²에 유효 저수용 량은 76억 m³이고, 중국과 북한 양국이 공동 관리하고 있다. 또한 펑만과 무단장 등지에도 수력발전소가 건설되었다.

만주지구는 전력 생산의 90% 이상을 화력과 수력이 담당하고 있고, 가까운 시 일 내에 후룬베이얼과 따싱안령의 전력망이 연결되어 북부는 이민(伊敏)-따칭-하 얼빈, 치타이허-자무쓰-하얼빈을 연결하고, 중부는 창춘, 지린, 선양, 푸순, 번시, 랴오양, 안산 등이 전력망의 중심지가 되고, 서부는 진저우, 위안바오산(元宝山), 쑤이중(绥中), 통랴오, 남쪽으로는 따롄 등이 중심이 되는 지역 간 전력 수송망이 형성 중이다. 이후 만주지구의 전력망은 화북지구의 전력망과 연결되고, 한걸음 더 나아가 러시아의 일부 지역과도 연결될 것이다.

3) 수자원 현황

만주지구 수자원 분포는 북부와 동부는 풍부하고 남부와 서부는 부족하다. 하 지만 물 소비는 남부와 중부가 많고, 북부와 동부는 적다. 수자원 총량은 1929.9 억 m³이고, 이 중에 흑룡강과 두만강의 수자원이 72.7%, 랴오하, 압록강, 그리고 랴오닝성 연해지구 각 호수의 수자원 총량이 27.3%를 차지한다. 랴오하의 남쪽과 쑹화강의 북부 중간에 분수령이 있는데, 이를 관통해 두 개의 강을 연결하는 관개 수로와 운하를 건설하기 위한 시도가 역사상으로 수차례 있었다.

중화인민공화국 출범 이후 1955~1960년 사이에 쑹화강과 랴오하를 연결하려 는 계획이 수립되고 공정이 시작되었으나, 1961년 기본건설사업 우선 추진에 따 른 자금 부족으로 인해 중단되었다. 그러나 1980년대 중반 이후 만주지구 경제와 도시의 발전으로 인해 창춘을 포함한 랴오닝성 중남부 지역의 공업용수와 생활 용수의 부족이 날로 심각해지면서, 북부의 물을 남부에 공급하기 위한 쑹화강과 랴오하의 연결 필요성과 함께, 먼저 공업과 생활용수를 공급하고 그다음에 관개와 운하 수송로를 건설한다는 전략이 다시 제기되었다. 그러나 기후 조건의 변화에 의한 계절 유량의 변화, 철도의 대형화와 고속화, 고속도로의 확충과 발전 등으로 인해 운하 건설의 경제적 합리성은 갈수록 줄어들고 있다. 한편, 1994년 9월에는 쏭화강 물을 창춘시로 끌어 쓰기 위한 공정(引松入长调)에 착공해 1998년 11월에 완공된 후 창춘시의 물 부족 문제가 완화되었다.

5. 중·북 접경 지역의 주요 문제

1) 만주 변경 지역의 개방과 지역발전

(1) 변경 지역의 개발과 개방

만주의 변경 지역은 인구밀도, 도시화의 수준, 산업의 발전 및 입지, 전반적 경제 발전 수준 등이 내부지구에 비해 상대적으로 낮고 낙후되었다. 만주지구의 변경은 해양 부분과 육지 부분으로 나눌 수 있는데, 해양 부분은 황해와 발해, 육지 부분은 북한, 러시아, 네이멍구와 접경하고 있다. 행정구역 측면에서는 63개의 현급 행정단위로 구성되어 있고, 이 중 해양 부분은 부성급시(副省級市)인 따롄시와 지급시인 잉커우시와 후루다오시(葫芦岛: 구 锦西)시외에 2개의 현급 도시와 5개의 현으로 구성되어 있다. 동북 변경 지역은 동북 3성 전체 토지 면적 대비 비중 7.3%를 점하고 있으나 인구 비중은 48.8%이고, 인구밀도는 300명/km²이다. 한편, 변경 지역 육지 부분은 9개의 시와 39개의 현으로 구성되어 있고, 만저우리, 헤이허, 쑤이펀허, 훈춘, 투먼, 단동, 츠평, 바이산 등의 변경 거점도시를 포함하고 있다. 특히 네이멍구와 러시아와의 접경 지역은 면적이 넓고 높은 산과 울창한 산림을 보유하고 있고, 대외개방 수준이 매우 낮다.

중국과 북한 사이에는 국경하천인 압록강과 두만강이 있고, 80% 이상이 백두산을 포함한 장백 산맥의 협곡을 지나고 있다. 이 지역은 거주 인구가 적고 훈춘과 투먼, 단동 같은 소규모 도시만이 있다. 동북부와 네이멍구 지역에는 따싱안령 산지와 건조 고원지이므로 도시 형성이 더욱 어렵다. 한편, 중·러 접경 지역은 토지 조건은 우수하나 기온이 너무 낮아 개발하기가 쉽지 않다. 또한 많은 소수민족이 살고 있으며, 사회·문화·역사·지정학적 원인 등으로 인해 개발이 제약되어 왔다. 역사적으로는 청조의 만주 폐쇄 정책, 일제의 만주 군사기지화 전략, 해방 후 미국 및 소련과의 긴장 관계로 인한 중공의 만주 봉쇄 정책 등의 영향으로 자원의 합리적 개발이 어려웠다.

1980년대 이후 개혁개방이 추진되면서, 만주지구와 인접 국가 간의 변경무역이 발전하기 시작했다. 초기에 대외개방된 도시는 따롄, 만저우리, 헤이허, 쑤이펀허, 훈춘이고 이어서 단동과 투먼도 포함되었다. 동시에 지린성의 지안, 창바이, 헤이룽장성의 모허, 쉰커(逊克), 퉁장, 멍베이(梦北), 후터우(虎头), 네이멍구자치구의 아얼산 등이 변방무역 소도시로 발전하기 시작했다. 한편, 랴오닝성 연해 지대의 잉커우, 단동, 진저우, 후루다오[葫芦島, 구 진시(锦西)] 등의 항구도시들의 대외개방 폭이 가속적으로 확대되었다. 해양 변경 지역의 개방·개발에 따라 황해와 발해에 인접한 항구도시들이 형성되었다. 이 중 따롄은 대외개방의 핵심도시로서 개발구 건설, 외자 유치 등을 통한 공상업의 발전 속도가 만주지구 내에서는 물론 중국 전국에서도 빠른 편에 속한다.

(2) 두만강 지역의 개방과 개발

두만강 하류 지역의 개발은 16세기 이후 영토분쟁의 역사와 관련이 깊다. 19세기 중엽 이후에 러시아 제국의 강요에 의해 1858년 중·러 양국이 체결한 아이훈조약(璦琿条约)에 의해 흑룡강 이북의 60만 km² 면적의 영토를 러시아에 할양해주었고, 우수리강 동쪽의 40만 km²의 영토는 중국과 러시아가 공동 관리하기로 했다.[3] 그러나 1860년에 다시 '중·러 베이징조약(北京条约)'을 체결하고 우수리강 동쪽의 40만 km²의 땅도 러시아에 할양했고, 동시에 두만강 하구에 '土' 자 비석을 세웠다. 1886년에는 청조와 러시아가 '중·러 훈춘조약'을 체결하고 '土' 자 비석을 러시아 쪽 하구로 15km 이동시킴으로써 중국이 두만강을 통해 바다로 나가 해

---

3 1689년 중국과 제정 러시아 사이에 맺어진 네르친스크조약에서는, 헤이룽강과 우수리강은 중국의 강이며, 두 강의 유역과 빈해(濱海)지구, 쿠예다오(庫頁島: 사할린) 지구는 중국의 영토로 한다고 규정했었다.

[상자글 14-2] 장고봉 사건

1938년 7월 말에서 8월 초까지, 일본과 소련 양국 간에 장고봉과 샤차오봉(沙草峰) 두 개 고지를 둘러싸고 발생한 군사충돌 사건을 가리킨다. 장고봉은 밍다오산(名刀山)이라고도 불리고, 러시아어 지명은 호수 건너편의 고지라는 뜻이다. 지린성 옌벤조선족자치주 징신진(敬信镇) 팡촨촌 북측에서 5km 거리에 있는 중·러 국경선상에 위치해 있고, 높이는 해발 155.1m이다. 이 산은 동과 북으로 러시아의 하산호(哈桑湖, озеро Хасан)와 포시에트 초원, 서북쪽으로 샤차오봉과 연접해 있고, 동남쪽 약 2.5km 거리에서 중국, 러시아, 조선 3국이 국경을 접하고 있다.

당시의 국제 형세는 독일, 이탈리아, 일본 3개 파시스트 국가가 상호 지지하고 있었고, 반면에 영국과 프랑스는 일본이 사회주의 소련을 침략토록 부추기면서 일본에 유화 정책을 채택하고 있었다. 일본의 통치 집단은 전략 목표를 정하기 위해 소련에 대해 소규모의 탐색전을 발동하기로 결정했다. 소련은 서쪽에서는 독일과 동쪽에서는 일본과 양쪽에서 동시에 전선을 형성하는 것을 피하려고 일본 정부에 상호 불가침조약을 체결하자고 수차례 제의했으나 일본 측은 번번이 거절했다.

1938년 7월 일본 정부는 소련정부에 공문을 보내 중·소 국경선이 하산호 동안(東岸)으로 표시되어 있고, 매년 청명절과 중추절에 당지 조선족이 모두 장고봉에 올라가서 성묘하는 것으로 보아, 하산호 일대를 '만주국'(일본)의 영토로 볼 수 있다고 주장하면서, 이를 인정할 것을 요구했다. 소련 정부는 물론 거절했다.

7월 15일, 일본 군인 3인이 조선 복장 차림으로 카메라와 망원경을 지니고, 두 명의 안내자와 함께 공공연하게 소련 경내인 장고봉으로 들어갔다. 그들은 한편으로는 망원경으로 관찰하면서, 한편으로는 소련의 국경 군사시설을 도면에 표시하고 사진 촬영을 했다. 이때 소련 사병이 그들로부터 100m 거리에 잠복해 있다가 습격해 일본군 조장을 죽였다. 이 사건이 도화선이 되었다. 일본 정부는 소련 정부에 장고봉 일대에서 즉시 철군할 것을 요구했고, 소련군은 이 기간에 장고봉과 샤차오봉에 진지를 구축하고 전쟁 물자를 운송·비축했다.

7월 30일 밤에 일본군은 어둠을 이용해 두만강을 건너 팡촨에 최종 집결했고, 자정에 조선의 홍의리에서 장고봉을 향해 포격을 시작하고 전투를 시작했으나 소련군의 대응 공격을 받고 막대한 손실을 입었다.

8월 4일에 일본이 화의를 제의했고, 쌍방은 수차례 담판을 거쳐서 8월 10일 모스크바에서 '장고봉 정전협정'을 체결했다. 양국 군대는 8월 11일 12시부터 일체의 군사 행동을 중지하고, 장고봉 북측 언덕의 진지를 쌍방의 경계선으로 하고 각자 80m씩 후퇴하기로 했다. 이후 일본군은 팡촨 일대를 금구(禁区)로 획정하고, 양관핑(洋馆坪), 훼이종위엔(桧忠源), 샤차오핑, 팡촨 4개 촌의 140여 호의 주민을 이주시켜, 이곳을 무인구(无人区)로 만들었다. 또한 동시에 팡촨 부근의 두만강상에 말뚝을 박고 두만강 항도를 봉쇄했다. 이때부터 중국의 동북지구에서 동해로 나갈 수 있는 두만강의 출해통로가 봉쇄되었다.

양어업을 할 수 있게 되었다. 그러나 이 시기부터 동해는 러시아와 조선 북부의 해안 경계 구역이 되었다. 또한 1938년 일본과 소련 사이에 '장고봉(張鼓峰) 사건'(〈상자글 14-2〉 참고)이 발발해 양국이 군사 대치를 하게 되었고, 일본이 두만강 하구를 봉쇄하면서 이때부터 중국의 해양 출입이 막혀 아직까지 정식으로 바다로 출항하지 못하고 있는 상태이다.

만주지구는 지정학·지경학적으로 유리한 조건이 역사, 민족, 정치, 군사, 경제 등 각종 원인과 주변국들 간의 세력 쟁탈전으로 인해 방치되었고, 개발이 정체된 '처녀지' 상태로 남아 있었다. 하지만 두만강 지역 주변국의 정치·경제·사회 상황이 변하면서 정치적·군사적 쟁탈 체제가 경제경쟁 체제로 전환되었고, 상호 배타성과 폐쇄성이 약해지고 협력과 상호 영향력이 증대됨에 따라 두만강 하류 유역의 국제적 협력 가능성이 증대되고 있다. 1990년대에 국제연합 개발위원회(UNDP)가 미국, 일본, 한국, 몽골 등과 함께 두만강 개발사업을 추진했으나 주도적 투자자가 없었고, 다자 관계의 이해 충돌로 인해 지지부진했다. 2000년대 중반에 들어서면서 중국 정부와 지린성 정부가 함께 '동북진흥' 정책과 '창춘-지린-투먼' 개방 개발 사업을 적극적으로 추진하면서 북한의 나진항 조차(租借) 사용 등 중·북 간 합작이 강화되고 있다.

중국 국무원은 1991년 훈춘을 '갑종(甲種) 변경 개발지구'로 정하고, 1992년에는 '국가급 변경 개발구'로 지정했다. 9차 5개년 계획과 '2010년 장기목표전략'에서는 두만강의 개방·개발을 강화한다는 목표를 설정하고 러시아, 북한, 한국, 일본, 몽골 등의 인접 국가에도 적극적인 참여를 요청했다. 이에 부응해 러시아는 '대(大)블라디보스토크 계획'을 발표해 하산지구를 두만강 개발구에 포함시킬 것임을 표명했고, 북한 또한 '나진·선봉 자유무역지대' 지정을 발표했다. 이어서 중국의 국경에 있는 두만강과 훈춘 간의 철도 및 도로, 훈춘의 석탄 광산과 발전소의 1기 공정, 징신개발구의 기반시설 건설공정이 완성되었고, 훈춘에서 러시아의 마할리노(馬哈林諾) 간 철도가 2003년 11월부터 개통·운행 중이다. 한국과 일본은 이 지역의 개발에 기술과 자본을 통해 적극 참여하기를 희망했고, 몽골 또한 두만강 지역의 개발을 통해 유럽-아시아 대륙을 연결하는 대륙연결철도(大陸橋, land bridge)가 건설되어 몽골 동부의 경제 발전을 촉진할 수 있게 되기를 희망했다. 2000년대 중반 이후에는 두만강 지역 개발이 UNDP가 주도하는 다자간 국제협력 양상에서 경제력을 축적한 중국 정부가 주도하고 중국과 북한이 협력하면서 추진하는 양상으로 바뀐 후, 계획과 사업의 추진력이 강화되고 실현성이 높아지고 있다.

두만강 지역의 국제협력과 유럽-아시아 간의 대륙철도 건설은 옌볜조선족자치주와 지린성, 그리고 만주지구 전체의 경제 발전에 중요한 역할을 수행할 것이다. 중국은 북한 당국과 나진항과 청진항 등을 장기간 조차해서 사용하는 데에 합의함으로써 동해로 진출할 수 있는 출해항로와 항구를 확보하는 숙원 과제를 해결했다. 동해 부근에 3개의 개발항구 및 이를 연결하는 시베리아 횡단철도를 보유하고 있는 러시아도 두만강 개발 사업을 중시하고 있다. 한국이 박근혜 정부 시절에 추진한 '유라시아 대륙철도' 구상도 이 같은 맥락과 연결된다.

단, 북한이 자유무역지대로 지정한 청진과 나진, 선봉항 지구는 주변 지역의 입지 조건도 열악하고, 북한 정권의 개혁개방 정책 의지가 제한적·소극적이어서 중국 경제특구의 제반 조건과는 비교도 안 될 정도로 불리한 조건이다. 북한 당국도 이 같은 문제점과 한계를 인식하고, 남한의 관광객과 기업투자 유치를 겨냥해 금강산 관광특구와 개성공단을 개방·운영했었다. 최근에는 신의주 황금평지구 등을 중국기업 유치를 겨냥한 경제특구로 지정하고자 토지사용권 대여 방식 등을 부분적으로 도입·추진하는 방안을 탐색중인 것으로 보인다. 그러나 북한 개혁개방의 근본적인 한계는, 중국이 1978년 11기 3중전회를 통해서 공포한 것과 같은 당과 정부 차원에서 전면적으로 '대내개혁, 대외개방' 정책으로 전환한다는 공식적인 결정과 발표 없이, 오로지 당면한 경제난을 모면하기 위해 특구 내에서만 국지적 한시적으로 시행하는 틀을 벗어나지 못하고 있다는 점이다.

2) 두만강 동해 출해권의 역사적 연혁

1858~1860년 사이에 중국은 제정 러시아의 무력 위협 아래 아이훈 조약과 베이징조약을 체결하고, 흑룡강 하구부터 두만강 하구까지 연해주 지구(약 100만 km²)를 러시아 영토라고 확인해 주었다. 그때부터 중국의 두만강 출해항로가 봉쇄되었다. 훈춘시 팡촨에서 두만강의 동해 입해구(入海口)까지 거리는 15km에 불과하다.

그 후 1886년에 중국과 러시아가 3개월간 담판을 거쳐서 맺은 '중·러 훈춘동부 경계약정(中俄珲春东界约)'에서, "중국 국기를 단 선박이 두만강을 지나 동해로 진입하는 것을 러시아가 반대하지 않는다"라는 확인을 받았다. 약정 체결 후에 중국 두만강 연안 훈춘 등의 부두에서 러시아의 포시에트항과 블라디보스토크항, 그리고 동해 연안의 조선의 원산과 부산, 일본의 니이가타(新潟)와 나가사키(长崎), 그리고 멀리 상하이까지 해상 통로를 통한 무역 및 교류 활동이 광범위하게 전개되었었다. 그러나 1938년 일본과 소련 간에 전략적 요충지인 장고봉(157m)을 놓고 벌인 장고봉전투(하산전투)에서 일본이 패한 후 두만강 하구를 봉쇄했다.

중화인민공화국 출범 이후, 1964년에 중국 외교부가 북한에 중국 선박의 두만강을 통한 출해 항행에 동의해 줄 것을 요청했고, 북한 측의 긍정적인 답변을 받아냈다. 그 후 1990년 5월에는 지린성이 소련과 북한의 동의를 얻은 후, 두만강 입해(入海) 구간에 대한 학술 탐사를 진행했고, 이듬해 6월에 2차 탐사를 실시했다. 중·소 간에는 "중화인민공화국 국기를 단 배가 두만강 하류를 자유항행할 수 있다"라고 규정한 '중소 동단 변경경계 협의(中苏东段边界协议)'를 맺었다(1991년 5월).

그러나 1992년 한중 수교 이후 중국에 대해 분노한 북한의 태도가 달라지면서 중국 선박의 두만강 항행이 전면 중단되었다. 그 후 중국은 동해로의 출해권(出海权)을 확보하지 못하고 있고, '두만강 출해권' 회복은 지린성은 물론 중국 중앙정부의 숙원 과제가 되었다.

중국 국무원은 2009년 11월에 '동북진흥'전략의 주요 내용으로, 지린성을 대상으로 한 '창지투 개발계획'이라 불리는 '두만강 구역 합작개발계획'을 승인·발표했다. 이 계획의 핵심은 지린성의 기존의 발전축인 창춘-지린 축을 동남쪽으로 연장해, 두만강변의 투먼과 훈춘까지 연장하고, 옌지, 룽징(龙井), 투먼 3개 도시 기능을 연계·통합·일체화해 두만강 하류 지역에 '옌롱투(延龙图) 대도시'를 육성·발전시킨다는 것이다. 중국 정부와 지린성 정부는 '옌롱투 대도시' 계획을 실현시키기 위한 주요 조건 중의 하나가 동해로 나갈 수 있는 출해 항로와 항구 확보에 달려 있다고 보고, 북한의 나선시와 청진시와 철도 연결과 항만 임대(租借) 사용계약을 통해서 숙원 과제인 두만강 출해항로를 확보하고자 하고 있다.

3) 두만강 명칭과 '간도' 문제

'간도(間島)'는 지금의 중국 지린성 옌볜조선족자치주 내의 옌지, 왕칭, 허룽, 훈춘 4개 현에 대한 총칭이다. 이 간도지구는 본래 파루(把婁)의 땅으로 고구려에 속했고, 고구려 멸망 후 그 유민과 말갈족이 세운 발해가 5경(五京)을 두었을 때에는 동경(東京)의 용원부(龍原府)에 속하기도 했다. 발해가 멸망한 후 이 지역에 '여진족(女眞族)', '말갈족(靺鞨族)' 등으로 불리던 만주족이 거주하면서 두만강 남쪽의 고려와 조선의 영토를 자주 침범했으므로 고려 시대에는 윤관(尹瓘)이, 조선시대에는 김종서(金宗瑞)가 여진족을 정벌하고 4군과 6진을 설치했다. 6진을 설치한 조선조 세종 이후, 여진족은 번호(藩胡)라 칭하며 조선에 조공을 바쳤다. 그러나 청나라 건국과 함께 여진족이 중원으로 이주한 후, 청조는 만주족의 발상지 보호를 위해 간도지구를 봉금지(封禁地)로 정하고 외래 주민의 진입을 금지했다. 그럼에도 불구하고 산동 등지의 한족과 조선의 유민들이 계속 잠입해 들어와서 당지 지방 관부와 만주족 거주민들과의 대립이 잦았다.

간도 귀속 문제의 핵심은 1710년(숙종 36년)에 청조와 조선 대표가 공동으로 백두산과 압록강, 두만강 유역 일대 국경실사(國境實査)를 한 후에 압록강과 쏭화강의 지류인 토문강(土門江)의 분수령인 백두산 정상 동남방 약 4km, 해발고도 2200m 지점의 정계비(定界碑)에 새긴, "서쪽으로는 압록강, 동쪽으로는 토문강이 있으니, 그 분수령 위에 돌을 세우고 기록한다"라는 문구상의 '土門江'의 실체를 둘러싼 의견 충돌이라 할 수 있다. 당시 조선 측의 주장은, 양국이 합의해 정계비에 기록한 '토문강'은 글자 그대로 백두산 천지 부근의 쏭화강의 원류에 해당하는 지류이므로 마땅히 이 강을 양국의 국경으로 삼고, 그 동쪽은 조선 영토, 서쪽은 중국 영토로 해야 한다는 것이었다.

반면에 중국 측 주장은, '土門江(tumenjiang)'은 (쏭화강의 지류인 '土門江'이 아니고) 조선이 '두만강(豆滿江)'이라 부르는 강이라는 것이다. 즉, '土門江'은 청조 시기에 '두만강'의 만주어 명칭인 '투먼써친'을 한어(漢語)로 음역 및 의역해서 정했다는 것인데, 만주어의 'tumen'은 '많다' 또는 '만(萬)'이란 뜻이고 '써친'은 '물의 근원'이라는 뜻이므로, '투먼'을 '土門(tumen)'으로 음역하고 '써친'은 '江(jiang)'으로 의역해서 합성한 명칭이란 것이다.

당시의 상황은 정계비상에 새겨진 강의 명칭도 뚜렷했고 실제 간도 지역에 거주하는 주민 중 조선인들의 점유 비중도 커서[4] 조선에 유리한 상황이었다. 그러나 제 앞가림도 못하고 망해가던 '대한제국'이 청국을 상대로 국경 문제에 대한 양보를 받아낼 가능성은 거의 없었다.

청국이 간도 문제를 실제로 영토 할양의 위협으로 느낀 게 된 것은, 1905년 을 사조약 체결 이후 조선의 외교권을 거머쥔 일본이 (조선을 대신해) 간도 문제를 제기했을 때였다. 일본은 간도에 조선통감부 출장소를 설치하고 군대·헌병·경찰을 파견했으며, 쑹화강 지류인 토문강을 중국과 조선의 국경선으로 간주하고, 청국이 침점한 조선의 영토와 권리를 회복하기 위해 행동하겠다고 선언했다. 그러나 이후 러·일 전쟁 후 일본이 러시아에서 얻은 철도, 탄광 등 만주에서의 이권 확보를 위해 청국과 협상해 "청국은 일본의 만주에서의 이권을 보장한다"라는 내용의 '만주협약'을 체결하고, 1909년 9월 4일에 "일본은 청나라의 간도 영유권을 인정한다"라는 내용의 '간도협약'을 체결한 후에 간도는 청나라에 귀속되었다.

이후 중국은 이 강의 명칭을 '土门'과 중국어 독음이 비슷한 '图们(tumen)'으로 바꿨고, 분단된 한국과 북한은 '두만강'이란 명칭을 사용하고 있다. 1962년에는 북한과 중국이 협의해, 북한은 '두만강'이라 칭하고, 중국은 '图们江(tumenjiang)'이라 칭한다고 정했다.

6. '동북진흥' 정책

1) '동북진흥'전략의 전개 과정

만주지구는 일제시대에 구축된 공업 기반, 천연자원의 혜택, 풍부한 기술 인력

---

4   1926년에 간도지방의 한인(韓人) 호수가 5만 2881호였고(중국인 호수 9912호), 전체 농토의 52%를 소유했고, 특히 화룡(和龍)과 연길(延吉)은 72%까지 점유하고 있었다.

등을 기반으로 중화인민공화국 건국 후 전통적인 중화학공업기지로서 장기간에 걸쳐 중국 경제를 지지해 왔다. 그러나 개혁개방 이후에는 계획경제 체제하에서 굳어진 관성, 즉 국유기업 경영 방식과 관료주의적 사고방식 등의 영향으로 주강 삼각주지구 및 장강삼각주지구 등 남부 연해지구에 비해 경제 발전 속도가 늦었다. 그 원인과 배경으로 거론되는 것이 '동북현상'이다.

중국 정부는 1990년대 후반에 들어서면서 '동북현상'의 대표적 문제 중 하나인 자원 고갈 광산도시에 대한 대응 정책을 추진하기 시작했다. 1998년 8월에 천연림 보호공정을 시작하면서 만주지구의 임업자원 도시에 대한 지원 정책을 추진했고, 이어서 자원형 도시와 노공업기지 진흥을 위한 동북진흥전략을 추진했다. 이같은 흐름과 과정을 개괄하면 다음과 같다.

2001년 12월, 중국 국무원이 랴오닝성 푸신시를 자원 고갈 도시 및 경제전환 실험도시로 확정했고, 이어서 2002년 11월 중공 제16차 전국인민대표대회에서 '동북지구 등 노공업기지 조정 및 개조 가속화 지원, 자원채취형 도시의 연결 산업발전 지원'이라는 취지의 '동북진흥'전략을 제기했다. 이어서 2003년 9월 10일, 원자바오(溫家寶) 총리가 주재한 국무원 상무회의가 '만주지구 등 노공업기지 진흥전략 실시에 관한 의견(关于实施东北地区等老工业基地振兴战略的若干意见)'에 원칙적으로 동의했다. 같은 해 10월에는 중공 중앙과 국무원이 만주지구 등 노공업기지 조정개조 가속화 실시와 관련해 자원채취형 도시 및 지구의 연결산업 발전을 지원한다는 방침을 정식으로 발표·하달하고, 랴오닝성 푸신시를 '전국 자원 고갈 도시 경제전환 시범도시'로 지정했다. 그와 동시에 중공 16기 3중전회에서 '만주지구 등 노공업기지 진흥 전략 실시에 관한 의견'을 채택·발표했다. 12월에는 원자바오 총리가 조장(組長)을 맡고, 국무원 25개 주요 직능 부문 책임자로 구성된 '만주지구 노공업기지 진흥 영도소조(領導小組)'가 건립되었다.

2004년 4월에는 국무원에 '만주지구 등 노공업기지 진흥판공실'을 정식으로 건립함에 따라, '동북진흥' 정책이 '서부대개발'과 대등한 지역진흥 정책으로 승격되었고, 총액 610억 위안의 국가 프로젝트로 인가되었다.

2005년 5월 국무원 '동북 노공업기지 진흥 영도소조'에서 '동북 등 노공업기지 진흥 2004년 업무총결 및 2005년 업무요점'이 심의 통과되었다. 그 요점은 다음과 같다, 자원 개발보상 기제와 쇠퇴산업 원조 기제를 시급히 건립하고, 관련 정책과 시책을 우선 랴오닝성 푸신시, 헤이룽장성 솽야산시 등 자원형 도시에 시행한다. 헤이룽장성 따칭시는 석유, 이춘(伊春)시는 산림, 지린성 랴오위안시는 석탄으로 유형별 자원형 실험도시로 선정한다.

2005년 6월 23일 국무원 판공청은 '동북 노공업기지 대외개방 진일보 확대 촉진에 관한 실시의견'을 발표·하달했다. 주요 내용은, 국유기업 개조에 외국 자본 참여 장려, 체제 및 기제 혁신의 가속화, 정책지도 강화, 중점 업종과 기업의 기술 진보 추진, 개방 영역의 진일보 확대, 서비스업의 발전 수준 적극 제고, 입지 우위 발휘, 지역경제합작 건강발전 촉진, 양호한 발전환경 조성, 대외개방 보장 등이다.

2006년에는 11차 5개년 계획(2006~2010)에서 4개 권역별 발전 전략을 구분했다. 즉, 연해, 중부, 서부, 그리고 동북지구 4개 권역이며, '동부연해지구 솔선 발전', '중부굴기', '서부대개발', '만주 등 노공업기지 진흥'이라는 지역발전 총체전략과, 구역협조 상호추동기제(区域协调互动机制)의 건전화, 합리적 구역발전골격(区域发展格局) 구축을 총체전략으로 제출했다. 즉, 동북진흥전략을 중국 전국의 구역경제 협조발전(协调发展)의 주요 내용에 포함시켰다. 중국 정부가 동북진흥정책을 채택하게 된 배경에는 이 지구의 경제 발전을 제약하는 체제, 기제, 구조적 모순을 더 이상 방치할 수 없다는 판단 때문이다. 즉, 국유기업 개혁을 포함한 대집체·대규모 경영에 대한 개혁과 발전 방식 전변과, 구조조정에 유리한 체제와 기제의 완비, 지역 과학기술 혁신 능력 승급, 중소기업 발전 촉진 동력 기제 강화, 지역 내부 및 도시-농촌 간 그리고 산업 간의 구조적 문제 해결 등이 시급했기 때문이다.

2) 동북진흥정책의 목표와 과제

동북진흥정책은 개혁개방 동력 견지, 국유기업 개혁과 경영 체제의 현대화, 산업 구조조정을 우선적 목표로 설정했다. 첫째 목표는, 재정 지원에 의존해 유지되고 있는 국유기업에 대해 매각, 인수합병(M&A), 정책적 도산을 추진하고, 외국 자본과 민간자본 도입을 통한 노후 중화학공업의 재생(再生)과 새로운 지주산업 육성을 추진하는 것이다. 둘째 목표는, 민영 경제의 활성화와 서비스산업 발전이다.

이를 위해 규제 완화를 과감히 추진하고, 물류, 정보통신 등 생산관련 서비스산업을 육성한다고 밝히고 있다. 한편, 지역별 부문별 목표와 과제는 ① 선양경제구 신형공업화 종합연계개혁의 심도 있는 실시, ② 산장 평원, 쑹넌 평원 현대농업종합개혁 시험, ③ 동북지구 직업교육 개혁 혁신시험지구 추진, ④ 따롄, 단동, 헤이허, 만저우리, 훈춘, 쑤이펀허 등 개방 확대 지원, ⑤ 중·러 지구 합작 심화 추진 및 합작발전기금 설립, ⑥ 러시아를 겨냥한 헤이하이즈섬(黑瞎子島) 러시아 합작시범구 건설 등을 제시했다.

한편, 동북진흥정책의 주요 과제는 다음과 같다.

첫째, 국유기업 자산 평가제도 개혁. 이 지구 국유기업의 상당수는 오랜 기간 동안 자산의 불법 유출로 장부상 자산이 계상되어 있어도 실제로는 껍데기만 남아 있는 경우가 적지 않다.

둘째, 주도산업 재건. 만주지구는 중화인민공화국 출범 이후, 가장 빨리 계획경제 체제하의 공업화가 시작되었고, 비농업 도시 인구 비중이 가장 높은 지역이었다. 그러나 중화학산업 설비가 노후화되면서 경쟁력이 저하되었고, 투자와 기술혁신력도 부족해 주도산업의 재건이 필요하다.

셋째, 국유기업의 사회적 부담문제 해소. 대형 국유기업은 병원, 학교, 유치원 등 사회적 기능을 부담하고 있는 곳이 많고, 이러한 국유기업은 시장경제하에서 경쟁력을 발휘하기 어렵다. 또한 과거 계획경제 시대의 구조적 문제에 기인한 불량채권 문제와 퇴직 직공의 연금문제 등 국유기업의 부담이 과중한 상황이다.

넷째, 대외개방도 제고. 만주지구는 중국 내 타 지역이나 외국에 대한 개방도가 낮아, 대외무역, 외자 도입, 노동자의 역외 이동 등이 중국 전국 평균 수준 아래이다.

다섯째, 민간경제의 진흥. 만주지구는 '계획경제 최후의 보루'로 불리면서, 국유기업 주도의 경제 체제하에서 민간경제의 육성이 지연되었고, 경제성장과 투자가 침체되었다.

여섯째, 자원형 도시의 산업구조 전환. 만주지구의 천연자원과 광물자원이 고갈되어 가면서 단순한 자원 채굴에만 의존하고 있는 자원형 도시의 경제 침체 및 실업 문제가 심각한 사회 문제로 대두되었다.

동북지구는 지난 10여 년간 부단한 노력을 통해 건실한 발전 기초를 다져왔다. 하지만 전면 발전을 위해서는 적지 않은 어려움이 있다. 13차 5개년 계획 '동북진흥' 부분에서는 동북 지역이 직면한 주요 문제점을 다음과 같이 언급하고 있다. ① 체제 메커니즘의 모순이 아직 해결되지 않아 국유기업의 활력이 여전히 부족하고, 민영 경제의 발전이 불충분하며, 생산 요소 시장 체계가 온전하지 못하다. ② 과학기술과 경제 발전이 상호 융합되지 못하고, 자원편향형, 전통형, 중화학 중심의 산업발전과 제품 비중이 높다. ③ 노동이원화 구조가 여전하고, 자원 고갈, 산업 쇠퇴, 생태환경 훼손에 따라 산업구조 전환 압력이 강하다. ④ 기층 지방정부의 사상이 개방적이지 못하고 경제 발전 신상태의 적응 능력 향상이 요구된다.

한편, 13차 5개년 계획에서 설정한 동북 지역의 발전 목표는 다음과 같다.

첫째, 지속적이고 건강한 경제 발전. 지역총생산액의 새로운 발전을 위해 2020년에는 도농 주민의 수입을 2010년의 2배로 증가시킨다. 또한 노동생산 효율 연평균 증가율 6.2% 이상 유지하고, 투자 효율과 기업 이익을 끌어올려서 동북지구가 중국 전국의 중요한 경제 발전의 기초가 되게 한다.

둘째, 혁신추동 발전 능력의 증강. 혁신 요소를 효율적으로 배치하고, 전 지역민의 교육 정도와 혁신인재 배양 수준을 제고시키고, 혁신과 과학기술 성과를 확대해 연구개발 경비를 매년 2.1%씩 증액하고, 1만 명당 발명특허 수를 6.9건에 달하게 한다.

셋째, 실질적인 구조조정 성과 확보. 도시화의 질적 수준을 높이고, 자원 고갈, 산업 쇠퇴, 생태환경 훼손 등 특수지역의 산업 전환을 추진한다. 농촌의 1차·2차·3차 융합 발전을 추진하고, 중점 공업업종과 기업의 국제경쟁력을 강화하고, 서비스업 비중을 47.4%로 늘린다. 국제경쟁력을 갖춘 선진장비 제조업기지, 중대기술장비 전략기지, 국가 신형 원재료기지, 농업현대화기지를 초보적으로 건설한다.

넷째, 인민 생활과 생태환경 보호 수준 제고. 주민소득 증가와 경제 발전이 같이 진행될 수 있게 하고, 노후 주택과 농촌 주택 개조를 기본적으로 완성하고, 교육, 문화, 체육, 의료 등 공공서비스 체계 개선을 추진한다. 이산화탄소 배출량을 대폭 줄이고, 삼림, 하류, 초원, 흑토양 토지를 효율적으로 보호한다.

3) 동북진흥전략의 주요 내용과 평가

(1) '동북지구 진흥계획'의 주요 내용

2007년 8월 국무원이 '동북지구 진흥계획(东北地区振兴规划)'을 승인했다. 이 계획은 '1개 주선(主线)'과 '6개 가속화'를 핵심으로 한다. 즉, 노공업기지 진흥 촉진을 주선으로 하고, 개혁개방 보폭 가속화, 구조조정과 승급 가속화, 지역합작 진행 과정 가속화, 자원 고갈형 도시 경제구조 전환 가속화, 자원 절약형 환경 우호형 사회 건설 가속화, 교육·위생·문화·체육 등 각 항 사회사업의 발전 가속화이다. 10년에서 15년간의 노력을 거쳐서 만주지구의 전면적 진흥을 추동하고, 만주지구를 국제경쟁력을 보유한 장비제조업기지, 국가 신형 원재료와 에너지 보장기지, 국가적으로 중요한 상품식량과 농업·목축업 생산기지, 기술 연구개발 및 혁신기지, 국가 생태안전의 중요 보장지구로 조성해, 경제사회의 양호하고 빠른 발전을 실현한다.

이 같은 전략과 계획에 따라 만주지구의 3개 성도 각각 경쟁우위에 기초해 중점 영역에 대한 발전 전략을 수립했다.

랴오닝성은 2개 기지 건설과 3대 산업 발전 전략을 제시했다. 즉, 현대화 장비 제조업 기지와 주요 원자재 기지 건설과 첨단기술산업, 농산품가공업, 그리고 현대 서비스산업 발전을 중점 추진한다는 것이다.

지린성은 자동차산업기지, 석유화학공업기지, 농산품가공기지, 현대 중의약과 생물제약기지, 광전자 정보기지 등 5대 첨단기술산업기지 건설 전략을 제시했다.

헤이룽장성은 현대식 장비제조기지, 석유화학공업기지, 만주지구 에너지기지, 식품공업기지, 북약(北藥)생산기지, 임공업기지 등 6대 산업기지 건설 전략을 제시했다.

(2) 창지투 개발 개방 선도구 계획

2009년 9월 미국발 금융위기의 영향에 직면해, 중국 국무원이 '만주지구 등 노공업기지 진흥 전략의 진일보 실시에 관한 의견(关于进一步实施东北地区等老工业基地振兴战略的若干意见)'을 발표했다. 국무원은 경제구조 특화와 현대산업 체계 건립에 대한 의견과, 랴오닝 연해 경제지대, 선양경제구, 하얼빈-따롄-치치하얼 공업회랑, 창지투(长吉图: 창춘-지린-투먼)경제구의 가속 발전 추진, 국내 일류의 현대산업기지 건설, 기업기술 진보 가속화, 자주혁신(自主创新) 능력의 전면적 제고, 현대농업의 가속적 발전과 기반시설 건설 강화, 자원형 도시의 구조전환(转型) 적극 추진, 개혁개방의 지속적 심화 등 의견을 제출했다. 또 랴오닝 연해경제지대와 '창지투'지구의 개발·개방을 가속적으로 추진하고, 연해·연변(沿边) 개방과 해외자원개발, 그리고 지역경제합작을 국내외 산업 이전과 연결·결합하고, 조건에 부합하는 지구가 변경무역중심, 경제합작구, 수출가공구, 수입자원가공구를 건설하는 것을 지원해야 한다고 제시했다. 이어서 2009년 11월 중국 국무원은 '중국 두만강구역 합작개발계획 강요: 창지투를 개발개방 선도구로(中国图们江区域合作开发规划纲要-以长吉图为开发开放先导区)' 계획을 승인했다.

'창지투' 개발개방선도구 계획의 지역 범위는 지린성 창춘시, 지린시 일부 지역과 옌볜조선족자치주를 포함한다. 즉, 창춘시 도시지구(城区)와 관할 저우타이(九台)시, 더후이(德惠)시, 농안(农安)현, 지린시 도시구와 그 관할인 용지(永吉)현, 자오허(蛟河)시, 옌볜조선족자치주 전체를 포함한다. 총면적 7.3만 km², 인구 1090만 명으로, 면적과 인구는 지린성의 1/3을 점하고, 경제총량은 1/2 이상을 점한다. 이 지역은 중국 두만강 지역의 핵심지구이고, 동북아지구의 지리적 중심부에 있으며, 중국 내 최대의 조선족 집중거주지인 옌볜조선족자치주도 포함하고 있다.

그뿐만 아니라 공간 배치, 산업발전, 기반시설, 체제 기제, 국내외 합작 등 방면에서 '창지투'지구 개발·개방 추진을 위한 구체적 배치를 하고, 해당 지구의 발전기초와 발전 추세를 충분히 인식한 기초 위에 2020년까지 경제총량을 네 배로 증대시킨다는 목표를 설정했다.

중국 정부는 계획의 주요 목적을 다음과 같이 밝혔다.

첫째, 국경지구의 국제합작과 대외개방 수준을 제고하면서 만주지구의 새로운 성장 거점(增长极)을 형성한다.

둘째, 국경지구 경제사회 발전을 가속화해 변경민족지구의 발전과 안정을 추동한다.

셋째, 2020년까지 이 지구를 국경 개방개발과 동북아 개방 추진을 위한 주요 관문, 동북아 경제기술합작 기지(平台), 만주지구의 새로운 성장 거점으로 건설한다.

(3) 국가발전개혁위원회 동북 지역 발전계획

2015년 5월 국가발전개혁위원회는 '동북 노후공업기지 혁신·창업 발전을 위한 신(新)경쟁우위 양성에 관한 실시의견'(초안)을 발표했다. 그 배경은 2015년 1분기 동북 3성의 경제성장률은 지린성 5.8%, 헤이롱장성 4.8%, 랴오닝성 1.9%로, 중국 내 31개 성급 지방 중 각각 27위, 28위, 31위로 최하위 수준을 기록한 것에 있다. 이에 따라, 노후한 중대형 국유기업 위주의 경제구조와 개혁의 부진 등으로 인해 성장 동력이 한계에 달한 동북지구의 고질적 문제에 대한 대책이 시급하다는 문제가 제기되었다.

당시에 제기된 동북지구 3개 성의 지방정부 차원의 주요 발전 전략은 다음과 같다.

- 지린성: 고정자산 투자 강화 집중, 2015년 고정자산 투자성장률 목표 12%, 13차 5개년 계획(2016~2020)의 주요 프로젝트 연내 조기 실시
- 랴오닝성: 기존 전통산업 개조, 중공업 비중 축소, 전략신흥산업 및 현대서비스업 육성 등
- 헤이롱장성: 러시아의 극동 지역 개발전략과의 연계, 헤이롱장성-러시아간 경제통상교류 강화, 두만강지구 발전 추진

동북진흥전략에서 민간투자 활성화를 중시하고 있으나, 이 지구의 민간투자 증가율은 지속적으로 줄고 있다. 이와 연관되는 것으로, 주요 과제 중 하나인 국유기업 개혁에 대해서도 동북 지역의 특성과 특수성을 반영한 자구책이 없이, 국유자원 분포 최적화, 혼합소유제 개혁, 사회복지 부담 해소 등 기존 전략과 별 차이가 없고 여전히 대규모 정부 투자가 주를 이루고 있다는 지적도 있다.

한편, '동북진흥'전략은 산업고도화 측면에서 혁신 역량이 부족한 동북 지역에 중앙의 제조업 혁신전략을 바탕으로 구체적인 지역별 로드맵을 제시하고 있다. 예를 들어 랴오닝성과 지린성의 일부 지역이 산업고도화시범구로 선정되어 중앙

[상자글 14-3] 중국 자본의 백두산 투자 동향

청(淸)조의 지배계급인 만주족은 왕조 말기까지 백두산뿐만이 아닌 전체 만주 지역에 한족의 출입 자체를 금하는 '봉금령'을 유지하고 있었다. 하지만 청 말엽부터 봉금령이 사실상 유명무실해졌고, 일제 식민지의 위성국가인 만주국 시대를 거치면서 외지 자본과 인력 유입이 확대되어 왔다. 개혁개방 이후 2000년 초반에는 한국의 대우그룹이 투자한 장백산대우호텔이 건설·운영되기도 했다.

대우그룹과 비슷한 시기(2000년대 상반기)부터 중국 굴지의 생수 기업인 농푸산취안(農夫山泉), 와하하(娃哈哈), 캉스푸(康师傅) 등이 백두산에서 물을 취수하는 생수사업을 시작했고, 경쟁적으로 백두산 구역에 호텔, 콘도, 스키장, 골프장, 워터파크를 건설·조성했다. 헝다부동산그룹(恒大地产集团)은 2013년 9월에 생수법인을 설립하고, 백두산 일대에서 연간 각각 40만 t과 80만 t의 광천수를 생산할 수 있는 생수공장 두 곳을 사들였다. 광동성 광저우에 본사를 둔 헝다(恒大)는 완커(万科), 완다(万达), 바오리(保利)와 함께 대표적인 중국 부동산 디벨로퍼 기업이다.

헝다와 함께 중국 부동산시장을 좌우하는 완다그룹의 왕젠린(王健林) 회장은 2008년부터 백두산 일대의 토지사용권을 취득하기 시작했고, 그다음 해부터 여의도 면적의 6배가 넘는 18.34km²의 부지에 '장백산(백두산) 국제리조트' 조성사업을 시작했다. 완다는 랴오닝성 따렌을 기반으로 쇼핑몰과 호텔, 오피스 빌딩 등을 다루는 중국 상업용 부동산 시장 1위의 부동산 디벨로퍼 기업이다. 2012년에는 완다웨스틴호텔과 완다쉐라톤호텔을 개관했고, 2013년에는 완다파크하얏트호텔, 완다하얏트리젠시호텔, 완다홀리데이인호텔, 완다이비스호텔 등 무려 4곳의 호텔을 동시에 완공·운영하고 있다. 완다그룹을 필두로 중국의 6개 부동산 자본이 '장백산 국제리조트' 조성에 쏟아 부은 자금은 무려 230억 위안(약 3조 7500억 원)으로 추산된다.

백두산으로 향하는 교통 조건도 급속히 개선되었다. 옌볜조선족자치주의 수도 옌지시의 차오양촨공항 외에, 2008년에는 백두산 자락 아래에 위치한 도시 지린성 바이산시에 창바이산(長白山)공항이 완공·운영 중이다.

정부에 의한 성과 평가가 정기적으로 시행될 예정이고, 지속적인 추진 동력을 얻을 수 있을 것이라고 전망하고 있다. 이와 함께 대외개방 측면에서 이 지구가 중앙의 '일대일로' 전략에 포함되어 주변국·선진국과의 경제협력을 더욱 강화할 수 있을 것으로 전망하고 있다. 이와 관련해 랴오닝자유무역시험구, 선양시 한·중 국제협력시험구, 훈춘국제합작모델구 등 주변국 및 선진국과의 협력을 강화할 수 있는 개방 플랫폼을 구축하고 있다. 다만 북한의 불안한 정세나 러시아의 경제성장 둔화 등 주변국의 외부 요인 변수에 영향을 받을 수 있다는 환경적 제한이 존재한다.

한반도와 관계가 밀접한 중국 만주지구에서 중국 정부가 추진하는 '동북진흥' 전략 추진은 주력 분야의 기술 협업, 인재 교류 등에서 한국 기업에 기회가 될 수 있으나, 동북지구의 산업 고도화 과정에서 외국 선진기업과의 전략적 협업, 자체적인 기술력 신장 등은 위협이 될 수도 있다.

Questions

1. 중국이 동해로 가는 출해항로를 봉쇄당하게 된 역사와, 그 문제를 극복하기 위해 현 중국 정부가 북한의 나선지구에 대해 추진하고 있는 전략 또는 주요 사업에 대해 설명하시오.
2. 최근 중국 정부와 지린성 정부가 추진 중인 창지투(长吉图: 창춘-지린-투먼) 축 개발과 옌룽투(延龙图: 옌지-룽징-투먼) 개발축(또는 도시권) 개발 구상의 성격과 주요 내용에 대해 설명하시오.

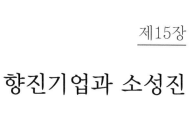

제15장

향진기업과 소성진

개혁개방 이후, 중국 농촌에서는 향진기업을 중심으로 향진공업 분야에서 급속한 생산력 발전과 축적을 이루었다. 향진기업은 농촌 인민공사(人民公社) 생산대가 설립·운영한 사대기업(社队企业)에 연원과 기초를 두고 있고, 개혁개방 초기 상당 기간 중국 향촌에서 잉여노동력을 흡수하면서 향촌 공업화를 주도했다.

이에 따라 농업 부문에서 발생한 잉여노동력을 어떻게 관리하느냐 하는 문제가 제기되었고, 이 같은 상황에서 소성진 정책이 주목받기 시작했다. 즉, 소성진 발전 정책은 농촌 인구의 도시로의 지나친 인구 이동을 막으면서, 농촌 공업화와 농업과 공업의 결합을 통해서 농촌 잉여노동력을 해결하고, 향진기업의 원활한 발전을 도모하기 위한 공간 정책이었다. 본장에서는 이 같은 관심 맥락 안에서 향진기업과 소성진에 대한 역사적 연원과 발전 과정, 그리고 관련 정책 동향 등을 고찰·정리했다.

1. 향진기업 발전의 배경과 동향

1) 향진기업의 발전 과정

(1) 향진기업의 개념 및 연원

향진기업이란 농촌 지역에 있는 국유기업 이외의 기업들, 즉 농민들의 자본과 노동력을 기초로 향촌 정부나 개인 혹은 다양한 합작 형태로 설립·운영되는 각종 집체 및 개인 기업들을 총칭하는 개념이다. 향진기업의 연원은 중공이 1935년 '장정(長征)'을 마치고 섬서 북부 옌안지구에 도착해 근거지를 건설하고, 1937년 항일전쟁 발발 후 봉쇄로 인한 곤란을 극복하고자 한편으로는 군수용품 수요를 충당하고 또 한편으로는 이전에 도시와의 교역을 통해서 조달하던, 기본적인 비농업 생산품 생산을 추진한 시기까지 거슬러 올라간다. 변구(邊區) 근거지의 군수용품과 생활용품을 조달하기 위한 활동 과정에서 얻은 경험을 통해, 이들은 농촌에서 공업 생산과 농업 생산을 결합시키고, 나아가 교육과 생산을 결합시킨 반공반독(半工半讀) 교육 정책을 창안·시행했다. 옌안 시기부터 형성·축적된 이 같은 경험을 기초로 문화혁명 기간에 농촌 공업화 정책을 실시했었고, 이것이 문화대혁명 기간 중 실시된, 사회적으로나 경제적으로 가장 의미 있고 성공적인 농촌 정책이었다는 평가도 있다. 이는 1966년 5월 마오쩌둥의 다음과 같은 발언이 농촌 공업화 정책의 지침과 방향을 제공해 주었다는 해석을 근거로 한다.

> 인민공사에서 농민의 주요 업무는 농업이지만, 이들은 동시에 군사업무, 정치, 문화를 공부해야 하며, 사정이 허락하는 한 소규모 공장을 집단적으로 운영해야 한다.

마오는 5년 전인 1961년에도 다음과 같은 견해를 밝힌 바 있다.

> 도시로 몰려들게 하지 말고, 농촌의 공업을 왕성하게 발전시키고 바로 그 자리에서 농민을 노동자로 바꾸자. …… 이는 농촌의 생활수준을 도시와 같게 하거나 오히려 더 높일 수도 있다는 전제조건을 필요로 한다. 모든 인민공사는 공사(公社)에 필요한 지식인을 양성하는 고등교육기관과 경제중심을 가져야 한다(마이스너, 2005: 87~88, 513~515).

즉, 사회적 측면에서는 노동자와 농민의 차이, 그리고 도시와 농촌의 차이를 줄이겠다는 목표를 지향했고, 경제적 측면에서는 농촌의 잉여노동력과 자원을 활용할 수 있었다. 문혁 기간 초기에 설립된 농촌의 사대기업 대부분은 공업기업이었고, 농업 생산을 보조하기 위한 것이었다. 대표적인 유형이 농기계와 도구의 생산 및 수리, 화학비료 제조, 현지 농산물 가공공장 또는 종자 개량 및 새로운 농업기술 전파를 위한 소규모 기술센터 설립 등이었다. 문혁 말기이자 개혁개방 전야인 1976년에 중국 전국에서 소비되는 화학비료의 절반 정도를 농촌 현지 기업이 생산하고 있었고, 농기계의 상당 부분도 농촌기업이 생산하고 있었다. 농촌의 잉여노동력이 (도시로 떠나지 않고) 농촌에서 전일제 또는 반일제 비농업 부문 노동에 종사하면서 고질적인 농촌의 반(半)실업 문제를 개선하는 데 상당 정도 기여했고, 개혁개방 이후 급속하게 진행된 향진기업 발전의 기초가 된 점이 이 같은 농촌 공업화의 가장 큰 성과이자 의의라 할 수 있겠다.

(2) 향진기업의 발전 과정

농촌 인민공사 생산대가 설립·운영한 사대기업으로 출발한 향진기업은 독특한 형식으로 중국 농촌의 공업화를 주도했다. 이들은 1980년대 초부터 10여 년간 급속하게 발전했고, 농촌 잉여노동력 흡수, 농민 소득 증대, 소성진 건설 지원, 농촌 기반시설 건설 및 완비, 현대농업 발전과 신농촌 건설 추진 등 방면에 중요한 공헌을 했다. 1990년대 중기 이후에는 시장 환경 변화와 향진기업 자신의 경쟁력 우위가 감소·상실되었고, 특히 소규모, 분산적 배치, 운영자금 융자난 등 부정적 영향으로 인해 발전이 침체되었다. 사대기업에서 향진기업으로의 발전 과정을 개혁개방 이전과 이후로 구분해 정리하면 다음과 같다(曹宗平, 2009: 115~118).

① 개혁개방 이전 시기(1949~1978)

중화인민공화국 출범 직후 사유제 토지개혁을 실시한 이후 농민들의 생산력이 급속하게 발전하면서, 상대적으로 풍성해진 농업 생산과 경제를 기초로 농촌 잉여노동력을 이용한 농공 겸업의 수공업 또는 소규모 기계를 갖춘 작업장(作坊)과 상업 활동이 증가했다. 1950년대에는 중국 전국에 1000만여 개의 농촌 노동력이 경영하는 4방(四坊) 또는 5장(五匠)[1]이 있었고, 종사자 수가 약 350만 명에 달했다. 1954년 농민이 경영하는 수공업과 농산품 가공업의 총생산액이 중국 전국 공농업 생산액의 11%를 점했다.

1960년대에는, 비교적 경제 기초가 좋은 연해지구 성급 지역 단위로 인근 도시의 편리한 교통과 집체의 집적을 이용하고, 퇴직 후 귀향한 과학기술 인원의 역할을 발휘하게 해 농업을 위한 '사대기업'을 실험적으로 운영하기 시작했다. 생활용품과 농업 생산물자가 극도로 부족했던 계획경제 시대에 사대기업의 생산은 장기간 억압되어 온 농업과 농촌 및 도시 주민의 기초 수요에 적절하게 부응했고, 이에 따라 이들 기업은 더욱 강한 생명력을 유지하면서 빠른 속도로 발전해 나갔다. 그러나 1960년대 후반부터 시작되어 중국 전국을 휩쓴 소위 '문화대혁명' 시기에

---

1 '사방'은 방앗간이라 할 수 있는 마방(磨坊), 주로 녹두가루 제조를 담당한 분방(粉坊), 기름공장(油坊), 두부공장(豆腐坊)을 가리키고, '오장'은 자영 수공업 형태의 목장(木匠), 철장(铁匠), 벽돌기와장(泥瓦匠), 석장(石匠), 죽장(篾匠)을 가리킨다(曹宗平, 2009: 116~117).

는 거듭되는 극좌 정치운동의 파도와, 특히 인민공사 제도 아래서 농민의 인신자유를 제한했고, '첫째 큰 규모, 둘째 공동소유(一大二公)'라는 구호 아래 인민의 사상과 시야를 통제·속박하는 시기를 거치면서, 그때까지 유지·발전해 온 개체(個體)경제와 사영(私營)경제는 거의 소멸되었고 일부분은 지하로 잠입했다.

1978년에 중국 전국의 사대기업 단위 수는 152.4만 개, 직공 총수 2826.5만 명으로 농촌 노동력 중 9.2%를 점했고, 총생산액은 농촌사회총생산액의 2.3%를 점했다.

② 개혁개방 이후(1980년대 이후)

1978년 말 중공 11기 3중전회에서 개혁개방을 공식 발표한 이후, 농촌에서는 '가정생산 연계 도급 책임제'가 시행되었고, '사대기업'이 다시 활성화되었다. 1984년에는 '사대기업' 명칭을 '향진기업'으로 바꾸었고, 기업의 유형과 외연도 대폭 확장되었다. 주요 유형은, 기업 설립 및 경영주체에 따라서 향진판(乡镇办), 촌판(村办), 호별 연합판(联户办), 개체호판(户办)의 4종으로 구분할 수 있다. 단, 이 시기 모든 중국인들은 이전 시기에 겪은 정치적 풍파의 상처와 영향이 너무 커서 정책의 지속성과 신뢰성에 대한 불안감을 갖고 있었고, 그 결과 특히 개체호와 호별연합 기업들이 정치상의 안전을 고려해 모두 '향진기업'이라는 이름을 내걸었다. 그런데 이것이 이후에 향진기업 재산권 분쟁의 화근이 되었다.

1992년에 '사회주의 시장경제 체제' 개혁 목표가 정식으로 확립되고, 향진기업 발전 촉진을 위한 일련의 정책 법규가 연이어 발표됨에 따라 제도적 장벽과 사람들의 우려가 제거되면서, 향진기업 발전이 본격화되었다. 1979년에서 2001년 기간 중 향진기업 종업원 수는 2827만 명에서 1억 3300만 명으로 4.75배(연평균 7.3%) 증가했고, 전국 농촌 노동력 중 점유 비중이 9.2%에서 27.1%로 증가했고, 전국 사회노동력 중 점유 비중은 7.0%에서 17.3%로 증가했다.

(3) 향진기업의 특징

① 향·촌을 단위로 하는 집체소유기업

생산재의 사회적 공유를 원칙으로 하고 있는 중국의 소유제는 크게 전민소유제와 집체소유제로 구분되고, 1982년부터는 이를 보완하는 차원에서 개인 소유가 인정되고 있다. 일반적으로 현급 정부 이상에서 경영하는 부문을 전민소유제(全民所有制, 즉 국유제)라 하고, 향급 정부 이하의 행정단위에서 경영하는 부문은 집체소유제(集體所有制)라고 한다. 농촌의 경우는 향 단위에서 경영하는 향판(鄕辦)기업과 촌민위원회(村民委員會)나, 촌민소조(村民小組)에서 경영하는 촌판기업들이 모두 집체소유제의 범위에 속하며, 농촌의 집체소유기업들이 향진기업의 대종을 이룬다.

② 농촌 지역의 연합기업과 개인기업

1980년대 이래로 중국의 경제개혁이 본격적으로 추진되면서 인민공사 추진 이래 유지해 온 엄격한 행정규제가 풀리기 시작하자, 농민들이 자력으로 각종 기업들을 설립하기 시작했다. 1982년 개정한 중국의 헌법은 '개체경제'의 합법적 권리와 이익을 보호한다고 규정했다. 이후 농민들 간에 자금을 출자해 일종의 조합과 유사한 연호기업(聯戶企業)을 설립하거나, 개인이 기업을 설립하기도 했다. 이러한 농민들의 움직임과 향진 지방정부들의 재정 수입 확대 요구와 맞물려, 1980년대 전반기에 '연판(聯辦)기업'과 개인기업들이 설립되기 시작했다. 이 같은 농촌 지역의 연판기업과 개인기업은 모두 향진기업에 속한다.

③ 향진기업의 요건

향진기업이 하나의 기업으로 간주될 수 있기 위해서는 우선 독립채산제를 실시해야 한다. 이는 집체기업이건 개인기업이건 모두 적용되는 원칙이다. 그다음엔 행정기관에 등기가 되어 납세 단위로 취급되어야 한다. 그리고 농촌 또는 농촌 중심 소성진에 입지해야 한다.

2) 향진기업의 발전 배경

첫째, 개혁개방 이후 가정연산도급책임제가 실시됨에 따라 농업 노동 생산력이 현격하게 제고되면서, 사대(社隊) 또는 향진의 향촌 집체농업을 통한 자금이 축적되었고, 이것이 향진기업 발전을 위한 물질적 기초를 제공해 주었다. 또한 농업 노동력 생산력 증대에 따라 과잉 생산 요소가 더욱 풍부한 이윤 창출 공간을 찾게 되었다.

둘째, 장기간 계획경제 체제 아래 누적된 물자 결핍 상황에서 개혁개방이 추진되면서 거대한 시장 수요가 형성되었다. 또한 중공업 일변도 경제 발전 전략을 실시해 온 결과, 국유경제 영역이 중공업에 편중되고, 인민 생활과 직접 연관된 경공업 연관 산업이 침체되었으며 그 정도가 심각한 상황이었다. 이 같은 국면은 향진기업이 산업구조상 국유기업과 다른 위치에서 국유기업이 생산하지 않는 생활용품과 경공업 제품 수요 시장을 개척하면서 발전해 나갈 수 있는 유리한 시장 조건을 제공해 주었다. 또한 개혁 초기에 일반 인민들의 소득수준은 보편적으로 낮았으나, 이후 소득 증가 속도가 매우 빠르게 진행되면서 낮은 등급 상품에 대한 수요가 급속하게 증대했고 상품의 시장 진입 문턱도 낮아졌다. 이 또한 낮은 기술 수준과 저임 농촌 잉여노동력을 기초로 하는 향진기업에 유리한 조건을 형성해 주었다.

셋째, 염가 생산 요소로, 하나는 집체 내의 토지, 자연자원, 공장 건물, 자금 등 요소이고, 다른 하나는 전통적인 도농이원구조하에 농촌에 묶여 있는 대량의 농촌 잉여노동력이다. 다음으로 장기간 금융 억압과 통제에 의해 매우 낮은 이율 수준에서, 가정연산도급책임제 시행 이후 소득이 증대되기 시작한 각개 농민의 수중에 있는 거대한 자금이 보다 유리한 투자처를 찾고 있었다. 이러한 환경이 향진기업의 창업과 발전에 유리한 조건을 제공해 주었다.

넷째, 중공업 편중에서 경공업 병행 균형발전을 지향한 산업 구조조정 정책과, 농촌과 농민 그리고 농업 현대화를 위해 향진기업을 육성 및 지원한다는 정책과 제도이다. 주요 내용은 다음과 같다.

1997년에 '향진기업법(乡镇企业法)'을 공포했고, 이어서 2004년과 2005년 초에 가장 먼저 발표한 「중공 중앙 1호 문건(中央一号文件)」에서는, 각각 "유관 부문은 향진기업 발전의 신(新)형세와 신(新)정황에 근거해 조사연구를 강화하고, 향진기업의 개혁과 발전을 위한 지도성 의견을 조속히 제정해야 한다"(2004년 1월), "향진기업은 구조조정, 기술 진보와 체제 혁신을 가속화해야 한다"(2005년 1월)라는 지도의견을 하달했다. 이어서 12차 5개년 계획 제정에 관한 건의에서는, '사회주의 신농촌 건설 기본 요구 제출, 생산 발전, 생활 풍요, 향촌 문명, 촌락 경관 정비, 민주적 관리'를 목표로 제시했고, 2012년 12월 중공 18차 대표대회 보고에서는 '신형 도시화', '농업 현대화'라는 추진 틀 속에서 '농민 소득 증대와 향진기업 발전'을 추진한다는 방침을 발표했다.

3) 도시화 모델과 향진기업의 발전 배경

(1) 중국의 도시화 모델

① 하향식 모델

농촌 잉여노동력을 직접 도시나 새로운 공업진(工業鎭)에 이주시키는 방법으로 대략 다음과 같은 세 가지 방식을 통해 진행된다. ⓐ 국가의 대형기업 혹은 중점 항목 건설, ⓑ 신흥공업도시의 건설과 발전, ⓒ 기존 도시경제의 확산·발전이 그 것이다.

이런 방식의 도시화를 제약하는 요인은 다음과 같다. ⓐ 유한한 국가의 재력과 자원, ⓑ 국가 공업화 발전 속도와 기술 구성 수준, ⓒ 농업이 제공하는 상품양식의 수량과 국제 양식시장 간의 수급 관계, ⓓ 농촌 잉여노동력의 양과 질 등이다.

② 상향식 모델

계획경제에서 시장경제로 넘어가는 과도기에 생성된 독특한 도시화 과정으로, 인구가 조밀하고 상품경제와 상품의식이 비교적 발달한 장강삼각주 지역에서 가장 활발하게 진행되었다. 상향식 도시화 과정 중 비농업 산업의 형성은 다음과 같은 몇 가지 경로를 통해 형성되었다. ⓐ 농업 내부의 구조조정 과정, ⓑ 향진기업의 발전, ⓒ 개체상공기업의 발전, ⓓ 노동 수출이다. 이러한 방식의 도시화는 국가 정책의 변화와 해당 지역 중심도시의 파급 확산 능력에 강력한 영향을 받는다. 대표적인 사례가 장쑤성 남부(苏南) 지역의 향진기업, 저장성 남부 원저우와 타이저우(台州)의 개체상공기업, 이우 지역의 상업모델이다.

(2) 향진기업의 발전 배경

중국의 농촌 농업 개혁은 우선 개별 농가를 경영단위로 하는 각종 형식의 농가별 도급생산제를 추진하면서 시작되었다. 이 제도의 실시로 농민의 생산 의욕이 고취되고, 농업 생산과 농가 소득이 증대했다(1978년에서 1985년 사이에 농가 인구 1인당 평균 수입이 2.6배로 증가했다). 한편, 농가별 도급생산제가 실시되면서 기존의 농촌 조직인 인민공사 내 '사대기업'이 침체되었고, 농촌 잉여노동력 처리 문제가 주요 과제로 대두되었다. 또한 농촌 내의 저축 증가로 인해 비농업 산업에 대한 투자 여력이 증대되었다. 이와 더불어 생산 활동의 자율성을 갖게 된 농민들의 수입 증대 욕구가 분출되고, 향촌 정부의 재정 수입 확대 요구가 맞물리면서 향진기업이 본격적으로 발전하기 시작했다. 한편, 1980년에 중공 중앙이 단행한 지방정부의 재정자율권을 인정한 재정개혁은 지방정부가 재정 수입 확대를 위해 각종 기업 활동을 지원할 수 있는 기초적인 여건을 조성해 주었다.

1984년 3월 중공 중앙과 국무원이 「사대기업의 신국면 타개에 관한 농목어업부(农牧渔业部)의 보고」를 승인하며 이를 전국에 시행할 것을 지시했고, 이것이 중국의 농촌 공업화 정책을 획기적으로 변화시키는 계기가 되었다. 이 조치에 의해 인민공사 시기의 '사대기업(社队企业)'이 '향진기업'으로 그 이름을 바꾸고, 농민들의 합작 및 개인 기업을 향진기업의 개념에 포함시켰다. 또한 제도적으로 향진기업과 국영기업을 평등하게 취급해, 종래 농촌 지역에서의 공업 발전 제한 조치(특히 원료 및 에너지 사용 등에서 국영기업과 경합을 금지하는 조치)들을 철폐함으로써 향진기업에 유리한 발전 조건을 제공했다.

표 15-1 향진기업 발전 추이

연도	기업 수(만 개)	종사원 수(만 명)
1985	122.2	6,979.7
1990	1,850.7	9,265.6
1992	2,078.4	10,582.2
1995	2,523.1	12,372.3
1999	2,062.2	12,844.6
2000	2,142.7	13,258.4
2002	2,132.6	13,287.7

자료: 中国乡镇企业年鑑(2003).

4) 향진기업 현황

(1) 향진기업 경영 기본 현황

중국 향진기업의 발전 추세를 요약하면 다음과 같다. 첫째, 발전 속도와 질적 측면에서 진전이 있었다. 둘째, 경영 현황이 개선되어 이윤과 세금납부액이 증가했고, 경제 규모 및 효율 면에서 뚜렷한 증가세를 보였다. 셋째, 생산과 판매의 조화를 실현하면서 기업의 시장의식이 진일보·강화되었다. 넷째, 총생산 중 3차산업 점유 비율이 상승하면서 농촌서비스업 발전을 촉진했다.

2010년 중국 전국 농촌 총취업 인구 중 향진기업 취업자 수가 차지한 비중은 33.3%로 2005년 대비 3.8% 증가했다. 또한 1인당 농민 순수입 중 향진기업으로부터 얻은 소득이 차지하는 비중은 35.2%로 2005년 대비 0.8% 증가했다.

중국 농업부는 2011년 초에 발표한 '전국 향진기업 발전 12차 5개년 계획(全国乡镇企业发展十二五规划)'(2011~2015)에서 계획 기간 중 향진기업 취업자 수가 연평균 280만 명씩 증가해 2015년에는 1억 7000만 명에 도달한다는 목표를 설정했고, 향진기업의 공업 생산액과 수출입액 목표도 각각 연평균 9.6%, 9% 증가로 설정했다.[2]

---

2   13차 5개년 계획 수립·공표 후 집행 시기에는 농업부가 향진기업 발전에 대한 별도의 계획을 수립하

(2) 향진기업의 국민경제 내의 위치

개혁개방 이후 2000년대 초기까지 중국 경제가 급속한 성장을 지속해 온 동력은 (국유기업의 발전보다도) 향진기업의 급속한 발전이었다고 할 수 있다.

첫째, 생산에서의 위치는, 2010년 향진기업 생산액은 11조 2232억 위안으로 2005년 대비 122.1% 증가, 연평균 12.9% 증가했다. 이 중 공업 증가치는 7조 7693억 위안으로 2005년 대비 117.9% 증가, 연평균 12.4% 증가했다. 향진기업 증가치가 GDP에서 점하는 비중도 2005년 27.3%에서 2010년 28.2%로 증가했다. 1 차·2차·3차 산업별로는 각각 1.0%, 75.5%, 23.5%를 점했고, 공업 증가치의 전국 비중은 46.2%에서 48.5%로 증가했다. 권역별 점유율을 보면, 동부연해지구가 58.3%를 점했으나 증가율은 2005년 대비 2% 하락했다. 중서부지구는 점유율 31.9%, 2005년 대비 1.1% 증가했고, 동북지구는 점유율 9.8%, 2005년 대비 0.9% 증가했다.

둘째, 고용에서의 위치를 보면, 1978년 향진기업 취업자는 2826만 명으로 전국 취업 인구 중 점유 비중이 7%였으나, 1986년 15.5%, 1992년 17.8%, 2000년 30.4%로 증가했다. 2000년 이후 도시 내 2차·3차 산업 부문의 취업자 수가 증가하면서 향진기업 취업 점유 비중이 감소한 결과, 2005년에는 18.8%로 떨어졌으나, 2010년에는 향진기업 취업자 총수가 1억 5893만 명으로, 중국 전국 취업 인구 중 20%를 점했다. 1983년 이전까지 향진기업의 고용 증가율은 전국 노동력 평균 증가율에 훨씬 미달했으나, 1980년대 후반에는 향진기업의 고용 증가율이 국유기업 고용 증가율의 2배에 가까운 증가세를 보였고, 이후에는 심한 굴곡을 보이고 있다. 중요한 이유 중의 하나는 1988년 가을부터 탈세 적발 등으로 인해 도산한 향진기업이 많았기 때문이다.

셋째, 재정 수입에서의 위치를 보면, 재정 수입 측면에서도 향진기업의 국가 재정에의 기여도가 급격히 상승했다. 국가 조세 수입 가운데 향진기업이 차지하는 비중이 1980년의 4.5%에서 1992년에는 20.3%로 증가했다.

지는 않았다. 국가발전개혁위원회는 2016년 11월에 농촌경제의 전반적인 정책의 원칙과 기본 방향을 제시한 '전국농촌경제 발전 13차 5개년 계획(全国农村经济发展十三五规划)'(2016~2020)을 발표했다.

5) 향진기업의 구조와 특징

(1) 향진기업의 생산 요소

① 자본

향진기업 경영의 한 가지 특징은 '도급(承包)경영'이라는 점이다. 집체기업은 운영자금 중 자기자본 비율이 30%를 조금 넘는 수준이며, 나머지는 향촌 행정조직의 담보를 통해 각종 신용기관으로부터 융자를 받는 경우가 대부분이다. 한편, 종업원의 지참금은 향진기업의 중요한 자금원이 되고 있다. 특히 집단저축이 적은 지역에서는 적지 않은 액수의 지분을 농민이 지참금으로 분담했다.

② 토지

향촌 단위 집체소유인 농촌의 토지를 집체기업 용지로 제공받기가 비교적 용이하다. 반면에 사영기업(私營企業)의 경우는 다르다. 즉, 가내공업 수준이 아니고 별도의 생산용지가 소요되는 사영기업의 경우에는 이를 획득하기 위해서 토지의 관리자인 향촌 정부의 비준을 얻어야 한다. 이와 관련해 향과 현의 지방정부가 토지 수익 증대를 위해서 사영기업의 발전을 장려하고 있다. 또한 기업용지는 에너지 공급과 수송 등을 위한 기반시설을 갖추어야 하는데, 이러한 것들을 사영기업에 일임하기 어려웠기 때문에 많은 지방정부들이 '토지개발공사'를 설립해 토지개발과 토지사용의 유동화를 주도하고 있다.

③ 노동력

향진기업 발전의 가장 큰 동력의 하나는 농촌에 대량 존재하고 있는 잉여노동력이다. 동부연해지구 중 향진기업이 특별히 발달한 일부 농촌에서는 지역 내 자체 노동력만으로는 부족해서 대량의 외지 인력을 흡수하기도 하지만, 일반적으로 향진기업은 대부분의 노동자를 지역 내에서 모집하므로 종업원들 간에 지연 관계가 강하다. 그 결과 종업원들의 기업에 대한 관심이 높고 경영에 대한 참여의식도 강한 편이다.

한편, 향진기업의 직공은 자신의 도급 농지에서 농업 노동을 겸하고 있는 경우가 많다. 즉, 농번기에는 자기 집에서 농사일을 하고 농한기에는 향진기업 공장에서 일을 하는 형태이다. 종업원들이 자신들의 기업이라는 의식을 갖고 있어서 기업의 경영 실적이 좋지 않을 경우에는 임금 인하와 후불, 무급휴직 조치 등도 별다른 저항 없이 받아들이는 편이다. 또한 사영기업의 경우에는 가족이나 친척의 노동력을 이용하는 경우가 많으므로 기업에 대한 관심과 귀속의식이 강하다. 사영기업의 임금수준은 대체로 집체기업보다 낮지만 재투자를 위한 저축 비율은 높다.

(2) 향진기업과 향촌 정부와의 관계

향진기업은 집체기업이나 개체기업을 불문하고 향진 단위의 지방정부와 밀접한 관계가 있다. 향진기업 가운데 집체기업은 향촌의 행정조직이 바로 기업의 설립자이며 투자자이다. 향촌 정부는 향진기업에 대한 관리 책임을 갖는 지방정부인 동시에 향진기업의 실질적인 소유자이기도 하다. 향이나 촌 단위마다 다수의 기업이 있고, 많은 곳은 향 단위에 수백 개, 촌 단위에 수십 개의 기업이 있으며, 이들은 제도상 향진 단위의 경제관리기구인 총공사(總公司)나 연합공사(聯合公司) 산하에 있다. 이처럼 많은 기업들을 갖고 있는 향진 단위의 총공사는 일종의 기업 그룹이나 투자회사와 같다. 특히 향진기업 경영에 중요한 의사 결정권을 행사하고 있는 향촌 정부는 기업의 기획실과 같은 경영기능을 갖고 있다. 또한 향진기업의 경영책임을 맡은 책임자들 대부분이 향촌 촌당위원회의 주요 간부 출신들이며, 향진의 당위원회 서기가 해당 지역의 총공사 이사장직을 겸하고 있는 경우가 많다.

1990년대 향촌 단위 기업들의 신규 고정투자 투자자금 내역을 보면 자기자본 (주민들의 출자금 모금) 비중은 33.1%에 지나지 않으며, 상급 정부의 지원 자금이 6.0%, 은행 대출이 38.9%에 달하고, 나머지는 외자 등 기타자금으로 구성되어 있다. 상급 정부의 지원 자금이나 은행대출금 등 모든 자금은 향촌 정부의 주선과 담보 등에 의존하고 있다.

이렇듯 향촌 정부들이 향진기업의 육성과 경영에 적극적인 이유는 재정 기반을 확대하기 위해서이다. 중국의 향촌 단위의 재정기금은 주로 관할 지역 내 향진기업의 이윤 상납에 의존하고 있기 때문이다. 향진기업의 이윤 상납은 기업 자산의 소유자라 할 수 있는 향촌 정부에 대한 배당금과 같은 성격을 지닌다.

개체(個體)기업이나 연호(連戶)기업 등 비록 경영 형태가 다른 향진기업이라 하더라도, 이들 역시 향촌 정부의 강력한 영향력 아래에 있다. 이는 향진기업의 경영이 지역공동체의 번영과 기업의 이윤 추구라는 정치적·경제적 동기와 서로 맞물려 있기 때문이다. 그러나 발전된 지역과 낙후된 지역 간에는 많은 차이가 있다. 기업의 규모나 제품의 품질 및 경영 방법 등에서 이미 상당한 수준에 도달해 있는 동부연해지구 대도시 주변의 향진기업들은 향촌 주도형에서 기업 주도형으로 전환되었다.

6) 향진기업의 지역 분포

〈표 15-2〉는 2007년 향진기업의 지역 분포 상황을 중국 내 성 직할시 자치구 중 6위권에 드는 항목별로 정리한 것이다. 기업 수는 후난, 저장, 장쑤, 산동 순이고, 직공 수는 장쑤, 산동, 저장, 광동 순이다. 기업의 영업총수입을 보면 장쑤, 저장, 산동, 광동 순이다. 기업 수는 후난성이 가장 많으나 기업의 규모와 실질적 활동 내용에서는 동부연해지구의 장쑤, 저장, 산동, 광동 성이 선두임을 알 수 있다. 특히 기업가치 증가액과 이윤은 장쑤, 저장, 산동, 광동, 허베이 5개 성 향진기업의 합계가 전국의 거의 절반을 차지한다.

〈표 15-3〉에서 드러나듯이, 동부연해지구에 2/3 이상의 향진기업 역량이 집중되어 있다. 최근의 동부연해지구 향진기업 추세 중 주목되는 점은 외향형 경제의 성격이 갈수록 강해지고 있다는 점이다. 중국 전국 향진기업 수출품 생산액 중 90%를 동부연해지구 향진기업이 생산하고 있고, 이 중에서도 광동, 장쑤, 저장, 푸젠, 산동 5개 성이 대부분을 점유하고 있다.

중부지구의 향진기업은 기업의 규모와 활동 내용 등이 전체적으로 한 등급 낮고, 주로 허난, 후베이, 후난, 안후이, 등 4개 성에 집중 분포되어 있다.

서부지구는 향진기업의 규모가 작고 수준도 전반적으로 낮다. 쓰촨성 등에 상대적으로 집중되어 있으나, 성 내에서 각 개별 기업들은 과도하게 분산되어 있다.

표 15-2 향진기업의 지역 항목별 분포 순위(2007년)

항목	전국 합계	성급 지역별 분포 순위					
		1	2	3	4	5	6
기업 수(만 개)	599	후난	저장	장쑤	산동	후베이	광시
직공 수(만 명)	9,329	장수	산동	저장	광동	후난	푸젠
기업가치 증가액(억 위안)	51,519	장쑤	산동	저장	허베이	광동	허난
영업총수입(억 위안)	224,821	장쑤	저장	산동	광동	허베이	상하이
이윤(억 위안)	12,797	산동	윈난	장쑤	저장	허베이	허난

자료: 胡欣(2010: 241), 中國農業統計資料(2008).

표 15-3 향진기업의 권역별·항목별 비중 분포 현황(2007년)(단위: %)

	기업 가치 증가액	직공 수	영업 총수입	이윤
동부	63.2	53.0	73.4	65.2
중부	24.1	28.2	17.1	22.4
서부	12.7	18.8	9.5	12.4

자료: 胡欣(2010: 241), 中國農業統計資料(2008).

서부지구에서도 낙후 지역에 속하는 칭하이, 간쑤, 신장, 닝샤 등의 향진기업 생산액 비중은 전국 향진기업 평균 생산액의 1% 수준에도 미치지 못한다. 이와 같이 향진기업의 지역 간 격차가 심한 것은 중앙의 계획경제의 틀을 벗어나 독자적으로 급속하게 잘 나가며 발전하고 있는 향진기업의 존재 때문이기도 하다.

산동성은 향진기업의 각 부문(공업, 건설업, 교통운수업, 상업음식업, 농업)이 비교적 균형을 이루고 있는데, 이 중 농업 생산액이 상대적으로 높아 전국의 1/5 이상을 차지하고 있다. 경제 유형에서 보면 산동성의 최대 특색은 촌판기업이 중심적인 위치를 차지하고 있으며, 이것이 점하는 비중 또한 전국에서 제일 높다. 장쑤성은 향진기업의 규모 및 기술 수준 면에서 전국 1위이고, 경제 유형은 개체기업이 가장 많은 수를 차지하고 다음이 촌판기업이다. 장쑤성의 향진기업은 남부와 북부에 널리 분포되어 있는데, 그 중심 지역은 남부의 우시, 장인, 장자강 등이다.

7) 향진기업의 최근 성과

중국 국무원은 지방정부에 중소기업 발전 촉진 방침을 하달하고, 향진기업 발전을 경제와 사회 발전의 총체계획에 포함시키고, 특혜 정책을 제정하고, 지원 강도 증대를 장려했다. 특히 국제금융위기 폭발 후에는 각 지방에 향진기업이 불황의 골짜기에서 나오도록 재세 정책(財稅政策)을 적극 조정하고, 항목 지원을 증대시키고, 산업진흥을 가속화하고, 국내외 시장을 적극 개척하도록 추동했다. 또한 도농 통합발전 견지, 농업 기반시설 건설, 특색과 경쟁력을 갖춘 농산품 생산, 농업 현대화 추진 등 농업 종합생산 능력을 부단히 제고시키고, 농산품 가공업 발전, 그리고 농촌의 기초시설과 농민주택 건설 투자를 포함한 '사회주의 신농촌' 건설 추진을 권장했다. 중국 농업부는 11차 5개년 계획(十一五規劃)(2006~2010) 기간 중 향진기업이 국민경제 발전과 '삼농' 업무 추동에 중요한 공헌을 했고, 도농통합발전의 중요 역량으로 성장했다고 평가했다. 주요 내용은 다음과 같다.[3]

첫째, 대부분 현급 지역에서 향진기업의 증가치와 공업 및 상업 세수 중 비중이 모두 60% 내외를 점하면서 현급 지역경제(县域经济)의 버팀목 역할을 하고 있다.

둘째, 중국의 특허권 양도거래 중 약 60%를 향진기업이 구매하고 있다. 향진기업이 건립한 기술혁신중심과 연구개발기구가 2010년 말 현재 5만 6395개로, 2005년 대비 120.8% 증가했다.

셋째, 발전이 가장 빠른 업종은 농산품 가공업과 여가농업이다. 규모 이상 향진기업의 농산품 가공업 증가치가 2005년 이래 연평균 15.8% 증가했고, 향진기업 공업 증가치 중 30.9%를 점했다. 또한 여가농업원구(休闲农业园区) 수가 1.8만 개를 초과했고, 농촌 체험 및 민박 등을 하는 농가(农家乐) 수가 150만 가구에 달했고, 연간 경영 수입이 1200억 위안을 초과했다.

---

3 2011년 5월 중국 농업부가 작성·하달한 '전국 향진기업발전 12차 5개년 계획(全国乡镇企业发展十二五规划)'.

8) 향진기업의 문제점과 발전 방향

(1) 문제점

향진기업의 지속적인 발전을 위해서 지적되는 주요 문제는 다음과 같다.

첫째, 지방보호주의가 생산 요소의 자유로운 유통을 저해하고 자원의 합리적 배분을 어렵게 하고 있다. 이는 지방정부의 이해관계에 의한 영향을 더 크게 받고 있는 향진기업의 성격과 연관된다. 지방 및 지역 간의 거래장벽과 중복투자는 국가산업 정책이라는 거시적 측면에서 통일되고 규모를 갖춘 시장 형성과 합리적 운영을 저해하고 있다.

둘째, 재산권 관계가 불명확하다. 집체의 토지소유권 개념이나 주요 설비를 포함한 기업의 재산권 문제, 기업 내의 이윤 유보분에 대한 분배의 문제, 상표나 특허 등 무형자산에 대한 가치평가의 문제는 향진기업 재산권의 합리적 분배를 제약하고 있으며, 집체나 개인의 합법적인 권익 보장을 어렵게 하고 있다.

셋째, 가격경쟁력에 과도하게 의존하고 있다. 지금까지 향진기업이 발전할 수 있는 원동력은 농촌의 저렴한 노동력이었다. 하지만 중국의 WTO 가입과 시장경제의 확대에 따른 외국 기업과의 경쟁, 국민 생활수준 제고에 따른 상품 품질에 대한 요구 증대 등을 감안하면, 향진기업도 생산품 품질의 개선, 개성화, 다양화, 상표화 등에 대한 관심과 노력을 늘려야 할 것이다.

넷째, 단기간에 설립·발전·팽창하는 과정에서 계획에 의한 배치가 결여되어 촌마다 과도하게 분산된 상태로 입지했다.

다섯째, '공업과 농업을 겸하는(亦工亦農)' 노동 방식은 직공들이 기술과 업무 수준을 향상시키기 위해 시간과 노력을 투자하기 어렵게 한다.

그 외에도 국제무역환경 악화, 생산 요소 제약 요인 심화, 에너지 절약 오염 물질 배출 규제 압력 증대, 1차·2차·3차 산업구조 불균형 등의 제약 요인이 있다.

(2) 발전 방향

중국 정부는 최근 농촌의 잉여노동력이 도시로 향해 대규모로 유출되고 있는 '농민공 유동(民工潮)' 현상의 근본 원인을 농촌 또는 소성진과 중·대도시 간 주민

소득 격차가 갈수록 크게 벌어지면서 농촌과 농업의 수입 증대 기회와 가능성이 한계에 달했기 때문이라 보고, 이에 대한 정책 방향을 농민들의 농업 외 수입 증대를 위한 향진기업 육성과 도농통합발전에 초점을 맞추고 있다. 2011년 중국 농업부가 밝힌 향진기업의 종합경쟁력 제고를 위한 발전 방향은 다음과 같다.

첫째, 농업 현대화와 농업 및 농촌과 연관된 2차·3차 산업의 발전을 지원·장려하고, 농민의 창업과 취업 촉진, 연관 농촌 기반시설 건설, 향진기업 단지화 및 집군(集群) 추진을 통해서 '사회주의 신농촌' 건설을 추진한다. 또한, 농산품 가공업 발전 적극 추진, 여가농업 등 농촌 서비스업 확대 발전 추진, 향진기업 업종으로 전략성 신흥산업 발전을 장려한다.

둘째, 국가 및 지방 차원의 보편적 기업개혁 및 산업 지원 정책을 향진기업의 특성에 맞게 추진한다. 즉, 발전모델을 전환 및 변화시키고, 전형과 승급을 가속화하고, 점진적으로 내함식(內涵式), 지력(智力) 밀집형, 과학기술 밀집형 발전의 길로 인도하고, 고급신기술과 선진 기술 적용을 통해서 전통산업을 승급시키고, 낙후된 생산 능력을 가속적으로 도태시킨다. 동시에 향진기업을 대상으로 한 융자 체계, 기술혁신, 교육 연수, 정보, 창업지도 지원, 해외시장 개척 진출 지원 등 향진기업 서비스 체계를 완비한다.

셋째, 산업집중구(产业集中区)와 소성진에 집중시킴으로써 주도산업을 배양 및 육성하고, 집적 효익을 확대하고 소성진 건설과 현 지역 경제 발전을 촉진시킨다. 공업원구(工业园区) 발전을 향진기업 발전의 중요한 통로로 간주하고, 산업집군(产业集群) 발전계획과 지도의견을 입안·수립하고, 기업을 원구(园区)로 집중시키며, 원구(园区)는 도시(城镇)로 집중시키도록 인도하고, 기업과 산업의 집약집군(集約集群) 발전을 촉진한다.

넷째, 자원 소모형에서 에너지 절약 환경 보호형으로 전환한다. 에너지 절약 및 오염 물질 배출 절약 기술혁신, 향진기업의 자원 절약형, 환경 우호형 발전 등을 추진한다.

다섯째, 향진기업의 주식제 개혁을 추진한다. 향진기업 주식제 개혁의 과제는 재산권의 귀속 문제를 명확히 하고, 기업 경영을 보다 합리화하고 시장 원리에 접근시키는 것이 될 것이다.

2. 소성진 발전 배경과 동향

1) 소성진의 정의와 연구 동향

'소성진'[4]에 관한 논의가 촉발 및 본격화된 때는 개혁개방 이후 1980년대에 중국 농촌에서 가정(戶) 단위의 생산연계도급책임제(家庭聯産承包責任制)와 향진기업에 의한 농촌 공업화가 추진되던 무렵이었다. 이 시기에 중국 농촌에서는 경작권을 중심으로 진행된 농촌토지 사용제도 개혁과 농촌 잉여노동력의 비농업 부문으로의 이전이 진행되었다. 특히 장쑤성 남부지구를 선두로 동부연해지구 농촌지구에서 급속하게 발흥한 향진기업의 발전과 함께 소성진이 우후죽순처럼 발흥·발전했고, 대량의 농촌 노동력이 농토를 떠나 향진기업에 진입하면서 농촌중심도시 소성진 건설 문제가 사회 각계의 중점 문제로 부상했다.

처음 소성진 문제를 제기한 사람은 당시에 장쑤성 남부 농촌지구를 조사하는 연구 과제를 수행 중이었던 사회학자 페이샤오통(費孝通)이었다.

> …… 이러한 사회 실체는 농업 생산에 종사하지 않는 노동력 인구 위주로 조성된 지역사회이다. 지역, 인구, 경제, 환경 등의 요소를 막론하고 볼 때, 이들은 모두 농촌 지역사회와 다른 특징을 보이면서도 주위 농촌과 불가분하게 연계되어 있다. 우리는 이러한 사회 실체를 '소성진'이라 부르기로 한다(費孝通, 1984).

계획경제 체제하에서 중공은 '첫째 큰 규모, 둘째 공동소유(一大二公)'를 추구했고, 그 결과 개인과 개체의 생산 적극성이 통제·억압당하고 있었다. 이 같은 분위기가 절정에 달한 때가 인민공사 추진 시기이다. 개혁개방 이후 억압과 규제가 완

---

4 소성진이란 현급시와 그 이하 도시 관할의 진(鎭)과 건제진(建制鎭), 그리고 각종 분야로 특화된 집진(集鎭)과 일부 위성도시(卫星城鎭)를 가리킨다. 즉, 농촌 지역 내에 비농업 인구가 상대적으로 집중 거주하고 있는 지역으로, 농촌과 도시 사이에서 '농촌의 머리' 및 '도시의 꼬리' 역할을 하는 인구 규모는 12만 명 이하의 농촌 중심지를 가리킨다(羅淳·武友德, 2009: 1). 우리말로는 '소도읍(小都邑)' 또는 '읍급 도시' 정도로 번역할 수 있겠으나, 이러한 용어들에 내포된 다양한 개념 차이와 혼동을 피하기 위해 본장과 이 책에서는 '소성진'이라는 용어를 사용한다.

화되자, 농촌·농민들이 농업은 물론 향진기업을 중심으로 하는 공업 분야에서 급속한 생산력 발전과 축적을 이루었다. 농업 부문에서 잉여노동력 문제가 발생하면서, 잉여노동력을 어떻게 관리하느냐는 문제는 농촌 정책뿐 아니라 전 사회의 인구 정책과 도시 정책, 취업 문제 등 다양한 분야에서 제기되었다.

이 같은 상황에서, 페이샤오퉁의 건의에 의해 소성진 문제와 대책이 개혁개방 직후 수립된 6차 5개년 계획(1981~1985)의 중점연구 항목으로 선정되었다. 1983년 전국정치협상회의(全国政协)는 '소성진 조사팀(小城镇调查组)'을 조직해 장쑤성의 창저우, 우시, 난퉁, 쑤저우의 4개 시와 일부 현, 진을 참관 방문하면서 소성진 연구를 본격적으로 추진했다.[5] 이때 페이샤오퉁은 1985년 소성진을 '유형, 계층, 흥망성쇠, 분포 발전' 항목으로 구분해 연구할 것을 제안했고, 이를 토대로 중국 각지의 지역 유형을 개념화했다.

이후 소성진 내 농촌 공업화를 통해 성장을 추진한 장쑤성 남부모델(苏南模式), 저장성 원저우모델(温州模式) 등의 개념화를 통해 지역 간 비교연구의 길을 열었다. 페이샤오퉁은 장쑤성 우장현(吳江县) 내의 소성진을 5개 유형으로 구분했다. ① 상품유통의 중간 전달체, ② 공업으로 전문화, ③ 현(县) 정부 소재지로서의 정치중심, ④ 소비향락·관광형, ⑤ 교통축으로서의 소성진이 그것이다. 그리고 다시 조사를 통해 행정계층과 상업기구의 존재 여부로 소성진의 층차를 크게 세 가지로 나누고, 1·2 층차에서는 다시 그 규모에 따라 두 가지로 분류해 모두 3개 층차 5개 등급으로 나눴다(〈표 15-4〉). 행정 층차 위주로 분류한 것은 당시까지도 중국 농촌의 소성진이 여전히 정사합일(政社合一)의 인민공사 체제하에 있었기 때문이라고 판단된다. 페이샤오퉁은 1982년 장쑤성 장촌(江村)을 세 차례 방문했다. 당시 장쑤성 남부 지역 타이호 호수변 일대 농촌에는 향진기업 성장이 빠르게 진행되고 있었고, 농촌 잉여노동력 처리 방안이 주요 쟁점이었다. 페이샤오퉁은 이를

---

5 그 후 페이샤오퉁은 소성진에 관한 일련의 글을 발표했다. 가장 처음 발표한 「小城镇大問題」 외의 논문들은 1980년대 초에 성장한 향진기업에 대한 평가와 서술을 주로 했다. 이러한 그의 소성진에 관한 글들은 「小城镇大問題」(1983)를 비롯해 「小城镇再探索」(1984), 「小城镇蘇北初深」, 「小城镇新開拓」과 소성진을 연구하게 된 배경을 쓴 「小城镇調查自述」 등이 있다. 이들 모두 費孝通(1988)에 수록되어 있다.

표 15-4 페이샤오퉁의 소성진 계층 분류

층차		등급	중심지 기능	우장현 상황
Ⅰ	2중 상업기구 보유	1	현, 진, 공사(公社) 3중 상업기구 보유	1개(县城)
		2	2개 상업기구 보유	현 소속 6개 진
Ⅱ	공사 상업기구(乡镇)	3	상업인구가 현 소속 진에 접근	3개 소진(小镇)
		4	공사 상업 기구가 없음	13개 (일반) 진
Ⅲ	생산대대 진(大队镇) 혹은 촌진	5	상업 관리 기구가 없고 소규모 대리점 구비	12개 촌진(村镇)

자료: 費孝通(1983; 1988: 176~182)를 기초로 작성.

해결할 수 있는 현실적 방안으로 소성진 정책을 제출했다.

소성진에 관한 초기적 논의는 농촌 도시화 문제를 중심으로 전개되었다. 즉, '소성진화(小城镇化)가 전반적인 중국 도시화에서 어떠한 지위를 갖느냐 혹은 그 방법이 타당한가'가 주요 논점이 되었다. 1980년대 초에 중국 정부는 이 같은 추세를 적극적으로 수용하면서 '대도시의 규모를 통제하고, 중등도시는 합리적으로 발전시키며, 소성진은 적극적으로 발전시킨다'는 도시화 발전 전략을 확정했다. 이에 따라 소성진 건설이 '농토는 떠나되 농촌은 떠나지 않고(离土不离乡), 공장에 들어가되 도시에는 들어가지 않는(进厂不进城)' 향진기업 발전모델하에 추진되었다.[6] 이 같은 생각의 출발점은 '대도시로의 집중식 도시화 발전은 자본주의의 산물이므로 농촌 인구가 대량으로 도시로 들어가는 것을 막기 위해 여러 층의 도시 층차(層次)를 만들자'는 논리였다. 반면에 소성진 건설은 자금과 토지를 낭비하는 것이므로 인구를 대도시로 집중시켜야 한다는 의견도 있었다. 또한 두 의견의 절충적 입장으로서 현 단계에서는 소성진 위주로 발전시켜 이농(離農) 인구를 흡수하고 다음 단계에서 대도시를 발전시키자는 주장도 있었다.

초기 토론에서는 '소성진이 농업 인구의 이전 과정 중 어떤 역할을 담당할 수 있는가?' 그리고 '소성진의 성격과 기준 경계를 어떻게 정의할 것인가?'가 주요 문제

---

6 1983~1986년 기간 중 전국의 향진기업이 흡수한 농촌 노동력은 약 1300만 명이었고, 매년 약 1600개의 진이 설립되었다. 1983~1986년 기간 중에는 각각 80만 명의 농촌 노동력을 흡수했고, 약 350개 진이 설립되었다(羅淳·武友德, 2009: 1~2).

였다. 이에 대해 초보적으로 개진된 의견은 다음과 같다. ① 20만 이하의 소도시, 광공업구(鑛工業區), 현 정부 소재지(具城), 건제진(建制鎮), 농촌 집진(集鎮)을 포함. ② 인구 3만~5만 이하의 소도시와 인구 3000~5000명 정도의 소집진(小集鎮)을 말하며 소도시, 위성도시, 광공업구, 현 정부 소재지, 그리고 건제진과 집진을 포함. ③ 국가가 인가한 건제진과 현 정부 소재지, 그리고 농촌집진이며, 현 정부 소재지와 그 이하의 비교적 발달한 집진을 포함. ④ 국가 현행 행정규정에 의해 설치된 건제진.

소성진을 포함한 도시화 과정에 대한 연구는 학문적 관심과 더불어 정책적 중요성 때문에 주로 지리학, 인류학, 사회학 등의 학문 분야에서 활발하게 진행되었다. 연구 결과 정리된 주요 내용은 다음과 같다. 첫째, 학문적 연구에서 현실 공간 정책의 강력한 도구적 개념으로 '소성진' 개념이 접목되면서 조작되었다. 둘째, 대부분의 연구들이 구체적인 내용보다는 정책 전환기의 당위성을 강조했다. 셋째, 소성진 중심으로 작동되는 농촌의 주요한 활동들과 연관되는 다양한 학문 분야를 연결시킬 수 있는 주제가 되었다.

1980년대 이후 중국 정부의 농촌 정책은 가정생산연계도급책임제(家庭聯産承包責任制)와 향진기업에 집중되었다. 1990년대 이후에는 '농촌 인구의 대도시로의 유입 억제'라는 정책 측면 외에, 향진기업의 새로운 발전을 위해서 입지 효율과 규모경제 측면에서, 그리고 시장경제에 익숙해진 농촌 주민들이 보다 높은 층차의 취락 체계를 요구하기 시작하면서 소성진을 더욱 중시했다.[7]

2) 농촌 정책 변화와 소성진

중국 농촌이 당면한 문제는 농업 발전이 전반적인 경제 발전을 따라가지 못하고 있다는 점이다. 이는 '농촌에서 상품경제를 어떻게 발전시킬 것인가?'라는 질문

---

7 이러한 필요에 의해 소성진의 의의와 그 경과 및 실천을 강조한 연구 성과가 「1994년 국무원 연구실 과제조 연구보고서(國務院硏究室課題組編著)」(1994)이다. 이 책은 정책 담당자들의 소성진에 대한 인식과 소성진 발전의 의의, 그리고 현지조사들이 종합된 것으로, 소성진 건설 현상과 발전 과정, 필요성, 정책 방향, 각지에서의 경험, 소성진의 호구제도, 토지점용 문제들을 포괄적으로 담고 있다.

으로 요약된다. 여기서 소성진과 농촌상품경제와의 관계는 상호보완적이다. 농촌 상품경제가 발전하고 동시에 향진기업이 성장하면, 소성진은 공업을 위주로 여러 업종으로 구성된 산업구조를 형성하면서 성장한다. 또한 농업 생산 자체도 상품 화와 현대화된 방향으로 발전하고, 각종 서비스 체계를 필요로 하게 된다. 생산 과정 중의 각종 서비스를 향·촌의 합작경제조직이 담당하는 것 이외에 생산 전후 의 모든 과정과 서비스를 제공하는 것은 결국 농촌의 중심지인 소성진이다. 그래 서 농촌상품경제의 발전에 따라 소성진에 농촌중심시장 조성 요구가 대두되고, 그 요구가 상품의 매매뿐 아니라 집중, 저장, 가공, 포장, 운수, 정보 자문, 자금 융 자, 보험, 상품 검사, 계약서 공증과 우편업무 등으로 세분화·구체화되었다.

농업의 안정적 성장과 동시에 농촌의 산업구조를 계속 조정해야 하는 상황에서 소성진의 역할은 다음과 같은 방향으로 확대되었다. 첫째, 발전의 거점이 되어 농 촌산업 구조조정과 농업 발전을 이끌 수 있는 계기를 만들어 주었다. 둘째, 농촌 노동력을 소화하고 취업 기회를 창조해 수입을 증가시켰다. 셋째, 대동(帶同)발전 역할을 강화하면서 도시산업구조와 연결해 농산품의 질을 향상시켰다. 넷째, 시 장과 3차산업 발전을 가속화해 수입원을 확대했다.

한편, 농촌 공업화는 전반적인 농촌 정책과 연관되면서 발전해 왔다. 농촌 공업 화의 초기 목적인 잉여노동력의 흡수, 주민 생활수준 향상, 향진 정부의 재정 수 입 증대 등은 초기에는 일정한 성과를 거두었다. 그러나 향진기업의 성장이 지속 되면서 돌출된 가장 큰 문제점은 분산된 입지였다. 1992년 당시 중국 내 2079만 개 향진기업의 입지 분포를 보면, 현급 이상의 도시에 1%, 향진 정부 소재지에 7%, 나머지 92%는 자연촌에 분산 입지하고 있었다. 이처럼 분산적으로 입지하게 된 배경은, 노동력의 이용이나 공장부지 원료 등의 투입 요소를 현지에서 구해야 했고, 또 과거에 분산 입지한 인민공사 사대기업의 입지 행태 때문이었다.

입지의 분산은 토지의 비효율성, 기초시설 건설비용 상승, 환경오염, 시장과의 거리로 인한 정보기술에의 접근 곤란 등의 문제를 야기했고, 이것은 지역 중심 취 락 체계의 성립에도 장애 요인이 되었다. 이것을 방지하기 위한 대책으로 등장한 것이 '소성진'과 '향진기업개발구'이다. 향진기업개발구는 농촌공업단지라 할 수 있으나 종합적 서비스 기능과 연계시키기가 어려웠다. 따라서 소성진이 현실적인 대안이 되었다.

3) 중국 농촌의 도시화 단계

(1) 농공 병행 단계(1978~1980년)

1978년 이후, 농촌경제의 개혁과 집체 소유 토지의 생산연계도급제(聯産承包制)가 순조롭게 실시됨에 따라, 농민의 노동생산성이 적극적으로 발휘되었고 생산력이 비약적으로 발전했다. 그러나 이와 동시에 농촌에서 잉여노동력[8]이 발생했다. 한편, 도시공업의 농촌 잉여노동력 흡수 능력에는 한계가 있었으므로, 농민들이 '농공 겸업' 방식으로 공업에 종사하게 되었다. 이 단계에서는 아직 토지에 대한 의존이 강했고, 대부분의 농민이 농업 생산을 포기하지 않았으므로 도시화가 본격적으로 진행되지는 않았다. 그러나 그 싹은 움트고 있었다.

(2) '농토는 떠나되 농촌은 떠나지 않는' 단계(1980~1988년)

농민들이 '농토는 떠나지만 농촌은 떠나지 않는' 단계로서, 중국 농촌의 도시화가 실질적으로 시작된 단계이다. 농촌에 생산과 연계한 호별 도급책임제가 순조롭게 실시되면서 중앙의 개혁 의지를 확인한 일부 농민들, 특히 청년들이 농토를 떠나 본격적으로 2차 및 3차 산업에 종사하기 시작했다. 집체경제가 발전한 몇몇 지역, 가령 대도시 주변 지역이나 경제 발전 수준이 상대적으로 높은 장쑤성 남부 지역 등에서는 향진기업이, 그리고 저장성 원저우 같이 상업경제의 전통이 강한 지역에서는 가내공업 위주의 사영개체경제(私營個體經濟)가 발흥했다.

농산물의 상품화 교환이 신속히 진전됨에 따라 농촌중심지의 상공업이 활발히 발전하면서 더욱 많은 농민들이 상공업에 종사하게 되었고, 이에 따라 농민의 진으로의 진입에 따른 호구 관리 개선 요구 강도가 높아졌다. 이로 인해 1984년 10월 13일, 국무원은 '집진으로 진입하는 농민의 호적문제에 관한 통지(关于农民进入集镇落户问题的通知)'를 발표·하달해 농민이 스스로 식량을 해결해 집진에 들어가

---

8 인민공사·생산대 시절에 각 단위로 분배된 노동력이 단위 토지당 수요 노동력을 초과한 것을 가리킨다.

상공업에 종사하는 것을 허락했고, 각 관련 기관에 집진 진입 농민에 대한 지원을 강화할 것을 지시했다. 이 조치로 도시화가 촉진되었으나, 호구(戶口)에 대한 통제 해제는 현급 이하 도시인 집진까지로만 한정되었다.

(3) 농촌 소도읍과 도시로의 진입 단계(1989년 이후)

향진기업이 발전·확대될수록 발전 잠재력이 큰 도시형 입지를 요구하게 되었다. 이에 따라 도시(城镇) 및 현정부 소재 도시(县城)로의 유입이 진행되면서 경제와 인구의 공간적 집적이 촉진되었다. 동시에 농촌생산력이 발전하면서 농업에도 규모 경영이 확대되었고, 더욱 증가한 농촌 잉여노동력이 도시로 이전·유입되었다. 이것이 1988년 이래로 출현한 소위 '민공조(民工潮)'[9] 현상의 배경이다.

4) 소성진 정책의 배경과 역할

(1) 배경

1980년대부터 농촌 공업화와 함께 개혁 이전에 막혀 있던 정상적 취락 체계 형성과 발전 동력이 회복되면서 소성진의 수가 급격하게 증가했다. 1990년대는 소성진의 기능과 역할이 부각되면서 소성진 공간 정책이 다른 정책들의 보완 또는 해결 수단으로 채택되었다. 1990년대 이후, 농촌 잉여노동력 이전과 흡수, 그리고 농촌 공업화의 모순점 돌출에 따라 부상한 소성진의 특징은 다음과 같다.

첫째, 향진기업의 역할 변화. 1990년대에 들어서면서 농촌 잉여노동력을 흡수하던 향진기업의 고용 능력이 대폭 감소했다. 1984~1988년 기간 중 향진기업은 매년 1260만 명의 농업 잉여노동력을 흡수했으나 1989~1992년 기간에는 연평균 260만 명에 그쳤다. 그 이유는 농촌 잉여노동력은 계속 증가했으나, (분산되어 규모의 경제가 이루어지지 않은) 향진기업의 일자리는 증가하지 않았고, 경제 발달 지역에서는 작업 내용이 자본 및 기술 집약적 공업으로 변화하면서 노동력 수요가 감

---

9   민공조란 도시로 들어온 농민, 즉 농민공들이 대규모로 유동한다는 의미이다. 맹목적인 흐름이라는
    의미로 '맹류(盲流)'라고도 한다. 이들 대부분은 대도시의 비공식 부문에서 일하지만 기본적으로 도시
    복지(의료, 교육 등) 혜택을 받지 못하고 있다.

소했기 때문이다.

둘째, '민공조' 현상이 사회 불안 요소로 대두되면서 농촌 노동력을 (직접 대도시로 진입하지 못하도록 하기 위해) 농촌중심지인 소성진에 묶어둘 필요가 있었다.

셋째, 도시적 삶의 방식 또는 더 나은 도시적 하부시설과 교육과 같은 서비스에 대한 농민들의 욕구가 증대되었으나, 이러한 욕구에 제대로 대응하지 못한 향진기업의 한계, 그리고 대도시화에 대한 중앙정부의 부정적 시각 등으로 인해 자연스럽게 소성진 정책이 채택되었다. 실제로 1980년대 중반(1982~1987년 사이)에 발생한 인구 이동을 보면, 진과 농촌 지역으로부터 이주한 주민은 각각 14.0%와 68.0%로, 이 중 약 40%가 소성진으로 진입했고, 타 농촌으로 진입한 경우도 28.1%였다. 소성진으로 들어온 주민 중 70%가 도시로의 진입이 현실적으로 어려웠으므로 차선책으로 소성진을 선택한 농민들이었다.

(2) 정책적 강조

중국 정부의 농촌 도시화에 관한 전략은 ① 대·중·소 도시화, ② 소성진화, ③ 대도시화, ④ 중등 도시화, ⑤ 교외지구 도시화, ⑥ 도농 일체화, ⑦ 다원모델(多元模式) 등의 의견이 있었다. 1990년대 이전까지는 대체로 '중등 도시화'에 중점을 두었다. 그러나 1990년대 이후에는 소성진의 가치가 더욱 높게 평가되었고, 농촌 도시화의 중점이 소성진으로 옮겨 갔다. 1992년 당시 국무원 총리 리펑(李鵬)과 총서기 장쩌민(江澤民)이 소성진에 대해 다음과 같이 발언한 바 있다.

중국은 11억 인구 중 8억이 농촌에 있다. …… 우리는 선진국에서 농촌 인구가 도시로 집중되면서 나타난 결과에 주목해야 한다. …… 향진기업은 지금 집중발전의 길을 가려고 한다. 이후 향진기업은 불가피하게 농촌 집진으로 점차 집중하면서 농촌 집진의 성장과 발전이 크게 촉진될 것이다. 하나의 집진은 3만~5만 명으로 일정한 경제 규모와 교통 조건과 정보시설, 각종 생산서비스시설 등 기초 조건을 갖추고 있다. 3만~5만 인구의 소집진의 발전이야말로 마땅히 중국식 농촌 도시화의 특징이다[리펑, 1992년 10월 28일 '전국 도시 투자환경 국제토론회(全國城市投資環境國際討論會)'에서].

농촌 사회주의 시장경제를 발전시키려면, 반드시 농부산품의 가격문제를 해결해야 하고, 농업을 고생산·양질·고수익의 방향으로 변화시켜 시장으로 인도해 나가야 하고, 향진기업을 계속 발전시켜야 한다. 또한 이를 새로운 사회주의 소집진 건립과 결합시켜야 한다 [장쩌민, 1992년 12월 24일 '6성 농업·농촌 공작 좌담회(6省 農業農村工作座談會)'에서].

농업을 안정적으로 발전시키는 동시에, 농촌의 2, 3차 산업을 적극적으로 발전시키고, 소성진 건설을 완수하자. …… 향진기업의 발전을 계속 추진하면서 농촌경제의 전략 중점으로 하고, 중서부의 향진기업을 발전시켜야 한다. 향진기업이 소성진에 적당히 집중토록 인도하고 소성진이 지역의 경제중심이 되도록 해야 한다[장쩌민, 1993년 10월 10일 '중앙 농촌공작회의(中央農村工作會議)'에서].

상술한 최고 정책결정자들의 발언 요지는, ① 소성진이 농촌 공업화와 밀접하게 연관되어 있고, 향진공업의 규모경제를 위해서 소성진의 역할이 중요하다는 점을 지적했고, ② 농업의 현대화 발전을 강조했고, ③ 농업 부문이 필요로 하는 각종 서비스를 담당할 농촌 중심지로서의 역할과 적정규모경영(適正規模經營)[10]의 수행을 위한 잉여노동력의 배출구로서 소성진의 역할을 강조한 것이다.

이 외에 중공 중앙과 중앙정부의 문건에 나타난 소성진 관련 주요 내용은 다음과 같다. 우선, 1992년 국무원은 '중서부지구 향진기업 가속 발전에 관한 결정(关于加快发展中西部地区乡镇企业的决定)'을 제출했다. 여기서, "향진공업은 모든 곳에서 개화하는 식으로는 발전할 수 없고, 현지의 자원, 인재, 교통, 에너지, 수자원 등 종합적인 조건을 기초로 출발해야 한다. 즉, 지역 실정에 맞추고(因地制宜) 합리적 입지를 통해서 향진공업소구(鄕鎭工業小區)를 건설해 집중발전을 이루어야 한다", "중요한 것은 현재의 소성진과 향진기업이 일정한 기초를 가진 지방에 의지해 집중발전토록 지도해야 한다", "도농 분할을 타파하고 농촌집체와 개인이 도시

---

10 농촌의 세분된 경지를 적당한 규모로 집중시켜 집체농장이나 가정경영농장의 형식으로 경작하는 방식을 말한다. 이를 통해 농업 투입의 분산성을 극복하고, 농업의 기계화를 실행하며, 토지의 생산성을 증가시켜 농업 현대화를 이루려는 것이 주목적이다. 농업 부문에서 규모경영은 개혁 초기의 가정연산승포책임제와 동등한 수준으로 중요하게 인식되고 있다.

로 진입해 2·3차 산업에 종사하는 것을 허가해야 한다"라고 밝혔다.

또한 1993년 11월에 개최된 중공 제14기 3중전회(十四屆三中全会)에서 '중공 중앙, 사회주의 시장경제 체제 건립에 관한 약간의 문제에 관한 결정(中共中央关于建立社会主义市场经济体制若干问题的决定)'[11]을 통과시키고 다음과 같이 제시했다. "향진기업의 적당한 집중을 인도하고, 현재의 소성진을 충분히 이용하고 개조해 새로운 소성진을 건설해야 한다. 점차적으로 소성진의 호적 관리 제도를 개혁해 농민이 소성진으로 들어와 상공업에 종사할 수 있도록 하고, 농촌의 3차산업을 발전시키며, 농촌 잉여노동력의 이전을 촉진시킨다"가 그것이다.

(3) 소성진의 역할

소성진의 역할은 크게 경제 활성화 측면과 지역취락 체계의 완비라는 측면으로 구분할 수 있다. 경제 활성화 측면은 농업 부문에서의 현대화와 시장화, 그리고 농촌 공업화의 원활한 성장 등을 보장하고 지지하는 소성진의 역할을 강조했고, 지역취락 체계의 완비라는 측면에서는 소성진이 도시와 농촌을 연결하는 위치에서 주위 농촌 지역에 기본 서비스 및 물자를 공급하는 농촌중심지이며 주민들의 삶의 핵심이라는 점을 중시했다. 두 가지 측면은 서로 시간적 차이를 두고서 발생한다. 경제 활성화 측면에서 시작된 소성진 정책에 (그 시행 및 정착 단계에서) 취락 공간의 자생적 기능이 부가된 결과, 하위 체계로부터 상위 체계로의 취락 연결 완비, 그리고 사회문화적 역할까지 담당하게 되었다. 특히 강조할 것은 소성진이 지역사회 발전 과정에서 도농 간 사회네트워크 건설에 중요한 역할을 했고, 또 한편으로는 농촌의 경제 및 문화 중심이 되었다는 점이다.

소성진은 원래 지역의 농업과 수공업 생산품을 교환하는 전통적인 중심지였고 교통이 편리한 지역이었다. 그러다가 인민공사의 집단적인 생산 체계 도입 과정에서 이러한 중심지들이 인민공사 본부 기능의 소재지가 되었고, 이에 따라서 취락 체계에도 변화가 발생했다. 이러한 기초 위에서 개혁개방 이후 상품경제 발달

---

11 사회주의 시장경제 체제의 기본 틀을 확정한 주요 문건으로, 1993년 11월 11일~14일까지 개최된 중공 14기 3중전회에서 통과되었다.

표 15-5 유관연구에서 제시된 소성진의 역할

출처	소성진의 역할
총합연구개발기구 (总合研究开发机构) (1989)	• 농촌 과잉 인구 흡수 • 농촌 활성화 • 농·공 병존을 가능케 함 • 도시공업 보완 • 지방자치·정신문명 추진 • 근대적 의식 확산 • 국가 재정 원조
嚴英龍·陳升 (1993)	• 도시와 농촌 간의 중개 위치에서 교류 촉진 • 농촌 소지역의 중심 지위로서, 종합적인 지역경제의 사회 실체이며 큰 흡수력 보유(공업과 인구 집중) • 도시 체계의 기초 계층으로, 잉여노동력 이전의 주요 장소
국무원연구실 과제조(课题组) (1994)	• 3차 발전을 가속화, 농업 잉여노동력 이전 촉진 • 적정규모경영 농업 발전에 유리 • 농업 잉여노동력의 대·중 도시 진입 충격 압력 감소 • 인구 계획에 유리 • 토지와 기초시설 건설자금 절약에 유리 • 농촌 사회의 문명과 진보 촉진에 유리

에 따른 인구 구조, 토지 이용, 생활 방식, 도농 연계의 변화 등에 상응한 농촌형 집진이 도시공업의 경제적 역량(자금, 기술, 인재, 관리, 정보 등)을 흡수하고 향촌의 경제와 자원(노동력, 토지, 농산품, 광산원료, 유휴자금 등)을 이용해 새로운 소성진으로 변화·발전했다. 집진은 원래 유통과 소비 기능 위주였으나, 여기에 생산 기능을 보충해 원래의 상업·소비형에서 상품생산, 특히 가공공업을 기초로 하는 생산·서비스형으로 바뀌었다.

(4) 노동력 이전지로서의 역할

농촌 내부의 잉여노동력 이전 방식 가운데 중점적으로 추진된 것이 노동력의 공간적 이동 없이 산업 간 이동을 통한 잉여노동력 해소 정책이다. 즉, 농업 부문에서 비농업 부문인 향진기업으로 이동시키자는 것이다. 농촌호구와 도시호구를 엄격히 구별하고 통제해 농촌에서 도시 방향으로의 노동력 이동을 막고, 반대로 도시에서 농촌 방향으로의 흐름은 허용하는 정책을 시행했다. 이는 공업화 추진을 위한 원시 축적을 농업 생산에서 조달하기 위한 것이었고, 개혁개방 이전부터

견지해 온 정책이었다. 따라서 농민이 도시로 갈 수 있는 통로는 군 입대, 진학 외에는 극히 제한되었고, 대부분의 농촌 주민은 계속 농촌에 거주하면서 농업에 종사하거나 향진기업과 같은 비농업 부문에 취업할 수밖에 없었는데, 향진기업이 소성진으로 집중하고 3차산업이 발달함에 따라 소성진으로 진입하는 농민이 증가했다.

'농토(농업)는 떠나되, 농촌은 떠나지 않는' 정책은 초기에는 소기의 성과를 얻으면서 순조롭게 진행되는 것처럼 보였지만, 점차 공업 부문이 다양해지고 규모가 커짐에 따라 문제점들이 돌출되기 시작했다. 예를 들면, 향진기업 자체의 경쟁력이 부족하고, 중심지로의 이전이 제한적이고, 농업 부문의 규모경영에 장애가 된다는 점 등이다. 또한 기업 규모 면에서는 분산적인 입지로 인한 효율성 저하 문제가 나타났고, 그 해결을 위해 기반시설을 같이 이용할 수 있는 관련 업종 간의 집중을 위해서 새로운 중심지로 이동해야 했다. 이에 따라 농촌 노동력이 공업 부문에 취업하기 위해 소성진으로 진입했다. 그와 동시에, 먼저 부유해진 일부 농촌 주민들이 도시 내 일자리와 서비스를 선호하기 시작했다. 이것이 소성진 발전의 배경이라고 할 수 있다.

이를 다시 공간 이동 측면에서 세 가지 유형으로 나눌 수 있다. ① 향촌 내부에서의 이전과 향촌 간 이전, ② 소성진으로 이전, ③ 소성진보다 큰 도시로의 이전이다. 소성진으로 이전하는 형태 중에서 다시 구분하면, 거주는 향촌에서 하면서 소성진으로 출퇴근하는 형태와 소성진에서 거주하는 형태가 있다. 한편, 개인 차원에서 소성진 진입 결정에는 여러 사항을 고려하게 된다. 즉, 농촌과 소성진 간 수입 차이를 포함한 사회경제적 조건과 소성진 진입으로 발생할 복지, 서비스, 교육 등의 개인적인 이점과 진입에 따른 비용 비교 등이다. 이러한 판단에는 물론 개인적 여건과 특성에 따른 진입장벽, 진입 대상 도시까지의 물리적 거리, 정부정책 등에 대한 고려도 포함되었다.

5) 소성진의 발전 과정과 현황

(1) 소성진의 성장

개혁개방 이후, 농업에서 이탈해 나온 비농업 인구가 원래 농촌의 시장기능인 집시무역(集市貿易) 장소였던 소성진에 모여서 새로운 도시를 형성했다. 이 과정에서 향진공업을 중심으로 하고 문화, 교육, 위생, 과학기술 등과 함께 초보적 규모의 기초시설과 사회서비스 시설을 형성했다.

한편, 1970년대 이후 중국에서 도시화 목표와 수준은 도시 주민용 배급 양식과 주택 공급량을 고려해 결정되었고, 이를 가능케 했던 것이 호적제도였는데, 1980년대에 이 제도가 완화된 후에 연 6% 이상의 도시화가 진행되었다. 도시 성장 과정상의 특징은 〈표 15-6〉과 같다.

1958년과 1978년 기간에는 도시 성장을 정책적으로 억제했기 때문에 소성진의 수도 줄었다. 1953년 이후 도시 수가 170개 내외로 유지되다가 1980년대 이후에 증가하기 시작했다. 건제진 수는 1965년에는 현격하게 줄었고, 1984년에는 급격하게 증가했다. 이는 진 설치 규정이 1963년에 엄격하게 개정되었으나 1984년에는 완화되었기 때문이다.

중국의 건제진 설치 규정은 1955, 1963, 1984년 총 3차례 바뀌었다. 1955년에는 'ⓐ 현(县) 정부 소재지, ⓑ 인구 2000명 이상, 이 중 50% 이상이 비농업 인구'라고 규정했다. 1963년에는 대약진 실패 후에 경제를 재조정하기 위해 비농업 인구 관련 규정을 보다 엄격하게 해, 'ⓐ 3000명 이상의 인구, 이 중 70%가 비농업 인구, ⓑ 2500에서 3000의 인구, 이 중 85%가 비농업 인구를 가진 곳'으로 규정했다. 그 결과 많은 현성과 건제진이 행정 체제상의 도시(城鎭) 지위를 잃게 되었다. 그러나 1978년 개혁개방 이후 농업의 상업화, 농촌 공업화로 소성진의 재활성화가 촉진되고, 새로운 진 건설 욕구를 수용하고 기준을 완화했다. 1984년에는 'ⓐ 현 정부 소재지(县城), ⓑ 향 정부 소재지로 인구가 2만 명 이하에 2000명의 비농업 인구가 있을 때, 혹은 인구 2만 명 이상이며 총 인구의 10% 이상이 비농업 인구일 경우, ⓒ 비농업 인구가 2000명 이하이더라도 소수민족 거주지구, 산간 지역, 연안 지역, 변경 지역, 관광지구 등은 각 성 인민정부의 판단에 따라 예외적으로 진의 설

표 15-6 소성진의 형태와 그 특징

종류	특징
향진	• 대다수 향의 당정 기구의 소재지. 향 운영 기업 및 기구 다수 입지 • 약간의 교육·위생·문화 사업 부문 존재 • 향(乡) 일급의 행정 경제 문화의 중심지 • 3만 1642개(1994년), 3만 7196개(1993년)
중심진(中心鎭) 혹은 건제진	• 일반적으로 주위에 3~5개의 향의 중심으로, 지역의 결절점 • 비교적 큰 기업, 경제 관리 기구와 문교·위생 사업 부문의 입지 • 범위는 약 10~12km로 소지역 내의 경제 문화 중심 • 중심진 인구는 대략 1~5만. 교통 및 도시 기본시설은 현성(县城)과 같음 • 1만 6433개(1994년), 1만 1985개(1993년)
현성진	• 현의 정치·경제·문화 중심. 소성진 계통의 최상층 • 총 2965개(1994년): 전국 현성과 현급시 2268개, 이와 상당하는 현·시의 교외지구 진(郊区镇) 697개 • 도농 결합 지점에 위치. 도농 간의 매개체

주: 1994년 통계는 中華人民共和國民政部(1995)에 근거함.
자료: 國務院研究室課題組編著(1994), 嚴英龍·陳升(1993) 등을 참고로 작성.

치가 가능'하도록 정했다.

(2) 소성진의 형태

소성진의 형태는 향진(乡镇), 중심진(中心镇), 현성진(县城镇)으로 분류 가능하다.[12] 향진은 향(乡) 정부가 있는 곳으로, 소성진 체계 중 차하위 중심지라고 할 수 있다. 일부 중심지 기능이 존재하지만 그것이 일반 농촌보다 확연하게 높은 층차를 가지고 있거나, 상위 층차 도시와 일정한 매개 역할을 할 정도까지는 안 되는 경우가 많다. 그래서 중심진과 현성진은 일부 향진의 기능을 포섭하고 있는 형태로 존재한다. 향진의 경우는 그 담당 기능이나 시설이 전반적으로 부족하다. 중심진이 주위의 3~5개의 향을 포함하고 있고, 어느 정도 도시적 성격을 갖고 있다는 점을 감안하면 소성진의 가장 대표적인 형태는 건제진(중심진과 현성진 포함)이라

---

12 현재 학술적이나 공식적으로 쓰는 진 개념은 국가가 인정한 행정구역 단위인 건제진을 말한다. 그러나 향진, 중심진, 현성진이라고 구분했을 때의 진은 일반적인 농촌 중심지의 총칭으로, 그 사전적 의미는 '농촌 가운데 비교적 규모가 큰 장이 서는 마을'을 말하며, 그 규모와 기능이 일반 농촌과는 다르다는 의미이다. 촌진(村鎭), 집진(集鎭) 등에서도 마찬가지이다(嚴英龍·陳升, 1993).

할 수 있다.

6) 소성진 발전 추세와 문제점

1994년 중국 전국 소성진의 인구는 전체 농촌 인구의 15% 정도를 차지했고, 이 중 비농업 인구가 약 34%였다. 이는 당시 전국 농촌 인구 중 비농업 인구비율 (26.8%)보다 높은 것이다. 지구별로는 동부연해지구가 중서부지구보다 높았고, 소성진의 관할 면적도 동부가 더 넓었으며, 더 빠르게 확대되었다. 2002년에는 건제진 수가 약 2만 개에 달해 처음으로 향의 수를 초과했고, 2005년 말에는 중국 전국 향진 수의 53.7%를 점했다.[13]

2005년 말 소성진의 주요 발전 추세는 다음과 같다(羅淳·武友德, 2009: 3~4).

첫째, 중국 전국 건제진의 평균 인구는 3.8만 명으로 2000년 대비 15.1% 증가했고, 진 지구만 보면 9511인으로 27.5% 증가했다. 인구 규모가 5만 명 이상인 진이 4674개로 전체 소성진 수의 23%를 점했다.

둘째, 진의 평균 재정 수입은 2211만 위안으로 2000년 대비 130% 증가했다. 재정 수입이 1억 위안을 초과한 진이 751개이고, 5000만 위안을 초과한 진은 1444개이다.

셋째, 소성진의 집적효과가 지속적으로 증대되었다. 진이 보유한 기업인원수가 평균 5444인으로 2000년 대비 약 35% 증가했다. 이 중 외래 인구는 평균 2459인으로 약 10.5% 증가했다.

넷째, 소성진의 기반시설 건설 수준이 지속적으로 제고되었다(전기 보급률 99.5%, 상수도 보급률 57.3%, 유선 텔레비전 보급률 60.3% 등).

단, 소성진 건설 과정에서 통일적인 계획 없이 기초시설 건설과 산업 배치를 진행하면서, 토지 낭비와 교통기반시설 건설 지연, 에너지 공급 부족 등의 문제가 발생했다. 따라서 소성진 건설은 이러한 문제에 대응하기 위해 농업 생산, 경지

---

13 중국 농업부의 11차 5개년 계획(2006~2010) 기간 중 향진기업 관련 정책 평가에 의하면, 향진기업의 집적이 도시화 진전을 가속화해 2010년 현재 중국 전국에 소성진 수가 약 3만 개에 달했다.

보호 등의 농업 문제, 취업 문제, 토지자원의 효율적 이용 문제 등을 포괄적으로 다루어야 하고, 그러기 위해서는 소성진에 투자하는 투자 주체를 다양화하고, 호적제도, 유통 체제, 사회보장 체제 등을 지속적으로 개혁해야 한다고 지적하고 있다.

이와 관련해서 중국 정부는 점진적으로 그러나 꾸준히 '호구관리조례'와 같은 정책과 제도들을 조정·개정했다. 이 중 중요한 것이 1984년 10월에 국무원이 발표한 '농민의 농촌 중심 집진 진입과 정착 문제에 관한 통지'를 통해 "경영 능력이 있거나 또는 향진기업에서 장기간 근무한 농민에게 공안기관은 상주호구(常住戶口) 취득을 허가해야 한다"라고 규정한 것이다. 이후 1980년대 중반 농민들의 농촌 중심 소도시(小城鎭)로의 이전이 도시 인구 증가의 주요 요인이 되었다. 이어서 전국 각지에서 호적제도에 대한 개혁이 진행되었고, 2001년에는 중앙정부가 '소성진 호적 제한 폐지에 관한 통지'를 발표한 후에 소성진의 호적 제한은 기본적으로 모두 풀렸다. 그러나 대·중 도시에서는 농민의 호적 취득에 아직도 제한이 많다.

또한 이 문제의 기저에는 농촌토지의 소유권 및 사용권 문제와 연관된 문제들이 얽혀 있다. 이 중에서도 핵심적인 것은 도시에 진입해 도시호구를 취득하려는 농민들에게 집체소유 토지의 사용권을 포기해야 한다고 규정한 것이다. 이는 농민들에게 부여한 토지 도급사용권(경작권) 안에 (토지를 부여 받지 않은) 도시 주민들에게 부여하는 의료, 교육, 주택 구입 등과 관련된 복지 혜택이 포함되어 있다고 간주하는 논리에 근거하고 있으나, 이 같은 주장은 도시와 농촌의 경제 발전과 소득 격차가 갈수록 크게 벌어짐에 따라 갈수록 궁색해지고 있다.

한편, 소성진 내부에서 상품주택을 자유롭게 구입할 수 있게 된 것은, 농민집체소유제 틀 안의 농촌토지를 대상으로 시장 기제에 의한 토지개발 및 주택건설 방식이 도입되기 시작했음을 의미한다. 또한 공공시설의 이용과 관리 분야에도 개인이 투자하고 그 이익을 개인 투자자가 회수할 수 있도록 하는 방식이 도입되었다. 당시에는 자유로운 인구 이동과 시장경제의 도입을 배경으로, 소성진으로의 이동 권리와 자격을 토지의 유상사용 등을 통해 화폐화하고, 여기서 축적한 자금을 소성진 건설 재원으로 활용했다. 즉, 공간의 가치를 농촌 중심지라는 취락 계층의 중심지를 이용하거나 새로 만드는 과정을 통해 차별화·시장화했고, 공간 정책을 통해 산업 부문을 포함한 농촌 문제를 전반적으로 해결하고자 했다. 그러나 이러한 지방정부의 개발 방식, 즉 농촌집체토지 수용 후 국유토지로 전환한 후 토지사용권 출양을 통해 소성진 건설 재원을 확보하는 과정에서 파생되는 문제가 갈수록 심각하게 돌출되고 있다. 대표적인 것이 농촌집체 토지의 수용과 보상을 둘러싼 충돌과 농민들의 집단시위와 폭동이 빈발하고 있는 점이다.

Questions

1. 중국 향진기업의 성격과 특성을 '문화대혁명' 기간 초기에 설립된 농촌의 사대기업의 설립 및 발전 과정과 함께 설명하시오.
2. 개혁개방 이후 중국 정부가 지역 및 도시 발전 전략에서 소성진을 주목하게 된 배경과 이유를 설명하시오.

제16장

지역 간 격차와 구역협조발전 정책

개혁개방 이전 시기, 중공은 '불균형은 자본주의제도의 산물이고, 사회주의경제는 필히 균형적이어야 한다'는 인식 아래, 지역전략과 정책 기조를 생산력 균형 배치, 지역 간 및 도농 간 격차 감소에 두었고, 심지어 동보전진(同步前進)과 동보부유(同步富裕)를 추구했으나, 개혁개방 이후에는 경제특구와 연해개방도시를 중심으로 '불균형 거점개발'정책을 시행했다. 그러나 그 결과로 지역 간 도농 간 격차 문제가 돌출되자 '구역협조발전'과 '신균형발전' 전략으로 전환했고, 대지구별로 서부대개발, 동북진흥, 중부굴기(中部崛起) 전략을 추진하고 있다. 한편, 공업화와 도시화의 도정(道程)에서 돌출되고 있는 지역 간 도농 간 격차 확대와 농민공 문제를 포함한 삼농 문제는 현 중국 통치권 차원의 최대의 난제로 부각되고 있다. 본장에서는 중국의 지역 간 격차 현황과 구역협조발전 정책을 고찰·정리했다.

1. 지역 간 격차 현황

2018년 말, 1인당 지역총생산액(GRDP)을 기준으로 중국 전국을 5개 지구로 구분할 수 있다.

첫째, 2만 달러 선을 넘어서 세계 중진국 수준에 진입한 베이징과 상하이 양대 직할시이다. 이 두 도시의 인구는 중국 전국 인구의 3.2%를 점한다.

둘째, 동부연해지구의 도시들로, 1만 4000달러 이상이다. 이 지구의 인구는 약 5.3억 명이고 전국인구의 약 38.1%이다.

셋째, 전국 평균보다 낮은 7900달러 수준인 동북지구이고, 인구는 약 1억 명이다.

넷째, 중부지구로, 세계의 하·중등 국가수준인 7800달러이다. 이 지구 인구는 약 3.7억 명으로 전국 인구의 약 26%를 점한다.

다섯째, 최저 수준인 7500달러 선인 서부 빈곤지구로, 인구는 전국 인구의 26.6%를 점하는 3.7억 명이다.[1]

---

[1] 동부 연해지구는 베이징, 톈진, 허베이, 상하이, 장쑤, 저장, 푸젠, 산둥, 광둥, 하이난, 중부 지역은 산시, 안후이, 장시, 허난, 후베이, 후난, 동북 지역은 랴오닝, 지린, 헤이룽장, 서부 지역은 네이멍구, 광시, 충칭, 쓰촨, 구이저우, 윈난, 시짱, 섬서, 간쑤, 칭하이, 닝샤, 신장으로 구분한다.

지역 간 주민 소득 격차 외에 도시-농촌 간 격차도 심각하다. 2004년 후진타오-원자바오 지도 체제 출범 이래 중공 중앙이 매년 초에 첫 번째로 발표하는 1호 공문의 주제가 모두 삼농 문제와 밀접하게 연관되어 있다. 그만큼 중공 중앙이 삼농 문제를 중시하고 있고, 이 문제가 그만큼 심각하고 해결 방안을 찾기가 쉽지 않다는 것을 의미한다. 삼농 문제 중에서도 핵심은 농민의 수입 증가 추세가 둔화되고 있고, 도시 주민과 비교한 수입 격차가 갈수록 커지고 있다는 점이다. 즉, 도시-농촌 간 주민소득 절대액의 차이가 1998년 2.52:1에서 2011년에는 3.13:1로 확대되었다. 개혁개방 초기, 각 농가별 생산연계도급책임제(家庭联产承包责任制) 실시 직후에는 농민의 생산 및 소득 증가 속도가 비교적 빨랐다. 그러나 양식 생산에만 의지하는 전통적 농업 생산 방식으로는 농가수입 증대에 한계가 있었고, 도농 간 주민소득 격차는 갈수록 더 크게 벌어졌다(范剑勇·莫家伟, 2013: 65; 胡愈·陈晓春等, 2012: 90~91).

1) 각 성별 인구 및 경제 규모

각 성 간 진의 차이는 인구수, 인구밀도, 경제 발전 수준과 밀접히 연관되어 있다. 〈표 16-1〉은 2018년 말 중국의 31개 성, 직할시급 행정구역 단위 중 인구 규모와 1인당 GRDP 상위 10위 이내의 현황이다. 인구 규모는 1위인 광동성(1억 1346만 명)부터 10위인 저장성(5737만 명)까지 인구 규모가 모두 우리나라 총인구 규모보다 크다.

2018년 성, 직할시, 자치구 지역별 1인당 GRDP 현황을 보면, 상위 3위권 안에 3개 직할시인 베이징, 상하이, 텐진이 1만 8000달러 선 이상이고, 그 뒤로 장쑤성, 저장성, 광동성, 산동성 순이다. 1인당 GRDP 상위 10위권 안에는 섬서, 네이멍구, 후베이 외에는 모두 동부연해지구 도시들이고, 이 중 장강삼각주의 상하이, 장쑤, 저장이 각각 2위, 4위, 5위를 차지하고 있다.[2] 반면에 1인당 GRDP가 가장 낮은 도시는 칭하이와 간쑤성으로 4735달러(3만 1336위안)에 불과하다.

---

2   2018년 말 인민폐 대 달러 연평균 환율은 1달러(USD)=6.6174위안이다.

표 16-1 2018년 성급 지구별 인구 규모와 1인당 GRDP 순위

순위	인구 규모(만 명)		1인당 GRDP(위안)	
1	광동	11,346	베이징	140,211(21,188달러)
2	산동	10,047	상하이	134,982(20,398달러)
3	허난	9,605	톈진	120,711(18,241달러)
4	쓰촨	8,341	장쑤	115,168(17,403달러)
5	장쑤	8,051	저장	98,643(14,906달러)
6	허베이	7,556	광동	86,412(13,058달러)
7	후난	6,899	산동	76,267(11,525달러)
8	안후이	6,324	섬서	69,477(10,499달러)
9	후베이	5,917	네이멍구	68,302(10,321달러)
10	저장	5,734	후베이	66,616(10,066달러)
	전국	13,9538	전국	6,4277(9,713달러)

주: 2018년 말 인민폐 대 달러 환율 1달러(USD)=6.6174위안 적용.
자료: 中国统计出版社(2019: 34, 69).

52) 지구별 주요 지표 현황과 격차

2018년 중국 전국 GDP는 89조 6915억 위안으로, 물가상승률을 고려한 전년 대비 실제 성장률이 6.3%에 달하고, 1인당 GDP는 6만 4277위안(약 9713달러)였다. 이와 동시에 지역 간 불균형과 격차도 더욱 확대·심화되고 있다. 이하에서는 주요 연도별 통계를 이용, 동부연해지구와 중·서부지구, 그리고 동북지구 간 주요 지표 현황과 차이를 분석했다.

2018년 중국 동부, 중부, 서부 그리고 동북의 지구별 국내총생산 점유 비중을 보면, 동부연해지구 53.6%, 중부지구 21.9%, 서부지구 20.5%, 그리고 동북지구 4.0%이다. 중·서부지구의 비중은 2010년까지 감소 추세가 이어지다가 2011년부터 증가하고 있다.

개혁개방 이후 1978년부터 2000년까지는 동부지구 GRDP 대비 중부, 서부 및 동북지구의 비율이 감소하는 추세였으나, 2000년대 이후에는 이 비율이 증가 추세에 있음을 알 수 있다. 중부지구의 1인당 GRDP는 1978년 (동부연해지구의) 45%

표 16-2 지구별 GDP 점유 비중 추이(%)

지구	1995년	2000년	2002년	2010년	2011년	2018년
동부	55.7	57.3	57.8	53.1	52.0	53.6
중부	26.1	25.6	25.3	19.7	20.0	21.9
서부	18.2	17.1	16.9	18.6	19.2	20.5
동북지구	—	—	—	8.6	8.7	4.0

자료: 中国统计出版社(2018).

표 16-3 지구별 1인당 GDP 추이 비교(단위: 위안)

연도	전국	동부	중부	서부	동북	비교지수
1978	**381**	641	291	261	508	100:45:41:79
1990	**1,644**	2,601	1,322	1,108	2,066	100:51:43:78
1995	**5,046**	8,842	3,492	3,093	5,586	100:39:35:63
2000	**7,858**	14,883	5,521	4,814	8,878	100:37:32:60
2005	**14,185**	27,379	10,635	9,828	15,588	100:39:36:57
2010	**30,015**	46,354	24,242	22,476	34,303	100:52:48:74
2015	**49,992**	76,460	40,029	40,410	51,967	100:52:53:68
2018	**64,277**	96,331	51,698	49,929	52,297	100:53:51:54

주: 비교지수는 동부지구를 100으로 본 비율임.
자료: 『中国统计年鑑』 각 연도.

였으나, 2000년 37%까지 떨어졌다가 2000년 이후 상승해 2015년에는 52%, 2018년에는 53%이다. 서부지구도 1978년 41%에서 2000년에 32%까지 감소했고, 이후 증가하기 시작해 2015년에는 53%, 2018년에는 51%가 되었다. 동북지구는 1978년 79%에서 2005년에 57%로 감소했다가 2015년에 (동부연해지구의) 68%로 증가했으나 2018년에는 다시 54%로 감소했다(〈표 16-3〉).

한편, 주민 가처분소득에 대해서는 자료의 한계로 1978~2007년 기간의 현황까지만 정리했다. 동부지구와 여타 3개 지구와의 격차가 2005년까지 계속 증가 또는 유지되다가 2007년 이후 격차가 둔화되는 조짐이 보인다(〈표 16-4〉).

대학교육환경 관련 현황 지표에서도 지구 간 격차가 큼을 확인할 수 있다(〈표 16-5〉). 2018년 말 기준, 대학 수는 동부지구가 1015개소로 38.1%, 중부지구와 서

표 16-4 지구별 도농 주민 가처분소득 추이 비교(단위: 위안)

연도	도시				농촌			
	동부	중부	서부	동북	동부	중부	서부	동북
1978	381 (100)	311 (82)	271 (71)	386 (101)	156 (100)	116 (74)	103 (66)	199 (127)
1985	860 (100)	642 (75)	724 (84)	671 (78)	518 (100)	375 (72)	318 (61)	427 (82)
1990	1,861 (100)	1,335 (72)	1,397 (75)	1,305 (70)	1,016 (100)	609 (60)	536 (53)	799 (79)
1995	5,700 (100)	3,756 (66)	4,053 (71)	3,368 (59)	2,531 (100)	1,360 (54)	1,145 (45)	1,692 (67)
2000	8,342 (100)	5,256 (63)	5,704 (68)	4,981 (60)	3,618 (100)	2,080 (57)	1,606 (44)	2,145 (59)
2005	13,621 (100)	8,833 (65)	8,782 (64)	8,676 (64)	5,258 (100)	2,958 (56)	2,277 (43)	3,361 (64)
2007	17,237 (100)	11,587 (67)	11,302 (66)	11,243 (65)	6,580 (100)	3,846 (58)	2,917 (44)	4,322 (66)

자료: 楊德才(2009: 694).

표 16-5 4대 지구별 대학교육 관련 현황 지표(2018년)

부문	전국 총계	동부연해지구	중부지구	서부지구	동북지구
대학 수(개)	2,663	1,015 (38.1)	695 (26.0)	695 (26.0)	259 (9.9)
입학정원 (만 명)	7,909,931	2,966,296 (37.5)	2,215,564 (28.0)	2,098,745 (26.5)	629,426 (8.0)
대학 재학생 수 (만 명)	28,310,384	10,769,938 (38.0)	7,864,922 (27.8)	7,321,491 (25.8)	2,353,617 (8.4)
졸업생 수 (만 명)	7,533,087	2,894,512 (38.4)	2,145,724 (28.4)	1,848,101 (24.5)	642,750 (8.7)

자료: 中國統計出版社(2018: 686~687).

부지구가 각각 695개로 26.0%, 동북지구가 259개소로 9.9%를 차지했다. 대학 졸업생 수는 동부지구가 289만 4512인으로 38.4%, 중부지구가 214만 5724인으로 28.4%, 서부지구가 1848만 101인으로 24.5%, 동북지구가 64만 2750인으로 8.7%를 차지했다. 이외에도 의무교육 실시 초등학교 입학률, 중도 퇴학률, 중학교 진학률, 고등학교 진학률 등도 동부연해지구의 상황이 중·서부지구 및 동북지구보다 양호하다.

3) 도시 분포 격차

도시는 2차 및 3차 산업을 중심으로 하는 지역경제의 중심지이므로, 도시화 수준이 높을수록 그 지역의 경제가 활발할 것이란 가정 하에 지역 간 도시 분포의 차이를 비교해 보았다. 2018년, 중국 전국의 도시(設市城市) 수는 총 672개이고, 직할시 4개, 부성급시 15개, 지급시[3] 278개, 현급시 375개로 구성되어 있다.

2018년 기준 대지구별 도시 분포를 보면, 동부지구가 214개로 중국 전체 도시 수 672개의 31.8%, 중부지구는 172개로 25.5%, 서부지구는 196개로 29.2%, 동북지구는 90개로 13.5%를 차지하고 있다. 특히 동부연해지구의 도시들은 주로 장강삼각주, 주강삼각주, 환발해만지구 등에 밀집 분포되어 있고, 개혁개방 초기에 지정·설치된 5개 경제특구 및 14개 연해개방도시들을 중심으로 급속히 발전했다.

표 16-6 지구별 도시 분포 현황(2018)(단위: 개소)

	계	동부지구	중부지구	서부지구	동북지구
도시 수	672	214	172	196	90
직할시	4	3	0	1	0
부성급시	15	8	1	2	4
지급시	278	77	79	92	30
현급시	375	126	92	101	56

주: 직할시는 정치, 경제, 교통, 교육, 문화적 명확한 지역적 위상을 가지고 있고 인구 1074.57만 명 이상, 부성급시는 중국 행정구역상 부(副)성급에 해당하는 지급시로 이전에는 계획단열시(计划单列市)라 부름, 지급시는 비농업 인구 25만 명 이상, 지역총생산 30억 위안 이상, 현급시는 비농업 인구 8만 명 이상, 지역총생산액 10억 위안 이상
자료: 国家统计局(2019a: 3).

---

3 '지급시'란 명칭은 원래 '지구(地區)'라고 불렸던 데에 기인한다. 즉, 지구급 도시라는 의미를 포함하고 있으며, 한 개 또는 수개의 현급시와 현을 관할한다.

2. 도농 간 격차

1) 도농 간 격차의 역사적 배경

농촌이 도시보다 낙후하고, 농민이 도시 주민보다 가난한 상황은 중국만의 문제가 아닌 세계적으로 보편적인 상황이지만, 중국의 농촌과 농업에는 '중국 특색'의 농촌과 농민 문제가 존재하며, 그중 핵심은 농민과 도시민을 신분제로 구분하고 있는 호적제도와 농촌 집체소유제 토지(경지)와 그 사용권(경작권)에 대한 제한과 연관된 문제라 할 수 있다. 이 문제는 계획경제 체제 특히 인민공사 체제가 유지되던 시기부터 형성·누적되어 온 문제이므로, 중국의 도농 간 격차 문제를 논하려면 이와 연관된 역사적 배경과 맥락에 대한 이해가 필요하다.

(1) 사회주의 도시와 농촌

중화인민공화국 출범 이후 길지 않은 일정 시기 동안, 혁명의 열정과 공산풍의 영향을 받아서 농촌에 대한 인상이 낭만적 색채로 치장된 기간도 있었다. 그러나 오래 가지는 못했다. 농촌을 근거지로 삼고 혁명전쟁을 하던 기간 중공 지도부의 도시에 대한 인상은 매국노, 매판자본가, 부패관료의 거주지로 상징될 정도로 매우 부정적이었다. 반면에 농촌은 도시와는 대조적으로 건강하고 희망적인 사회의 상징으로 선전되었다. 그러나 국민당과의 내전에서 승세가 굳어지면서 도시에 대한 인식도 변화하기 시작했다. 즉, 도시의 지원이 없다면 운동전이 불가능한 상황이 되면서 도시는 전리품 획득과 파괴의 대상에서 통치의 대상으로 바뀌었고, 또한 혁명전쟁 승리 후에는 농촌의 근거지에서 투쟁하고 생활하던 중공 중앙의 영도(領導)와 간부들이 베이징을 포함한 각 지구의 대·중도시로 이전해 일과 생활을 해야 하는 상황임을 고려하게 되면서, 이들의 도시에 대한 인식도 바뀌기 시작했다.

또한 '사회주의 신중국'의 보통 인민들 사이에도 농촌과 도시에 대한 인상이 새로이 형성되기 시작했다. '중국 특색의' 노동이원구조 안에서 수차례에 걸쳐서 수천 수백만 명이 농촌으로 '하방(下放)'되었고, 다시 도시로 복귀(回城)하는 경험과 기억이 누적되었다. 이 과정을 통해서 대부분의 중화인민공화국 인민들에게 도시 생활과 도시인, 그리고 농촌 생활과 농민에 대한 인식과 기억이 선명하게 각인되었다. 즉, 도시(城市)는 상등 국민의 신분과 기본적인 생존과 생활을 보장해 주는 곳이고, 반면에 농촌과 농민은 그와 대조되는 장소와 신분이라는 인식이 다시 복원되었다. 도시와 농촌에 대한 이 같은 인식은 농민 희생과 농업 잉여를 기초로 추진한 도시 공업화 건설, 사회주의 신농촌 건설 구호와 도시 청년 실업 문제가 연관된 '상산하향(上山下乡)'운동, 그리고 농촌 인구의 자유 이동을 금지한 호적제도에 기초한 도농이원 사회구조 속에 '도시호구(城市戶口)'에 부수되는 시민 자격과 신분에 대한 심층 의식 형태를 기초로 하고 있다(陈映芳, 2012: 18~19).

(2) 도농이원 체제 호적제도와 농민공

중국의 도시화와 농촌·농민 문제를 올바로 이해하기 위해서는, 호적제도에 의한 도시호구와 농촌호구, 그리고 도시의 상주인구 중 본시(本市) 호구와 여타 지방 호구를 가진 외래 유동인구의 차이점에 대한 이해가 필요하다. 개혁개방 이후 진행된 농업 및 농촌 개혁 이후, 농민의 '춥고 배고픈 문제(溫飽問題)'가 해결 및 완화된 것은 사실이다. 그러나 곧 이어서 도시의 개혁개방이 본격적으로 추진되면서 도농이원구조 아래서의 도농 간 격차가 급속하게 확대되었고 농촌과 농민에 대한 차별이 심화되고 있다. 이 중 대표적인 문제가 농민공, 즉 도시 내의 이농유민(離農流民) 문제라 할 수 있다. '농민공'이란 농촌 잉여노동력이 도시로 진입해, 주로 도시 내 건설현장의 잡부나 보모, 유흥업소 종업원 등 비공식 부문의 비정규직이나 계절성 노동에 종사하면서 도시 내 그늘 지대에 거주하며 떠돌고 있는 군체(群體)를 가리킨다.

농촌 호구를 가진 농민이 본업인 농업에 종사하지 않고 제조업 등 비농산업체 노동자로 근무하는 경우, 이들을 통칭해 '농민공'이라 부른다. 또, 이들의 일터가 자신의 주소지인가 여부에 따라서 '본지 농민공(本地农民工)'과 '외출농민공(外出农民工)'으로 구분하기도 한다. 2017년 말 중국 내 농민공 수는 2억 8652만 명으로 전년 대비 1.7% 증가했고, 이 중 본지 농민공은 1억 7185만 명, 외출농민공은 1억 3710만 명이고, 1980년대 이후에 출생한 소위 '신생대(新生代) 농민공'의 비율이 70%에 달한다. 지역별로 중부지구와 서부지구는 각각 9.4%, 3.3% 증가했고, 동부

연해지구는 0.2% 감소했다. 한편, 농민공 1인당 월평균 소득은 2609위안(전년 대비 13.9% 증가)이고, 일반적으로 중서부지구 농민공의 소득이 동부지구 농민공의 소득보다 약 10% 정도 낮다(≪人民日報≫, 2014.2.21). 중서부지구 농민공의 증가율이 동부지구에 비해 높은 이유는, 근거리 지역 선호와 당지 취업 기회의 꾸준한 증가, 그리고 생활비가 적게 들고, 수시로 가족을 돌볼 수 있다는 점 등으로 추정된다. 상하이시의 경우, 2000년에 실시된 제5차 전국인구조사 결과 등기 유동인구가 387.1만 명이었고, 이 중 미등기 외래 유동인구가 300만 명으로 추산되었다. 그리고 10년 후인 2010년에 실시된 제6차 전국인구조사 결과를 보면, 상하이시 상주인구 중 여타 지방의 호적 인구가 897.7만 명으로 본시(本市) 상주인구의 39%를 점했다(陈映芳, 2012: 52).

2013년 중국 국무원 발표에 의하면, 농민공의 공급 과잉 현상에도 불구하고 일부 지역 기업에서는 구인난을 겪고 있다. 따라서 중국 정부는 농민공의 취업난과 기업의 구직난을 해결하기 위해 연간 1000만 명의 농민공에게 정부보조금으로 운영되는 취업기능 훈련 기회를 제공하고, 농민공이 고향으로 돌아가 도시에서의 경험을 살려서 창업할 수 있도록 지원하는 정책을 추진하고 있다.

중국에서 도시호구와 농촌호구를 분리하는 호적제도는 계획경제 체제하에 식량과 생필품, 복지의 배급을 위한 기초제도로 형성되었으나, 또 한편으로는 식량 생산과 공업화 추진을 위한 농업 잉여 확보를 위해 농민을 농촌에 잡아두기 위한 기제로 작동되어 왔다. 농촌호구와 도시호구를 구분하는 호적제도는 농촌과 도시 간의 인구 유동을 제한하는 것 외에, 각종 혜택을 도시에 편향 제공하는 것을 보장하면서, 도농 간에 차별적인 이익 구조를 형성했다. 즉, 도시 주민에게만 주택, 식량 및 부식 공급, 교육, 의료, 취업, 보험, 노동 보호 등 각 방면의 복지 제공을 보장하는 제도적 근거가 되었다.

반면에 농민은 도시 주민이 누리고 있는 이 같은 복지제도와 사회보장제도의 밖에 있다. 농민들은 '토지와 생산 수단의 집체소유자'라는 허울 속에 도시의 공업 발전을 지원하기 위해 굶주리면서도 허리띠를 더 조이고, 국가와 집체에 더 많이 상납할 것을 강요받았다. 예를 들어, 소위 '3년 재해 시기'에 발생한 거대한 아사자 등 비정상적 사망자의 대부분이 양식을 직접 생산하는 농촌의 농민들이었고,

직접 양식을 생산하지 않는 도시 주민들 중에는 아사자가 거의 없었다(杨德才, 2009: 808~809). 당시에 호적제도는 농민들이 농촌을 떠나지 못하게 막았고, 그 결과 속수무책 상태에서 굶주리다 죽은 농민 수가 적지 않았다.

현재까지도 중국에서 호적제도는 농민(農民)과 시민(市民)의 신분을 구분 및 고정화하고, 나아가 그 신분을 후대로까지 세습시키고 있다. 농민공은 장기간 도시에 거주한다 해도 도시호구를 획득하기는 매우 어렵고, 도시에서 태어난 이들의 자녀들에게도 '신생대 농민공'이란 호칭과 함께 농민공 신분이 계승되고 있다. 즉, 농촌에서 태어나 부모로부터 농민 신분(농촌호구)을 물려받은 아이는 개인적으로 부지런히 노력해도 '농민 신분'을 벗어나기가 쉽지 않은 구조이다. '농민공'이라는 명칭 자체가 농민과 시민이 신분 또는 계급으로 고착화되었음을 상징하고 있다. 즉, 중문 어휘의 의미상 '農民工'의 '공(工)'은 도시노동자라는 의미를 가진 '공인(工人)'을 뜻하므로, 농민공이란 '농민+도시 노동자'란 의미가 조합된 어휘라 할 수 있다.

도시에 진입해서 수십 년을 일하고 거주했어도 그는 여전히 그 도시의 '시민'이 아닌 '농민공' 신분이다. 그리고 도시에서 나고 자란 그의 자녀들에게 '농민공 신분'이 계승되고, 이들은 '신생대 농민공'이라고 불린다. 이들은 같은 일을 해도 도시호구를 가진 시민 노동자보다 보수가 적고, 사회보장 대상자 범위에서도 제외되어 있다. 게다가 '농민공'이기 때문에 깔보는 시선과 차별 대우까지 감수해야 하고, 도시민 앞에서 스스로 움츠러들며, 자신이 (도시민보다) 비천한 신분임을 스스로 자각하고 인정하게 된다. 이들은 스스로 도시호구를 가진 사람들을 '그들 도시 사람(他们城里人)'이라 부르고, 자신은 '우리 외지인(我们外地人)'이라 부른다. 스스로 자신을 도시의 국외자로 여기고, 종종 "우리는 농민 아니냐?"라고 말하며, 의사 표현이나 행동을 스스로 자제한다. 또한 노동계약조차 체결하지 않는 게 보통이고, 농민공 스스로 형식적인 노동계약은 필요 없다고 말하기도 한다. 이들의 실제 노동 시간은 중국 노동법이 규정한 시간을 많이 초과한다. 상하이의 4개 건설공사장에서 일하고 있는 농민공을 대상으로 조사한 결과에 의하면, 1년 365일 휴일 없이 일하고, 하루 평균 노동 시간이 10시간을 넘고, 거기다 야간작업도 자주 있다. 이외에도 작업장 안전 보장, 임금 체불, 보험(의료보험은 물론이고 공상보험조차) 등의 조건에서 부족한 점이 많다. 아래는 상하이 건설공사장 모 감리와의 인터뷰 내용이다.

> 우리는 휴일이 없다. 새벽 5시 좀 넘어서 일어나 일을 시작하고, 하루 10여 시간 일한다. 점심시간 휴식도 매우 짧다. 그리고 종종 저녁에 20시까지 일을 하기도 한다. 평소에도 휴일 같은 건 없다……(陈映芳, 2012: 56, 68~70; 杨德才, 2009: 809~810).

개혁개방 이후 중국 정부는 시장경쟁을 확대하고 있다. 그리고 시장경제의 핵심은 공평한 경쟁이다. 그러나 중국의 시장경제 체제하에서는 농민에 대해 공평한 기회를 제한하고 차별을 제도화하는 '중국 특색의' 호적제도를 아직도 유지하고 있다. 농민의 지지를 바탕으로 혁명에 승리해 정권을 잡은 중국공산당이 통치하는 중화인민공화국에서 농민이 이 같은 처지에서 이 같은 대우를 받고 있다는 현실은, 도농 간 격차와 차별 문제에 대한 해결이 어렵다는 의미를 뛰어넘는 '중국 특색의 역설'이라고 하겠다.

개혁개방 이후에 농민의 도시 진입(進城)에 대한 규제가 완화된 것은, 농민에 대한 통제가 인민공사 생산대 체제 시기보다는 완화되었고, 도시정부 입장에서는 도시 노동자들이 꺼리고 기피하는 일을 저임 노동력으로 해결해야 할 필요성 때문에 농민의 도시 진입을 위한 통로나 구멍을 열어놓고 방치하고 있기 때문이다. 농촌정부 입장에서도 이들이 도시로 가서 벌어오는 돈이 지역경제에 도움이 되므로 농민 잉여노동력의 도시로의 유출을 규제할 이유가 없다. 따라서 중국 내의 관변 학자들이 농민의 도시 진입에 대한 규제를 완화하는 이 같은 상황을 '개혁개방 이후에 도시민과 비교한 농민에 대한 차별이 완화되고 개선되었다'라고 설명하는 것은 문제의 본질을 왜곡하고 희석시키는 것이라 할 수 있다.

물론, 이미 50여 년간 실시해 온 호적제도를 급진적으로 철폐하거나 개혁한다면 엄청난 혼란과 부작용이 야기될 것이라는 말도 일리는 있다. 그러나 그렇다 하더라도, 호적제도에 대한 철폐 계획이나 일정조차도 밝히지 않은 상태에서 농민과 농촌 문제를 위한 대책이나 성과에 대해 말한다면 그것은 기만(欺瞞)이거나 공상(空想)일 것이다. 따라서 최근에 중공과 중국 정부가 강조하고 있는 '중국 특색

[상자글 16-1] 농민공 관련 기사

중국인들에게 최대의 명절은 음력 정월 초하루, 즉 춘절(春节)이다. 이때는 농민공들도 고향의 집으로 가서 보통 원소절(元宵节, 정월 보름)까지 보름 이상의 기간을 고향 집에서 가족과 함께 지내고 도시의 일터로 돌아온다. 중국 저장성 항저우시에서 발간되는 ≪도시쾌보(都市快报)≫는 2013년 3월 4일 자 기사(A16면)에서, 귀향했던 농민공들이 도시의 일터로 돌아오고자 어린 자식들과 헤어지는 장면을 다음과 같이 전하고 있다.

원소절이 지난 음력 정월 16일(2월 25일) 새벽, 장시성 포양현(鄱阳县) 샹쉐이탄(响水滩) 향에서는 수많은 사람들이 외지로 일하러 가기 위해 크고 작은 가방과 보따리를 들거나 짊어지고 집을 나서고 있었다.

새벽 5시, 향 정부 문 앞에는 이미 많은 사람들이 모여서, 이곳에서 저장성 항저우시까지 운행하고 있는 직행 버스를 기다리고 있었다. 평소에는 하루 한 번만 운행하는데, 춘절을 쇠고 난 농민공들이 다시 도시로 돌아갈 때는 최대 하루 10여 차례까지 운행하기도 한다. 이 향의 인구 4만 5000명 중 약 2만 명이 외지에서 일하고 있고, 이 중 약 5000명이 저장성 항저우시에서 일하고 있다.

43세의 리쉬에린(李学林)도 어린 딸을 안고 버스를 기다리고 있다. 그는 19세 때부터 항저우에 가서 일을 했고, 현재는 항저우 교외인 린핑(临平)의 건설 공사장에서 일하고 있다. 일이 있으면 하루에 100위안(한화 약 1만 8000원) 정도 버는데, 작년 1년간 그와 아내와 함께 5만여 위안 넘게 벌었으나, 두 딸을 위해 쓰고 나니 거의 한 푼도 안 남았다. 일곱 살인 딸은 할머니가 키웠다.

이날 아침에 어린 딸은 아빠의 품에 파고들 듯이 안긴 채로 한마디 말도 하지 않았다. 작년에도 이맘때에도 리쉬에린은 한밤중에 일어나 아내와 함께 딸이 잠을 깨지 않게 살금살금 집을 나섰고, 그렇게 헤어진 후 1년 만에 만난 딸이다. 그날 항저우에 도착한 후 할머니에게 전화하니, 어린 딸이 잠을 깬 후에 아빠, 엄마가 안 보이자 계속 울었단다. 올해엔 딸아이가 원소절이 지나면 아빠, 엄마가 떠난다는 걸 알고 있었다. 밤에 잘 때는 꼭 엄마 품에 안겨서 자려 했고, 엄마의 팔이 조금만 느슨해지면 잠을 깼다. 오늘 아침에도 리쉬에린 부부가 일어나자 어린 딸도 바로 깼다.

올해 춘절 이전 집에 돌아오기 전에 리쉬에린은 항저우시 교외 린핑의 월마트에서 딸에게 줄 선물로 서양 인형을 사는 데 하루 일당 100위안을 썼다. 처음엔 너무 비싸다는 생각에 망설였으나, 옆에서 딸 또래의 여자 아이가 아버지가 사 준 인형을 들고 기뻐하는 모습을 보고 …… 새벽 6시 버스에 오른 리쉬에린이 아직 짐도 제대로 잘 놓지 못한 상태에서 버스가 출발했다. 어린 딸은 울거나 떼쓰지 않았다. 배웅하는 사람들 틈 한편에서 할머니 손을 잡고 떠나는 차를 보고 있었다. 리쉬에린은 이번에 딸에게 약속했다. 1년만 더 할머니 말 잘 듣고 기다리면, 내년에는 꼭 항저우로 데려와 소학교에 보내주겠다고……

의 도시화' 또는 '신형 도시화' 추진을 위한 선결 과제이자 관건 과제는 바로 호적제도, 그리고 농민의 토지사용권과 연관된 '중국 특색의 농촌·농민 문제' 해결을 위한 개혁이라고 할 수 있다. 중국 내 학술계에서는 농민공과 농촌 문제에 대해, 호적제도를 중심으로 한 제도 분석 외에도 농촌에서 도시로 이동 동기와 행태, 도시 진입 후 정착 과정, 도시 생활 및 도시 네트워크, 문화 적응 행태 등을 분석하고, 경제학의 이성 선택 이론, 계량통계 분석 방법을 통한 유형화·모형화 분석, 그리고 인류학에서의 이민 연구, 사회 배척(社會排斥) 이론 등을 통한 연구가 증가하고 있다. 이러한 연구는 농촌과 도시 간 유동인구를 능동적 행동자로 보면서, 이들을 구조 내의 단방향 수동자로 보는 한계를 다소간 극복할 수 있을 것이다(陈映芳, 2012: 180~181).

(3) 시민 대우 문턱의 조정

노동이원제 호적제도에 대한 지적과 비판이 갈수록 빈번해지고 고조되면서, 중국 정부는 각급 지방정부와 도시정부가 노동이원제 호적제도를 자주적으로 취소 또는 변경할 수 있도록 허용하고 있다. 이에 따라 최근에, 허베이, 랴오닝, 산동, 광시, 총칭 등 12개 성(자치구, 직할시)급 지방정부가 농업호구와 비(非)농업호구 이원제 호구 성격 구분을 취소하고, 도농 호구등기제도를 통일해 '거민호구(居民戶口)'라 통칭하고 있다. 이외에 베이징과 상하이는 농업 인구를 비농업 인구로 전환하는 정책을 실시하겠다는 의견을 하달하고, 제한 조건을 완화했다. 광동성의 포산, 선전, 중산 등지에서는 도시화 수준이 비교적 높은 농촌지구의 주민을 비농업 호구로 전환해 주었다(陈映芳, 2012: 179).

개혁·개방 이후 농촌인구의 도시로의 이전에 대한 통제가 완화되고 있는 배경과 이유는 급격한 도시화 추세와 이에 따라 도시 내 노동력 수요가 급증하고 있기 때문이다. 개혁개방 초기인 1984년에 국무원이 '농민의 집진 진입 정착 문제에 관한 통지(关于农民进入集镇落户问题的通知)'를 발표·하달하고, 현급 행정관할 하의 농촌 소도시인 소성진(小城鎭)에는 농민의 이전을 허용했으나, 농촌과 도시 간의 이원화된 호적제도에 의한 차별이 여전히 존재 및 작동하는 상황에서는 '통지'의 취지대로 작동하고 효과를 발휘하기는 어려웠다.

이 같은 문제에 대해, 1997년부터 국무원과 공안부의 협조하에 '방안'과 '의견'이 연속적으로 발표되었다. 즉, 1997년 6월 10일에 국무원이 공안부가 제출한 '소성진 호적관리제도 개혁 시험지구 방안(小城鎮戶籍管理制度改革試点方案)'과 '농촌 호적관리제도 완비에 관한 의견(关于完善农村戶籍管理制度的意见)'을 비준·하달했다(国发 [1997] 20号).

2001년에는 공안부가 다시 '소성진 호적관리제도 개혁에 관한 의견(关于推进小城镇户籍管理制度改革的意见)'을 발표했다. 이 '의견'은 상술한 시험지구 경험을 총결한 기초 위에 중공 15기 3중전회(十五届三中全会), 5중전회와 중공중앙과 국무원이 발표한 '소성진 건강발전 촉진에 관한 약간의 의견(关于促进小城镇健康发展的若干意见, 中发[2000]11号)'을 구체화하는 조치였다. 또한 호적관리 업무에 대해 돌출된 군중의 강렬한 문제 제기를 반영해, 농촌인구가 소성진으로 질서 있게 이전하고, 소성진의 건강 발전을 촉진하고, 국가 도시화 진전 가속화, 그리고 호적관리제도의 총체적 개혁에의 기초를 구축하는 것을 목표와 원칙으로 제시했다. 핵심 내용은 자격을 갖춘 농민에게 질서 있는 소성진 이전과 호적 등기를 통해서 교육(入学), 군입대(参军), 취업 등의 혜택을 보장해 주라는 지시 하달이었다.

2010년에는 국가발전개혁위원회가 발표한 '경제 체제 개혁 중점 업무 심화에 관한 의견(关于深化经济体制改革重点工作的意见)' 중 '도농개혁 협조추진(协调推进城乡改革)' 부분에서, 호적제도 개혁을 심화하고, 중소도시, 소성진, 특히 현 정부 소재 도시(县城)와 중심진(中心镇)의 호적 취득 및 등기제도를 구체적으로 풀어주는 정책 추진을 가속화하고, 임시거주인구(暂住人口)에 대한 등기제도를 한걸음 더 완비하고, 전국을 범위로 거주증(居住证)제도를 점진적으로 시행한다고 밝혔다.[4]

2014년 7월 24일에는 국무원이 '호적제도 개혁 진일보 추진에 관한 의견(关于进一步推进户籍制度改革的意见, 国发[2014]25号)'을 발표했다. '의견'의 주요 내용은 건제진과 소성진(小城市)의 호적 제한을 전면적으로 풀겠다는 것이었다. 구체적인 내

---

4 이 같은 조치의 책임 소관(负责)을 공안부, 재정부, 국토자원부, 농업부, 인력자원사회보장부로 명시했고, 그 외에도 '도농개혁 협조추진(协调推进城乡改革)' 부분에 "농촌집체건설용지관리조례를 제정하고 도농 일체화된 건설용지시장을 점진적으로 건립하겠다"라는 농촌토지 정비 규범화 지도의견 등도 포함되었다.

용은 다음과 같다.

현급시 시구(市区), 현 인민정부 소재 진과 기타 건제진에 합법적이고 안정적인 주소(임차 포함)를 보유하고 있는 인원에 대해서, 본인 및 동거하는 배우자, 미성년 자녀, 부모 등은 당지에 상주호구 등기를 신청할 수 있다. 단, 시구(市区) 인구 50만~100만 규모 중등 도시는 위의 현급 시에 제시한 조건 외에, 국가 규정에 의한 도시사회보험에 일정 기간 이상 참여해야 한다는 요구 조건을 더했다.

또한, 도시 기반시설 등의 수용 능력에 대한 압력이 큰 도시에서는 '합법적이고 안정적인 취업 연한과 범위', 그리고 '합법적 안정적 거주' 조건을 보다 구체적이고 세밀하게 제정 및 명시해야 한다고 하달했다. 그러나 거주 요건 관련 주택의 면적이나 가격 등에 대한 요구는 규정할 수 없고, 도시사회보장 참가 요구 연한도 3년을 초과할 수 없다고 했다. 단, 도시인구 100만~300만 규모, 그리고 300만~500만 규모 도시에는 이 같은 요구를 강화했다. 이는 대도시의 인구 규모를 엄격하게 통제한다는 정책 맥락이라 이해된다.

한편, 도시인구 500만 이상 규모 도시에 대해서는 점수 누적 호적제도(积分落户制度)를 시행한다는 방침을 제시했다. 이에 따라 2020년에는 베이징시가 '베이징시 점수누적 호적취득관리판법(北京市积分落户管理办法)'과 그 관리 세칙('北京市积分落户操作管理细则')을 제정·공포했다. 이는 베이징시 발전개혁위원회(北京市发展和改革委员会)가 2016년 8월 11일에 실제 내용을 작성·발표한 것을 입법절차를 통해 확정한 것으로, 정책의 틀은 '4+2+7', 즉 '4개 자료 조건, 2항 기초지표, 7항 지향지표(导向指标)'로 제시하고 있다. 가령 '4개 자격 조건'이란, 베이징시 거주중 보유, 법정 퇴직 연령 이하, 베이징에서 연속 7년 이상 사회보험료 납부, 그리고 형사범죄 전과 기록 없음이다.

이와 같이 이원화된 호적제도로 도시 진입 문턱을 일정 정도 낮추긴 했으나, 도시 내의 다양한 신구(新旧) 경제제도와 사회제도 등으로 인한 차별과 제약은 여전하다. 이 중 대표적인 것이 구도시 개조(旧城改造)와 신도시(新城) 건설을 위한 토지 수용 및 보상 과정에서 비(非)도시 호구 유동인구를 배척하고 있는 것이다.

개혁개방 이후 도시는 산업자본에 싼 노동력을 제공하기 위해 농촌에서 도시로 진입하는 유동인구에 대한 도시거주권, 노동권, 사회보장, 공공 교육 등에 대한 제한을 완화했으나, 양로 보장과 노동력 재생산 부담은 여전히 이들의 호구 소재지인 농촌에 남겨놓았다.

2004년 9월, 상하이시 주택토지국(房地局), 시총노조(市总工会), 부동산과학연구원(市房产科研院), 시사회과학원(市社科院)이 공동으로 '상하이 외래 인원 거주 문제 조사(上海外来人员居住问题调查)' 과제팀을 구성해, 시내 11개 구, 약 5000명의 외래 인원에 대한 설문조사를 실시한 결과, 53.5%가 직장이 제공한 숙소나 가설 건물 등에서 숙소를 해결하고, 나머지 46.5%는 자비 부담으로 해결하고 있다. 후자의 경우에는 주로 도시-농촌 결합부에서 토지를 수용당한 후 보상받은 농민 주택에, 또는 교외지구 농민들이 자신의 주택이나 자류지 등에 신축 또는 증축한 방에 임차인으로 살고 있고, 1인당 평균 거주 면적 7m² 이하가 46.8%를 점했다. 약 75%의 농민공들의 월수입이 636~1238위안 사이인데, 시구(市區) 중심지의 2실형 주택의 임대료는 보통 3000위안/월 수준이고, 외부순환선 밖에서도 1500위안 수준이므로, 농민공들이 시구 내에서 합법적으로 숙소를 구하기는 불가능하다(陈映芳, 2012: 200). 한편, 1990년대 이래 도농 결합부와 교외 농촌은 이미 도시 내 농민공 유동인구의 주요 거주지가 되었으나, 만일 철거될 경우 이들 유동인구는 (집주인인 농민들과 달리) 아무런 보상도 받지 못한다.

3. 구역협조발전 정책

1) 중국 지역개발 정책의 흐름

1949년 10월 중화인민공화국 출범 이후 오늘날까지, 균형발전과 거점 개발 사이에서의 전략적 선택이라는 관점에서 중국 정부가 추진해 온 지역개발 정책은 대략 다음과 같이 세 가지 흐름으로 구분할 수 있다.

개혁개방 이전 시기(1949~1978)에는 균형 개발과 3선건설로 대표되는 전쟁 대비 국방 건설을 정책 기조로 했다. 즉, 국방상의 관점에서 적(미국과 소련)의 공격에 노출될 위험이 큰 정도에 따라 전국을 1선·2선·3선 지구로 구분했고, 중·소 접경 지역을 제외한 내륙지구를 적의 공격으로부터 상대적으로 가장 안전한 후방 개념의 3선지구로 분류해, 이곳에 주요 산업과 기반시설 투자를 집중시켰다.

개혁개방 이후 1979~1990년 시기에는 다시 동부연해지구 우선발전을 중시하는 전략으로 전환했다.

1990년대 후반 이후부터는 동부연해지구와 중·서부지구와의 지역 간 격차가 증대되는 문제를 중시하면서, '서부대개발', '동북진흥' 및 '중부굴기' 등의 구호로 대표되는 거시적 구역협조발전 정책을 추진하고 있다.

이 같은 정책 기조는 12차 5개년 계획과 13차 5개년 계획에도 반영되었다. 12차 5개년 계획(2011~2015)에서는 이 같은 '신균형발전 정책', 또는 '불균형 협조발전'이라 부를 수 있는 전략 기조를 유지하면서, 지역과 자연 간 화해(和諧), 그리고 지역과 지역 간 화해, 주체기능구 구획·설정, 과학적 발전관, 도농 일체화 통합발전, 포용성 발전 등을 강조했고, 육상 및 해상 신(新)실크로드 건설 등 해외 개척을 통한 경제권의 대외 확대와 세계화 전략도 제시했다. 13차 5개년 계획(2016~2020)에서는 큰 틀에서 중·고속 성장 유지, 신성장 산업 육성, 지역균형발전, 지속적 개혁과 개방, 빈곤 퇴치 등을 분야별 핵심 사항으로 정했고, 이 가운데 지역균형발전 전략으로 농촌 인구 도시화의 '신형 도시화'와 '구역협조발전'을 제시했다.

(1) 개혁개방 이전 계획경제 시기의 지역개발 정책

1949년 10월 중화인민공화국 출범 이후부터 개혁개방 선언(1978년) 이전까지 시기에 중공은 당시 중국의 국정과 국제 정세에 근거해 지역경제균형발전 전략을 제정했다. 즉, 생산력이 낙후된 내륙지구 경제 건설에 중점을 두었고, 생산력의 균형 배치와 동부연해지구와 내륙지구 간의 격차 축소를 통해 지역 간 균형발전을 지향하면서 동보발전(同步發展)을 추구했다.

마오쩌둥을 핵심으로 하는 제1세대 영도자(領導者) 집단이 집체적으로 실시한 지역경제 균형발전 전략의 핵심 내용은 균형 배치(均衡布局)와 공동부유(共同富裕)이다. 이 정책이 형성·실시된 데에는 당시의 주관적·객관적 원인과 배경이 있다. 주관적인 각도에서 보면, 중화인민공화국 건국 직후에는 불균형은 자본주의 제도의 산물이고, 사회주의 경제는 필히 균형적이어야 한다는 인식이 팽배해 있었으므로, 지역경제 방면에서도 이 같은 분위기 속에서 생산력 균형 배치, 지역 간 및 도농 간 차이의 감소를 추구했다. 이에 따라, 평형론(平衡論)과 동보부유론(同步富裕論)이 지역경제 발전 전략 실시의 지도사상 역할을 했다. 객관적 각도에서 보면, 중화인민공화국 건국 초기에 미국을 선두로 하는 서방 자본주의 진영 국가들이 중국에 대한 정치적 적대, 군사적 포위, 경제 봉쇄 정책을 취함에 따라 중공은 국가 안전과 전쟁의 위협을 느꼈고, 이에 대응해 건설 중점을 전략 후방인 대서남지구(大西南地區)와 대서북지구(大西北地區)에 두었다.

이 시기 지역균형발전의 주요 실천 전략은 세 가지로 구분할 수 있다(杨小军, 2009: 8).

첫째, 내륙지구에 대량의 자금을 투입했다. 1953년에 시작된 1차 5개년 계획 기간 중에는 주로 구소련이 원조한 건설 항목 156개 중점공정 항목과 투자한도액 1000만 위안 이상인 694개 항목이 추진되었다. 구소련 원조로 진행된 156개 중점 항목 중 약 80%가 서부지구에 입지했고, 1000만 위안 이상 투자 항목 694개 항목 중 68%인 472개 항목이 내륙에 건설되었다(赵曦, 2002: 2). 연해와 내륙의 재정투자 비율도 47:53으로 내륙이 높았다. 1차 5개년 계획 기간 중 중국 전국 공업총생산액의 연평균 증가율은 18%였으며, 이 중 동부연해지구가 16.8%이고 내륙이 20.4%였다. 또한 문화혁명 기간에 함께 추진된 3차 5개년 계획(1966~1970)에 포함된 대·중형 국가 프로젝트 중 서남·서북·중남 지역의 공정 항목 수가 60.2%에 달했다.

둘째, 독립적인 경제협작구(经济协作区) 지역 공업 체계 건립이다. 1958년 6월, 중공 중앙은 협작구(協作區) 업무 강화에 관한 문건을 발표하고, 전국을 7개 경제협작구(동북, 화북, 화동, 화남, 화중, 서남, 서북)로 구분하고, 각 협작구는 공업과 자원 등의 조건에 근거해 대형 공업골간(工業骨幹)과 경제중심을 신속히 건설해, 비교적 완비된 공업 체계를 구비한 수 개의 경제구역을 조성할 것을 요구했다.

셋째, 전쟁에 대비해 후방의 3선건설에 중점을 두는 궤도로 전환했다. 1965년 중공 중앙은 전국 및 각 성과 직할시에 전략후방 건설을 가속화하기로 하고, 전국을 1선, 2선, 3선 지구로 획분하고, 경제 건설의 투자 중점을 전략 후방인 3선지구로 하고, 공업 건설은 대분산(大分散)·소집중(小集中)시키고, 공장입지는 산기슭에 분산·은폐한다고 결정했다. 이와 같이, 당시 중국의 지역개발 전략은 국방 전략의 하부 정책으로 추진되었다. 한편, 국방 관점 외에 지역균형 개발 의지, 그리고 '생산시설은 원료산지에 가까이 입지해야 한다'는 이론적 근거도 그 배경이 되었다.

이 같은 지역균형발전 전략 실시에 따라 공업 배치 중점이 급속하게 동부연해지구에서 서쪽 방향으로 이동했다. 1차 5개년 계획(1953~1957)부터 4차 5개년 계획(1971~1975)까지 4회의 5개년 계획 기간 중 국민경제 총투자액의 분배 비율, 즉 내륙지구를 1로 할 때 동부연해지구의 비율은 각각 0.87(1953~1957), 0.79(1958~1962), 0.46(1966~1970), 0.74(1971~1975)였다. 이 기간 중 전체 누적 투자액의 비율은 내륙지구 1, 동부연해지구 약 0.74였고, 공업투자 측면만 보면 내륙지구 투자 비중이 60%에 달했다(高新才, 2009: 16). 내륙지구의 지역공업총생산액, 고정자산투자액, 전국 점유 직공 비중 등이 모두 현저하게 상승했고, 내륙지구에 국방 및 과학기술공업을 중점으로 하고 비교적 완정된 공업 체계가 건립되었고, 전국 공업 배치의 균형과 중·서부지구 경제 발전을 촉진시켰다. 즉, 중화인민공화국 건국 초기 지역경제 분포가 매우 불균형했던 상황을 개선했고, 중·서부지역 경제 발전의 기초를 다졌다는 측면에서는 긍정적인 평가도 받는다.[5] 그러나, 그럼에도 불구하고 중국 전국 GDP 중 점유 비중을 보면 중서부 내륙지구는 소폭 감소했고, 이에 상응하게 동부연해지구는 소폭 상승했다. 1952년 동부연해지구 11개 성·직할시 지구의 전국 GDP 점유 비중은 50.7%였고, 18개 성을 포함하는 중서부 내륙지구는 49.3%였다. 1978년에는 내륙지구의 전국 GDP 점유 비중이 1.8% 감소했다(高新才, 2009: 16~17).

이 시기의 지역균형발전 전략은 다음과 같은 문제를 포함하고 있었다.

첫째, 동부연해지구의 발전을 억제하면서 내륙지구의 발전을 추진했으나, 실제로는 일종의 '저수준의 균형'을 추구했다.

둘째, 지역균형을 과도하게 강조해 투자 효율의 희생을 대가로 지역 간 생산력

---

5 1970년 각 성의 1인당 GDP 순위 12위 안에 6위 칭하이, 7위 윈난과 산시, 닝샤, 구이저우가 포함되었다. 그러나 이후 3선건설이 중지되고 전략 중점이 바뀜에 따라 이 같은 순위에 변화가 생겨서, 1985년 이후에는 3선지역에 해당하는 성 중에서 12위 안에 들어간 중부·서부 성은 단 한 곳도 없다(陈秀山·徐瑛, 2005: 104~107).

배치 조정을 추동한 결과, 동부연해지구에 대해 이미 보유한 공업 기초를 바탕으로 경제효율을 발휘할 수 있는 잠재력을 억제했고, 이는 결국 전체 국민경제효율은 물론 사회 공평까지도 동시에 실추시키는 결과로 나타났다.

셋째, 소위 '균형발전' 추진을 위한 실천 기준이 결여되어 있었다. 예를 들면, '균형발전'의 함의와 내용이 무엇인가, 투자균형인가 아니면 성장의 균형인가, 경제총량인가 아니면 동일 부문의 각 지역 간 균형인가 등에 대한 인식과 기준이 모호하고 뚜렷하지 않았다. 또한 지령성 계획경제 체제 안에서 투자 재원 낭비와 비효율의 문제나, 연해지구 발전을 억누르고 희생시킨 대가와 비용이 너무 컸다. 결국 1978년 12월, 중공 11기 3중전회에서 개혁개방을 선택·공포했고, 지역개발 전략 기조에 대해 '선부론(先富論)'과 '불균형 거점개발'을 허용·장려했으며, 경제특구와 개방구가 선도하게 하자는 '동부연해지구 우선 발전 전략'으로 전환했다.

(2) 불균형 거점개발 전략 시기(1979~1990년대 중반)

1976년 9월 마오쩌둥이 죽고, 문화혁명 10년 동란이 실제적으로 끝난 후, 덩샤오핑을 지지하는 예젠잉(叶剑英) 중심의 혁명 1세대 원로그룹 실용주의 개혁파가 화궈펑(华国峰)과 연합해 사인방을 제압하고, 원로그룹은 이어서 화궈펑을 중심으로 하는 범시파(凡是派)[6]와 소위 '진리표준 논쟁'을 통한 사상 및 노선 투쟁을 전개해, 권력 투쟁에서도 승리했다. 이후에 덩샤오핑을 핵심으로 하는 중공 중앙은 대내개혁·대외개방 정책을 결정하고, 1978년 말 중공 11기 3중전회에서 공표했다. 지역개발 정책도 불균형 거점개발 전략으로 과감한 전환을 결정했고, 경제자원의 지역배치 전략도 상응하게 조정했다. 즉, 중화인민공화국 건국 이래 중시해 온 규범적 균형 대신 지역 간 입지적 장점을 효율적으로 발휘토록 하는 방향으로 전환했다. 개혁개방 이전의 평균주의 정책의 폐단으로부터 체득한 교훈을 요약하면, '공동부유는 동보부유와는 다르며, 동보전진이나 동보부유의 추구는 공동빈곤(共

---

6 '범시(凡是)'란 모두 그렇다는 뜻이고, '범시파'란 명칭은 마오가 죽은 후에 후계자인 화궈펑을 중심으로 '우리는 마오 주석의 모든 결정을 결연히 옹호해야 하고, 마오 주석의 모든 지시를 변함없이 따라야 한다(凡是毛主席作出決策我们都坚决拥护, 凡是毛主席的指示, 我们都矢志不渝地遵循)'라고 주장한 무리를 가리킨다.

同貧困)에 도달할 수밖에 없다'는 것이었다.

중국은 국토와 지역이 광활하고 지리 위치, 자연 조건, 역사적으로 형성된 경제 기초 등 객관적 조건의 차이가 매우 크므로 발전 과정에서 지역별 발전 속도가 다를 수밖에 없다. 모든 지역의 발전 상태가 비슷한 상태나 '동보전진' 또는 '동보부유'는 가능하지도 않고, 그 같은 시도가 초래한 '저수준의 균형'과 공동빈곤의 폐해를 확실하게 체득했다. 이는 전체 국면에서 발전 추세가 진행되는 기초 위에 지역 간 격차 발생은 불가피하다는 인식의 변화로 이어졌다. 이 같은 인식을 바탕으로 광동성 선전·주하이·산터우와 푸젠성 샤먼에 경제특구를 설치하고 개혁개방 정책 실험을 추진하기 시작했다.

지역개발 차원의 전략 전환은, 개혁개방 선언 이후 첫 번째 수립한 5개년 계획인 6차 5개년 계획(1981~1985)에서 '연해지구의 경제기술적 우위를 최대한 활용한다'고 전략 기조를 밝힌 단계를 거쳐, 7차 5개년 계획(1986~1990)에서 더욱 명확하게 구체화되었다.

동부, 중부, 서부라는 지역 구분 개념이 정식으로 시작된 것도 7차 5개년 계획(1986~1990)부터이다. 7차 5개년 계획에서는 전국을 동부·중부·서부의 3대 지역으로 나누고, 이들 지역의 현실적인 경제 발전 능력과 발전 단계의 차이를 강조하는 불균형발전 전략이 제시되었다. 당시의 지도사상은 '효율을 우선하고, 공평을 함께 고려한다(效率优先, 兼顾公平)'였고, 실천 단계에서는 효율을 보다 강조했다. 이후 동부연해지구의 경제가 빠른 속도로 발전했다. 동부, 중부, 서부, 동북 4개 대지구 간의 격차를 1인당 GRDP 수치를 통해서 보면, 1978년부터 2000년경까지는 동부연해지구가 중부·서부·동북 지구의 비율보다 증가하는 추세가 지속되었다. 그 결과, 동부연해지구와 기타 지구와의 경제 격차가 지속적으로 증가했다. 1978년 중부지구의 1인당 GRDP는 1978년 동부연해지구의 45%였으나, 2000년 37%로, 서부지구도 1978년 41%에서 2000년 32%로, 동북지구는 1978년 79%에서 2005년 57%로 감소했다.[7]

----

7   단, 1990년대 말부터 중국 정부가 '서부대개발', '동북진흥', '중부굴기'라는 구호를 내걸고 추진한 구역 협조발전 정책의 영향으로 2000년대 이후에는 이들 3개 지구의 동부지구에 대한 1인당 GDP 비중이 상승해, 2018년에는 중부지구 52%, 서부지구 53%, 동북지구 68% 선까지 회복했다.

이와 같이 동부 우선발전 전략이 중국의 경제 발전을 선두에서 성공적으로 이끌긴 했으나 이 과정에서 지역 간 격차와 충돌 문제는 날이 갈수록 심각해졌다. 중공 중앙이 이 같은 상황 속에서 제출한 서부대개발 정책은 불균형 발전 기조는 유지하면서 구역협조발전을 추구하자는 것이었다.

(3) 구역협조발전 추진 시기(1990년대 후반~현재)

1990년대에 들어선 이후 지역 간 격차가 갈수록 확대·심화되고, 서부지구의 수토 유실, 토지 사막화 그리고 모래 폭풍 발생 빈도의 증가로 대표되는 생태환경 파괴 문제가 갈수록 심각해졌다.[8] 이에 따라 9차 5개년 계획에서 '구역경제협조발전(区域经济协调发展) 견지와 지역발전 격차의 점진적 축소'를 계획의 장기 목표와 지도사상으로 하고, 경제 건설의 주요 임무와 전략 배치의 주요 내용으로 했다. 이로써 중국의 지역개발전략이 '불균형 거점발전 전략'에서 '구역협조발전 전략'으로 전환을 시작했다. 이어서 10차 5개년 계획(2001~2005) 기간 중에는 서부대개발과 동북 노후공업지구 진흥 전략을 적극적으로 추진하면서 구역협조발전 방안을 모색했으며, 11차 5개년 계획과 12차 5개년 계획에서도 이러한 기조를 유지하면서 중부굴기 전략을 추가하고, 지역 간, 도농 간 화해, 선(先)발전지역이 이룩한 부(富)를 후발전지역에 되돌려 준다는 '반포(反哺)'[9] 개념과 포용성 발전을 더욱 강조하고 있다.

이 같은 개념은 1988년 덩샤오핑이 제시한 '2개 대국(两个大局)'과 '공동부유론'을 다시 강조한 것이다. 1988년 9월 12일 당시 덩샤오핑은 '중앙은 권위가 있어야 한다(中央要有权威)'라는 제목의 담화 발표를 통해서, '2개 대국'과 '선부론(先富論)'을 주장했다. 즉, "연해지구가 신속한 경제 발전을 이룩하면서 내륙의 발전을 촉발시키도록 해야 한다. 내륙지구는 이러한 대국(大局)을 수용·협조해야 한다. 연해지구의 발전이 일정 정도 달성되고 난 후에는 연해지구가 내륙지구의 발전을 대동(帶同)해야 한다. 이는 연해지구가 협조해야 하는 대국이다"(邓小平, 1993: 373~

---

8   모래 폭풍과 토지 사막화 문제의 배경과 진행 과정, 피해 현황 및 대책 등에 대해서는 제4장 내용 참고.
9   반포지효(反哺之孝)에서 유래된 말로, 까마귀 새끼가 자라서 늙은 어미에게 먹을 것을 물어다 준다는 뜻이다.

374; 高新才, 2009: 26). 덩은 1992년에 다시 "20세기 말 소강(小康) 수준에 도달했을 때 지역불균형 문제를 반드시 해결해야 한다. …… 부자는 더욱 부자가 되고 가난한 자는 더욱 가난해지는 방식은 반드시 막아야 한다"라고 강조했다(邓小平, 1993: 172, 277~278; 邓水兰, 2002: 34). 또한 덩은 '공동부유'는 경제 발전에 기초해야 한다는 인식하에서 사회주의 초급 단계에서의 경제 발전에 대한 단계별 전략 목표로서 '따뜻하고 배불리 먹는 문제의 해결', '소강사회의 실현', '현대화'라는 3단계 발전 전략을 제시했다(李合敏, 2002: 50). 단, 당시의 덩샤오핑과 중공 중앙은 당의 지배와 강력한 지도력에 대한 자신감이 과해서 중국이라는 거대한 국가의 지역 격차 문제를 너무 단순하고 낙관적으로 인식했고 과소평가했다고 판단된다.

덩샤오핑의 뒤를 이어 중공 중앙 주석에 취임한 장쩌민은 '국가균형발전'에 대해 기본적으로 덩의 이론을 승계하면서 중·서부지구의 발전을 중시하는 정책을 추진했다. 1990년대 말 서부대개발 전략이 실시되면서 지역 간 발전 격차 문제 해결이 중국 정부의 중심 과제 중의 하나가 되었다. 그 이면에는 동부연해지구 위주의 불균형발전이 일련의 정치·사회·민족 문제로까지 확대되고 있다는 배경이 있었다. 또한 중·서부 내륙지구의 발전이 내수를 확대하고 국민경제의 지속적인 성장을 보장해 줄 수 있다는 점도 고려되었다(王家斌·张德四, 2001: 12).

주목해야 할 점은, 10차 및 11차 5개년 계획에서 12차 5개년 계획으로 이어진 '구역협조발전' 정책은 지역 간 '협조'를 강조하고 있지만, 전국적인 경제성장 추세를 유지하는 불균형 성장의 틀 속에서 '협조'를 추구하겠다고 밝힌 점이다. 즉, 개혁개방 이전의 평균주의적 균형이나 '동보전진, 동보부유' 같은 말은 사라졌다.

2) 구역협조발전 정책

(1) 구역협조발전 정책의 배경과 동향

개혁개방 이후 중국 정부의 지역 간 격차에 대한 기본 방침은 종종 '효율 우선, 균형 동시 고려(效率優先, 兼顧均衡)'라 표현된다. 이 같은 정책 기조는 개혁개방 이전의 규범적·평균주의적 균형 개발 전략에서, 개혁개방 초기의 경제특구와 동부연해지구 우선 발전을 추진한 불균형 거점 발전 전략을 거쳐서, 1990년대 후반부터는 동부연해지구 등 선발전지역의 발전 추세를 유지 또는 가속화하면서 발전의 성과를 중·서부 내륙지구로 파급·확산시킨다는 '구역협조발전' 전략으로 전환한 것이다.

'신균형발전 전략'이라고도 불리는 구역협조발전 전략은, 1999년 6월 장쩌민 당시 국가 주석이 서부지구 순방 중 섬서성 시안에서 서부대개발 방침을 공식 발표한 이후 본격적으로 추진되었다. 서부대개발 전략에서는, 서부지구의 최대 현안인 생태환경 보호 문제를 강조했고, 지역거점도시인 총칭, 청두, 시안 등 대도시의 거점 기능 강화를 위한 개발사업을 적극적으로 추진할 것을 결정했다. 이어서 동북 3성과 네이멍구자치구 동부를 포함한 지역의 노후 공업과 광물자원 채취량이 한계에 달한 '자원형 도시' 문제 등을 포함하는, 소위 '동북현상' 문제에 대한 대응을 위한 '동북 노공업기지 진흥', 그리고 중부지구에 대한 중부굴기 전략을 추진하고 있으며, 12차 5개년 계획[10]에서는 '동부를 승계하고, 서부를 발동시킨다(承東啓西)'는 거시적 지역개발 전략 기조를 밝혔다.

이 시기 중국 정부의 거시지역개발 정책의 흐름과 주요 내용을 요약하면 다음과 같다.

첫째, 대외개방지역의 전면적 확대이다. 즉, 개혁개방 초기에 동부연해지구 도시들에 지정되었던 경제특구, 개방도시, 경제기술개발구 등을 중서부내륙지구 도시로 확대했다. 동부연해지구와의 경제성장 격차가 더욱 심화되면서, 점증하는 중서부 내륙지구의 불만은 경제 문제에서 사회, 정치, 민족 문제로까지 확대되었다. 이에 따라 대외개방지역이 '연해(沿海)개방' 개념에서 이른바 '4연 개방(四沿開放)'[11] 개념으로 확대되었다.

둘째, 중서부지구 향진기업의 지원 육성이다. 1993년 2월, 중국 국무원은 중서부지구 및 소수민족지구 각급 지방정부에 향진기업의 지원발전을 최우선 목표로 할 것을 지시한 바 있다. 구체적 지원 방안으로는, 중서부지구 향진기업에게 기배정된 재정 지원 외에 50억 위안을 추가로 지원하며, 각 금융기관에서도 이들에 대

---

10 2010년 10월에 개최된 중공 중앙 17차 5중전회에서 통과.
11 4연 개방이란 연해 위주의 개방을 연강, 연변, 연로(沿路)의 방향으로 전면적·전국적으로 확대한다는 개념이다. 연강은 장강 등 주요 하천 유역, 연변은 내륙 국경 지역, 연로는 주요 철도 주변 지역이다.

한 융자 및 대출 등 자금지원을 우선적으로 해주도록 했다. 또 '향진기업 동서협력사업계획(東西協力事業計劃)'을 수립, 동부와 중서부 향진기업 간 횡적 경제연합을 적극 장려했다.

셋째, 중서부지구의 기반시설 확충이다. 특히 지역발전의 관건요인인 교통문제의 해결을 위해서 철도시설의 확충에 투자를 집중시켰다. 중서부지구의 개발을 촉진하기 위해, 1998년에 개통된 난쿤선(南昆線: 南寧-昆明)을 포함, 란신복선(蘭新複線: 甘肅 武威-新疆 乌鲁木齐), 바오중선(寶中線: 陝西 寶鷄-寧夏 中衛), 허우위에선(侯月線: 山西 侯馬-河南 月山), 시캉선(西康線: 陝西 西安-安康) 등 10개 노선 총연장 1620km에 이르는 철도를 건설·개통했다. 또한 2006년 7월에는 서부대개발 전략을 상징하는 공정으로 칭하이-시짱(티베트) 간 철도인 칭장철도(青藏铁路: 칭하이 시닝-시짱 라싸)[12]를 완공·개통했다. 칭장철도 개통은, 세계에서 해발 고도가 가장 높고 선로연장이 가장 긴 고원 지대에 고난도 토목공정을 극복하고 건설한 철도이고, 중국 국토 면적의 1/8에 달하는 시짱지구에 처음 건설 운행된 철도라는 의미가 있다. 단, 변경 소수민족지구에 대한 중공 중앙의 고도의 정치적 고려도 있었을 것이다. 한편, 중국의 동부와 서부지구를 관통하는 2개 노선의 고속도로급 1급 국도가 건설되었다. 하나는 룽하이(陇海)철도를 따라 장쑤성 롄윈강에서 간쑤성 란저우와 신장성 우루무치까지이고, 다른 하나는 상하이에서 쓰촨성 청두까지 구간이다.

넷째, 2007년 11월에 개최된 중공 17차 당대회 이후에는, '과학적 발전관'을 강조했다. 즉, 경제 체제 개혁과 정치 체제 개혁, 사회 영역의 개혁과 문화 영역의 개혁은, 종합성, 연계성(配套性), 협조성을 확대하면서 동시에 추진해야 한다는 점과 지역 간 협조발전, 도농통합발전, 자연과의 조화(和諧), 조화사회(和諧社會) 등의 목표를 더욱 강조했다.

(2) 구역발전총체전략 실시

---

12 칭장철도는 중국의 21세기 4대 공정 중 하나로, 총연장 1956km이다. 이 중 시닝-거얼무(格尔木) 구간 814km은 1984년부터 운영되었고, 거얼무-라싸의 1142km 구간 공사가 2001년 6월 29일 착공, 2006년 7월 1일부터 개통·운행을 시작했다.

2011년부터 2015년까지 시행한 12차 5개년 계획에서는 거시지역전략의 큰 방향을 다음과 같이 밝혔다.[13]

첫째, 지역발전총체전략에서 서부대개발 전략의 심화 실시를 우선순위에 두는 정책 기조를 견지하고, 특수 정책을 통해 자원우세와 생태안전 보호막 역할을 발휘하며, 기반시설 건설과 생태환경 보호를 강화하고, 과학기술 교육을 대폭 발전시키며, 특성 있는 비교우위 산업 발전을 지원한다. 시짱, 신장, 그리고 기타 소수민족지구 발전 강도를 강화하고, 인구가 상대적으로 적은 민족 지구의 발전을 지원한다.

둘째, 동북지구 등 노공업기지를 전면적으로 진흥한다. 산업과 과학기술 기초우세를 발휘토록 하고, 현대산업 체계를 완비하고, 자원고갈지구의 발전 방식 전환을 촉진한다.

셋째, 중부굴기를 촉진한다. 중부지구의 위치 우세를 발휘하며 '동부를 승계해 서쪽으로 발동시키고', 투자환경을 개선하고, 우세산업을 육성하고, 현대산업 체계를 발전시키고, 교통운수 중추 지위를 강화한다.

넷째, 동부연해지구의 솔선 발전을 적극 지원해 전국 경제 발전의 선도·지원 역할을 발휘하고, 보다 높은 층차에서 국제경제 합작과 경쟁에 참여하고, 경제 발전 방식 전변과 경제 구조조정, 그리고 자주혁신(自主創新) 과정에서 전국 선두의 위상을 견지토록 한다. 지역 간 합작 기제를 강화·완비하고, 시장 내의 장벽을 제거해 요소 유동을 촉진하고, 순차적 산업 전이를 유도한다. 지구 간 상호 협조 정책과 다양한 형식의 맞춤식 지원(对口支援)을 시행한다.

다섯째, 구혁명구(革命老区)와 소수민족지구, 변경지구, 빈곤지구에 대한 지원강도를 강화한다. 경제특구, 상하이, 톈진, 우한, 창샤, 충칭, 청두 종합연계개혁시험구, 상하이, 광둥-홍콩-마카오 자유무역시험구 등이 선행선시(先行先试) 역할을 더

---

13 2010년 10월, 중공 17기 5중전회에서 통과된 '12차 5개년 계획 건의(十二个五年规划的建议)'에서 밝힌 지역 및 도시 발전 정책 방향 관련 주요 내용을 요약·정리했다. '건의' 내용은 12개 대제목과 56개 소제목으로 구성되어 있고, 이 중 지역 및 도시 발전 정책 방향과 관련된 내용은, 대제목 5("구역협조 발전 촉진과 안정적 합리적 도시화 발전 추진")에 포함된 4개 소제목("지역발전총체계획 실시", "주체 기능구 전략 실시", "도시화 배치와 형태 완선", "도시화 관리 강화")이다(中国改革报, 2010.10.28 1·2·4版).

욱 양호하게 발휘토록 한다. 국경지구 개발·개방을 가속화하고, 국제통로, 관문 변경도시의 건설을 강화하고, 홍변부민(興边富民) 시책을 심도 있게 실시한다.

(3) 주체기능구 전략 실시

국가발전개혁위원회가 전국을 주체기능(主體功能) 개념으로 주체기능구를 획분하고, 임무와 장려 및 규제 기준을 정해 그에 상응하는 법률법규, 정책, 계획 체계, 그리고 효과평가 방법과 이익 보상 기제를 구축하고, 각 지구가 각자의 주체 기능 위상 설정에 따라 발전을 추진하겠다는 방침을 발표했다. 주요 내용은 다음과 같다.

첫째, 전국 경제의 합리적 배치 요구에 근거해, 개발 질서를 규범화하고 개발 강도를 규제해 고효율, 협조, 지속가능한 국토공간 개발 틀을 구축한다. 인구가 밀집되어 있고 개발 강도가 높고 자원환경 부하가 과중한 일부 도시화지구는 특화 개발한다.

둘째, 자원환경 수용 능력이 비교적 강하고 인구가 밀집해 있고 경제조건이 상대적으로 양호한 도시화지구는 중점개발한다.

셋째, 전체 생태안전에 영향을 주는 중점생태기능구에 대해서는 대규모, 고강도의 공업화 및 도시화 개발을 규제한다.

넷째, 법에 의거해 설립한 각급 각 유형의 자연문화자원보호구와 기타 특수 보호가 필요한 구역에 대한 개발을 금지한다.

(4) 도시화 배치와 형태 완비

첫째, 통합계획, 합리적 배치, 기능 완비와 함께 큰 것이 작은 것을 대동(带动)하게 하는 원칙을 따른다. 도시 발전의 객관적 규율을 따르고, 대도시에 의탁하고, 중소도시를 중점으로 하고, 파급 확산 역할이 큰 도시군을 점진적으로 형성해 대·중·소도시와 소성진의 협조발전을 촉진한다.

둘째, 도시군 내의 각 도시의 기능 위상 설정과 산업 배치를 과학적으로 계획하고, 특대도시 중심 도시지구의 압력을 완화하고, 중소도시 산업기능을 강화하고, 소성진의 공공서비스와 거주기능을 증강하고, 대중소 도시의 교통, 통신, 전기 공급, 급배수 등 기반시설 일체화 건설과 네트워크화 발전을 추진한다.

(5) 도시화관리 강화

첫째, 정착 조건(落戶条件)에 부합하는 농업 전이 인구를 점진적으로 도시 주민으로 전환시킨다. 대도시는 인구 관리를 강화 및 개선하고, 중소도시와 소성진은 외래 인구에 대한 정착 조건을 완화한다. 농민공 권익 보호 문제를 제도적으로 해결하는 데 중점을 둔다.

둘째, 도시개발 경계를 합리적으로 확정하고, 시가화지구(建成区)의 인구밀도를 높이고, 특대도시 면적의 과도한 확장을 방지한다. 도시계획과 건설은 사람을 근본으로(以人为本)하고, 토지 및 에너지 절약(节地节能), 생태환경 보호, 안전과 실용, 특색 돌출, 문화 및 자연유산 보호에 중점을 두고, 계획의 구속력을 강화하고, 도시공용시설 건설을 강화하고, '도시병(城市病)'의 예방 및 치료에 중점을 둔다.

셋째, 토지, 재세(财税), 금융정책 조절을 강화하고, 주택정보시스템 건설을 가속화하고, 국정에 부합하는 주택 체제 기제와 정책 체계를 완비하고, 주택 수요를 합리적으로 인도한다. 각급 정부의 직책을 강화하고, 보장성 주택 안거공정(安居工程) 건설 강도를 증대시키고, 불량주택지구 개조를 가속화하고, 공공임대주택(公共租赁住房)을 발전시키고, 중저소득층 주민 주택 공급을 증대시킨다. 시장 감독·관리를 강화하고, 부동산시장 질서를 규범화하고, 투기 수요를 억제해 부동산 산업의 안정적이고 건강한 발전을 촉진한다.

3) 거시적 지역발전 전략

(1) 서부대개발 정책

서부대개발 정책 추진을 위해, 1999년 11월에 개최된 중앙경제공작회의에서는 향후 경제 정책 추진을 위한 정책 조정의 주요 목표를 '지역경제 구조의 조정, 지역경제의 촉진, 도농 간 경제협조발전'으로 채택하고, 국무원 산하에 '서부개발판 공실(西部开发办公室)'을 설치했다. 2000년 1월에는 국무원 '서부지구 개발 영도소조(西部地区开发领导小组)'가 베이징에서 '서부지구 개발회의'를 개최했고, 이 회의에서 서부대개발의 방향과 전략적 임무 등을 체계적으로 발표했다. 장쩌민 당시 주석은 수차례 중부 및 서부지구의 발전을 강조했고, 특히 서부대개발을 중국 현대화 발전의 대전략·대사로(大思路)로 하고, 계획의 수립, 실시 단계, 정책, 방법과 조직 형식 등을 강화할 것을 지시했다. 또한 생태환경 보호 건설과 관련해 다음과 같은 장기적 목표와 전략을 설정했다(國土開發與地區經濟研究所, 2000: 109~111).

첫째, 15년 후인 2015년까지 생태환경 악화 추세를 초보적으로 억제하고, 수자원의 합리적 개발과 이용, 특히 농업용수 절약 방안을 전 지역에 실시 및 보급한다. 우수 농업, 관광, 석유, 천연가스의 시장 점유율과 수익성을 대폭 제고시킨다. 퇴경환림 정책을 추진해, 25도 이상의 비탈지 경지를 모두 임지(林地)나 초지(草地)로 환원시키고, 황하와 장강 상류의 생태환경 건설과 사막화 방지 사업을 강화해 인위적인 요인으로 인한 수토 유실 현상을 제거한다. 지역 간 및 도시 내 기반시설 및 통신, 간선교통시설 건설을 기본적으로 완성한다.

둘째, 2016~2030년 기간 중에는 서부지구의 경제를 전방위로 발흥시키고, 지역 중심 도시의 도시화와 국제화 수준을 끌어올린다. 황하, 장강의 식피 복개율을 대폭 제고시키는 등 생태환경 조건을 현저하게 개선해, 중점 생태환경 보호관리지구의 생태환경 관리사업을 양성 순환 궤도에 진입시킨다.

이후의 주요 진행 과정은 다음과 같다. 10차 5개년 계획(2001~2005)에서 서부대개발을 국토개발 및 지역경제 분야의 최대 중점과제로 확정했고, 국무원은 2000년 10월 '서부대개발 실시에 관한 정책시책의 통지'를 공포했다. 이 통지를 통해 정책의 원칙 및 지원 중점을 제정하고, 자금 투입 증가 정책, 투자환경 개선 정책, 대내 및 대외개방 확대 정책, 인재 및 과학기술 발전 정책 등의 내용을 확정했다. 2001년 9월에는 국무원 판공청이 '서부대개발에 관한 약간의 정책시책에 관한 실시의견(关于西部大开发若干政策措施的实施意见)'을 발표해 서부개발판공실에 전달하고, 건설자금 투입 강도, 건설 항목 우선 안배, 재정 전이 지불제도 강화, 금융 신용대출 지원 등 구체적 내용을 제출했다. 2002년 7월에는 국무원 동의를 거쳐, 국가발전개혁위원회, 국무원 서부지구개발 영도소조판공실이 '10차 5개년 계획 서부개발총체계획(十五西部开发总体规划)'을 발표했다. 이 계획은 10차 5개년 계획과 2010년 서부개발의 지도 방침, 전략 목표, 주요 임무와 중점지구를 명확하게 했다. 2003년 말에는 제10기 전국인민대표대회 상무위원회가 '서부개발촉진법'을 제정해 입법 계획에 포함시켰고, 2005년에는 '11차 5개년 계획 서부개발총체계획'을 수립했다.

(2) 동북진흥정책

중국 정부가 소위 '동북현상' 문제를 중시하고 적극적인 대응을 시작한 것은, 1990년대 후반에 들어 자원고갈형 광업도시 문제에 대응하면서부터이다. 1998년 8월에 천연림 보호공정을 시작하면서, 동북 지역의 임업자원형 도시의 지속가능 발전을 위한 정책 지원을 시작했고, 이후 자원형 도시와 노공업기지 관련 정책들을 발표·추진했다.

2001년 12월에는 랴오닝성 푸신(阜新)시를 자원고갈도시 및 경제전환 실험도시로 확정했고, 2002년 11월 중국 공산당 제16차 전국대표대회 보고에서 "동북지구 등 노공업기지의 조정과 개조를 가속화하고, 자원채취형 도시·지구 산업의 지속가능발전을 지원한다"라는 방침을 포함하고 '동북진흥' 정책을 공식화했다.

2003년 10월 중공 중앙과 국무원은 동북지구 등 노공업기지 조정 개조 가속화 실시와 관련해 자원채취형 도시와 지구의 연결산업 발전을 지원한다는 방침을 정식으로 발표·하달하고, 랴오닝성 푸신시를 '전국 자원고갈도시 경제전환 시범도시'라고 명시했다. 2003년 12월 중앙정부가 '동북지구 노공업기지 진흥 영도소조(东北地区老工业基地领导小组)' 건립을 결정해, 원자바오 총리가 조장(組長)을 맡고 국무원 25개 주요 직능 부문 책임자가 구성원이 되었다.

2004년 2월, 국무원 국유자산감독관리위원회가 '동북지구 중앙기업 조정개조 가속화에 대한 지도의견(加快东北地区中央企业调整改造的指导意见)'을 배포하고, 동북지구의 중앙기업 조정·개조 추진 작업을 가속화했다. 선진 기술, 합리적 구조, 융통성 있는 기제, 핵심 경쟁력이 강화된 중앙기업을 만들고, 동북공업기지의 진흥을 촉진하고, 중앙기업의 통제력과 영향력 그리고 대동 능력을 제고해야 한다는 의견을 하달했다. 이어서 4월에는 국무원이 '동북지구 등 노공업기지 진흥관공실(振兴东北地区等老工业基地办公室)'을 정식으로 설립했다.

2005년 5월, 국무원 '동북 등 노공업기지 진흥 영도소조(振兴东北等老工业基地领

导小组)' 제2차 회의에서, '동북 등 노공업기지 진흥 2004년 업무총결 및 2005년 업무요점'을 심의 통과시켰다. 그 요점은 다음과 같다. 자원 개발 보상 기제와 쇠퇴산업 지원 기제, 관련 정책과 시책 건립을 서두르고, 우선 랴오닝성 푸신시, 헤이룽장성 솽야산시 등 자원형 도시에서 시행한다. 헤이룽장의 따칭시와 이춘시를 각각 석유, 산림 유형의 자원형 도시 확대 실험도시로 선정하고, 지린성 랴오위안시를 석탄유형의 자원형 실험도시에 포함시킨다. 이어서 6월 23일에는 국무원 판공청이 '동북 노공업기지 대외개방 진일보 확대 촉진에 관한 실시 의견'을 발표·하달했다. 구체적 실시 의견은 다음과 같다. 국유기업 개조에 외국 자본 참여 장려, 체제 및 기제 혁신의 가속화, 정책지도 강화, 중점업종과 기업의 기술 진보 추진, 개방 영역의 진일보 확대, 서비스업의 발전 수준 적극 제고, 입지우세 발휘, 지역경제 합작 건강발전 촉진, 양호한 발전환경 조성, 대외개방 보장 등이다.

　2009년 9월에는 미국발 금융위기에 직면해, 중국 국무원이 '동북지구 등 노공업기지 진흥 전략의 진일보 실시에 관한 약간의 의견(国务院关于进一步实施东北地区等老工业基地振兴战略的若干意见)'을 발표·하달했다. '의견'은 기존의 발표된 정책들을 종합 및 체계화한 것으로, 주요 내용은, ① 경제구조 특화와 현대산업 체계 건립, ② 랴오닝 연해경제지대, 선양경제구, 하얼빈-따롄-치치하얼 공업회랑, 창지투경제구의 가속 발전 추진, ③ 국내 일류의 현대산업기지 건설, ④ 기업 기술 진보 가속화, 자주혁신 능력의 전면적 제고, ⑤ 현대농업의 가속적 발전과 기반시설 건설 강화, ⑥ 자원형 도시의 전형(转型)과 지속가능발전, 생태환경 보호와 녹색경제의 적극 발전 추진, ⑦ 성(省) 지구 간 협력과 지역경제 일체화 발전 추진 등이다.

　이어서 2009년 11월에는 중국 국무원이 '중국 두만강 구역 합작개발계획 강요: '창지투'를 개발개방 선도구로(中国图们江区域合作开发规划纲要: 以长吉图为开发开放先导区)' 계획을 승인했다. 이 계획은 주요 목적을, 두만강지구 합작 과정에서 중국의 종합실력 증강, 국경지구의 국제합작과 대외개방 수준 제고, 동북지구의 새로운 성장 거점(增长极) 형성, 국경지구 경제사회 발전, 변경민족지구의 번영과 안정을 추동해 2020년까지 이 지구를 중국 국경 개방개발의 중요 지역, 동북아 개방을 겨냥한 관문, 동북아 경제기술합작의 무대, 동북지구의 새로운 성장 거점으로 건설하는 것이라 밝혔다.

(3) 중부굴기 정책

1990년대 후반부터 중국정부는 구역협조발전과 서부대개발 전략을 채택해 서부지구에 대량의 투자와 정책지원을 했으며, 2000년대에 들어서면서는 동북진흥정책이 추진되었다. 이때까지도 중부지구는 국가의 거시적 지역발전 전략의 관심 대상이 아니었고, 그 결과 중부지구의 노동력과 자본 등 생산 요소가 동부지구 등으로 대량 유출되었다. 그 결과, 중부지구의 경제 발전 수준이 동부연해지구에 비해 뒤진 것은 물론이고, 발전 속도 측면에서 서부지구에도 추월당하면서 중부지구의 불만과 위기의식이 '중부함몰(中部塌陷)'이란 말로 제기되었다. '중부함몰' 문제를 통계 수치를 통해서 구체적으로 보면 다음과 같다(치玉·冯健, 2008: 300~302).

첫째, 중부지구 경제총량과 1인당 평균지표의 전국에서 차지하는 지위가 하락했다. 중부지구 6개 성 지역총생산액(GRDP)의 전국 점유 비중을 보면, 1980년 21.6%에서 1985년에 25.3%로 증가했으나, 2006년에 다시 20.5%로 낮아졌다.

둘째, 발전 속도 측면에서, 서부대개발 정책 추진 이후 중부지구의 발전 속도가 서부지구와 전국 평균 수준보다 낮아졌다.

셋째, 공업화, 도시화, 시장화 진전 과정이 (동부연해지구는 물론이고) 전국 평균 수준보다도 낮다. 가령, 공업화를 반영하는 지표로 2차산업 증가치가 GDP에서 차지하는 비중을 비교해 보면, 중부지구 내 6개 성은 45%이고, 전국은 52.2% 수준이다.

2004년 초 정부 업무보고 시에 원자바오 총리가 구역협조발전 강조와 함께 '중부지구 발전을 가속화하는 것이 구역협조발전의 중요한 방향'이라고 밝히고, 서부대개발을 견지하고, '동북지구 등 노후공업지구'를 진흥시키고, 중부지구 굴기를 촉진하고, 동부연해지구 발전의 가속화를 장려해, 동·중·서부 상호 협조, 우세의 상호 보완, 상호촉진, 공동발전의 새로운 틀을 형성하자는 방침을 제출했다. 이어서 같은 해 6월에 개최된 '중부 5개 성 거시경제 형세 좌담회'에서 원자바오 총리가 중부지구의 특성과 우세를 더욱 심도 있게 분석하고, 중부굴기의 지도사상과 구체적 요구를 제출했다.

또한 2004년 12월 중앙경제공작회의에서는 국가발전개혁위원회가 중부굴기를 지원하는 다음과 같은 5개 방면의 정책 초안을 제정했다.

① 주요 양식생산지구에 대한 농업 투입 강도를 더욱 확대한다.

② 중부 6개 성 중심도시와 교통간선도로에 의지해, 도시군과 경제지대 등 경제 밀집구 발전을 장려한다.

③ 중부 6개 성의 구조조정 가속화, 신형공업화를 지원한다.

④ 대외개방 권한을 확대하고 정책을 통일해 외국 기업 유치를 촉진한다.

⑤ 중부 6개 성의 기초교육 발전을 지원한다. 중앙·성·시·현 재정의 농촌 기초 교육 투자에 대한 합리적 분담 기제를 건립하고, 현을 기초로 시행하는 동시에 중앙과 성급의 투입 비중을 대폭 늘리고, 노동력 교육훈련을 강화해, 노동력자원의 우세를 충분히 발휘토록 한다.

2005년 3월, 전국인민대표대회 '정부공작보고'에서는 중부지구 굴기 촉진 계획과 시책을 시급히 연구·제정해 중부지구의 위치 우세와 종합경제 우세를 발휘토록 하고, 현대농업, 특히 주요 식량생산지구 건설을 강화한다고 제출했다.

2006년 3월 5일, 원자바오 총리가 '정부공작보고' 중 '중부굴기'에 대해 다음과 같은 방침을 발표했다. 즉, 중부의 위치, 자원, 산업과 인재 우세를 충분히 발휘하고, 현대화농업, 특히 양식 주생산구 상품양식기지, 에너지와 중요 원재료기지, 현대 종합운수교통 체계, 현대 유통 체계와 현대 시장 체계 건설을 강화한다. 노공업기지 진흥과 자원형도시의 경제 체제 전환을 지원하고, 현대장비 제조기지와 고급신기술 산업기지를 건설한다. 중심도시의 발전 확산 기능을 증강해, 주변지구를 대동하고 함께 발전하도록 한다.

2006년 4월 15일, 중공 중앙과 국무원은 중부굴기의 강령 문건인 '중부지구 굴기 촉진에 관한 약간의 의견(关于促进中部地区崛起的若干意见)'을 공포·하달했다.

4) 13차 5개년 계획 기간의 구역협조발전 전략[14]

13차 5개년 계획에서는 구역협조발전의 총체 전략을 '일대일로' 건설, 징진지 협동발전, 장강경제지대 발전을 견인해 연해·연강 경제대의 종축과 횡축을 발전시키고, 생산 요소의 질서 있는 유동, 주체기능구의 효율적 통제, 기본 공공서비스 혜택 평등, 수용 가능한 자원환경 조성으로 설정했다. 하위 목표 및 실현 전략 수단은, 서부대개발, 동북진흥, 중부굴기, 동부 지역 선도발전 심화, 구역발전 정책 혁신, 구역발전기제 개선, 구역 협조, 협동, 공동 발전 촉진, 지역발전 격차 축소 등이다.

(1) 서부대개발 추진 심화

서부대개발 전략을 우선적 위치에 두고 발전을 심화시키며, '일대일로' 건설이 서부대개발을 견인하는 역할을 발휘토록 한다. 서부대개발 내외 연결 통로와 구역성(區域性) 거점 건설을 가속화하고, 기반시설 건설 수준을 제고하고, 낙후 변경 지역의 대외 통행 여건을 개선한다. 녹색 농산품 가공, 문화관광 등 특색 있는 우세산업을 발전시킨다. 일련의 국가급 산업이전시범구를 설립해 산업군을 발전시킨다. 자원환경 수용 능력이 비교적 강한 지역을 거점으로 자원 가공 산업 비중을 제고하고, 수자원의 과학적 개발과 효율적 이용을 강화한다.

(2) 동북지구 등 노후공업기지 진흥 추진

시장기제 발전 개혁을 가속화하고, 구조조정을 적극 추진하고, 동북지구 노후 공업기지의 활력과 내재 동력, 종합경쟁력을 제고한다. 서비스형 정부를 건설해 상업과 경영 환경을 개선하고 민영 경제 발전을 가속화한다. 창업과 혁신을 적극 장려하고, 기술과 산업혁신센터 건설을 지지한다. 인재 유입 등 각종 혁신 요소를 집중시키고 혁신을 발전 동력으로 추동한다. 현대화된 대규모 농업을 발전시키

---

14 2016년 3월 중국 국무원이 발표한 '중화인민공화국 국민경제와 사회발전 제13차 5개년 계획 강요(中华人民共和国国民经济和社会发展第十三个五年规划纲要)'를 요약·정리한 것이다.

고, 전통 우세산업을 승급시키고, 산업승급시범구를 건설하고 선진장비 제조업기지와 기술설비 전략기지 건설을 촉진한다. 자원형 도시의 전형을 지원하고, 또한 러시아, 일본, 한국 등 국가와의 협력 시스템 건설을 지원한다.

(3) 중부지구 굴기 촉진

새로운 시기의 중부굴기 촉진 계획을 수립하고, 정책 지원 체계를 개선하고, 도시화와 산업, 인구 밀집의 유기적 결합을 추진해 중요 전략 거점을 형성한다. 중부지구의 '남북관통, 동서연결' 현대화 교통 체계와 물류 체계를 건설하고, 연강 도시군과 도시권 성장 거점을 육성한다. 질서 있게 산업 이전을 추진하고, 현대화 농업과 선진제조업 발전을 가속화한다. 에너지사업의 전환을 지원하고, 일련의 전략적 신흥산업과 하이테크 산업기지를 건설해 산업군을 육성한다. 수리환경 보호와 치수를 강화하고, 포양호(鄱阳湖)와 동팅호(洞庭湖)에 생태경제구를, 한강(汉江)과 화이하에 생태경제지대를 건설한다. 정저우시 공항경제종합실험구 건설을 가속화하고, 내륙 개방형 경제 발전을 지원한다.

(4) 동부지구의 우선 발전

동부지구가 더욱 효율적으로 전국 발전을 지지하고 선도하도록 지원하고, 파급 및 견인 능력을 강화한다. 혁신 견인으로 전환하고, 국제적 영향력과 전 세계적 선진제조업 기지로 발전토록 한다. 산업 승급과 신흥산업, 현대화 서비스업 발전을 견인해 전 세계적 선진제조업 기지를 건설한다. 전방위적 개방형 경제 체제를 건설하고, 더 높은 차원의 국제협력을 추진한다. 공공서비스의 균등화, 사회문명의 제고, 생태환경 개선 부문에서 전국 선두에서 가도록 하고, 환발해 지역의 협력발전을 추진한다. 주강삼각주의 혁신을 통한 지역 승급을 지원하고, 선전의 과학기술 발전과 함께 산업혁신센터 건설을 가속화한다. 범(汎)주강삼각주의 지역협력을 심화하고, 주강삼각주-서강 경제지대(珠江-西江经济带) 발전을 가속화한다.

(5) 징진지지구 협동발전

경제구조와 공간구조를 고도화하고, 인구와 경제 밀집지구를 고도화 할 수 있는 새로운 모델을 탐색하고, 수도를 핵심으로 한 세계급 도시군을 건설해 환발해 지구와 북방지구 발전의 파급효과를 견인한다. 베이징의 비(非)수도기능을 분산 시키고, 주요 구(區)의 인구밀도를 낮춘다. 에너지, 물 소모가 많은 업종, 지역성 물류기지, 전문시장, 일부 의료기구, 교육기관, 행정기구, 기업 본사를 중점적으로 이전한다.

'1핵, 2도시, 3축, 4구, 다절점'의 공간 배치를 구축한다. 산업 배치를 고도화하고, 징진지 협동 혁신 공동체 건설을 추진한다. 베이징은 지식경제, 서비스경제, 녹색경제, 고정밀 첨단산업을 중점적으로 발전시킨다. 톈진은 선진제조업, 전략성 신흥산업, 현대화된 서비스업, 금융혁신시범구를 발전시킨다. 허베이는 베이징의 비수도기능을 수용하고, 베이징과 톈진의 과학기술 성과를 활용해 현대화된 상업, 물류기지, 신형 공업화기지, 산업 이전 및 승급 시범기지를 건설한다.

대기오염 방지를 강화하고, 대기오염 방지 중점지구를 건설하며, 미세먼지 농도를 25% 이상 줄인다. 베이징, 톈진, 바오딩지구에 삼림지를 조성하고, 바이양뎬(白洋淀), 헝수이호(衡水湖) 등 습지를 복원하고, 바상 고원(坝上高原) 생태보호구를 건설하며, 옌산-타이항산 생태함양구를 건설한다.

(6) 장강경제지대 발전 추진

생태환경 우선과 녹색발전의 전략적 위상을 견지하고, 장강 생태환경 복원을 우선 중시하고, 장강 상·중·하류 유역의 협동발전과 동·중·서부의 상호협력을 추진한다. 장강 전 유역의 수자원 보호와 수처리 시설 정비를 추진하고, 장강 간선 지류의 수질을 3급 수준으로 끌어올린다.

장강의 황금수로를 기초로 다양한 방식의 교통 통로를 수립한다. 난징 이하는 수심 12.5m의 심수항로를 건설하고, 이창에서 안칭까지의 항로를 정비하고, 장강 삼협(長江三峽)의 중심수운 통로를 건설하고 종합교통운수 체계를 개선한다. 항만 배치를 고도화하고 우한, 충칭 등 장강 중·상류에 항운중심과 난징에 지역성 항운 물류중심을 건설한다.

연(沿)장강 지역의 도시화와 산업 배치를 고도화해 장강삼각주, 장강 중하류, 쓰촨-충칭의 3대 도시군 기능을 제고한다. 상하이의 4개 중심(국제경제중심, 국제금융중심, 국제무역중심, 국제항운중심)에 대한 선도 역할을 추진하고, 총칭의 전략적 거점과 연결 거점의 중요 역할을 수행하게 해 중심도시가 이끌고 중소도시가 지지하는 네트워크화, 클러스터형 배치를 조성한다.

(7) 특수유형 지역의 발전

구혁명근거지(革命老区), 민족지구(民族地区), 변강지구(边疆地区)와 빈곤지구의 지원을 강화한다. 변강의 빈곤지구와 변강 민족, 구혁명근거지의 인재 육성 계획을 수립하고 경제를 발전시켜, 인민 생활에 뚜렷한 개선을 이룬다.

구혁명근거지의 경우, 장시-푸젠-광동(赣闽粤)의 원(原)중앙소비에트지구, 산간닝(陕甘宁, 섬서-간쑤-닝샤), 다볘산(大別山), 줘여우강(左右江), 촨산(川陕, 쓰촨-섬서) 등 중점 빈곤 구혁명근거지 진흥 발전을 가속화한다. 이 중 장시-푸젠-광동에 대해서는, 중국 국무원이 2012년에 원중앙소비에트지구 진흥발전계획(国务院关于支持赣南等原中央苏区振兴发展的若干意见)을 발표했다. 이 계획의 주요 목표는 원중앙소비에트지구를 핵심으로 밀접하게 연계된 주변 현(시, 구)를 발전시킨다는 것이고, 주요 계획 범위로는 후난성은 리링시(醴陵市), 장시성은 간저우시, 지안시, 신위시(新余市) 전부, 푸저우시(抚州市), 상야오시(上饶市), 이춘시, 핑샹시, 잉탄시 일부 지역이고, 푸젠성은 룽옌시, 싼밍시(三明市), 난핑시 전부, 장저우시(漳州市), 취안저우시(泉州市)의 일부 지역을 포함한다. 광동성은 메이저우시(梅州市) 전부와 허웬시(河源市), 차오저우시(潮州市), 사오관시(韶关市)의 일부 지역을 포함한다. 총 계획면적은 21.8km², 2013년 말 기준 총인구는 4748만 명, 지역총생산은 1조 4650억 위안이다.

이외에도 이멍(沂蒙), 후난-후베이-장시(湘鄂赣), 타이항, 하이루펑(海陆丰) 등 미발달 구혁명근거지 지구를 발전시킨다. 교통, 수리, 에너지, 통신 등 기반시설을 갖추게 하고, 공공서비스 수준을 대폭 개선하며, 생태환경 보호와 건설을 확대한다. 특색 농업 등 수익 증대가 가능한 우세산업을 육성하고, 홍색관광(红色旅游)[15]

---

15 홍색관광이란, 장시성 징강산(井冈山), 섬서성 옌안, 허베이성 시바이포(西柏坡) 등 중공의 혁명근거지 등 혁명 유적지를 관광 대상 및 목적으로 하는 관광을 가리킨다.

을 발전시키며, 순차적으로 에너지자원을 개발한다. 소수민족과 민족지구의 발전을 중요한 전략적 위치에 두고 민족지구의 건강한 발전을 추진하며, 재정 투입과 금융을 지원한다. 민족지구의 발전우세산업과 특색경제를 지원하고, 신장 남부의 4개 지구[아커쑤지구(阿克苏地区), 카스지구(喀什地区), 커즈러쑤커얼커즈(克孜勒苏柯尔克孜)자치주, 허톈지구(和田地区)]의 발전을 촉진한다. 티베트와 인접한 4개 성의 발전을 지원한다. 소수민족의 사업 발전과 인구가 적은 소수민족을 지원하고, 민족 특산품 발전과 소수민족 전통문화의 보호·계승을 한다.

변경지구의 개발·개방을 추진한다. 변경도시에 중점개발, 개방시범구 등을 건설한다. 기반시설의 상호 연결을 강화하고, 대외 주간선 통로를 조속히 건설한다. 신장지구의를 서부 개방의 중요 창구로 건설하고, 시짱지구를 남아시아 개방의 중요한 통로로 건설하고, 윈난성은 남아시아와 동남아시아를 향한 파급효과를 중심으로 건설한다. 광시는 아세안 연맹의 국제 대통로(大通道)로 발전시킨다. 헤이룽장, 지린, 랴오닝, 네이멍구는 북방 개방의 주요 창구이자 동북아 지역 협력의 중추 지역, 창지투 개발·개방 선도구로 건설한다.

자원 고갈, 산업 쇠퇴, 생태환경의 심각한 훼손 등 곤란(困難)지구의 전형발전 지원 정책을 강화한다. 대체 산업 발굴을 촉진하고, 자원형 지구를 혁신하며, 다양한 산업이 병존할 수 있는 신국면을 지원한다. 노공업지구, 독립 광산구, 석탄 채굴 고갈구 등에 전면적 산업 전형(轉型)을 추진한다. 생태환경이 심각히 훼손된 지역의 회복 능력을 강화하고, 순차적 이주를 추진한다.

5) 14차 5개년 계획 발전계획의 전망

2020년 10월 29일 제19차 중국공산당 중앙위원회 5차 회의에서 '국민경제와 사회 발전 14차 5개년 계획 및 2035년 장기목표 건의(中共中央关于制定国民经济和社会发展第十四个五年规划和二〇三五年远景目标的建议)'가 통과되었다. 이 건의 중 주요 과제와 구역협조발전 관련 사항은 다음과 같다.[16]

---

16 이후 중국 정부는 중앙 및 각 성·직할시별로 수립, 종합한 국민경제와 사회 발전 14차 5개년 계획(十

(1) 주요 목표

14차 5개년 계획(2021~2025)에서는 주요 목표 6개를 설정했다.

첫째, 경제 발전의 새로운 성과를 획득한다. 경제 발전은 중국의 모든 문제를 해결하는 기초이자 관건이다. 경제 발전은 새로운 발전 이념을 견지해야 하고, 발전 잠재력을 충분히 발휘하고, 국내시장을 더욱 확대시키고, 경제구조를 고도화하고, 혁신 능력을 현저히 제고하고, 산업 기초 고급화와 산업클러스터의 현대화 수준을 현저히 높인다. 또한, 농업기초를 더욱 견고히 하고, 도시와 농촌의 협조 발전을 더욱 강화하고, 현대화 경제 체제의 건설에 중대한 진전을 이룬다.

둘째, 개혁·개방의 새로운 단계에 진입한다. 사회주의 시장경제 체제를 더욱 개선하고, 고(高)표준의 시장경제 체제를 기본적으로 건설한다. 시장참여 주체들이 더욱 활기 있고, 지적재산권 제도 개혁과 요소시장 배치 개혁에 큰 진전을 이루고, 공정경쟁제도의 건전한 발전을 이룰 수 있는, 더욱 높은 수준의 개방형 경제 체제를 기본적으로 형성한다.

셋째, 사회문명을 새로이 승급시킨다. 인민의 마음에 깊이 '사회주의 핵심 가치관'이 새겨지도록 하고, 인민의 사상과 도덕적 소질, 과학문화 소질, 몸과 마음의 건강 소질을 끌어올린다. 공공문화 서비스 체계와 문화사업 체계를 더욱 건전하게 발전시키고, 인민의 정신문화 생활을 풍부하게 한다.

넷째, 생태문명 건설을 보다 새롭게 진전시킨다. 국토공간 개발 보호를 더욱 고도화하고, 생산·생활 방식을 녹색발전으로 전환하고, 에너지 자원을 합리적으로 배치하고, 이용 효율을 대폭 향상시킨다. 주요 오염 물질 배출 총량을 지속적으로 감소시키고, 생태환경을 지속적으로 개선하고, 도시와 농촌의 주거환경을 현저하게 개선한다.

다섯째, 국민 복지를 새로운 수준으로 끌어올린다. 더욱 충분하게, 더 높은 질의 일자리를 확대하고, 경제 발전과 주민 수입 증가를 함께 추진하고, 분배 구조를 뚜렷하게 개선한다. 기초 공공서비스 균등화 수준을 제고하고, 전 국민의 교육 수준을 부단히 끌어올린다. 다층 구조의 사회보장 체계를 구축하고, 위생건강 체

四五規劃) 최종안을 2021년 3월 전인대 보고를 거쳐 확정했다.

계를 개선하고, 빈곤 탈출 성과를 확대하고, 농촌과 도시의 진흥 전략을 전면적으로 추진한다.

여섯째, 국가행정 서비스 수준을 더욱 높인다. 사회주의 민주법치를 강화하고, 사회의 공평과 정의를 더욱 확대하고, 국가행정 체계를 개선하고, 정부 역할을 더욱 적극적으로 발휘해 행정 효율과 공신력을 높인다. 공공서비스 행정, 특히 기층 서비스 수준을 높인다. 공공 재해에 대한 긴급 구조 능력과 자연재해 예방 수준과 안전 강도를 더욱 높인다.

(2) 구역협조발전 추진과 '신형 도시화'

구역(區域) 중점 전략, 구역협조발전 전략, 주체기능구 전략을 견지하고, 구역협조발전 체계 기제를 건전화하고, '신형 도시화' 전략을 승급시키고, 고품질 국토공간 배치와 지원 체계를 구축한다.

국토공간 개발과 보호의 신국면을 조성한다. 자원환경의 수용 능력에 근거해, 각 지역의 비교우위를 발휘토록 점차적으로 도시화지구, 농산품 주생산지구, 생태기능구의 3대 공간을 배치·조성한다. 도시화 지구는 인구와 경제를 고효율적으로 밀집화하고, 기본 농경지와 생태공간을 보호한다. 농산품 주생산지의 생산 능력을 강화하고, 생태기능구의 발전 중점을 생태환경 보호와 생태 연관 제품 생산에 둔다. 생태기능구의 인구를 점진적으로 이전·감소시키고, 현저하고 우세한 점을 상호 보완하는 고품질 발전 주체기능구를 발전시켜 국토공간 개발과 보호의 새로운 국면을 조성한다.

구역협조발전을 추진한다. 서부대개발의 새로운 승급, 동북진흥의 새로운 돌파구, 중부지구의 빠른 발전, 동부지구의 현대화를 추진한다. 구혁명지구(革命老区)와 민족지구의 빠른 발전을 지원하고, 변경지구 건설을 강화하고, 변경지구 발전을 통한 주민경제 부흥과 안정을 달성한다. 징진지지구 협동발전, 장강경제지대 발전, 광동-홍콩-마카오(粤港澳) 대만구(大湾区), 장강삼각주 일체화 발전을 추진해 혁신 플랫폼과 새로운 성장 거점을 조성한다. 황하 유역 생태보호구의 고품질 발전을 추진한다. 숑안신구를 고표준·고품질로 건설한다. 육상과 해양을 종합적으로 계획하고, 해양경제(藍色經濟)를 발전시켜 해양강국을 건설한다. 구역의 전략적 통합, 시장 일체화 발전, 구역협력 보완, 구역 간 상호 이익 기제 등을 건전화한다. 발달 지역과 미발달 지역, 동부, 중부, 서부와 동북 지역의 공동발전을 촉진한다. 산업 전이제도 개선, 미발달 지역의 재정 지원 확대, 기본 공공서비스 균등화를 점진적으로 실현한다.

또한 사람을 핵심으로 하는 '신형 도시화'를 추진한다. 도시의 혁신, 도시의 생태 복원, 기능 개선 공정을 실시한다. 도시계획·건설·관리를 통합하고, 도시 규모와 인구밀도, 공간구조를 합리적으로 확정한다. 대·중·소도시와 소성진 협조발전을 촉진한다. 역사 문화의 보호, 도시 이미지 형성, 도시 노후지역 개조, 도시 홍수와 배출 능력을 끌어올린다. 보장성 임대주택 공급을 효과적으로 증대시키고, 토지출양금 수입 분배 체계를 개선하고, 집체건설용지에 계획에 의거해 건설·임대하고, 장기 임대주택 정책을 강화하고, 보장성 임대주택 공급을 확대한다. 호구제도 개혁을 심화 추진한다. 도시 내 신규 증가 건설용지 규모와 농업전이 시민화 인구 연계 정책을 실시하고, 기본 공공서비스 보장을 강화해 농업 인구의 시민화를 가속화한다. 행정구역 설치를 고도화하고 중심도시와 도시군의 역할을 발휘하는 현대화된 도시군을 건설한다.

Questions

1. 중국 정부가 지역발전 전략과 정책을 중화인민공화국 출범 이후 개혁개방 이전 시기의 균형발전과 국방 우선 배치 전략에서 개혁개방 이후 불균형 거점 발전으로 전환했으나, 다시 구역협조발전으로 전환한 배경과 구체적 관련 정책들을 제시하고, 주요 내용을 설명해 보시오.
2. 중국 정부의 '신형 도시화' 추진 전략을 삼농 문제와 질적 성장, '신상태' 개념과 연결해 설명하시오.

참고문헌

한글 문헌

가오지시(高吉喜). 2003. "中國沙化土地防治與硏究進展". 「黃砂와 韓中協力」(한중 국제학술회의 회의자
　　료), 동아일보사 21세기 평화연구소.

곽복선 외. 2018. 『중국경제론』(제3판). 박영사.

구기보·홍기석. 2017. 『중국경제론』(제2판). 삼영사.

김동수. 2018. 「징진지(京津冀)협동발전계획 현황」. 중국산업경제브리프_2018-09_이슈분석. 산업연구원.

김영구·장호준. 2016. 『중국문화산책』. 한국방송통신대학교 출판문화원.

농림축산식품부·한국농수산식품유통공사. 2015. 『2015 중국 쌀 시장 조사』. 한국농수산식품유통공사.

다즈강(笪志剛). 2011.10 「동북 3성의 지역경제 전략 및 발전에 대한 분석과 전망」. 『중국의 발전전략 전
　　환과 권역별 경제동향』. 대외경제정책연구원, 74~112쪽.

리칭(李青). 2003. 「개혁개방 이래 중국 지역경제발전의 배경과 구조의 변천」. 한중사회과학연구회 엮음.
　　『현대중국의 이해 2』. 한울. 403~423쪽.

모리스 마이스너. 2004, 『마오의 중국과 그 이후 1, 2』. 김수영 옮김. 이산.

박삼옥. 1999. 『현대경제지리학』. 아르케.

박인성 외. 2010. 「중·북 접경지역의 도시화와 발전축 형성동향」. 『경제인문사회연구회 대중국 종합연구
　　협동연구총서』. 경제인문사회연구회.

박인성 외. 2020, 『중국 부동산 이해』. 부연사.

박인성. 2007. 「중국 서북부지역의 퇴경환림환초정책 고찰」. ≪국토연구≫, 제55권, 203~215쪽.

박인성. 2009a. 『중국의 도시화와 발전축』. 한울.

박인성. 2009b. 「체제 전환기 중국 도시계획의 성격과 역할 고찰」. ≪한중사회과학연구≫, 제15호,
　　311~329쪽.

박인성. 2010. 「중국의 도시화 특성과 국토공간구조 형성동향 고찰」. ≪서울도시연구≫, 제11권 제2호,
　　1~13쪽.

박인성·문순철·양광식. 2000. 『중국경제지리론』. 한울.

박인성·서운석. 2006. 「중국의 신균형발전전략에 관한 고찰」. ≪한국지역개발학회지≫, 제18권 제1호,
　　109~126쪽.

박인성·왕칭윈(王青云). 2004. 「황사와 중국 서부대개발」. 『황사』. 동아일보사, 223~240쪽.

박인성·조성찬. 2018. 『중국의 토지정책과 북한』. 한울.

왕칭윈(王青云). 2003. 「중국의 서부대개발 전략 개황」. 한중사회과학연구회 엮음. 『현대중국의 이해 2』.
　　한울. 439~456쪽.

이문형 외. 2011. 『대중 산업경쟁력 확보방안』. 산업연구원.

이옥희. 2011. 『북중 접경지역』. 푸른길.

이현주. 2010. 『중국 관광수요자의 권역별 성향분석에 따른 방한관광 유치 활성화 방안 연구』. 경제인문사
　　회연구회.

이희연. 2018. 『경제지리학』(제4판). 법문사.

전상인·박양호. 2012. 『강과 한국인의 삶』. 나남.

전종한·서민철 외. 2010. 『인문지리학의 시선』. 논형.

주리빈. 2020. 「중국 광동성의 도시재생 추진경험 연구: 삼구개조(三旧改造)를 중심으로」. 한성대학교 부동산대학원 석사학위논문.

첸롱구이(陳龍桂). 2003. 「中國北方地區沙塵暴造成的受害情況」. 『黃砂와 韓中協力』(한중 국제학술회의 회의자료). 동아일보사 21세기 평화연구소.

첸슈샨(陈秀山)·쉬잉(徐瑛). 2005. 「중국 지역경제 구조 변천의 역사와 현황」. 『현대중국의 이해』. 한중사회과학연구회 편. 이채. 104~117쪽.

최병두 외. 2008. 『인문지리학 개론』. 한울.

카토오 히로유키. 2020. 『중국경제학 입문』. 김종선 외 옮김. 문진.

크루그먼, 폴(Paul Krugman). 2017. 『폴 크루그먼의 지리경제학』. 이윤 옮김. 창해.

한국지리정보연구회 엮음. 2000. 『지리학 강의』. 한울.

한주성. 2006. 『경제지리학의 이해』. 한울.

헤이터(Roger Hayter)·페첼(Jerry Patchell). 2020. 『경제지리학: 제도주의적 접근』(제2판). 남기범·이종호·서민철·이용균 옮김. 시그마프레스.

황핑 조슈아·쿠퍼 레이모. 2016. 『베이징 컨센서스』. 김진공·류준필 옮김. 소명출판.

후자오량(胡兆量). 2005. 『중국의 문화지리를 읽는다』. 휴머니스트.

KIEP 북경사무소. 2018. 『중국 슝안신구 건설현황과 1주년 평가』. 대외경제정책연구원

영문 문헌

Semple, E. C. 1911. *Influences of Geographic Environment, on the Basis of Ratzel's System of Anthropo-geography[M]*. H. Holt and Company.

Schaefer, F. K. 1953. Exceptionalism in geography: A methodological examination[J]. *Annals of the Association of American geographers*, 43(3), pp.226~249.

Earthzine. 2017.5.5. "Beijing hit by new air pollution crisis as huge sandstorm blows in." Earthzine. https://earthzine.org/beijing-hit-by-new-air-pollution-crisis-as-huge- sandstorm-blows-in/(검색일: 2021.6.8).

중문 문헌

新华社. 2020.11.3. 「中共中央关于制定国民经济和社会发展第十四个五年规划和二〇三五年远景目标的建议」. 新华社.

国务院. 1979. 「广东省委福建省关于对外经济活动和灵活措施的两个报告」. 国务院.

_____. 1982. 「当前试办经济特区工作中若干问题的纪要」. 国务院.

_____. 1985. 「长江, 珠江三角洲和闽南厦漳泉三角地区座谈会纪要」. 国务院.

_____. 2016. 「中华人民共和国国民经济和社会发展第十三个五年规划纲要」. 国务院.

_____. 2018. 「河北雄安新区总体规划(2018-2035年)」. 国务院.

_____. 2019. 「长江三角洲区域一体化发展规划纲要」. 国务院.

李建新·刘梅. 2019. 「我国少数民族人口现状及变化特点」. ≪西北民族研究≫, 2019年 第4期.

叶宽主编. 2018. 『特色小镇简论』. 中共中央党校出版社.

陆大道. 2017. 「变化发展中的中国人文与经济地理学」[J]. ≪地理科学≫, 37(5), pp.641~650.

国家发展和改革委员会. 2016. 「全国农村经济发展'十三五'规划」.

国家能源局. 2016. 「能源发展'十三五'规划」.

国家发展改革委. 2016. 「东北振兴'十三五'规划」.

京津冀协同发展规划纲要领导小组. 2016. 「京津冀协同发展规划纲要」.

翁古小凤·熊健益. 2016.「我国生产性服务业发展统计分析」.≪经济研究导刊≫, 30, pp.22~25, p.167.

冀朝鼎. 2016.『中國歷史上的基本經濟區』. 浙江人民出版社.

吴松弟主编. 2015.『中国近代经济地理』. 华东师范大学出版社.

董保存·狄敏. 2015.「备战备荒为人民口号由来」.≪作家文摘≫, 总第230期, pp.29~30.

孙久文·肖春梅. 2014.『21世纪中国生产力总体布局研究』. 中国人民大学出版社.

范剑勇·莫家伟. 2013.「城市化模式与经济发展方式转变」复旦学报: 社会科学版(上海).≪区域与城市
    经济≫, 第10期, pp.65~73, 中国人民大学书报资料中心.

何一民. 2012.『革新与再造』(上, 下). 四川大学出版社.

陈映芳. 2012.『城市中國的逻辑』. 三联书店.

何添锦主编. 2012.『地理与区域经济』. 浙江工商大学出版社.

上海市政府发展研究中心等. 2012.『上海城市经济与管理发展报告』. 上海财经大学出版社.

吴乘明. 2012.『经济史理论与实证』. 浙江大学出版社.

徐宪平. 2012."面向未來的中國城鎮化道路".≪求是≫, 5, pp.37~39.

春江. 2012.「西方发展模式遭遇危机」.≪环球≫, 2012年 第5期.

清風. 2012.「兩會面上的房地产議題」.≪中國房地产≫, 4~5, 中国房地产雜誌社.

中国物流与采购联合会等. 2012.『中国物流发展报告 2011』. 中国物资出版社.

胡愈·陈晓春等. 2012.「城乡居民收入差距及农民收入结构分析」.≪经济理论与经济管理≫, 2012.10,
    pp.90~98.

王海波等. 2011.『中国现代产业经济史(1949.10-2019)』. 山西经济出版社.

崔民选·王军生. 2011.『中国交通运输业发展报告(2011)』. 社会科学文献出版社.

笪志刚. 2011.「对东北三省区域经济战略及发展的分析与思考」.『中国经济发展方式的转变与区域经济
    走势』. 韩国对外经济政策研究院(KIEP: Seoul), pp.54~81.

中華人民共和國農業部. 2011.5.「全国乡镇企业发展十二五规划」.

中国科学院研究生院房地产发展战略研究小组等. 2011.『中国房地产市场回顾与展望(2009-2011)』. 科学
    出版社.

萧国亮·隋福民. 2011.『中华人民共和国经济史(1949-2010)』. 北京大学出版社.

上海财经大学财经研究所·城市经济规划研究中心. 2010.『上海城市经济与管理发展报告-开放条件下上
    海现代服务经济发展』. 上海财经大学出版社.

杰. 2011.「优化中国经济地理格局的科学基础」,≪经濟地理≫ 第1期(長沙), pp.1~6.

加藤弘之·吴柏均主编. 2011.『城市化与区域经济发展研究)』. 华东理工大学出版社.

倪鹏飞主编.『中国住房发展报告(2010-2011)』. 2011. 社会科学文献出版社.

张宗益·任宏刘贵文等. 2011.『重庆统筹城乡发展实践』. 重庆大学出版社.

叶素文主编. 2010.『物流经济地理』. 浙江大学出版社.

简新华·何志扬等. 2010.『中國城镇化与特色城镇化道路』. 山东人民出版社.

路紫. 2010.『中國經濟地理』. 高等教育出版社.

胡欣. 2010.『中國經濟地理』(第七版). 立信会计出版社.

黄孟复. 2010.『中国民营经济史·纪事本末』. 中华工商联合出版社.

孙久文·彭薇. 2010.「我国城市化进程的特点及其与工业化的关系研究」.≪区域与城市经济≫, 第4期.
    中国人民大学书报资料中心.

赵华甫等. 2010.「基于农用地分等的国家级重点建设项目补充耕地方法」.≪中国土地科学≫ 第24卷第12
    期, pp.15~20.

杨德才. 2009.『中国经济史新论(上, 下)』. 经济科学出版社.

杨小军. 2009. 「建国60年来我国区域经济发展战略演变及基本经验」. ≪现代经济探讨≫(南京), 2009.9, pp.8~11.

刘荣. 2009. 「我国东西部差距不断扩大的根源及其对策」. ≪郑州轻工业学院学报:社会科学版≫(郑州), 2009.5, pp.98~102.

肖金成·袁朱等编著. 2009. 『中国十大城市群』. 经济科学出版社.

陈甬军等. 2009. 『中国城市化道路新论』. 商务印书馆.

祝尔娟等. 2009. 『全新定位下京津合作发展研究』. 中国经济出版社.

郑国编著. 2009. 『城市发展与规划』. 中国人民大学出版社.

曹宗平. 2009. 『中國城镇化之路』. 人民出版社.

赵晓雷·胡彬等. 2009. 『城市经济与城市群』. 上海人民出版社.

羅淳·武友德. 2009. 『小城鎮 大作爲』. 光明日报出版社.

樊纲·武良成. 2009. 『城市化: 一系列公共政策的集合』. 中国经济出版社.

中國科學院區域發展戰略研究組. 2009. 『創新2050: 科學技術與中國的未来-中国至2050年區域科技發展路線圖』. 科學出版社.

高新才. 2009. 「中国区域经济格局巨变与开发新秩序」. ≪社会纵横≫(兰州), 2009.10, pp.11~16, p.26.

段学军等. 2009. 「长江三角洲地区30年来区域发展特征初析」. ≪经济地理≫(长沙), 第29卷第2期, pp.185~192.

顾文选等. 2008.11. 「中国城镇化发展30年」. ≪城市≫(天津), 2008.11, pp.17~22.

盛广耀. 2008.6. 「城市化模式及转变研究」. 中国社会科学出版社

崔民选主编. 2008. 『中国能源发展报告』. 社会科学文献出版社.

祝尔娟主编. 2008. 『京津冀都市圈发展新论』. 中国经济出版社.

肖金成·高国力等. 2008. 『中国空间结构调整新思路』. 经济科学出版社.

胡彬. 2008. 『区域城市化的演进机制与组织模式』. 上海财经大学出版社.

彭森·陈立等. 2008. 『中国经济体制改革重大事件』(上·下). 中国人民大学出版社.

陈玉梅. 2008. 『东北地区城镇化道路』. 社会科学文献出版社.

刘玉·冯健. 2008. 『中国经济地理』. 首都经济贸易大学出版社.

季任钧·安树伟等. 2008. 『中国沿海地区乡村-城市转型与协调发展研究』. 商务印书馆.

马保平·张贡生. 2008. 『中国特色城镇化论纲』. 经济科学出版社.

踪家峰. 2008. 『城市与区域治理』. 经济科学出版社.

王任祥主编. 2008. 『交通運輸地理』. 人民交通出版社.

陈为邦. 2008. 「中国城市化思辨」. ≪城市≫(天津), 2008.11, pp.10~13.

聂华林·赵超编著. 2008. 『区域空间结构概论』. 中国社会科学出版社.

李晓江. 2008. 「城镇密集地区与城镇群规划」. ≪城市规划学刊≫, 2008-1(173).

王雅莉. 2008. 「我国城市化战略的演变及政策趋势分析」. ≪城市≫(天津), 2008.11, pp.51~58.

中共中央党史研究室第三研究部编. 2007. 『中国沿海城市的对外开放』. 中共党史出版社.

何念如·吴煜. 2007. 『中国当代城市化理论研究』. 上海人民出版社.

周建春. 2007. 『小城鎮土地制度與政策研究』. 中國社會科學出版社.

权衡. 2007. 『中国区域经济.统筹协调发展』. 上海人民出版社.

全国政协文史和学习委员会办公室等编. 2007. 『2006京杭大运河』. 中国文史出版社.

刘斌夫. 2007. 『中国城市化走向』. 中国经济出版社.

上海财经大学财经研究所·城市经济规划研究中心. 2007. 『上海城市经济与管理发展报告-上海城市发展的空间结构优化与内涵创新:长三角组团式城市群的协调发展』. 上海财经大学出版社.

吴敬华等. 2007. 『经中国区域经济发展趋势与战略』. 天津人民出版社.

上海财经大学财经研究所·城市经济规划研究中心. 2006.『上海城市经济与管理发展报告-上海及长江三角洲区域经济社会协调发展』. 上海财经大学出版社.

周绍森·陈栋生. 2006.『中部崛起伦』. 经济科学出版社.

姚士谋·陈振光·朱英明. 2006.『中国城市群』. 中国科学技术大学出版社.

陈枚君·杜放等. 2006.『中国城市化的先锋』. 经济科学出版社.

王偉强. 2005.『和諧城市的塑造』. 中國建築工業出版社.

≪经济时报≫. 2005. "区域协调发展防止平均主义".

中國社會科學院 財貿研究所. 2005. "縮小地區差距應從轉移支付入手". ≪經濟觀察報≫.

王如渊. 2004.『深圳特区城中村研究』. 西南交通大学出版社.

朱英明. 2004.『城市群经济空间分析』. 科学出版社.

高伯文. 2004.『中国共产党区域经济思想研究』. 中共党校出版社.

高文杰·邢天河等. 2004.『新世纪小城镇发展与规划』. 中国建筑工业出版社.

何伟. 2004.『区域城镇空间结构与优化研究』. 人民出版社.

陈元. 2004.『中国农村城镇化问题研究』. 中国财政经济出版社.

延军平等. 2004.『中國西北生態環境建設與制度創新』. 中國社會科學出版社.

石中元. 2004.『治理環境』. 中國林業出版社.

戴辉·李莉·万威武. 2004.「振兴东北老工业基地的一种创新思考-以产业群战略整合区域经济发展政策的启示」. ≪当代经济研究≫, 4, pp.22~26.

董鉴泓主编. 2004.『中国城市建设史』. 中国建筑工业出版社.

戈银庆. 2004.「中国区域经济问题研究综述」. ≪甘肃社会科学≫, 1, pp.57~60.

国家统计局课题组. 2004.「我国区域发展差距的实证分析」. ≪中国国情国力≫, 3, pp.4~8.

河南省价格学会. 2004.「中国中部地区走新型工业化道路研究」. ≪河南社会科学≫, 3, pp.106~114.

吴利学·魏后凯. 2004.「产业集群研究的最新进展及理论前沿」. ≪上海行政学院学报≫, 3, pp.51~60.

藍勇. 2003.『中國歷史地理學』. 高等教育出版社.

李燕光·尖捷主编. 2003.『满族通史』. 辽宁人民出版社.

王自亮·钱雪亚. 2003.『从乡村工业化到城市化: 浙江现代化的过程, 特征与动力』. 浙江大学出版社.

李善同主编. 2003.『西部大開發與地區協調發展』. 商務印書館.

傅崇蘭. 2003.『小城鎮論』. 山西經濟出版社.

李合敏. 2002.「邓小平的西部开发战略构想与江泽民的丰富和发展」. ≪柳州师专学报≫, 4, pp.50~56.

邓水兰. 2002.「制度和政策创新是实现共同富裕的根本途径」. ≪求实≫, 3, pp.34~36.

赵曦. 2002.『21世紀中國西部發展探索』. 科学出版社.

王天津. 2002.『西部環境資源産業』. 東北財經大學出版社.

盛昭瀚. 2002.「国家创新系统的演化经济学分析」. ≪中外管理导报≫, 10, pp.17~21.

温军. 2002.「中国少数民族地区经济发展战略的选择」. ≪中央民族大学学报≫, 2, pp.66~73.

王鉴. 2002.「西部民族地区教育均衡发展的新战略」. ≪民族研究≫, 6, pp.9~17.

王家斌·张德四. 2001.「邓小平共同富裕思想与西部大开发战略」. ≪沈阳师范学院学报≫, 6, pp.9~12.

鄒逸麟主编. 2001.『中國歷史人文地理』. 科學出版社.

胡濤·孫炳彦. 2001.「沙塵暴原因背後的原因」.『全國環保系統優秀調研報告書』. 國家環境保護總局, pp.8~23.

黃乾. 2001.「区域创新政策支持系统的研究」. ≪中州学刊≫, 2, pp.31~33.

厲以寧主编. 2000.『區域發展新思路』. 經濟日報出版社.

韩渊丰. 2000.『中国区域地理』. 广东高等教育出版社.

王文忠外. 2000. 『上海21世紀初的住宅建設發展戰略』. 學林出版社.

國家計委國土開發與地區經濟研究所. 2000. 『西部開發論』. 重慶出版社.

教育部发展规划司. 2000. 『中国教育事业发展统计简况(1999)』. 教育出版社.

陸大道等. 2000. 『1999中國區域發展報告』. 商務印書館.

中國統計出版社. 1999. 『新中國50年』. 中國統計出版社.

景愛. 1999. 『沙漠考古通論』. 紫禁城出版社.

顧朝林等. 1999. 『中國城市地理』. 商務印書館.

董輔仍主編. 1999. 『中華人民共和國經濟史』(上, 下). 經濟科學出版社.

阮儀三主編. 1999. 『城市建設與規劃基礎理論』. 天津科學技術出版社.

丛树海·张桁. 1999. 『新中国经济发展史(1949-1998)』(上, 下). 上海财经大学出版社.

叢樹海等. 1999. 『新中國經濟發展史』(上, 中, 下). 上海財經大學出版社.

胡序威. 1998. 『區域與城市研究』. 科學出版社.

吳傳鈞主編. 1998. 『中国经济地理』. 科學出版社.

王恩涌等. 1998. 『政治地理學』. 高等教育出版社.

國家計委會國土地區司. 1998. 『1997中國地區經濟發展報告』. 改革出版社.

趙民等. 1998. 『土地使用制度改革與城鄉發展』. 同濟大學出版社.

李靑. 1997. 「沿海新興工業省分的發展軌迹及走向」. 中國人民大學 博士學位論文.

朴寅星. 1997. 「土地市場及土地政策的中韓比較硏究」. 中國人民大學 博士學位論文.

谢凝高. 1997. 『中国的名山大川』. 商务印书馆.

毛漢英主編. 1997. 『蘇魯豫皖接壤地區資源開發·産業布局與環境整治』. 氣象出版社.

毛漢英主編. 1997. 『淮海經濟區經濟和社會發展規劃(1996-2010年)』. 中國科學技術出版社.

國家計委國土開發與地區經濟研究所. 1997. 「1991-97年課題報告選編」.

國家計委國土開發與地區經濟研究所. 1997. 「2000-2020年全國國土總體規劃的思路研究」.

劉再興. 1997. 『工業地理學』. 商務印書館.

吳傳鈞等. 1997. 『現代經濟地理學』. 江蘇教育出版社.

余之祥主編. 1997. 『長江三角洲水土資源與區域發展』. 中國科學技術大學出版社.

胡兆量等. 1997. 『中國區域經濟差異及其對策』. 清華大學出版社.

胡序威. 1997. 『中國設市豫測與規劃』. 知識出版社.

中華人民共和國公安部編. 1997. 『中華人民共和國全國分縣市人口統計資料(1996)』. 中國人民公安大學出
版社.

國家計劃委員會國土開發與地區經濟研究所. 1997.12. 「地區經濟的合理布局與協助發展研究」, 『1991-97年
課題報告選編』.

朱鐵臻. 1996. 『城市發展研究』. 中國統計出版社.

陳棟生等. 1996. 『西部經濟崛起之路』. 上海遠東出版社.

陳才等. 1996. 『東北地區開發與圖們江地區開放』. 東北師範大學出版社.

侯捷·高尚全外. 1996. 『中國城鎮住房制度改革全書』. 中國計劃出版社.

北京市科學技術委員會·北京市科技諮詢業協會. 1996. 『跨世紀的決擇-北京經濟發展戰略研究報告』. 北
京科學技術出版社.

吳凱·謝明. 1996. 「黃淮海平原農業綜合開發的效益和糧食增産潛力」. ≪地理研究≫, 50(2).

劉君德主編. 1996. 『中國行政區劃的理論與實踐』. 華東師範大學出版社.

張善余. 1996. 『人口垂直分布規律和中國山區人口合理再分包研究』. 華東師範大學出版社.

國家計委國土開發與地區經濟研究所. 1996. 『我國地區經濟協助發展研究』. 改革出版社.

石高俊編著. 1996. 『中国旅游资源』. 江苏教育出版社.

≪人民日報≫. 1996.10.24~11.3. "東北的探索".

錢學森. 1996. 『城市學與山水城市』. 中國建築工業出版社.

武偉. 1995. 「我國鐵路幹線沿線地帶工業與區域開發研究」. 中國科學院博士學位論文.

冀黨生・邵秦. 1995. 『中國人口流動態勢與管理』. 中國人口出版社.

毛漢英主編. 1995. 『人地系統與區域持續發展研究』. 中國科學技術出版社.

查瑞傳主編. 1995. 『中國第四次人口普查資料分析』(上, 下). 高等教育出版社.

孫廣有主編. 1995. 『黑龍江幹流梯級開發對右岸自然環境與社會經濟發展的影響』. 吉林科學出版社.

劉再興主編. 1995. 『中國生産力總體布局研究』. 中國物價出版社.

陸大道主編. 1995. 『中國環渤海地區持續發展戰略研究』. 科學出版社.

余之祥主編. 1995. 「長江三角洲産業的區域特点與産業結構」. 長江流域資源與環境.

周一星. 1995. 『城市地理學』. 商務印書館.

趙濟. 1995. 『中國自然地理』. 高等教育出版社.

中國科學院地理研究所. 1995. 『中國區域發展研究』. 中國科學技術出版社.

中國科協學會部編. 1995. 『長江-21世紀的發展』. 測繪出版社.

胡序威・毛漢英・陸大道. 1995. 「中國沿海地區持續發展問題與對策」. ≪地理學報≫, 50(1).

陳光庭等. 1995. 『21世紀城市與住宅發展』. 北京科學技術出版社.

任美鍔主編. 1994. 『中國的3大三角洲』. 高等教育出版社.

孫敬之主編. 1994. 『中國經濟地理概論』. 商務印書館.

國務院研究室課題組編著. 1994. 『小城鎮發展政策與實踐』. 中國統計出版社.

國家土地管理局土地利用規劃司編. 1994. 『全國土地利用總體規劃研究』. 科學出版社.

齊康. 1994. 「發展小城鎮要擺好中等城市這個龍頭-兼對中等城市的特點及發展戰略的思考」. ≪雲南財貿學院學報≫, 3期.

周爾鎏・張雨林編. 1994. 『中國城鄉協調發展研究』. 牛津大學出版社.

程潞等. 1993. 『中國經濟地理』(修訂三版), 華東師範大學出版社.

魏心鎮等. 1993. 『新的産業空間-高技術産業開發區的發展與布局』. 北京大學出版社.

國家計委國土開發與地區經濟研究所. 1993. 「1981-1992年我國國土規劃的實踐和認識」.

邓小平. 1993. 『邓小平文选 第3卷』. 人民出版社, p.538.

陳航等. 1993. 『中國交通運輸地理』. 科學出版社.

楊汝萬主編. 1993. 『中國城市與區域發展』. 香港中文大學亞太研究所.

中華人民共和國. 1993. 「城市居住區規劃設計規範」[GB50180-93].

農業出版社. 1993・1994. 『中國鄉鎮企業年鑒』(1993, 1994年版). 農業出版社.

鮑世行. 1993. 『城市規劃新概念新方法』. 商務印書館.

中國建設部城市規劃司. 1992. 『城市規劃編制辦法』. 群衆出版社.

崔功豪主編. 1992. 『中國城鎮發展研究』. 中國建築工業出版社.

顧朝林. 1992. 『中國城鎮體系』. 商務印書館.

張小林・金其銘. 1992a. 『鄉村城市化理論研究』. 崔功豪主編.

趙令勛主編. 1992. 『中國環渤海地區産業發展與布局』. 科學出版社.

胡煥庸. 1990. 『胡煥庸人口地理選集』. 中國財政經濟出版社.

李文彦等. 1990. 『中國工業地理』. 科學出版社.

張毅. 1990. 『中國鄉鎮企業』. 法律出版社.

李文彦. 1990. 『中国工业地理』. 科學出版社.

揚樹珍 等. 1990. 『中國經濟區劃研究』. 中國展望出版社.

黃芳雅. 1989. 「中國大陸城鎮化的發展和農村勞力轉移」. 中華經濟研究員.

葉維鈞等主編. 1988. 『中國城市化道路初探-兼論我國城市基礎設施的建設』. 中國展望出版社.

李振泉 等. 1988. 『東北經濟區經濟地理總論』. 華東師範大學出版社.

胡兆量. 1987. 『經濟地理學導論』. 商務印書館.

胡煥庸. 1986. 『中國人口地理簡編』. 重慶出版社.

方明. 1985. ≪小城鎮研究綜述≫. ≪中國社會科學≫, 4期.

費孝通. 1985. 『小城鎮四記』. 新華出版社.

費孝通. 1984, 「小城鎮 大問題」. 江蘇省小城鎮課題組編. 『小城鎮 大問題』. 江蘇人民出版社.

王德荣主編. 1986. 中国运输布局[M]. 科学出版社

盛广耀·人文社会科学前沿扫描[N]. 中国社会科学院报, 2008-09-18(002).

焦长权·董磊明. 2018. 「从"过密化"到"机械化": 中国农业机械化革命的历程, 动力和影响(1980~2015年)」
　　　[J]. ≪管理世界≫, 34(10), pp.173~190.

國家計劃委員會國土開發與地區經濟研究所. 1997.12. 「地區經濟的合理布局與協助發展研究」. 『1991-97
　　　年 課題 報告選編』, p.16~21.

国家统计局. 2019a. 『2019 中國城市統計年鑑』. 国家统计局.

_____. 2019b. 『2019 中國农村統計年鑑』. 国家统计局.

_____. 2019c. 『2019 中国统计年鑑摘要』. 国家统计局.

_____. 2020. 『2019年农民工监测调查报告』. 国家统计局.

_____. "地区生产总值(亿元)". https://data.stats.gov.cn/easyquery.htm?cn=E0103(검색일: 2021.6.14).

_____. "按国别分外国入境游客". https://data.stats.gov.cn/easyquery.htm?cn=C01(검색일: 2021.6.14).

国家旅游局. 2018. 『中国旅游统计年鑑』. 国家旅游局.

中国统计出版社. 2006. 『2016 中国统计年鑑』. 中国统计出版社.

_____. 2011. 『2011 中国城市统计年鉴』. 中国统计出版社.

_____. 2013. 『2013 中国统计年鑑』. 中国统计出版社.

_____. 2015. 『2015 中国统计年鑑』. 中国统计出版社.

_____. 2017. 『2017 中国统计年鑑』. 中国统计出版社.

_____. 2018. 『2018 中国统计年鑑』. 中国统计出版社.

_____. 2019a. 『2019 中国城市统计年鉴』. 中国统计出版社.

_____. 2019b. 『2019 中国统计年鉴』. 中国统计出版社.

_____. 2020a. 『2020 中国统计年鉴』. 中国统计出版社.

_____. 2020b. 『中国城市统计年鉴-2019』. 中国统计出版社.

智研咨询. 2020. 『2020-2026年中国出境游行业市场现状调研及未来发展前景报告』. 智研咨询.

王德榮. 1986 『中国运输布局』. 科学出版社, p.258.

≪中國地理學報≫. 2004.10. 第59卷.

中华人民共和国生态环境部. 2004. 「中国环境状况公报」. 中华人民共和国生态环境部.

_____. 2019. 「2019中国生态环境状况公报」. 中华人民共和国生态环境部.

人民教育出版社·课程教材研究所·地理课程教材研究开发中心. 2008. 『高中地理(教师教学用书)』(第二
　　　册). 人民教育出版社.

世界钢铁协会. 2019. 「世界钢铁统计数据2019」. https://www.worldsteel.org/zh/dam/jcr:96d7a585-e6b2-
　　　4d63-b943-4cd9ab621a91/WSIF_2019_CN.pdf

新华网. https://baijiahao.baidu.com/s?id=16653874699210369111&wfr=spider&for=pc(검색일:

2021.6.14).

中华人民共和国水利部. "工程概况". http://nsbd.mwr.gov.cn/zw/gcgk/(검색일: 2021.6.14).

国家统计局. https://data.stats.gov.cn/(검색일: 2021.6.14).

中国人民政府网. http://www.gov.cn/(검색일: 2021.6.14).

中国港口网, 2019.12.19. "'十四五'要来了 中国港口发展几大要点提前看". 中国港口网. http://www.chinaports.com/portlspnews/3049(검색일: 2021.4.23).

中国铁矿石储量, 产量及. 2019. 年铁矿石需求预测 [图]_中国产业信息网http://www.chyxx.com/industry/201903/718634.html(검색일: 2021.4.23).

中华人民共和国中央人民政府. 2016. "国务院关于印发'十三五'国家战略性新兴产业发展规划的通知". http://www.gov.cn/zhengce/content/2016-12/19/content_5150090.htm(검색일: 2021.4.23).

国务院关于印发. 2016.12.26. 「"十三五"旅游业发展规划的通知」, http://www.gov.cn/zhengce/content/2016-12/26/content_5152993.htm(검색일: 2021.4.23).

中国政府网. 1997. "全国土地利用总体规划纲要(2006~2020年)". 中央政府门户网站. www.gov.cn(검색일: 2021.4.23).

国家能源局. 2013. 「国务院关于印发能源发展"十二五"规划的通知」. http://www.nea.gov.cn/2013-01/28/c_132132808.htm(검색일: 2021.4.23).

中国改革数据库. 1982. 「1979广东省委福建省关于对外经济活动和灵活措施的两个报告」. http://www.scio.gov.cn/wszt/wz/Document/957104/957104.htm(검색일: 2021.4.23).

中国改革数据库. 1985. 「长江, 珠江三角洲和闽南厦漳泉三角地区座谈会纪要(摘录)」. http://www.reformdata.org/1985/0218/9032.shtml(검색일: 2021.4.23).

中华人民共和国国家发展和改革委员会. 2008. 「中长期铁路网规划(2008年调整)」. https://www.ndrc.gov.cn/fggz/zcssfz/zcgh/200906/W020190910670447076716.pdf(검색일: 2021.4.23).

维基百科编者. "各国各产业国内生产总值列表[G/OL]". 维基百科. https://zh.wikipedia.org/w/index.php(검색일: 2021.4.23).

辽河源情思. 2013.4.26. "TA的专辑". 辽河源情思. http://www.pingquan.ccoo.cn/forum/user/photo_show.asp?classid=124372&id=3443118&username=fhl19631101(검색일: 2021.6.8).

中华人民共和国农业农村部. 2011. "第四章 优化布局 构建发展新格局". 中华人民共和国农业农村部. http://www.moa.gov.cn/ztzl/shierwu/201109/t20110905_2197332.htm(검색일: 2021.6.8).

百度百科. "中国制造2025". https://baike.baidu.com/item(검색일: 2021.4.20).

찾아보기

박인성(ispark57@daum.net)

현재 동북아도시부동산연구원 원장으로 활동하고 있고, 중국 저장대학(浙江大学) 토지관리학과/도시관리학과 교수, 국토연구원 도시연구실/토지주택연구실 연구위원, 한성대학교 부동산대학원 교수를 역임했다. 국토연구원 재직 시에 중국과학원 지리연구소, 상해시 도시계획설계연구원(上海市城市规划设计研究院) 방문학자, 중국인민대학 구역경제연구소 초빙교수로 파견 근무했다.

서울시립대학교 건축공학과, 서울대학교 환경대학원 석사과정(도시설계 전공), 중국인민대학 경제학원 박사과정(경제학 박사: 지역경제 전공)을 졸업했다.

　　주요 저서: 『중국 부동산 이해』(공저, 부연사, 2020), 『중국의 토지정책과 북한』(공저, 한울, 2018), 『중국의 도시화와 발전축』(한울, 2009), 『중국 건설산업의 현황과 진출전략』(공저, 보문당, 2007), 『중국경제지리론』(공저, 한울, 2000) 등

양광식(space68@daum.net)

현재 전남도청 광양만권경제자유구역청 외자유치팀장이고, 외교부 주칭다오총영사관 선임연구원, 산동대학 동북아연구중심 연구위원, 한양대학교 중국연구소 객좌연구원, 보고경제연구원 중국팀장, 국토연구원 건설경제연구실 연구원을 역임했다.

한국외국어대학교 중국어과, 한양대학교 국제학대학원 중국학과 석사과정, 중국 산동대학 상경대학 박사과정(경제학 박사: 산업경제 전공)을 졸업했다.

　　주요 논문 및 저서: 「한중 조선산업정책과 기업경쟁력 비교분석」[중국 산동대학(山东大学) 박사학위 논문, 2011], 「중국 관광수요자의 권역별 성향 분석에 따른 방한관광 유치활성화 방안」(공저, 2010), 「중국 국토전략하의 환발해권 물류체계와 한중 물류협력 전략」(공저, 2008), 『중국경제지리론』(공저, 한울, 2000) 등

주리빈(jolielibin@naver.com)

현재 서울대학교 환경대학원 도시계획 전공 박사연구생이고, 동북아도시부동산연구원 연구원으로 활동하고 있다. 주요 연구 분야는 도시계획, 부동산개발, 도시재생 등이다.

중국 지린대학(吉林大学) 한국어과와 한성대학교 부동산대학원 '한중 부동산' 전공으로 석사과정을 졸업했다.

　　주요 논문 및 저서: 「중국 광동성의 도시재생 추진경험 연구: 삼구개조(三舊改造)를 중심으로」(한성대 부동산대학원 석사학위 논문), 『중국 부동산 이해』(공저, 부연사, 2020) 등

한울아카데미 2313

중국경제지리론(전면개정판)

ⓒ 박인성·양광식·주리빈, 2021

지은이 **박인성·양광식·주리빈**
펴낸이 **김종수** ㅣ 펴낸곳 **한울엠플러스(주)**
편집책임 **조수임** ㅣ 편집 **임혜정**

초판 1쇄 발행 **2000년 9월 8일**
전면개정판 1쇄 인쇄 **2021년 7월 12일** ㅣ 전면개정판 1쇄 발행 **2021년 7월 30일**

주소 **10881 경기도 파주시 광인사길 153 한울시소빌딩 3층**
전화 **031-955-0655** ㅣ 팩스 **031-955-0656** ㅣ 홈페이지 **www.hanulmplus.kr**
등록번호 **제406-2015-000143호**

ISBN **978-89-460-7313-5 93980**(양장)
      978-89-460-8091-1 93980(무선)

Printed in Korea.